# 核与辐射事故医学救援与应急管理

主　编　涂　彧　孙全富
副主编　袁　龙　李　蓉

中国原子能出版社

**图书在版编目(CIP)数据**

核与辐射事故医学救援与应急管理 / 涂彧，孙全富主编．—北京：中国原子能出版社，2022.2(2023.12 重印)

ISBN 978-7-5221-0929-9

Ⅰ．①核… Ⅱ．①涂…②孙… Ⅲ．①放射性事故-急救医疗-教材 Ⅳ．① TL73② R142

中国版本图书馆 CIP 数据核字(2022)第 036921 号

**核与辐射事故医学救援与应急管理**

| | |
|---|---|
| **出版发行** | 中国原子能出版社(北京市海淀区阜成路 43 号 100048) |
| **责任编辑** | 张书玉 |
| **装帧设计** | 侯怡璇 |
| **责任校对** | 冯莲凤 |
| **责任印制** | 赵　明 |
| **印　　刷** | 北京九州迅驰传媒文化有限公司 |
| **经　　销** | 全国新华书店 |
| **开　　本** | 787 mm×1092 mm　1/16 |
| **印　　张** | 29 |
| **字　　数** | 723 千字 |
| **版　　次** | 2022 年 2 月第 1 版　2023 年 12 月第 2 次印刷 |
| **书　　号** | ISBN 978-7-5221-0929-9　　**定　　价**　98.00 元 |

**网址：http://www.aep.com.cn**　　**E-mail：atomep123@123.com**

**发行电话：010－68452845**

# 《核与辐射事故医学救援与应急管理》

## 编审委员会


主　编：涂　彧　孙全富

副主编：袁　龙　李　蓉

编　委：（按姓氏笔画排序）

王优优　王　进　卞华慧　石　磊　付熙明　朱　巍　刘玉龙

闫聪冲　江其生　许玉杰　孙　亮　李百龙　李峰生　陈大伟

陈肖华　陈忠民　陈炜博　陈　娜　陈惠芳　侯长松　侯雨含

曹建平　崔凤梅　梁　莉　雷翠萍

秘　书：闫聪冲

# 编审委员简介

（按姓氏笔画排序）

王优优　主治医师　苏州大学附属第二医院

王　进　研究员级高级工程师　江苏省疾病预防控制中心放射防护所

卞华慧　副主任医师　苏州大学附属第二医院

石　磊　教授　吉林大学公共卫生学院

付熙明　副研究员　中国疾病预防控制中心辐射防护与核安全医学所

朱　巍　副教授　苏州大学苏州医学院

刘玉龙　主任医师　苏州大学附属第二医院

闫聪冲　副教授　苏州大学苏州医学院

江其生　主任医师　火箭军特色医学中心

许玉杰　教授　苏州大学苏州医学院

孙全富　研究员　中国疾病预防控制中心辐射防护与核安全医学所

孙　亮　副教授　苏州大学苏州医学院

李百龙　教授　海军军医大学海医系

李峰生　副研究员　火箭军特色医学中心

李　蓉　教授　陆军军医大学军事预防医学系

陈大伟　教授　吉林大学公共卫生学院

陈肖华　研究员　军事科学院军事医学研究院

陈忠民　主治医师　火箭军特色医学中心

陈炜博　副主任医师　苏州大学附属第二医院

陈　娜　副教授　苏州大学苏州医学院

陈惠芳　副主任技师　中国疾病预防控制中心辐射防护与核安全医学所

侯长松　研究员　中国疾病预防控制中心辐射防护与核安全医学所

侯雨含　住院医师　苏州大学附属第二医院

袁　龙　研究员　中国疾病预防控制中心辐射防护与核安全医学所

涂　彧　教授　苏州大学苏州医学院

曹建平　教授　苏州大学苏州医学院

崔凤梅　教授　苏州大学苏州医学院

梁　莉　主任医师　北京大学第三附属医院

雷翠萍　研究员　中国疾病预防控制中心辐射防护与核安全医学所

# 序

我国核事业从20世纪50年代起步，民用核技术的应用同期展开，60多年的潜心图强，已经发展成为一个名副其实的核大国，并以稳健的步伐向核强国迈进。我国长期以来保持良好的核与辐射安全记录，以核电厂为代表的核电安全运营指标居世界前列，核与辐射技术利用的安全水平不断提升，核材料、放射性物质管控有力，公众健康和环境安全得到充分保障。然而安全无小事，核与辐射技术的应用理应追求万无一失，否则一失万无。英国温茨凯尔核事故、美国三哩岛核事故、苏联切尔诺贝利核事故、日本福岛核事故……是人类核事业发展过程中永远无法抹去的痛，安全永远是发展核与辐射技术的中心任务。

"核事故(nuclear accident)"是指大型核设施(例如核燃料生产厂、核反应堆、核电厂、核动力舰船及后处理厂等)发生的意外事件，可能造成厂内人员受到放射损伤和放射性污染，严重时，放射性物质泄漏到厂外，污染周围环境并对公众健康造成危害。"辐射事故(radiation accident)"是指放射源丢失、被盗、失控，或者放射性同位素和射线装置失控，导致人员受到意外的异常照射，或者有环境放射性污染后果。

为了确保核与辐射技术的安全发展，我国政府制定了国家核应急工作方针，即：常备不懈、积极兼容，统一指挥、大力协同，保护公众、保护环境；以及核应急工作原则，即：统一领导、分级负责、条块结合、快速反应、科学处置。并先后颁布了《中华人民共和国放射性污染防治法》《中华人民共和国核安全法》以及《放射性同位素与射线装置安全和防护条例》《核电厂核事故应急管理条例》《民用核设施安全监督管理条例》等一系列法律、法规，同时也出台了大量的针对核电厂、核设施及核与辐射技术利用的安全防护标准、导则，做到安全防护有法可依、规则先行，为我国的核事业发展提供了坚实的保障。

从2000年到2016年，国际原子能机构(IAEA)对我国开展了4次核与辐射安全监管综合评估，充分肯定我国核安全监管的良好实践和经验做法。为提升核与辐射事故应急能力，我国成立国家核事故应急协调委员会，建立国家、省和核设施营运单位三级核应急组织管理体系，组织协调核事故和辐射事故应对。建立健全核与辐射事故应急管理体系和事故响应与处置机制，建设覆盖全国的应急监测调度平台，督导各省、自治区、直辖市全覆盖开展辐射事故应急实战演练，快速响应、妥善处置各类辐射事故。至2019年，组建300人的国家核应急救援队和25支专业救援分队，设立8类国家级核应急专业技术支持中心，建立3个核电企业核事故快速支援基地，建有核辐射损伤救治基地17家，定期开展核应急联合演习。

在迈向核与辐射技术应用强国的路上，还会遇到很多的困难与挑战，这需要更先进的技术、更高的安全意识、更有效的组织和未雨绸缪的应对措施，当然还少不了一大批懂技术、有能力的应急人员。《核与辐射事故医学救援与应急管理》一书从核设施与辐射装置偏离正常工况情形下造成人员健康影响的角度出发，以医学应急救援为目的，系统地介绍了核应急医学救援知识，以射线来源、剂量估算、损伤效应为基础，以三级医疗救治体系、伤员现场医学处置、放射损伤临床诊断和救治原则（包括了内污染等内容）、医学救援的应急管理和典型事故案例分析为主线，辅以应急队员的防护和事故导致的心理危机干预，期望为我国核事故应急的医学救援提供力所能及的帮助。

本教材适用于医学类本科生和研究生的课堂教学，也可以作为突发事件应急培训教材和广大从事核与辐射领域相关人员自学用书。

中国科学院院士

**2021 年 12 月 1 日**

# 目录

# 第 1 章　核与辐射事故概述

“谈核色变”源自第二次世界大战末期发生在广岛和长崎的原子弹爆炸，冷战期间对“核”保密和忌讳，加之后来一系列核事故的发生，极大地增强了“核”的神秘感、恐惧感，“核恐惧”也由此而来。其实在正常的各类人类活动中，都会有突发事件发生可能，核与辐射技术应用也不例外。为了避免核与辐射事故的发生，减少突发事件发生后导致的生命财产损失和环境影响，有必要对核与辐射事故展开正常的研究，掌握了事故发生规律以后，才有可能规避事故的发生，减轻事故造成的损失。本章节就核与辐射事故进行一个简单的介绍，对事故源项做一个比较详细的分析，同时阐述事故可能对人员健康造成的影响。

## 1.1　事故分类与分级

自伦琴 1895 年 11 月发现 X 射线以来，经过几代科技工作者的不懈努力，历经一百多年的发展，人类已经充分享受核与辐射技术带来的巨大利益，但也时不时也会出现一些让人惊悚的骇人事件。美国三哩岛核事故、苏联切尔诺贝利核事故、日本福岛第一核电厂事故、巴西戈亚尼亚铯源污染事故、我国忻州钴源事故等一系列核与辐射事故，对人员身心健康和环境造成巨大的负面影响。为了更好地应对事故的危害，减少事故对人员和环境的影响，有必要对核与辐射事故进行分类与分级。

偏离了正常工况的电离辐射，将会对其辐射范围内的任何人员和环境造成不良影响，甚至是危害。这种影响可以是看得见的放射损伤，其主要表现为有害的组织反应（即确定性效应），也可以是看不见的致癌症、致突变、致畸形及遗传效应（即随机性效应）。基于事故情况下射线的来源，可以将其分为核事故、辐射事故和核恐怖袭击三类。

### 1.1.1　核事故

根据本书前言中核事故的定义，核事故是与核裂变相关的一系列活动出现异常后而导致的。在经典的核燃料循环过程中，几乎每一个环节出现异常，都会引来一系列麻烦。尤其是在反应堆核裂变发生及其以后的乏燃料的后处理及其处置过程中。核事故发生后一般影响范围广、造成危害大，更容易引起公众的恐惧和社会的不安。按核设施与核活动的不同，可以表现为核反应堆事故、核燃料循环设施事故、放射性废物管理设施事故、核燃料或放射性废物运输和贮存事故等。

为便于核工业领域、大众媒体及公众相互之间对核事件的信息沟通，国际原子能机构（IAEA）和经济合作与发展组织核能机构（OECD/NEA）联合制定了国际核事件分级管理办法，将核事件分为 7 级。其中，不具有安全意义的（0 级）为“偏离”，通常是一些违反了操作要求，但没有造成有显著性影响的结果；较低的级别（1～3 级）为“事件”，这一级别没有放射性物质向厂外释放;较高的级别(4～7 级)为“事故”,“事故”即有明显的放射性物质向厂外扩散,随着级别的提升,扩散越来越厉害,甚至于全球性的放射性污染,这是核电厂或其他核设施运行中发生严重偏离运行工况状态所导致的放射性物质向外释放已经失去应有的控制,以至于达到核安全设计时不可接受的水平。该分级方法于 1991 年 4 月使用,分级的基本结构如表 1—1 所示。

**表 1—1　核事故分级表**

| 级别 | | 说明 | 准则 | 实例 |
|---|---|---|---|---|
| 偏差 | 0 级 | 偏差 | 安全上无重要意义 | 2008 年斯洛文尼亚科斯克核电厂事件、2021 年中国田湾核电厂 6 号机组停堆事件 |
| 事件 | 1 级 | 异常 | 超出规定运行范围的异常情况,可能由于设备故障、人为差错或规程有问题引起 | 2009 年法国诺尔省葛雷夫兰核电厂事件、2010 年中国大亚湾核电厂事件 |
| | 2 级 | 一般事件 | 安全措施明显失效,但仍具有足够纵深防御,仍能处理进一步发生的问题。<br>导致工作人员所受剂量超过规定年剂量限值的事件和/或导致在核设施设计未预计的区域内存在明显放射性,并要求纠正行动的事件 | 1999 年法国布拉耶斯核电厂洪水事件 |
| | 3 级 | 重大事件 | 放射性向外释放超过规定限值,使用照射最多的厂外人员受到十分之几毫西弗量级剂量的照射。无需厂外保护性措施。<br>导致工作人员受到足以产生急性健康影响剂量的厂内事件和/或导致污染扩散的事件。<br>安全系统再发生一点问题就会变成事故状态的事件,或者如果出现某些始发事件,安全系统已不能阻止事故发生的状况 | 1989 年西班牙范德略斯核电厂事件、1955—1979 年英国塞拉菲尔德核电厂事件、2011 年日本福岛第二核电厂事件(其中 1、2 和 4 号机组均发生不同程度的核事件) |
| 事故 | 4 级 | 影响范围有限的事故 | 放射性向外释放,使受照射最多的厂外个人受到几毫西弗量级剂量的照射。由于这种释放,除当地可能需要采取食品管制行动外,一般不需要厂外保护性行动。<br>核装置明显损坏。这类事故可能包括造成重大厂内修复困难的核装置损坏。例如动力堆的局部堆芯熔化和非反应堆设施的可比拟的事件。<br>一个或多个工作人员受到很可能发生早期死亡的过量照射 | 1973 年英国温茨凯尔后处理装置事故、1980 年法国圣洛朗核电厂事故、1983 年阿根廷布宜诺斯艾利斯临界装置事故、1993 年俄罗斯托木斯克核事故、1999 年日本东海村 JCO 临界事故、2006 年比利时弗勒吕核事故 |
| | 5 级 | 影响范围较大的事故 | 放射性物质向外释放(数量上,等效放射性超过 $10^{14}$～$10^{15}$ Bq 碘－131)。这种释放可能导致需要部分执行应急计划的防护措施,以降低健康影响的可能性。<br>核装置严重损坏,这可能涉及动力堆的堆芯大部分严重损坏,重大临界事故或者引起在核设施内大量放射性释放的重大火灾或爆炸事件 | 1952 年加拿大恰克河核事故、1957 年英国温思乔火灾(温茨凯尔反应堆事故)、1979 年美国三哩岛核电厂事故、1987 巴西戈亚尼亚医疗辐射事故 |

续表

| 级别 | | 说明 | 准则 | 实例 |
|---|---|---|---|---|
| 事故 | 6 级 | 重大事故 | 放射性物质向外释放（数量上，等效放射性超过 $10^{15}\sim10^{16}$ Bq 碘－131）。这种释放可能导致需要全面执行地方应急计划的防护措施，以限制严重的健康影响 | 1957 年苏联基斯迪姆后处理装置（现属俄罗斯）事故（克什特姆核事故） |
| | 7 级 | 特大事故 | 大型核装置（如动力堆堆芯）的大部分放射性物质向外释放，典型的应包括长寿命和短寿命的放射性裂变产物的混合物（数量上，等效放射性超过 $10^{16}$ Bq 碘－131）。这种释放可能有急性健康影响；在大范围地区（可能涉及一个以上国家）有慢性健康影响；有长期的环境后果 | 1986 年苏联切尔诺贝利核电厂（现属乌克兰）事故、2011 年日本福岛第一核电厂事故 |

据 2019 年 6 月我国国务院新闻办公室《中国的核安全》白皮书，截至 2019 年 6 月，中国运行核电机组 47 台，居世界第三；在建核电机组 11 台，居世界第一。核电机组性能指标总体处于良好水平，至 2019 年 6 月已安全稳定运行累计 300 余堆年，未发生过国际核与放射事件分级表（INES）2 级及以上的事件或事故，且 0 级偏差和 1 级异常事件发生率呈下降趋势，见图 1－1。在近年世界核电运营者协会（WANO）同类机组综合排名中，我国 80％以上指标优于世界中值水平，70％以上指标达到世界先进值。2018 年，12 台运行机组 WANO 综合指数满分，世界领先。为确保核设施安全运行，坚持立足自身，积极借鉴国际先进经验，我国积极研发设计高温气冷堆、快中子增殖堆、小型核动力堆、熔盐堆、嬗变装置等研究性反应堆，19 座在役民用研究堆和临界装置保持安全稳定运行。我国实行核燃料闭式循环战略，逐步建立起包括铀矿冶、铀转化、铀浓缩、核燃料元件加工、乏燃料后处理和放射性废物处理处置等完整的核燃料循环体系，全国 18 座民用核燃料循环设施、2 座低中水平放射性固体废物处置场保持良好安全记录。

#### 1.1.1.1　偏差——0 级

· 2020 年海阳核电厂 0 级运行事件

2020 年 3 月 6 日，海阳核电厂 2 号机组处于满功率运行，第一起事件发生在当天 16 时 6 分，该核电厂反应堆冷却剂泵的 1A 变频器控制单元控制器故障，导致反应堆冷却剂泵 1A 跳闸，反应堆按照设计启动“自动保护”停堆，操纵员执行响应规程，将机组稳定在正常运行的压力/温度平台。当天 20 时 39 分，该站查明主泵 1A 跳闸原因后，运行值开始执行运行规程——将其他三台主泵停运后再重新启动所有主泵。但是在停运主泵前，需要根据规程隔离非硼化水源。而现场运行人员在关闭除盐水气动隔离阀时，由于操作装置挨在一起，误将非能动安全壳冷却水储存箱出口的气动隔离打开，导致非能动安全壳冷却系统 A 流道投入，由此发展为第二期事件。国家核安全局表示，机组在两起事件过程中，无放射性后果、无人员照射、无环境污染。根据《国际核与辐射事件分级手册》，两起事件均被界定为 0 级事件，即“无安全意义”的事件。

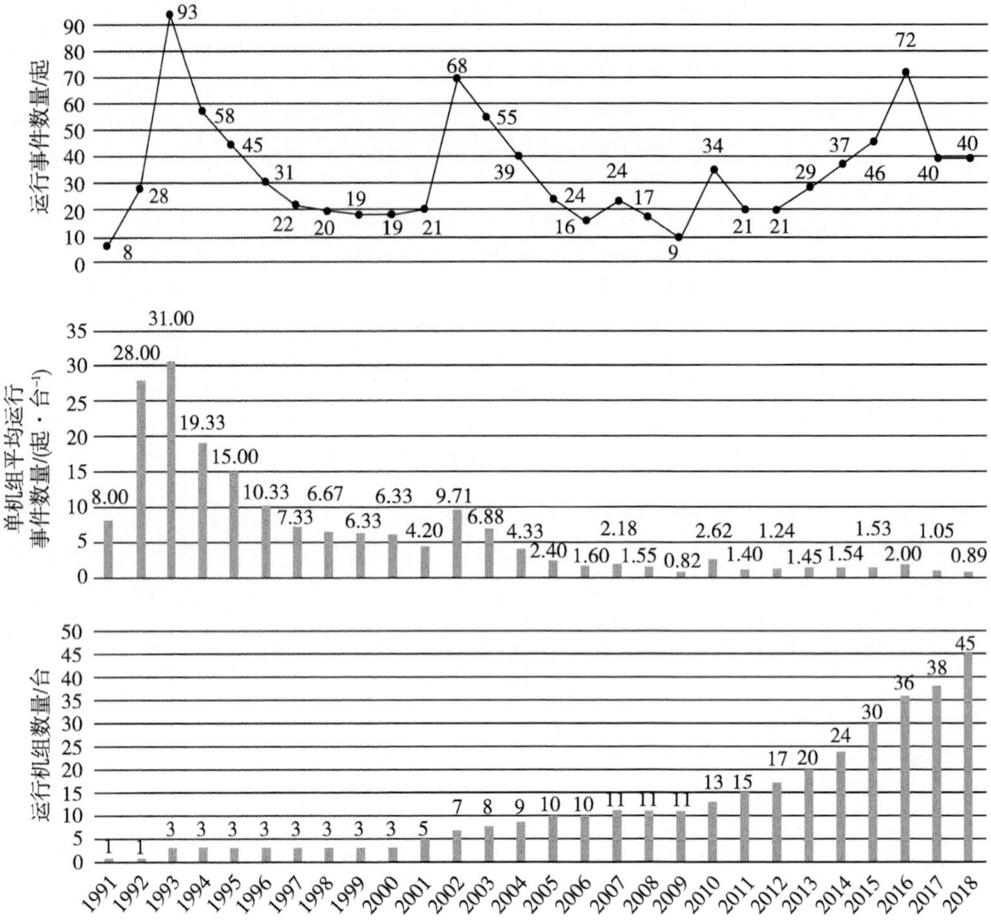


图 1—1 中国运行核电机组及运行事件

#### 1.1.1.2 异常——1 级

· 2019 年宁德核电厂异常运行事件

本次事件大致可分为两个事件和异常。一个事件为 7 月 5 日凌晨，宁德核电厂 1 号机组处于功率运行状态。4 时 5 分，1 号机组重要厂用水系统（SEC）的 4 号泵电机（1SEC004MO）进线接线盒出现接地短路导致三相电压不平衡，并加上电机开关熔断器未能熔断，导致应急交流母线（1LHB）因过流保护动作跳闸，随后应急柴油发电机 1LHQ 启动，但因母线短路故障，柴油机无法接入，1LHB 母线失电，出现失电事件。主控操纵员根据报警卡执行 SOP 事故规程。另一个事件在 7 月 5 日晚间，1 号机组处于 NS/SG（蒸发器冷却正常停堆）模式。22 时 19 分，1 号机组 SEC 系统 3 号泵电机（1SEC003MO）进线接线盒接地故障（共因失效），主控触发单相接地和绝缘低导致其报警。而在切泵后，中压配电系统出现谐振并进而导致电压互感器异常，现场检查发现 1LGA 配电盘有焦糊味，主控启动消防二级干预队和消防队。随后对配电盘隔离检修，发现电压互感器损坏。根据《国际核与辐射事件分级手册》，将该事件界定为 1 级运行事件。

#### 1.1.1.3　一般事件——2 级

·1999 年法国布拉耶斯核电厂事件

1999 年 12 月 27 日，潮汐和风暴的袭击导致法国布拉耶斯核电厂的部分被淹没，在洪水来临之前，该核电厂 1、2、4 号机组满负荷运转，3 号机组因加油而关闭。19 时 30 分，因为洪水的影响，第 4 号工厂的观察室触发了河口高潮警报，控制室的操作员本应启动“二级内部应急计划”，但由于操作室手册中省略了该要求，因此操作员并未执行此操作。洪水导致所有四个单元的均失去 225 kV 的电源，而第 2、4 单元也失去 400 kV 电源，导致 2 号、4 号机组自行供电的隔离器电路发生故障，这两个反应堆随后自动关闭。而他们继续遵循失去现场电源损失的程序，因此未能尽早关闭正在运行的反应堆，以允许衰减热量开始散失。12 月 18 日凌晨 3 时，该核电厂应急小组开始行动，并于 7 时 45 分召开专家会议，18 日上午 9 时才由核设施安全局启动“二级设施内部应急计划”，组成一支 25 人的完整应急管理团队进行应急处理。该事件按照国际核事件等级评定界定为 2 级核事件。

#### 1.1.1.4　重大事件——3 级

·1989 年西班牙范德略斯核电厂 3 级重大核事件

1989 年 10 月 19 日，该核电厂发生了核事故，该厂一台特定涡轮突然停止运转，冷却系统故障，沉重的机器之间相互摩擦导致润滑油发热，当润滑油到达一定温度时分解，引起氢气爆炸，使得涡轮本身起火，该火灾持续了四个多小时，幸运的是并未造成人员伤亡。而消防员由于没有足够的设备且没有经过专门的培训而进入该工厂进行灭火，该核电厂也没有给予消防员充分的通知警告。该核事件按照国际核事件等级评定界定为 3 级核事件。

#### 1.1.1.5　影响范围有限的事故——4 级

(1)美军实验堆蒸汽爆炸事故

1961 年 1 月，美军的一个实验型反应堆发生蒸汽爆炸并熔毁，造成 3 名操作员死亡。这是美国境内发生的唯一一起致死核事故(非放射性损伤导致)。事故泄露的放射性碘元素主要散布在爱达荷州的沙漠中，因此危害不大。事故的原因是用于吸收中子的控制棒存在设计缺陷，在启动反应堆时，突然拔出控制棒导致功率骤增。

(2)日本东海村临界事故

1999 年 9 月，日本茨城县那珂郡东海村 JCO 核燃料制备厂的一座铀转换车间的工人违反操作程序，一名工人把富集度 18.8%的铀溶液(相当于含 16 kg 铀)直接倒入沉淀槽中(这本身违反了原应将 $U_3O_8$的粉末先投入至溶解塔中，且溶解于硝酸中，再用泵将该物料送入贮存塔中制成最终产品硝酸铀酰的常规操作规程)。另一名工人手扶漏斗站在沉淀槽旁，第三名工作人员在距沉淀槽约几米的办公桌旁工作。这个沉淀槽容纳的最大操作量限定为 2.4 kg，根据推算，沉淀槽的铀临界质量只有 5.5 kg，而这名工人却连续将 7 桶 2.4 kg 铀粉和 10 L 硝酸桶内的铀硝酸盐溶液倾倒入沉淀槽中，导致圆形沉淀槽内累积了相当 16.6 kg的铀。铀量超过其临界质量的 2.9 倍，当即引发了链式反应，出现蓝白色的闪光，现场产生大量的 γ 射线和中子辐射，γ 射线监测器立刻报警。此时 3 名工作人员的位置与沉淀槽的距离分别是 65 cm、1.0 m 与 2.6 m，他们均受到了大剂量中子和 γ 射线的照射。事故发生后 1 h,周围 γ 剂量率为正常值的 7～10 倍。为此当局撤离厂区周边 350 m 范围内的居民,并通知厂房周围 10 km 范围内的居民不得出门,学校和医院关闭,农作物和蔬菜停止收割。此次临界事故使现场 93 名工作人员受到不同程度的 γ 外照射和中子照射,包括 93 名现场工作人员在内的受到不同程度照射的人员约有 213 人,其中现场 3 名事故当事人受照剂量为 16～23 Gy、6～10 Gy 和 2 Gy,2 人有效剂量达 10 mSv,其余 208 人有效剂量分别约为 0～5 mSv。3 名事故当事人虽经医学应急抢救,但 1 人在事故后第 83 天死亡,1 人在事故后第 210 天死亡,另 1 人因自身恢复较好,在事故后第 3 个月后出院。事故的原因被定性为"人为失误和严重违反安全章程"。

#### 1.1.1.6 影响范围较大的事故——5 级

(1)英国温茨凯尔 1 号堆大火事故

1957 年 10 月 10 日,英国温茨凯尔 1 号反应堆发生火灾,大火发生在反应堆堆芯释放魏格纳能量的过程中。

注:魏格纳能量(Wigner energy)是一种储存于石墨慢化剂晶格结构中的化学势能,它在核反应堆运行的过程中逐渐释放。通常在操作人员采取退火工序释放魏格纳能量的过程中,堆芯的温度会短暂升高,正常情况下,石墨中释放的魏格纳能量会导致堆芯受热。

事故当天,退火工序致使堆芯的局部温度急剧上升,同时可能伴随着核燃料泄漏,最终导致反应堆着火,造成放射性核素大量释放。事故的原因是人员误操作致使 150 根工艺管熔化,反应堆石墨起火,火势持续了 3 天。后期分析得出,这场大火的发生包含着许多人为的技术因素。

7 日,1 号反应堆因更换燃料元件而关闭,这是一次正常的运作,但是从燃料管中取样空气、查明损坏元件的可移动空气扫描传动装置却在高温的状态下出现故障,在反应堆再次达到临界前,应及时对空气扫描传动装置进行维修。7 日晚上 7 点 25 分,在维修的技术人员被授权进行维修前,反应堆再一次开始工作,这又是一次完全正常的运行。8 日早上,工作人员下插控制棒以关闭反应堆,在此阶段反应堆应该释放魏格纳能量,石墨温度应该升高,形成晶格结构。但是在关闭反应堆一段时间后,操作人员发现一些温度指示器显示反应堆堆芯温度下降,另外一些热传感器显示反应堆堆芯周围某些区域温度升高。综合这些参数,操作人员认为反应堆没有释放魏格纳能量,并决定对反应堆进行二次加热,这明显是错误的,石墨温度依然远远低于它所承载的最大值,但是此时温度上升速率已经非常高了,在经过 15 分钟的加热后,操作人员再次运行控制棒,以等待温度趋于稳定。9 日,温度逐渐升高,晚上 10 点 15 分,工作人员认定反应堆温度过高,这是十分反常的。10 日早上 5 点 40 分,由于温度不断升高响起了警报,但并没有引起工作人员的重视,随着不断增加冷空气的进气量,温度逐渐降至可接受范围。然而这是一种假象,早 8 点 10 分,反应堆堆芯温度再次升高,下午时已监测到有辐射物质通过反应堆上方的烟囱进入大气。工作人员确定,由于反应堆燃料包壳损坏,铀燃料暴露在空气中,燃料过热从而向空气中泄露了放射性物质。现场人员不能通过空气分析仪器勘测出损坏元件的部位,立即将此情况报告给温茨凯尔反应堆的总负责人和他的副手,他们对事故进行了紧急处理,在移除过热核燃料和使用二氧化碳灭火的尝试失败后,操作人员于 11 日开始向反应堆加注冷却水。操作人员认为,虽然冷却水与炽热金属接触有可能引起氢爆炸,同时还存在产生 CO 的风险,但堆芯过热烧裂反应堆外壳所造成的风险更大，大火最终得到控制，于 11 日被完全扑灭。温茨凯尔核事故中并没有人员在短期内急性死亡，但大火导致堆芯中的少量裂变产物和放射性产物泄漏，并对当时的环境和公众情绪造成了一定的影响。据 1957 年 10 月的每月剂量监测记录显示，参与温茨凯尔灭火和现场清理工作的 466 名人员的平均辐射剂量为 3.52 mSv，其中最大辐射剂量 43.9 mSv。随后周边 500 $km^2$ 地区 1 个月内出产的牛奶被销毁。此次事件中，参与清理工作的人员受到的辐射剂量最大，但 2000 年的一项研究指出没有发现其长期健康受到了损害。

20 世纪 50 年代原子能的发现与利用是一个新的科技领域，还处于一个比较特殊的位置，对于国家来说，它是级别很高的政治事件，涉及国防领域、国际关系和国家声望，同时由于当时公众、科学家和决策者对温茨凯尔事故的认知水平较低，该事故并不被人所熟知的，较之于事故后的牛奶禁令，事故的发生对公众情绪并没有造成巨大冲击与波动。英国政府考虑到放射性物质进入环境后，对周边牧区畜牧业的影响，事后决定用一个月的时间将邻近 500 $km^2$，约合价值 6 万英镑的 300 万 L 牛奶稀释 1000 倍后排放至爱尔兰海。牛奶禁令引起了人们的较之于火灾更加严重的恐慌，为此温茨凯尔核电厂方面举行了一系列的公众会议，对于核事故的细节进行了披露，解释了施行牛奶禁令的原因，说明碘-131的放射范围并不包括蔬菜以及切除甲状腺的牛肉的销售，并对于碘-131危害和预防措施进行了介绍，承诺对牛奶禁令造成的损失进行赔偿。在经过这些努力后，民众的恐慌情绪逐渐平息。

(2)美国三哩岛核事故

1979 年 3 月 28 日，美国三哩岛压水堆核电厂 2 号堆的堆芯因失水而熔化，导致放射性物质外逸。这次事故是由于二回路的水泵发生故障，二回路的事故冷却系统自动投入，但由于前些天工人检修后未将事故冷却系统的阀门打开，致使冷却系统自动启动但二回路依然缺水。随着堆内温度和压力升高，反应堆自动停堆，卸压阀自动打开，释放出堆芯内的部分汽水混合物。当反应堆内压力下降至正常时，卸压阀由于故障未能自动回座，导致堆芯冷却剂继续外流，压力降至正常值以下，应急堆芯冷却系统自动投入，操作人员未判明卸压阀没有回座，反而关闭了应急堆芯冷却系统，停止了向堆芯内注水。这一系列的管理和操作上的失误与设备上的故障交织在一起，使一次小的故障急剧扩大，反应堆堆芯冷却水逐渐丧失，部分燃料棒锆包壳和铀燃料熔化，大量放射性物质，特别是氙、氪之类的气体与碘一起从反应堆释放出来，并有少量放射性物质随部分冷却水的泄漏而释放。

在这次事故中，主要的工程安全设施都自动投入，同时由于反应堆有几道安全屏障(燃料包壳、一回路压力边界和安全壳等)的保护，故无人员伤亡。在事故现场，只有 3 人受到了略高于半年容许剂量的照射。事故发生后，三哩岛核电厂运营公司的第一反应是宣布局势可控。但在污染蔓延两天之后，美国核管理委员会正式发布了关于核泄漏危险性的报告并提出建议，宾夕法尼亚州州长据此下令核电厂方圆 5 英里内的孕妇和儿童撤离，10 英里内的学校全部关闭。但很多人举家出逃到 12 英里外，核电厂附近的居民惊恐不安，约 20 万人撤出这一地区。

三哩岛核电厂事故发生后，整个美国为此震惊，各大城市的民众纷纷举行集会示威活动，首都华盛顿到处是反核标语。特别是附近有核电厂及在建核电厂的城市，民众举行大规模集会示威活动，要求停建或关闭核电厂。美国媒体和国际媒体也连日将三哩岛事件作为头条新闻报道，甚至一些著名的美国媒体人开始用“恐怖”这样的字眼描述该事件，还称

"情况会更加糟糕"。美国时任总统卡特于1979年4月签发文件,宣布美国将不再建设核电厂,这一文件直到现在还没有作废。

(3)巴西戈亚尼亚放射性污染事故

1987年9月13日,巴西戈亚斯州首府,位于巴西中部离首都巴西利亚约180 km处的戈亚尼亚市,两位市民闯入一家私立放射治疗机构内,在存放有一台报废铯-137放射治疗机的旧房中,寻找可以变卖的废旧物品,两人将治疗机机头上的放射源储源容器卸下并窃运回家中,试图将其拆开。在暴力敲打过程中,源壳内易溶解的放射性氯化铯部分漏出,造成住所污染。后来他们又将该储源容器卖给了临近的废品收购店。当店主发现回收物件在黑暗中能够发出微微蓝光后十分惊奇,在随后的几天里,店主的一些亲友和邻居纷纷前来观看,店主还将谷粒大小的源碎片分发给几位朋友,他们将其装入口袋、放在床上,甚至涂在身上和食物上。几天后,这些人开始出现恶心、呕吐等胃肠道症状。当一位病人带着源碎片到医院看病时,恰有一位医学物理专家参加皮肤损伤会诊,由此怀疑是电离辐射导致的皮肤损伤。经过对病人的跟踪测量,最后追溯到已经极度扩散的铯-137放射源。

这次事故扩散的放射性铯-137约有51 TBq(1400居里),波及范围67 $km^2$,造成了7个主要污染区,85处房屋被污染,按放射防护标准要求,41间民居中200人需要搬离。至1987年底,在总共监测的112800人中,疑似受到辐射的约1万人,有249人被确认受到照射,其中129人受到体内和体表放射性铯污染,54人需要住院治疗。受强辐射照射有20人,17人呈骨髓放射性损伤,8人发展成急性放射综合病征,而受照剂量较大的12人中4人抢救无效死亡。在确定为严重放射性事故后,种种流言开始传播。许多人出现恐惧、焦虑和心理紧张,纷纷要求进行身体检查,确定是否受放射性污染并给予证明,以作为参与正常社交活动的凭证。恐惧的阴影深深地笼罩在每个人的心头,这种心理影响在事后相当长的一段时间内难以完全消除。此外,社会歧视问题在巴西这起事故中表现得很突出。戈亚尼亚市居民在事故发生后较长一段时间内,仍然受到来自各方面的歧视。新闻媒介的渲染加重了公众对事件的关注,人群中出现了"射线恐怖"。其他地区的旅店拒绝戈亚尼亚市居民入住,有些航空公司的飞行员拒绝驾驶有该地区居民乘坐的飞机,挂有该地区牌照的汽车在其他地区会遭到石块的袭击。由于事故的影响,该州的主要农产品(牛、谷物等)的销售量减少了1/4。在去除放射性铯-137污染的工作中,收集到的放射性废物共用了38000个工业用圆桶(100 L/桶)、1400个铁箱(1.2 $m^3$/箱)、10个集装箱(32 $m^3$/箱)和6个水泥井。1999年这些容器移至面积共为1.6 $km^2$的两处永久性放射性废物库,形成两个小丘,覆土造林。该区域划为环境保护区,并定期进行放射生态学监测,这块土地要300年后才可以再次利用。

2009年3月,在美国三哩岛核事故30周年之际,美国《时代》杂志对历史上发生的核事故进行了回顾,评出"十大核事故",希望以此提醒世人,避免类似事故发生。戈亚尼亚放射性污染事故位列第六。

#### 1.1.1.7 重大事故事故——6级

· 苏联克什特姆放射性污染事故

1957年9月,位于苏联乌拉尔南部的克什特姆镇附近的放射性废物储物罐的冷却系统失灵,液体废物逐渐变干,剩下的硝酸铵和醋酸盐发生剧烈爆炸,1 m厚的混凝土顶盖被炸开,大量放射性物质外泄,波及面积达2万多 $km^2$。1周后约1万名群众被疏散,当时他们并不清楚疏散原因，直到 1990 年苏联政府才将此次事故解密。上世纪 50 年代，苏联领导层将建立武器级钚库存视为高度优先级任务，但未给予环境和安全的足够重视。一些来自玛雅克核工厂的危险性较低的放射性废物被倾倒在特查河中，而更高危险的放射性废物则被存放在巨大的离地面 25 m 的地下储罐中。当时的科学家认为，用混凝土外墙加固的密封钢制容器足够坚固，却没有注意到以如此简陋和危险的方式处理放射性废物的潜在危机。含有 250 $m^3$ 挥发性液态放射性废物的埋藏式水箱中的冷却系统故障是导致灾难的定时炸弹。1957 年 9 月的一天，为装有 70 吨高放射性废物衰变释热冷却的贮存罐冷却失灵，导致罐体温度开始急剧升高，最终达到约 350 ℃。29 日，混凝土保护层爆裂、罐体爆炸、爆炸量相当于 70～100 tTNT 炸药。爆炸造成大量放射性物质释放到大气中，强风将其卷入云层。2 万 $km^2$ 范围内的 27 万公众受到了这些云层的短期照射，并吸入空气中的放射性物质、摄入受污染的食物和饮用水而受到射线辐射。落在地面上的放射性核素锶-90危害尤其严重。事故发生后，苏联媒体借口该事件与极光有关，掩饰了事实。直到 20 世纪 80 年代后期，该事故的规模仍然是国家机密。1989 年，苏联向国际社会确认克什特姆事故之后，它被评为国际核事件级别(INES)的第 6 级，成为迄今历史上仅次于切尔诺贝利核事故和福岛核事故的第三严重的核事故。

克什特姆事故发生在 20 世纪 50 年代，当时人们还不太了解辐射到底对人类健康有多大影响。苏联政府当时规定的工作人员接受最大辐射剂量限值是现在的 7.5 倍，紧急情况下的应对措施尚未确立。当时事故地区的很大一部分人口是农业人口，以当地的农产品和野生食品(如森林蘑菇和浆果、鱼)等为食物来源。考虑到辐射对当地农作物和生物的影响较大，政府转移了受灾最严重地区的人群，在灾难指定地区设立自然保护区。这一举措避免了 ARS 病(急性放射综合征)和人群恐慌的扩散，最大限度地减少了对人体造成的长期伤害。经过多年努力，当初的受污染地区中，大部分现位于东欧的农业用地逐渐恢复了经济利用。当年的放射性污染灾难爆出的相关科学数据缺乏的问题则反过来促进了放射生态学研究的迅速发展。30 年后，这些宝贵的经验也被用于处理切尔诺贝利事故。许多现场清理人员可能遭受了大于 1000 mSv 的辐射剂量。官方数据显示，除军事人员外，还有超过 50 万人受到影响。因此次灾难而死亡的总人数如今已无法知晓，维基百科显示，估计有 49 至 55 人死于辐射诱发的癌症，66 人被诊断患有慢性放射综合征。1989 年 6 月苏联当局发表了关于那次事故更为详细的报告，报告说，约有 200 万 Ci 的放射性物质释放，因之有几百平方千米的土地受到污染。据国际原子能机构在维也纳举行的一次会议上透露，该事故向大气层释放了不少于 2000 万 Ci 的放射性，可与切尔诺贝利事故释放的 5000 万 Ci 放射性对照。出席会议的苏联科学家承认，总面积 15 000 $km^2$ 的土地由于那次爆炸的落下灰而被污染，污染物质主要是放射性核素是锶-90(半衰期为 28.5 a)。当时一周内从重灾区撤走了约 600 人，该地区余下的 9500 个居民在 8～22 个月内陆续撤离，因为辐射危害甚为明显。经科学家计算，显示最初撤走的人员受到了 230～5200 mSv 的照射。苏联当局据流行病学研究得出结论，公众没有因这些辐射剂量而产生任何严重的健康影响。这令大部分西方科学家难以信服的，另一些科学家推测，这种解释可能基于这样的事实，即流行病学研究所用的控制组部分人员取自车里雅宾斯克工业城市附近的居民，众所周知那里的污染引起的健康危害是很严重的。

#### 1.1.1.8 特大事故——7 级

(1)切尔诺贝利核电厂事故

1986 年 4 月 26 日,苏联的切尔诺贝利核电厂 4 号机组(现乌克兰境内)发生爆炸,这是人类历史上最严重的一次核事故,周边地区共有约 3 万多 $km^2$ 的土地遭受严重的放射性污染。确诊为不同程度急性放射病者 134 人,其中 28 人在数周内死亡(另有 3 人死于化学爆炸、烧伤和意外),14 人在 10 年内死亡。联合国原子辐射效应科学委员会(UNSCEAR)在研究和分析大量已有资料的基础上得出结论:除受照儿童可观察到甲状腺癌增加外,在切尔诺贝利 13 年后没有发现与电离辐射相关的主要公众健康影响;没有观察到与电离辐射可能有关的总的癌发生率或死亡率的增加;甚至在事故清理工作人员或儿童中,作为辐射照射最灵敏的指标之一的白血病并没有增高;在与电离辐射相关的其他的非肿瘤疾病(躯体的或神经性的)方面,也没有增加的科学证据。

1)事故经过

为预防在外部电源丧失的瞬间应急柴油发电机不能立即启动的问题,切尔诺贝利核电厂准备开展反应堆停堆时利用汽轮机的惯性转动效应为反应堆补充电力的研究工作。25 日,4 号机组准备停堆做定期检查,借此开展在不停堆、低功率的情况下进行上述试验。试验于 26 日 1:05 开始,在启动了被涡轮发电机推动的水泵后,水的流量超出了安全章程的规定;1:19 当水流量进一步增加时手工撤除了控制棒,导致了一个极不稳定和危险的操作条件,为事故的发生创造了条件;1:23:04,在反应堆不稳定状态和控制板没任何显示的情况下,操作人员关闭了水泵的电源,靠涡轮发电机的惯性推动,水流速度减小,冷却剂被加热,在冷却剂管道内产生蒸汽,使反应堆变得更不稳定和更加危险;1:23:40 操作员发出了"紧急停堆"命令,但控制棒被卡住,只进入到管道的 1 /3,因此无法停止反应;在 1:23:47,反应堆的热功率急升至大约 30 000 MW,是正常值的 10 倍多,此时燃料棒开始熔化,蒸汽压力陡然增大,导致堆芯大爆炸,造成了迄今为止核电发展中最严重的核灾难。

2)事故原因

核事故发生后,苏联把事故的原因大都归结于试验中操作的失误,但随着 IAEA 和国际社会的参与调查,对事故的原因有了进一步的认识,比较统一的看法是该堆型有设计缺陷。事故的原因包括操作失误、规章制度不健全、核安全文化意识淡薄、管理不善等,但如果不是设计上有重大缺陷,试验绝不会酿成如此严重的后果。在切尔诺贝利核事故发生前,国际社会基本上一致认为如此严重的事故绝对不可能发生,因此没有处理这种事故的程序,人们只能在目睹事故的演化过程中探索减轻事故影响的途径。

3)事故处理过程的回顾

切尔诺贝利核电厂 4 号机组发生爆炸的瞬间,将大量放射性物质抛向了 1 000 m 以上的高空,大量石墨、核燃料、反应堆厂房的碎片落到了核电厂的周围,放射性尘埃随风飘向了西欧、北欧。苏联政府采取的处理措施大致如下:

①被动应对:事故发生后处于无目标的应对,让几十名消防人员赶赴现场用水灭火(导致了 30 名消防人员丧生)。离核电厂只有 3 km 的普里皮亚季市居民对核事故毫不知情,暴露在高辐射下,官方并没有向公众发布任何消息,直到两天之后,4 万多居民才乘坐政府调配的一千多辆大巴,在 3.5 h 内结束疏散,离开普里皮亚季。第三天,来自切尔诺贝利的

大量放射性烟尘出现在远离核电厂 1 000 km 以上的瑞典临近斯德哥尔摩的海岸，国际社会才意识到某地发生了重大事故。也就在当天，苏联才正式公布这一事故消息。

②控制火势，减少放射性物质的外溢：此时，苏联政府已经知道了事态的严重程度，调动了 50 万军队和民众，动用几百架大型直升机，冒着极大的生命危险从高空倾卸沙包。由于堆芯温度高达 3 000 ℃，撒下的砂石很快被熔化。当局随即调集了 2 400 t 的铅块，在两天之内被空投进了反应堆。由于铅的热容量高，堆内温度开始下降，放射性外泄量减少。此阶段，苏联政府把爆炸点周围 30 km 半径范围划为隔离区，撤走所有居民，并用铁丝网围了起来，入口设有检查站。

③建造“石棺”将放射性物质包容在石棺内：在事故发生后不到 20 天，当局采用了一位工程师的提议，建造石棺将放射性物质包容在石棺内。石棺从 5 月 20 日开始设计，到建造完工共用了 206 天。石棺长 170 m、宽 66 m，覆盖了整个 4 号反应堆。石棺全部是用钢筋混凝土和金属板搭建而成，这些构件是在数百公里外预制的。石棺设置了 60 多个小孔，小孔内设有放射性物质过滤装置，透过小孔能观察到石棺内的情况。石棺的巨大横梁重达 150 t，长 70 m，当时吊装的难度和工作人员遭受到的剂量水平可见一斑。

④新的“安全封闭计划”：从某种意义上讲，石棺建成后阻挡和屏蔽了反应堆厂房中的放射性物质向环境的释放，事故的处理告一段落，前后共用了 230 多天。由于当时石棺建造仓促，设计寿命为 30 年。1996 年，石棺出现裂缝，后来裂缝不断增加，石棺内的放射性物质透过缝隙向外释放。新的“安全封闭计划”是西欧及国际社会提出的，是对事故的后续处理。新的“安全封闭计划”是建造一个长 260 m、宽 150 m、高 105 m 的钢结构拱形建筑，用于覆盖 4 号机组和原有的石棺，耗资 9.35 亿欧元，大多数资金是世界各国政府的捐赠，此项目已于 2015 年完工。

4）事故影响

切尔诺贝利核事故的影响到现在还没有得到根除，放射性后果还在不断被揭示。核事故的影响主要有以下几方面：

①大量的放射性物质在反应堆爆炸后泄漏排放到外面。根据俄罗斯科学家的报告，切尔诺贝利 4 号反应堆共有 180～190 t 的 $UO_2$ 以及核反应产生的核废料，估计有 5%～30% 的物质在事故中流到外面。有资料称，在事故中有 8 t 多强放射性物质进入到环境中去，其强度相当于日本广岛和长崎两颗原子弹的 100 倍。

②大范围不同程度的污染。事故发生时，反应堆爆炸形成的放射性尘埃飘到俄罗斯、白俄罗斯和乌克兰，也飘到欧洲的其他国家和地区，造成了空气和地面不同程度的污染，核电厂周围 6 万多 $km^2$ 的土地受到了直接污染。

③直接的人员死亡和辐射危害。对人员死亡和因核辐射引发的癌症患者在报道中相差很大，按官方的说法，因事故当场死亡 31 人，大约 600 万人受到核辐射的影响。

④撤离人员永远离开了家园。在事故处理中，当局将以核电厂为中心，半径 30 km 的广大区域划为禁区，在该区域撤离了 135 000 人。20 年后有报道称，隔离区内的平均剂量仍大于 100 mR；隔离区以外是较重污染撤离区，平均剂量约 60 mR，个别地方可达 150～200 mR；再往外是轻度污染的准撤离区，平均照射度量在 30 mR。有人担心锶-90和铯-137对土壤的污染仍会持续存在，植物、昆虫和蘑菇等仍会从表层的土壤中吸收铯-137，这将会对当地生态造成几个世纪的影响。

⑤对地表水体造成了污染。放射性尘埃落到附近第聂伯河的水体中，在库区聚集，对水生物造成严重影响。资料发现，核电厂的基础坐落在黏土层上，黏土层较厚，黏土层下面是一含水层，该含水层是当地和乌克兰首都基辅市的地下水源。由于黏土层的不透水性和对放射性核素的吸附作用，地下水未受污染，所以，事故处理中没有像福岛核事故那样闹水荒。

⑥高昂的代价。苏联政府为处理事故付出了巨大的代价，有专家估计，事故处理花费达数百亿美元，可建 10 多个同类核电厂。建安全封闭壳需 8.7 亿欧元，该壳的设计寿期为 100 年，100 年后还要投资。

⑦心灵的创伤，社会的恐惧。事故严重影响核能的发展，国际社会陷入了核恐惧中，德国、美国等国掀起了反对建设核电厂的浪潮，20 多年核能发展陷入低谷。

(2)福岛第一核电厂事故

2011 年 3 月 11 日，日本本州岛东海岸发生里氏 9.0 级特大地震，地震发生后，运行中的福岛第一核电厂 1、2、3 号机组和第二核电厂全部 4 个机组均通过液压系统将位于堆芯下部的控制棒插入堆芯，成功实现自动“停堆”，这表明该核电厂达到了超基准地震事故设计标准。地震导致核电厂外部电源和厂用电丧失，电厂立即启动紧急柴油发电机供电，以冷却堆芯燃料组件。全厂共设有 13 台紧急柴油发电机，其中水冷式发电机 9 台，空冷式发电机 4 台，地震发生前 12 台备用，1 台待修地震发生后，2 台空冷式发电机无法使用，1 台空冷式发电机和全部水冷式发电机组均正常运行。柴油发电机供电一个多小时后，高度达 14 m 以上的强海啸将位于海拔 13 m 处的柴油发电机全部淹没，导致其无法继续供电只能依靠备用电池组供电，但电池组供电时间非常有限。随后电厂调入 3 台移动式柴油发电机，但因接口不匹配，无法引入。在导热冷却系统断电停运情况下，整个反应堆处于高温蒸发状态，金属元件与水反应生成氢气，在适当浓度和高温条件下发生化学爆炸并起火，安全防护设施严重受损，厂房面目全非，致使大量放射性物质向外界泄露。

福岛核事故一方面归因于突如其来的特大地震和海啸双重自然灾害，另一方面也有人为因素存在，是“天灾”和“人祸”共同作用造成的恶果。福岛核电厂已接近寿期，部分部件出现老化现象，存在安全隐患。运营单位对核电机组设备、部件检查维护不到位，事故发生后部分关键设备无法发挥作用。早期单一回路的沸水堆设计存在缺陷，全厂失去电力后，核反应堆无法注水冷却，紧急情况下只能排放蒸气回路中含放射性的蒸气来减压，造成环境污染；对堆芯融化事故估计不足，安全壳设计中未考虑氢氧复合系统，更未考虑堆芯融化物穿透压力容器而外泄的严重后果。福岛核电厂遭自然灾害袭击后，日本东京电力公司对其可能产生危及人类社会和公众安全的后果估计不足，甚至考虑甚少，仅从自身经济利益出发，采取保守冷却方式，千方百计考虑如何保住核电厂以减少损失，而未采取更有利于公众安全的果断处置措施，最终造成堆芯融化，放射性物质外泄。事故发生后的 14 日，日本政府宣布其为 4 级核事故，3 月 18 日升级为 5 级核事故，25 天后即 4 月 12 日宣布为 7 级核事故。IAEA 有基本规范，不同级别核事故的发生和出现需要采取相应的应急响应和应急行动，以把危害和影响降到最低。福岛事故 25 天后，日本政府突然将其升至 7 级核事故，而放射性物质的释放和泄露不是跳跃式的，这在一定程度上反映出测试数据的混乱和不一致，管理不到位，影响和贻误政府决策，致使无法开展有效控制和补救措施，加重了事态发展事故发生后，日本政府向外界公布事故发展动态和应对处置措施等方面信息的准确性和及时性也有待商榷。

### 1.1.2　辐射事故

辐射事故源自人们在核与辐射技术利用过程中，所发生的偏离正常运行而导致的。通常是用于农业、工业、医学和有关科研目的的放射性同位素在生产、使用、贮存、处理和运输过程中发生的事故，或是用放射性同位素作空间物体动力源的事故。它的源项可以是放射性物质（密封状态或非密封状态），也可以是 X 射线机、加速器等一类射线装置。它可以表现为单纯的超剂量外照射，也可以是放射性物质扩散而导致的体内污染内照射，抑或是二者兼而有之的混合照射。

我国是核技术利用大国，截至 2019 年 6 月，我国在用放射源达 14 万多枚，各类射线装置有 18 万多台（套），从事生产、销售、使用放射性同位素和射线装置的单位共 73 070 家。放射源和射线装置 100％纳入政府许可管理，废旧放射源 100％安全收贮。放射源辐射事故年发生率持续降低，由 20 世纪 90 年代的每万枚 6.2 起降至 2019 年的每万枚 1.0 起以下，达到历史最低水平，如图 1－2 所示。近年来，我国核技术利用安全水平大幅提升。对放射源实行从“摇篮”到“坟墓”的全过程动态管理，将所有涉源单位纳入政府监管范围，建立国家核技术利用管理数据库，实施放射源安全提升行动，实现高风险移动源在线实时监控，提高核技术利用安全水平。

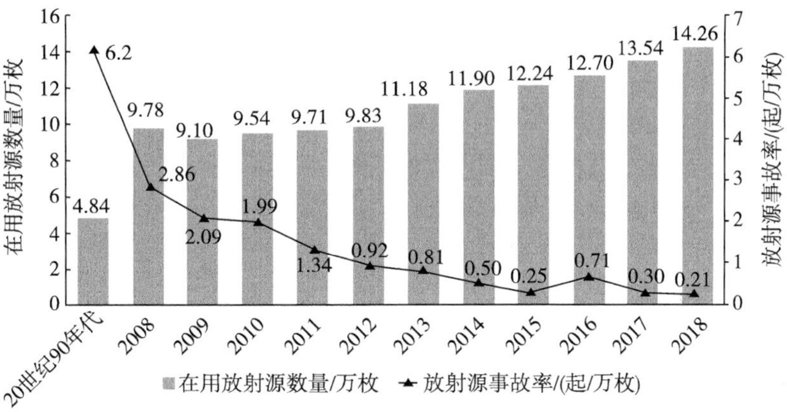


图 1－2　中国在用放射源数量及事故率变化趋势图

#### 1.1.2.1　辐射事故分类

2005 年发布的国务院 449 号令《放射性同位素与射线装置安全和防护条例》指出：根据辐射事故的性质、严重程度、可控性和影响范围等因素，从重到轻将辐射事故分为特别重大辐射事故、重大辐射事故、较大辐射事故和一般辐射事故四个等级。

特别重大辐射事故，是指Ⅰ类、Ⅱ类放射源丢失、被盗、失控造成大范围严重辐射污染后果，或者放射性同位素和射线装置失控导致 3 人以上（含 3 人）急性死亡。

重大辐射事故，是指Ⅰ类、Ⅱ类放射源丢失、被盗、失控，或者放射性同位素和射线装置失控导致 2 人以下（含 2 人）急性死亡或者 10 人以上（含 10 人）急性重度放射病、局部器官残疾。

较大辐射事故，是指Ⅲ类放射源丢失、被盗、失控，或者放射性同位素和射线装置失控导致 9 人以下(含 9 人)急性重度放射病、局部器官残疾。

一般辐射事故,是指Ⅳ类、Ⅴ类放射源丢失、被盗、失控,或者放射性同位素和射线装置失控导致人员受到超过年剂量限值的照射。

#### 1.1.2.2 特别重大辐射事故

**山西忻州辐射事故**。1973 年山西省忻州地区某单位筹建钴-60辐照装置,购进五枚钴-60源后闲置不用。1980 年该单位搬迁,将房屋产权转让。1991 年,受让方因扩建需使用照射室场址,在对钴源实施退役,退役过程中遗漏了一枚钴源(事故后推算其活度为 466.2 GBq,即 12.6 Ci)。11 月 9 日上午 9 时许,民工张某在钴源井附近拾到一圆柱形金属体装入身穿的皮夹克口袋内。11 时许张某感到头晕、恶心、呕吐,不能继续干活,同事将其送回家中。下午,张某症状加重,由其兄长陪同到地区医院就诊、住院。第四天,其兄长也发病住院,两人症状体征基本相同。因病情进一步恶化,26 日下午两人转入省城医院,后医治无效,张某于 12 月 2 日出院回到家中死亡,其兄于 12 月 7 日也在家中死亡。其父因一直陪侍两个儿子也发病,于 12 月 10 日死亡。张某之妻张氏于 12 月 17 日到北京就诊,诊断为急性放射病。有关单位根据受照条件,估算对张某及其兄、父的受照剂量,分别为 44 Gy、8.9 Gy、8.1 Gy。

#### 1.1.2.3 重大辐射事故

**山东济宁辐射事故**。山东省济宁市某辐照厂钴-60辐照装置(设计装源活度 30 万 Ci,事故时活度约 3.8 万 Ci),建于 1990 年代,用于辐射加工农产品、中药和医疗器具等。辐照室规模较小,主屏蔽材料为石材及土砖,设备设施十分简陋,后来自行改造加装了货物自动输送系统。由于该辐照装置的铁网门安全联锁、降源限位开关、踏板降源装置、三道防人误入光电联锁、拉线开关等安全联锁系统全部失灵。2004 年 10 月 21 日 17 时,两名工作人员在钴源未能正常回落到井下安全位置且未携带辐射监测仪器及个人剂量报警仪的情况下,通过迷道(与货物输送同一通道)进入辐照室,查看货物情况。两人在辐照室距钴源约0.8~1.7 m 距离内整理和摆放货物,10 分钟左右感觉不适,便快速离开辐照室,进控制室观察发现钴源处于升起位置,随即立即降源到安全位置,之后不久两人均出现呕吐症状。事故发生后,两人被送往县医院救治,随后转入省立医院。23 日下午被送往北京 307 医院。经估算,二人受照剂量约 8~12 Gy,受照人员初期全身红肿、口干、腹部疼痛、视物不清,白细胞下降明显。临床分别诊断为轻度肠型放射病和重度骨型放射病。两人分别于 2004 年 11 月 23 日和 2005 年 1 月 4 日死于急性放射病。

#### 1.1.2.4 较大辐射事故

**秘鲁智利卡地区工业探伤辐射事故**。2012 年 1 月 11 日凌晨,秘鲁一家无损检测公司在智利卡地区使用一枚铱-192源开展工作。1 月 12 日估算活度为 3 653 GBq。工作中,工人 A 和工人 B 将他们的个人剂量计放在车辆中,工人 A 是唯一一个佩戴了个人剂量计的人员。期间没有任何人员使用报警式剂量计或直读试剂量计。工作场所仅有一台辐射监测仪,可以确认放射源是否出来工作,但无法确认源是否回到其安全位置。在探伤结束后,一名工人注意到源并没有回到储源室罐,而是卡在了导管中,于是将情况告知了公司放射防护办公室的工作人员，放射防护工作人员在另一名管理人员的帮助下，恢复了源并安全地将其返回至储源罐中。本次事故受牵连人员包括三名工人及两名管理者。两名管理者受照剂量很低，工人 A(无该仪器使用资质)由同事 A 和同事 B 帮助负责完成探伤工作，他的受照剂量最高，同事 A、B 次之。12 日 02:30，在射线探伤工作完成后不久，工人 A 呕吐了 3 次，在其后的两小时内工人 A 一直在呕吐(约 10 次)。凌晨 3 点，同事 A 感到疲劳，凌晨 5 点左右出现眩晕症状。15 日工人 A 左手食指出现红斑。事故发生后的第 11 天对三名工人进行了详细的身体检查，均出现了不同程度的放射性损伤。其后，工人 A 在 IAEA 的帮助下送去法国进行专业治疗。

#### 1.1.2.5　一般辐射事故

**安徽运输放射源丢失事故**。安徽某公司专业从事压力容器和管道无损监测，2013 年 8 月 19 日上午，公司员工甲、乙、丙 3 人因公司放射源专用运输专车外出，临时调用公司另一辆非专用运源车，将一台铱-192探伤机从公司源库运送至某施工现场进行探伤。中午 12 时 50 分左右探伤结束，3 人携带探伤机乘坐面包车返回源库。13 时 10 分左右，发现面包车后车门处于打开状态，靠边停车检查时发现探伤机丢失。此 $\gamma$ 射线探伤机内含有 1 枚铱-192源，事发时活度为 $8.28\times10^{11}$ Bq，为Ⅱ类高危险放射源。在找寻 2 h 无果后，于 15:25 向当地环保局电话报告。环保、公安和卫生等行政部门紧急行动排查后，获得探伤机的下落。8 月 19 日下午 4 时许，保洁工人丁(女)在街道慢车道绿化带中发现 1 件金属物，后通知其家人带回家中，放置在自家院内。8 月 20 日，丁在其保洁的路段看到该公司寻物启事后，于下午 2 时 40 分电话告知该公司。随即市环保和公司人员一同前往其家中，经辨认为其丢失的探伤机。使用谱仪确认，铱-192放射源仍在探伤机内，设备无打开迹象，未见对周边环境及人体健康造成伤害。该放射源随即运回公司源库保管。

### 1.1.3　核恐怖袭击

“核恐怖主义”(nuclear terrorism)是指恐怖分子利用核扩散从事恐怖活动的一种思潮。当前，世界各国普遍加强反恐措施的情况下，恐怖袭击行为仍然频繁，并且袭击规模持续扩大，袭击手段更加现代化、极端化。使用大规模杀伤性武器的“超级恐怖主义”已成为当代国际社会面临的现实威胁，而核恐怖主义犯罪是当今国际和平与安全面临的最严重挑战之一。

为打击日益猖獗的核恐怖主义犯罪活动，国际社会专门制定了与核材料有关的反恐怖主义国际公约。1980 年联合国大会通过了《核材料实物保护公约》，其宗旨是：一切国家有权为和平目的发展和利用核能，同时采取适当有效的措施预防非法取得和使用核材料所可能引起的危险，打击与核材料有关的犯罪行为。该公约于 1987 年 2 月 8 日生效，它是民用核材料实物保护领域中唯一的国际法文书。美国“9·11”恐怖袭击事件以后，国际社会面临的核恐怖主义犯罪的威胁加剧。2005 年 4 月 13 日，第 59 届联合国大会一致通过《核材料实物保护公约》的修正案——《制止核恐怖行为国际公约》，这是联合国大会通过的第 13 个反恐公约，也是第一个明确旨在打击核恐怖主义罪行的国际公约，为预防和惩治核恐怖犯罪提供了重要的法律依据。正是从这个公约起，国际反恐怖公约基本上涵盖了所有的领域，国际反恐法律框架得以进一步完善，该公约于 2007 年 7 月 7 日生效。

为应对可能存在的核恐怖袭击，2016 年 3 月 31 日至 4 月 1 日，第四届核安全峰会在华盛顿举行，此次峰会以“加强国际核安全体系”为目的，突出的主题是如何防止核恐怖袭击。我国国家主席习近平在峰会上发言指出，愿结合中国实践和经验，就打击核恐怖主义提出四点主张：第一，源头管控要严，加强核材料安全监管，覆盖生产、使用、运输、存储等全流程；第二，应对手段要新，着力加强网络反恐，坚决打击利用新媒体等渠道策划和煽动恐怖活动，还要加强金融监管；第三，应急响应要快，在国家层面要健全分级响应机制，同时加强跨国信息交流和执法合作；第四，法律法规要全，对核材料和核设施安保要实现立法全覆盖，对于新风险要加紧弥补相关法律空白。习近平总书记强调：恐怖主义是人类公敌。各国要根据安理会决议，协同好国际、地区和国内层面的行动，加强合作，坚决遏制恐怖势力蔓延的势头。打击恐怖主义必须摒弃双重标准。无论恐怖活动打着什么旗号、针对哪个国家、采取何种手段，都要坚决予以打击。要综合运用政治、经济、文化、外交等手段，标本兼治，铲除滋生恐怖主义的土壤。

2016 年 3 月 23 日，比利时首都布鲁塞尔的机场和地铁站遭恐怖袭击，国际及比利时媒体曾报道说，恐怖分子原打算破坏或攻击核电厂，或者偷取放射性物质制造脏弹，为此比利时政府在一些核电厂布置了军人检查站。已经逝世的国际原子能机构原总干事天野之弥生前曾多次表示，恐怖主义正在蔓延，不再能排除核武威胁的可能性。《自由比利时》报刊文表示，网络攻击的可能性真实存在。如果恐怖组织对核电厂监控中心发动网络攻击，将造成莫大的危害。为了防止恐怖分子拥有大规模杀伤性武器，一定要设法不让他们获得核武材料。此前几乎没有专家预测恐怖组织会研制出核武器，但如果恐怖组织能获得足够的钚和铀，则可制造脏弹，进而引发莫大的人员伤害、经济损失和社会恐慌。

尽管具有里程碑意义的《制止核恐怖主义行为国际公约》2007 年已经生效了，但还做不到万无一失。核恐怖袭击的形式，通常有可能出现在以下几种情况。

(1)制造核灾难

911 恐怖袭击事件之前，很多人认为，恐怖分子不需要制造大量的伤亡，不想制造核灾难，他们需要的只是轰动效应。然而早在 2003 年以前，恐怖组织就企图获取核武器对美国及其盟国实施攻击。恐怖组织的特工曾多次设法购买失窃的核原料，他们还试图招募核武器专家进行技术指导，在阿富汗的一个基地组织藏身处，发现了许多从网上下载的关于制造核武器的资料。国际原子能机构公布过一系列核原料失窃事件，其中有些事件得到了所在国的证实。比如，核武盗贼不仅曾经成功地在俄罗斯偷走了核原料，而且没有漏出一点破绽；1992 年，在一家从富铀矿中提炼可裂变材料的工厂里，一名工人利用账目系统的漏洞，以正常废料的名义顺利偷走 1.5 公斤的高浓缩铀。如果恐怖分子获取核原料的话，那么这个世界可能面临巨大的灾难。

(2)袭击核设施

袭击核设施以实现包括核电厂、核动力工厂在内的核设施产生大量的放射性泄漏为目的。主要表现为直接攻击或通过核电厂的内部人员进行破坏，使核设施停机停堆，对核电厂确保核安全的关键设施进行袭击，或者窃取核电厂的乏燃料制造恐怖活动。

2002 年 2 月 1 日新华社报道，美国情报机构在过去两个星期发出一份内部通讯，称恐怖分子正在计划发动一次破坏力相当于“9·11”事件的攻击，攻击目标包括美国的核电厂或能源部核设施。在这份内部通讯中列举了 6 个可能的攻击方式和目标，其中的包括用炸弹或民航飞机攻击美国的核设施；以炸弹攻击美国第五舰队位于中东地区的军事基地；挟持客机撞毁建筑物及发动汽车炸弹袭击。

袭击核设施还包括利用计算机病毒的办法，“震网”病毒就是一例。2010 年 6 月，“震网”作为世界上首个网络“超级破坏性武器”被检测了出来，它是第一个专门定向攻击真实世界中基础（能源）设施的“蠕虫”病毒，比如核电厂、水坝、国家电网等。曾经感染了全球超过 45000 个网络终端，伊朗遭到的攻击最为严重，60%的个人电脑被感染。2010 年 9 月，伊朗政府宣布，大约 3 万个网络终端感染“震网”，病毒攻击目标直指核设施。由于被病毒感染，监控录像被篡改，监控人员看到的是正常画面，而实际上离心机在失控情况下不断加速而最终损毁。伊朗位于纳坦兹的约 8000 台离心机中有 1000 台在 2009 年底和 2010 年初被换掉，病毒给伊朗布什尔核电厂造成严重影响。

(3)脏弹袭击

脏弹又称放射性炸弹，是一种大范围传播放射性物质的攻击性武器。引爆传统的爆炸物将内含的放射性物质抛射散布到环境中，造成相当于放射性的尘埃污染和水体污染，形成灾难性生态破坏。脏弹虽不产生核爆炸，但其引起的放射性颗粒传播，仍会对人体和环境造成伤害。脏弹爆炸后造成的损害，主要取决于爆炸装置的大小、放射性材料的含量和性质、爆炸时的天气情况等。用脏弹袭击人口稠密的城市区域，会导致接触者短时间内死亡、慢性损伤或癌症。遭袭击的城市、街区和建筑物会受到放射性物质的污染，在以后数十年、甚至更长的时间内，退化为不适合人类居住的放射性沾染地区。脏弹更大的威胁是引起人们的心理恐惧和社会恐慌，导致混乱局面的出现，使地区经济遭到重创。与小型核武器相比，脏弹的现实威胁更大。脏弹的制造原理简单，可以做到体积很小，方便恐怖分子随身携带。

## 1.2　核与辐射事故源项

随着核能及辐射技术的发展，一系列安全防护措施日趋完善，但仍不能完全避免发生事故。除核工业生产中可发生核事故外，辐射装置及同位素的应用也会发生不同类型的辐射事故。核与辐射事故会导致电离辐射或放射性物质向环境的释放失控，直接或间接对生命健康造成危害。从应急的角度考虑，根据核与辐射事故的严重性、损伤人数及辐射后果，应当对事故后的源项进行分类评估，这是核与辐射事故分级的重要依据，也是核与辐射事故后果评价不容忽视的重要环节。

事故源项(Accident source term)是在事故情况下广泛使用的、用于表示从特定源中放射性物质实际的或潜在的释放信息，包括放射性物质的数量、同位素的组成、释放率和释放方式等。在正常运行期间或发生事故时，释放到环境中的放射性物质的形态、数量、组分以及释放随时间变化的其他特征，通常可分为常规源项和事故源项两类，本书仅介绍事故源项。

### 1.2.1　核事故源项

核事故发生后，放射性物质向大气异常释放情况下，会释放出许多对人体造成严重危害的放射性核素，在核事故早期主要是惰性气体和$^{131}I$，晚期主要是$^{90}Sr$、$^{137}Cs$等长寿命裂变核素。核事故情况下，反应堆放射性物质的释放量与分布受堆芯损坏进程、堆芯积存量、燃料释放份额、冷却剂滞留、安全壳行为、核素性质、事故发生情景等因素影响。核反应堆内产生的放射性核素，有核裂变产生的核素、在核燃料内产生的超铀核素及受中子活化后产生的放射性核素。核裂变产生的核素有不同的理化性质，其挥发性也不同，超铀核素和中子活化放射性核素基本上以非挥发性固体形态存在。放射性核素向大气的释放与其物理特性密切相关，容易向大气释放的一般顺序是气态物质、挥发性固体、不挥发性固体。核事故时释放的放射性核素组分与被损坏的反应堆中含有的核素成分相符。但一般情况下，惰性气体几乎全部释放，其次是具有挥发性的碘、铯。事故源项是核电厂事故管理和应急计划的基础，可以依照核电厂状况、排放气体、流出物的监测结果及环境监测数据进行反推估算，从而确定相对应的事故源项。

历史上实际发生较为严重的核电厂事故有：美国三哩岛核事故、苏联切尔诺贝利核事故、日本福岛第一核电厂事故。据估算，美国三哩岛核事故主要释放的核素为$^{88}$Kr、$^{133}$Xe、$^{131}$I、$^{137}$Cs、$^{90}$Sr及$^{140}$Ba，放射性释放量及释放份额如表1—2所示。

**表1—2　三哩岛核事故堆芯内放射性释放量及释放份额**

| 核素 | 释放量/Bq | 释放份额 | |
|---|---|---|---|
| | | 从燃料元件释放的份额 | 进入大气环境的份额 |
| $^{88}$Kr | 3.6×10 | 0.47～0.70 | 约0.1 |
| $^{133}$Xe | 5.2×10 | 0.42～0.68 | 约0.1 |
| $^{131}$I | 2.4×10 | 0.41～0.55 | 2×10 |
| $^{137}$Cs | 3.1×10 | 0.45～0.60 | 0 |
| $^{90}$Sr | 2.9×10 | ＜8×10 | 0 |
| $^{140}$Ba | 5.2×10 | 0.001～0.002 | 0 |

据估算，切尔诺贝利核事故释放出的放射性物质总量约为$12\times10^{18}$ Bq，释放的核素成分复杂，对环境污染和人员产生有害影响的放射性物质主要是$^{131}$I和$^{137}$Cs等，放射性释放量及释放率如表1—3所示。

**表1—3　切尔诺贝利核事故堆芯内放射性释放量及释放率**

| 核素 | 半衰期/d | 总量/PBq | 释放率/% |
|---|---|---|---|
| $^{85}$Kr | $3.97\times10^3$ | 33 | ～100 |
| $^{133}$Xe | 5.27 | $1.7\times10^3$ | ～100 |
| $^{131}$I | 8.05 | $1.3\times10^3$ | 20 |
| $^{132}$Te | 3.25 | $0.32\times10^3$ | 15 |
| $^{134}$Cs | $7.5\times10^2$ | $0.19\times10^3$ | 10 |
| $^{137}$Cs | $1.1\times10^4$ | $0.29\times10^3$ | 13 |
| $^{99}$Mo | 2.8 | $4.8\times10^3$ | 2.3 |
| $^{95}$Zr | 6.55×10 | $4.4\times10^3$ | 3.2 |
| $^{103}$Ru | 3.95×10 | $4.1\times10^3$ | 2.9 |
| $^{106}$Ru | $3.68\times10^2$ | $2.0\times10^3$ | 2.9 |
| $^{140}$Ba | 1.28×10 | $2.9\times10^3$ | 5.6 |

续表

| 核素 | 半衰期/d | 总量/PBq | 释放率/% |
| --- | --- | --- | --- |
| $^{141}Ce$ | $3.25\times10$ | $4.4\times10^3$ | 2.3 |
| $^{144}Ce$ | $2.84\times10^2$ | $3.2\times10^3$ | 2.8 |
| $^{89}Sr$ | $5.3\times10$ | $2.0\times10^3$ | 4.0 |
| $^{90}Sr$ | $1.02\times10^4$ | $0.2\times10^3$ | 4.0 |
| $^{239}Np$ | 2.35 | $0.14\times10^3$ | 3 |
| $^{238}Pu$ | $3.15\times10^4$ | 1.0 | 3 |
| $^{239}Pu$ | $8.9\times10^6$ | 0.85 | 3 |
| $^{240}Pu$ | $2.4\times10^6$ | 1.2 | 3 |
| $^{241}Pu$ | $4.8\times10^3$ | $0.17\times10^3$ | 3 |
| $^{242}Cm$ | $1.64\times10^2$ | 26 | 3 |

福岛第一核电厂事故放射性物质排放存在间断式的事故排放与长时期非点源排放。福岛核事故后，由于电力与通信的缺失，核事故初期监测数据空白，核事故后期存在一些不可预期的非点源排放，同时受监测站位与频率的限制等，事故源项估计较为困难。

核事故后的大气排放是对环境影响最为直接、迅速，影响范围最为广泛的途径。全面了解福岛核事故来源的人工放射性核素排放的总量与组成，对于事故分析、辐射评价、环境修复和核素生物地球化学过程研究等具有重要意义。由于日本方面发布信息透明度及可信度值得怀疑，监测站位与频率不足，源项估计时间、空间及方法上的差异等，不同研究者对于同一核素排放总量的估算存在差异，表 1－4 保留并给出相应出处，以便今后进一步深入的分析与评价。

$^{131}I$、$^{134}Cs$ 和 $^{137}Cs$ 由于其分析方法相对简单，核事故后有大量的环境监测数据，同时三者也是辐射剂量评价中最为主要的放射性核素，因此对于三者的源项估计研究最多。从表 1－4 中可以得到，$^{131}I$、$^{134}Cs$ 和 $^{137}Cs$ 大气排放的源项分别为 60～390 PBq、15～20 PBq 和 5～50 PBq。不同大气输运模型结构的差异也将影响源项的估算结果。

**表 1－4　福岛第一核电厂事故源主要放射性释放量**

| 核素 | 排放总量/PBq |
| --- | --- |
| $^{85}Kr$ | 44.1(Ahlswede 等，2013)<br>61(Nitta 等，2014)<br>83.7(Povinec 等，2013) |
| $^{90}Sr$ | 0.14(Povinec 等，2013) |
| $^{110m}Ag$ | $1.5\times10^{-2}$～0.15(Saito 等，2014)，$3.0\times10^{-2}$(Lepage 等，2014) |
| $^{129m}Te$ | 3.33(Povinec 等，2013) |
| $^{129}I$ | $8.06\times10^{-6}$(Hou 等，2013) |
| $^{131}I$ | 65.3(Ten Hoeve 和 Jacobson，2012)，105.9(Saunier 等，2013)<br>120(Nagai 等，2014)，100～400(Achim 等，2012)<br>151(Katata 等，2012)，153～160(Chino 等，2011)<br>159(Povinec 等，2013)，160(Povinec 等，2013) |

续表

| 核素 | 排放总量/PBq |
|---|---|
| | 190(Mathieu 等，2012)，100～200(Akahane 等，2012)<br>190～380(Winiarek 等，2012)，320(TEPCO，2011)<br>200(IRSN，2011；Kobayashi 等，2013)<br>360～390(ZAMG，2011) |
| $^{132}I$ | 35.8(Saunier 等，2013) |
| $^{132}Te$ | 88(Tagami 等，2013)，88.4(Povinec 等，2013) |
| $^{133}I$ | 42.2(Povinec 等，2013) |
| $^{133}Xe$ | 6000(Achim 等，2012)，12000(Bowyer 等，2011；Povinec 等，2013)<br>22000(TEPCO，2011)，12134(Saunier 等，2013)<br>14000(Stohl 等，2012)，15300(Stohl 等，2012)<br>17000(NILU，2011)，20000(IRSN，2011) |
| $^{134}Cs$ | 15(Povinec 等，2013)，17.5(Povinec 等，2013)<br>18(Hamada 和 Ogino，2012) |
| $^{135}Cs$ | $6.74\times10^{-5}$(Zheng 等，2014) |
| $^{137}Cs$ | 5.5～9.7(Miyazawa 等，2012)，8.8(Nagai 等，2014)<br>11.5(Bailly du Bois 等，2012)，10(Morino 等，2011；Achim 等，2012)<br>12(Yasunari 等，2011；Winiarek 等，2012)<br>13(Kawamura 等，2011；Kobayashi 等，2013)<br>15(Honda 等，2012；Povinec 等，2013)<br>15.3(Povinec 等，2013)，15.5(Saunier 等，2013)<br>13～15(Chino 等，2011)，17(Ten Hoeve 和 Jacobson，2012)<br>20(Mathieu 等，2012；Korsakissok 等，2013；Bailly du Bois 等，2014)<br>10～20(Akahane 等，2012)<br>30(IRSN，2011)，36(NILU，2011)，36.6(Stohl 等，2012)<br>50(ZAMG (Central Institue for Meteorology and Geodynamics，2011) |
| U | $3.9\times10^{-9}$(Sakaguchi 等，2014) |
| $^{239+240}Pu$ | $1\times10^{-6}$～$2.4\times10^{-6}$(Zheng 等，2012)，$2.3\times10^{-6}$(Sakaguchi 等，2014)<br>$3.5\times10^{-6}$(Yamamoto 等，2014) |
| $^{241}Am$ | $5.0\times10^{-7}$～$1.3\times10^{-6}$(Yamamoto 等，2014) |
| $^{242}Cm$ | $2.7\times10^{-5}$～$6.5\times10^{-5}$(Yamamoto 等，2014) |
| $^{243+244}Cm$ | $1.1\times10^{-6}$～$2.6\times10^{-6}$(Yamamoto 等，2014) |

如果不考虑放射性惰性气体的排放($^{85}Kr$ 和$^{133}Xe$)，福岛核事故来源的$^{131}I$ 和$^{137}Cs$ 等主要的放射性核素排放量总量大约为切尔诺贝利核事故的 10%，不足全球落下灰的千分之一。如果考虑放射性惰性气体的排放($^{85}Kr$ 和$^{133}Xe$)，福岛核事故泄漏放射性物质总量高于切尔诺贝利核事故，因为福岛核事故共有四个反应堆发生不同程度的堆芯熔化，而切尔诺贝利核事故只有一个反应堆发生堆芯熔化。对于$^{239+240}Pu$，福岛核事故泄漏量远小于切尔诺贝利核事故和全球落下灰的排放量。

上述不同类型的核事故发生时，向周围环境释放的放射性核素的种类有很大差异。一般来说，核燃料加工厂、反应堆、核电厂、核燃料后处理厂，一旦发生核事故，会释放大量放射性核素，如表 1－5 所示，各种核设施及释放的放射性烟羽中各种放射性核素是外照射的主要来源。

表 1—5　核事故时对人照射有意义的放射性核素

| | 核素 | 半衰期($T_{1/2}$) | 主要衰变形式 |
|---|---|---|---|
| 裂变产物 | $^{89}Sr$ | 50.5 d | $\beta^-$ |
| | $^{90}Sr$ | 28.7 d | $\beta^-$ |
| | $^{90}Y$ | 64 h | |
| | $^{95}Zr$ | 64.1 d | $\beta^-$, $\gamma$ |
| | $^{95}Nb$ | 35.2 d | |
| | $^{99}Mo$ | 65.93 h | $\beta^-$, $\gamma$ |
| | $^{103}Ru$ | 39.27 d | $\beta^-$, $\gamma$ |
| | $^{106}Ru$ | 372.6 d | |
| | $^{131}I$ | 8.05 d | $\beta^-$, $\gamma$ |
| | $^{131}Te$ | 76.86 h | $\beta^-$, $\gamma$ |
| | $^{132}I$ | 2.3 h | |
| | $^{133}I$ | 20.8 h | |
| | $^{137}Cs$ | 30.0 a | $\beta^-$, $\gamma$ |
| | $^{140}Ba$ | 12.8 a | |
| | $^{140}La$ | 40 h | |
| | $^{144}Ce$ | 284.45 d | $\beta^-$, $\gamma$ |
| 活化产物 | $^{3}H$ | 12.35 a | $\beta^-$ |
| | $^{14}C$ | 5730 a | $\beta^-$ |
| | $^{55}Fe$ | 2.75 a | EC, $\beta^-$, $\gamma$ |
| | $^{54}Mn$ | 312.5 d | EC, $\gamma$ |
| | $^{60}Co$ | 5.27 a | $\beta^-$, $\gamma$ |
| | $^{65}Zn$ | 243.9 d | EC, $\gamma$ |
| | $^{134}Cs$ | 754.2 d | $\beta^-$, $\gamma$ |
| | $^{239}Np$ | 2.36 d | $\beta^-$, $\gamma$ |
| | $^{238}Pu$ | 87.7 a | $\alpha$ |
| | $^{239}Pu$ | $2.41\times10^4$ a | $\alpha$ |
| | $^{240}Pu$ | $6.56\times10^3$ a | $\alpha$ |
| | $^{241}Pu$ | 14.35 a | $\beta^-$ |
| | $^{241}Am$ | 432 a | $\alpha$, $\gamma$ |
| | $^{242}Cm$ | 163 d | $\alpha$ |
| | $^{244}Cm$ | 18.1 a | $\alpha$ |
| 惰性气体 | $^{41}Ar$ | 1.827 h | $\beta^-$, $e^-$, $\gamma$ |
| | $^{85}Kr$ | 10.7 a | $\beta^-$, $\gamma$ |
| | $^{85}Kr^m$ | 4.48 h | $\beta^-$, $e^-$, $\gamma$ |
| | $^{87}Kr$ | 1.27 h | $\beta^-$, $\gamma$ |
| | $^{88}Kr$ | 2.84 h | $\beta^-$, $e^-$, $\gamma$ |
| | $^{133}Xe$ | 5.25 d | $\beta^-$, $e^-$, $\gamma$ |
| | $^{135}Xe$ | 9.09 h | $\beta^-$, $e^-$, $\gamma$ |

### 1.2.2 辐射事故源项

辐射事故的放射源包括主要用于工业和医学的密封源、各类射线装置以及核医学和科研工作中使用的非密封放射性物质等。辐射事故一般分为超剂量照射事故、表面污染事故、丢失放射性物质事故、放射性物质泄漏事故。发生辐射事故的原因,主要包括工作人员安全生产意识淡薄、操作人员素质较低,违章操作等人为因素,其次是包括工艺设备故障、设计不完善等技术性因素引起的辐射事故。通过对辐射事故的总结,可以帮助工作人员认真汲取经验教训,提高处理和预防辐射事故的能力,加强管理,从而更好地对各种辐射事故进行应急处理。

辐射事故类型:

(1)放射源、放射性材料、放射性污染严重物件的丢失或被盗、误置、遗弃;

(2)密封源或辐射装置的辐照室的进入失控;

(3)放射源装置和辐照装置故障或误操作引起屏蔽丧失等事故;

(4)密封放射性源或包容放射性物质的设备或容器泄露;

(5)放射性物质从放射源与辐射技术应用设施异常释放。

辐射事故的照射途径主要来自源或设施的直接照射、释放的放射性核素的直接照射、气载放射性物质(气溶胶等挥发性微粒)的吸入、来自地面或各种表面沉积放射性物质的直接照射、皮肤和衣物的污染等。

各类辐射事故发生时,如未采取适当的防护行动,均可使人员受到难以控制的照射,工作人员和公众受到照射的可能途径有:

(1)直接来自放射源或辐射装置的辐射所产生的外照射;

(2)核事故释放的气载放射性物质的辐射所产生的外照射,或沉降到地面或其他表面上形成的沉积物所产生的外照射;

(3)衣服和皮肤上的放射性污染所产生的外照射;

(4)吸入核事故释放的气载放射性物质所产生的内照射;

(5)食入被放射性物质污染的食物或水所产生的内照射;

(6)被误置、丢失、遗弃或被盗放射源或放射性污染严重金属物件进一步通过废金属回收、熔炼和加工成金属制品而进入社会生活所产生的照射。

我国在各类辐射相关设施的选址、设计、建造、运行、退役及放射性废物处理的全过程中,能够认真执行国家和安全与放射防护相关的法规标准,不断强化设施的固有安全性,采取了一系列安全技术及管理措施,设置了相应的监督、管理和研究机构,为保护环境,保障职业性工作人员和居民的安全与健康,防止或减少辐射事故的发生,制定了一系列国家标准和规定,并不断完善,降低辐射事故发生率,从而减少由于辐射事故引起的环境污染事故。对于发生的少数较严重的辐射事故,都能及时采取有效措施,按照有关规定程序认真进行应急处理和追踪调查,尽可能降低辐射事故的危害,减少损失,保障人员安全与健康,保护环境。

### 1.2.3 核与辐射事故时对环境的监测

环境辐射监测,是对环境中的放射性污染进行辐射测量、对采集的环境样品进行放射性核素的分析测量并作出评价。在针对大型核设施，如核电厂、反应堆、核燃料后处理厂等周围的环境进行监测时，可分为常规监测和应急监测。常规监测是指在核设施正常运行情况下，对场外的预定地区内进行有计划、不间断地环境放射性监测，常规监测是应急监测的基础，两者密不可分。应急监测是指当核设施发生事故时，根据事故分级，预估放射性释放和污染的严重程度，对核事故时场外环境辐射进行快速监测分析。

核事故时对环境进行放射性监测的目的是及时掌握场外环境放射性污染水平、范围、特点和随时间的变化情况，以及对当地居民可能造成的辐射照射剂量，并做出对健康影响的卫生学评价，以便尽快向主管部门和公众报告监测数据和评价结果，从而为实施决策提供依据。此外，还向核设施营运单位提供监测数据，对其所做的放射性释放和污染预报给予确认。应急监测任务是要不间断地对环境放射性污染进行动态监测，其监测数据也为正在执行的防护行动和计划采取的行动做出设计和修正，为何时终止防护行动提供依据。

在事故早期，核设施营运单位根据事故发生情况及源项释放的有关参数要做出释放模式和沉降预报，即对释放出来的放射性物质的运行、沉降和量做出预估，并向有关部门提供有效数据。由于事故早期诸多不确定因素和事故仍在迅速发展，许多信息不可能及时获得，因此核事故早期的应急监测目的是尽快开展场外近距离范围内的环境放射性监测，尽快获得第一批场外环境放射性水平的实测数据，包括发现辐射剂量和放射性污染最强的地点、污染开始时间及污染水平等数据，对事故早期场外放射性污染情况提供初步信息，以提高早期防护决策的置信度。同时也对营运单位预报的源项释放模式进行验证和修正。随着核事故的发展和时间推移，核事故中期源项释放多数情况已被控制，释放出的放射性物质随烟羽的扩散和沉降可使地面继续受到放射性污染，并可能向更远的地区扩散，在这个时期环境监测任务更重，其目的是对场外所关注的地区，即放射性污染较重的地区进行更详细的全面监测，对放射性污染水平、地区分布等情况提供监测数据。尤其关注对与人体受照有关的环境介质进行监测，如 γ 外照射剂量、空气、食品和水受到放射性污染的情况和趋势，并对更远地区可能造成的放射性污染进行追踪监测。在此期间应不间断地执行应急监测，提供监测数据和当地居民受照剂量的估算与卫生学评价资料，供主管部门在确定是否采取防护行动和修正已采取的防护行动提供重要的参考资料，为决策提供依据。在这段时间内，场外地区环境放射性污染水平和当地居民受照剂量的实测信息，主要依靠应急监测手段来获得。

#### 1.2.3.1　核事故早期

核事故早期应急监测的任务是对场外近区，尤其是有居民点处，如关键居民组的地区开展地面辐射水平和空气放射性浓度的监测，在核事故早期，从源项释放出的放射性物质在释放高度处受当时气象条件的影响而扩散，并逐渐向地面沉降，首先反映在空气中放射性浓度和 γ 剂量率的增高。早期应急监测内容主要是外照射剂量、剂量率和空气放射性浓度。

(1)早期地面 γ 剂量率

在放射性烟羽的运行扩散过程中，不同高度的空气中有大量放射性核素存在。这些放射性核素是核裂变产物和活化产物，其中有大量半衰期较短，但放射性强度高，且发射射线的放射性核素，因此事故早期烟羽中的辐射构成对人的外照射威胁。当前除固定点可布放自动监测记录的γ剂量率仪和用热释光剂量计的累积剂量仪器外，还要依靠应急监测小组用车载γ辐射仪以巡测方式，根据预报的烟羽运行路径，沿一定路线在行进中进行测量，以获得地面 1 m 高度处γ外照射剂量的水平和范围。

(2)早期近地面空气放射性

基于地面γ剂量率的测量数据，可对测值较高的地区，选择有人们活动或居民点处设立流动空气采样点，在关键居民组地区内应设置空气采样点，进行连续采样监测。在早期空气放射性监测中，应对气态放射性碘给予重视，除采集空气粒子样品外，还应以活性炭滤料对气态放射性核素进行采样，除定点采空气样品外，还应利用监测车开展流动性空气放射性采样，以了解空气受放射性污染的范围所采的空气样品可利用车载或可携式能谱仪测量空气中放射性核素，但测量应远离放射性污染区，以避免交叉污染。

(3)早期空中放射性监测

核事故早期，为了解放射性烟羽的运行扩散情况，应对核事故源项场外地区在一定高度的空中进行空气中剂量率和空气采样监测。这种监测在核事故早期，对于了解空中放射性烟羽的运行和高空大气受到污染严重程度、验证预报的准确程度，对是否需要对民航飞机采取禁航措施都有重要意义，是早期应急监测的重要内容。

#### 1.2.3.2 核事故中后期

核事故中后期应急监测是针对核事故开始几小时后到几天之内，它与早期相衔接，这时核事故已得到控制，大部分放射性物质已经释放完毕，除惰性气体放射性核素外，相当量的放射性物质已沉降到地面。在中期，地面γ剂量率的监测仍具有重要意义，由于残留在空中的放射性物质还会沉降下来，地面的放射性物质还会再悬浮到近地面空气中，所以还需要采取空气样品进行监测。

(1)中期地面γ剂量率

根据源项已被控制，放射性物质的释放已停止，可适当减少监测频度，巡测路线可根据放射性沉降污染程度适当调整，但有可能要扩展监测范围。

(2)中期近地面空气放射性

继续对居民点进行空气采样和放射性核素测量。根据早期监测结果，可调整和减少空气采样点和采样频度。必要时需将空气采样点设置到距事故源较远有居民点的地区。

(3)中、后期食品和水

在核事故中期，释放的放射性物质已有大部分沉降到地面，在沉降过程中可直接污染生长中的粮食作物、菜、牧草和露天水源。露天存放的食品也会受到放射性污染。在中后期，沉降到地面上的放射性物质会通过土壤经根部吸收进入植物体内。经过土壤渗透也存在污染地下水的可能性。牛、羊、猪和家禽等食用动物可直接受到放射性污染，牧草及其他饲料也会受到污染。一些水产食品，尤其是近海养殖或底栖的海洋生物，如贝壳类鱼类、海藻类，作为人们的常用食品，也会受到放射性物质的污染。因此在事故中后期，对食品和水的采样监测是应急监测的重点，而生长在大田中的叶菜类又是食品监测的首选采样对象，因为叶菜类的生长周期短，居民食用量大，而易于沉降的放射性物质会直接沉降到叶面上，造成直接污染。

(4)中、后期表面放射性污染

由于烟羽在运行中逐渐向地面沉降,使露天暴露的生活物品、服装、建筑物表面,以及室外活动的当地居民都会受到放射性物质的直接污染。因此在事故的中、后期,应及时对上述对象的表面,使用 α/β 表面污染仪或 γ 剂量仪直接测量污染程度。

核事故后期已进入恢复期前的阶段,已沉降到地面或其他物体表面的短半衰期放射性核素因衰变而大大减弱。由于残留的放射性物质受局部气象条件和再悬浮的影响,环境的放射性污染水平会产生波动,此时仍然应当进行放射性污染的应急监测,重点是蔬菜、水果、粮食、牛奶、海产品和饮用水。

总之,为准确了解核与辐射事故造成的危害,减少对社会造成的影响,应当提高从事核应急相关人员的意识水平和技术素质,加强核技术安全措施,做好对人员的防护措施,树立公众对核技术安全及相关部门的信任,迅速确定应急监测的范围,根据事故源项释放情况,正确判断放射性污染的区域及水平,力争在最短时间内做好核与辐射事故的应急处理等相关工作。与辐射监测相关的更详细的内容,参见本书第 4 章。

## 1.3　核与辐射事故的健康效应

人们在不断利用电离辐射的过程中,逐渐发现并认识到电离辐射对人们健康的损害作用。1896 年,在伦琴发现 X 射线后一年,Stone-Scott 报告了 96 例电离辐射操作人员的手部皮肤损伤。居里夫人曾因手持含镭的容器,手指皮肤发生放射性烧伤,她从事放射性核素铀、钍、镭的研究工作数十年,深受电离辐射慢性损伤,最终因电离辐射导致的再生障碍性贫血而逝世。20 世纪初,从事含镭表盘的涂料作业的操作女工,由于摄入过量的镭而诱发骨骼的疾病,特别是骨肉瘤的发生率明显增高。在日本广岛和长崎的原爆致使数几十万人死于核辐射的损伤。切尔诺贝利核电厂事故造成数百位居民所在区域内广泛的放射性污染。随着人类广泛地利用核能,在带来利益的同时,人类接触辐射的机会大大增多,它对健康影响的问题越来越受到放射防护工作者的关注。

### 1.3.1　电离辐射生物学效应

电离辐射作用于机体后,其能量传递给机体的分子、细胞、组织和器官,由此所造成的形态和功能的变化,称为电离辐射生物效应。ICRP－60(1991 年)在讨论生物效应时,用四个等级来区分电离辐射对人体的影响程度,分别是:变化、损伤、损害和危害。变化(change):照射后出现形态和功能的改变,可能对机体有害也可能无害;损伤(danage):某种程度的有害变化,但对受照个体未必都是有害的;损害(harm):临床上可观察到的有害效应,如有害的组织反应等;危害(detriment):因受某种射线照射,受照个体及其后代最终所经受的总伤害。

机体多数器官和组织的功能并不因损失少量或大量细胞而受到影响,这是因为机体有强大的代偿功能。在电离辐射作用后,若某一组织中损失的细胞足够多,而且这些细胞又相当重要,将会造成可能观察到的损伤,主要表现为组织或器官功能不同程度的丧失。当照射剂量很小时,这种损害将不会发生;当剂量高于某一水平(阈值)时,这种损害百分之百会发生，且损伤的严重程度随照射计量的增加而加重。电离辐射的这种生物学效应成为确定性效应。确定性效应的阈剂量大约是 0.1～0.2 Gy，每个器官和组织以及每个人引起效应的阈值存在一定的差异，超过阈值时电离辐射效应的发生率和严重程度随剂量的增加而增大。确定性效应的发生基础是器官或组织的细胞死亡，确定性效应包括除了癌症、遗传和突变以外的所有躯体效应和胚胎效应及不育症等。ICRP 在 2007 年建议书引进组织反应一词，并提议以“有害的组织反应”来替代确定性效应。

电离辐射作用于生物体时，一些细胞受到电离辐射的损伤发生了变异但没有发生死亡，随着时间的延长，变异的细胞有可能形成一个变异的子细胞克隆。当机体的自我免疫下降时，一个因辐射而变异的但仍存活的体细胞生产的这个细胞克隆可能导致恶性病变，即发生癌症。这种效应发生概率随照射剂量的增加而增大，而严重程度与照射剂量无关，不存在剂量阈值的效应称为随机性效应。如果变异发生在生殖细胞（精子或卵子），其基因突变的信息会传给后代，产生遗传效应。决定生物体遗传性状的基本单位是基因，而基因是染色体 DNA 链上具有一定功能的一段核苷酸序列，这个序列作为密码指导 mRNA 和蛋白质的合成。电离辐射是一种诱变剂，辐射遗传效应是通过电离辐射对生殖细胞遗传物质 DNA 的损害而导致突变，并向受照者的后代传递，使受照者的后代发生遗传性异常或遗传性疾病，它是表现于受照者后代的随机性效应。

核与辐射事故发生以后，人员受照是最可能发生的事情，不同剂量的内外照射，导致的生物学效应各不相同，更详细的内容参见本书第 3 章。

### 1.3.2 心理反应

心理是大脑对客观现实的主观反应，心理现象是心理活动的表现形式。在经历核与辐射事故过程时每个人都会产生一种心理活动，以这种心理活动来引导后续的个人行为。影响个人心理活动强度的因素包括认识水平、生活经验、性格特征等方面。在出现自然灾害、重大事故、战争、亲人亡故等特别事件情况下，担心、害怕、恐惧、焦虑等都属于正常的心理过程，随着时间的推移，这种异常的心理过程会逐渐恢复。

在核与辐射事故发生以后，及时关注、正确认识、积极引导公众的心理反应是十分重要的。事故发生后因公众心理恐慌而导致的群体性事件，有可能诱发出比事故本身更严重的次生危害，甚至于导致社会动荡、政府信任危机。如 2009 年发生在河南杞县的卡源事件导致数万人逃亡，切尔诺贝利核事故引发西欧十多万孕妇选择人工流产，福岛第一核电厂事故引起我国居民抢盐风潮，等等，更详细的内容参见本书第 11 章。

（涂彧、孙全富、石磊、陈娜）

## 思考题

1.什么是核事故？国际上对核事故分哪几级？核事故主要风险源项有哪些？

2.什么是辐射事故？我国对辐射事故分哪几级？分级依据是什么？

3.比较福岛核事故与切尔诺贝利核事故有哪些异同。

4.核事故环境监测的目的是什么？

5.核与辐射事故主要引起哪些健康效应？

# 参考文献

[1]林武辉，陈立奇，余雯，等.福岛核事故源项评价[J].中国科学：地球科学，2015，45(12)：1875－1885.

[2]国际核事故应急委员会办公室，中国人民解放军总参谋部防化部.核事故应急响应教程[M].北京：原子能出版社，1993.

[3]郭力生，葛忠良.核辐射事故的医学处理[M].北京：原子能出版社，1992.

[4]ICRP. Principles for intervention for protection of the public in a radiological emergency[J]. Ann. ICRP，1991，22.

[5]潘自强.核工业辐射事故汇编[M].北京：原子能出版社，1993.

[6]施仲齐，纪道庄.核事故应急响应教程[M].北京：原子能出版社，1993.

[7]郭力生，耿秀生.核辐射事故医学应急[M].北京：原子能出版社，2004.

[8]核设施应急计划与准备——国际原子能机构安全导则和建议[M].北京：核工业部安全防护卫生局，1987.

[9]核设施应急计划与准备——国际原子能机构安全导则和建议[M].北京：核工业部安全防护卫生局，1988.

[10]刘扬，韩义.核设施退役方法学和工艺学[M].北京：原子能出版社，1996.

[11]刘长安.放射工作人员职业健康监护[M].北京：原子能出版社，2004.

[12]刘文杰，胡八一，李庆忠.核事故条件下钚气溶胶源项研究综述[J].安全与环境学报，2011，11(05)：259－263.

[13]陈海英，张春明，郭瑞萍，等.核电厂严重事故源项计算及研究进展[J].工业安全与环保，2015，11(8)：26－29.

[14] Yumimoto K，Morino Y，Ohara T，et al. Inverse modeling of the $^{137}$Cs source term of the Fukushima Dai－ichi Nuclear Power Plant accident constrained by a deposition map monitored by aircraft[J]. Journal of Environmental Radioactivity，2016，164(nov.)：1－12.

[15] Paul W，Eslinger，Justin D，et al. Source term estimation using multiple xenon isotopes in atmospheric samples[J]. Journal of environmental radioactivity，2019.

[16]中华人民共和国国务院新闻办公室.核安全白皮书：中国的核安全[R].2019.

# 第 2 章　电离辐射基础知识

从科学和实践角度，辐射防护是一门随着核技术应用过程发展起来的趋利避害的应用性学科。电离辐射在本质上就是能量，电离辐射的有害效应则是这种能量在人体内不同部位不同程度的沉积所导致的直接危害或潜在危害。基于明确描述这类危害的目的，势必要求首先了解电离辐射本身、射线来源、电离辐射场、电离辐射与物质相互作用的类型和能量的转移传递等方面的定性概念和定量指标。因此，本章从原子物理、原子核结构、电离辐射与物质的相互作用、放射防护量和外照射监测实用量入手来介绍相应的基础知识。

## 2.1　射线来源

### 2.1.1　放射性

#### 2.1.1.1　原子、原子核与放射性

世间万物都是由原子和分子构成，每一种原子对应一种化学元素。到目前，人们已经知道了一百一十多种元素。一般来说，物质的许多化学及物理性质、光谱特性基本上与核外电子有关，而放射性现象主要归因于原子核。

1897 年，英国科学家汤姆逊(J. J. Thomson)发现了带负电荷的电子，1911 年，卢瑟福(R. C. Rutherford)提出了原子的核式模型，即原子是由原子核和核外电子所组成，原子核由中子和质子组成，如图 2－1、图 2－2 所示。质子带正电荷，其电量与电子所带的电荷相等，中子不带电。将原子核中的质子数与中子数之和称为原子的质量数 $A$。$A = Z + N$，$Z$ 为原子中包含的质子数，$N$ 为原子中包含的中子数。

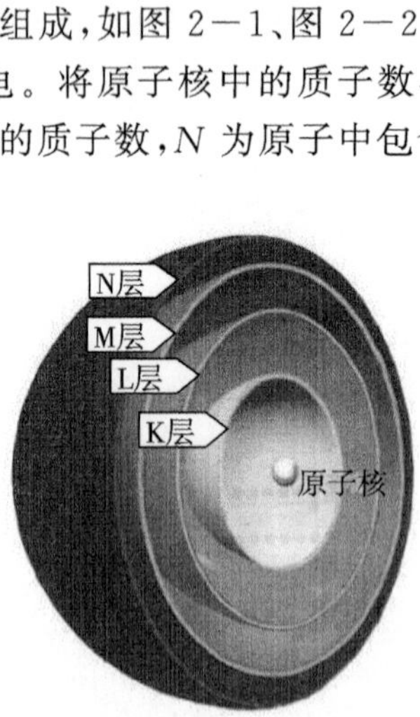


图 2－1　原子结构

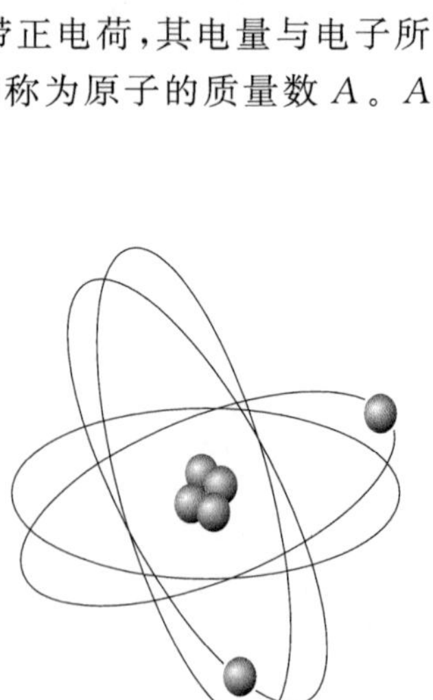

图 2－2　氦原子结构

根据泡利不相容原理，在原子中不能有两个电子完全具有相同的量子态，核外电子的量子态是分层排列的，这种电子的分层排列称为核外电子壳层。主量子数 $n=1$ 的电子壳层，通常称为 K 壳层，往外依次分别称为 L、M、N、O、P、Q 壳层。每壳层电子数为 $2n^2$ 个，离原子核越远的壳层，电子的能量越高。

原子核内的质子和中子，也和核外电子一样分层排列，也具有不同的能级。一般情况下原子核和核外电子都应处于最低能量状态，称为基态(ground state)。当受到高能量粒子轰击或核内部发生结构改变，原子可暂处于高能量状态，称之为激发态(excited state)。激发态不会持久，将迅速释放能量，而恢复至基态，这种能量的释放过程称为跃迁(transition)，跃迁的结果就是发出 γ 射线。

原子核物理学通常用“$^{A}_{Z}X$”表示某种元素的原子核，X 为某元素的元素符号，由于某种元素的原子序数 $Z$ 是确定不变的，因此“$^{A}_{Z}X$”可简写为“$^{A}X$”。如果原子质量数 $A$ 后面加上“m”，即“$^{Am}X$”，表明该原子核处于激发态，例如$^{99m}Tc$。

(1)放射性

1896 年，法国物理学家贝克勒尔在研究铀盐的实验中，首次发现铀原子核的天然放射性。在进一步研究中，他发现铀盐所放出射线可以使空气电离，也可以穿透黑纸使照相底片感光。贝克勒尔的这一发现意义深远，使人们对物质的微观结构有了更新的认识。

1898 年，居里夫妇发现了放射性更强的钋和镭。由于天然放射性这一划时代的发现，居里夫妇和贝克勒尔共同获得了 1903 年诺贝尔物理学奖。在贝可勒尔和居里夫妇等人研究的基础上，人们又陆续发现了许多具有放射性的核素。在目前已发现的 100 多种元素中，约有 2600 多种核素。其中，稳定性核素仅有 280 多种，属于 81 种元素；放射性核素有 2300 多种。

能够自发地放射各种射线的核素，称为放射性核素。原子序数在 83(铋)或以上的元素都具有放射性，但某些原子序数小于 83 的元素(如锝)也具有放射性。实验表明，对放射性核素加温、加压或加电磁场等，都不能抑制或显著地改变射线的发射。放射性现象是由源于核的变化引起的，与核外电子状态的改变关系很小。

放射性是指一种核素从其不稳定的原子核自发地放出射线(α 射线、β 射线、γ 射线等)而衰变形成另一种核素的现象。这一过程称为放射性衰变，衰变时放出的能量称为衰变能。

放射性有天然放射性和人工放射性之分。天然放射性是指天然存在的放射性核素所具有的放射性，包括地壳中存在的三个放射系——钍系、铀系和锕系，以及天然放射性核素，如$^{3}_{1}H$、$^{14}_{6}C$、$^{40}_{19}K$、$^{87}_{37}Rb$ 等。用人工方法(如反应堆和加速器)生产的放射性核素，叫人工放射性核素，它远比天然放射性核素要多，在科学研究和生产实践中发挥着更大的作用。

(2)几种主要射线

α 射线：在磁场或者电场中发生偏转，能量一般为 4～6 MeV，速度接近光速的 1/10，穿透能力很小，用一张普通的纸就能把它挡住，在空气中也只能飞行几厘米就被吸收掉了。但是它的电离能力很强，在穿过空气时就可以把空气电离，α 射线是高速运动的氦核$^{4}_{2}He$(亦称为 α 粒子)。

β 射线：β 射线是高速运动的电子流，一种是负电子，即 $\beta^-$；另一种是带正电的正电子，即 $\beta^+$。β 粒子质量就是电子的质量，约为 α 粒子的 1/7300。能量是连续分布的，从低能(接近0)到高能(MeV)都有。对于 MeV 能量的 β 粒子,速度接近光速,穿透能力比 α 射线强,可穿过几毫米厚的铝板,电离作用比 α 射线弱,但也能使空气电离。

γ 射线:不带电的中性粒子,是一种波长短能量大的电磁波,具有波粒二重性。它从原子核里面发射出来,不带电,以光速运动。γ 射线能量一般在几十 keV 至几 MeV,穿透能力很强。MeV 的 γ 射线能穿过几十厘米厚的铝板。α、β、γ 射线穿透能力见图 2－3。

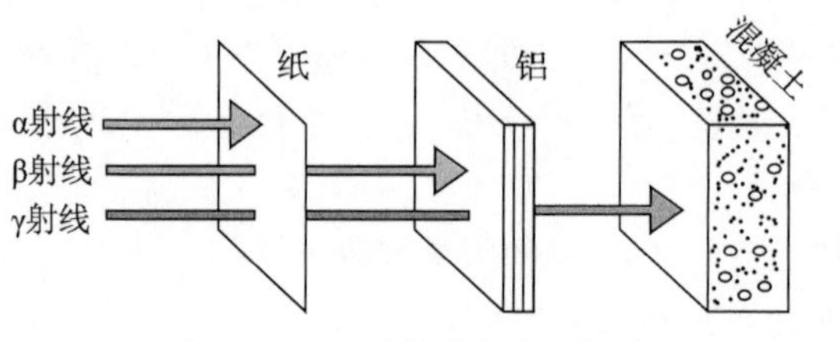


图 2－3　不同射线的穿透能力

除了上述的三种射线外,还有 X 射线、中子射线等。X 射线主要来源于原子核外电子从高能级到低能级的跃迁(称为特征 X 射线)以及电子的韧致辐射(X 光机)。中子射线主要来源于核裂变以及一些特殊的核反应。

### 2.1.1.2　核衰变、核裂变与核聚变

社会科学技术发展的重要轴线之一是对能量的利用。就原子能应用过程而言,人们发现,可以通过核衰变、核裂变和核聚变过程获得额外可资利用的能量,以下分别进行叙述。

(1)核衰变

核素自发地发生变化,放出射线而转变为另一种核素的过程称为核衰变。任何放射性核素在衰变过程中都要遵守能量守恒、电荷守恒和质量守恒定律。通常的外界条件不能改变核衰变的性质及速度。不同类型放射性核素衰变的方式虽各不相同,但按其衰变性质可以分为 α 衰变、β 衰变和 γ 跃迁三种类型。

1)核衰变类型

①α 衰变(alpha decay)

主要发生在原子序数($Z$)大于 82 的重元素的核素,衰变是由于核子数过多,核力弱,原子核内要释放 2 个质子和 2 个中子组成的${}^{4}_{2}He$原子核,称之为 α 粒子。衰变后的核原子序数减 2,质量数减 4,其衰变反应式为:

$$ {}^{A}_{Z}X \rightarrow {}^{A-4}_{Z-2}Y + \alpha + Q \qquad (2-1) $$

通常我们把衰变前的核(${}^{A}_{Z}X$)称为母核,衰变后产生的新核(上式中的${}^{A-4}_{Z-2}Y$)称为子核,衰变过程中释放的能量($Q$)称为衰变能。根据能量守恒定律,对于 α 衰变,只有其母核和子核静止质量差大于 α 粒子的静止质量时,才能保证衰变能大于零,α 衰变才会发生。

②β 衰变(beta decay)

当核内质子、中子比例不当时,质子和中子将产生相互转换,达到核内调整结构的目的。其特点是子核与母核之间质量数不变,只有原子序数改变(相差 1),这就是 β 衰变,分为 $\beta^-$ 衰变、$\beta^+$ 衰变和电子俘获三种形式。

· $\beta^-$ 衰变

主要发生在中子相对过多的核素。中子转化为质子,释放负电子,称为 $\beta^-$ 粒子,同时释

放质量近似为 0 不带电荷的反中微子 $\bar{\upsilon}$。对于 $\beta^-$ 衰变，母核的原子质量大于子核的原子质量。

$$ {}_0^1\mathrm{n} \rightarrow {}_1^1\mathrm{P} + {}_{-1}^{0}\mathrm{e} + \bar{\upsilon} + Q \qquad (2-2)$$

$\beta^-$ 衰变形式为：

$$ {}_Z^A\mathrm{X} \rightarrow {}_{Z+1}^{A}\mathrm{Y} + \beta^- + \bar{\upsilon} + Q \qquad (2-3)$$

· $\beta^+$ 衰变

主要发生在中子数相对不足的核素，核内由质子转化为中子，释放正电子，同时释放中微子 $\upsilon$，称为 $\beta^+$ 衰变。对于 $\beta^+$ 衰变，母、子核的原子质量之差应大于两个电子的静止质量。

$$ {}_1^1\mathrm{P} \rightarrow {}_0^1\mathrm{n} + {}_{+1}^{0}\mathrm{e}^- + \upsilon + Q \qquad (2-4)$$

$\beta^+$ 衰变形式为：

$$ {}_Z^A\mathrm{X} \rightarrow {}_{Z-1}^{A}\mathrm{Y} + \beta^+ + \upsilon + Q \qquad (2-5)$$

由于在 $\beta^-$ 衰变或 $\beta^+$ 衰变时会发射两个粒子（$\beta^-$ 粒子与反中微子，$\beta^+$ 粒子与中微子），衰变能 $Q$ 是随机分配给它们的，因此每个粒子获得的能量可以是从零到衰变能最大值之间的任何值，衰变中的每个粒子的总体动能的分布呈两端低、中间高的连续谱状。

· 电子俘获（electron capture，EC）

对于缺中子某些核素，原子核从核外内层的电子壳层俘获一个电子，使核内的一个质子转化为中子，同时释放一个中微子，随后较外层的电子跃入内层轨道填补空穴。由于外层能级高于内层能级，因此，多余能量以电磁辐射（即特征 X 射线）形式释放。或者该能量传递给另一壳层电子，使之脱离轨道逸出，称为俄歇电子（auger electron）。产生电子俘获的条件是：母、子核原子质量之差对应的能量应大于轨道电子的结合能。其过程用下式表示：

$$ {}_Z^A\mathrm{X} + {}_{-1}^{0}\mathrm{e} \rightarrow \begin{cases} \text{俄歇电子} \\ {}_{Z-1}^{A}\mathrm{Y} + \upsilon + Q \\ \text{特征 X 线} \end{cases} \qquad (2-6)$$

③$\gamma$ 跃迁与内转换现象

经过 $\alpha$ 衰变或 $\beta$ 衰变的核素，在衰变的过程中可能导致子核处于高能的激发态，核内多余能量以电磁辐射形式释放后返回基态，该过程称为 $\gamma$ 跃迁。$\gamma$ 射线的成分是光子流，也称为 $\gamma$ 光子。有时在核内多余能量释放过程中，也可能将能量传递给核外壳层电子，使之脱离其运行轨道而逸出，外壳层电子填补空位，产生特征 X 线或俄歇电子，这种现象称为内转换现象。逸出的电子称为内转换电子（internal conversion electron，IE）。

由此可知，X 射线和 $\gamma$ 射线都是光子，属于电磁辐射类型。它们的不同之处在于，$\gamma$ 射线来源于核内能量释放，而 X 射线为核外电子跃迁过程中的能量释放。

2）放射性核素衰变规律及其度量

①衰变规律与半衰期

在原子核的衰变中，并非所有的核都在同一时刻开始衰变，它们的衰变是随机性的，单位时间衰变的原子核数目与核的总数成正比，并且随着时间的增长，遵循一定的规律而减少。如果某放射性核素在 $t$ 时刻有 $N$ 个原子核，经过 $\mathrm{d}t$ 时间有 $\mathrm{d}N$ 个核衰变，则

$$ \frac{-\mathrm{d}N}{\mathrm{d}t} \propto N \quad \frac{\mathrm{d}N}{\mathrm{d}t} = -\lambda N \qquad (2-7)$$

设当 $t=0$ 时核数为 $N_0$，经过 $t$ 时间衰变后，剩下的核数为 $N_t$，将上式积分得：

$$N_t = N_0 e^{-\lambda t} \tag{2-8}$$

由式(2－8)可知，放射性核素衰变随时间增长呈负指数规律递减，这一规律即为放射性核素衰变规律。式(2－8)中 $\lambda$ 称为衰变常数(decay constant)，是放射性核素衰变的特征参数，表征单位时间原子核发生衰变的速率。不同的放射性核素其衰变速率不一样，$\lambda$ 值越大，衰变速率越快，它不受外界因素的影响。

由于衰变常数 $\lambda$ 与时间有关，因此还可采用物理半衰期来表示核素的衰变快慢，物理半衰期(physical half life，$T_{1/2}$)指放射性核素的原子核数目衰变到原来的一半所需要的时间，$T_{1/2}$ 和 $\lambda$ 关系为：

$$T_{1/2} = \frac{0.693}{\lambda} \tag{2-9}$$

②放射性活度(radioactivity，$A$)

放射性活度($A$)是指在一定的时间($dt$)内处于特定能态的一定量的放射性核素发生自发衰变($dN$)的期望值。

$$A = dN/dt \tag{2-10}$$

放射性活度的国际制单位为 Bq，表示每秒内核衰变的次数，1 Bq 表示每秒有 1 次衰变。即 1 Bq＝1 $s^{-1}$。

旧制单位为居里(Ci)，1 Ci ＝ $3.7\times10^{10}$ Bq。

在使用放射性核素的工作中，由于衰变的原因，常要依据式(2－9)衰变规律公式进行活度校正：

$$A_t = A_0 e^{-0.693\frac{t}{T_{1/2}}} \tag{2-11}$$

式中，$A_t$ 为现在的核素放射性活度；$A_0$ 为原来的(初始的)放射性活度；$T_{1/2}$ 是该核素的物理半衰期；$t$ 为衰变间隔的时间。

③放射性比活度与放射性浓度

单位质量中所含的放射性活度称为比活度或比放射性，一般以 Bq/kg 或 Bq/mol 为单位。单位容积物质中所含放射性活度称为放射性浓度一般以 Bq/mL 或 Bq/L 为单位。

3)衰变过程中的统计涨落特性

放射性核素的衰变总体上遵循负指数规律，但在衰变过程中，由于各个原子核衰变的随机性，所以衰变是独立的随机事件。不同时刻衰变的原子核数不一样，但在衰变总体期望值上下波动，属于离散型随机变量，服从一定概率分布，这就是衰变过程中的统计涨落特性，它们符合统计学中的泊松分布规律。

(2)核裂变

原子核的核裂变反应是目前获得核能的主要途径。一些重核如果分裂成两个中等质量的原子核时，会同时释放出中子和能量，这一过程称为原子核裂变(nuclear fission)。原子核核裂变可分为自发裂变和诱发裂变。

自发裂变是原子核在没有入射粒子轰击的情况下自行发生的核裂变，是重核的一种特殊类型的核衰变。重核大多具有 α 衰变的特性，因此重核往往以自发裂变和发射 α 粒子两种互相竞争方式进行裂变。对 $Z\approx92$ 的核素，自发裂变的概率小于 α 衰变的概率，核越重，自发裂变的概率越大。

$^{252}$Cf 核素就是能够自发裂变放出中子的放射源，它的中子发射率很高，半衰期为 2.646 年，中子平均能量为 2.158 MeV，可制成体积很小的中子源，目前已用于肿瘤的放射治疗。

诱发裂变是在入射粒子的轰击下重核发生的裂变，通常用下式表示：

$$A + \alpha \rightarrow C^{*} \rightarrow X + Y + (1 \sim 3)n + Q \tag{2-12}$$

式中，A 为靶核，α 为入射粒子，$C^{*}$ 为入射粒子与靶核组成的激发态复合核，X、Y 为裂变碎片，n 为裂变时释放的中子，$Q$ 为裂变能。

在诱发裂变中，以中子诱发裂变最重要。由于中子和靶核作用不受核的库仑势垒影响，能量很低的中子就可以进入靶核内，使核激发而发生裂变，式(2－13)是中子诱发的$^{235}$U 的裂变反应式。

$$^{235}U + n \rightarrow ^{236}U^{*} \rightarrow X + Y + (1 \sim 3)n + 200\ \text{MeV} \tag{2-13}$$

原子核的裂变中，基本上是二分裂，三分裂、四分裂的概率很小。裂变最初形成的两块碎片为初级碎片，中/质比值较高，激发能大于核子平均结合能，因此能在裂变发生后 $10^{-15}$ s 内直接发射 2～3 个中子。

发射中子后的碎片称为次级碎片，其激发能小于核子的平均结合能，不足以发射中子，能量以 γ 光子形式退激，退激后的碎片核素仍富含中子，将继续进行 β 衰变，最后形成稳定核。

在裂变过程中如果将产生的中子慢化，又可引起其他靶核发生裂变，产生第二代中子，再引起裂变产生第三代中子……这种裂变反应可不断进行下去，这一系列的反应过程称为链式裂变反应，如图 2－4 所示。

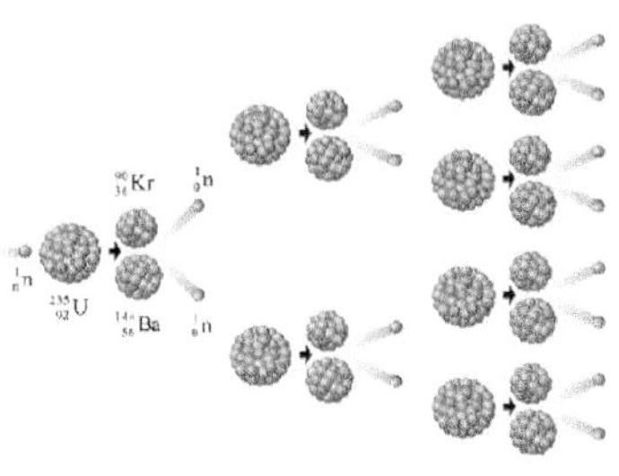


图 2－4　链式裂变反应示意图

维持链式反应的条件是：必须使裂变过程中任何一代中子总数 $N_i$ 大于或等于前一代的中子总数 $N_{i-1}$，这两个数值之比称为中子的增殖系数，用 $K$ 表示：

$$K = \frac{N_i}{N_{i-1}} \tag{2-14}$$

如果 $K<1$，表明裂变反应释放的中子被裂变物质或其他物质吸收，裂变反应越来越少，最后反应停止，称为收敛。

如果 $K=1$，这表明链式反应以恒定速率持续进行，称为自持式链式反应，核反应堆就属于自持式链式反应。

如果 $K>1$，裂变产生的中子数不断增殖，称为发散，短时间内会有很多的核发生裂变，瞬间将释放巨大能量，原子弹就是根据这一原理制造的。

(3)核聚变

由于中等质量原子核的平均结合能比重核和轻核的平均结合能要大，所以不仅重核裂变可以释放大量能量，如果使轻核聚变成较重的原子核也同样能释放巨大的能量。这种使轻核聚变成较重原子核的聚变反应很多。目前世界上多用氘、氚聚变。

$$^{2}H + ^{3}H \xrightarrow{\text{聚变反应}} {}^{4}He + n + Q \quad (2-15)$$

理论和实践表明，当两个原子核互相碰撞时，一个原子核穿透另一个原子核的库仑势垒的概率随着动能的增加而迅速增加，库仑势垒(coulomb barrier)指靶核附近势能高的区域，温度越高原子核之间的碰撞机会越多，突破另一核的库仑势垒的概率越多。一旦突破，它们将释放出结合能而熔为新的原子核，即发生聚变反应。由于氘、氚的原子核均带有正电荷，要使它们聚合，必须要克服很强的库仑斥力，需要达到 1 亿度以上的极高温度，使氘、氚原子形成物质的第四态——等离子态，才有可能发生聚变反应，所以聚变反应也称为热核反应。

氢弹就是利用原子弹爆炸产生的高温高压将$^{2}H$和$^{3}H$聚变成$^{4}He$，氢弹属于不可控核聚变。目前世界各国十分重视核聚变的能源应用，但是受控核聚变(即自持受控核聚变)反应难度很大，它必须要使反应物处于等离子态，反应温度极高而且还要约束这些等离子体，使之保持一定的密度。目前采用的约束方法分为磁约束和惯性约束。惯性约束是利用高强度的激光在极短时间内辐照靶板产生聚变。磁约束是利用强磁场可以很好约束带电粒子的特性，构造一个特殊的磁容器，造成聚变反应堆。

#### 2.1.1.3 常用放射源的分类

在放射源应用过程中，国内外常有放射源失控而导致人员伤亡事故的报导。2006 年 IAEA 在其安全标准的《应急事故准备与响应》从书中给出 300 多种核素危险度报告。国务院于 2005 年发布了《放射性同位素与射线装置安全和防护条例》(国务院令第 449 号)，国家环保总局同年发布了第 62 号公告《放射源分类办法》，给出了放射源分类原则、常用不同核素 64 种放射源(密封源)分类活度表和非密封源工作场所的分类及管理办法。

(1)分类原则

参照国际原子能机构的有关规定，按照放射源对人体健康和环境的潜在危害程度，从高到低将放射源分为Ⅰ、Ⅱ、Ⅲ、Ⅳ、Ⅴ类，Ⅴ类源的下限活度值为该种核素的豁免活度。

①Ⅰ类放射源为极高危险源。没有防护情况下，接触这类源几分钟到 1 h 就可致人死亡。

②Ⅱ类放射源为高危险源。没有防护情况下，接触这类源几小时至几天可致人死亡。

③Ⅲ类放射源为危险源。没有防护情况下，接触这类源几小时就可对人造成永久性损伤，接触几天至几周也可致人死亡。

④Ⅳ类放射源为低危险源。基本不会对人造成永久性损伤，但对长时间、近距离接触这些放射源的人可能造成可恢复的临时性损伤。

⑤Ⅴ类放射源为极低危险源。不会对人造成永久性损伤。

(2)常用不同核素的 64 种密封放射源按表 2－1 进行分类。

**表 2－1 常用密封放射源分类表**

| 核素名称 | Ⅰ类源/Bq | Ⅱ类源/Bq | Ⅲ类源/Bq | Ⅳ类源/Bq | Ⅴ类源/Bq |
|---|---|---|---|---|---|
| $^{241}Am$ | $\geq 6\times10^{13}$ | $\geq 6\times10^{11}$ | $\geq 6\times10^{10}$ | $\geq 6\times10^{8}$ | $\geq 1\times10^{4}$ |
| $^{241}Am/Be$ | $\geq 6\times10^{13}$ | $\geq 6\times10^{11}$ | $\geq 6\times10^{10}$ | $\geq 6\times10^{8}$ | $\geq 1\times10^{4}$ |
| $^{198}Au$ | $\geq 2\times10^{14}$ | $\geq 2\times10^{12}$ | $\geq 2\times10^{11}$ | $\geq 2\times10^{9}$ | $\geq 1\times10^{6}$ |
| $^{133}Ba$ | $\geq 2\times10^{14}$ | $\geq 2\times10^{12}$ | $\geq 2\times10^{11}$ | $\geq 2\times10^{9}$ | $\geq 1\times10^{6}$ |
| $^{14}C$ | $\geq 5\times10^{16}$ | $\geq 5\times10^{14}$ | $\geq 5\times10^{13}$ | $\geq 5\times10^{11}$ | $\geq 1\times10^{7}$ |
| $^{109}Cd$ | $\geq 2\times10^{16}$ | $\geq 2\times10^{14}$ | $\geq 2\times10^{13}$ | $\geq 2\times10^{11}$ | $\geq 1\times10^{6}$ |
| $^{141}Ce$ | $\geq 1\times10^{15}$ | $\geq 1\times10^{13}$ | $\geq 1\times10^{12}$ | $\geq 1\times10^{10}$ | $\geq 1\times10^{7}$ |
| $^{144}Ce$ | $\geq 9\times10^{14}$ | $\geq 9\times10^{12}$ | $\geq 9\times10^{11}$ | $\geq 9\times10^{9}$ | $\geq 1\times10^{5}$ |
| $^{252}Cf$ | $\geq 2\times10^{13}$ | $\geq 2\times10^{11}$ | $\geq 2\times10^{10}$ | $\geq 2\times10^{8}$ | $\geq 1\times10^{4}$ |
| $^{36}Cl$ | $\geq 2\times10^{16}$ | $\geq 2\times10^{14}$ | $\geq 2\times10^{13}$ | $\geq 2\times10^{11}$ | $\geq 1\times10^{6}$ |
| $^{242}Cm$ | $\geq 4\times10^{13}$ | $\geq 4\times10^{11}$ | $\geq 4\times10^{10}$ | $\geq 4\times10^{8}$ | $\geq 1\times10^{5}$ |
| $^{244}Cm$ | $\geq 5\times10^{13}$ | $\geq 5\times10^{11}$ | $\geq 5\times10^{10}$ | $\geq 5\times10^{8}$ | $\geq 1\times10^{4}$ |
| $^{57}Co$ | $\geq 7\times10^{14}$ | $\geq 7\times10^{12}$ | $\geq 7\times10^{11}$ | $\geq 7\times10^{9}$ | $\geq 1\times10^{6}$ |
| $^{60}Co$ | $\geq 3\times10^{13}$ | $\geq 3\times10^{11}$ | $\geq 3\times10^{10}$ | $\geq 3\times10^{8}$ | $\geq 1\times10^{5}$ |
| $^{51}Cr$ | $\geq 2\times10^{15}$ | $\geq 2\times10^{13}$ | $\geq 2\times10^{12}$ | $\geq 2\times10^{10}$ | $\geq 1\times10^{7}$ |
| $^{134}Cs$ | $\geq 4\times10^{13}$ | $\geq 4\times10^{11}$ | $\geq 4\times10^{10}$ | $\geq 4\times10^{8}$ | $\geq 1\times10^{4}$ |
| $^{137}Cs$ | $\geq 1\times10^{14}$ | $\geq 1\times10^{12}$ | $\geq 1\times10^{11}$ | $\geq 1\times10^{9}$ | $\geq 1\times10^{4}$ |
| $^{152}Eu$ | $\geq 6\times10^{13}$ | $\geq 6\times10^{11}$ | $\geq 6\times10^{10}$ | $\geq 6\times10^{8}$ | $\geq 1\times10^{6}$ |
| $^{154}Eu$ | $\geq 6\times10^{13}$ | $\geq 6\times10^{11}$ | $\geq 6\times10^{10}$ | $\geq 6\times10^{8}$ | $\geq 1\times10^{6}$ |
| $^{55}Fe$ | $\geq 8\times10^{17}$ | $\geq 8\times10^{15}$ | $\geq 8\times10^{14}$ | $\geq 8\times10^{12}$ | $\geq 1\times10^{6}$ |
| $^{153}Gd$ | $\geq 1\times10^{15}$ | $\geq 1\times10^{13}$ | $\geq 1\times10^{12}$ | $\geq 1\times10^{10}$ | $\geq 1\times10^{7}$ |
| $^{68}Ge$ | $\geq 7\times10^{14}$ | $\geq 7\times10^{12}$ | $\geq 7\times10^{11}$ | $\geq 7\times10^{9}$ | $\geq 1\times10^{5}$ |
| $^{3}H$ | $\geq 2\times10^{18}$ | $\geq 2\times10^{16}$ | $\geq 2\times10^{15}$ | $\geq 2\times10^{13}$ | $\geq 1\times10^{9}$ |
| $^{203}Hg$ | $\geq 3\times10^{14}$ | $\geq 3\times10^{12}$ | $\geq 3\times10^{11}$ | $\geq 3\times10^{9}$ | $\geq 1\times10^{5}$ |
| $^{125}I$ | $\geq 2\times10^{14}$ | $\geq 2\times10^{12}$ | $\geq 2\times10^{11}$ | $\geq 2\times10^{9}$ | $\geq 1\times10^{6}$ |
| $^{131}I$ | $\geq 2\times10^{14}$ | $\geq 2\times10^{12}$ | $\geq 2\times10^{11}$ | $\geq 2\times10^{9}$ | $\geq 1\times10^{6}$ |
| $^{192}Ir$ | $\geq 8\times10^{13}$ | $\geq 8\times10^{11}$ | $\geq 8\times10^{10}$ | $\geq 8\times10^{8}$ | $\geq 1\times10^{4}$ |
| $^{85}Kr$ | $\geq 3\times10^{16}$ | $\geq 3\times10^{14}$ | $\geq 3\times10^{13}$ | $\geq 3\times10^{11}$ | $\geq 1\times10^{4}$ |
| $^{99}Mo$ | $\geq 3\times10^{14}$ | $\geq 3\times10^{12}$ | $\geq 3\times10^{11}$ | $\geq 3\times10^{9}$ | $\geq 1\times10^{6}$ |
| $^{95}Nb$ | $\geq 9\times10^{13}$ | $\geq 9\times10^{11}$ | $\geq 9\times10^{10}$ | $\geq 9\times10^{8}$ | $\geq 1\times10^{6}$ |
| $^{63}Ni$ | $\geq 6\times10^{16}$ | $\geq 6\times10^{14}$ | $\geq 6\times10^{13}$ | $\geq 6\times10^{11}$ | $\geq 1\times10^{8}$ |
| $^{239}Np$ ($^{233}Pa$) | $\geq 7\times10^{13}$ | $\geq 7\times10^{11}$ | $\geq 7\times10^{10}$ | $\geq 7\times10^{8}$ | $\geq 1\times10^{3}$ |
| $^{32}P$ | $\geq 1\times10^{16}$ | $\geq 1\times10^{14}$ | $\geq 1\times10^{13}$ | $\geq 1\times10^{11}$ | $\geq 1\times10^{5}$ |
| $^{103}Pd$ | $\geq 9\times10^{16}$ | $\geq 9\times10^{14}$ | $\geq 9\times10^{13}$ | $\geq 9\times10^{11}$ | $\geq 1\times10^{8}$ |
| $^{147}Pm$ | $\geq 4\times10^{16}$ | $\geq 4\times10^{14}$ | $\geq 4\times10^{13}$ | $\geq 4\times10^{11}$ | $\geq 1\times10^{7}$ |

续表

| 核素名称 | Ⅰ类源/Bq | Ⅱ类源/Bq | Ⅲ类源/Bq | Ⅳ类源/Bq | Ⅴ类源/Bq |
|---|---|---|---|---|---|
| $^{210}$Po | $\geqslant 6\times10^{13}$ | $\geqslant 6\times10^{11}$ | $\geqslant 6\times10^{10}$ | $\geqslant 6\times10^{8}$ | $\geqslant 1\times10^{4}$ |
| $^{238}$Pu | $\geqslant 6\times10^{13}$ | $\geqslant 6\times10^{11}$ | $\geqslant 6\times10^{10}$ | $\geqslant 6\times10^{8}$ | $\geqslant 1\times10^{4}$ |
| $^{239}$Pu/Be | $\geqslant 6\times10^{13}$ | $\geqslant 6\times10^{11}$ | $\geqslant 6\times10^{10}$ | $\geqslant 6\times10^{8}$ | $\geqslant 1\times10^{4}$ |
| $^{239}$Pu | $\geqslant 6\times10^{13}$ | $\geqslant 6\times10^{11}$ | $\geqslant 6\times10^{10}$ | $\geqslant 6\times10^{8}$ | $\geqslant 1\times10^{4}$ |
| $^{240}$Pu | $\geqslant 6\times10^{13}$ | $\geqslant 6\times10^{11}$ | $\geqslant 6\times10^{10}$ | $\geqslant 6\times10^{8}$ | $\geqslant 1\times10^{3}$ |
| $^{242}$Pu | $\geqslant 7\times10^{13}$ | $\geqslant 7\times10^{11}$ | $\geqslant 7\times10^{10}$ | $\geqslant 7\times10^{8}$ | $\geqslant 1\times10^{4}$ |
| $^{226}$Ra | $\geqslant 4\times10^{13}$ | $\geqslant 4\times10^{11}$ | $\geqslant 4\times10^{10}$ | $\geqslant 4\times10^{8}$ | $\geqslant 1\times10^{4}$ |
| $^{188}$Re | $\geqslant 1\times10^{15}$ | $\geqslant 1\times10^{13}$ | $\geqslant 1\times10^{12}$ | $\geqslant 1\times10^{10}$ | $\geqslant 1\times10^{5}$ |
| $^{103}$Ru ($^{103m}$Rh) | $\geqslant 1\times10^{14}$ | $\geqslant 1\times10^{12}$ | $\geqslant 1\times10^{11}$ | $\geqslant 1\times10^{9}$ | $\geqslant 1\times10^{6}$ |
| $^{106}$Ru ($^{106}$Rh) | $\geqslant 3\times10^{14}$ | $\geqslant 3\times10^{12}$ | $\geqslant 3\times10^{11}$ | $\geqslant 3\times10^{9}$ | $\geqslant 1\times10^{5}$ |
| $^{35}$S | $\geqslant 6\times10^{16}$ | $\geqslant 6\times10^{14}$ | $\geqslant 6\times10^{13}$ | $\geqslant 6\times10^{11}$ | $\geqslant 1\times10^{8}$ |
| $^{75}$Se | $\geqslant 2\times10^{14}$ | $\geqslant 2\times10^{12}$ | $\geqslant 2\times10^{11}$ | $\geqslant 2\times10^{9}$ | $\geqslant 1\times10^{6}$ |
| $^{89}$Sr | $\geqslant 2\times10^{16}$ | $\geqslant 2\times10^{14}$ | $\geqslant 2\times10^{13}$ | $\geqslant 2\times10^{11}$ | $\geqslant 1\times10^{6}$ |
| $^{90}$Sr ($^{90}$Y) | $\geqslant 1\times10^{15}$ | $\geqslant 1\times10^{13}$ | $\geqslant 1\times10^{12}$ | $\geqslant 1\times10^{10}$ | $\geqslant 1\times10^{4}$ |
| $^{99m}$Tc | $\geqslant 7\times10^{14}$ | $\geqslant 7\times10^{12}$ | $\geqslant 7\times10^{11}$ | $\geqslant 7\times10^{9}$ | $\geqslant 1\times10^{7}$ |
| $^{132}$Te ($^{132}$I) | $\geqslant 3\times10^{13}$ | $\geqslant 3\times10^{11}$ | $\geqslant 3\times10^{10}$ | $\geqslant 3\times10^{8}$ | $\geqslant 1\times10^{7}$ |
| $^{230}$Th | $\geqslant 7\times10^{13}$ | $\geqslant 7\times10^{11}$ | $\geqslant 7\times10^{10}$ | $\geqslant 7\times10^{8}$ | $\geqslant 1\times10^{4}$ |
| $^{204}$Tl | $\geqslant 2\times10^{16}$ | $\geqslant 2\times10^{14}$ | $\geqslant 2\times10^{13}$ | $\geqslant 2\times10^{11}$ | $\geqslant 1\times10^{4}$ |
| $^{170}$Tm | $\geqslant 2\times10^{16}$ | $\geqslant 2\times10^{14}$ | $\geqslant 2\times10^{13}$ | $\geqslant 2\times10^{11}$ | $\geqslant 1\times10^{6}$ |
| $^{90}$Y | $\geqslant 5\times10^{15}$ | $\geqslant 5\times10^{13}$ | $\geqslant 5\times10^{12}$ | $\geqslant 5\times10^{10}$ | $\geqslant 1\times10^{5}$ |
| $^{91}$Y | $\geqslant 8\times10^{15}$ | $\geqslant 8\times10^{13}$ | $\geqslant 8\times10^{12}$ | $\geqslant 8\times10^{10}$ | $\geqslant 1\times10^{6}$ |
| $^{169}$Yb | $\geqslant 3\times10^{14}$ | $\geqslant 3\times10^{12}$ | $\geqslant 3\times10^{11}$ | $\geqslant 3\times10^{9}$ | $\geqslant 1\times10^{7}$ |
| $^{65}$Zn | $\geqslant 1\times10^{14}$ | $\geqslant 1\times10^{12}$ | $\geqslant 1\times10^{11}$ | $\geqslant 1\times10^{9}$ | $\geqslant 1\times10^{6}$ |
| $^{95}$Zr | $\geqslant 4\times10^{13}$ | $\geqslant 4\times10^{11}$ | $\geqslant 4\times10^{10}$ | $\geqslant 4\times10^{8}$ | $\geqslant 1\times10^{6}$ |

注：1. $^{241}$Am 用于固定式烟雾报警器时的豁免值为 $1\times10^{5}$ Bq。

2.核素份额不明的混合源，按其危险度最大的核素分类，其总活度视为该核素的活度。

(3)非密封源分类

非密封源工作场所按放射性核素日等效最大操作量分为甲、乙、丙三级，具体分级标准见《电离辐射防护与辐射源安全标准》(GB 18871—2002)。

甲级非密封源工作场所的安全管理参照Ⅰ类放射源；乙级和丙级非密封源工作场所的安全管理参照Ⅱ、Ⅲ类放射源。

## 2.1.2　射线装置

根据《中华人民共和国放射性污染防治法》，射线装置是指 X 线机、加速器、中子发生器以及含放射源的装置。

（1）X 射线机

自从伦琴 1895 年发现 X 射线，X 射线已得到了广泛的应用。目前，主要的 X 射线装置有诊断 X 射线机、治疗 X 射线机、X 射线探伤机、X 射线衍射仪、X 射线定向仪和 X 射线测厚仪等。另外，许多利用高速电子流的设备或器件都会产生 X 射线，如电子束焊接机、电子显微镜、阴极射线管、电子轰击炉、高压整流器、真空断路器、真空电容器和高频发射管等，如图 2—5～图 2—9 所示。

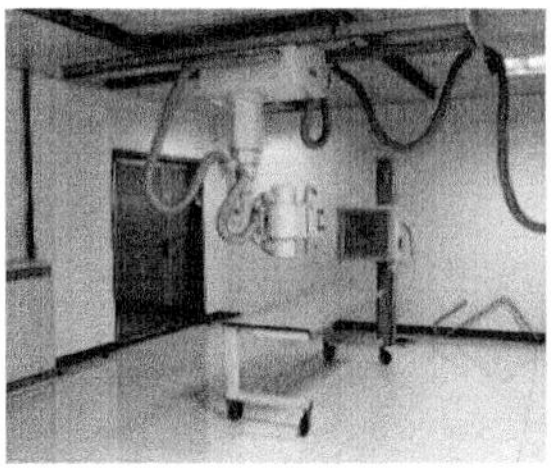

图 2—5　医用摄影 X 射线机

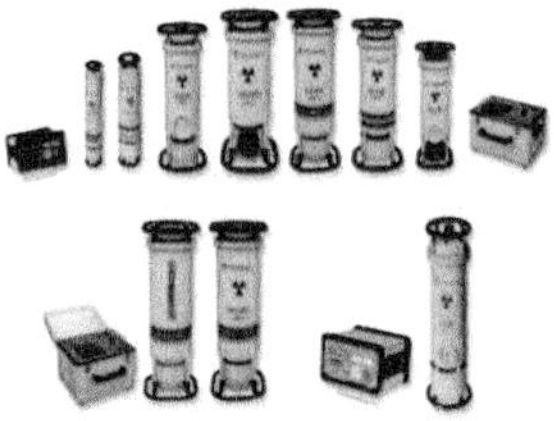

图 2—6　工业用探伤 X 射线机

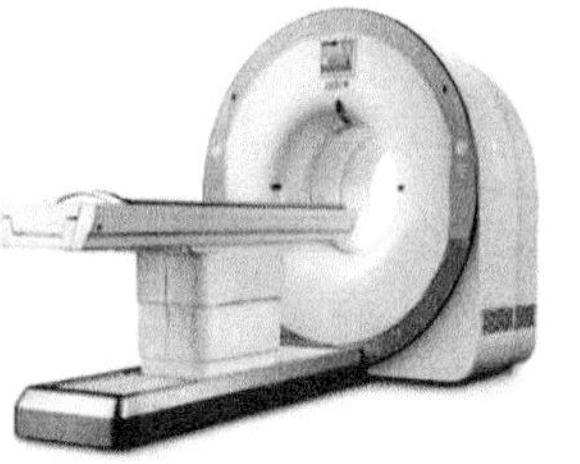

图 2—7　医用 CT

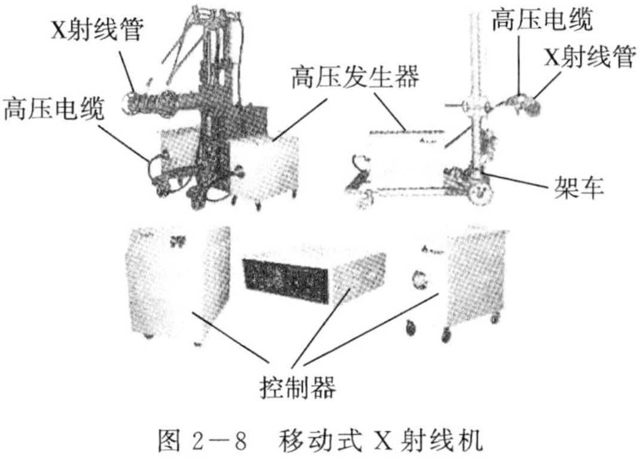


图 2—8　移动式 X 射线机

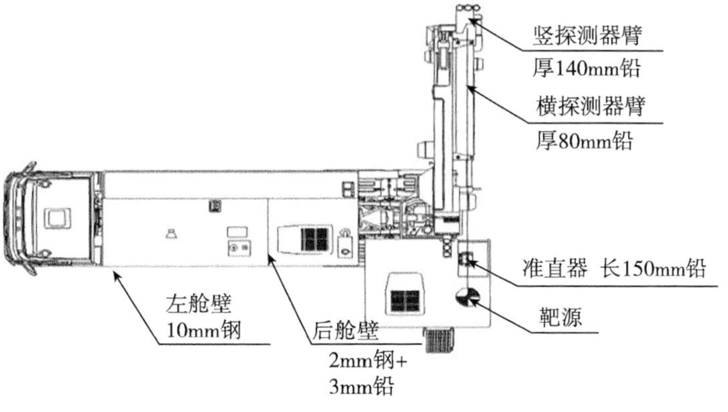


图 2—9　海关 X 射线检查机俯视图

· X 射线

1895 年伦琴发现一种穿透能力很强的辐射，称为 X 射线，也称伦琴射线。X 射线是一种比紫外线波长更短的电磁波，具有电磁辐射的一切特性。

X 射线是高能电子与物质相互作用而产生的，这种过程通常是在 X 射线管内或通过电子加速器产生，图 2—10 是 X 射线管装置示意图。

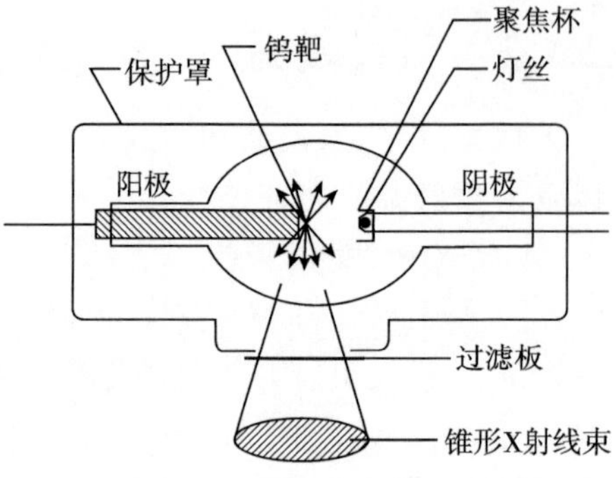


图 2—10　X 射线管装置示意图

图 2—10 中，阴极被灯丝电源加热后可发射电子，阳极是产生 X 射线的靶物质。阴极和阳极之间加直流高压，可使阴极发射的电子在很强的电场作用下获得能量而加速，到达阳极与靶物质作用产生 X 射线。电压越高，电子加速获得能量越大，产生 X 射线的波长越短，量子能量越高。一般医用 X 射线的波长为 0.1 nm 左右。激发电压小于 120 keV 产生的 X 射线叫软 X 射线，激发电压大于 120 keV 产生的 X 射线叫硬 X 射线。

对 X 射线管产生的 X 射线进行光谱分析，发现其光谱分为两类，一类呈连续谱状，一类呈线状谱状，如图 2—11 所示。

当高能电子到达阳极后，电子在靶物质的原子核的库仑场作用下骤然减速，其部分或全部能量转化为电磁辐射，即产生连续谱的 X 射线，这种辐射称为韧致辐射(bremsstrahlung)。其辐射强度随波长连续变化，在一定的波长处有一最大值，超过最大值后，强度随波长减少而下降，波长有明显极限，极限波长与靶物质性质无关。加速电压 $V_0$(keV)越高，X 射线极限波长 $\lambda_{min}$ 就越小，与极限波长 $\lambda_{min}$ 相对应的 X 射线能量等于电子在加速电场中所获得的全部能量。

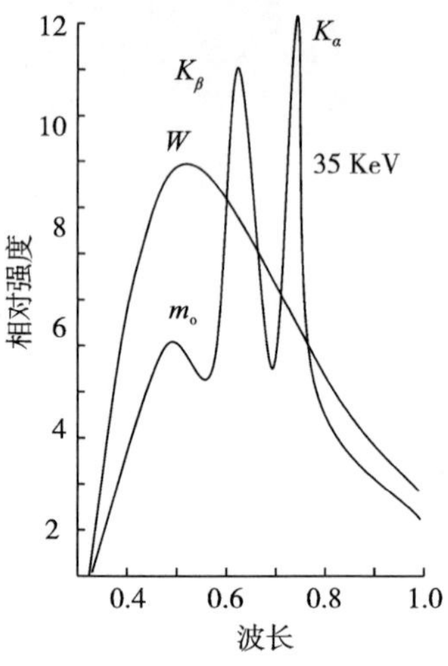


图 2—11　钨和钼的 X 射线光谱

$$\lambda_{min}=\frac{1.24}{V_0}(\text{nm}) \tag{2—16}$$

对于某种靶物质，当入射电子的能量超过一定界限时，除发射连续谱的 X 射线外，还叠加一种线状谱，如图 2—11 所示。能量为 35 keV 电子与钼靶作用，在连续谱上叠加两条波长分别为 0.07135 nm 和 0.06326 nm 的线状 X 射线。这两条谱线分别称为 $K_\alpha$、$K_\beta$线，如果要得到钨的线状谱线则必须使电子能量增加到 70 keV 以上，说明线状光谱的频率与靶物质性质有关。各种元素都有自己特定的 X 线谱，与电子的能量无关(当能量大于某一界限值时)。因此，这种线状谱线称为特征 X 射线，图 2—11 中 $K_\alpha$、$K_\beta$就是钼元素的特征 X 射线。

高能电子与靶物质相互作用，将能量传递给靶内原子，使其激发，当其向低能态或基态跃迁时，可产生特征 X 射线，该 X 射线频率为：

$$V_{nk}=\frac{E_n-E_k}{h} \tag{2—17}$$

式中，$h$ 为普朗克常数，$h=6.6262\times10^{-34}$ J · s；

$E_n$、$E_k$分别是原子跃迁前后两量子态所具有的能量。

可见特征 X 射线是在两个能量相差很大的量子态之间跃迁而产生的。原子序数较大的原子，由于邻近壳层电子处于充满状态，所以内层电子不可能跃迁至邻近壳层，只能在获得较大能量后跃迁至最外层的量子态上，或完全脱离原子的束缚。内层电子脱离后，内壳层形成空穴，其他壳层电子以电磁波形式释放能量而填补空穴，这个电磁波就是特征 X 射线。

医用 X 线机球管多属高真空热阴极电子式，当高速电子撞击阳极靶面时，大约仅有 1% 的能量可转化为 X 射线，绝大部分能量转化为热能，使阳极靶面温度增高，故 X 射线球管不能长时间连续工作。

(2)质子治疗装置

质子进入人体后由于电离作用能量逐渐损失，代表质子进入人体内的能量损失过程和剂量分布曲线有这样的特点：缓慢上升一段后，急速到达峰值，后急速下降。这个剂量峰称作 Bragg 峰。对于很小的肿瘤，只要将 Bragg 峰对准它，那么肿瘤处就能接受到最大的剂量值。对于较大的肿瘤，可以通过调制质子能量使 Bragg 峰加宽到和肿瘤厚度相当的水平再进行治疗。肿瘤前的正常细胞只受到相对较小的剂量值，同样的治疗方式下受到的伤害低于钴-60γ 射线和电子束治疗水平，肿瘤后的正常细胞基本不受伤害。

用于治疗肿瘤的质子与周围物质的原子核作用，会产生高能中子。因此对高能质子加速器的辐射屏蔽，实质上是对中子的屏蔽，更是对高能中子的屏蔽。高 $Z$ 材料对于屏蔽光子非常有用，但它们对屏蔽中子效果不佳。光子将在铅中发生电磁相互作用，而中子则不会。由于质量差异大，中子只能失去很小的动量，保留了大部分初始能量，同时改变方向。而$^{208}Pb$ 具有 116 个中子，有 24 个多余的中子(被轻束缚)，极其容易产生次级中子，同时，当被激活时，铅和其他重同位素具有许多状态，需要很长的时间才能衰减。因此最好的中子屏蔽材料能慢化中子，使它们在每次散射/相互作用中损失最多的动量。好的慢化材料是氢含量高的材料，包括水、石蜡、硼(具有很高的高中子截面)、重混凝土、人体(富含水)。

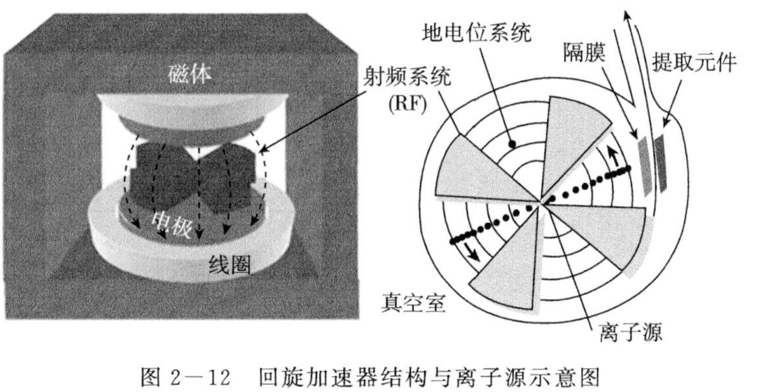


图 2—12　回旋加速器结构与离子源示意图

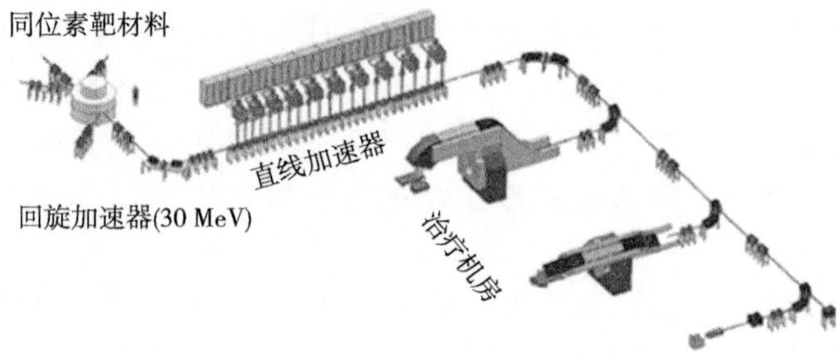


图 2—13　回旋与质子注入加速器示意图

(3)粒子加速器

粒子加速器是使带电粒子在高真空场中受磁场力控制、电场力加速而达到高能量的特种电磁、高真空装置。粒子加速器按照加速粒子的能量可分为高能加速器、中能加速器和低能加速器,目前使用的加速器大多数为能量低于 100 MeV 的低能加速器。

加速器的辐射源主要包括以下几个部分:①被加速的带电粒子形成的高速粒子流;②被加速粒子与结构材料或靶物质相互作用产生的贯穿辐射(X 射线和中子);③加速器的结构材料和冷却水等受到辐射照射产生的感生放射性。电子回旋加速器原理见图 2—14,回旋加速器外景见图 2—15。

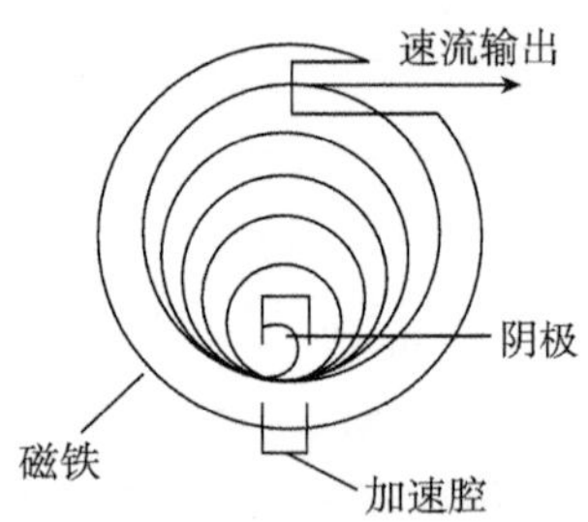


图 2—14　电子回旋加速器原理图

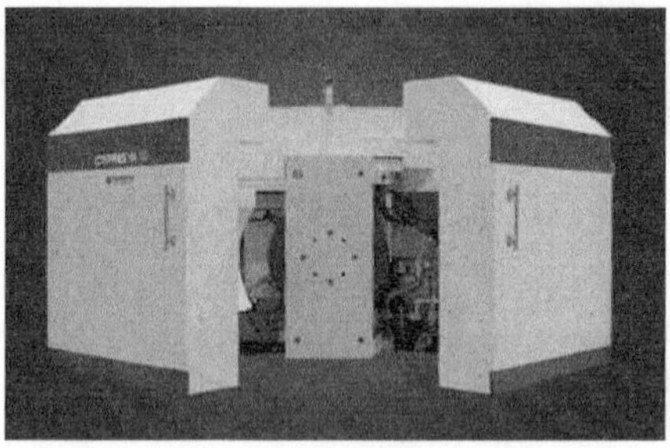

图 2—15　回旋加速器实景图

(4)射线装置分类

根据《放射性同位素与射线装置安全和防护条例》《放射性同位素与射线装置安全许可管理办法》规定,及射线装置对人体健康和环境可能造成危害的程度,从高到低将射线装置分为Ⅰ类、Ⅱ类和Ⅲ类。

Ⅰ类为高危险射线装置,事故时可以使短时间受照射人员产生严重放射损伤,甚至死亡,或对环境造成严重影响,其安全与防护要求高;Ⅱ类射线装置,事故时可以使受照人员产生较严重放射损伤,其安全与防护要求较高;Ⅲ类射线装置,事故时一般不会使受照的人员产生放射损伤,其安全与防护要求相对简单。

常用的射线装置按照使用用途可分为医用射线装置和非医用射线装置,可按表 2—2 进行分类。

**表 2—2　射线装置分类表**

| 装置类别 | 医用射线装置 | 非医用射线装置 |
|---|---|---|
| Ⅰ类射线装置 | 质子治疗装置 | 生产放射性同位素用加速器(不含制备正电子发射计算机断层显象装置(PET)用放射性药物的加速器) |
| | 重离子治疗装置 | 粒子能量大于 100 MeV 的非医用加速器 |
| | 其他粒子能量大于等于 100 MeV 的医用加速器 | — |
| Ⅱ类射线装置 | 粒子能量小于 100 MeV 的医用加速器 | 粒子能量小于 100 MeV 的非医用加速器 |
| | 制备正电子发射计算机断层摄影装置(PET)放射性药物的加速器 | 工业辐照用加速器 |
| | X 射线治疗机(深部、浅部) | 工业探伤用加速器 |
| | 术中放射治疗装置 | 安全检查用加速器 |
| | 血管造影用 X 射线装置[1)] | 车辆检查用 X 射线装置 |
| | — | 工业用 X 射线计算机断层扫描(CT)装置 |
| | — | 工业用 X 射线探伤装置[5),6)] |
| | — | 中子发生器 |
| Ⅲ类射线装置 | 医用 X 射线计算机断层扫描(CT)装置[2)] | 人体安全检查用 X 射线装置 |
| | 放射诊断 X 射线装置[3)] | X 射线行李包检查装置[7)] |
| | 口腔(牙科)X 射线装置[4)] | X 射线衍射仪 |
| | 放射治疗模拟定位装置 | X 射线荧光仪 |
| | X 射线血液辐照仪 | 其他各类 X 射线检测装置(测厚、称重、测孔径、测密度等) |
| | — | 离子注(植)入装置 |
| | — | 兽用 X 射线装置 |
| | — | 电子束焊机 |
| | 其他不能被豁免的 X 射线装置 | |

注：

1)血管造影用 X 射线装置包括用于心血管介入术、外周血管介入术、神经介入术等的 X 射线装置，以及含具备数字减影(DSA)血管造影功能的设备。

2)医用 X 射线计算机断层扫描(CT)装置包括医学影像用 CT 机、放疗 CT 模拟定位机、核医学 SPECT/CT 和 PET/CT 等。

3)医用诊断 X 射线装置包括 X 射线摄影装置、床旁 X 射线摄影装置、X 射线透视装置、移动 X 射线 C 臂机、移动 X 射线 G 臂机、手术用 X 射线机、X 射线碎石机、乳腺 X 射线装置、胃肠 X 射线机、X 射线骨密度仪等常见 X 射线诊断设备和开展非血管造影用 X 射线装置。

4)口腔(牙科)X 射线装置包括口腔内 X 射线装置(牙片机)、口腔外 X 射线装置(含全景机和口腔 CT 机)。

5)工业用 X 射线探伤装置分为自屏蔽式 X 射线探伤装置和其他工业用 X 射线探伤装置，后者包括固定式 X 射线探伤系统、便携式 X 射线探伤机、移动式 X 射线探伤装置和 X 射线照相仪等利用 X 射线进行无损探伤检测的装置。

6)对自屏蔽式 X 射线探伤装置的生产、销售活动按Ⅱ类射线装置管理；使用活动按Ⅲ类射线装置管理。

7)对公共场所柜式 X 射线行李包检查装置的生产、销售活动按Ⅲ类射线装置管理；对其设备的用户单位实行豁免管理。

# 2.2 射线与物质的相互作用

众所周知，物质的基本组成单元是原子。因此，所谓辐射与物质的相互作用可以看成射线与原子的相互作用。从微观角度来看，组成物质的众多原子彼此并不是紧密结合在一起，其间充斥了场和力（如库仑场）。因此，对于某一个瞬间，在物质中穿行的射线可能直接碰撞到原子（原子核和核外电子），也可能受到场和力的作用发生偏转，当然还可能“不受干扰”继续前行。

基于上述，考虑到辐射本身的随机性，给出射线与物质相互作用的定义：所谓相互作用，就是辐射的能量和运动方向在物质中发生变化的随机过程。相互作用过程的具体形式、产物以及程度取决于辐射和物质这两个作用主体构成的整个系统。可以说，相互作用就是拥有诸多确定特征的随机表现过程。

辐射与物质相互作用的随机性表现在两个方面：①辐射与物质中某些或某个对象是否发生相互作用是随机的；②若一定发生某种相互作用，则在此过程中能量和（或）方向的改变是随机的。相互作用是两者辐射的本质是能量，射线与物质的相互作用其实就是辐射能量在物质中的转移、传递和沉积过程。

进一步说，辐射能量在物质中的转移，是通过辐射与物质原子、原子核、电子的相互作用实现的。相互作用的结果，是产生一个或多个次级粒子，导致能量载体（energy carrer）的转变，例如：不带电粒子的能量可变成带电粒子的能量；带电粒子能量又可能变成电子（δ 粒子）或光子（韧致辐射）的能量，等等。

在物质中，相关粒子损失动能的位置，称为能量转移点（energy transfer point）。

## 2.2.1 相互作用的定性描述

电离辐射分为带电的电离辐射和不带电的电离辐射，前者又称为带电粒子。由于这两类辐射在电荷、性质、质量等方面存在显著差异，因此它们的相互作用之间差异也很大。接下来我们从这些方面分别进行叙述。

### 2.2.1.1 带电粒子与物质的相互作用

物质是由原子、分子构成，考虑到原子核和核外电子的电性，我们可以将物质看作一个复杂的电场。显然，带电粒子和不带电粒子进入物质时的行为和作用方式会有很大的不同。前已述及，辐射与物质相互作用的对象可以是包含原子核和核外电子的整个原子。因此，具有一定能量的带电粒子入射到物质中，相互作用的主要方式有四种：

①与核外电子发生非弹性碰撞；

②与原子核发生非弹性碰撞；

③与原子核发生弹性碰撞；

④与原子核发生核反应。

#### 2.2.1.3　带电粒子在物质中的能量损失形式

一般，带电粒子贯穿物质时，主要受到物质中原子核和核外电子的电磁作用。这种作用会使运动着的带电粒子改变方向、损失能量；这一过程前、后，若无能量形式改变，则称过程是弹性的(elastic)；否则，损失的能量，主要表现为物质的电离、激发，或者变成韧致辐射(bremsstrahlung)。此外，更高能量的带电粒子，还能引起核反应。

在物质中，电子与质量比它重的带电粒子(如质子、α 粒子)，行为稍有差异，因此，常把静止质量大于电子的带电粒子归为一类，统称重带电粒子(heavy charged particle)。

带电粒子与物质的相互作用方式、损失能量的多寡，取决于带电粒子的电荷、质量和能量，同时也取决于物质的原子序数。

除非引起核反应，整个带电粒子会被相遇的原子核吸收，一般情形下，由于与物质持续的相互作用，带电粒子将不断地发生能量转移：

(1)与物质原子、分子的弹性碰撞

弹性碰撞导致相碰粒子间动能交换，增加了物质分子不规则运动的动能，使物质变热、温度升高。带电粒子部分能量直接变成了热能。

(2)与束缚电子的非弹性碰撞，使物质原子电离、激发

为使物质原子释出一个电子，带电粒子应具有的最低能量 $E_{cut}$，对于生物组织，这个能量约为 10 eV。

电离过程释出的电子，如果动能超过 100 eV，会明显偏离原来粒子运动方向，且穿越一段路程，进一步引起其他原子的电离和激发，此类电子称为 δ 粒子(或 δ 射线)。

被电离、激发的原子，退激时还会释出俄歇(Auger)电子、特征 X 射线(characteristic X－rays)的光子。

注意：电离过程中，带电粒子损失的能量并非在发生电离的部位被物质局部吸收，而有相当部分被 δ 粒子带到了其他位置。

(3)与原子核、束缚电子电场发生韧致辐射

当带电粒子从原子核附近掠过时，在原子核库仑场的作用下，运动方向和速度发生变化，此时带电粒子的一部分动能就变成具有连续能谱的 X 射线辐射出来，这种辐射称为韧致辐射。这一过程中，带电粒子部分能量又变成了辐射(光子)的能量；韧致辐射的光子则会到比 δ 粒子射程更远的位置，继续消耗其得到的能量。

不过，发生韧致辐射因而损失能量的可能性，与带电粒子本身静止质量的平方成反比。例如，在同一种物质内，如若质子、电子原来的能量相同，那么质子在韧致辐射中损失的能量大约是电子的三百万分之一。所以，常可忽略重带电粒子在韧致辐射过程中损失的能量。

综上所述，在物质中带电粒子能量 $E$ 最后将变成三种类型的能量损失：

$$E = E_{\text{弹性碰撞}} + E_{\text{电离、激发}} + E_{\text{韧致辐射}}$$

对于通常遇到的带电粒子，因弹性碰撞过程损失的能量常可忽略，尤其是重带电粒子，即使对于一般常见的初始能量 $10^4 \sim 10^6$ eV 的电子，弹性碰撞中损失的能量充其量也不过其初始动能的 0.15%。随着电子初始能量的增高，这一份额会变得更小。

所以，带电粒子能量损失的主要原因是：电离、激发和韧致辐射。

### 2.2.1.3 不带电粒子与物质的相互作用

不带电粒子是指本身不带有正、负电荷的粒子或波。常见的不带电粒子包括 X 射线、γ 射线（两者统称为光子）和中子。与之前叙述过的带电粒子不同，不带电的光子和中子在与物质相互作用过程中一般不会受到物质原子核和核外电子电场的影响，发生相互作用的主要对象就是整个原子、原子核和核外电子本身。由于光子一般被看作波，而中子却是具有实际质量的实体粒子（原子核的组成成分之一），它们与物质相互作用有着明显不同的特征，以下分别进行叙述。

（1）光子与物质的相互作用形式

X 射线、γ 射线本质上都是高能电磁辐射，都是光子，只是产生方式不同。而且一旦产生，只要能量相同，则物理性质完全相同。光子的能量为

$$E=h\upsilon=h(c/\lambda) \tag{2-18}$$

式中，$h$ 为普朗克（Planck）常量，$c$ 为光速，$\upsilon$ 和 $\lambda$ 分别是电磁辐射的频率和波长。

γ 射线由原子核能级之间的跃迁产生，X 射线主要由轫致辐射产生。X、γ 射线与物质的相互作用跟带电粒子与物质相互作用方式不同，带电粒子通过连续的与多次的电离损失或辐射损失而损失能量，可用阻止本领和射程等物理量来描述。而 X、γ 射线与物质的相互作用是通过单次性的随机事件与介质的原子核或原子核外电子作用，一旦光子与物质发生作用，光子或被吸收而消失与损失全部能量，或受到散射而损失很大一部分能量，同时产生次级电子。X 射线、γ 射线与物质相互作用的主要方式有三种，即光电效应（photoelectric effect）、康普顿散射（Compton scattering）和电子对产生（electron pair production）。

①光电效应

光电效应是光子被整个原子吸收，从原子壳层打出一个电子，即光电子。光子将全部能量转移给原子，一小部分（可忽略）用于提供原子的反冲能，其余作为电子脱离原子束缚所需的电离能和光电子的动能，如图 2－16 所示。光电效应主要发生在原子束缚最紧的 K 层（80%）。光电效应发生后，由于原子内层电子出射，出现空位，外层电子内填，将以发射特征 X 射线或俄歇电子的形式释出多余的能量。根据能量守恒，光电子能量为：

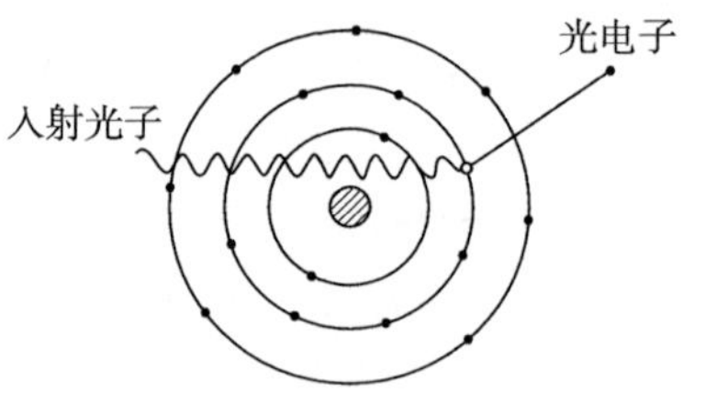


图 2－16　光电效应示意图

$$E_e=h\upsilon-\varepsilon_i$$

式中，$\varepsilon_i$ 是电子在第 $i$ 壳层的结合能。

②康普顿散射

康普顿散射为入射光子与核外轨道电子的非弹性碰撞。在非弹性碰撞过程中，入射光子的一部分能量转移给电子，使其脱离原子束缚成为自由电子（康普顿反冲电子）。而光子同时受到散射，其运动方向和能量都发生变化，称为散射光子。康普顿效应一般发生在束

缚最疏松的外层电子。若次级电子能量比较高，它仍将继续与介质相互作用直至能量耗尽。散射光子也将继续与介质相互作用。康普顿散射过程中反冲电子得到的能量为：

$$E_{e,recoil}=h\upsilon-h\upsilon' \tag{2-19}$$

式中，$h\upsilon$ 为散射光子的能量。式中没有包括结合能是因为结合能与入射光子能量相比实在太小了。

康普顿散射的示意图见图 2－17。

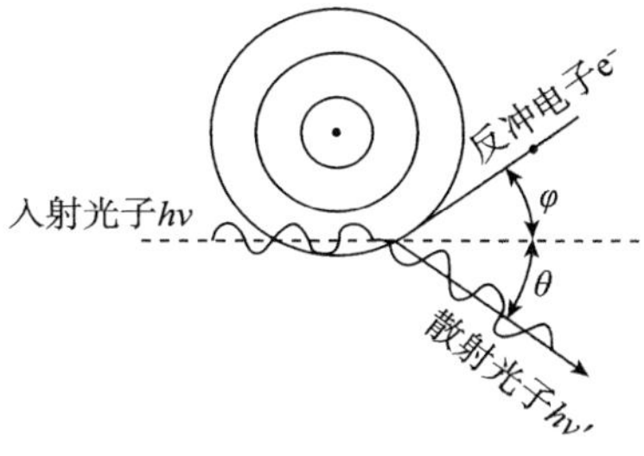


图 2－17　康普顿散射示意图

③电子对产生

如果入射光子能量足够高，当它从原子核旁经过时，在原子核库仑场的作用下，光子整个被吸收，转化为一个正电子和一个电子，这种过程称为电子对效应。只有光子能量大于 1.022 MeV 时，即大于两个静止电子质量时，才可能发生电子对效应。所产生的正负电子继续在物质中按照带电粒子的规律慢化，负电子成为物质中的自由电子或者原子的轨道电子，而正电子速度接近零时将与附近的负电子发生湮没（annihilation）辐射（也称质湮辐射），放出两个方向相反能量各为 0.511 MeV 的 γ 光子。电子对产生的示意图如图 2－18 所示。

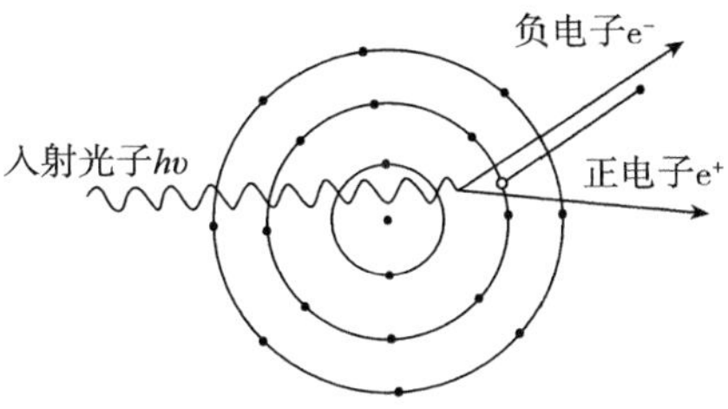


图 2－18　电子对产生示意图

· 光子与物质相互作用的一般规律

光子入射到物质中后，在某一个瞬间，如果不发生相互作用，则光子继续在物质中穿行。一旦与物质发生相互作用，主要作用的种类就是上述三种。究竟发生哪种相互作用，与光子能量以及物质的性质密切相关，一般规律如下：

——低能光子，主要经历光电效应，对高原子序数物质而言尤为明显。

——高能光子，主要经历电子对产生，随物质原子序数增高，电子对产生越加突出。

——中能光子，主要是康普顿散射。在物质中，主要经历康普顿散射的光子：在高 $Z$ 物质（例如铅），能量为 1 MeV 左右，且范围较窄（见图 2－19(a)）；在碳、水、软组织之类的低 $Z$ 物质（例如碳），范围很宽，能量介于 25 keV～25 MeV，几乎覆盖医学、生物学领域用到的所有 X、γ 射线。

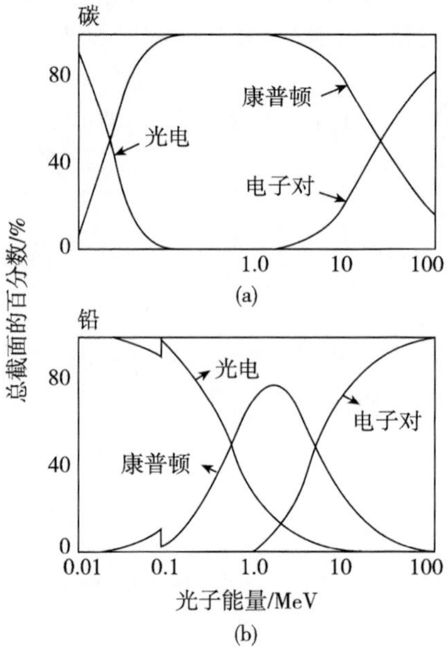


图 2—19　碳和铅中不同能量光子相互作用的相对概率分布

· 光子与物质相互作用的次要过程

除了上述提及的三个主要作用过程——光电效应、康普顿散射和电子对生成外，光子还可以与物质发生相干散射和光核反应。以下进行简要介绍。

相干散射：X、γ 光子具有波粒二象性，既是粒子也是电磁波。当入射电磁波从原子附近经过时，引起轨道电子共振，振荡电子将发射波长相同但方向不同的电磁波，不同轨道电子发射的电磁波具有相干性，故称此过程为相干散射，又称瑞利散射。在相干散射过程中，X、γ 光子仅改变运动方向而没有能量转移。

光核反应：X、γ 光子与原子核作用引起的核反应称光核反应。常见的反应类型有(γ，p)、(γ，n)。光核反应是有阈能的反应。当 X、γ 光子能量大于阈能时，反应截面随 X、γ 光子能量增加而增大，当 X、γ 光子能量大于阈能数个 MeV 时反应截面达到最大，此后随 X、γ 光子能量增加而减小。

由于光核反应截面很小，在剂量学考虑中往往忽略光核反应的贡献。但在机房防护设计时，如果加速器 X 射线能量大于 10 MV，则需要考虑(γ，n)反应，这是因为一方面中子比光子更容易从迷道中逸出，另一方面反应后的核素具有短寿命的 $\beta^+$ 衰变(半衰期约 10 min)。

(2)中子与物质的相互作用形式

与光子不同，中子不带电，只与原子核相互作用，与物质的相互作用过程种类繁多。

在物质中，中子经历何种过程、能量损失多寡，与中子能量、物质种类关系密切，变化剧烈。通常，按能量高低，中子分成 5 类：热中子、慢中子、中能中子、快中子和高能中子。

热中子(0.025～0.5 eV)，通过俘获过程(capture)，会被任何物质的原子核吸收；吸收热中子后，原子核可能发射 γ 光子或带电粒子。特别，把发射 γ 光子的俘获过程，称为辐射俘获(radiative capture)，例如$^1H(n;\gamma)^2H$。吸收热中子后，只有轻核才可能有出射带电粒子的俘获过程，例如人体中常有$^{14}N(n;p)^{14}C$ 反应。

慢中子(0.5～1000 eV),遇轻核,主要发生弹性散射(elastic scattering)(n;n');遇重核,呈现辐射俘获(n;γ)。

中能中子(1～10 keV)、快中子(0.01～10 MeV),主要经历弹性散射;中子能量超过 0.1 MeV,便能引发非弹性散射(inelastic scattering)(n;n'、γ)。

高能中子(>10 MeV),与原子核碰撞后会有多个中子出现,称之为去弹性散射(nonelastic scattering),例如$^{14}N(n;2n')^{13}N$。

此外,吸收了能量甚高的中子后,原子核会变得四分五裂,此过程称为散裂(spallation),例如人体中会有$^{14}N(n;2\alpha)^{7}Li$、$^{12}C(n;n',\alpha)^{8}Be$、$^{12}C(n;n',3\alpha)$等反应。

以上,圆括号内,分号前的 n 代表入射中子,分号后的 n'、p、γ、α 分别代表相互作用后出射的中子、质子、γ 光子和 α 粒子,字母前的数字代表作用过程后出现的相关粒子数。

进入人体后,通过上述过程,中子的能量 $E_n$ 大部分变成了重带电粒子(例如弹性散射后氢、碳、氮、氧反冲核以及其他过程中的质子和 α 粒子)的动能。

由于人体中氢核(H)最多,中子与 H 核发生弹性散射的截面(可能性)最大,交出的能量也最多,因此在人体中,中子能量有 85%～95%是向氢核转移的。

经由上述重带电粒子后续的电离、激发过程,中子的部分能量最终为能量转移点附近的物质所吸收。

## 2.2.2　相互作用过程中损失能量的定量描述

前已述及,造成带电粒子能量损失的主要原因是电离、激发和轫致辐射。不带电辐射主要是通过在物质中产生带电粒子,再进行能量沉积。因此,两者之间有特有的能量定量形式和指标。

### 2.2.2.1　带电粒子的能量损失定量描述

(1)阻止本领

带电粒子在电离、激发或轫致辐射过程中损失的能量,分别称为:带电粒子能量的碰撞损失(collision energy loss)或辐射损失(radiative energy loss),可分别用碰撞阻止本领(collision stopping power)或辐射阻止本领(radiative stopping power)给以定量。

带电粒子在物质中的线碰撞阻止本领 $S_{col}$或质量碰撞阻止本领 $S_{col}/\rho$,表示带电粒子在物质中穿行单位路程时,因电离、激发过程所损失的能量。

显然,上述单位路程,若是单位长度,指的是线碰撞阻止本领;若是单位质量厚度,则便是质量碰撞阻止本领。以后遇到类似情况,均可照此理解,不再一一赘述。

若用数学语言表述,则有:

$$S_{col}=dE_{col}/dl \tag{2-20}$$

$$(S/\rho)_{col}=dE_{col}/(\rho dl) \tag{2-21}$$

式中,$dE_{col}$是带电粒子在物质中穿行 $dl$ 路程时因电离、激发所损失的能量。

$S_{col}$、$(S/\rho)_{col}$的单位分别是 J/m 或 J · m²/kg,也可用诸如 MeV/cm、MeV · cm²/g 之类的分数、倍数单位给以表示。

同样,带电粒子在物质中的线辐射阻止本领 $S_{rad}$或质量辐射阻止本领 $S_{rad}/\rho$ 表示带电粒子在物质中穿行单位路程时,因轫致过程所损失的能量。

或者：

$$S_{rad}=dE_{rad}/dl \tag{2-22}$$

$$(S/\rho)_{rad}=dE_{rad}/(\rho dl) \tag{2-23}$$

式中，$dE_{rad}$就是带电粒子在物质中穿行 $dl$ 路程时，因韧致辐射所损失的能量。

$S_{rad}$、$(S/\rho)_{rad}$的单位也分别是 J/m 或 $J\cdot m^2/kg$，自然也可用诸如 MeV/cm、$MeV\cdot cm^2/g$ 之类的分数、倍数单位给以表示。

实际上，受照射物质任意位置出现带电粒子，总同时存在其能量的碰撞损失和辐射损失。所以，为定量标志在物质中穿行单位路程时带电粒子总的能量损失，会用到总的阻止本领(total stopping power)。以总的质量阻止本领 $S/\rho$ 为例：

$$S/\rho=(S/\rho)_{col}+(S/\rho)_{rad} \tag{2-24}$$

至于，这两部分能量损失各自的份额，则随带电粒子类型、能量以及物质的种类而异。下面，分别对电子和重带电粒子作进一步讨论。

①重带电粒子

重带电粒子能量的辐射损失，几可忽略。因此，重带电粒子总的阻止本领，即

$$(S/\rho)_{\text{重带电粒子}}\approx(S/\rho)_{col} \tag{2-25}$$

就是说，除非发生核反应，重带电粒子的能量几乎全部是在电离、激发过程中损失的。

对于动能为 $E$，电荷为 $z$，静止质量能为 $Mc^2$ 的其他重粒子，它们的质量阻止本领$(S/\rho)_{\text{重粒子}}$，可按如下方法估计：

· 计算与其能量对应的质子等效能量：

$$E_p=E\cdot(Mc^2)_{\text{重粒子}}/(Mc^2)_{\text{质子}} \tag{2-26}$$

· 上述重粒子的质量阻止本领，估计为：

$$(S/\rho)_{\text{重粒子}}=z^2\cdot[S(E_p)/\rho]_{\text{质子}} \tag{2-27}$$

②电子

一般，必须同时计入$(S/\rho)_{col}$和$(S/\rho)_{rad}$，即

$$(S/\rho)_{\text{电子}}=(S/\rho)_{col}+(S/\rho)_{rad} \tag{2-28}$$

不过，对于特定能量 $E$(MeV)和特定物质(原子序数为 $Z$)，这两类能量损失有着下列分配关系：

$$(S/\rho)_{rad}/(S/\rho)_{col}\approx EZ/800 \tag{2-29}$$

因此，存在一个临界能量 $E_{\text{临界}}$：

$$[(S/\rho)_{rad}/(S/\rho)_{col}=1] \tag{2-30}$$

$$E_{\text{临界}}\approx 800/Z \tag{2-31}$$

亦即，在原子序数为 $Z$ 的物质中，如果出现的电子能量正好等于 $E_{\text{临界}}$，则其损失于电离、激发和韧致辐射的能量几乎相同。对于水和铅：

$$E_{\text{临界}}\approx 800/Z\approx\begin{cases}10\ \text{MeV} & \text{水(低 }Z\text{ 物质代表)}\\100\ \text{MeV} & \text{铅(高 }Z\text{ 物质代表)}\end{cases} \tag{2-32}$$

因此，在物质中出现的电子能量 $E$ (对照图 2.1)：

如果 $E\ll E_{\text{临界}}$，主要是碰撞损失；

如果 $E\gg E_{\text{临界}}$，主要是辐射损失。

(2)射程

带电粒子在与物质的相互作用过程中，不断损失其动能，最终将损失所有动能而停止运动(不包括热运动)。粒子从入射位置至完全停止位置沿运动轨迹所经过的距离称为路径长度，沿入射方向从入射位置至完全停止位置所经过的距离称为射程。由于粒子的运动轨迹是曲折的，因此射程总是小于路径长度。粒子与物质的相互作用是一个随机过程，每个相同能量的入射粒子的路径长度和射程均可能不一样，整个粒子束的路径长度和射程将构成统计分布。平均路径长度用来描述路径长度的分布特点，而平均射程和外推射程等概念用来描述射程分布特点。

重带电粒子因其质量大，与核外电子的一次碰撞只损失很小一部分能量，运动方向也改变很小，并且与原子核发生弹性散射的概率小，其运动路径比较直，因此粒子数随吸收块厚度的变化曲线表现为开始时平坦和尾部快速下降，如图 2－20(a)所示。电子因其质量小，每次碰撞的电离损失和辐射损失比重带电粒子大得多，同时运动方向改变大，并且与原子核发生弹性碰撞概率大，其运动路径曲折，粒子的射程分布在一个很宽范围，也就是说电子的射程发生了较严重的歧离，因此粒子数随厚度变化曲线呈逐渐下降趋势，如图 2－20(b)所示。

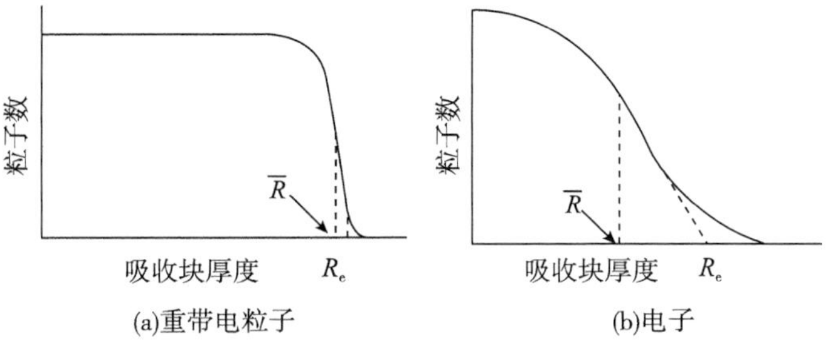


图 2－20　粒子数随吸收块厚度变化曲线

外推射程($R_e$)为粒子数随吸收块厚度变化曲线最陡部分做切线外推与横坐标相交，相交位置对应的吸收块厚度。

(3)比电离

带电粒子穿过靶物质时使物质原子电离产生电子——离子对，单位路程上产生的电子(离子对)数目称为比电离，它与带电粒子在靶物质中的碰撞阻止本领成正比。从理论上分析，由于碰撞阻止本领近似与带电粒子速度平方成反比，因此当粒子接近其路程的末端时，碰撞阻止本领和比电离达到最大值，越过峰值以后，由于粒子能量几乎耗尽，碰撞阻止本领和比电离很快下降到零。从实验测量结果看，重带电粒子束的比电离曲线和百分深度剂量曲线尾部均可以观察到明显的峰值，此峰值称为布拉格峰，而在电子束的比电离曲线和百分深度剂量曲线尾部均观察不到峰值，这是由于电子束的能量歧离和射程歧离现象严重。所谓能量歧离和射程歧离是指一束相同能量的入射粒子，当它们穿过相同厚度的靶物质后，它们的能量和射程并不完全相同的现象。利用重带电粒子束(主要是质子和负 $\pi$ 介子)实施放疗，可以通过调整布拉格峰的位置和宽度使其正好包括靶区，从而达到提高靶区剂量和减少正常组织受照剂量的目的，这正是重带电粒子束相对光子、电子和中子束等所具有的剂量学优点。

(4)传能线密度

事实上，在物质中的带电粒子总能量中往往有很大部分通过电离过程传给了能量超过100 eV 的 δ 粒子。因为已具相当能量，δ 粒子可以按其独自路径在物质中穿行一段距离，沿途继续产生电离和激发。

在水或软组织中，δ 粒子的动能 Δ 若为 100 eV，约能穿越 2 nm，相当于 DNA 分子双螺旋结构的直径；若动能 Δ 有 6000 eV，则能穿越 1 μm，约与一个小细胞直径相当。也就是说，在组织中能量为 100 eV 或 6000 eV 的 δ 粒子，如果正好全程穿越 DNA 分子的双链或一个细胞，则它们的能量将分别在与 DNA 双螺旋结构或小细胞相当的空间范围内被吸收；即便不是全程穿越分子或细胞，100 eV 或 6000 eV 的 δ 粒子，也只能在 2 nm 或 1 μm 这样局部的范围转移它们的能量。

为定量估计特定的局部范围内物质吸收能量的密集程度，曾经引用传能线密度(linear energy transfer)，也称作受限制的线碰撞阻止本领(restricted linear collision stopping power)，旧称线能量转移，且以 LET 记之。传能线密度 $L_\Delta$ 的单位是 J/m，不过常用 keV/μm。

辐射研究领域，常依辐射的传能线密度大小，把电离辐射分为：高 LET 辐射和低 LET 辐射。高 LET 辐射是：辐射效应的诱发效能高于 $^{60}$Co γ 射线或 250 kV X 射线的一类辐射。例如质子、中子、α 粒子、重原子核裂变碎片或其他重带电粒子。低 LET 辐射是：辐射效应的诱发效能与 $^{60}$Co γ 射线或 250 kV X 射线相仿的一类辐射。属于此类辐射的则有光子、电子、β 粒子等。

(5)电子在干燥空气中每产生一个离子对所需消耗的平均能量 $W_a$

电离辐射剂量的测量，应用最早，至今依然是最经典、最准确的方法，当数辐射剂量测量的电离方法，并且测量电离辐射在空气中形成的正、负离子的电荷量尤为方便，因为无论哪个地方，地球表面总有空气。另一方面，无论是电子束，还是 X、γ 射线，最终导致空气电离的，都是电子，因此电子在干燥空气中每产生一个离子对所需消耗的平均能量 $W_a$ 便成为剂量测量中一个重要参数。

经过多年测量和论证，目前一致认为：电子在干燥空气中每产生一个离子对所需消耗的平均能量 $W_a$ 是 33.97 eV。或者，为在空气中产生电荷量为 1 C(库仑)的正离子或负离子，电子所需消耗的能量为 33.97 J(焦尔)。并且还认为，$W_a$ 值与产生电离的电子动能基本无关。

### 2.2.2.2 不带电粒子与物质相互作用能量损失定量

一般的，由于不带电辐射的电荷中性属性，使得在受照物质相同的情况下，不带电粒子发生相互作用的概率显著小于带电粒子。因此，不带电粒子与物质相互作用的特点是：相互作用次数较少，但每次相互作用损失的能量较多。鉴于此，定量描述不带电粒子相互作用程度时就需要充分考虑随机性特征和辐射场的特征。

(1)截面

所谓“截面”，其实就是单位粒子注量的入射辐射与一个“靶子”(整个原子、原子核和核外电子)发生一次相互作用的概率，有：

$$\sigma = P/\Phi \tag{2-33}$$

截面 σ 的常用单位是 $cm^2$，专用单位为靶恩(barn)，1 barn$=10^{-24}$ $m^2$。考虑到靶子的类型，截面也常常分为原子截面和电子截面。

(2)衰减系数

不带电粒子进入物质后，有可能不经任何作用过程而穿透出去(见图 2－21(a))，也有可能发生前述的各种相互作用。以光子为例，有些光子会在光电效应、电子对产生过程中被吸收；有的则因康普顿散射，入射光子变成散射光子，且会多次地改变方向。所以，若初始光子注量是 $\Phi_0$，穿过厚度为 $d$ 的物质层后，光子注量将减少到 $\Phi_d$。

若忽略散射线(图 2－21(b)中虚线箭头所示)的影响，则称该射线是“窄束的”；也就是说，凡遭遇相互作用的粒子，就都认为已经离开了原有射线束，不管它是被吸收的，还是被散射的。而穿过物质层的，只是那些在物质层中未经任何作用的入射粒子。

若忽略空气对射线的散射和吸收，则穿过厚度为 $d$ 的物质层后，窄束射线的衰减，符合简单的指数衰减规律：

$$\Phi_d = \Phi_0 \cdot e^{-\mu d} \tag{2-34}$$

式中，$\mu$ 是入射射线的线衰减系数，$\mu = (\mathrm{d}\Phi/\Phi)/\mathrm{d}l$，它表示射线在物质中穿行单位长度路程时，其注量减少的份额。$\mathrm{d}\Phi/\Phi$ 是射线在物质中穿行 $\mathrm{d}l$ 路程时注量减少的份额。

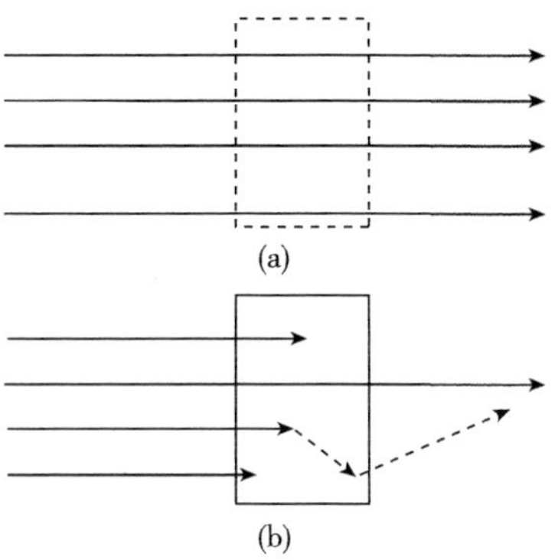

图 2－21　窄束射线的衰减规律

从数学表达上，以光子为例，线衰减系数与光子的原子截面有以下关系：

$$\mu = \rho \cdot N_A/M \cdot ({}_a\tau + {}_a\sigma + {}_a k) \tag{2-35}$$

式中，括号内三项分别为光电效应、康普顿散射和电子对产生的原子截面；

$\rho \cdot N_A/M$ 是单位体积中物质的原子数，$N_A$ 为阿伏加德罗常数，$M$ 为摩尔质量。

与线衰减系数对应，还有质量衰减系数 $\mu/\rho$，

$$\mu/\rho = (\mathrm{d}\Phi/\Phi)/(\rho \cdot \mathrm{d}l) \tag{2-36}$$

它表示射线在物质中贯穿单位质量厚度物质时，其注量减少的份额。

线衰减系数 $\mu$ 和质量衰减系数 $\mu/\rho$ 的 SI 单位分别是 $\mathrm{m}^{-1}$ 和 $\mathrm{m}^2/\mathrm{kg}$。

(3)能量转移系数

通过相互作用过程，能量在不同载体间传递，入射不带电粒子能量部分变成了次级带电粒子的动能。为定量表述能量向次级带电粒子转移的份额，提出不带电粒子在物质中的线能量转移系数 $\mu_{tr}$ 和质量能量转移系数 $\mu_{tr}/\rho$，它们分别为：

$$\mu_{\mathrm{tr}} = (\mathrm{d}E/E)/\mathrm{d}l \tag{2-37}$$

$$\mu_{\mathrm{tr}}/\rho = (\mathrm{d}E/E)/(\rho \cdot \mathrm{d}l) \tag{2-38}$$

表示：不带电粒子在物质中穿行单位路程或质量厚度时，能量向次级带电粒子转移的份额。

上面，$(dE/E)/dl$ 是，不带电射线在物质中穿行 $dl$ 路程时，其能量向次级带电粒子转移的份额。

以光子为例，线能量转移系数 $\mu_{tr}$ 与光子的子截面应有如下关系：

$$\mu_{tr}/\rho=\rho\cdot N_A/M\cdot[{}_a\tau(1-f\phi)/h\upsilon+{}_a\sigma(1-h\upsilon'/h\upsilon)+{}_ak(1-1.02/h\upsilon)] \quad (2-39)$$

式中方括号中三项分别表示光电效应、康普顿散射和电子对产生三过程中光子向电子转移的能量份额。

与衰减系数类似，线能量转移系数 $\mu_{tr}$ 和质量能量转移系数 $\mu_{tr}/\rho$ 的单位也分别是 $m^{-1}$ 和 $m^2/kg$。

(4)能量吸收系数

从不带电射线那里取得能量的次级带电粒子，还会进一步与物质相互作用，导致其能量的碰撞损失和辐射损失。就能量转移和吸收而言，我们更关注次级电子能量的碰撞损失。为此，便进一步提出另一类相互作用系数：不带电射线在物质中的线能量吸收系数 $\mu_{en}$ 和质量能量吸收系数 $\mu_{en}/\rho$，它们与能量转移系数存在下列关系：

$$\mu_{en}=\mu_{tr}\cdot(1-g) \quad (2-40)$$

$$\mu_{en}/\rho=(\mu_{tr}/\rho)\cdot(1-g) \quad (2-41)$$

式中，$g$ 为次级带电慢化过程中其能量辐射损失的份额。

在空气、水甚至软组织中，次级带电粒子能量(电子)即使高达 2 MeV，其能量的辐射损失份额依然不足 1%，以至可认为 $g\approx0$，此时，在数值上能量转移系数近似等于能量吸收系数。

线能量吸收系数 $\mu_{en}$、质量能量吸收系数 $\mu_{en}/\rho$ 的剂量学含意是：不带电辐射在物质中穿行单位路程时，能量向次级带电粒子转移，且通过次级带电粒子的电离、激发过程被物质吸收的份额。

线能量吸收系数 $\mu_{en}$，质量能量吸收系数 $\mu_{en}/\rho$ 的单位也分别是 $m^{-1}$ 和 $m^2/kg$。

# 2.3 电离辐射剂量学指标

电离辐射的本质是能量。从效应的角度来看，电离辐射无论是有益的方面还是有害的方面，都来源于辐射能量的沉积。因此，用于定量辐射能量沉积的指标以及在此基础上为辐射危害评估和定量测量实践引申出的指标构成了当前的辐射剂量学指标体系。

## 2.3.1 基本剂量学量

基本的剂量学量，是指一段时间内，电离辐射向单位质量物质转移或授予的辐射能量。它的单位是 J/kg，电离辐射领域赋予其专门名称——戈瑞(gray)，符号为 Gy。

一段时间内，剂量学量的数值并非以恒定速率递增，因为电离辐射源性能未必恒定。因此需了解与相关剂量学量相应的速率量：任一时刻 $t$，单位时间内相关剂量学量值的增幅。例如，吸收剂量是最重要的剂量学量，其国际符号是 $D(t)$，与其相应的速率量叫吸收剂量率，其符号就在吸收剂量符号的上面加一点 $\dot{D}(t)$，单位是 Gy/s，或者是它恰当的倍数或分数。对于其他剂量学量，情况亦然，以下不再赘述。

#### 2.3.1.1　比释动能

比释动能关注不带电粒子（中子、光子）在相互作用过程中，向次级带电粒子转移的能量。

比释动能 $K(T,r)$ 定义为：

$$K(T,r)=\mathrm{d}E_{\mathrm{tr}}(T,r)/\mathrm{d}m \tag{2-42}$$

这里，$\mathrm{d}E_{\mathrm{tr}}(T,r)$ 是 $T$ 时间内，辐射场 r 点处，不带电粒子在质量为 $\mathrm{d}m$ 的物质中，因相互作用过程释出的所有带电粒子初始动能的总和。

比释动能是不带电粒子在单位质量物质中，向次级带电粒子转移的能量。

比释动能 $K$ 为：

$$K(T,r)=\eta_{\mathrm{u,c}}(T,r) \tag{2-43}$$

其中，$\eta_{\mathrm{u,c}}(T,r)$ 是 $T$ 时间内相关位置上，单位质量物质中，因相互作用，由不带电粒子（u，中子或光子）释出的所有次级带电粒子 c（中子情况下为重带电粒子，光子情况下为电子）的初始动能的总和。

#### 2.3.1.2　碰撞比释动能

已经了解，带电粒子的能量损失同时存在两种可能：碰撞损失和辐射损失。

对于中子，其次级带电粒子（重带电粒子）能量的辐射损失，几乎可略。然而，对于光子，宜同时考虑其次级电子能量的碰撞损失和辐射损失，特别是光子能量很高时，其次级电子能量的辐射损失会十分明显。

因为受光子照射的物质中，寄予关注的一点处，物质吸收的辐射能量，直接依赖次级电子能量的碰撞损失。因此，出于实际需要，依次级电子的能量归宿，光子的比释动能 $K(T,r)$ 分为两个组分：碰撞比释动能（collision kerma）$K_{\mathrm{c}}(T,r)$ 和辐射比释动能（radiative kerma）$K_{\mathrm{r}}(T,r)$。

$$K(T,r)=K_{\mathrm{c}}(T,r)+K_{\mathrm{r}}(T,r) \tag{2-44}$$

若次级电子能量辐射损失的平均份额为 $\overline{g}$，则：

$$K_{\mathrm{r}}(T,r)=K(T,r)\cdot\overline{g} \tag{2-45}$$

$$K_{\mathrm{c}}(T,r)=K(T,r)\cdot(1-\overline{g}) \tag{2-46}$$

所以，光子的碰撞比释动能 $K_{\mathrm{c}}(T,r)$ 是：单位质量物质中，光子释出的所有次级电子的初始动能，而后以电离、激发方式损失的能量总和。

必须注意的是，比释动能、碰撞比释动能、辐射比释动能，只用于不带电的电离辐射（中子和光子）。

如果特定时间内，受照射物质 V 中的 $r$ 点处，不带电粒子的能量注量为 $\Psi$（V 中 $r$ 点），则同一点处，物质 V 的比释动能[$K$（V 中 $r$ 点）]$_{\mathrm{V}}$ 为：

$$[K(\mathrm{V}\text{ 中 }r\text{ 点})]_{\mathrm{V}}=\Psi(\mathrm{V}\text{ 中 }r\text{ 点})\cdot[\overline{\mu}_{\mathrm{tr}}/\rho]_{\mathrm{V}} \tag{2-47}$$

物质 V 的碰撞比释动能[$K_{\mathrm{C}}$（V 中 $r$ 点）]$_{\mathrm{V}}$ 为：

$$[K_{\mathrm{C}}(\mathrm{V}\text{ 中 }r\text{ 点})]_{\mathrm{V}}=\Psi(\mathrm{V}\text{ 中 }r\text{ 点})\cdot[\overline{\mu}_{\mathrm{en}}/\rho]_{\mathrm{V}} \tag{2-48}$$

以上，$[\overline{\mu}_{tr}/\rho]_V$ 和 $[\overline{\mu}_{en}/\rho]_V$ 分别是以物质V中 $r$ 点处能量注量谱分布计权的、物质V的质量能量转移系数、质量能量吸收系数的平均值，计算方法如式(2—38)所示。

注意：因为比释动能关注的是单位质量物质中，不带电粒子向次级带电粒子转移(即"交出")的能量。因此，在辐射场特定位置，只要光子、中子的能量注量保持不变，物质的比释动能值只赖于物质自身性，与其周边物质毫无关系。

若特定时间内，辐射场 $r$ 点，能量为 $E$ 的不带电粒子的注量为 $\Phi(r)$，则同一点处，它们的比释动能 $K(r)$ 为：

$$K(r)=E\cdot\Phi(r)\cdot[\mu_{tr}(E)/\rho] \tag{2—49}$$

于是，有

$$f_K(E)=K(r)/\Phi(r)=E\cdot[\mu_{tr}(E)/\rho] \tag{2—50}$$

这里，称 $f_K(E)$ 为单能不带电粒子的比释动能系数(kerma coefficient)。

比释动能系数 $f_K(E)$ 常作为不带电粒子相互作用系数的另一种表述方式，其实就是与单位注量对应的比释动能值，单位是 Gy·m$^2$。

表2—3是与放射医学相关的某些物质单能中子的比释动能系数值。表2—4则是单能光子的空气比释动能系数值。

**表2—3　中子的比释动能系数 $f_K$**　　单位：f Gy·m$^2$

| 中子能量/MeV | 肺 | 血液 | 皮质骨 | 皮肤 | 脂肪组织 | 肌肉 | 水 | 固体水 WT1 | A150 |
|---|---|---|---|---|---|---|---|---|---|
| 2.53E—08 | 2.50E—02 | 2.65E—02 | 3.34E—02 | 3.36E—02 | 6.04E—03 | 2.72E—02 | 4.70E—04 | 1.93E—02 | 2.79E—02 |
| 3.60E—08 | 2.12E—02 | 2.25E—02 | 2.86E—02 | 2.85E—02 | 5.12E—03 | 2.31E—02 | 3.98E—04 | 1.64E—02 | 2.37E—02 |
| 6.30E—08 | 1.60E—02 | 1.70E—02 | 2.16E—02 | 2.15E—02 | 3.87E—03 | 1.74E—02 | 3.01E—04 | 1.23E—02 | 1.79E—02 |
| 1.10E—07 | 1.21E—02 | 1.29E—02 | 1.63E—02 | 1.63E—02 | 2.93E—03 | 1.32E—02 | 2.29E—04 | 9.34E—03 | 1.35E—02 |
| 2.00E—07 | 8.98E—03 | 9.54E—03 | 1.22E—02 | 1.21E—02 | 2.17E—03 | 9.78E—03 | 1.71E—04 | 6.95E—03 | 1.01E—02 |
| 3.60E—07 | 6.69E—03 | 7.11E—03 | 9.12E—03 | 8.99E—03 | 1.62E—03 | 7.29E—03 | 1.30E—04 | 5.18E—03 | 7.49E—03 |
| 6.30E—07 | 5.07E—03 | 5.38E—03 | 6.98E—03 | 6.81E—03 | 1.23E—03 | 5.52E—03 | 1.02E—04 | 3.93E—03 | 5.68E—03 |
| 1.10E—06 | 3.83E—03 | 4.07E—03 | 5.32E—03 | 5.15E—03 | 9.37E—04 | 4.17E—03 | 8.41E—05 | 2.98E—03 | 4.30E—03 |
| 2.00E—06 | 2.87E—03 | 3.04E—03 | 4.03E—03 | 3.85E—03 | 7.12E—04 | 3.12E—03 | 7.57E—05 | 2.23E—03 | 3.22E—03 |
| 3.60E—06 | 2.15E—03 | 2.28E—03 | 3.07E—03 | 2.88E—03 | 5.53E—04 | 2.34E—03 | 8.00E—05 | 1.68E—03 | 2.42E—03 |
| 6.30E—06 | 1.66E—03 | 1.76E—03 | 2.38E—03 | 2.21E—03 | 4.59E—04 | 1.81E—03 | 1.01E—04 | 1.31E—03 | 1.87E—03 |
| 1.10E—05 | 1.32E—03 | 1.40E—03 | 1.88E—03 | 1.74E—03 | 4.20E—04 | 1.43E—03 | 1.46E—04 | 1.05E—03 | 1.48E—03 |
| 2.00E—05 | 1.11E—03 | 1.16E—03 | 1.51E—03 | 1.41E—03 | 4.49E—04 | 1.19E—03 | 2.41E—04 | 8.84E—04 | 1.23E—03 |
| 3.60E—05 | 1.04E—03 | 1.08E—03 | 1.26E—03 | 1.27E—03 | 5.79E—04 | 1.10E—03 | 4.16E—04 | 8.42E—04 | 1.14E—03 |
| 6.30E—05 | 1.16E—03 | 1.18E—03 | 1.14E—03 | 1.31E—03 | 8.51E—04 | 1.20E—03 | 7.14E—04 | 9.39E—04 | 1.23E—03 |
| 1.10E—04 | 1.52E—03 | 1.53E—03 | 1.14E—03 | 1.62E—03 | 1.36E—03 | 1.55E—03 | 1.23E—03 | 1.24E—03 | 1.58E—03 |
| 2.00E—04 | 2.36E—03 | 2.35E—03 | 1.33E—03 | 2.40E—03 | 2.38E—03 | 2.36E—03 | 2.24E—03 | 1.91E—03 | 2.41E—03 |
| 3.60E—04 | 3.99E—03 | 3.97E—03 | 1.80E—03 | 3.97E—03 | 4.22E—03 | 3.94E—03 | 4.02E—03 | 3.21E—03 | 3.98E—03 |
| 6.30E—04 | 6.68E—03 | 6.63E—03 | 2.69E—03 | 6.57E—03 | 7.30E—03 | 6.62E—03 | 7.02E—03 | 5.40E—03 | 6.69E—03 |
| 1.10E—03 | 1.14E—02 | 1.13E—02 | 4.31E—03 | 1.12E—02 | 1.27E—02 | 1.14E—02 | 1.22E—02 | 9.26E—03 | 1.15E—02 |

续表

| 中子能量 MeV | 肺 | 血液 | 皮质骨 | 皮肤 | 脂肪组织 | 肌肉 | 水 | 固体水 WT1 | A150 |
|---|---|---|---|---|---|---|---|---|---|
| 2.00E−03 | 2.05E−02 | 2.03E−02 | 7.40E−03 | 2.00E−02 | 2.28E−02 | 2.04E−02 | 2.21E−02 | 1.66E−02 | 2.05E−02 |
| 3.60E−03 | 3.66E−02 | 3.63E−02 | 1.29E−02 | 3.57E−02 | 4.08E−02 | 3.63E−02 | 3.94E−02 | 2.96E−02 | 3.66E−02 |
| 6.30E−03 | 6.29E−02 | 6.22E−02 | 2.20E−02 | 6.13E−02 | 7.01E−02 | 6.23E−02 | 6.78E−02 | 5.08E−02 | 6.29E−02 |
| 1.10E−02 | 1.06E−01 | 1.05E−01 | 3.69E−02 | 1.03E−01 | 1.18E−01 | 1.05E−01 | 1.14E−01 | 8.58E−02 | 1.06E−01 |
| 2.00E−02 | 1.85E−01 | 1.83E−01 | 6.41E−02 | 1.80E−01 | 2.06E−01 | 1.83E−01 | 1.99E−01 | 1.49E−01 | 1.85E−01 |
| 3.60E−02 | 3.05E−01 | 3.02E−01 | 1.06E−01 | 2.98E−01 | 3.41E−01 | 3.03E−01 | 3.30E−01 | 2.48E−01 | 3.06E−01 |
| 6.30E−02 | 4.74E−01 | 4.69E−01 | 1.65E−01 | 4.62E−01 | 5.30E−01 | 4.70E−01 | 5.11E−01 | 3.85E−01 | 4.76E−01 |
| 8.20E−02 | 5.72E−01 | 5.67E−01 | 2.00E−01 | 5.58E−01 | 6.41E−01 | 5.68E−01 | 6.18E−01 | 4.66E−01 | 5.75E−01 |
| 8.60E−02 | 5.92E−01 | 5.86E−01 | 2.08E−01 | 5.78E−01 | 6.63E−01 | 5.87E−01 | 6.39E−01 | 4.82E−01 | 5.95E−01 |
| 9.00E−02 | 6.10E−01 | 6.05E−01 | 2.14E−01 | 5.96E−01 | 6.84E−01 | 6.06E−01 | 6.59E−01 | 4.09E−01 | 6.14E−01 |
| 9.40E−02 | 6.29E−01 | 6.23E−01 | 2.20E−01 | 6.14E−01 | 7.04E−01 | 6.24E−01 | 6.79E−01 | 5.13E−01 | 6.33E−01 |
| 9.80E−02 | 6.46E−01 | 6.40E−01 | 2.26E−01 | 6.31E−01 | 7.24E−01 | 6.41E−01 | 6.98E−01 | 5.27E−01 | 6.52E−01 |
| 1.05E−01 | 6.77E−01 | 6.71E−01 | 2.37E−01 | 6.61E−01 | 7.58E−01 | 6.72E−01 | 7.31E−01 | 5.53E−01 | 6.82E−01 |
| 1.15E−01 | 7.19E−01 | 7.12E−01 | 2.52E−01 | 7.02E−01 | 8.05E−01 | 7.13E−01 | 7.76E−01 | 5.87E−01 | 7.24E−01 |
| 1.25E−01 | 7.58E−01 | 7.51E−01 | 2.66E−01 | 7.40E−01 | 8.50E−01 | 7.52E−01 | 8.18E−01 | 6.20E−01 | 7.63E−01 |
| 1.35E−01 | 7.96E−01 | 7.89E−01 | 2.82E−01 | 7.77E−01 | 8.92E−01 | 7.90E−01 | 8.59E−01 | 6.51E−01 | 8.02E−01 |
| 1.45E−01 | 8.32E−01 | 8.25E−01 | 2.94E−01 | 8.13E−01 | 9.38E−01 | 8.26E−01 | 8.98E−01 | 6.81E−01 | 8.38E−01 |
| 1.55E−01 | 8.67E−01 | 8.59E−01 | 3.07E−01 | 8.47E−01 | 9.71E−01 | 8.60E−01 | 9.35E−01 | 7.10E−01 | 8.73E−01 |
| 1.65E−01 | 8.99E−01 | 8.91E−01 | 3.18E−01 | 8.78E−01 | 1.01E+00 | 8.92E−01 | 9.70E−01 | 7.37E−01 | 9.06E−01 |
| 1.75E−01 | 9.32E−01 | 9.24E−01 | 3.29E−01 | 9.10E−01 | 1.04E+00 | 9.25E−01 | 1.01E+00 | 7.63E−01 | 9.39E−01 |
| 1.85E−01 | 9.61E−01 | 9.53E−01 | 3.41E−01 | 9.39E−01 | 1.08E+00 | 9.54E−01 | 1.04E+00 | 7.88E−01 | 9.68E−01 |
| 1.95E−01 | 9.91E−01 | 9.82E−01 | 3.51E−01 | 9.68E−01 | 1.11E+00 | 9.83E−01 | 1.07E+00 | 8.12E−01 | 9.98E−01 |
| 2.10E−01 | 1.03E+00 | 1.02E+00 | 3.69E−01 | 1.01E+00 | 1.16E+00 | 1.03E+00 | 1.12E+00 | 8.48E−01 | 1.04E+00 |
| 2.30E−01 | 1.09E+00 | 1.08E+00 | 3.88E−01 | 1.06E+00 | 1.22E+00 | 1.08E+00 | 1.17E+00 | 8.93E−01 | 1.10E+00 |
| 2.50E−01 | 1.14E+00 | 1.13E+00 | 4.10E−01 | 1.11E+00 | 1.27E+00 | 1.13E+00 | 1.23E+00 | 9.33E−01 | 1.14E+00 |
| 2.70E−01 | 1.19E+00 | 1.18E+00 | 4.29E−01 | 1.17E+00 | 1.33E+00 | 1.19E+00 | 1.29E+00 | 9.79E−01 | 1.20E+00 |
| 2.90E−01 | 1.24E+00 | 1.23E+00 | 4.47E−01 | 1.21E+00 | 1.39E+00 | 1.23E+00 | 1.34E+00 | 1.02E+00 | 1.25E+00 |
| 3.10E−01 | 1.29E+00 | 1.28E+00 | 4.64E−01 | 1.26E+00 | 1.44E+00 | 1.28E+00 | 1.39E+00 | 1.06E+00 | 1.29E+00 |
| 3.30E−01 | 1.33E+00 | 1.32E+00 | 4.83E−01 | 1.30E+00 | 1.48E+00 | 1.32E+00 | 1.44E+00 | 1.09E+00 | 1.33E+00 |
| 3.50E−01 | 1.38E+00 | 1.37E+00 | 5.04E−01 | 1.35E+00 | 1.53E+00 | 1.37E+00 | 1.49E+00 | 1.13E+00 | 1.38E+00 |
| 3.70E−01 | 1.43E+00 | 1.42E+00 | 5.25E−01 | 1.39E+00 | 1.58E+00 | 1.42E+00 | 1.55E+00 | 1.16E+00 | 1.41E+00 |
| 3.90E−01 | 1.50E+00 | 1.49E+00 | 5.53E−01 | 1.46E+00 | 1.64E+00 | 1.49E+00 | 1.62E+00 | 1.20E+00 | 1.46E+00 |
| 4.20E−01 | 1.64E+00 | 1.62E+00 | 6.23E−01 | 1.58E+00 | 1.72E+00 | 1.62E+00 | 1.78E+00 | 1.27E+00 | 1.51E+00 |
| 4.60E−01 | 1.65E+00 | 1.64E+00 | 6.21E−01 | 1.60E+00 | 1.78E+00 | 1.64E+00 | 1.79E+00 | 1.31E+00 | 1.58E+00 |
| 5.00E−01 | 1.61E+00 | 1.60E+00 | 5.83E−01 | 1.58E+00 | 1.82E+00 | 1.60E+00 | 1.73E+00 | 1.34E+00 | 1.64E+00 |

续表

| 中子能量 MeV | 肺 | 血液 | 皮质骨 | 皮肤 | 脂肪组织 | 肌肉 | 水 | 固体水 WT1 | A150 |
|---|---|---|---|---|---|---|---|---|---|
| 5.40E－01 | 1.67E＋00 | 1.65E＋00 | 5.98E－01 | 1.63E＋00 | 1.89E＋00 | 1.66E＋00 | 1.79E＋00 | 1.39E＋00 | 1.71E＋00 |
| 5.80E－01 | 1.71E＋00 | 1.71E＋00 | 6.22E－01 | 1.69E＋00 | 1.95E＋00 | 1.71E＋00 | 1.86E＋00 | 1.44E＋00 | 1.77E＋00 |
| 6.20E－01 | 1.79E＋00 | 1.77E＋00 | 6.49E－01 | 1.75E＋00 | 2.02E＋00 | 1.77E＋00 | 1.92E＋00 | 1.49E＋00 | 1.83E＋00 |
| 6.60E－01 | 1.85E＋00 | 1.83E＋00 | 6.73E－01 | 1.81E＋00 | 2.08E＋00 | 1.84E＋00 | 1.98E＋00 | 1.54E＋00 | 1.89E＋00 |
| 7.00E－01 | 1.90E＋00 | 1.89E＋00 | 6.90E－01 | 1.86E＋00 | 2.15E＋00 | 1.89E＋00 | 2.05E＋00 | 1.58E＋00 | 1.94E＋00 |
| 7.40E－01 | 1.95E＋00 | 1.93E＋00 | 7.07E－01 | 1.91E＋00 | 2.20E＋00 | 1.94E＋00 | 2.10E＋00 | 1.62E＋00 | 1.99E＋00 |
| 7.80E－01 | 2.01E＋00 | 1.99E＋00 | 7.30E－01 | 1.97E＋00 | 2.26E＋00 | 2.00E＋00 | 2.16E＋00 | 1.67E＋00 | 2.04E＋00 |
| 8.20E－01 | 2.06E＋00 | 2.04E＋00 | 7.49E－01 | 2.02E＋00 | 2.31E＋00 | 2.05E＋00 | 2.22E＋00 | 1.71E＋00 | 2.09E＋00 |
| 8.60E－01 | 2.11E＋00 | 2.10E＋00 | 7.73E－01 | 2.07E＋00 | 2.37E＋00 | 2.10E＋00 | 2.28E＋00 | 1.75E＋00 | 2.13E＋00 |
| 9.00E－01 | 2.18E＋00 | 2.16E＋00 | 8.04E－01 | 2.13E＋00 | 2.43E＋00 | 2.16E＋00 | 2.35E＋00 | 1.79E＋00 | 2.18E＋00 |
| 9.40E－01 | 2.29E＋00 | 2.27E＋00 | 8.55E－01 | 2.22E＋00 | 2.50E＋00 | 2.27E＋00 | 2.47E＋00 | 1.84E＋00 | 2.23E＋00 |
| 9.80E－01 | 2.47E＋00 | 2.45E＋00 | 9.52E－01 | 2.39E＋00 | 2.60E＋00 | 2.44E＋00 | 2.69E＋00 | 1.92E＋00 | 2.29E＋00 |
| 1.05E＋00 | 2.51E＋00 | 2.48E＋00 | 9.56E－01 | 2.43E＋00 | 2.67E＋00 | 2.48E＋00 | 2.72E＋00 | 1.97E＋00 | 2.36E＋00 |
| 1.15E＋00 | 2.48E＋00 | 2.46E＋00 | 9.19E－01 | 2.42E＋00 | 2.74E＋00 | 2.46E＋00 | 2.67E＋00 | 2.02E＋00 | 2.45E＋00 |
| 1.25E＋00 | 2.58E＋00 | 2.56E＋00 | 9.58E－01 | 2.52E＋00 | 2.85E＋00 | 2.56E＋00 | 2.78E＋00 | 2.10E＋00 | 2.55E＋00 |
| 1.35E＋00 | 2.67E＋00 | 2.65E＋00 | 9.94E－01 | 2.61E＋00 | 2.95E＋00 | 2.65E＋00 | 2.87E＋00 | 2.18E＋00 | 2.65E＋00 |
| 1.45E＋00 | 2.71E＋00 | 2.69E＋00 | 1.00E＋00 | 2.65E＋00 | 3.03E＋00 | 2.69E＋00 | 2.91E＋00 | 2.24E＋00 | 2.74E＋00 |
| 1.55E＋00 | 2.78E＋00 | 2.76E＋00 | 1.03E＋00 | 2.72E＋00 | 3.11E＋00 | 2.76E＋00 | 2.99E＋00 | 2.30E＋00 | 2.81E＋00 |
| 1.65E＋00 | 2.89E＋00 | 2.87E＋00 | 1.07E＋00 | 2.83E＋00 | 3.21E＋00 | 2.87E＋00 | 3.12E＋00 | 2.37E＋00 | 2.89E＋00 |
| 1.75E＋00 | 2.93E＋00 | 2.91E＋00 | 1.08E＋00 | 2.87E＋00 | 3.28E＋00 | 2.91E＋00 | 3.15E＋00 | 2.43E＋00 | 2.97E＋00 |
| 1.85E＋00 | 3.05E＋00 | 3.03E＋00 | 1.14E＋00 | 2.98E＋00 | 3.39E＋00 | 3.03E＋00 | 3.29E＋00 | 2.50E＋00 | 3.05E＋00 |
| 1.95E＋00 | 3.07E＋00 | 3.04E＋00 | 1.13E＋00 | 3.00E＋00 | 3.44E＋00 | 3.05E＋00 | 3.30E＋00 | 2.55E＋00 | 3.11E＋00 |
| 2.10E＋00 | 3.16E＋00 | 3.13E＋00 | 1.18E＋00 | 3.10E＋00 | 3.59E＋00 | 3.14E＋00 | 3.38E＋00 | 2.68E＋00 | 3.27E＋00 |
| 2.30E＋00 | 3.20E＋00 | 3.18E＋00 | 1.18E＋00 | 3.15E＋00 | 3.67E＋00 | 3.19E＋00 | 3.43E＋00 | 2.72E＋00 | 3.35E＋00 |
| 2.50E＋00 | 3.33E＋00 | 3.30E＋00 | 1.24E＋00 | 3.28E＋00 | 3.82E＋00 | 3.31E＋00 | 3.56E＋00 | 2.85E＋00 | 3.50E＋00 |
| 2.70E＋00 | 3.48E＋00 | 3.45E＋00 | 1.33E＋00 | 3.43E＋00 | 4.01E＋00 | 3.47E＋00 | 3.71E＋00 | 3.01E＋00 | 3.69E＋00 |
| 2.90E＋00 | 3.61E＋00 | 3.58E＋00 | 1.42E＋00 | 3.58E＋00 | 4.25E＋00 | 3.60E＋00 | 3.82E＋00 | 3.24E＋00 | 3.96E＋00 |
| 3.10E＋00 | 3.76E＋00 | 3.73E＋00 | 1.49E＋00 | 3.69E＋00 | 4.25E＋00 | 3.74E＋00 | 4.00E＋00 | 3.19E＋00 | 3.90E＋00 |
| 3.30E＋00 | 4.09E＋00 | 4.06E＋00 | 1.71E＋00 | 4.03E＋00 | 4.62E＋00 | 4.07E＋00 | 4.34E＋00 | 3.54E＋00 | 4.25E＋00 |
| 3.50E＋00 | 4.17E＋00 | 4.14E＋00 | 1.77E＋00 | 4.12E＋00 | 4.78E＋00 | 4.15E＋00 | 4.40E＋00 | 3.69E＋00 | 4.44E＋00 |
| 3.70E＋00 | 4.27E＋00 | 4.24E＋00 | 1.82E＋00 | 4.21E＋00 | 4.85E＋00 | 4.25E＋00 | 4.52E＋00 | 3.73E＋00 | 4.48E＋00 |
| 3.90E＋00 | 4.20E＋00 | 4.17E＋00 | 1.78E＋00 | 4.16E＋00 | 4.82E＋00 | 4.19E＋00 | 4.44E＋00 | 3.69E＋00 | 4.47E＋00 |
| 4.20E＋00 | 4.34E＋00 | 4.30E＋00 | 1.85E＋00 | 4.27E＋00 | 4.84E＋00 | 4.31E＋00 | 4.60E＋00 | 3.67E＋00 | 4.45E＋00 |
| 4.60E＋00 | 4.34E＋00 | 4.31E＋00 | 1.81E＋00 | 4.26E＋00 | 4.82E＋00 | 4.31E＋00 | 4.64E＋00 | 3.61E＋00 | 4.40E＋00 |
| 5.00E＋00 | 4.59E＋00 | 4.55E＋00 | 1.93E＋00 | 4.47E＋00 | 4.97E＋00 | 4.55E＋00 | 4.93E＋00 | 3.70E＋00 | 4.48E＋00 |

续表

| 中子能量 MeV | 肺 | 血液 | 皮质骨 | 皮肤 | 脂肪组织 | 肌肉 | 水 | 固体水 WT1 | A150 |
|---|---|---|---|---|---|---|---|---|---|
| 5.40E+00 | 4.47E+00 | 4.43E+00 | 1.85E+00 | 4.38E+00 | 5.00E+00 | 4.44E+00 | 4.78E+00 | 3.72E+00 | 4.55E+00 |
| 5.80E+00 | 4.68E+00 | 4.64E+00 | 1.97E+00 | 4.57E+00 | 5.15E+00 | 4.65E+00 | 5.02E+00 | 3.84E+00 | 4.66E+00 |
| 6.20E+00 | 4.79E+00 | 4.75E+00 | 2.05E+00 | 4.70E+00 | 5.37E+00 | 4.76E+00 | 5.11E+00 | 4.05E+00 | 4.91E+00 |
| 6.60E+00 | 4.93E+00 | 4.89E+00 | 2.09E+00 | 4.79E+00 | 5.29E+00 | 4.88E+00 | 5.32E+00 | 3.91E+00 | 4.73E+00 |
| 7.00E+00 | 5.14E+00 | 5.10E+00 | 2.21E+00 | 4.98E+00 | 5.40E+00 | 5.08E+00 | 5.56E+00 | 3.99E+00 | 4.78E+00 |
| 7.40E+00 | 5.41E+00 | 5.37E+00 | 2.41E+00 | 5.26E+00 | 5.73E+00 | 5.36E+00 | 5.83E+00 | 4.31E+00 | 5.13E+00 |
| 7.80E+00 | 5.32E+00 | 5.28E+00 | 2.40E+00 | 5.25E+00 | 6.03E+00 | 5.30E+00 | 5.65E+00 | 4.66E+00 | 5.57E+00 |
| 8.20E+00 | 5.29E+00 | 5.25E+00 | 2.35E+00 | 5.17E+00 | 5.82E+00 | 5.25E+00 | 5.66E+00 | 4.41E+00 | 5.29E+00 |
| 8.60E+00 | 5.46E+00 | 5.42E+00 | 2.44E+00 | 5.31E+00 | 5.81E+00 | 5.41E+00 | 5.88E+00 | 4.36E+00 | 5.21E+00 |
| 9.00E+00 | 5.55E+00 | 5.51E+00 | 2.53E+00 | 5.44E+00 | 6.11E+00 | 5.51E+00 | 5.92E+00 | 4.69E+00 | 5.58E+00 |
| 9.40E+00 | 5.58E+00 | 5.54E+00 | 2.59E+00 | 5.51E+00 | 6.33E+00 | 5.56E+00 | 5.92E+00 | 4.93E+00 | 5.87E+00 |
| 9.80E+00 | 5.72E+00 | 5.68E+00 | 2.65E+00 | 5.60E+00 | 6.25E+00 | 5.68E+00 | 6.11E+00 | 4.81E+00 | 5.71E+00 |
| 1.05E+01 | 5.86E+00 | 5.82E+00 | 2.74E+00 | 5.73E+00 | 6.32E+00 | 5.82E+00 | 6.27E+00 | 4.85E+00 | 5.74E+00 |
| 1.15E+01 | 6.28E+00 | 6.24E+00 | 3.04E+00 | 6.12E+00 | 6.63E+00 | 6.23E+00 | 6.72E+00 | 5.14E+00 | 6.00E+00 |
| 1.25E+01 | 6.25E+00 | 6.21E+00 | 3.08E+00 | 6.15E+00 | 6.86E+00 | 6.22E+00 | 6.62E+00 | 5.40E+00 | 6.34E+00 |
| 1.35E+01 | 6.49E+00 | 6.45E+00 | 3.25E+00 | 6.38E+00 | 7.07E+00 | 6.46E+00 | 6.87E+00 | 5.61E+00 | 6.54E+00 |
| 1.45E+01 | 6.74E+00 | 6.70E+00 | 3.44E+00 | 6.64E+00 | 7.39E+00 | 6.71E+00 | 7.10E+00 | 5.93E+00 | 6.87E+00 |
| 1.55E+01 | 6.89E+00 | 6.85E+00 | 3.59E+00 | 6.84E+00 | 7.76E+00 | 6.88E+00 | 7.21E+00 | 6.33E+00 | 7.31E+00 |
| 1.65E+01 | 6.98E+00 | 6.94E+00 | 3.65E+00 | 6.95E+00 | 7.98E+00 | 6.97E+00 | 7.27E+00 | 6.57E+00 | 7.59E+00 |
| 1.75E+01 | 7.06E+00 | 7.03E+00 | 3.70E+00 | 7.04E+00 | 8.06E+00 | 7.06E+00 | 7.35E+00 | 6.65E+00 | 7.67E+00 |
| 1.85E+01 | 7.17E+00 | 7.13E+00 | 3.77E+00 | 7.15E+00 | 8.19E+00 | 7.17E+00 | 7.45E+00 | 6.79E+00 | 7.81E+00 |
| 1.95E+01 | 7.29E+00 | 7.26E+00 | 3.87E+00 | 7.28E+00 | 8.30E+00 | 7.29E+00 | 7.58E+00 | 6.90E+00 | 7.90E+00 |
| 2.10E+01 | 7.43E+00 | 7.40E+00 | 4.03E+00 | 7.44E+00 | 8.53E+00 | 7.44E+00 | 7.69E+00 | 7.16E+00 | 8.18E+00 |
| 2.30E+01 | 7.40E+00 | 7.37E+00 | 4.13E+00 | 7.44E+00 | 8.63E+00 | 7.42E+00 | 7.63E+00 | 7.30E+00 | 8.33E+00 |
| 2.50E+01 | 7.35E+00 | 7.32E+00 | 4.23E+00 | 7.41E+00 | 8.71E+00 | 7.38E+00 | 7.53E+00 | 7.43E+00 | 8.48E+00 |
| 2.70E+01 | 7.37E+00 | 7.34E+00 | 4.36E+00 | 7.45E+00 | 8.76E+00 | 7.41E+00 | 7.54E+00 | 7.51E+00 | 8.56E+00 |
| 2.90E+01 | 7.23E+00 | 7.21E+00 | 4.41E+00 | 7.35E+00 | 8.79E+00 | 7.28E+00 | 7.35E+00 | 7.60E+00 | 8.69E+00 |

**表 2—4　光子的空气比释动能系数 $K_a/\Phi$**　　单位：pGy · $cm^2$

| $h\nu$(MeV) | $K_a/\Phi$ | $h\nu$(MeV) | $K_a/\Phi$ | $h\nu$(MeV) | $K_a/\Phi$ | $h\nu$(MeV) | $K_a/\Phi$ | $h\nu$(MeV) | $K_a/\Phi$ |
|---|---|---|---|---|---|---|---|---|---|
| 0.010 | 7.43 | 0.050 | 0.323 | 0.200 | 0.856 | 0.800 | 3.69 | 4.000 | 12.1 |
| 0.015 | 3.12 | 0.060 | 0.289 | 0.300 | 1.38 | 1.000 | 4.47 | 5.000 | 14.1 |
| 0.020 | 1.68 | 0.080 | 0.307 | 0.400 | 1.89 | 1.500 | 6.14 | 6.000 | 16.1 |
| 0.030 | 0.721 | 0.100 | 0.371 | 0.500 | 2.38 | 2.000 | 7.55 | 8.000 | 20.1 |
| 0.040 | 0.429 | 0.150 | 0.599 | 0.600 | 2.84 | 3.000 | 9.96 | 10.00 | 24.0 |

#### 2.3.1.3 X、γ射线的照射量

X、γ射线的照射量(exposure)$X$，是指X、γ射线的光子在单位质量空气中释出的所有次级电子，当它们完全被阻止在空气中时，在空气中产生的同一种符号的离子的总电荷量。

假若，在空气中某点，X、γ射线的光子在质量为$dm$的空气中释出的所有次级电子完全被阻止在空气中，在空气中产生的同一种符号的离子的总电荷量为$dQ$，则所关注的位置上由X、γ射线造成的照射量，便为：

$$X = dQ/dm \tag{2-51}$$

由此可见，照射量$X$的SI单位，应该是C/kg。

照射量是辐射剂量学历史上提出的第一个辐射量(1928年)，当时称之为"剂量"，专用单位是伦琴(符号：R)，后来更名为"照射量"。

照射量的专用单位R，与其SI单位C/kg的数值关系是：

$$1\ \mathrm{R} = 2.58 \times 10^{-4}\ \mathrm{C/kg} \tag{2-52}$$

辐射剂量学历史上以R为单位的照射量曾起到重要的作用，但采用SI单位后，数值上以Gy为单位的空气比释动能要比以C/kg表示的照射量应用起来更方便，故照射量的应用已日渐淡化，取而代之的则是空气比释动能。

#### 2.3.1.4 辐射平衡

辐射平衡(radiation equilibrium)是辐射场特定位置存在的一种状态。若由每一种给定能量、特定类型的电离粒子从辐射场某点一个无限小体积内带走辐射能的期望值，与相同能量、同类粒子带进该体积的辐射能的期望值正好相等，则称辐射场这一点存在了"辐射平衡"。

辐射平衡条件有两类。

(1)完全辐射平衡的条件

所谓完全辐射平衡，是每一种辐射成分带进辐射场某点一个无限小体积的辐射能，能够充分补偿同类辐射成分从该体积带走的辐射能，此时所关心的体积内，便同时存在各类辐射成分的平衡。

为达到完全辐射平衡，要求无限大均匀物质内，均匀地分布了辐射源。

此时，只要离开物质边界的距离，不小于带电粒子的最大射程，那么物质中每一点处，都将同时存在带电粒子平衡、δ粒子平衡和部分的δ粒子平衡。

内照射情况下，如果器官、组织内均匀分布了α、β放射性核素，那么相关器官、组织内将会有相当好的完全辐射平衡情况。除非所关心的位置离开器官、组织边界太近，距离小于α、β粒子的最大射程。

(2)受到外照射的物质中存在某种辐射平衡的条件

通常，受到外照射的有限大小的物质中不会有全部的辐射平衡，但是仍可能出现一种或几种辐射平衡的情况。

一般在物质中，不带电粒子在接连的两次相互作用间穿行的平均路程(平均自由程$\lambda$，数值上等于不带电粒子线衰减系数$\mu$的倒数，即$\lambda = 1/\mu$。例如，在水中1 MeV的光子线衰减系数是0.0707 cm$^{-1}$，相应的平均自由程$\lambda$约14 cm)，要比它所产生的次级电子的最大射

程 $R$(约 0.4 cm)大许多(即 $\mu R << 1$),可以认为,在次级电子的最大射程范围内,入射光子几无衰减。

由上述可见,受到均匀外照射的有限大小的均匀物质中,给定一点 $r$ 处,存在某种次级电离粒子平衡的条件是:

· $r$ 点离开物质边界的距离,不小于次级电离粒子的最大射程;

· 离开 $r$ 点,距离不小于次级电离粒子最大射程范围内,入射辐射应无明显衰减,以致能均匀地释出次级的电离粒子。更严格的表达,即:离开所关注的 $r$ 点,距离不小于次级电离粒子的最大射程范围内,对于次级电离粒子出射的每一个方向 $\Omega$,次级电离粒子的注量率 $\dot{\Phi}_{\Omega}$,应有相同的能量分布。

显然,上述的第二个条件一般难以充分满足。因为在物质中,入射辐射或多或少总有衰减。只是某些情况下入射辐射衰减甚微,因而会有相当好的近似平衡情况。

若水为受照物质,对于不同能量的光子和中子,为建立次级电离粒子的近似平衡需要的水层厚度,以及在这一厚度水层中入射的光子、中子衰减的程度参见表 2—5。

**表 2—5　X 射线和中子辐射在水中的次级电离粒子平衡对应厚度及衰减**

| 入射辐射 | 激发 X 射线的电子能量或中子能量/MeV | 为建立次级电离粒子平衡需要的水层厚度/mm | 入射辐射在平衡水层中的衰减程度/% |
|---|---|---|---|
| X 射线 | 0.3 | 0.1 | 0.03 |
| | 0.5 | 0.4 | 0.1 |
| | 1 | 0.8 | 0.3 |
| | 2 | 2.5 | 0.8 |
| | 4 | 8 | 2 |
| | 6 | 15 | 4 |
| | 8 | 20 | 6 |
| | 10 | 30 | 7 |
| | 15 | 50 | 9 |
| | 20 | 60 | 11 |
| | 30 | 80 | 13 |
| 中　子 | 0.1 | 0.008 | 0.005 |
| | 1 | 0.02 | 0.04 |
| | 10 | 1.5 | 0.5 |
| | 30 | 10 | 1.5 |

如果认为小于 1%的衰减可予忽略,那么对于平均光子能量低于 1.5 MeV(激发 X 射线的电子能量约 3 MeV)的 X、γ 射线,在水中确实会有良好的次级电子平衡。对于中子,在物质中建立次级带电粒子平衡是相对容易的。即使中子能量高达 30 MeV,在受照射物质中依然会有相当好的次级带电粒子平衡。

所以,受到外照的物质中某一点处,只要存在入射辐射的次级粒子平衡,则入射辐射的吸收剂量就等于同一点处入射辐射向单位质量物质转移的能量。即,吸收剂量等于某一点处入射辐射的粒子注量或能量注量与相应的相互作用系数的乘积,从而可以不问其次级粒子对辐射能量迁移的后续过程。

#### 2.3.1.5 吸收剂量

吸收剂量与辐射效应程度关系密切。它关注受照物质特定体积内单位质量物质吸收的辐射能量。这些能量有来自“本地”(相关体积内)的,也有来自“外地”(相关体积外)的。来自“外地”的,势必涉及考察吸收剂量的体积在受照物质中的位置,甚至涉及周边物质的性质。所以,吸收剂量与受照物质的形状、大小以及关注的位置密切相关。离开了这些细节,吸收剂量值会变得毫无意义。

吸收剂量(absorbed dose)$D(T,r)$的定义为:

$$D(T,r)=\mathrm{d}\bar{\varepsilon}(T,r)/\mathrm{d}m \tag{2-53}$$

其中,$\mathrm{d}\bar{\varepsilon}(T,r)$是 $T$ 时间内电离辐射授予 $r$ 点处质量为 $\mathrm{d}m$ 的物质的平均辐射能量。

受照射物质中,每一点处都有其特定吸收剂量值。因此,在某一点处考察物质吸收剂量时,所取体积必须充分的小,以便显示因辐射场或物质不均匀所致吸收剂量值的变化。同时,该体积又要足够的大,以保证考察吸收剂量的时间内,其中有相当多的相互作用过程,使得因为作用过程的随机性,造成授予能的统计不确定性可予忽略。

受照射物质中,吸收剂量越大,其中的辐射效应越严重。

### 2.3.2 放射防护量

放射防护量(radiological protection quantity)是国际放射防护委员会(ICRP)为评估照射水平、控制健康危害,对受照人体规定的一类辐射量,简称“防护量”。

#### 2.3.2.1 电离辐射对人体健康的有害效应

电离辐射诱发的生物效应,就其对人体健康的危害程度,可分 3 等,即变化(change)、损伤(damage)和损害(harm)。变化是指辐射引发的效应,可能有害,也可能无害。损伤则指某种程度的有害变化,例如,对细胞有害,但未必对受照人体有害。损害意味有害效应已到临床可见的程度。

有害效应表现在受照者自身的,称躯体效应(somatic effects);表现在受照者后裔身上的,则称遗传效应(hereditary effects)。

活细胞内,电离辐射引起的各种损伤,莫过于 DNA 损伤造成的后果。DNA 损伤可能阻止细胞活存或繁殖;当然,这种损伤还能被细胞修复。若损伤的 DNA 得不到完善修复,则可能发生变异如属躯体细胞变异,最终可能恶变成一个癌细胞;若生殖细胞变异,则可能对受照者后裔酿成严重损害。

需要指出的是,辐射的遗传效应至今尚无确凿的人类证据。因为已知自然发生的基因突变、染色体畸变可以导致遗传疾患,有理由相信,人类性腺受照射后,也会增加其后代出现这类效应的可能性。

大剂量照射可导致器官、组织内大多数或大部分细胞不能繁殖或被杀死,以致其功能明显丧失,出现临床可见的病理状态,此类性质的有害效应,称为确定性效应(deterministic effects),近称组织反应(tissue reaction)。

由单个变异细胞引起的躯体效应或遗传效应,则称随机性效应(stochastic effects),因为辐射在细胞敏感部位沉积能量以至引起细胞变异,带有随机的性质。

从辐射剂量与效应程度的定量关系言，确定性效应是发生概率及其严重程度与剂量都有关联的一类效应，随机性效应则是发生概率与剂量有关、严重程度与剂量无关的一类效应。

#### 2.3.2.2　器官剂量 $D_T$

受照物质中每一点都有其特定的吸收剂量值，然而为了放射防护的目的，作为可以接受的近似方法，常取一段时间内较大组织体积中吸收剂量的平均值。

一个器官、组织 T 范围内的平均吸收剂量 $\overline{D}_T$，为该器官或组织吸收的总辐射能量与质量的商，单位：Gy。

虽然器官剂量描述的相应组织吸收辐射能量的情况，但本身还不足以评价辐射照射造成的危害。因为不同类型、能量的辐射具有不同的生物学效能，不同器官、组织的辐射敏感性未必相同。因此，为确立放射防护用到的剂量指标与随机性健康危害的定量关系，还需用辐射权重因子 $w_R$、组织权重因子 $w_T$ 对平均吸收剂量作进一步修正。

#### 2.3.2.3　当量剂量 $H_T$

器官、组织 T 的当量剂量(equivalent dose) $H_T$ 是以各自辐射权重因子 $w_R$ 修正后，相关辐射对特定器官、组织 T 的剂量总和，单位：Sv，即

$$H_T = \sum_R w_R \cdot D_{T,R} \tag{2-54}$$

式中，

$D_{T,R}$ 是器官、组织 T 或其特定靶区范围内，由辐射 R 产生的平均吸收剂量；

$w_R$ 是与入射到人体或滞留于人体的放射性核素发出的第 R 种辐射相应的辐射权重因子(radiation weighting factor)，其实 $w_R$ 是依据第 R 种辐射的生物学效能，对器官、组织的平均剂量 $D_{T,R}$ 施加修正的一个因子。

在放射生物学，用 RBE 表征辐射生物学效能的差异。特定辐射的 RBE 是相同照射条件下参考辐射(通常是 X、γ 射线)的吸收剂量，与为产生相同程度的效应，特定辐射所用吸收剂量的比值。

一种辐射的 RBE 取决于所观察的生物效应种类，涉及的组织、细胞类型，剂量和剂量率，剂量的分次给予方案。因此，对于给定类型的辐射，会有许多 RBE。

在低剂量率、小剂量情况下，RBE 将趋于一个平稳的最大值 $RBE_M$。此时，$RBE_M$ 不随剂量、剂量率的变化而改变。不同的效应有不同的 $RBE_M$。例如，关于随机性效应，裂变中子相对于 $^{60}$Co γ 射线的 $RBE_M$ 如表 2－6 所示。

**表 2－6　关于随机性效应，裂变中子相对于 $^{60}$Co γ 射线的 $RBE_M$**

| 效　应 | $RBE_M$ | 效　应 | $RBE_M$ |
|---|---|---|---|
| 肿瘤诱发 | 15～60 | 染色体畸变 | 40～50 |
| 肿瘤所致寿命缩短 | 15～45 | 哺乳动物遗传效应 | 10～45 |
| 细胞转化 | 35～70 | 微核 | 6～60 |

放射防护应用的辐射权重因子 $w_R$ 值(见表 2－7)，是从一系列随机性效应的 $RBE_M$ 中

凭经验挑选的一些典型值，即 $w_R$ 值只是低剂量率、小剂量情况下 $RBE_{随机性效应}$ 的粗略代表。对于给定的第 R 种辐射，$w_R$ 不与特定组织、特定随机性效应相关，$w_R$ 可用于任何器官和组织。在放射防护关心的低剂量范围内，$w_R$ 与剂量、剂量率无关，仅用于随机性健康危害的评价。

**表 2—7 辐射权重因子 $w_R$**

| ICRP 1991 | | | ICRP 采纳、颁布的更新值 | |
|---|---|---|---|---|
| 辐射类型 | 能量范围 | $w_R$ | 辐射类型 | $w_R$ |
| 光子 | 所有能量 | 1 | 光子 | 1 |
| 电子、$\mu$ 子 | 所有能量 | 1 | | |
| 中子 | >20 keV | 5 | 电子、$\mu$ 子 | 1 |
| | 10 ～ 100 keV | 10 | 质子、带电的 $\pi$ 介子 | 2 |
| | 100 keV～ 2 MeV | 20 | $\alpha$ 粒子、裂变碎片、重原子核 | 20 |
| | 2 ～ 20 MeV | 10 | | |
| | >20 MeV | 5 | 中子 | $w_R=\begin{cases}2.5+18.2\times\exp\{-[\ln(E_n)]^2/6\}, & E_n<1\ \text{MeV}\\5.0+17.0\times\exp\{-[\ln(2E_n)]^2/6\}, & 1\ \text{MeV}\leqslant E_n\leqslant 50\ \text{MeV}\\2.5+3.25\times\exp\{-[\ln(0.04E_n)]^2/6\}, & E_n>50\ \text{MeV}\end{cases}$ |
| 质子(除反冲质子) | >2 MeV | 5 | | |
| $\alpha$ 粒子、裂变碎片、重核 | | 20 | | |

当量剂量 $H_T$ 的实质：为与特定辐射对器官 T 造成的辐射影响程度相仿，低 LET 辐射需要的吸收剂量。

放射防护评价中，当量剂量 $H_T$ 的意义在于：对于特定器官 T，无论对它造成照射的是何种辐射，只要当量剂量 $H_T$ 值相同，该器官蒙受随机性效应的影响程度大致相仿。

### 2.3.2.4 有效剂量 $E$

实际上，受照人体各个器官、组织的当量剂量不一定相同。即使器官、组织的当量剂量相同，它们给人体带来的随机性健康危害的程度也会不同，因为不同的器官或组织的随机性效应的敏感性有差异。因此，为综合反映受照的各个器官或组织给人体带来随机性健康危害的总和，提出了有效剂量(effective dose)$E$。

有效剂量 $E$ 是以各自组织权重因子(tissue weighting factor)$w_T$ 计权修正后，人体相关器官、组织当量剂量的总和，单位：Sv，即

$$E=\sum_T w_T\cdot H_T=\sum_T w_T\cdot\sum_R w_R\cdot D_{T,R} \tag{2—55}$$

式中，

$w_T$ 是与器官、组织 T 相应的组织权重因子，它是依器官、组织随机性效应的辐射敏感

性对器官当量剂量施加修正的一个因子。表 2—8 是 ICRP 于 1991 年给出的组织权重因子值。

**表 2—8　组织权重因子 $w_T$(ICRP 1991)**

| 组织或器官 | 组织权重因子 $w_T$ | 合计 |
| --- | --- | --- |
| 性腺 | 0.20 | 0.20 |
| 肺、胃、结肠、红骨髓 | 0.12 | 0.48 |
| 食道、膀胱、肝、乳腺、甲状腺、其余组织 | 0.05 | 0.30 |
| 皮肤、骨表面 | 0.01 | 0.02 |
| 全身 | | 1.00 |

其实,有效剂量 $E$ 是与全身不均匀照射所致随机性健康危害程度相仿的,那个全身均匀照射的当量剂量。

放射防护评价中,有效剂量 $E$ 的意义在于:放射防护关注的低剂量率、小剂量范围内,无论哪种照射情况(外照射、内照射、全身照射抑或局部照射),只要有效剂量值相等,人体蒙受的随机性健康危害,程度大致相仿。

#### 2.3.2.5　待积量 $H_T(\tau)$和 $E(\tau)$

为评价内照射危害,需了解一段时间内放射性核素对器官或组织产生的累积剂量,于是提出“待积量”概念。内照射情况下,任一时刻器官、组织的当量剂量率 $\dot{H}_T(t)$与器官、组织内所含放射性核素的数量呈正比。单次摄入后,器官、组织内放射性核素的数量会因核素的物理衰变、人体的生理代谢而减少,所以器官、组织的当量剂量率也因时间的推延而降低。

器官、组织的待积当量剂量(committed equivalent dose)$H_T(\tau)$是单次摄入放射性核素后,$\tau$ 时间内器官、组织 T 当量剂量的累计值,单位:Sv,即

$$H_T(\tau)=\int_{t_0}^{t_0+\tau}\dot{H}_T(t)\cdot \mathrm{d}t \tag{2—56}$$

式中,$\dot{H}_T(t)$是 $t_0$时刻摄入放射性核素,在此后的 $t$ 时刻对器官、组织 T 所致的当量剂量率;

剂量的累计时间 $\tau$ 取值:成人 50 年、儿童 70 年。

待积有效剂量(committed effective dose)$E(\tau)$是经组织权重因子 $w_T$计权修正后,受照人体相关器官、组织的待积当量剂量值的总和,单位:Sv,即

$$E(\tau)=\sum w_T\cdot H_T(\tau) \tag{2—57}$$

内照射情况下,人体蒙受的随机性健康危害的程度,与待积有效剂量成正比。

表 2—9 是 ICRP 于 2007 年采纳、颁布的 $w_T$的更新值。包括有效剂量在内,放射防护量,都无法直接测量,只能根据外照射的辐射场量、内照射的放射性核素摄入量进行计算,或者通过其他可以测量的那些量来加以估计。

**表 2—9　ICRP2007 采纳、颁布的组织权重因子 $w_T$ 的更新值**

| 器官、组织 | 涉及的器官、组织数 | $w_T$ | 合计 |
|---|---|---|---|
| 肺、胃、结肠、红骨髓、乳腺、其余组织 | 6 | 0.12 | 0.72 |
| 性腺(卵巢、睾丸) | 2 | 0.08 | 0.08 |
| 食道、膀胱、肝、甲状腺 | 4 | 0.04 | 0.16 |
| 骨表面、皮肤、脑、唾液腺 | 4 | 0.01 | 0.04 |
| 全身 | 16 | | 1.00 |

注：1.性腺的 $w_T$用于睾丸、卵巢剂量的平均值。

2.结肠剂量认为是上部大肠(ULI)、下部大肠(LLI)剂量的质量计权平均值。

3.其余组织(Remainder,总共 14 个)含：口腔黏膜、小肠(ST)、肌肉、淋巴结、肾上腺、心壁、胸腺、胰腺、胸外组织(ET)、双肾、胆囊、脾、子宫(颈)、前列腺。

其中，前列腺、子宫(颈)分属男(M)、女(F)特有；剩下 12 个，两性都有。

4.“其余组织”的 $w_T$值用于男女平均的“其余组织”当量剂量的平均值。

### 2.3.2.6　集体量 $S_T$和 $S_E$

以上论及的放射防护量，都是与受照个体关联的。为评估特定辐射实践对受照群体造成的影响，便于放射防护的代价—利益分析，作为放射防护最优化的工具，放射防护领域引用了“集体量”。

对于同一辐射实践，由于所处地理位置不同、生活习惯差异，受照群体中，不同个体未必都会受到相同水平的照射。例如，特定 $\Delta t$ 时间内，受照群体中有效剂量介于 $E$ 至 $E+\mathrm{d}E$ 的个体人数是 $\mathrm{d}N/\mathrm{d}E$，则相关时间内群体的集体有效剂量(collective effective dose)$S_E(E_1,E_2;\Delta t)$定义为：

$$S_E(E_1,E_2;\Delta t)=\int_{E_1}^{E_2} E\cdot(\mathrm{d}N/\mathrm{d}E)\cdot \mathrm{d}E \tag{2—58}$$

式中，$E_1$、$E_2$是集体剂量累加的剂量范围。需注意，计算中，剂量累加的下限 $E_1$，不得低于 10 μSv/a。

$\Delta t$ 时间内，有效剂量处于 $E_1\sim E_2$剂量段的人数为：

$$N(E_1,E_2;\Delta t)=\int_{E_1}^{E_2}(\mathrm{d}N/\mathrm{d}E)\cdot \mathrm{d}E \tag{2—59}$$

不难看出，集体剂量其实是受照群体中以人数计权后个体剂量的总和。集体剂量的单位：man · Sv(人 · 希)。

应该强调，给出集体剂量数值时，必须同时说明相关的辐射实践、涉及的时间范围 $\Delta t$ 和该时间范围内群体的人数 $N$。

### 2.3.2.7　剂量负担 $H_{c,T}$和 $E_c$

释入环境的放射性废弃物可能经吸入、食入、外照途径，造成对人的照射。环境污染的放射性水平会因放射性核素衰变、环境介质的稀释而降低。环境污染对受照个体所致的剂量率，也因污染的水平降低而减小。为评价当今的实践在未来的时间内产生的辐射影响，放射防护引用了“负担量(commitment quantities)”。

(1)器官当量剂量负担 $H_{c,T}$、有效剂量负担 $E_c$

器官当量剂量负担(organ equivalent dose commitment)$H_{c,T}$、有效剂量负担(effective dose commitment)$E_c$分别是:因特定辐射实践造成的人均器官当量剂量率 $\dot{H}_T(t)$或人均有效剂量率 $\dot{E}(t)$在无限长时间内的积分值,单位:Sv,即

$$H_{c,T}=\int_0^\infty \dot{H}_T(t)\cdot dt \qquad (2-60)$$

$$E_c=\int_0^\infty \dot{E}(t)\cdot dt \qquad (2-61)$$

(2)截尾的器官当量剂量负担 $H_{c,T}(\tau)$、截尾的有效剂量负担 $E_c(\tau)$

环境辐射影响评价中,更有实用价值的是截尾的当量剂量负担(truncated equivalent dose commitment)$H_{c,T}(\tau)$和截尾的有效剂量负担(truncated effective dose commitment) $E_c(\tau)$,它们分别是因特定辐射实践造成的人均当量剂量率 $\dot{H}_T(t)$或人均有效剂量率 $\dot{E}(t)$,截止某一时刻 $\tau$ 的积分值,即

$$H_{c,T}(\tau)=\int_0^\tau \dot{H}_T(t)\cdot dt \qquad (2-62)$$

$$E_c(\tau)=\int_0^\tau \dot{E}(t)\cdot dt \qquad (2-63)$$

### 2.3.3　外照射监测实用量

#### 2.3.3.1　基本概念

上面讨论的放射防护量,都无法直接测量。外照射情况下,需要用借助仪器测得的“实用量”估计相应的防护量(如皮肤当量剂量和有效剂量)。这里,介绍 ICRU(国际辐射单位与测量委员会)为适应放射防护评价需要,提出的场所、个人辐射监测中使用的“实用量”。

(1)辐射测量设备的响应

辐射测量设备的响应是指设备对待测量的读数与待测量真值的比值。

辐射测量设备的能量响应则是其响应随入射辐射能量变化的趋势。如果该变化是常量,则称设备的能量响应是均匀的;否则,是非均匀的,能量响应的均匀性是辐射测量设备性能优劣程度的重要标志,对于特定的待测量真值,随入射辐射能量改变,性能优良的监测仪,响应的变化应该很小。

辐射监测仪的方向响应是指辐射测量设备响应随辐射入射方向变化的趋势。如果该变化是常量,则称设备的方向响应是各向同性的;否则,是各向异性的。若随辐射入射方向变化,监测仪的方向响应与软组织吸收剂量具有雷同的变化趋势,则称设备的方向响应与软组织剂量是等方向的。对设备方向响应的要求,将随待测量种类的变更而改变。

(2)强贯穿辐射和弱贯穿辐射

特定照射条件下,照射的控制常有一个主的要制约因素,例如:人体受到能量低于20 keV光子的全身照射时,只要皮肤当量剂量低于剂量限值,则有效剂量也将遵从相应的限值。

一般认为，如果皮肤当量剂量、有效剂量已遵从各自限值，则眼晶体当量剂量超过限值的情况已属罕见。

若特定照射条件下，皮肤、眼晶体当量剂量占相应限值的份额为 $f_{皮肤或眼晶体}$，有效剂占有效剂量限值的份额为 $f_{有效}$。则：

当 $f_{皮肤或眼晶体} \geqslant f_{有效}$ 时，称入射辐射为弱贯穿辐射；

当 $f_{皮肤或眼晶体} < f_{有效}$ 时，称入射辐射为强贯穿辐射。

强、弱贯穿辐射的界定不是绝对的，会因照射条件的变化而改变。不过，能量低于 20 keV 的光子、能量低于 2 MeV 的电子或 β 辐射，通常视为弱贯穿辐射；中子则总视为强贯穿辐射。

(3)品质因子和剂量当量

辐射的品质因子 $Q$ 是依据授予物质能量的带电粒子的生物学效能 $RBE$，对特定位置上软组织吸收剂量施加修正的一个权重。

按 ICRP(1990)建议，品质因子 $Q$ 与带电粒子在水中的传能线密度 $L$( keV/$\mu$m )有下列数值依赖关系：

$$Q(L)=\begin{cases}1 & L\leqslant 10\\ 0.32\cdot L-2.2 & 10<L<100\\ 300\cdot L-0.5 & L\geqslant 100\end{cases} \tag{2-64}$$

组织中所关注一点 $r$ 处的剂量当量 $H(r)$是同一点处软组织吸收剂量 $D(r)$与该点处辐射品质因子 $Q(r)$的乘积：

$$H(r)=Q(r)\cdot D(r) \tag{2-65}$$

即剂量当量 $H(r)$是经同一点处辐射品质因子 $Q(r)$计权修正后，受照软组织的吸收剂量。剂量当量的 SI 单位是 J/kg，专为 Sv。

同样应该注意：剂量当量只用于常规的放射防护场合，切不用于已造成大剂量急性照射的事故情况。

(4)扩展场和齐向扩展场

扩展场和齐向扩展场是为定义场所辐射监测的实用量而引入的两个虚拟辐射场。

若某一空间体积 $V$ 内，每一点上的粒子注量的谱、角分布与所关注的辐射场 $r$ 点处的粒子注量的谱、角分布均相同，即 $\Phi_{\Omega,E}$(体积 $V$ 中每一点)$=\Phi_{\Omega,E}(r)$，则称空间体积 $V$ 内存在的辐射场为与上述 $r$ 点相应的扩展场。

若与 $r$ 点相应的扩展场内，粒子都是朝一个方向运动的，则称空间体积 $V$ 内存在的辐射场为与 $r$ 点相应的齐向扩展场。

(5)体模与 ICRU 球

体模是模拟人体对入射辐射散射、吸收特性的一类物体。

对于电子和光子，水、有机玻璃常常是体模的首选材料，缘由在于它们对电子、光子的散射、吸收特性与人体软组织十分相近。因为水无法成形，所以水体模常用有机玻璃做成盛水的容器。

根据研究需要，体模有供实验用的实物体模，以及供理论计算用的数学体模。体模的组成可以是均匀的、非均匀的，甚至有仿真的拟人体模。均匀体模的形状有板块的、立方体的、直圆柱的、椭圆柱的，等等。

ICRU 球是由软组织等效物质构成的直径为 30 cm 的一个球体，系模拟人体躯干的一种体模。因为它是由国际辐射单位与计量委员会(ICRU)最先提出的，故放射防护领域称之为 ICRU 球。ICRU 球软组织等效物质的元素质量百分比分别是：氢 10.1%、碳 11.1%、氮 2.6%、氧 76.2%。

#### 2.3.3.2　实用量

(1)周围剂量当量

周围剂量当量 $H^*(d)$ 关注的是辐射场内的一个点 $r$。若设备的方向响应是各向同性的，则在辐射场 $r$ 点处仪器的读数，将反映与 $r$ 点相应的齐向扩展场在 ICRU 球中，对着齐向场方向的半径上，深度 $d$ 处的剂量当量，且两者存在一一对应的数值关系。正因如此，ICRU 定义了用于场所辐射监测的实用量——周围剂量当量 $H^*(d)$：

辐射场 $r$ 点处的周围剂量当量 $H^*(d)$ 是与 $r$ 点实际辐射场相应的齐向扩展场在 ICRU 球中，对着齐向场方向的半径上，深度 $d$ 处的剂量当量。

$H^*(d)$ 的单位为 Sv。显然，用于测量 $H^*(d)$ 的仪器，应具有各向同性的方向响应，并且应该用周围剂量当量 $H^*(d)$ 的数值对仪器读数进行校正。

通常，周围剂量当量 $H^*(d)$ 用于强贯穿辐射的监测。关心的深度 $d$ 取 10 mm，此时周围剂量当量便记作 $H^*(10)$，仪器测得的周围剂量当量 $H^*(10)$，常可作为仪器所在位置上人体有效剂量的合理估计值。

(2)定向剂量当量

定向剂量当量 $H'(d,\Omega)$ 也关注辐射场内一个点 $r$。若监测仪的方向响应是等方向的，则在辐射场 $r$ 点，对于从任一方向入射的辐射，仪器读数将反映与 $r$ 点相应的扩展场在 ICRU 球中，指定 $\Omega$ 方向的半径上，深度 $d$ 处的剂量当量，且两者存在一一对应的数值关系。

有鉴于此，ICRU 定义了用于场所辐射监测的另一个实用量——定向剂量当量 $H'(d,\Omega)$：

辐射场 $r$ 点处的定向剂量当量 $H'(d,\Omega)$ 是与 $r$ 点实际辐射场相应的扩展场在 ICRU 球中，指定 $\Omega$ 方向的半径上，深度 $d$ 处的剂量当量。

$H'(d,\Omega)$ 的单位为 Sv。显然，用于测量 $H'(d,\Omega)$ 的仪器，应具有等方向的方向响应，并且应该用 $H'(d,\Omega)$ 的数值对仪器读数进行校正。

通常，定向剂量当量 $H'(d,\Omega)$ 用于弱贯穿辐射的监测。如若关注皮肤的照射，取 0.07 mm，定向剂量当量记作 $H'(0.07,\Omega)$；若关注的是眼晶体，则取 3 mm，定向剂量当量记作 $H'(3,\Omega)$。

对于低能 X、γ 射线，以及 β 射线、电子束，仪器测得的定向剂量当量 $H'(0.07,\Omega)$ 或 $H'(3,\Omega)$ 可作为仪器所在位置上人体皮肤或眼晶体当量剂量的合理估计值。

(3)个人剂量当量

以上周围剂量当量和定向剂量当量均是用于场所监测的实用量，用于个人辐射监测的实用量是个人剂量当量(person dose equuivalemt) $H_p(d)$，它是对人体定义的一个量。

个人剂量当量 $H_p(d)$ 的定义是：人体指定一点下，深度 $d$(mm)处，软组织的剂量当量。单位：Sv。

可以用一个佩在人体表面适当位置的探测器(个人剂量计)测量个人剂量当量 $H_p(d)$，

如图 2—22 所示。测量个人剂量当量 $H_p(d)$的探测器应覆盖相应厚度 $d$ 的组织替代物(如有机玻璃、塑料)。用于测量个人剂量当量 $H_p(d)$的个人剂量计应有等方向的方向响应。

论及个人剂量当量 $H_p(d)$的数值时,必须同时说明相关的深度 $d$。对强贯穿辐射,取 10 mm;弱贯穿辐射,取 0.07 mm,分别记作 $H_p(10)$和 $H_p(0.07)$。

放射防护评价中 $H_p(10)$可用作有效剂量的估计值;$H_p(0.07)$则用作局部皮肤当量剂量的估计值。罕见情况下,可能用到与 $d$=3 mm 相应的个人剂量当量 $H_p(3)$,以此作为眼晶体当量剂量的估计值。

由于人群中个体差异性较大,入射辐射在各人身体内的散射、吸收情况不尽相同。因此,即使个人剂量计佩在相同部位,受到相同情况的照射,个人剂量计的辐射响应也会因人而异。就是同一个人,个人剂量计佩在身体的不同部位,其辐射响应也有差别。即使人体所处位置不变,佩在同一部位的剂量计,其辐射响应也会因个人相对于辐射源的朝向改变而变化。所以,给出个人剂量当量数值时,还应说明个人受照情况及剂量计的佩戴部位。

个人剂量计的刻度,需把它放在合适体模上进行,目前已提出三种体模:

· 平板体模(有机玻璃水箱,模拟人的躯干),尺寸 30 cm×30 cm×15 cm;

· 柱体模(有机玻璃棒,模拟人的前臂和小腿),直径 7.3 cm,高 30 cm;

· 棒体模(有机玻璃棒,模拟人的手指),直径 1.9 cm,高 30 cm。

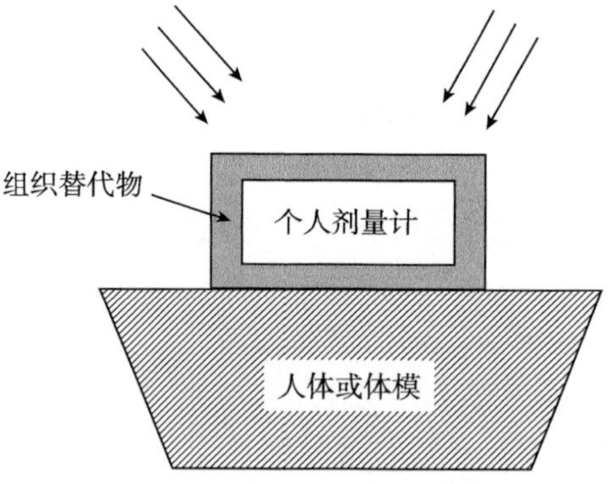


图 2—22　个人剂量当量测量

(4)常见的换算系数表格

日常工作中,对基本剂量学量和监测实用量进行换算是常见的和必要的,表 2—10 列出了比释动能 $K_a$、粒子注量 $\Phi$ 与周围剂量当量、定性剂量当量以及个人剂量当量之间的换算系数。还有一些表格(如由自由空气中的空气比释动能 $K_a$或光子注量 $\Phi$ 到定向剂量当量 $H'(0.07,0°)$的换算系数、测量定向剂量当量 $H'(0.07,\alpha)$的辐射监测仪应该具有的方向响应等)列于本书附录。

**表 2—10　对于 X、γ 射线，由自由空气中的空气比释动能 $K_a$ 或光子注量 $\Phi$ 与周围剂量当量 $H^*(10)$ 的换算系数**

| 光子能量/MeV | $[H^*(10)/K_a]$/(Sv/Gy) | $[H^*(10)/\Phi]$/pSv·cm² | 光子能量/MeV | $[H^*(10)/K_a]$/(Sv/Gy) | $[H^*(10)/\Phi]$/pSv·cm² |
|---|---|---|---|---|---|
| 0.010 | 0.008 | 0.061 | 0.500 | 1.23 | 2.93 |
| 0.015 | 0.26 | 0.83 | 0.600 | 1.21 | 3.44 |
| 0.020 | 0.61 | 1.05 | 0.800 | 1.19 | 4.38 |
| 0.030 | 1.10 | 0.81 | 1 | 1.17 | 5.20 |
| 0.040 | 1.47 | 0.64 | 1.5 | 1.15 | 6.90 |
| 0.050 | 1.67 | 0.55 | 2 | 1.14 | 8.60 |
| 0.060 | 1.74 | 0.51 | 3 | 1.13 | 11.1 |
| 0.080 | 1.72 | 0.53 | 4 | 1.12 | 13.4 |
| 0.100 | 1.65 | 0.61 | 5 | 1.11 | 15.5 |
| 0.150 | 1.49 | 0.89 | 6 | 1.11 | 17.6 |
| 0.200 | 1.40 | 1.20 | 8 | 1.11 | 21.6 |
| 0.300 | 1.31 | 1.80 | 10 | 1.10 | 25.6 |
| 0.400 | 1.26 | 2.38 | | | |

**表 2—11　中子注量 $\Phi$ 与周围剂量当量 $H^*(10)$ 的换算系数**

| 中子能量/MeV | $[H^*(10)/\Phi]$ pSv·cm² | 中子能量/MeV | $[H^*(10)/\Phi]$ pSv·cm² | 中子能量/MeV | $[H^*(10)/\Phi]$ pSv·cm² |
|---|---|---|---|---|---|
| $1.00\times10^{-9}$ | 6.60 | $2.00\times10^{-2}$ | 16.6 | $8.00\times10^{0}$ | 409 |
| $1.00\times10^{-8}$ | 9.00 | $3.00\times10^{-2}$ | 23.7 | $9.00\times10^{0}$ | 420 |
| $2.53\times10^{-8}$ | 10.6 | $5.00\times10^{-2}$ | 41.1 | $1.00\times10^{1}$ | 440 |
| $1.00\times10^{-7}$ | 12.9 | $7.00\times10^{-2}$ | 60.0 | $1.20\times10^{1}$ | 480 |
| $2.00\times10^{-7}$ | 13.5 | $1.00\times10^{-1}$ | 88.0 | $1.40\times10^{1}$ | 520 |
| $5.00\times10^{-7}$ | 13.6 | $1.50\times10^{-1}$ | 132 | $1.50\times10^{1}$ | 540 |
| $1.00\times10^{-6}$ | 13.3 | $2.00\times10^{-1}$ | 170 | $1.60\times10^{1}$ | 555 |
| $2.00\times10^{-6}$ | 12.9 | $3.00\times10^{-1}$ | 233 | $1.80\times10^{1}$ | 570 |
| $5.00\times10^{-6}$ | 12.0 | $5.00\times10^{-1}$ | 322 | $2.00\times10^{1}$ | 600 |
| $1.00\times10^{-5}$ | 11.3 | $7.00\times10^{-1}$ | 375 | $3.00\times10^{1}$ | 515 |
| $2.00\times10^{-5}$ | 10.6 | $9.00\times10^{-1}$ | 400 | $5.00\times10^{1}$ | 400 |
| $5.00\times10^{-5}$ | 9.90 | $1.00\times10^{0}$ | 416 | $7.50\times10^{1}$ | 330 |
| $1.00\times10^{-4}$ | 9.40 | $1.20\times10^{0}$ | 425 | $1.00\times10^{2}$ | 285 |
| $2.00\times10^{-4}$ | 8.90 | $2.00\times10^{0}$ | 420 | $1.25\times10^{2}$ | 260 |
| $5.00\times10^{-4}$ | 8.40 | $3.00\times10^{0}$ | 412 | $1.50\times10^{2}$ | 245 |
| $1.00\times10^{-3}$ | 7.90 | $4.00\times10^{0}$ | 408 | $1.75\times10^{2}$ | 250 |
| $2.00\times10^{-3}$ | 7.70 | $5.00\times10^{0}$ | 405 | $2.00\times10^{2}$ | 260 |
| $5.00\times10^{-3}$ | 8.00 | $6.00\times10^{0}$ | 400 | | |
| $1.00\times10^{-2}$ | 10.5 | $7.00\times10^{0}$ | 405 | | |

（孙亮、陈大伟、闫聪冲）

# 思考题

1.原子和原子核的基本组成是什么？

2.什么叫放射性？衰变的主要类型有哪些？

3.如何描述放射平衡状态下子体核素的活度变化规律？

4.如何定性定量地描述带电粒子与物质的相互作用？

5.如何定性定量地描述光子与物质的相互作用？

6.吸收剂量和比释动能的区别和联系是什么？

7.基本的放射防护量有哪些？

# 参考文献

[1]卢希庭.原子核物理[M].北京:原子能出版社,2000.

[2]E B Podgorsak. Radiation Physics for Medical Physicists[M]. Springer,2006.

[3]Thormod Henriksen, H. David Maillie. Radiation and Health[M]. Tayler & Francis,2004.

[4]Gopal Saha. Physics and Radiobiology of Nuclear Medicine[M]. Springer,2000.

[5]Ugo Amaldi, Gerhard Kraft. Recent applications of Synchrotrons in cancer therapy with Carbon Ions[J] Europhysics news, July/August, 2005.

[6]ICRP. ICRP 2007 新建议书[M].北京:原子能出版社,2008.

[7]孙亮,李士骏.电离辐射剂量学基础[M].北京:中国原子能出版社,2015.

[8]D.Sober, Physics, 537－635, 2007.

[9]潘自强,程建平.电离辐射防护与辐射源安全[M].北京:原子能出版社,2007.

[10]国际原子能机构(IAEA)辐射、人与环境[M].王小峰,周启甫,等译.北京:原子能出版社,2006.

[11]魏志勇.医用核辐射物理学[M].苏州:苏州大学出版社,2008.

[12]姚晓晴.电离辐射防护与安全基础知识[M].南京:江苏人民出版社,2007.

# 第 3 章 电离辐射的健康效应

电离辐射生物学效应(biological effect of ionizing radiation)指在一定条件下,基本生命物质和分子吸收辐射能量并经过一系列复杂的物理、化学和生物学变化,引起生物体组织细胞和生命各系统间功能、调节和代谢的改变,产生各种生物学效应的过程。

人受到电离辐射,辐射与构成生命机体的物质相互作用,辐射主径迹、产生的次级电子、活性自由基等多种因素将导致细胞因子释放和细胞损伤,损伤主要表现为染色体 DNA 复杂性集簇损伤(照射后 1～2 个细胞周期内发生)、基因组的大片段、多位点缺失突变,DNA 修复、细胞凋亡和周期控制异常以及基因组不稳定性和照射后细胞之间的旁效应信号。以上这些变化会导致组织和器官出现功能或结构的变化、损伤甚至损害。这些从变化到损害过程的种种变化统称为辐射效应。

辐射效应是个宽泛的概念,含有下述各术语带来的不同层面的含义:

变化(change)是指辐射照射引起的轻微的效应,其可能有害,也可能无害;

损伤(damage)指辐射照射引起的某种程度的有害变化;

损害(harm)指辐射照射引起的临床上可观察到的有害效应;

危害(detriment)是对辐射照射引起的受照人群及其后代各种健康结果的综合量度,包括在受照人群及其后代中产生的各种健康损害,如可归因的致死性癌症概率、可归因的非致死性癌症加权概率、后代严重遗传效应加权概率以及寿命损失。

下面按照损伤顺序依次阐述电离辐射引起的健康效应,包括电离辐射损伤的基本原理,对生物大分子、细胞、组织器官等损伤的组织反应,也包括辐射致癌和遗传效应等随机性效应,以及对辐射健康效应的分类和影响因素。

## 3.1 电离辐射损伤的基本原理

### 3.1.1 电离辐射损伤的阶段

电离辐射作用于机体,从开始照射到观察到细胞学损伤,在细胞中经历了原初和继发作用的过程,它包括物理、物理化学、化学、生物化学、早期生物学和远后生物效应 6 个不同的阶段。

(1)物理阶段($\leqslant 10^{-14}$ s)

电离辐射作用于细胞中的生物大分子和水,辐射能量的沉积引起水分子、无机和有机组分形成激发态和超激发态,或发生电离。

(2)物理一化学阶段($10^{-14} \sim 10^{-12}$ s)

发生能量的迁移和转换,电离辐射产生的活泼基团与正常代谢产生的自由基和酶发生反应，产生异常产物，形成各种类型的自由基和水合电子等，但生物大分子中被破坏的 S—H、N—H 和 C—H 键可被细胞内已存在的巯基化合物部分修复。

(3)化学阶段($10^{-12}$～$10^{-3}$ s)

核酸的损伤开始；酶的激活或灭活发生；细胞内巯基含量下降；脂质过氧化开始；因辐射损伤而产生的稳定和亚稳定的异常产物的毒性开始出现。

(4)生物化学阶段($10^{-3}$～10 s)

在这个阶段中许多正常生化反应受到干扰；DNA 开始修复，如果错误修复事件发生在 DNA 的重要部位，则可能对细胞产生长期的影响，并能导致细胞增殖死亡或在存活细胞中引起稳定的遗传变化或最终导致恶性肿瘤的转化。

(5)早期生物学阶段(数秒至数天)

在这个阶段中，由于自由基的次级反应继续进行，照射细胞的有丝分裂延迟，由于重要生物大分子的损伤，能量供应发生紊乱，生物合成的前体供应不足，许多重要生化反应受到干扰，细胞质膜和核膜被破坏，细胞的辐射生物效应开始出现。

(6)远后生物效应阶段(数年至几十年)

生物大分子损伤的异常修复或不修复，物质代谢紊乱进一步发展，生理功能障碍导致组织和器官的一系列病理改变，甚至死亡。

这种阶段的划分，只是表明电离辐射生物效应发展的过程，实际上前四个阶段的时间非常短暂，由于机体不断受到电离辐射的作用，即便在一次大剂量的作用下，这种阶段性在体内实际上也难以区分。

在六个阶段的生物学作用时间效应中(见表 3—1)，辐射通过直接作用和间接作用于机体，其中前四个阶段可在极短时间内完成，又称电离辐射的原发作用(initial affect)，后两个阶段指在生物大分子损伤的基础上，由于溶酶体结构破坏而释放大量水解酶，引起细胞自溶，物质代谢紊乱使初始的物化损伤进一步发展，细胞和组织的功能结构发生破坏，生理功能障碍，负氮平衡出现，进而导致组织和器官的一系列病理改变乃至出现临床症状，甚至机体死亡，此过程称继发作用(secondary affect)。

**表 3—1 电离辐射生物学作用时间效应**

| | 时间/s | 发生过程 |
|---|---|---|
| 物理阶段 | $10^{-18}$ | 快速粒子通过原子； |
| | $10^{-16}$～$10^{-17}$ | 电离作用 $H_2O \rightarrow H_2O^+ + e^-$； |
| | $10^{-15}$ | 电子激发 $H_2O \rightarrow H_2O^*$； |
| | $10^{-14}$ | 离子～分子反应，如 $H_2O + H_2O^+ \rightarrow HO^\cdot + H_3O^+$ |
| 物理化学阶段 | $10^{-14}$ | 分子振动导致激发态解离：$H_2O^* \rightarrow H^\cdot + HO^\cdot$； |
| | $10^{-12}$ | 转动驰豫，离子水合作用 $e^- \rightarrow eaq^-$ |
| 化学阶段 | $<10^{-12}$ | $e^-$在水合作用前与高浓度的活性溶质反应； |
| | $10^{-10}$ | $e^-$、$eaq^-$ $HO^\cdot$、$H^\cdot$ 及其他基团与活性溶质反应； |
| | $<10^{-7}$ | 刺团 * (Spur)内自由基相互作用，核酸损伤； |
| | $10^{-7}$ | 自由基扩散与均匀分布，脂质过氧化开始； |
| | $10^{-3}$ | $eaq^-$ $HO^\cdot$、$H^\cdot$ 与低浓度活性溶质反应 |

续表

| | 时间/s | 发生过程 |
|---|---|---|
| 生物化学阶段 | $10^{-3}\sim10^{1}$ | 自由基反应大部分完成、DNA 损伤开始修复，潜在效应形成 |
| 早期生物学阶段 | 数小时<br>数天 | 原核和真核细胞分裂受抑制；<br>中枢神经系统和胃肠道损伤显现 |
| 远后生物效应阶段 | 数月至数年<br>若干年 | 造血障碍、晚期肾损伤、肺纤维样变性；<br>肿瘤和遗传效应 |

## 3.1.2　辐射自由基的形成

自由基(free radical)是指独立存在的，带有一个和多个不成对电子的分子、原子、基团或离子。自由基一般是电中性的，但也有带正电荷或负电荷的离子自由基。

生物分子自由基的形成有原发和继发两种方式。原发指射线直接电离或激发生物大分子或水分子，生成具有不配对电子的分子，即生物大分子和水分子自由基。继发一般指射线先与水分子作用，生成水分子自由基和具有自由基活性的水的辐解产物，水分子自由基或其他的水辐解产物再与生物分子作用，使生物分子成为自由基，以这种方式生成的生物分子自由基，也称为次级自由基。

人体组织的组成 70%～80%是水。因此，水的辐射分解产物在辐射诱导的生物分子损伤中占有重要地位。水分子电离或激发可生成 $H^{\cdot}$ 和 $^{\cdot}OH$ 等自由基和具有自由基活性的水合电子(aqueous electron，$e_{aq}^{-}$)，如图 3－1 所示。$e_{aq}^{-}$有很强的电子配对能力，是一种强生物分子还原剂。所谓水合电子，是指电子在碰撞过程中损失其大部分能量，当能量降至 100 eV 以下而未被俘获时，通过电子自身的感应电场，吸收电子周围若干个水分子，形成一个以电子为核心由水分子包围的结构。尽管 $e_{aq}^{-}$不完全符合自由基的定义，但因为它有很强的电子配对能力，是一种强生物分子还原剂，所以通常将其归于自由基类。

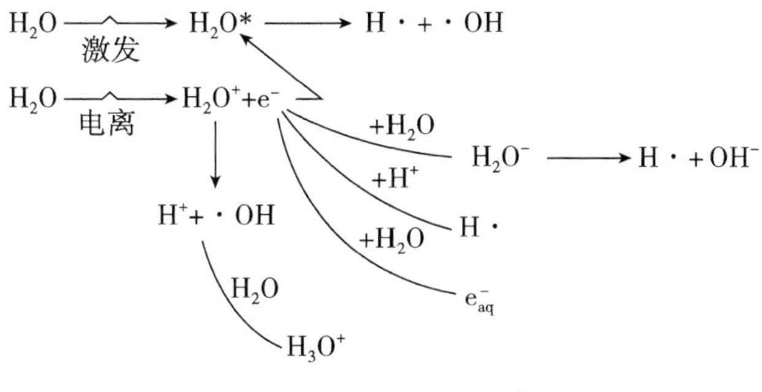


图 3－1　水辐射分解生成自由基

水的原初辐解产物可概括于下式：

$$H_2O \xrightarrow{\text{辐射}} H^{\cdot} + {}^{\cdot}OH + e_{aq}^{-} + H_2 + H_2O_2 + H_2O^{+} \tag{3-1}$$

水辐射分解的原初反应发生在平均半径约为 1.5 nm 的非常小的反应体积内，通常称这个小体积为刺团(spur)，反应发生的时间在照射后 $10^{-14}\sim10^{-10}$ s 内，平均每个刺团约含 6 个自由基。在刺团中，$H^{\cdot}$、$^{\cdot}OH$ 和 $e_{aq}^{-}$可以再结合产生 $H_2$ 和 $H_2O_2$。$^{\cdot}OH$ 和 $e_{aq}^{-}$是两种最重要的水的辐解产物，约占水辐解产物产额的74.3%，放化产额见表3－2。羟自由基˙OH具有强氧化性质，水合电子 $e_{aq}^-$ 具有强还原性质，它们都是作用于生物分子的主要自由基。

**表3－2 水辐解产物的产额(pH＝7)**

| 产物 | G值 |
| --- | --- |
| $e_{aq}^-$ | 2.6 |
| ˙OH | 2.6 |
| H˙ | 0.6 |
| $H_2O_2$ | 0.75 |
| $H_2$ | 0.45 |

注：G值为吸收100 eV的辐射能量所形成的产物分子数。

# 3.2 电离辐射对生物大分子的作用

## 3.2.1 自由基与生物分子的作用

生物大分子(biological macromolecules)主要指核酸和蛋白质。水约占人类体重的70%～80%，是构成生物体结构，维持细胞生长代谢和功能，介导生物分子相互作用的重要生命物质成分。

电离辐射生物效应的发生，源自辐射与生物大分子和水的直接(原发)和间接(继发)作用。对于生物大分子而言，直接作用(direct effect)指射线直接作用于具有生物活性的大分子，如核酸、蛋白(包括各种酶类)等，使其发生电离、激发或化学键断裂造成分子的结构、性质和活性的改变，引起分子的功能和代谢障碍。间接作用(indirect effect)则是指射线先与机体内的水分子相互作用，产生一系列活性水辐解产物(如各种自由基和水合电子)作用于生物大分子，引起功能和活性改变。在辐射诱导生物大分子发生损伤的过程中，既有直接作用，也有间接作用。由于生物体内水含量高，正常状态下的细胞活动和生物大分子代谢大多在水分子环境中进行，因此辐射的间接作用往往是诱导生物学效应发生的主要因素。只有在物质含水量极低时，直接作用诱导的辐射生物效应才是主要的。

### 3.2.1.1 自由基与生物分子作用的方式

自由基具有高反应活性，很容易与生物分子发生抽氢、加成、电子俘获、聚合、分解、歧化等多种反应，从而造成生物分子结构破坏、活性改变等变化。

(1)抽氢反应

˙OH属于强氧化剂，能轻而易举地从生物分子上抽取一个氢从而使分子的结构改变或失活。例如，˙OH在DNA脱氧戊糖C－4位抽氢造成C－3或C－5上的磷酸酯键断裂，最终导致DNA链断裂；˙OH也可在以谷胱甘肽为代表的巯基化合物上抽氢，使巯基化合物氧化最终导致蛋白失活。

$$GSH + \cdot OH \rightarrow GS^{\cdot} + H_2O \tag{3-2}$$

(2)加成反应

$^{\cdot}OH$ 和 $H^{\cdot}$ 都能加合在 DNA 嘧啶和嘌呤碱基上，如 $^{\cdot}OH$ 和 $H^{\cdot}$ 在嘧啶的 C－5 和 C－6双键上加成，可导致嘧啶或嘌呤环破裂，这种加成反应往往是导致 DNA 碱基损伤的主要原因。

(3)电子俘获反应

$e_{aq}^{-}$是强还原剂，二硫化物俘获 $e_{aq}^{-}$后可形成不稳定的阴离子自由基，导致 S－S 二硫键断裂，这往往是造成蛋白质和酶失活的重要原因。

$$RSSR + e_{aq}^{-} \rightarrow RSSR^{-} \rightarrow RS^{\cdot} + RS^{-} \tag{3-3}$$

$e_{aq}^{-}$也可被氨基酸和核酸碱基俘获，分别引起脱氨基、脱巯基反应和碱基损伤。

#### 3.2.1.2　生物分子损伤与修复

生物分子自由基生成后迅速起化学反应，引起生物分子破坏，并不断地生成新自由基，继续与原反应物起反应，形成连锁反应，使生物分子损伤的数量不断扩大，直到出现歧化反应(disproportionated reaction)，生成两个稳定分子。

被损伤的生物分子，可以通过各种方式进行修复。在自由基反应阶段($10^{-5}$ s 内)若介质中存在能供氢的分子，如含巯基化合物(谷胱甘肽 G－SH 等)，则生物分子自由基可被修复，称化学修复。

靶学说(target theory)认为：①生物结构内存在对辐射敏感的部分，即靶，其损伤将引发某种生物效应；②电离辐射以离子簇的形式撞击靶区，击中概率遵循泊松分布；③单次或多次击中靶区可产生某种放射生物效应，如生物大分子失活或断裂等。电离辐射作用的“靶”，目前认为重要的有基因组 DNA 和生物膜。基因组 DNA 中存在要害部位，对射线的敏感性较高，分析资料提示原癌基因和 c－fra 脆性部位有可能是基因组辐射的靶部位。生物膜包括质膜、核膜和细胞器膜，辐射损伤时，主要发生膜的脂质过氧化作用，受氧浓度的影响较大，有明显的氧增强效应。目前研究的热点有线粒体、溶酶体等细胞器膜。已从细菌中分离出 DNA－膜复合体，具有 DNA 合成能力，且核膜对染色体 DNA 复制的启动有调节作用，必须考虑 DNA－膜复合体作为靶结构的意义。如果双链断裂发生在要害部位，则可能发生重组性错误修复，诱发染色体畸变，导致细胞转化或死亡。

### 3.2.2　对 DNA 的作用

大量事实支持 DNA 是射线作用的重要靶分子。在一定照射剂量范围内，射线造成细胞 DNA 损伤的同时，也伴随着 DNA 损伤的修复。

#### 3.2.2.1　DNA 分子结构的破坏

常见的损伤有碱基脱落、碱基破坏、嘧啶二聚体形成、单链和双链断裂、DNA 链内交联和链间交联、DNA 蛋白质交联等(见图 3－2、图 3－3)。

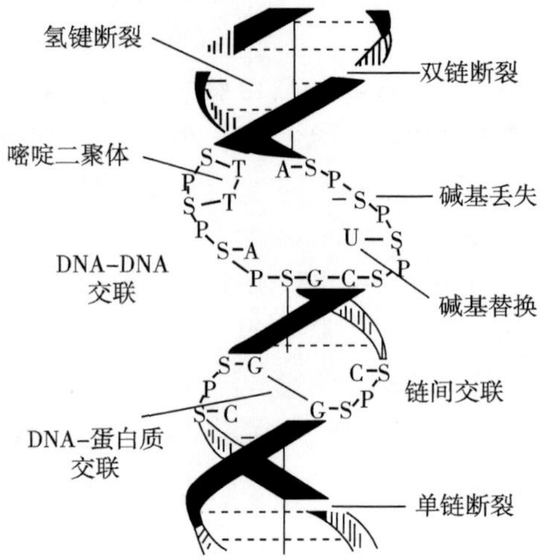


图 3－2　电离辐射对 DNA 分子的损伤

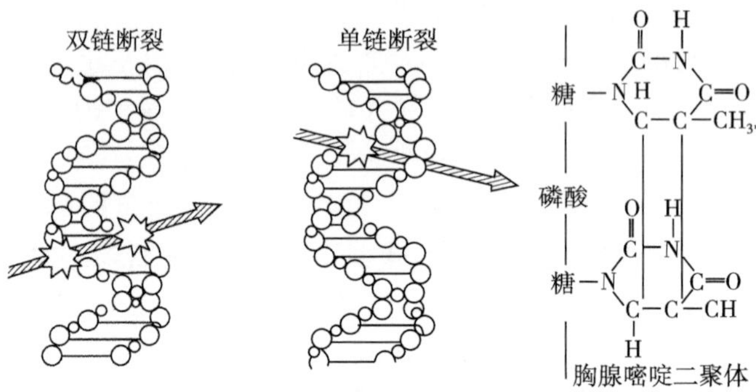


图 3－3　DNA 的链断裂和嘧啶二聚体形成

(1)碱基的破坏或脱落(damage or deletion):一般来说,射线诱导的碱基破坏多于碱基脱落,四种碱基辐射敏感性的顺序为:T> C> A> G。嘧啶碱基在羟自由基的攻击下易发生加成、抽氢等反应,导致碱基环的破裂,生成一系列辐射分解产物。

(2)嘧啶二聚体(pyrimidine dimer)的形成:DNA 链上相邻嘧啶碱基共价交联形成环丁烷或二聚体。但实验表明,γ 射线诱导 DNA 链内碱基二聚体生成的能力比紫外线低得多。

(3)链断裂(chain break):这是电离辐射所致 DNA 损伤的主要形式。由于磷酸二酯键的断裂或脱氧核糖的破坏等直接原因,或由于碱基破坏或脱落等间接原因,都能引起 DNA 链断裂。DNA 双股螺旋中有一条链断裂者为单链断裂(single strand break,SSB),两条链于同一处或紧密相邻处同时断裂者为双链断裂(double strand break,DSB)。双链断裂所需的能量比单链断裂约高 10～20 倍。双链断裂对细胞的危害比单链断裂大得多,被认为是细胞死亡的重要原因。

(4)DNA 交联(cross-linking):由于电离辐射,碱基与碱基之间,碱基与蛋白质之间可形成共价键。因此,同一 DNA 链相邻碱基之间可发生链内交联(intrastrand cross linking);相邻两条 DNA 链之间的碱基也会发生链间交联(interstrand cross linking);DNA 与染色质组蛋白之间易发生 DNA－蛋白质交联。

(5)DNA 二级和三级结构的变化：DNA 分子受损后发生变性和降解，出现增色效应；旋光色散和圆二色图谱发生改变；DNA 溶液的黏度改变。

·用于检测电离辐射导致的 DNA 双链断裂的新技术

单细胞凝胶电泳法(single cell gel electrophoresis assay，SCGE)，又称彗星试验(comet assay)，近几年得到了广泛的应用。该方法敏感、快速、简便、重复性好，无须放射性示踪，并且可以直接观察单个细胞 DNA 损伤，在检测诱变剂、射线等对 DNA 损伤、监测环境污染物对机体的遗传损伤、研究毒物致癌机制等方面有着广泛的应用价值，从而成为近年来发展起来并流行的 DNA 损伤检测的新技术。

脉冲电场凝胶电泳法(pulsed-field gel electrophoresis，PFGE)，通过间接检测 DNA 双链断裂及修复，在探讨辐射诱变的 DNA 损伤和修复中拥有很大的应用潜力。总的来说，PFGE 技术比中性过滤洗脱更灵敏(可达 1Gy)，还能提供 DNA 片段进入胶板后其大小的有关信息。

γ-H2AX 分析技术。由 H2AX 基因指导合成的 H2AX 蛋白是真核细胞中 H2A 组蛋白家族中的成员，属于一类已知的组蛋白分子，与细胞内的 DNA 包壳有关。γ-H2AX 技术是通过抗体标记细胞核内的 γ-H2AX，通过对 γ-H2AX 的直观计数来检测双链断裂损伤及修复情况的一种方法。它不仅能够判断双链断裂与否，还可以测定双链断裂的数量并且能够将双链断裂的修复情况量化。而且，即使是低剂量(1 mGy)辐射引起的双链断裂损伤及修复也能用该方法进行分析。该技术还可以用于控制接受职业性或诊断性电离辐射的剂量，并将在癌症治疗的放疗过程中发挥其独特的作用。

#### 3.2.2.2　对 DNA 代谢的影响

电离辐射对 DNA 代谢的影响主要表现在以下两个方面。

(1) DNA 分解增强

已经证明，染色质 DNA 的降解发生在核小体间的连接区。在一些辐射敏感的细胞中，照射后 1～2 h 即可见“可溶性染色质”随照射剂量增加而增加。“可溶性染色质”由单个核小体及其寡聚体所组成，它的出现意味着细胞死亡已经开始。在一定剂量范围内，降解的程度决定于照射剂量。照射后 DNA 代谢产物脱氧胞嘧啶核苷，脱氧尿核苷和 β－氨基异丁酸等尿中排出量明显增多，可作为监测辐射损伤的指标。DNA 分解增强原因可能是辐射破坏了溶酶体和细胞核的膜结构，使内源性的核酸酶释放出来，直接与 DNA 接触，增加了 DNA 的降解。

(2) DNA 合成抑制

受 0.01 Gy 照射即可观察到 DNA 合成抑制现象。小鼠经 0.25 Gy γ 射线全身照射后 3 h，脾脏 DNA $^{3}$H-TdR 掺入量即明显下降，在 1.25 Gy 以内，下降程度与照射剂量成正比。DNA 合成抑制发生的机制可能与各个环节发生障碍有关，如 DNA 合成原料的 4 种脱氧核苷酸形成障碍，合成所需能量的障碍，一些酶的活性损失，合成模板损伤，对复制过程的影响等。

(3)DNA 损伤的修复

在众多的生物大分子中，迄今已证实对损伤具有修复能力的唯有 DNA，足见其在保持物种稳定和遗传延续性上的重要性。DNA 辐射损伤的修复，多数是由多种蛋白质介导的系列催化反应,有 DNA 单链断裂的修复、双链断裂的修复、碱基损伤的修复、DNA 修复合成等,其损伤修复机制有回复修复、切除修复、复制后修复、SOS 修复等。但基因组内不同部位,DNA 的修复是不同的,一般是选择性优先修复具有转录活性的基因,且修复过程优先发生在转录链上。

研究认为,人类细胞中有几种主要的 DNA 损伤修复(DNA damage repair, DDR)途径,分别是同源重组修复(homologous recombination repair,HRR)、非同源末端连接(non－homologous end joining,NHEJ)、核苷酸切除修复(nucleotide excision repair,NER)、碱基切除修复(base excision repair,BER)、错配修复(mismatch repair,MMR)和范科尼贫血修复途径。其中单链断裂 DNA 损伤修复,主要是碱基切除修复和核苷酸切除修复。双链断裂 DNA 的修复,主要是同源重组修复和非同源末端连接。

细胞内存在完整的 DDR 系统应对随时发生的 DNA 损伤事件,以维持基因组稳定。DSBs 修复机制是 DDR 系统的重要组成部分,主要途径有两条:一种是 NHEJ 修复途径,一种是 HR 修复途径。NHEJ 可发生在任意细胞周期时相,为一种有错修复,其核心分子包括 DNA－PKcs/KU70/KU80 蛋白复合体、LIG4、XRCC4 等蛋白。而 HR 修复必须以同源 DNA 链为模板重新合成受损碱基序列,仅发生于 S 和 G2 期,为一种无错修复。HR 修复过程大致分为三个阶段:①联会前对 DNA 损伤位点的加工处理。DSBs 形成后,MRN 蛋白复合体(由 MRE11、RAD50 和 NBS1 三种蛋白构成)、CtBP 结合蛋白(CtIP)和外切酶(EX01)对损伤位点 5' 末端进行切割加工形成单链 DNA(ssDNA),复制蛋白 A(Replication protein A,RPA)结合到 ssDNA 末端形成稳定的单链末端结构。随后,RAD51(DNA damage repair protein 51)取代 RPA 形成 RAD51－ssDNA 核蛋白质丝。②联会期 RAD51 介导链入侵。链入侵是该过程的核心事件,RAD51 蛋白促进核蛋白质丝对细胞内同源 DNA 序列进行搜索,通过介导链入侵促进异源双链 DNA 形成(D 环结构)。③联会后进行修复性合成。RAD51 蛋白与 DNA 分子解离,细胞以入侵的 3' 末端为引物进行修复性合成。DSBs 损伤修复异常可导致细胞内累积的稳定性基因突变增加,引起基因组不稳定。

目前已发现与电离辐射损伤相关的人类修复基因,如 XRCC(X-ray repair cross complementing)基因、ERCC(exision repair cross complementing)基因、错配修复基因等对 DNA 的修复有重要意义。ATM (Ataxia Telangiectasia Mutated )是一种在感应和传递 DNA 双链断裂损伤信号、启动损伤 DNA 修复中起着重要作用的功能蛋白。DNA 双链断裂时,ATM 蛋白自身被磷酸化,同时激活并调节一系列修复相关蛋白,包括 H2AX、RAD50、NBS1、Mre11、CHk1、2,c－AB1 和 BRCA1 等,使这些重要功能蛋白相继聚集在 DNA 双链断裂部位,促进 DNA 损伤的修复。

### 3.2.3 对 RNA 的作用

RNA 是 DNA 遗传信息的承载者并通过翻译将遗传信息付诸蛋白表达,在生命过程中的作用十分重要。电离辐射对 RNA 影响也较大。

(1)RNA 分子结构的破坏

同 DNA 类似, RNA 分子在电离辐射作用下也遭到损伤,发生碱基破坏或脱落、链断裂、链内交联等。

(2)对体外转录过程的影响

体外实验证明，在 γ 射线照射后，RNA 链合成的起始点几乎无变化，但链的长度明显缩短，缩短的程度与 RNA 合成的总抑制率一致。如将受照射模板上合成的 RNA 与未照射条件下合成的 RNA 相比，则可发现碱基组成也有相应的改变。

(3) RNA 合成受抑制

一般认为，细胞经 γ 射线照射后 RNA 合成受到抑制，但也有少数报道认为照射后合成是增强的。体外照射可抑制总 RNA 合成，使 RNA 合成起始点增加，由非对称转录逐步转为对称转录；阻止 RNA 合成时链的延伸，主要原因是模板 DNA 的碱基损伤，链断裂，碱基不稳定性位点和无嘌呤位点。总之，在射线作用下，RNA 生物合成的质和量均发生改变，引起 RNA 成熟过程的紊乱和小分子 RNA 的增多。

一般来讲，不同种类 RNA，如 hnRNA(heterogeneous nuclear RNA，不均一核 RNA)、mRNA(信使 RNA)、tRNA(转移 RNA)和 rRNA(核糖体 RNA)对辐射的敏感性不同。射线可通过影响 DNA 模板的活性和三种 RNA 聚合酶的催化活力，进而影响 mRNA 前体，tRNA 和 rRNA 的形成和代谢、氨基酸转运活性和与核糖体的结合能力、干扰 rRNA 基因转录产物的加工和核糖体的组装等与 RNA 合成、功能和活性相关的过程。

(4)长链非编码 RNA(LncRNA)在辐射损伤中的作用

近年来，研究证实了长链非编码 RNA(LncRNA)在调节细胞辐射敏感性和 DSBs 损伤修复中发挥了重要作用。LncRNA 被定义为“长度超过 200 个核苷酸的 ncRNA 分子”。多数 LncRNA 由 RNA 聚合酶 II(RNA polymerase II，polII)合成、被剪接和聚腺苷酸化，含有 3' 末端 poly(A)和 5' 末端甲基鸟苷帽子(5' cap)等类似 mRNA 的结构。体内 LncRNA 来源于多种途径：①已知的编码基因编码框中断，合并部分原来的编码序列转录产生；②染色体重排后，两个原本不转录并间隔较远的区域经并列重组，产生具有多外显子的 ncRNA；③非编码基因反转录可产生具有或不具有功能的 ncRNA；④ncRNA 内邻近重复序列来源于重复序列串联复制；⑤基因组序列中插入转座元件能产生具有功能活性的 ncRNA。

研究发现，LncRNA 广泛参与多种生物学过程，在细胞周期、凋亡、肿瘤形成、器官发育、免疫应答、维护基因组稳定性等过程中发挥重要的调控作用，开启了分子遗传学研究的新领域。LncRNA 对体内生物过程的调节方式较蛋白质编码基因更为复杂，能与 DNA、RNA 形成稳定的螺旋/环结构，也能作为分子诱饵、分子支架或分子向导与蛋白质直接结合，通过顺式作用和反式作用在转录水平、转录后水平及表观遗传学水平对基因表达进行调控。在复杂的 LncRNA 作用网络中，作为 ceRNA 调节其他基因的表达是一种较普遍的调控模式，如 LncRNA 能通过竞争性结合 miRNA 分子，调节 miRNA 介导的基因沉默。

资料表明，受电离辐射诱导表达的 LncRNA，可通过调控 DNA 损伤修复基因的转录活性、mRNA 稳定性或 DNA 损伤修复蛋白的活性调节 DNA 损伤修复，进一步影响细胞对电离辐射的耐受性(敏感性)。LncRNA 能通过激活细胞周期检查点或直接作用于 DNA 损伤修复分子参与 DDR 过程：LIRR1、GADD7、LncRNA－p21 等基因能激活 G1/S 检查点；LINP1 可作为分子支架直接作用于 KU80 和 DNA－PKcs 促进 NHEJ 修复；PCAT－1 通过结合 BRCA2 mRNA 3'UTR 区抑制其表达，进一步抑制 HR 修复。研究发现 LncRNA TODAR 能够调节 RAD51 基因的表达和活性，首次报道了以 RAD51 为靶基因的 HR 相关 LncRNA 分子。

### 3.2.4 对蛋白质和酶的作用

(1)电离辐射对蛋白质和酶结构的影响

电离辐射能引起蛋白质和酶一级结构的变化，包括肽链电离、肽键断裂、巯基氧化、二硫键还原、旁侧羟基氧化等。如核糖核酸酶含有124个氨基酸，通过4个－S－S－键维系着一个紧密的高级结构，射线照射后该酶中的部分或全部－S－S－键可以被还原成－SH基，致使酶的活性丧失。与此同时，还可观察到该酶肽链中蛋氨酸、酪氨酸、苯丙氨酸、赖氨酸和组氨酸等的变化。

电离辐射还能引起蛋白质和酶高级结构的变化。蛋白质的高级结构一般是靠四种作用力来维持，包括肽链氢键、侧链氢键、离子键和疏水键间的相互作用。照射后这些作用力都会发生相应的变化，最终影响蛋白质的高级结构。如牛血清白蛋白照射后分子的构象发生变化，表现为分子伸展，在水中溶解度降低，发生变性或部分变性，聚集加速，甚至出现凝固现象。

射线对蛋白的作用势必影响到它们的正常功能。如酶的活性丧失，蛋白分子性质改变，受体结构异常，蛋白失去调节功能，染色质中组蛋白和非组蛋白难以维系染色体结构等。

(2)合成受抑制

电离辐射主要抑制蛋白质的合成。某些蛋白质的合成在一定照射剂量范围内也会被激活，尤其是一些与DNA损伤与修复有关的酶类等。中国仓鼠细胞在7.1 Gy X射线照射后，蛋白质生物合成立即受抑，3 h恢复正常，以后又进入激活状态。SOD、DNA聚合酶β等某些与生物分子修复相关的酶类，在照射后一定时相内含量或活性会增加，尤其多见于机体受到照射剂量不大的X射线或γ射线作用下。哺乳动物受辐照后，血清白蛋白和γ－球蛋白含量下降，而α－球蛋白和β－球蛋白含量升高。但从总体上看，血清蛋白质净合成是下降的。在增殖旺盛的组织中组蛋白的合成比在非增殖组织中易被射线抑制，DNA合成一般也同时下降。

(3)分解代谢加强

机体受照射后蛋白质分解加速。蛋白质水解酶，特别是存在于细胞溶酶体中的组织蛋白酶，在蛋白质分解中起着重要作用。辐射敏感细胞的溶酶体很容易被破坏，释放出组织蛋白酶，催化细胞自溶。如小鼠在7.5 Gy X射线照射后数小时内，脾脏和胸腺中的组织蛋白酶活性明显增加，但在辐射不敏感组织，如肝、肾中，该酶的活性却无明显变化。

辐射诱导组织蛋白酶降解蛋白质的同时，照射后机体对食物的摄取明显减少，加剧了蛋白质的分解代谢。细胞内氨基酸池减少，尿中氨基酸排泄增加。糖异生作用增强，一些生糖氨基酸转化为葡萄糖。部分氨基酸代谢为尿素或其他非蛋白氮，整个机体处于氮的负平衡状态。蛋白分解后尿中某些代谢产物的排泄量，如肌酸、牛磺酸、尿素等，有时被用作反映辐射损伤程度的辅助指标。

### 3.2.5 糖代谢等能量代谢障碍

急性辐射损伤后，机体糖代谢紊乱，糖原异生增强，糖酵解作用增强，三羧酸循环中的许多脱氢酶活性降低，柠檬酸等的合成受到明显抑制。

一些细胞内线粒体氧化磷酸化反应受到抑制，导致氧化磷酸化的效率下降。线粒体膜结构的损伤是线粒体氧化磷酸化抑制的根本原因。对某些类型的细胞，辐射引起的核磷酸化抑制效应比线粒体更明显。

辐射会对人体细胞和器官代谢产生影响，这一过程是通过一个复杂的生物学过程完成的，其最终导致 DNA 断裂和蛋白质、脂质改变。目前，电离辐射的生物学效应研究，很大部分已经深入到微观领域。分子生物学中，组学主要包括基因组学、蛋白组学、代谢组学、转录组学、脂类组学、免疫组学、糖组学和 RNA 组学等。基因组学(genomics)是研究基因以及基因间关系的学科。代谢组学是对生物体内所有代谢物进行定量分析，并寻找代谢物与生理、病理变化相对关系的学科，是系统生物学的组成部分。到目前为止，代谢组学主要应用于发现多种疾病的诊断、治疗相关代谢标志物，通过代谢物质谱分析得到的相关标志物是疾病的分型、诊断、治疗的基础。代谢组学研究对象为 50～150 Da 的小分子物质，它们通常是基因组、转录组、蛋白组研究对象的下游产物，也是糖、脂质、蛋白质代谢过程的中间产物或最终产物。代谢组学可用于解释病理状态或揭示机体接受治疗后表现出的生物学特征，而且由于代谢组学在阐明机体应激状态下做出的反应方面具有优势，利用代谢组学将有助于更加全面了解机体受到辐射照射后的代谢过程和代谢产物，从而对放射性损伤进行量化。但是，物理剂量、临床症状或是实验室血液指标并不能全面反映机体对放射损伤的反应，而代谢组学则可以系统观察机体接受放疗后 DNA、蛋白质、脂类、糖类和能量代谢的改变。机体在接收到外界压力后，会首先通过压力反射途径产生分子水平改变，继而激活或抑制多种代谢途径和细胞通路，而研究代谢物改变则可以很好地预测机体反应状态。放射代谢组学是寻找代谢物中与放射的生物学效应相关的标志物研究，已经成为除基因组学和蛋白组学以外的又一热门新兴的研究领域。

## 3.3　电离辐射对细胞的作用

电离辐射对生物分子的作用，必然导致细胞结构和代谢等改变，使细胞功能异常或死亡。电离辐射可以影响到细胞的各个方面，从细胞膜到细胞核，从细胞质到细胞器，从组蛋白到染色体，以及细胞周期调控等。细胞的辐射损伤必然导致由其所组成的器官或组织系统的病变。

### 3.3.1　细胞群体的辐射敏感性

机体各类细胞对辐射的敏感性不一致。即使是同一种细胞，在细胞周期的不同阶段受到照射，辐射敏感性也不一样。所谓辐射敏感性(radiation sensitivity)指生物体或生物分子等对电离辐射诱导的物理或化学改变的易感性(susceptibility)。在相同照射条件，不同生物体或生物分子可表现出生物学效应变化程度的显著差异。在相同照射剂量水平，由于组织细胞的辐射敏感性不同，同一机体中的各器官的反应程度不一致。

Bergonie 和 Tribondeau 提出细胞的辐射敏感性同细胞的分化程度成反比，与细胞的增殖能力成正比。从总体上说，不断生长、增殖、自我更新的细胞群对辐射敏感，稳定状态的分裂后细胞对辐射有高度抗力。而多能性结缔组织，包括血管内皮细胞、血窦壁细胞、成纤维细胞和各种间胚叶细胞也较敏感。这个定律基本上是正确的，但也有例外，如淋巴细胞和卵原细胞都是高度分化的细胞，但却有高度的辐射敏感性。

根据成年动物细胞群体有无DNA合成和核分裂相，以及所占比例的多少，可将细胞群体分为三大类，即稳定状态、生长状态和更新状态，其增殖特点及辐射敏感性见表3－3。一般讲，不断更新的细胞群体(分裂中细胞)对辐射最敏感，生长状态的细胞群(可逆性分裂后细胞)对辐射较不敏感，稳定状态的细胞群体(分裂后细胞)对辐射不敏感。对机体危害最大的是更新细胞的辐射损伤，其次是生长状态细胞的辐射损伤。受一定剂量照射后，急性辐射效应的产生一般与更新系统细胞有关，慢性和远期效应的产生与生长状态的细胞群体和更新系统的细胞群体有关。在特大剂量照射下，分裂、更新和稳定状态的细胞群体都可发生急性坏死。

**表3－3　细胞群体的类型、增殖特点及辐射敏感性**

| 细胞群体类型 | 增殖特点 | 细胞种类 | 辐射敏感性 |
|---|---|---|---|
| 稳定状态(分裂后细胞) | 不能分裂 | 神经元，横纹肌，心肌；分化成熟的粒细胞、红细胞；睾丸精细胞、精子；皮肤角化上皮细胞、皮脂腺细胞 | 不敏感 |
| 生长状态(可逆性分裂后细胞) | 刺激条件下能分裂 | 唾液腺、肝、肾、胰腺、肾上腺、甲状腺、副甲状腺、垂体、卵巢黄体、睾丸曲精细管足细胞，网状细胞，小淋巴细泡间隔细胞，气管黏膜基底细胞滑肌细胞 | 相对不敏感 |
| 更新系统(分裂中细胞) | 干细胞持续性分裂 | 多能造血干细胞，原粒－中幼粒细胞原红－中幼红细胞，原单及早单核细胞，巨核及早巨核细胞，原淋巴及早淋巴细胞，大淋巴及中淋巴细胞；胃肠黏膜皮细胞；睾丸曲精细管A型、中间型B型精原细胞，精母细胞，发育着的卵泡细胞，早期胚胎细胞；肿瘤细胞 | 最敏感 |

此外，近年来的研究表明，亚细胞和分子水平的辐射敏感性，细胞核的敏感性高于胞浆，且敏感性上DNA＞ mRNA＞rRNA＞tRAN＞蛋白质。

## 3.3.2　细胞周期的辐射效应

为了修复细胞受到辐照的损伤，使细胞周期循环活动停止在某个周期，称之为辐射诱导的细胞周期阻滞。

### 3.3.2.1　细胞周期各阶段的辐射敏感性

真核细胞周期是一个复杂、精细的调节过程，在此过程中G1/S、S、G2/M和纺锤体等检测点机制有序调节细胞周期进程，并且在维持细胞遗传稳定性中具有十分重要的作用，与细胞死亡机理关系紧密。综合对多种哺乳动物细胞的观察，细胞周期各阶段的辐射敏感性差异大致可概括为：

处于M期的细胞对辐射最敏感；S期后期的辐射敏感性通常较S期前期低；若细胞$G_1$期相当长，则$G_1$早期对辐射有抗性，$G_1$末期则对辐射敏感；$G_2$期通常对辐射都敏感，大致与

M 期的敏感性相近。

图 3－4 所示细胞不同阶段的辐射敏感性具有一定代表性。正是由于处在不同周期阶段的细胞辐射敏感性不同，在同一剂量照射下，相同种类的细胞有的发生死亡，有的却能存活下来，其损伤的轻重取决于照射时细胞所处的周期阶段。

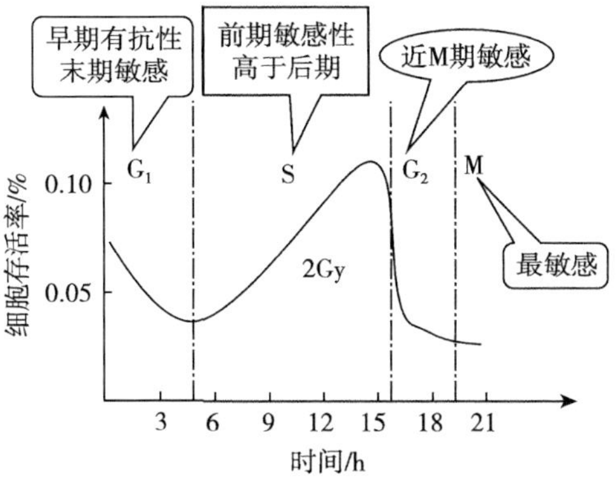


图 3－4 不同细胞周期阶段的辐射敏感性

### 3.3.2.2 辐射对细胞周期进程的影响

细胞周期检测点是监控细胞进入有丝分裂期的重要关卡。当环境因素致细胞出现 DNA 双链断裂后，DNA 损伤感受器和效应器 PIK3 家族成员 ATM、DNA－PKcs 和 ATR 激活，调控下游的蛋白如 H2AX、P53、BRCA1 激活细胞周期检测点蛋白，诱发细胞周期出现阻滞。当辐射损伤的遗传物质修复后，细胞周期循环得以继续进行。如果辐射损伤过重，超出细胞修复能力，损伤无法修复，细胞会出现死亡。

细胞周期进程中有三个检查点（checkpoint），即 $G_1 \rightarrow S$、$S \rightarrow G_2$ 和 $G_2 \rightarrow M$ 三个过渡，均受基因及其蛋白产物的有序调控，其中周期素（cyclins）和依赖于周期素的相应蛋白激酶起主要作用，p53 和 p105Rb 等抑癌基因及其他基因的蛋白表达也参与调节。

辐射可延长细胞周期，即导致细胞分裂延迟，其影响细胞周期进程的机制是：$G_2$ 阻滞、$G_1$ 阻滞、S 延缓和巨细胞形成。

处于 M 期的细胞受到照射：有时并不能立即使分裂延迟，细胞可能照常分裂，但第二个细胞周期可发生分裂延迟。在 M 前期的后段受照射，细胞可能发生分裂暂停，偶或倒退到间隙期。

处于 $G_1$ 期的细胞受到照射：细胞周期较长的细胞可发生 $G_1$ 抑制，延迟进入 S 期；但细胞周期短的细胞在 $G_1$ 期受照射却不影响从 $G_1$ 到 S 期。

处于 S 期的细胞受到照射：某些哺乳动物细胞的 S 期比较敏感，受照后 DNA 合成抑制，进入 $G_2$ 期延迟，而从 $G_1$ 进入 S 期却正常，这样造成 S 期细胞的堆积，即所谓“S 蓄积效应”。但另有一些哺乳动物细胞的 S 期却不敏感。

处于 $G_2$ 期的细胞受到照射：射线对 $G_2$ 期细胞有强烈的效应，发生“$G_2$ 阻断”（$G_2$－block），使细胞不能进入 M 期，大量停留在 G2 期。这是照后即刻发生有丝分裂迟延的主要原因。

真核细胞周期的驱动主要由周期蛋白（cyclin），周期蛋白依赖的激酶（cyclin dependent

kinase，CDK）和 cyclin－CDK 复合物抑制体蛋白之间的相互作用来完成。目前发现周期蛋白分 A、B、C、D、E、F、G、H 等多种，有些周期蛋白还可分为不同的亚类，如 $D_1$、$D_2$、$D_3$ 等。CDK 有 1、2、4、6 和 7 等多种。目前发现 CDK 抑制蛋白有 $P_{13}$、$P_{16}$、$P_{18}$、$P_{19}$、$P_{21}$、$P_{27}$ 等多种。

在细胞周期的不同阶段，不同周期蛋白相继表达，这些周期蛋白在细胞周期的不同时相分别与不同周期蛋白依赖的激酶结合成复合物并激活该酶，该酶进一步激活细胞增殖分裂所需的 DNA 和蛋白质的合成，使细胞顺利从 $G_0$、$G_1$、S、$G_2$ 期直到 M 期。在这一过程中不同 CDK 抑制蛋白可在不同细胞周期阶段出现，适时抑制在细胞周期各阶段起催化作用的 CDK 活性，使不同周期阶段特异的 CDK 准确完成各自催化细胞 DNA 和蛋白合成之任务，使细胞周期得以循 $G_0$、$G_1$、S、$G_2$ 到 M 期有序进行，见图 3－5。

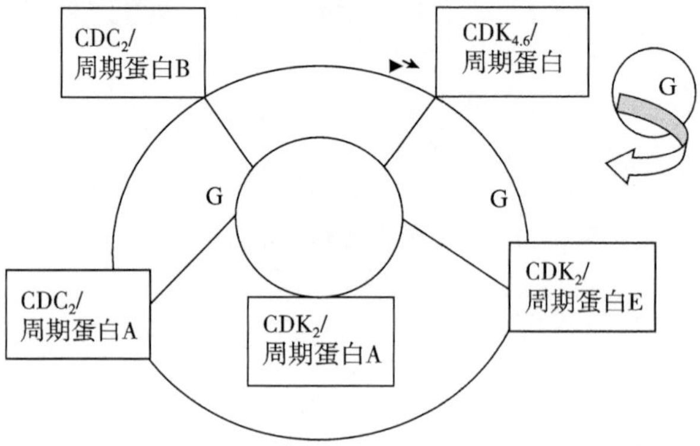


图 3－5　细胞周期不同阶段周期蛋白和周期蛋白依赖的激酶对细胞周期的调节

哺乳类细胞调节 $G_1$ 期进展的蛋白主要为 cyclin D 和 E，参与调节的 CDK 主要为 4/6 和 2。cyclin D 在不分裂的静止细胞中几乎不表达，细胞一旦经刺激因子刺激进入细胞周期 cyclin D 即表达增加，这种表达一直存在于细胞周期的各个时相点，只是在细胞脱离 $G_1$ 期进入其他时相点时表达量和活性降低。

cyclin D 与 CDK4/CDK6 组成复合物调节细胞 $G_1$ 进程。Cyclin E 在细胞 G1 期末，进入 S 期前表达急剧升高，进入 S 期后降解，表明 cyclin E 和 CDK2 复合物在调节细胞进入 S 期，启动 DNA 合成过程中发挥作用。cyclin A 在 $G_1$ 后期开始合成，在 S 期与 $CDK_2$ 组成的复合物调节细胞 S 期进展，与 DNA 复制的完成有关。同时，cyclin A 在 $G_2$ 前期仍有很高表达量，其与 CDC2(cell division cycle，也即 CDK1)结合在细胞进入分裂期过程中起调节作用。cyclin B 在 $G_2$ 后期表达急剧增高但很快下降，其与 CDC2 结合在 $G_2$/M 期边界诱发细胞分裂。cyclin B/CDC2 复合物也称细胞成熟或 M 期促进因子(maturation promoting factor or M－phase promoting factor，MPF)。值得指出的是，若 cyclin B 在 M 期持续升高细胞则停滞在 M 期，细胞分裂不能完成，但 cyclin A 却不是这样，说明 cyclin A 和 cyclin B 在细胞周期调节中的作用存在差别。

Cyclin/CDK 抑制蛋白的作用是在必要的时间点终止细胞周期循环使细胞发生分化或停止生长。如在细胞 DNA 损伤时 $P_{21}$ 基因可由 P53 诱导表达，表达产物可抑制 CDK2 和 CDK4 对 pRB (retinoblastoma 1)的催化活性从而引起细胞 $G_1$、$G_1$/S 和 S 期延迟。图 3－6 是不同细胞周期细胞周期蛋白的表达。

上述参与细胞周期调节的分子发生基因突变或功能活性受损都有可能使细胞周期进

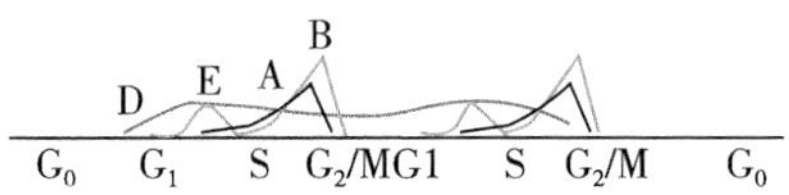


图 3－6　不同细胞周期的细胞周期蛋白的表达

程和调节发生紊乱，如 $G_1$ 期阻滞、S 期延迟、$G_2$ 阻滞和 $G_2$/M 阻滞等。这种紊乱，一方面有利于细胞 DNA 损伤的修复，保持基因稳定性（如 $G_1$、$G_2$ 期阻滞），保证细胞有丝分裂染色体分配的忠实（如 $G_2$/M 阻滞性）；另一方面则影响细胞的辐射敏感性，如实验发现许多辐射敏感细胞株照射后细胞周期抑制现象较辐射抗性细胞重，抗性细胞株周期抑制的恢复也比敏感细胞株快。利用咖啡因处理细胞可破坏辐射引起的细胞周期调节紊乱，同时增加细胞的辐射敏感性，AT 患者来源的细胞存在细胞周期检查点（cell cycle checkpoint）调节紊乱，细胞表现出对辐射极度敏感。因此，多数学者认为，细胞周期调控是细胞辐射敏感性的另一决定因子，机制有待深入研究。

## 3.3.3　细胞膜的辐射效应

细胞膜作为仅次于 DNA 的辐射攻击靶，也是研究辐射生物效应的重要靶结构。细胞膜作为细胞与外界接触的第一道屏障，不仅是细胞与环境之间物质交换、能量转换和信号转导的重要保证。细胞膜系统包括细胞膜、核膜、线粒体膜、高尔基体膜、溶酶体膜以及内质网膜等。它们具有增殖、分化、信息传递、能量转化、物质转运、细胞识别等许多重要功能。哺乳动物细胞膜骨架为脂类双分子层结构，磷脂、糖脂、固醇等是组成细胞膜的主要脂类，膜蛋白则镶嵌在脂质双分子层中。电离辐射可通过细胞膜脂质膜和膜蛋白的作用，损伤或影响细胞膜的结构、流动性、通透性等功能。电离辐射对细胞膜作用的研究主要集中在两方面：一是效应研究，包括细胞膜流动性、通透性、细胞膜表面颗粒度发生变化及细胞膜分崩瓦解等。二是效应机制研究，辐射能量传递的直接作用和活性氧（Reactive oxygen species，ROS）、自由基等的间接作用。电离辐射对细胞膜的影响主要体现在 3 个方面：①对细胞膜生物特性的影响；②对膜脂质和膜蛋白的影响；③对细胞膜信号转导的影响等方面。

### 3.3.3.1　辐射对细胞膜结构的影响

（1）膜脂质过氧化

脂质过氧化是生物膜辐射效应的主要内容。电离辐射对脂质的影响主要来自辐射能量对化学键的直接作用和自由基、ROS 引起的脂质过氧化作用。电离辐射对细胞膜脂质的损伤包括两方面：①辐射能量对化学键的直接作用，脂质分子中与双键相连的亚甲基（—CH2—）上的 H 原子比较活泼，而双键的存在使与双键相连的 C 原子的 C—H 键减弱，受到电离辐射时，此位置可发生氢抽提反应形成自由基，因此脂质不饱和度越大，生成自由基越多。②电离辐射产生的自由基、ROS 引起脂质过氧化，最终导致脂质降解和脂质碎片的形成，破坏膜的屏障功能，又会影响细胞膜的流动性和通透性。如氧自由基能攻击生物膜中的多不饱和脂肪酸，引起脂质过氧化作用，形成脂氢过氧化物，后者不稳定，可分解形成一些复杂产物。脂质过氧化作用把活性氧转化为活性化学剂，再通过链式和链式支链反应，放大活性氧的作用，形成许多脂类分解产物，引起细胞代谢和功能障碍，导致细胞损伤。γ

射线辐射小鼠脑细胞后，脂质/蛋白质比例降低，脂质中烯族＝CH、羰基、亚甲基总量上升；膜流动性降低，膜脂质变得无序化，脂质头部磷酸基团之间的氢键结合作用增强，羰基界面之间的氢键结合作用减弱；脂质过氧化造成膜脂质降解，膜脂质含量降低。脂质过氧化产额与辐射剂量的大小成正比，受照剂量越大，氧化程度越高，但与剂量率成反比。脂质过氧化作用引起细胞损伤的机制主要有：①膜脂改变导致膜功能改变和膜酶损伤；②脂质过氧化过程中形成的活性氧损伤酶和其他细胞成分；③脂氢过氧化产物的分解产物对细胞及其成分产生毒性效应。而辐射以后的时间，最终决定各种反应的平衡。

脂质过氧化有两种情况：一是细胞内 ROS 的积累可能引起放射增敏作用，加剧细胞膜脂质过氧化。二是添加抗氧化剂，降低细胞膜脂质的氧化程度。需氧生物体内有一系列抗氧化防御系统，主要有：①抗氧化酶类，如超氧化物歧化酶(superoxide dismutase，SOD)，过氧化氢酶和非特异过氧化物酶(CAT)，硒谷胱甘肽过氧化物酶(Se－GSHPx)等；②脂溶性抗氧化剂，如维生素 E、类胡萝卜素和泛醌；③水溶性小分子抗氧化剂，如维生素 C 和谷胱甘肽；④蛋白性抗氧化剂，如铜蓝蛋白。在机体受电离辐射作用而活性氧产物增加时，这些防御机制可动员起来，在一定程度上增强其清除活性氧和自由基的作用，防止其对细胞损伤。严重的电离辐射会导致细胞内抗氧化酶体系紊乱，随着 ROS 及自由基的不断积累，膜脂质过氧化反应加剧生成的丙二醛(Malondialdehyde，MDA)引起蛋白质、核酸等生命大分子的交联聚集，引发细胞损伤的恶性循环。

(2)对膜蛋白的作用

随着蛋白质组学的发展，辐射蛋白质组学应运而生，是近几年发展起来，用于识别电离辐射诱导的蛋白质标记的强大工具。膜蛋白是生物膜功能的主要承担者，响应细胞膜信号、调节细胞形态、转化能量、控制物质进出等，电离辐射过程中膜蛋白是最先受到影响的蛋白质。电离辐射对膜蛋白质的作用主要包括：①电离辐射引起蛋白质肽键电离，侧链发生变化(氢键二硫键断裂)，导致高度卷曲的肽链出现不同程度的生长，造成蛋白质空间构象改变，膜蛋白含量降低。射线对膜蛋白的作用有肽链的辐射分解，肽链的电离，肽键断裂，巯基氧化及二巯键还原，其中后二者在细胞膜辐射损伤中具有重要意义。②脂质过氧化物分解的重要产物如 MDA 等，会引起膜蛋白质和酶的聚合交联，或多个肽键和单个氨基酸的化学改变，使膜蛋白结构发生紊乱。③细胞膜上一些寡糖链和多糖链，以共价键的形式和膜脂质或蛋白质结合，形成糖脂和糖蛋白，它们能特异性识别并与递质、激素等结合，发挥生物功能。糖类受到电离辐射后，可产生对细胞有毒害的不饱和羰基型化合物，再与膜表面的巯基高度反应生成硫醚，毒害细胞。④一定剂量或者种类的电离辐射破坏细胞膜结合酶，还会引发细胞信号分子生成，开启或者关闭信号转导通路，诱导细胞增殖和凋亡。研究发现，人乳腺癌细胞 T47D 受伤后，细胞膜神经酰胺是对照组细胞的 3 倍，细胞经电离辐射后增殖减少，凋亡增加，这与细胞膜鞘磷脂酶水解鞘磷脂生成神经酰胺，诱导细胞死亡密切相关。⑤辐射也可影响膜上的受体功能，如抑制 B 细胞膜表面的免疫球蛋白 SmIg 的罩盖作用。淋巴细胞对辐射高度敏感，T 细胞在 $\gamma$ 射线照射后 E 玫瑰花环的形成能力下降，T 细胞受体接受抗原刺激的能力也下降；B 细胞表面免疫球蛋白 SmIg 和 Fc 受体在照后 24～36 h 随照射剂量的增加而减少。用外源性凝集素与细胞受体的结合试验可作为衡量膜辐射损伤的敏感指标。外源凝集素与细胞受体的结合试验可作为衡量膜辐射损伤的敏感指标。小鼠受 X 射线全身照射 0.25～5 Gy 后，红细胞、淋巴细胞和血小板与 $^{3}H$－

ConA 的结合能力增强，其中以血小板的结合能力变化最大，人血细胞也是如此。

(3)电离辐射对细胞膜信号转导的影响

电离辐射作用于细胞时，细胞膜信号分子的启动是关键事件。电离辐射对细胞膜受体的损伤会直接导致膜功能代谢紊乱或下游信号转导途径改变，引起细胞代谢途径改变，严重时会导致细胞凋亡或死亡。如内皮细胞应对高剂量电离辐射的分子机制，与来自细胞膜的酸性鞘磷脂酶/神经酰胺通路相关，细胞经电离辐射后，酸性鞘磷脂酶从溶酶体转移到细胞膜外层，诱导鞘磷脂水解生成神经酰胺，生成的神经酰胺与胆固醇在细胞膜表面形成微小脂质区，引发信号受体聚集增强等现象。也有研究发现，电离辐射引起的细胞凋亡可能源于辐射与细胞膜的相互作用。此外，电离辐射还会通过细胞间的间隙连接，影响细胞间信号通路，细胞间信号通路的研究主要来自辐射旁效应(未直接受辐射细胞表现出与受辐射细胞类似的生物学反应)。热休克蛋白 90(heat shock protein，HSP90α)在大量的信号转导分子中扮演着重要的角色，大部分热休克蛋白与肿瘤的发生密切相关。研究显示，癌细胞经电离辐射后，ATM 会立刻磷酸化 HSP90αT5/7 的残余物，介导信号转导调停；HSP90αT5/7 磷酸化还有助于针对性的开发辐射增敏疗效。因此电离辐射诱导细胞内/间信号转导发生变化，并引起蛋白质过表达或磷酸化等事件，已被纳入癌症检测或者辐射旁效应研究的范围之内。

(4)DNA—膜复合物的变化

DNA 复制开始于细胞核中的复制子，这种复制子通过脂质或脂蛋白连接于核膜上成为 DNA—膜复合物。射线可破坏这种复合物，使 DNA 复制停止。

DNA—膜复合物除含有 DNA 外，还含有中性脂质、RNA、组蛋白、非组蛋白等。超速离心沉降试验表明，1～8 Gy γ 射线照射即能破坏这种复合物，在一定条件下保温，这种解离的复合物能够修复。DNA—核膜复合物被认为是细胞中的辐射敏感靶之一。

#### 3.3.3.2 辐射对膜转运功能的影响

(1)膜转运功能的变化

电离辐射对跨膜运输的影响，较低剂量辐射以影响被动运输为主，较高辐射主要干扰主动运输。有时射线对几种运输机制的干扰，在同一细胞中兼而有之。例如，辐射能引起红细胞 $Na^+$ 蓄积和 $K^+$ 外逸，其原因是射线损坏了与主动运输有关的钠钾泵，且因膜结构的改变，导致被动运输加强，电离辐射后机体的水和电解质代谢失调与此有关。当电离辐射破坏了膜结构，造成严重的膜损伤时，运输机制不能正常进行，膜的屏障和隔室作用部分消失，细胞和细胞器组分外逸。

(2)膜结合酶的功能变化

辐射还可影响结合细胞膜上的酶，如腺苷酸环化酶(AC)，乙酰胆碱酯酶(AchE)，细胞膜 ATPase、NADPH—细胞色素 C 还原酶和 NAD—糖水解酶等的活性。

另外，电离辐射作用于细胞膜产生神经酰胺，诱导细胞凋亡。由于照射后膜表面电荷的变化，细胞电泳迁移率下降，膜表面电荷改变会影响细胞相互识别。

(3)辐射对膜细胞器的影响

电离辐射除了影响细胞膜外，对各种膜细胞器生物学功能的影响也成为近年来的主要研究方向。对溶酶体、内质网、高尔基体的影响逐渐成为近年来的研究热点。目前研究较多的膜细胞器是线粒体，电离辐射对线粒体的影响主要包括线粒体 DNA 损伤、能量代谢变化、氧化应激及辐射效应 4 个方面，特别是电离辐射对线粒体的电子传递链、ATP 合成酶及氧化磷酸化途径会产生重要影响。X 射线辐射心肌细胞后，引发心脏毒性，导致冠心病的发生，心脏毒性又与心肌细胞中线粒体的活性与质量控制密切相关。

线粒体是真核细胞的重要细胞器，在氧自由基生成和细胞能量代谢过程中起着重要作用，线粒体 DNA（mitochondrial DNA，mtDNA）是唯一的核外遗传物质。研究发现，每个细胞中大约存在 1000 个线粒体，而每个线粒体包含 2～10 个 mtDNA 分子。人类 mtDNA 是由 16569 个碱基组成的双链闭环分子，内环为轻链，外环为重链，含有 37 个编码基因，包括 13 个编码线粒体电子转移链的多肽基因及合成线粒体蛋白的 2 个核糖体 RNA（rRNA）基因和 22 个转运 RNA（tRNA）基因。它位于线粒体内膜，容易受到自由基的侵害，同时缺乏组蛋白的保护以及有效的损伤修复系统。有研究证明在受照后 2 h 内，电离辐射引起的核 DNA 断裂大部分能被修复，但 mtDNA 断裂只有 25%被修复，因此，mtDNA 的突变率要远远高于核 DNA 的突变率，大约是核 DNA 的 10～100 倍。与核 DNA 相比，mtDNA 对电离辖射损伤更敏感，包括 mtDNA 片段的缺失、碱基修饰以及插入突变等，以 mtDNA 4977bp 缺失最为常见。目前认为，mtDNA 缺失可能与双链断裂的错误修复有关，主要的理论有拓扑异构酶分裂、同源重组及滑行复制。其中被广泛公认的是 mtDNA 在复制过程中滑行错配，引起 mtDNA 缺失，错配的关键位点在缺失两侧 13bp 的正向重复序列。当 mtDNA 受到亲电子突变剂攻击时，它的双链被打开，在延伸过程中可能发生错配。有研究报道，大部分的 mtDNA 缺失靠近 mtDNA 4977bp 缺失的缺失点。而 mtDNA 4934bp 缺失与重复序列无关，但是接近 mtDNA 4977bp 缺失的缺失点，而且缺失部分前 3 个核苷酸序列是 ACC，与 mtDNA 4977bp 缺失相同，提示三联体序列“ACC”可能在电离辐射引起的 mtDNA 缺失中起着重要作用。研究结果表明，mtDNA 4934bp 和 mtDNA 4977bp 缺失在$^{137}$Cs γ 射线照射后 2 h 即表达升高，提示两者缺失均可能成为辐射剂量快速应急估算的生物学指标。同时，其二者缺失在照后 48 h 均呈表达高点，并且在 72 h 时仍然有表达，mtDNA 4934bp 和 mtDNA 4977bp 缺失均有望成为核辐射事故预后生物效应和剂量评估的生物学指标。

## 3.3.4 染色体的辐射效应

细胞在分裂过程中染色体的数量和结构发生变化称为染色体畸变（chromosome aberration）。畸变可以自然发生，称自发畸变（spontaneous aberration）。许多物理、化学因素和病毒感染可使畸变率增高。电离辐射是强的畸变诱发因素，其原因是电离粒子穿透染色体或其附近时，使染色体分子电离发生变化而断裂。电离辐射诱导的染色体畸变，体现在染色体数量和结构的变化。

### 3.3.4.1 染色体数量变化

照射后，染色体发生黏着，在细胞分裂时可能产生不分离现象，致使两个分裂子细胞中的染色体分配不平均，生成非整倍体（aneuploid）的细胞，如亚二倍体或超二倍体、多倍体及假多倍体。

#### 3.3.4.2 染色体的结构改变

染色体结构变化可根据靶细胞或受试因子所处的细胞周期阶段，以及染色体击断后的重接方式分为两类，即染色单体型和染色体型畸变。染色体结构改变的最初变化是断裂，断裂以后有 3 种结局：①断端照原样重新愈合，这在细胞学上无法辨认；②两断端保持原先的断裂面，形成缺失和游离断片；③和其他断端发生交换重接而导致各种类型的畸变。

染色单体型畸变：处于 S 期或 $G_2$期的细胞受到电离辐射作用时，这时染色体经过复制成为两个染色单体，因此断裂可以发生在一条单体上，也可以发生在两条单体上，常见的染色单体畸变有以下类型：染色单体间隙、染色单体断裂、染色单体缺失等。

染色体型畸变：处于 $G_1$ 期或 $G_0$ 期的细胞受到电离辐射作用时，因为这时染色体尚未复制，其中单根染色丝被击断，经 S 期复制后，在中期分裂细胞见到的是两条单体在同一部位显示变化，因此导致的是染色体型畸变。人血液淋巴细胞都处于 $G_1$ 期，因此它受照射后产生的畸变应是染色体型畸变。

按畸变在体内的转归，可以分为不稳定型畸变和稳定型畸变两类。带有双着丝点、多着丝点、环、无着丝点断片等畸变的染色体，在细胞有丝分裂过程中都很容易丢失。所以这类畸变称为“不稳定性畸变”（non－stability aberration ）。带有缺失、对称性互换、臂间倒位、易位等畸变的染色体，它们仍具有正常染色体一样的着丝点，因此能照常进行有丝分裂。这类畸变称为“稳定性畸变”(stable aberration)，如图 3－7 所示。

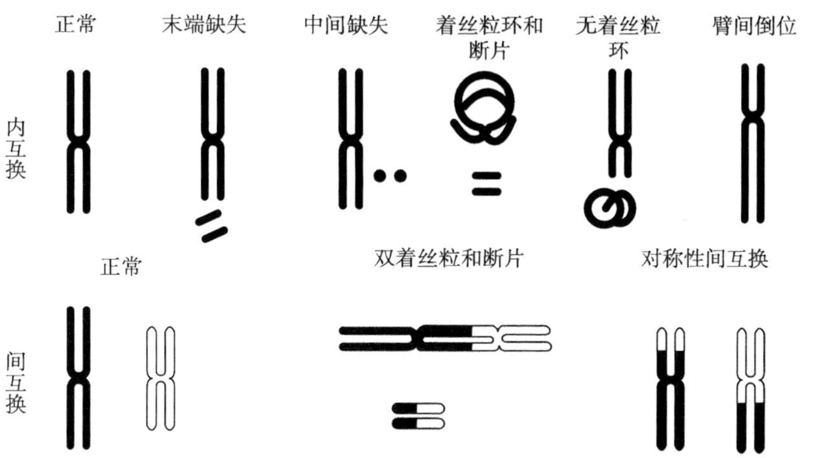


图 3－7 染色体畸变示意图

#### 3.3.4.3 染色体畸变率在辐射剂量估算中的应用

染色体对电离辐射具有高度的敏感性，即使受照剂量在 0.05 Gy，受照射后早期在外周血淋巴细胞和骨髓细胞中即可见染色体畸变率增高。染色体的改变可作为照射剂量估算和事故照射近期及远期效应的观察指标。

用于生物剂量估算的畸变主要有双着丝粒体(dicentric，dic)、着丝粒环(ring，r)和无着丝粒断片(ace)，其中以 dic 或 dic＋r 较为准确。dic 指有两个着丝粒的染色体，常伴有一对无着丝粒断片。r 是一对具有着丝粒的环形染色单体，常伴随一对断片。ace 又称染色体末端缺失，是一对相互平行的染色单体。

## 3.3.5 辐射诱导的细胞死亡

### 3.3.5.1 细胞死亡的类型

细胞受到电离辐射后，其原初损伤可能相似，但对于不同种类的细胞射线诱导的死亡类型是不同的。辐射诱导的细胞死亡类型大致可分为以下5种。

(1)间期死亡(intermitotic death，或非有丝分裂死亡)

细胞受照射后不经分裂，在几小时内就开始死亡，称间期死亡，又称即刻死亡。体内发生间期死亡的细胞分为两类：一类是不分裂或分裂能力有限的细胞，如淋巴细胞和胸腺细胞，受几百mGy照射后即发生死亡；另一类是不分裂和可逆性分裂的细胞，如成熟神经细胞、肌细胞和肝、肾细胞等，需要照射几十至几百Gy才发生死亡。细胞间期死亡发生率随照射剂量增加而增加，但达到一定峰值后，再增加照射剂量，死亡率也不再增加。

间期死亡的主要原因是细胞核结构的破坏。其机理的研究主要集中在胸腺细胞和淋巴细胞上，结果概括如下：

①细胞核结构的破坏。照后迅速出现DNA双链断裂、DNA蛋白质交联、核酸和蛋白质水解酶活化、可溶性染色质生成、组蛋白外逸等，最终导致核固缩。

②细胞膜损伤。膜损伤引起$K^+$、$Na^+$、$Ca^{2+}$等的平衡失调，蛋白质和核酸前体外逸，溶酶体膜的破坏引起大量水解酶的释放，DNA－膜复合物的破坏使DNA复制停止。

③能量供应障碍。淋巴细胞的能量供应系统存在着明显的弱点，线粒体少，氧化磷酸化和核磷酸化系统极易被射线抑制。这几方面原因的综合，导致细胞间期死亡。

(2)增殖死亡(reproductive death，或有丝分裂死亡)

指受照细胞经过一个或几个有丝分裂周期后丧失继续增殖的能力而死亡。增殖死亡多发生在具有增殖能力的细胞，如骨髓造血细胞在受到数Gy剂量照射后数小时便可发生增殖死亡。

增殖死亡的分子机理主要为DNA分子损伤后错误修复和染色体畸变等原因导致有丝分裂的障碍。错误修复包括非互补碱基或非互补链的插入，双链断裂的错误重接等。其后果是DNA合成量不足，异常或有缺失的DNA的形成和有丝分裂时DNA在两个分裂细胞中的不均匀分布等。这些导致细胞增殖能力的异常，最终引起细胞在有丝分裂一次或几次后死亡。

应该指出，有些细胞既能发生增殖死亡又能发生间期死亡，其中照射剂量在死亡类型上起着决定性作用。由此可见，两种类型的细胞死亡从分子损伤上有其共性，但在一些生化环节上的损伤程度不同，发展过程不一。

(3)辐射诱导的细胞凋亡(apoptosis)

这类细胞死亡符合间期死亡条件，但又与传统意义上的间期死亡不同。辐射对这种死亡方式的贡献只是作为一种诱因，即只是起到开启这种死亡方式程序的作用。启动凋亡程序的作用部位可以在细胞膜上，也可以在胞浆内，既可以是直接作用，也可以是间接作用。细胞凋亡受一系列基因调控，已知促进细胞凋亡的基因有ced－3、ced－4、ICE、BAX、FAS/APO－1、P53、gadd45、Sgp－2等，阻止细胞凋亡的基因有ced－9、Bcl－2、Bcl－xl等。

电离辐射可促进细胞凋亡，但有实验表明全身照射剂量在 0.5～6.0 Gy 范围内细胞凋亡率呈剂量依赖性上升，但当剂量降至 0.5 Gy 以下时，胸腺细胞凋亡可能降至对照水平以下，出现 J 型剂量一效应曲线，其机制未阐明。辐射诱导的细胞凋亡和其他物理、化学、生物等环境因素诱导的细胞凋亡在多个方面具有类似性，但作为一种特定的诱因，又有其特殊性。如电离辐射诱导的细胞凋亡其细胞膜结构与功能、膜通透性及染色质形态变化更早，更突出。由于目前尚未发现在电离辐射诱导细胞凋亡过程中起关键作用的特异性分子，辐射诱导细胞凋亡是否存在特有的分子机理仍不是太清楚。

(4)辐射诱导的细胞自噬

自噬(autophagy)是指细胞通过单层或双层膜包裹待降解物形成自噬体，然后运送到溶酶体形成自噬溶酶体并进行多种酶的消化及降解，以实现细胞本身的代谢需要和某些细胞器的更新。而细胞对这种合成与降解的精细调节，对维持细胞的自身稳态有重要意义。降解细胞内物质的途径主要有：①蛋白酶体，主要消化短寿命蛋白质；②通过形成自噬体，将待降解物(如大多数长寿命蛋白质和细胞器)运输到溶酶体内消化。自噬是溶酶体降解途径的主要步骤，通过对自噬体的检测，可了解自噬体形态和发生过程、分子机制、与细胞凋亡的关系等。除维持生理状态下机体的稳态功能外，越来越多的研究表明自噬失调可能与感染、神经退行性疾病、Danon 肌病、肿瘤等疾病相关。

自噬作为一种非凋亡性细胞死亡方式，因其作为肿瘤细胞对化疗药物和放射治疗的一种全新反应机制，引起广泛关注。电离辐射在网状内皮细胞中可引起酸性囊泡形成和自噬发生。在神经胶质瘤细胞放疗过程中也仅涉及自噬而无凋亡反应。另外，电离辐射联合 mTOR 抑制剂雷帕霉素在乳腺癌细胞 MCF－7 中可以形成自噬性囊泡，最终发生自噬性死亡。电离辐射还可以抑制 mTOR 下游分子 p70 S6K 的磷酸化，若抑制 DNA 依赖性蛋白激酶则通过诱导自噬使恶性胶质瘤的辐射敏感性增强。研究发现，在宫颈癌、乳腺癌、肺癌、卵巢癌中，电离辐射均通过不同机制诱导自噬发生，并最终影响辐射杀伤作用。

(5)辐射诱导的细胞焦亡

细胞焦亡(pyroptosis)是一种新发现的炎症细胞程序性死亡方式，主要通过炎症小体介导包含 Caspase－1 在内的多种 Caspase 的激活，造成包括 GSDMD 在内的多种 Gasdermin 家族成员发生剪切和多聚化，造成细胞穿孔，进而引起细胞死亡。相比于细胞凋亡(apoptosis)，细胞焦亡发生得更快，并会伴随着大量促炎症因子的释放。

细胞发生焦亡时，细胞会发生肿胀，在细胞破裂之前，细胞上形成凸出物，之后细胞膜上形成孔隙，使细胞膜失去完整性，释放内容物，引起炎症反应，此时，细胞核位于细胞中央，随着形态学的改变，细胞核固缩，DNA 断裂。细胞焦亡是机体重要的免疫反应，在拮抗感染和内源性危险信号中发挥重要作用。广泛参与肿瘤、感染性疾病、代谢性疾病、神经系统相关疾病和动脉粥样硬化性疾病等的发生发展。

低剂量辐射可以诱导巨噬细胞分泌多种炎性因子，高剂量辐射不仅可以促进巨噬细胞分泌炎性因子，还可以通过活化 NLRP3 炎症小体介导巨噬细胞焦亡。靶向抑制 NLRP3 炎症小体活化及继发的巨噬细胞焦亡，可作为限制辐射诱导的巨噬细胞损伤、促炎反应爆发和相关组织损伤的一个重要策略。放射性肠炎主要表现为炎性损伤，其机制可能与肠组织中 NLRP3 炎性小体诱导的 Caspase－1 依赖性细胞焦亡的参与相关。另有研究表明 NLRP3 炎症小体的异常激活可能是辐射性皮肤损伤及后续炎症级联反应的关键因素之一。

#### 3.3.5.2 细胞剂量存活曲线

剂量存活曲线(dose survival curve)是反映照射剂量与细胞死亡率之间的关系，分析受照射细胞群体辐射效应的一种模式。在培养皿上培养有增殖能力的哺乳类细胞，观察细胞集落形成率，以每一集落代表1个存活细胞，其集落形成率随照射剂量增加而减少。以集落形成率代表细胞存活率与照射剂量在半对数坐标纸上作图即构成剂量一存活曲线。

剂量存活曲线的形状有两种。图3—8中，A线是简单的指数曲线，生物分子的灭活、原核细胞死亡、高LET辐射照射哺乳类细胞，多符合这样的剂量存活曲线。B线是带“肩”的指数曲线，“肩”表示在低剂量区细胞存活率降低缓慢，“肩”的大小反映了细胞对亚致死损伤的耐受力或修复能力。大多数哺乳类细胞受低LET辐射照射符合带“肩”的剂量存活曲线。

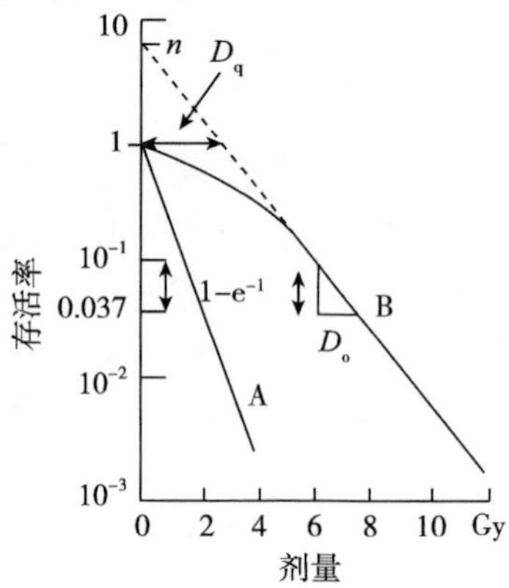


图3—8 哺乳类细胞剂量存活曲线

A—高LET单击曲线；B—低LET多击曲线

常用$D_o$、$D_q$、$n$等参数表示存活曲线的特征。$D_0$为平均致死剂量(mean lethal dose)，是指存活曲线指数部分，即直线部分存活率每降低至0.37所需的剂量。$D_0$是该直线斜率的倒数，$D_0$的大小反映了细胞的辐射敏感性，哺乳类细胞的$D_0$值多在1～2 Gy(参见表3—4)。从存活分数(survival fraction)对数坐标的0.1和0.037两点分别作平行线与直线相交，然后从这两个相交点分别作垂直线与剂量轴相交，剂量轴上两个相交点剂量之差即为$D_o$。图3—8中$D_o$值为1 Gy。

**表3—4 一些哺乳动物细胞的$D_0$值(X射线、γ射线)**

| 来源 | 细胞株或组织 | $D_0$/Gy |
|---|---|---|
| 人 | 皮肤成纤维细胞 | 1.26 |
| 小鼠 | 白血病细胞15178Y/S(敏感型) | 0.40 |
| 人 | 神经胶质瘤细胞V—118MO | 1.5～2.0 |
| 人 | Burkitt淋巴瘤 | 0.62 |
| 中国仓鼠 | 肺细胞V79 | 1.76 |
| 大鼠—小鼠杂交细胞 | 肝癌—成纤维细胞 | 1.25 |
| 小鼠 | 成纤维细胞WHFIB | 1.10 |
| 小鼠 | 淋巴肉瘤 | 0.62 |
| 小鼠 | 正常造血细胞 | 1.04 |

$n$ 为外推值(extrapolation number),是剂量存活曲线 B 的直线部分的延长线与纵坐标的交点。对于大多数哺乳动物细胞,$n=1\sim5$,也有少数细胞 $n$ 值大到 10 或 20。

$D_q$称准阈剂量(quasithreshold dose)。在剂量存活曲线上存活率为 1 处划一横坐标的平行线,与 B 线直线部分延长相交,其所对应的剂量即为 $D_q$。在 A 线上 $D_q=0$,故 $D_{37}=D_0$。对于有氧条件下急性照射的细胞,$D_q=0.5\sim2.5$ Gy。

$D_q$是衡量"肩"大小的量值,$n$ 和 $D_q$值的大小代表细胞耐受亚致死损伤的能力,与损伤的修复有关。根据 $D_0$、$n$ 和 $D_q$等参数,可以比较不同细胞株的辐射敏感性和修复能力。

剂量一存活曲线反映了不同细胞的辐射敏感性和剂量依赖关系,对临床放疗和放射医学基础研究都有重要指导意义,如图 3—9 所示。

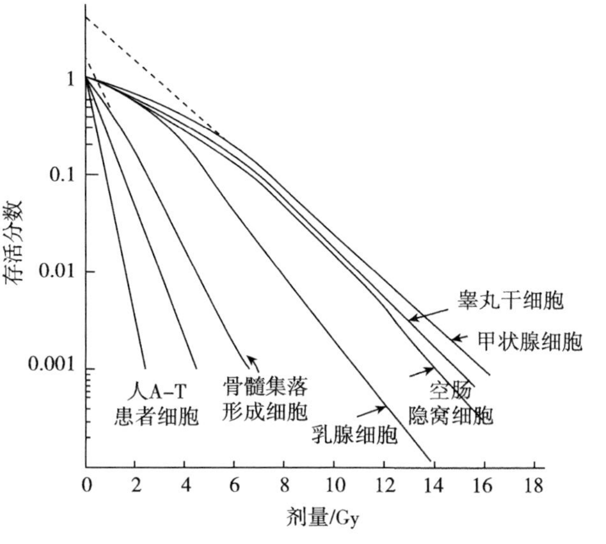


图 3—9　人体不同组织细胞克隆形成方法得到的剂量一存活曲线

### 3.3.5.3　细胞损伤的修复

在众多的生物大分子中,已证实对损伤具有修复能力的唯有 DNA。电离辐射造成的哺乳动物细胞损伤可分为三类。

(1)致死损伤(lethal damage,LD)

致死损伤指细胞内所有关键靶点(细胞内的关键重要部位)都发生了电离事件,损伤是不可逆不可修复的,导致不可挽回的细胞死亡。

(2)亚致死损伤修复(sublethal damage repair,SLDR)

细胞内只有一部分关键靶点受到电离辐射的损伤,只要给以足够时间,细胞有可能对这些损伤进行修复而存活,这种修复称为亚致死损伤修复。由于存在亚致死损伤修复,同一照射剂量条件下,分次照射细胞存活率比单次照射时明显提高(见图 3—10)。在肿瘤放疗中正是利用这种修复机制制订合理的分次照射方案,使之既有利于杀死肿瘤细胞也有利于正常组织细胞的修复。

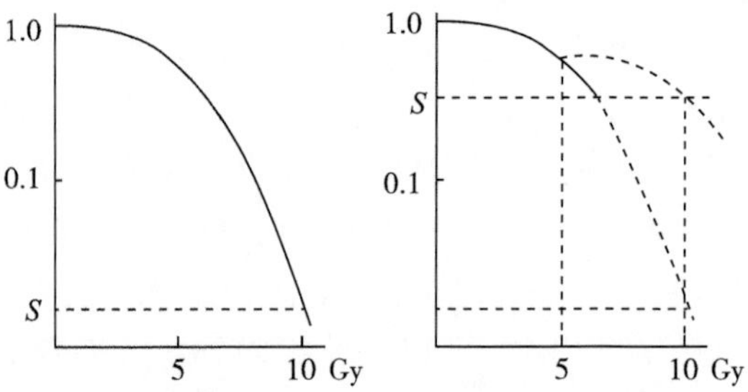


(a) 10 Gy单次照射，细胞存活约1%　　(b) 10 Gy分2次照射，细胞存活约30%

图 3－10　增殖性细胞单次与分次照射的剂量存活曲线

(3)潜在致死损伤修复(potentially lethal damage repair，PLDR)

潜在致死损伤是指照射后细胞暂时未死亡，但如不进行干预，细胞将会发生死亡。若改变受照射细胞所处状态，例如置于不利于细胞分裂的环境中，则受损伤细胞可得到修复而免于死亡，称潜在致死损伤修复。肿瘤细胞照射后能在乏氧和营养不足的条件下增殖，如果适当改变照射后肿瘤细胞所处的环境，如使用一些 PLDR 抑制剂，可增强放射治疗的效果。

(4)缓慢修复

已确定有多种类型的缓慢修复(slow repair)，这些修复与上述两类修复相似，但修复时间延长。

电离辐射(IR)诱导的 DNA 双链断裂(DSB)被认为是有害的 DNA 损伤，对基因组稳定性构成严重威胁。主要的 DNA 修复途径，包括经典的非同源末端连接，同源重组，单链退火和替代末端连接，在抵抗和诱导辐射诱导的 DSB 确保基因组完整性方面起着关键作用。如果未正确修复辐射诱导的 DNA DSB，则残留或未正确修复的 DSB 可能导致与某些人类疾病相关的基因组不稳定。辐射诱导的 DSBs 的类型和分布、染色质状态、DNA 末端结构和 DNA 末端切除是选择辐射诱导的 DNA DSB 修复途径的主要决定因素。

DNA 损伤修复机制相当复杂，以具有重要生物学意义的切除修复为例，其基本修复步骤包括识别、切除、修补和连接过程。第一，由特异蛋白酶来识别损伤部位和类型，DNA 损伤修复的启动，由细胞内一系列能识别各类损伤的特异蛋白酶来识别损伤部位和损伤类型，识别酶有的仅有识别能力，有的同时具有识别和切除功能。第二，特异性碱基或核酸内切或外切酶定点切除或切开，根据识别的 DNA 损伤部位和损伤类型，细胞内特异性碱基或核酸内切或外切酶，对损伤部位的碱基或核酸序列进行定点切除或切开。第三，DNA 聚合酶催化修补，切除(开)损伤碱基或 DNA 链后留下的空位或一段缺口由 DNA 聚合酶催化修补。这种修补属于一种非 S 期进行的 DNA 合成，不同于正常状态下 S 期进行的半保留复制合成，常称为 DNA 期外合成(unscheduled DNA synthesis，UDS)。第四，在连接酶的作用下，将修补的核苷酸链两端连接起来，完成整个切除修复过程。研究证明，特异的糖基化酶能将损伤的碱基除去，然后通过插入酶将新的配对碱基插入，不需经过切除修复的程序。

DNA 修复类型包括：

(1)DNA 聚合酶的"校正"修复

DNA 复制具有非常高的精确度，平均每复制 109 个核苷酸，才出现一个核苷酸的差错。

虽然复制是以碱基的精确互补配对为基础，但碱基配对有时仍然会出错。DNA 聚合酶的“校对”机制可不断地纠正复制过程中可能出现的差错。DNA 聚合酶在复制 DNA 时，首先对新参与合成的核苷酸要进行筛选；其次对错误掺入的核苷酸则利用其 3′→5′外切酶活性进行切除，使得 DNA 复制中出现配的概率大大减少。另外，DNA 聚合酶 5′→3′合成方向也是确保 DNA 复制准确的机制之一。

(2)切除修复

切除修复是指在一系列酶的作用下，将 DNA 分子中受损伤的部分切除，并以完整的链为模板，合成切去的部分，使 DNA 恢复正常结构的过程。切除修复有以下两种方式：

①碱基切除修复：主要修复单个碱基缺陷的损伤，即小段 DNA 的损伤。这是在 DNA 聚合酶、DNA 糖苷酶、内切酶和连接酶等参与下完成的。DNA 糖苷酶能特异性识别并将不正常的碱基水解切除，形成无碱基的 AP 位点，由 AP 核酸内切酶在 AP 位点附近将 DNA 链切开，然后外切酶切除包括 AP 位点在内的 DNA 链，聚合酶填补单链缺口，最后连接酶将链连接。

②核苷酸切除修复：当 DNA 链上相应位置的核苷酸发生损伤，导致双链之间无法形成氢键，由核苷酸切除修复系统负责进行修复。这是大段 DNA 损伤修复系统，由 ATP 依赖的切除核酸酶进行双切除，即在损伤部位的两侧切开磷酸二酯键，除去损伤的寡核苷酸。留下的缺口由 DNA 聚合酶Ⅰ、DNA 聚合酶 δ 或 ε 进行修补合成，最后由 DNA 连接酶连接。

(3)重组修复

重组修复是复制后修复，是用 DNA 重组的方法修复 DNA 损伤。分三个步骤：①复制，损伤的 DNA 仍可复制，但复制到损伤部位时，子链就出现了缺口；②重组，从完整的母链将相应的片段移到缺口，而母链上形成缺口；③填补和连接，母链上的缺口由 DNA 聚合酶进行填补合成，最后由 DNA 连接酶连接重组修复是 DNA 的复制过程中所采用的一种有差错的修复方式，修复过程中，DNA 损伤并未除去。但是，随着复制的不断进行，若干代后，损伤部分逐渐被稀释，实际上消除了损伤的影响。

(4)错配修复

DNA 复制是一个高保真过程，但其正确性毕竟不是绝对的，复制产物中仍会存在少数未被校出的错配碱基。错配修复是一种特殊的核苷酸切除修复，用来切除复制中新合成 DNA 链上的错配碱基。通过对错配碱基的修复将使复制的精确性提高 $10^2$～$10^3$ 倍。现已在大肠杆菌、酵母和哺乳动物中都发现了错配修复系统。复制错配中的错配碱基存在于新合成的子代链中，错配修复是按模板的遗传信息来修复错配碱基的。因此，该修复系统必须有一种能在复制叉通过之后识别模板链与新合成 DNA 链的机制，以保证只从新合成的 DNA 链中去除错配碱基。原核生物主要通过对模板链的甲基化来区分新合成的 DNA 链，大肠杆菌通常利用腺嘌呤甲基化酶(Dam 甲基化酶)将双链 DNA 的 5′GATC 序列中的腺嘌呤 N6 甲基化，利用胞嘧啶甲基化酶可将 5′CCAGG 和 5′CCTGG 序列中的胞嘧啶转变为 5′甲基胞嘧啶。当复制完成后，在短暂的时间内(几秒或几分钟)，只有模板链是甲基化的，而新合成的链是非甲基化的。正是子代 DNA 链中的这种暂时半甲基化，可以作为一种链的识别标志，以区别模板链和新合成的链，从而使存在于 GATC 等序列附近的复制错配将按亲代链为模板进行修复。几分钟后新合成链也将在 Dam 甲基化酶作用下被甲基化，从而成为全甲基化 DNA。一旦两条链都被甲基化，这种错配修复过程几乎不再发生。由于甲基化 DNA 成为识别模板链和新合成链的基础，且错配修复发生在 GATC 的邻近处，故这种修复也称为甲基指导的错配修复。真核生物的错配修复与大肠杆菌基本相似，例如哺乳动物也广泛地利用核苷酸甲基化来识别子链和亲链。错配修复是一个非常耗能的修复过程，错配的碱基离 5′GATC 等序列越远，被切除的核苷酸就越多，重新合成新链消耗的 dNTP 就越多。碱基错配修复对 DNA 复制忠实性的贡献极大，DNA 子链中的错配几乎完全都被修正。

(5)SOS 修复

SOS 修复又称差错倾向性修复，这是一种在 DNA 分子受到较大范围损伤并且使复制受到抑制时出现的修复机制，以 SOS 借喻细胞处于危急状态。DNA 分子受到长片段高密度损伤，使 DNA 复制过程在损伤部位受到抑制。损伤诱导一种特异性较低的新 DNA 聚合酶和重组酶等一整套与 SOS 修复相关的酶。由这些特异性较低的酶继续催化损伤部位 DNA 的复制，复制完成后，虽然可维持基因组的完整性，提高细胞的生存概率，但保留许多错误的碱基，从而造成突变。

SOS 修复广泛存在于原核生物和真核生物的细胞中，是生物体在不利环境中求得生存的应急反应。主要受 recA、lexA 两个基因的控制，当 DNA 受损伤时生成足够量的 RecA 蛋白，然后 RecA 蛋白水解 LexA 蛋白而使许多与修复有关的基因激活。所有细胞都有许多修复 DNA 损伤的方法或途径，采用哪种途径取决于在什么情况下和产生的是什么类型的损伤。如尿嘧啶 N 糖基修复酶系统和错配修复系统能纠正复制的错误，光复活修复系统、切除修复系统、重组修复系统和 SOS 修复系统等能修复环境因素和体内化学物质造成的 DNA 分子损伤。DNA 分子的双螺旋结构是其损伤修复的重要基础，因为 DNA 的互补双链可保证其一股链上的损伤被切除后，能从另一股链上获得修复所需要的信息。

#### 3.3.5.4 细胞辐射敏感性的机制

细胞辐射敏感性与其遗传背景、周围微环境、免疫应答、膜受体信号等多种因素相关。辐射诱导的 DSBs 是细胞死亡的重要原因，细胞内 DSBs 损伤修复能力是决定其辐射敏感性的关键因素。DNA 损伤修复相关的基因表达异常或突变，均能改变细胞对电离辐射或致 DNA 损伤药物的敏感性。抑制 DSBs 修复活性能增加肿瘤细胞对电离辐射的敏感性，例如 PARP1 抑制剂能显著增强 HR 修复缺陷的人头颈部鳞状细胞癌细胞对电离辐射的敏感性；去泛素化酶 BAP1 参与 DNA 损伤位点对 BRCA1 和 RAD51 的募集，敲除 BAP1 的表达能抑制 HR 修复，导致细胞内染色体断裂增加，对辐射后细胞存活产生明显的抑制作用；LIG4 综合征的患者表现为较高的辐射敏感性。而不同物种之间，同一物种不同组织细胞，同一组织细胞不同生长状态和细胞不同周期之间都存在辐射敏感性的差别。这些差异的来源多与物种的进化程度，组织细胞的分化程度以及遗传背景等因素有关。随着一些遗传性疾病，如毛细血管扩张性共济失调症(ataxia－telangiectasia，A－T)和 Nijmegen 染色体断裂综合症(Nijmegen breakage syndrome，NBS)等患者细胞辐射敏感性增高现象的发现，人们在分子水平研究细胞辐射敏感性的机制有了较好的模型。目前为止，致细胞辐射敏感性机制的研究多集中在遗传疾病、DNA 损伤修复和细胞周期调节与细胞辐射敏感性的关系三方面。

(1)人类遗传疾病与细胞辐射敏感性的关系

A－T 是一种人类常染色体隐性遗传并具有淋巴瘤易发倾向的疾病。该病以生长发育障碍和免疫缺陷为特征。在离体实验中，A－T 患者的细胞表现出对电离辐射的致死效应及染色体断裂效应高度敏感。如 A－T 患者成纤维细胞 X 线照射的 $D_0$ 值为 0.3～0.6 Gy，而同样条件下正常人成纤维细胞的 $D_0$ 值为 1～1.6 Gy。值得指出的是，A－T 患者细胞死亡的敏感性并不是电离辐射特异的，这种患者的细胞也很容易被一些生物化学因子，如博来霉素、新致癌菌素、过氧化氢和导入细胞内的限制性核酸内切酶等诱导死亡，但对 UV 和 DNA 复制抑制体不敏感。

研究发现，A－T 患者辐射敏感性的分子基础很大程度取决于 ATM(A－T Mutated)基因发生突变。ATM 基因定位于 11 号染色体 q23.1，基因序列与编码磷脂酰肌醇－3 激酶(PI－3K)基因家族相似，因而推测正常人 ATM 基因功能也可能与 PI－3K 相似，都在 DNA 损伤修复中发挥作用。ATM 基因的功能在敲除鼠 ATM 基因的实验中得到证明，敲除这种基因的鼠表现出对射线极度敏感，4Gy 剂量照射后 2/3 的实验鼠在 5～7 d 内死亡，而正常的受照射鼠在照后 2 个月内尚未发现死亡。最近一系列研究表明，ATM，ATR(ATM and $rad_3$－related )和 DNA－PK(DNA dependent protein kinase)同属以丝氨酸/苏氨酸激酶活力为特征的蛋白家族，在辐射诱导 DNA 双链断裂的感应、信号传递、效应和反应各环节起调节和介导作用，广泛参与辐射诱导 DNA 双链断裂位点的识别与修复，DNA 双链断裂诱导的细胞周期转换和调节和 DNA 双链断裂诱导的细胞凋亡等过程。

(2) DNA 损伤修复与细胞辐射敏感性的关系

DNA 单链和双链断裂是辐射诱导 DNA 损伤致细胞死亡的主要原因。正常细胞存在的 DNA 单链和双链断裂修复机制，可一定程度修复 DNA 损伤从而使受损细胞得到修复。有学者认为，细胞亚致死损伤修复的分子基础即为 DNA 单链断裂修复，细胞潜在致死损伤修复的分子基础与 DNA 双链断裂修复有关。

电离辐射和化疗药物是导致严重 DNA 双链断裂损伤最为常见的因素，如果修复不及时或者出现修复错误，细胞将出现基因突变，造成基因组不稳定性甚至走向死亡。当 DNA 双链断裂体发生在人类细胞的基因组时，两种主要修复方式，即同源重组( Homologous recombination，HR )和非同源末端连接(Non－Homologous End Joining，NHEJ)在细胞中产生。HR 修复过程使用了姊妹染色体同源片段的互补配对，受损 DNA 的修复更准确，修复主要发生在细胞周期 S/G2 期，属于一种以同源 DNA 为模板的无误修复(error－free repair)。NHEJ 仅以碱基配对为基础，直接连接 DNA 断裂的末端，修复中容易出现错配缺陷，却作用于整个细胞周期，常称为易错修复(error－prone repair)，这类修复是日后基因突变或基因结构畸变的重要原因之一。真核生物双链断裂以 NHEJ 修复为主，且 NHEJ 修复系统缺陷不仅与肿瘤发生相关，还导致了严重免疫缺陷综合征。

由于哺乳类细胞 DNA 修复机制十分复杂，参与的蛋白和酶很多，这些酶和蛋白的任何一种发生缺陷或功能和活性改变，都将影响到 DNA 的修复，进而影响细胞的辐射敏感性。如近年来发现蛋白 Ku(由 $Ku_{70}$ 和 $Ku_{80}$ 两个亚基组成)能与游离断裂的 DNA 双链断端结合，促进双链断裂的重组和重接。Ku 蛋白还是 DNA－PK 的组成部分，DNA－PK 可使多种核内调节蛋白磷酸化，这种磷酸化对转录、复制、重组和 DNA 修复起调节作用。这种蛋白无论是在基因水平缺陷，还是在蛋白功能水平缺陷，都会影响细胞的辐射敏感性。

DNA－PKcs是DNA－PK的催化亚单位(DNA Dependent Protein Kinase Catalytic Subunit),基因位于染色体8ql I,含有4127个氨基酸,定位于细胞核内,结构上N末端与其他已知蛋白无明显同源性,而C末端的氨基酸残基序列结构域与参与信号转导的磷脂酰肌醇3－激酶(phosphatidylinositol 3－kinase,PI3－K)蛋白家族分子的催化功能结构域同源,从而使DNA－PKcs蛋白被列为酯酰肌醇－3－激酶类似物(phosphatidylinosilol－3－OH－kinase－like,PIKK)的家族成员。同一家族的成员也有毛细血管突变扩张性共济失调(ataxia telangiec－tasia,mutated,ATM)、ATM和Rad3相关蛋白(ATM－and Rd3－related,ATR)激酶等。Ku蛋白能够与DNA－PKcs蛋白激酶活性区附近3002－3850氨基酸部位相互作用。DNA－PKcs蛋白具有丝氨酸/苏氨酸激酶活性,有多个磷酸化位点或磷酸化丛,能够自磷酸化或被其他PIKK家族成员磷酸化,通过构象变化而参与DNA损伤早期信号应答。DNA－PKcs Ser2056位点的磷酸化水平在一定程度上可以反映DNA－PKcs磷酸化水平,也即DNA－PKcs激酶的活性。

DNA－PKcs蛋白激酶活性的调控是由其磷酸化和去磷酸化的过程来完成,当处于未活化状态,其激酶活性较低。当Ku蛋白招募DNA－PKcs,使其与DNA链结合,能够形成DNA－PK全酶,其激酶活性增强,又能够使多种相关蛋白质发生磷酸化,其中包括能够参与NHEJ修复的蛋白如Ku、γ－H2AX、Artimes、XRCC4等,以及参与人体中其他非常重要的生命活动相关的蛋白如肿瘤抑制蛋白p53、原癌基因(c－Myc、c－jun、c－fos)、转录因子SP1、RNA聚合酶Ⅱ大亚基CTD等。DNA－PKcs蛋白磷酸化的动力学表明,在DNA双链断裂损伤后,DNA－PKcs蛋白能够被Ku蛋白招募形成DNA－PKcs/Ku80/Ku70复合体的形式,参与NHEJ修复过程的启动与完成,是NHEJ早期修复过程的重要组成部分。当细胞基因经历NHEJ修复时,Ku70和Ku80蛋白分子可立即识别,并与断裂的DNA链末端结合,以保护DNA片段不被分解。然后,两种Ku蛋白能够沿DNA链滑动,与此同时Ku蛋白可以作为解旋酶产生一定的活性,能够促使2个DNA链断端局部解链;此时,Ku蛋白开始招募DNA－PKcs聚集到DNA链断端,并与之结合形成DNA－PK复合体,具有激酶活性,能够激活DNA－PKcs,使其能进一步磷酸化参与修复及损伤信号传导的其他一系列蛋白质;通过核酸外切酶修剪DNA链断端并用DNA聚合酶填充。最后,两端用DNA连接酶Ⅳ重新连接;DNA链修复连接起来后,DNA－PK随即产生自身磷酸化,此时Ku蛋白从DNA链上解离完成整个修复过程,从而保持细胞基因组的稳定,修复完成后的细胞得以继续存活。DNA－PKcs复杂的磷酸化结构位点及磷酸化底物功能,暗示DNA－PKcs存在着多种生物学功能,比如细胞周期的调控,细胞转录调控,参与胰岛素介导的调节代谢,参与V(D)J重组等等众多生化过程。

DNA损伤修复和细胞的辐射敏感性涉及的其他相关基因还有XRCC(X－ray cross complementing genes, XRCC)和P53等。XRCC基因是从电离辐射敏感的哺乳动物细胞鉴定出的一类遗传互补基因群。研究发现,XRCC－1编码的蛋白与DNA连接酶Ⅲ相互作用并与具有修补缺损作用的DNA聚合酶结合支持单链断裂的重接修复,在单链断裂重接修复缺陷的细胞中转入这种基因,其修复缺陷可被修正。XRCC－2基因与DNA双链断裂的同源重组修复有关,缺陷时双链断裂修复的忠实性降低。XRCC－4,5,7都是与DNA双链断裂修复有关的基因,其中XRCC－5编码Ku蛋白的Ku80亚单位。P53是一种抑癌基因,同时在细胞周期调节和细胞凋亡调节中发挥作用,是一种与细胞辐射敏感性密切相关的基因，该基因的突变是造成细胞辐射抗性的原因之一。其他如 ras，raf，myc 等基因也与细胞的辐射敏感性相关，只是报道的结果还存在一定的不一致性。

### 3.3.6　电离辐射的旁效应

电离辐射的旁效应（Bystander Effect）是指受照细胞周围的未受照细胞也产生类似的辐射效应，如基因突变、细胞凋亡等，导致总体辐射效应高于常规理论预期的辐射损伤效应。

1992 年 Nagasawa 等观察到，当只有 1 %的细胞受到 α 粒子照射时，30%～50%的细胞发生了姐妹染色单体互换。关于辐射诱发旁效应的机理还没有完全搞清，目前的研究认为主要有两个方面，一是受照射细胞释放的一些活性物质或信号分子对未受照射细胞发生作用，如白介素 6、自由基、活性氧等多种旁效应信号因子已经被确认。有氧化应激诱导 DNA 损伤反应通路机制调节；照射细胞释放出某些染色体损伤因子（致畸变）；受照细胞内钙动员和活性氧物质增加等。二是细胞间信号转导连接介导这一过程。旁细胞能通过细胞间通讯，对来自相邻的受照射细胞的信号发生反应，这种细胞间通讯，是由穿过相邻细胞膜间缝隙连接的分子介导的，或信号分子通过细胞培养液扩散传播。研究证实，外泌体在辐射诱导的旁效应中发挥重要作用，是旁效应发生的重要媒介，越来越多地的外泌体内含物被发现，这些内含物质在辐射诱导的旁效应中发挥着外泌体调控旁细胞的作用。

辐射旁效应存在的证实及其机理的研究，对传统的放射生物学理论提出了重新认识的需要，并且将对放射治疗、危险评价、辐射防护等领域的研究产生影响。辐射旁效应及其机理的深入研究可望为肿瘤放射治疗最优化及辐射防护标准的修订等提供科学依据。

目前研究电离辐射旁效应的实验模型主要有：①用微束照射装置定点定比照射细胞；②在细胞与放射源之间插入网格，定比照射细胞；③用培养过受照射细胞的培养液培养未受照射细胞。无论哪种方法，都在证实辐射旁效应的存在，探讨辐射旁效应产生的机理。

### 3.3.7　辐射增敏和辐射防护

辐射增敏指增加某一生物系统的放射敏感性，或降低其辐射耐受性；反之降低其放射敏感性或增加其耐受性属于辐射防护。

（1）氧效应

氧是最强的辐射增敏剂。受照射的组织、细胞或生物大分子的辐射效应随周围介质中氧浓度升高而增加，即有氧时放射敏感性增高，这种现象称氧效应（oxygen effect）。用氧增强比（oxygen enchancement ratio，OER）来衡量氧效应大小。OER 的大小与辐射的类型有关，当射线 LET 增加时，OER 减少。X 射线和 γ 射线的 OER＝2.5～3.0。氧增强比也可用在有氧和无氧状态下产生同样效应所需要的照射剂量比值来表示。氧效应现象的发现对研究辐射修饰剂（防护或增敏）和提高肿瘤放射治疗的效果都有指导意义。

$$\text{OER}=\frac{\text{缺氧条件下产生一定效应的剂量}}{\text{有氧条件下产生同样效应的剂量}} \tag{3-4}$$

在有 $O_2$ 情况下，生物分子自由基被氧化成超氧自由基而难以修复。这可用以解释氧能增强辐射效应的原理。但在照后充氧，在一定条件下可产生保护效应，减轻细胞的辐射损伤。

(2)DNA 前体碱基类似物

这类碱基类似物多为卤化嘧啶类，与胸腺嘧啶很相似，在 DNA 复制时可取代相应的胸腺嘧啶参与 DNA 链，抑制 DNA 合成或使这种被取代的 DNA 链变得比较脆弱，从而提高放射敏感性。

(3)乏氧细胞增敏剂

乏氧细胞增敏剂具有很强的电子亲和力，可从靶分子上夺去电离产生的电子，从而减少了靶分子复原的几率并使它成为自由基，造成稳定的损伤。多为硝基咪唑类化合物，主要有 MISO、甲硝唑等，还有三氮唑类系列化合物。

(4)巯基抑制剂

包括巯基耗竭剂如 N－乙基马来亚胺(NEM)、顺丁烯二酸二乙酯(DEM)和细胞内巯基合成抑制剂如丁胱亚砜酰亚胺(BSO)，主要是耗竭细胞内起防护作用的谷胱甘肽(GSH)或使 GSH 合成减少，增加细胞的辐射敏感性。

(5)类氧化合物

这类化合物有一定的亲电子性，含有稳定的自由基夺取电子使乏氧细胞增敏，代表性的有三丙酮氨氮化物(TAN)，一氧化氮(NO)等。

## 3.4 电离辐射对组织器官的损伤(有害的组织反应)

电离辐射对组织器官的作用是很广泛的，可以影响到全身所有组织系统。但在一定照射剂量水平，由于组织细胞的辐射敏感性不同，各器官的反应程度也不一致。

组织或器官受到超过一定剂量的照射，会导致细胞因子的释放和细胞丢失，关键细胞群的辐射损伤超过一定量并持续一定时间，就会表现为一定的临床症状。这样的效应，2011 年 5 月前称为确定效应(deterministic effect)，现在 ICRP 称为组织反应(tissue reaction)。组织反应的特点是具有剂量阈值，效应的严重程度随剂量的增加而加重。表 3－5 是急性和慢性照射导致成人出现组织反应(致畸效应除外)的剂量阈值。

小于 100 mGy 的照射，无论是单次急性照射还是慢性小剂量照射均不可能导致组织反应。成人或儿童接受低于 100 mGy/a 连续多年的照射，不会出现严重的组织反应。表征组织反应的量，应使用吸收剂量，单位是 Gy。如果涉及高 LET 辐射，应采用 RBE 加权的吸收剂量，如 RBE.D(Gy)。

**表 3－5　急性和慢性照射导致成人出现组织反应(致畸效应除外)的剂量阈值**

| 组织 | 辐射效应 | 急性照射/Gy | 慢性照射/($Gy \cdot a^{-1}$) |
|---|---|---|---|
| 全身 | 早死 | 1.5 | |
| | 早期临床症状(例如恶心呕吐) | 0.5 | |
| 骨髓 | 早死 | 1.5 | |
| | 造血机能低下 | 0.5 | ＞0.4 |
| 肺脏 | 早死 | 6 | |
| | 肺炎(非致死性损伤) | 3～5 | |

续表

| 组织 | 辐射效应 | 急性照射/Gy | 慢性照射/(Gy·$a^{-1}$) |
|---|---|---|---|
| 皮肤 | 红斑 | 3 | |
| | 干性脱屑 | 5 | |
| | 湿性脱屑 | 15 | |
| | 坏死 | 50 | |
| 甲状腺 | 甲状腺功能减退症 | 5～10 | |
| 眼晶体 | 可检出的混浊 | 0.5～2.0 | >0.1 |
| | 视力障碍(白内障) | 5 (2～10)(低 LET 辐射) | >0.15(低 LET 辐射) |
| | | 1～2(高 LET 辐射) | |
| 睾丸 | 暂时不育 | 0.15 | 0.4 |
| | 永久不育 | 3.5～6.0 | 2 |
| 卵巢 | 不育 | 2.5～6.0 | 0.2 |
| | 永久不育 | 3.0 | >0.2 |
| 胎儿 | 畸形 | 0.1(胎儿吸收剂量) | |

注:1.综合 ICRP 103 号出版物表 A.3.1 等资料。

2.红骨髓、增殖细胞核、眼晶体辐射敏感性最高。ICRP103 号出版物认为,眼晶体的辐射敏感性比原先认识的可能更高,其组织反应的剂量阈值在未来可能会降低。ICRP 2011 年 4 月 21 日发表《关于组织反应的声明》,认为眼晶体出现迟发型组织反应(白内障)的剂量阈值为 0.5Gy。

### 3.4.1 电离辐射对造血器官的影响

人体受大剂量电离辐射后,便可发生急性放射病,骨髓型急性放射病是电离辐射损伤的最基本类型。这里以中度急性放射病为基础阐述急性全身照射对造血系统的损伤特征。电离辐射作用于机体后,造血器官很快便出现以下三项基本变化:

(1)造血细胞和组织的退行性病变包括变性和死亡

一方面由于射线的直接损伤,使组织细胞发生以凋亡为主的死亡;另一方面,也可通过神经体液因素的调节障碍而发生。主要表现为细胞核固缩、核碎裂、核溶解、核及胞浆空泡变以及组织结构的破坏等。

造血器官是辐射敏感组织。电离辐射主要是破坏或抑制造血细胞的增殖能力,所以损伤主要发生在有增殖能力的造血干细胞、祖细胞和幼稚血细胞,相对来说对成熟血细胞的直接杀伤效应并不十分明显。

①造血干细胞损伤

造血干细胞(hematopoietic stem cell,HSC)有很高的辐射敏感性。脾结节生成单位(colony forming unit－spleen,CFU－S)常作为造血干细胞的代名词。

根据测得 CFU－S 的 $D_0$值可估算出照射后体内残存造血干细胞的数量。小鼠全身约有 1.5～2×$10^6$个造血干细胞,以 $D_0$值 0.9 Gy 计,照射 2 Gy,体内残留的造血干细胞约为 $10^{-1}$,照射 4 Gy 约为 $10^{-2}$,照射 6 Gy 则为 $10^{-3}$。一般认为,小鼠体内残留 $10^{-3}$CFU－S 时,要恢复到原先的造血水平约需 2 周,在此期间动物可能死于感染或其他并发症。故把 6 Gy作为小鼠死亡的临界值。当受到>8 Gy 照射后,残留干细胞很难重建造血,需要输入外源性造血干细胞才能造血重建。

②造血祖细胞损伤

造血祖细胞(hematopoietic progenitor cell)是造血干细胞分化为形态上可辨认的幼稚血细胞之前的一种细胞阶段。了解人造血细胞的损伤可通过测定造血祖细胞的状况来确定。根据小鼠实验,照射后造血细胞数量随照射剂量增加呈指数下降,CFU-S和粒-单系集落形成单位(CFU-GM)的剂量存活曲线有很好的一致性。故用骨髓细胞体外培养法可估计动物乃至人类造血干细胞的损伤程度。不同种系动物所测得的CFU-GM的$D_0$值不同,人、犬和小鼠CFU-GM的$D_0$值分别为1.27～1.37 Gy,0.59 Gy和1.9 Gy。这与它们辐射致死的敏感程度是一致的。

③造血基质细胞

正常情况下,血细胞生成有赖于造血微环境和体液因子的支持和调控。造血微环境(hematopoietic microenvironment)由微血管系统、基质细胞、基质因子和神经等成分构成。

造血基质细胞是造血微环境的重要组成成分,它包括纤维细胞、巨噬细胞、网状细胞、脂肪细胞和上皮样细胞。造血基质细胞通过释放体液因子和细胞间短距离调控参与血细胞生成。基质细胞的数量、类型和比例改变,都可影响造血过程。成纤维细胞被认为是基质细胞祖细胞(fibroblast colony forming unit,CFU-F),对辐射有较高的敏感性。γ射线照射,小鼠CFU-F的$D_0$值为1.4～2.5 Gy。小鼠全身照射6 Gy以后,股骨内CFU-F立即减少且难以恢复。造血微环境的破坏显然可加重造血损伤,延缓恢复,既不利于内源性干细胞的生长增殖,也不利于外源性造血干细胞的植入和生长。

此外,集落刺激因子(colony forming stimulator,CFS)是调节血细胞增殖分化的一类体液因子,有许多种类。照射后可见血清CFS含量增加,这有可能是一种反馈调节。在有完善的造血干细胞和造血微环境的条件下,CFS可促进造血恢复。CFS用于治疗动物放射损伤显示具有促进造血恢复,降低死亡率的作用。

(2)循环障碍

包括血管及血窦的扩张充血、出血(包括漏出性小出血及血管破裂大出血)以及组织水肿等。这些变化的产生,除因造血机能抑制和组织破坏产物的代谢及神经体液调节障碍等因素损伤血小板和血管壁外,射线对血管壁的直接损伤也有部分作用。微血管系统对辐射比较敏感,照射后血管通透性增加,血流缓慢甚至完全中断,影响物质运输,产生的活性代谢产物加重造血损伤。血管系统的变化与造血细胞的退变坏死几乎同步发生,且与照射剂量密切相关。

(3)代偿适应性反应

包括炎症性反应(以变质、渗出成分为主的乏细胞反应性炎症为其特征)、吞噬清除反应、类浆细胞、网状细胞和脂肪细胞的出现和增生等。其他器官的变化与造血器官的上述三项变化基本相同。

因此,掌握这三项基本病变,就便于分析和研究不同时期的各种复杂的病理变化,从而能够了解其病变的实质。

### 3.4.2 电离辐射对消化器官的影响

胃肠道也是辐射敏感器官之一,以小肠最敏感,胃和结肠次之。辐射对胃肠道的影响是多方面的，最显著的是照后早期出现恶心呕吐、腹泻和小肠黏膜上皮的损伤。辐射对胃肠道的运动、吸收、分泌功能也有影响，如胃排空延迟，胃酸分泌减少，早期小肠收缩和张力增高，分泌亢进，肠激酶活力增强，吸收功能降低，后期运动、分泌功能降低等。

(1)早期恶心呕吐和腹泻

全身或腹部照射 1 Gy 左右后，早期即可出现恶心呕吐，症状可持续数小时之久。其症状出现的快慢、呕吐次数和持续时间长短都与照射剂量有关。

在较大剂量(4～5 Gy)照射后，早期可出现腹泻，大于 10 Gy 照射可发生多次或频繁腹泻。腹泻症状可能是继发于小肠运动功能紊乱，也可能是照射后体内释放的某些体液因子如乙酰胆碱、5—羟色胺、组织胺等作用的结果。

(2)小肠黏膜上皮损伤

小肠黏膜绒毛表面覆盖着完整的上皮细胞，是保持小肠正常分泌吸收和屏障功能的基础。绒毛表面的上皮细胞是一种持续更新的细胞系统，肠上皮干细胞位于隐窝底部，不断增殖分化向绒毛表面移动。小肠上皮干细胞的辐射敏感性很高，$D_0$值约 1.3 Gy。照射后很快可见隐窝细胞分裂停止，细胞破坏、减少。其破坏程度与照射剂量有关。照射剂量小者，隐窝细胞数轻度减少，但很快修复，对绒毛表面细胞影响不大。照射剂量大时，隐窝破坏，隐窝数减少。更大剂量(＞10 Gy)照射时，可使大部以至全部隐窝被破坏，绒毛被覆上皮剥脱，失去屏障功能。

### 3.4.3 电离辐射对神经器官的影响

$1\times10^{-2}$ Gy 以下的照射即可引起神经系统机能反应变化，但较大剂量才会引起形态变化。在亚致死量或致死量照射后，高级神经活动，如条件反射、皮层生物电出现时相性变化，先兴奋而后抑制，最后恢复。各时相时间长短与剂量有关，较小剂量时，兴奋相较长，或不出现抑制相。剂量较大时，则兴奋相短，较快转入抑制相。植物神经系统也有类似现象，照后初期丘脑下部生物电增强，兴奋性增高，神经分泌核的分泌亦增强。

头部受特大剂量照射后，可出现神经细胞变性坏死，神经胶质细胞增生，胶质细胞包绕变性坏死的神经细胞(卫星现象)，胶质细胞吞噬神经细胞(噬节现象)，局部神经脱髓鞘，血管周围细胞浸润，小脑颗粒层细胞大量固缩。蒲氏神经细胞常变性坏死，这些是脑型放射病的相对特异性改变。神经系统出现严重的机能紊乱，常见的症状有共济失调、肌张力增加、震颤、角弓反张和抽搐等。

### 3.4.4 电离辐射对生殖系统的影响

性腺是辐射敏感器官，睾丸的敏感性高于卵巢。睾丸受 0.15 Gy 照射即可见精子数量减少，照射 2～5 Gy 可暂时不育，5～6 Gy 以上可永久不育。睾丸以精原干细胞最敏感，$D_0$值为 0.2 Gy；其次为精母细胞。精细胞和成熟精子则有较高的耐受力。低剂量率慢性照射者，常出现性功能障碍。电离辐射后，睾丸受损，抑制素分泌减少，其对腺垂体的负反馈作用减弱，导致 FSH 水平上升。

电离辐射所致雌性动物和人生殖功能障碍因剂量和种属等因素有关。卵巢是没有干细胞、不增殖的衰减细胞群，成年卵巢含有一定数量的不同发育阶段的卵泡。照射破坏部分卵泡，如经 1.7～6.4 Gy 照射后，50%以上的年轻女性卵巢功能障碍，可暂时不育；若全部卵泡被破坏,如照射 3.2～10 Gy,则永久性不育。卵泡被破坏的同时,可引起明显的内分泌失调,出现月经周期紊乱,暂时闭经或永久性停经。卵巢颗粒细胞核固缩,卵泡变性,雌激素分泌改变;大剂量照射,如腹部、骨盆放疗可引起卵巢衰竭、FSH 和 LH 水平增高,闭经和第二性征不发育。

胚胎发育过程中受到电离辐射作用,称为胎内照射或宫内照射,它对胚胎发育过程产生的不利影响,是一种特殊的躯体效应。胎内照射指精子和卵子结合后,在植入前期、器官形成期和胎儿期任何一段时间受到的照射。胎内辐射效应的严重程度和特点,除了取决于受照剂量、剂量率、照射方式、射线种类和能量外,还与胚胎发育的阶段密切相关。电离辐射对胚胎发育过程中的毒性效应,包括致死效应、先天性畸形、生长迟缓及各种机体结构和功能效应。具体地说,妇女妊娠期受 2.5 Gy 以上的剂量照射影响胚胎发育:(1)在妊娠的 2～3 周以前受照,可引起较大比例的胚胎吸收和流产;但若继续妊娠,则出生的婴儿不大可能有严重畸形;(2)妊娠的 4～11 周照射将引起多数婴儿多器官的严重畸形;(3)妊娠的11～16 周照射可引起少数器官的畸形,生长障碍,小头症及智力迟钝多见;(4)妊娠的 16～20 周照射可引起轻度小头症、智力发育迟钝和生长障碍;(5)妊娠 30 周以后照射不致引起明显的结构畸形,但可能有功能障碍。其中妊娠的 8～15 周期间是最大危险期。

## 3.4.5 电离辐射对内分泌器官的影响

(1)内分泌系统的损伤

内分泌腺除性腺外,形态上对辐射亦不甚敏感。在致死剂量照射后垂体、肾上腺、甲状腺等功能都出现时相性变化,初期功能增强,分泌增多,随后功能降低。损伤的极期,肾上腺功能可再次升高。低剂量率慢性照射时,肾上腺皮质功能常降低,血浆皮质醇含量和尿中 17－羟类固醇排出量减少。增殖的甲状腺或幼年发育中的甲状腺对辐射作用比较敏感。$^{131}$I 局部累积使剂量达 50～100 Gy 时,甲状腺实质细胞发生间期死亡,以后腺体进行性萎缩,致甲状腺功能低下,其发生机制主要是小血管和滤泡间质的片状变性和纤维化,其次是滤泡上皮变性,故在受累较轻的区域可能有增生反应,导致萎缩性结节,其内含胶体很少。在一定范围内辐射剂量与甲低发生率呈线性关系。特别引人注意的是辐射诱发甲状腺癌的问题。

(2)对甲状腺的损伤

按 14.8 MBq/kg 体重于耳缘静脉注射$^{131}$I 后,分别在 6 h、24 h、48 h、72 h 和 1 周时抽血做 IL－1β 和 IL－8 测定,每次随机处死 1～2 只兔。注射$^{131}$I,0 h(使用$^{131}$I 前),小叶分布均匀,甲状腺滤泡大小较一致,被覆立方上皮,滤泡内胶质丰富均匀。6 h,小叶分布均匀,甲状腺滤泡较正常为小,多为中小,排列密集,滤泡形状较规整,多为立方上皮或低柱状上皮被覆,间质有小量散在嗜伊红白细胞反应。24 h,小叶结构尚清晰,边缘小叶变小,滤泡较正常小,多为中小滤泡,显得大小悬殊,排列紧密,多为扁平或立方上皮被覆,局部出现无胶质融合的上皮细胞团,间质血管周围有分叶核和淋巴细胞浸润。72 h,小叶体积大小不一致,边缘小叶明显变小,甲状腺滤泡较正常为小,大小悬殊,多为扁平或立方上皮被覆,无胶质细胞团增多,见胶质吸收空泡,间质增多,血管周围有少量淋巴细胞和分叶核细胞浸润。1 周,小叶明显变小,结构清晰,滤泡数量减少,大小差异明显,且不规则,滤泡少胶质,有的空虚,上皮呈偏平,间质明显增多。

$^{131}I$ 能被甲状腺组织特异性地摄取，$^{131}I$ 所发出的具有一定能量的 γ 和 β 射线，能对甲状腺组织产生电离辐射的生物效应。摄取 $^{131}I$ 后甲状腺组织本身呈现一系列病理改变，如较早时间可见滤泡排列密集、无胶质上皮细胞团形成、上皮细胞低柱状变化、间质炎症细胞浸润等，这种病理改变可能是甲状腺组织对电离辐射的一种适应性抗损伤反应，是机体抗御损害的自我保护表现。而 1 周时的病理所见，如小叶变小、滤泡数量减少、滤泡空虚、胶质吸收、上皮细胞呈扁平状、间质明显增多等，则是甲状腺滤泡细胞受损、功能降低的损伤性表现，这种损伤与抗损伤的变化，也许与甲状腺功能的最终转归密切相关。如临床上用 $^{131}I$ 治疗甲亢，其治疗效果有多种，表现为甲状腺功能恢复正常（甲亢治愈）、功能降低（出现甲低并发症）或亢进（治疗无效或复发）。

注射 $^{131}I$ 后的一定时间内，兔血清的 IL－1β 和 IL－8 等细胞因子呈规律性变化，6 h 后两种细胞因子水平皆有升高，其中 IL－8 在 48 h 时达高峰，与 0 h 比差异显著（$P<0.01$），IL－1β 升高后维持在一定水平，并持续一段时间，然后下降，整个曲线似平台状，两种细胞因子 1 周时皆降低到 0 h 水平（$P>0.05$）。肿瘤坏死因子（TNF）、白细胞介素 lβ（IL－1β）、白细胞介素 6（IL－6）、白细胞介素 8（IL－8）等细胞因子是机体细胞间相互作用的主要因子，细胞因子是各种刺激因子作用下由造血系统、免疫系统或炎症反应中的活化细胞产生，具有调节细胞分化增殖和诱导细胞发挥各种功能的作用。对于维持机体正常的生理状态和抗御各种损伤有着重要的意义。有关电离辐射与细胞因子水平的变化关系的报道，结果各有不同。本实验中无论是动物还是甲亢患者使用 $^{131}I$ 前后，多种血清细胞因子呈现不同程度的改变。使用 $^{131}I$ 6 h 后，如兔血清 IL－1β 和 IL－8 两种细胞因子水平皆有升高，其中 IL－1β 升高后维持在一定水平，持续一段时间后下降。甲亢患者服用治疗剂量的 $^{131}I$ 后 4～7 d，血清 TNF 无明显变化，IL－6 和 IL－8 则升高，与兔不同的是 IL－1β 反而降低，这种不一致变化可能和兔与人属于不同的物种、甲状腺处于不同的功能状态、受照剂量不相同等因素有关，也提示着细胞因子相互作用的复杂性。上述细胞因子的变化，可能是 $^{131}I$ 产生的电离辐射作为一种刺激因子，直接或间接地活化某些细胞引起的，某些细胞因子如 IL－1β、IL－6、IL－ 8 等似可用作观察甲状腺组织对 $^{131}I$ 辐射效应的指标。

进入体内的放射性点主要滞留在甲状腺组织中，因而对机体的危害主要表现在甲状腺的损伤。摄入少量 $^{131}I$ $10^5$ Bq 对甲状腺产生的内照射剂量为数 Gy 时，可见起初甲状腺功能增高，而后个别出现持续性的甲状腺功能低下。甲状腺照射剂量若达 30 Gy，便可发生永久性功能低下；受照剂量达 100 Gy，相当于摄入 4GBq，甲状腺遭受严重破坏，腺体滤泡萎缩，间质及血管纤维化。以治疗目的而摄入大量 $^{131}I$（0.74～3.7 GBq）的患者中，有些已发生了轻度的甲状腺炎，远期发现甲状腺功能低下，其发生率随观察年限的延长而升高。表现为血清中 T3、T4 浓度降低，TSH 浓度升高。青年人的甲状腺对 $^{131}I$ 的敏感性比老年人高，这是与老年的甲状腺体积减小，滤泡及滤泡上皮减小，腺体里结缔组织成分增加等因素有关。

### 3.4.6　电离辐射对眼晶体的影响

当眼部有明确的一次或短时间（数日）内受到大剂量外照射，或者长期反复超过当量限值的外照射历史，累积剂量在 2 Gy 以上，晶体从小的混浊点到全部混浊，逐渐影响到视力，一直发展成视力完全丧失，形成放射性白内障（radiation cataract）。放射性白内障指由 X 射线、γ 射线、中子及高能 β 射线等电离辐射所致眼的晶状体混浊。

放射诱发白内障的确切机制尚不清楚，目前认为与晶状体中单个上皮母细胞发生初始损伤，以及通过细胞分裂和分化造成晶状体纤维细胞的缺陷有关。晶体无血管分布，其营养主要来自房水，通过晶体囊扩散和渗透作用，吸取营养和排除代谢产物。依靠房水中葡萄糖酵解所产生的能量维持晶体的透明，谷胱甘肽、维生素 C、核黄素等对晶体代谢具有重要作用。一旦遭到电离辐射损伤，上述环境改变均可造成晶体退行性改变。辐射引起的电解质紊乱，可使晶体水分增加，又因辐射促使谷胱甘肽酶或其他含巯基酶减少，使晶体内水溶性蛋白质降低，醌类物质增多，促进晶体蛋白变性。当射线照射晶体时，对射线敏感的细胞，如晶体赤道部上皮细胞发生肿胀，空泡形成或细胞死亡，部分细胞异常分化及异常纤维形成，而这些异常纤维又不能被细胞所排除。具有这种病理性改变的细胞从晶体赤道部向后极部移行，然后集中堆积在阻力最小的后极部囊下，这是形成放射性白内障初始阶段特有的形态特征。

当白内障进一步发展，混浊扩大到整个晶体，则与其他原因诱发的白内障，从形态上无法区别。放射性白内障早期，裂隙灯下最常见的是后极部后囊下出现小泡或点状混浊，并逐渐扩大，在其周围可再出现颗粒或小泡，直径达数毫米。进一步发展，中心部比较透明，类似“月晕”，有人称为面包圈样改变，有时可向前极部囊下发展。低剂量时不影响视力、或轻微而非进行性的，如果剂量过大，晶体不透明度增加则会明显影响视力。

放射性白内障依其表现和后果的严重程度分为四期。Ⅰ期：晶状体后极部后囊下皮质内有细点状混浊，并排列成环行，可伴有空泡。Ⅱ期：晶状体后极部后囊下皮质内呈现盘状混浊且伴有空泡。严重者，在盘状混浊的周围出现不规则的条纹状混浊向赤道部延伸。盘状混浊也可向皮质深层扩展，可呈宝塔状外观。与此同时，前极部前囊下皮质内也可出现细点状混浊及空泡，视力可能减退。Ⅲ期：晶状体后极部后囊下皮质内呈蜂窝状混浊，后极部较致密，向赤道部逐渐稀薄，伴有空泡，可有彩虹点，前囊下皮质内混浊加重，有不同程度的视力障碍。Ⅵ期：晶状体全部混浊，严重视力障碍。初期，晶状体后极部后囊下皮质内有灰细点状混浊，可伴有空泡。细点状浑浊逐渐发展为盘状浑浊且有空泡。前极部前囊下皮质内出现点状、线状和羽毛状混浊，从前极向外放射。后期可有盘状及楔形浑浊，最后形成全白内障。

### 3.4.7 电离辐射对呼吸器官（肺）的影响

主要表现为早期的放射性肺炎和后期的肺纤维化。放射性肺损伤可引起高热、呼吸困难、剧烈咳嗽，重者发展为呼吸衰竭，严重影响患者的生活质量甚至危及生命，目前国内外尚无理想的预防和治疗的措施。

经过大量的动物实验和临床实践，发现放射性肺损伤有两个类型：放射性肺炎和放射性肺纤维化。肺泡为其主要损伤部位，前期基本病变为肺充血、水肿、肺间质增厚，后期以肺泡间隔的进行性纤维化为特征，逐渐出现肺泡萎缩并由结缔组织填充。但现在的一个较普遍的观点是：放射性肺损伤的发生是多因素所引起的，既牵涉到射线所损伤的多个靶细胞，又涉及这些靶细胞和其相关细胞所释放出来的多种细胞因子，诸多因素共同存在、相互影响和综合作用，从而导致肺损伤的发生与发展。放射性肺炎和放射性肺纤维化这两者之间既不是两个完全独立的病理改变.也不完全是一个线性的前后关系.这两者是在各种靶细胞和细胞信号因子的共同作用下相互影响、相互调节的。

放射性肺损伤的病理改变包括急性放射性肺炎(acute radiation pneumonitis，ARP)和肺纤维化(pulmonary fibrosis，PF)，这两个阶段依次出现于一个持续的动态发展过程中。ARP 常常发生在放疗开始后 8～12 周，肺纤维化则发生在几个月到几年后。

(1)肺纤维化的形态学改变

①毛细血管内皮细胞的改变

初始 24 h 内，主要改变是肺毛细血管扩张，内皮细胞内吞噬小泡增多。细胞间隙增宽，微血管管壁通透性增加。血浆蛋白呈伪足状向肺泡腔及肺泡间隔内渗出，致肺充血、肺泡水肿及许多肺泡内巨噬细胞浸润，肺泡间隔增厚。然后肺泡腔变小，肺泡壁内成纤维细胞和毛细血管数目增多，并可见多种细胞。1 周内可见到血管腔阻塞和内皮细胞空泡变性。1 个月后可出现血管内皮细胞破裂分解，毛细血管基底膜增厚。内皮细胞的损伤导致血栓症，最终永久地失去一些毛细血管。

②肺泡Ⅱ型上皮细胞的改变

开始后 1 个月内，电镜下见肺泡Ⅰ型、Ⅱ型上皮细胞脱落到肺泡腔，肺泡Ⅱ型上皮细胞、肥大细胞等数量减少。开始放射后 8～16 周发生 ARP 时，Ⅱ型肺泡上皮细胞数量增多，细胞明显增生肥大，细胞内板层小体体积增大，线粒体肿胀、膜破裂，嵴断裂、空化。继之，肺泡壁增厚，纤维细胞及成纤维细胞较多，肺泡腔明显变小。

③ARP 的特征性改变

放射性肺损伤有时会出现一种透明玻璃样膜，包括多层细胞及衬于肺泡管内的不同厚度的嗜酸性物质和一些气泡。其他原因所致的肺损伤透明玻璃样膜改变不如 ARP 显著。因此，病理学家把“透明玻璃样膜”的存在作为人类 ARP 的典型特征，与其他引起急性弥漫性肺泡损伤的疾病相区别。

④ARP 时动脉的改变

主要表现为细动脉壁因肌内膜的增生和透明玻璃样改变而增厚。

(2)肺纤维化的形态学改变

放射性肺损伤的最后延迟阶段是肺纤维化，它以肺泡间隔的进行性纤维化为特征，肺泡腔极度萎缩甚至消失，肺实质变为海绵状组织并失去功能。气管和支气管也常有损伤。肺纤维化是一种不可逆的损伤，面积常常很大且常累及胸膜，有明显的边界线。

(3)放射性肺损伤的临床表现

胸部放疗中肺损伤很常见。在因食道、乳腺、肺、纵隔肿瘤接受放疗或用大单次量照射整个胸腔来缓解疼痛及大单次量在骨髓移植前整体放疗的患者中，几乎都有不同程度的肺实质损伤。然而因为肺有相当可观的解剖及功能上的储备，这种损伤的临床表现并不常见。

①急性放射性肺损伤的临床表现

急性放射性肺损伤常常发生在受到放射照射后 8～12 周。这种综合征由呼吸困难、咳嗽、胸膜炎所致的疼痛、发热及水泡音等组成，并伴有影像学显示的肺炎。虽然大多数情况下急性放射性肺损伤是良性的、自限性的，但少数情况下可以是暴发性的，且可以是致命的。

②慢性肺纤维化的临床表现

慢性进行性肺纤维化是放射性肺损伤的晚期临床形式，临床证据表明，在受照射后几个月到几年间持续发展，常常在近 1 年时形成且不可逆转，并倾向于 1～2 年时达到稳定。

与慢性肺纤维化相关的主要肺功能改变包括放疗第 16 周时出现且持续存在的进行性肺容积减少、轻度的动脉缺氧、肺顺应性下降及最大呼吸量降低。早期改变是肺血流减少，可作为晚期改变的预期指标。血浆 TGF－β 水平可能也是一个预测急性放射性肺损伤的较好的指标。

有实验证明，肺泡中的巨噬细胞是引起早期放射性肺炎的众多致炎细胞因子的主要来源，这些细胞因子包括 TNF－α、TGF－β、FGF、PDGF 等。巨噬细胞在照射后可以产生氧自由基。同时自由基含量的升高与肺纤维细胞的增殖有一定的关联。提示其自由基的释放可能是肺损伤发生发展的一个重要因素。ICAM－1 可能在放射性肺炎发生的早期大量表达，引导炎性细胞的黏附，参与放射性肺炎的发生和发展，然后被耗尽，但其引起肺纤维化的相关机制有待进一步研究。

### 3.4.8 电离辐射对心血管的影响

心脏对辐射的敏感性较低，10 Gy 以下照射主要为造血损伤引起的出血和感染。10 Gy 以上照射可引起心肌的变化，包括心肌纤维肿胀，变性坏死甚至肌纤维断裂等。

血管方面以小血管为敏感，尤其是毛细血管敏感性最高。照射后早期即有毛细血管扩张，短暂的血流加速后，即出现血流缓慢。临床可见皮肤充血、红斑。红斑出现快慢与照射剂量有关，10 Gy 照射后数小时即可出现，照射 1 Gy 则数日后才出现。可见血管内皮肿胀，空泡形成，基底膜剥离，以后内皮增生突向血管腔，血管壁血浆蛋白浸润，继而胶原沉着，致使管腔狭窄甚至堵塞。小血管的这些病变是受损伤器官晚期萎缩，功能降低的原因。

由于小血管内皮细胞损伤，血管周围结缔组织中透明质酸分解解聚增强，加上照射后释放的组织胺、缓激肽以及细菌毒素等的作用，小血管的脆性和通透性都增加。

### 3.4.9 电离辐射对免疫器官的影响

免疫系统从总体上讲对电离辐射十分敏感，目前为止发现辐射对免疫系统的作用是双向性的。表现为生物体在受到小剂量辐射时机体免疫力不下降或抑制，反而增强，即刺激机体的免疫功能，主要是提高 T 淋巴细胞的反应性，促进抗体形成，表现为脾脏 PFC 反应增强。但在遭受大剂量照射时，一般在 0.5 Gy 以上的剂量照射，辐射对免疫系统具有抑制作用，其程度与吸收剂量成正比。半致死剂量以上的照射，可出现免疫功能的全盘抑制。

(1)非特异性免疫的变化

致死剂量照射后非特异性免疫的许多成分严重受抑。

①细胞数量减少和吞噬功能减弱

由于造血损伤，嗜中性粒细胞和单核细胞急剧减少，残存细胞的吞噬功能和消化异物的功能降低。肠道上皮细胞大量凋亡，绒毛裸露；炎症反应异常；中性粒细胞的吞噬率下降；网状内皮系统的吞噬作用、消化功能和增殖反应受抑制，其阻留和清除细菌的功能下降。但也有一定剂量照后吞噬细胞功能增强的报道。

②皮肤黏膜的屏障功能减弱

照射后皮肤黏膜通透性增加，分泌酶和酸的抑菌、杀菌能力减弱，肠黏膜脱落等造成屏障功能破坏。

③非特异性体液因子杀菌活力降低

照射后血清和体液中溶菌酶、备解素和补体系统的含量减少，杀菌效价降低。照射剂量越大，下降越甚，恢复越慢。

(2)特异性免疫的变化

无论是中枢免疫器官（骨髓、胸腺、类囊器官）或外周免疫器官（淋巴结、脾脏等），都是辐射敏感器官，照射后对体液免疫和细胞免疫都有影响。多数实验认为 B 细胞辐射敏感性较 T 细胞高，人外周血中 B 细胞的 $D_0$值约 0.5 Gy，T 细胞约 0.55 Gy，故体液免疫的辐射敏感性较细胞免疫高。但也有人发现，即使受数十 Gy 照射，也不影响浆细胞抗体的分泌。低水平辐射可在一定条件下刺激机体的免疫功能，这些细胞的功能增强，主要提高 T 淋巴细胞的反应性；促进抗体形成，表现于脾脏 PFC 反应增强。在亚致死性剂量照射时均受抑制。有文献资料认为机体受到小于 LD50/30 的射线照射，细胞免疫变化不大。大于 LD50/30 照射时，细胞免疫和体液免疫同时受抑制。照射后接受抗原刺激引起的特异性免疫反应严重受抑。剂量率效应在低 LET 辐射作用时比较明显。当总剂量相同时，剂量率愈高，免疫抑制的幅度越大。但在高 LET 辐射（如中子）照射后，则剂量率影响不大。

(3)某些调节免疫功能的细胞因子的变化

小鼠全身照射后，脾脏细胞生成白细胞介素 2(IL－2)和干扰素(IFN)的功能受抑，抑制的程度都随照射剂量增加而加重，细胞生成 IL－2 和 IFN 受抑的 D0 值分别为 2.53Gy 和 1.91Gy。

(4)人体效应

主要有：①第一天内淋巴细胞迅速减少，使总体免疫功能降低；②体液免疫因子，包括抗体与补体下降，起因于 B 细胞减少和由烧伤及创伤所致的体液丢失，使溶菌作用下降，吞噬功能降低；③嗜中性细胞和大单核细胞于 3～50 d 减少，降低吞噬和杀菌功能；④淋巴细胞减少的恢复迟缓（照射后第 4 周）。

临床上经常以外周血白细胞计数及分类计数作为监测放疗过程中全身反应的一项重要指标。在外周血白细胞中淋巴细胞的减少更为突出；同时，淋巴细胞功能也有障碍，放疗过程中淋巴细胞对 PHA（植物血凝素）、ConA（刀豆蛋白 A）和 PWM（美洲商陆丝裂原）的反应降低，混合淋巴细胞反应（MLR）也下降。一般来讲，剂量愈大者，上述免疫学参数的变化愈显著。放疗后血浆ⅠgG、IgA 和ⅠgM 均无改变。

## 3.4.10　电离辐射对皮肤的影响

急性放射性皮肤损伤病理机制复杂，主要表现为皮肤表皮基底干细胞、毛囊干细胞、真皮干细胞、内皮细胞等靶细胞在辐射后的死亡、修复以及伴随的一系列炎症反应。这些靶细胞的严重受损和过度炎症反应往往导致后期不同程度的修复障碍和组织纤维化。

(1)Ⅰ度急性皮肤放射损伤

主要病理变化是毛囊性丘疹(follicular papule)和脱毛(epilation)。前者为毛囊及皮脂腺细胞变性、小血管充血、渗出在毛囊部形成粟粒样丘疹；后者为毛囊生发层细胞变性、萎缩使毛发脱落。

(2) Ⅱ度急性皮肤放射损伤

真皮毛细血管内皮细胞渗透性增高;皮肤中组胺及类组胺物质含量增多,更刺激毛细血管扩张,出现皮肤初期红斑(initial erythema)。照后2～3周,真皮上部血管扩张、内皮细胞肿胀,较大血管血栓阻塞、出血,出现真性红斑(true erythema)。表皮乳头层细胞萎缩、表皮脱落。由于皮肤受照后,基底细胞层巯基化合物含量减少,减轻了合成色素蛋白的抑制作用;或由于射线诱发黑色素细胞酶活性增加,造成黑色素沉积(melanodeposition)。当剂量过大破坏了黑色素细胞发生色素脱失。

(3) Ⅲ度急性皮肤放射损伤

出现表皮细胞退变,真皮和皮下组织血管损伤、组织间液体潴留形成水泡性皮炎(vesicular dermatitis)。

(4) Ⅳ度急性皮肤放射损伤

Ⅳ度急性皮肤放射损伤即溃疡坏死性反应。经大剂量照射后,成纤维细胞和血管内皮细胞死亡,血管闭塞;表皮及真皮细胞间期死亡脱落即成溃疡。

## 3.5 电离辐射的随机性效应

电离辐射的生物效应,按类型分为组织反应(确定性效应)和随机性效应两类。随机性效应指效应的发生概率与受照剂量的大小呈正比,但效应的严重程度与受照剂量无关。一般认为,只要存在电离辐射,就有可能会发生随机性效应,这种效应的发生不存在阈值剂量。照射剂量越大,该效应的发生率就越高。研究发现,即使很小剂量的照射也能在细胞关键位点如染色体DNA某些位点沉积足够的能量,造成癌基因或抑癌基因功能性改变。干细胞样细胞染色体DNA损伤/修复、细胞凋亡和细胞周期控制异常,与辐射照射导致的肿瘤以及受照者后代发生遗传性疾病密切相关。辐射致癌效应和遗传效应属随机效应。

### 3.5.1 电离辐射致癌效应

辐射诱发肿瘤(radiation induced neoplasm),指接受电离辐射后发生的与所受该照射具有一定程度病因学联系的恶性肿瘤,是照射后重要的远后效应之一,包括实体瘤、白血病、骨肉瘤等,属于随机性效应。电离辐射致癌性是得到确认的致命性健康危害因素,致癌效应是制定放射防护标准的重要依据之一,因此,放射致癌效应的评价是辐射危害评价的核心内容。

放射性损伤可引起细胞遗传物质变化。若DNA分子受损,并进行修复,则细胞仍能继续生存并保持正常分裂增殖能力;若修复缺陷或错误修复,则可能导致细胞死亡或发生基因突变。体细胞突变会导致细胞异常增殖,细胞恶性转化,出现辐射致癌效应。辐射致癌效应,已经被体外诱发细胞恶性转化、大量动物实验研究和人群的流行病学调查所证实。

电离辐射照射是一种弱的癌症启动因素。辐射照射引起的癌症可在经过潜伏期以后的很长时间内表现。辐射防护中常用终生归因危险(lifetime attributable risk, LAR)描述辐射致癌危险估计,其含义是随访期间内受照射人员经历的超过未受照人员(对照人群)癌症基线发病或死亡率的超额发病或死亡数。

辐射诱发的肿瘤具有以下几个特点：①与放射性损伤的部位具有一致性，即肿瘤易发部位多是放射损伤的主要部位；②与化学致瘤相比，具有多发性和广谱性，即同一机体可有几个器官或组织同时发生同类型或不同类型的肿瘤；③病理类型多是上皮组织的各种癌、间叶组织的肉瘤和造血组织的白血病；④兼有始动和促进作用，是完全致癌因子；⑤在一定内照射剂量范围内，肿瘤的发生率随剂量的增大而增加，但似乎有一最适致癌剂量，和一最低致癌剂量。但总的说来，辐射诱发的癌症，与一般人群发生的同种癌症的临床、病理学特征相同，无特异性，很难用一般医学检查手段予以判别。为解决辐射致癌病因的判断与赔偿裁决，我国《放射性肿瘤诊断标准》提供计算病因概率（probability of causation，PC）的方法和参数，PC≥50%者可判断为放射性肿瘤，便于解决一些实际问题。

#### 3.5.1.1　辐射致人类恶性肿瘤流行病学调查

辐射导致的癌症危险不仅与受照剂量和剂量率的大小有关，还与受照者受照时年龄、性别等因素有关。辐射防护中用代表性人群（上海、大阪、广岛、长崎、瑞典、美国 SEER 和英国等 6 个人群）的男女平均和不同受照时年龄平均的终生危险估计来表征辐射致癌危险，称之为标称危险系数（nominal risk coefficient）。

特殊人群，如儿童包括胎儿对电离辐射致癌的敏感性较成人高。UNSCEAR 2008 年报告附件 A 认为，儿童受到照射的实体癌终生危险是一般人群的 2～3 倍。UNSCEAR 2013 年报告认为白血病、甲状腺癌、皮肤癌、乳腺癌和脑瘤，儿童更为敏感，有些部位的风险要远远高于成人。有些癌症，如结肠，儿童的敏感性与成人一样。表 3－6 给出了 ICRP 2007 年新建议书辐射致癌危险估计所依据的主要人群观察。

**表 3－6　ICRP 2007 年新建议书辐射致癌危险估计所依据的主要人群观察**

| 人群 | 特征 | 主要贡献 |
| --- | --- | --- |
| 日本原爆幸存者 | 1950 年尚健在的两城市中受原子弹爆炸核辐射照射的人员有 28.4 万人。癌症死亡率（1950－1997）、白血病发病率（1950－1987）、实体癌发病率（1958－1998）随访研究 | 是辐射致癌效应估计最主要的数据来源。从 ICRP103 号出版物开始主要基于其发病率数据 |
| 铀矿山及高氡矿山矿工 | 捷克斯洛伐克（铀矿 1）、美国（铀矿 2）、加拿大（铀矿 3，萤石 1）、瑞典（铁矿 1）、澳大利亚（铀矿 1）、法国（铀矿 1）和中国（锡矿 1）等 11 个高氡矿山队列。暴露组 91 万人年，对照组 24 万人年。男性 | 高氡与肺癌危险估计 |
| 接受钍造影剂的病人 | 1931 年投入以来，在世界各国普遍应用。据估计，全球有 200～1000 万患者使用过这一造影剂 | ICRP60 号报告用其提供了内照射肝癌危险估计 |
| 医疗照射群体 | 美国产后急性乳腺炎患者瑞典良性乳腺疾病患者、美国胸腺肥大婴儿、美国结核病患者、瑞典皮肤血管瘤患者队列。77527 人 | 乳腺癌危险估计 |
| | 4 个医疗照射队列研究（治疗头皮癣的儿童、扁桃腺增大治疗的 2 个儿童队列、因胸腺增大接受照射治疗的婴儿）、原爆幸存者队列和 2 个病例对照研究（子宫颈癌患者与儿童癌患者）。约 12 万人 | 甲状腺癌危险估计 |
| 公众（低水平氡） | 欧洲 13 个、北美 7 个、中国 2 个室内氡与肺癌病例对照研究的综合分析 | 公众氡暴露与肺癌危险估计 |

(1)日本原子弹爆炸幸存者

遭受原爆2～3年后，首先白血病发生数上升，其他肿瘤也相继增加，如受到0.5Gy照射即可以观察到乳腺癌、甲状腺癌发生率明显增加。

(2)医疗照射

在20世纪30～50年代初英国曾用X线照射治疗强直性脊椎炎患者13352名，其中受到15 Gy照射的男性患者白血病发生数显著增高；对胸腺肥大及秃发头癣儿童用X线治疗或口服$^{131}$I治疗甲亢症，可使甲状腺癌增加；接受放疗的乳腺炎患者或多次接受胸透、胸片检查的肺结核患者乳癌发生率增高。

(3)职业受照

早年从事核物理的科学家、放射科医生，由于防护不好常发生皮肤癌；铀矿工人易发肺癌；用镭涂表工人易患骨肿瘤；接触胶体二氧化钍可致肝脏血管肉瘤等。以上调查提示电离辐射使癌症增加，而且进一步研究证明与受照剂量有关。从20世纪80年代以后，对职业照射的防护法律法规和标准等日益完善，因我国整个经济运行良好，辐射防护条件大大改善，职业性放射工作人员的受照剂量得到常规监测，很少发生职业性放射性疾病。近5年来，全国医疗系统放射性工作人员受照平均剂量在0.5m Sv左右，发生辐射致癌的概率更显著下降。

我国也开展了职业照射群体的辐射致癌研究，包括核工业系统铀矿工(1971—1986)和其他工作人员队列研究(1970—1985)、医用X线工作者队列研究(1950—1995)，积累了大量有价值的资料。在公众照射方面，我国开展了广东阳江高本底地区居民健康调查(人群：照射组8万，对照射4万人。照射组和对照组的年剂量为5.9 mSv和2.0 mSv，估算了终生累积剂量。1979—2002年随访229万人年，1441例癌症死亡病例)，未见实体癌和白血病危险增加。实体癌ERR/Sv＝－0.04(95% CI：－0.53，0.60)。对年龄为30～74岁的人群亚组进行分析，全部实体癌的ERR/Gy＝－1.01(95% CI：－2.53，0.95)。去掉癌症中常见且诊断中较为不可靠的肝癌，全部实体癌－肝癌的ERR＝0.19(95% CI：－1.87，3.04)。经吸烟调整后，ERR/Sv＝－0.02(95% CI：－0.58，0.78)。研究还发现，居民淋巴细胞染色体畸变率增加，细胞免疫呈炎性改变趋势。

#### 3.5.1.2　辐射致癌的剂量－效应关系

经过大量实验研究和人群流行病学调查证实，辐射诱发不同肿瘤与受照剂量、射线性质、照射条件和照射对象的特点不同，可有不同类型的剂量－效应曲线，它反映了辐射作用于机体不同组织器官的复杂过程。关于辐射致癌与剂量之间的关系，根据1990年BEIR V报告认为，除白血病以外的所有实体癌适用线性模型(L模型)，白血病适用线性-平方模型(L-Q模型)。

#### 3.5.1.3　辐射致癌的潜伏期

潜伏期是指受照后到肿瘤显现所经历的时间。潜伏期与受照剂量大小和射线种类以及受照时的年龄相关，一般自然发病率相对较高的年龄段受照，辐射诱发肿瘤的频率亦较高。辐射诱发肿瘤的潜伏期随不同脏器、肿瘤类型不同而异(表3－7)。

表 3－7　辐射诱发人体恶性肿瘤的潜伏期　　单位：年

| 肿瘤类型 | 最低 | 平均 | 全部表现 |
|---|---|---|---|
| 白血病 | 2～4 | 10 | 25～30 |
| 骨肉瘤 | 2～4 | 15 | 25～30 |
| 甲状腺癌 | 5～10 | 20 | >40 |
| 乳腺癌 | 5～15 | 23 | >40 |
| 其他实体瘤 | 10 | 20～30 | >40 |

根据日本原爆幸存者和医疗照射辐射致癌研究，照射后经过 5～10 年，癌症超额危险显著增加。一般假定实体癌潜伏期为 5 年。根据对切尔诺贝利污染地区研究，因为剂量较大，甲状腺癌由 10～15 年缩短到 5 年，白血病的潜伏期为 2～5 年。原爆幸存者和强直性脊椎炎患者在照后 5 年内就观察到了白血病显著增加。另外，辐射致肺癌、乳腺癌等为 15～20 年，甚至更长。

#### 3.5.1.4　电离辐射的致癌机制

辐射是弱致癌因子，是非特异的致癌剂，既是始动因子牢固作用于细胞，使其具有肿瘤特性，又是促进因子使处于休眠状态的肿瘤细胞得以生长成肿瘤。电离辐射诱发正常细胞为癌细胞的精确过程目前还不十分清楚。

辐射致癌是辐射因素与机体交互作用的结果，是一个渐进式的发展过程，发生机理包括基因组不稳定性和与细胞增殖相关的多个信号转导通路机制的异常。DNA 是电离辐射作用靶分子，电离辐射可诱发多种类型 DNA 分子损伤，包括有核苷碱基损伤、交联、DNA 单链和双链断裂，其中的双链断裂是导致各种生物效应的关键基因损伤，碱基损伤和 DNA 双链断裂的错误修复是细胞基因突变和染色体畸变的缘由。近年研究显示，电离辐射特别是高 LET 辐射能导致 DNA 分子集簇性损伤，加上自由基或二级电子的作用，产生继发 DNA 损伤，其修复难度大、错误修复率高，产生的生物学效应深远。辐射通过损伤 DNA 分子启动细胞癌变，并非单一基因或辐射特异基因的作用，而是多途径作用，并有随机性。辐射产生的基因突变，有些并非发生在受照射细胞之中，而是受照细胞的子代细胞，甚至是几十代以后，这种突变不是电离辐射直接作用的结果，这一现象就是基因组不稳定性。

机体同时存在防御辐射细胞恶性转化的自我保护系统，包括 DNA 修复、细胞周期阻滞和细胞凋亡、自噬等相互交叉的机制。首先，细胞 DNA 分子损伤将激活细胞内一系列生化反应网络，其中的一个关键问题是 DNA 分子损伤信号在细胞中是被何种物质或分子识别并引发出下游的生化级联反应，这类关键物质就是损伤感应器和早期信号转导子。损伤感应器是直接接触和识别 DNA 损伤信号、启动细胞信号转导反应的物质。信号转导子是损伤感应器的功能伴侣，两者往往并存，难以严格区分，转导子多具有激酶活性，将 DNA 损伤化学信号转变为生物化学修饰反应，激活下游的效应分子。

细胞 DNA 修复机制是一个高度进化保守的 DNA 代谢机制，哺乳动物细胞的 DNA 修复系统复杂又近乎完美，正常细胞几乎具备修复各种类型 DNA 损伤的能力。针对电离辐射的关键性损伤DNA双链断裂就至少有两条修复途径，即同源重组修复和非同源末端连接修复。

细胞周期检测点机制，即一旦有DNA损伤出现，细胞就暂时停止周期进程，即发生周期阻滞，以便于DNA修复或启动细胞凋亡。细胞增殖分裂过程中，由细胞周期的一个时相进入另一个时相，不断循环往复有序进行，其中最关键的生化调节反应是周期素依赖蛋白激酶(Cdks)的磷酸化和去磷酸化作用，也就是说细胞周期检测点机制主要是通过调控Cdks激酶活性来实现的。辐射引起细胞周期阻滞主要发生在两个时相之间的交界点G1/S和G2/M，很显然是阻止细胞由G1期进S期，或由G2期进入M期。此外，还有S期检测点和M期的纺锤体检测点，目前认为前者是因复制叉处DNA合成复合体受阻而引发的，后者是纺锤体装配异常或结构受损如微管蛋白被破坏而引发。细胞如果发生不可恢复的周期阻滞，就可能启动细胞凋亡，从而剔除潜在突变和具有癌变潜力的细胞。

正常生理状态下，细胞凋亡、细胞自噬等是机体在系统发育过程中维持细胞增殖和细胞死亡稳态平衡的重要途径。当细胞受到外环境DNA损伤因子作用下，也会启动凋亡机制去除损伤严重细胞，只要凋亡细胞的量还达不到影响组织器官正常生理功能的程度，在一定意义上来说对整个机体会起到积极的影响，因为这样可去除潜在基因组不稳定细胞，降低机体患癌症的风险性。

#### 3.5.1.5 辐射致癌的影响因素

影响电离辐射诱发人类各种恶性疾病，除了来自辐射源方面的因素外，还有关于受照机体方面的影响因素。

(1)器官敏感性

人体不同组织对辐射致癌效应明显不同(表3－8)，敏感性最高的组织是甲状腺和骨髓，以白血病发生率最多(特别是髓性白血病)，而前列腺、睾丸和子宫颈几乎不被诱发。从组织器官特点可见，辐射致癌敏感性与组织更新速度不一致，如高敏感性的甲状腺，却是细胞更新低的组织，而低敏感性的小肠，细胞增殖却很快。辐射敏感性与肿瘤自发率无密切关系，如甲状腺癌和皮肤癌自发率低，却很易由辐射所诱发。辐射致癌发病率与癌死亡率不平行，二者不能相互代替，如甲状腺癌发病率高而死亡率低；由于随访观察期不同，各种肿瘤的危险系数不同，如白血病潜伏期短，相对危险系数高，但随观察时间延长，白血病危险系数下降，实体瘤的死亡率上升。

**表3－8　不同组织和器官对辐射致癌的敏感性**

| 癌的部位和类型 | 癌的自发程度 | 辐射致癌的相对敏感性 | 备注 |
|---|---|---|---|
| 较高的辐射致癌率 | | | |
| 乳腺 | 非常高 | 高 | 青春期增加敏感性 |
| 甲状腺 | 低 | 非常高，特别是女性 | 低死亡率 |
| 肺(支气管) | 很高 | 中等 | 吸烟的定量影响不确知 |
| 白血病 | 中等 | 很高 | 尤其是骨髓性白血病 |
| 消化道 | 高 | 中到低 | 特别是在结肠发生 |

续表

| 癌的部位和类型 | 癌的自发程度 | 辐射致癌的相对敏感性 | 备注 |
| --- | --- | --- | --- |
| 较低的辐射致癌率 | | | |
| 咽 | 低 | 中 | — |
| 肝和胆道 | 低 | 中 | — |
| 胰腺 | 中 | 中 | — |
| 淋巴瘤 | 中 | 中 | 淋巴肉瘤和多发性骨髓瘤可致何杰金氏病 |
| 肾和膀胱 | 中 | 低 | |
| 大脑和神经系统 | 低 | 低 | |
| 唾液腺 | 很低 | 低 | |
| 骨 | 很低 | 低 | |
| 皮肤 | 高 | 低 | 低死亡率,需高剂量 |
| 辐射致癌不确知的部位和组织 | | | |
| 喉 | 中 | 低 | |
| 鼻窦 | 很低 | 低 | |
| 副甲状腺 | 很低 | 低 | |
| 卵巢 | 中 | 低 | |
| 结缔组织 | 很低 | 低 | |
| 未观察到辐射致癌的部位和组织 | | | |
| 前列腺 | 很高 | | |
| 子宫和子宫颈 | 很高 | | |
| 睾丸 | 低 | | |
| 系膜和间皮 | 很低 | | |
| 慢性淋巴性白血病 | 低 | | |

(2)年龄因素

年龄是影响自发癌的重要因素,在易发年龄段受照可增加辐射致癌危险。

(3)性别因素

辐射诱发人类乳腺癌只在女性中增多,而甲状腺癌女性高于男性 3 倍。有人认为白血病男性略高于女性。其他类肿瘤在性别上差别不大。

(4)其他因素

辐射致癌还受遗传因素和环境因素的影响,如吸烟可使铀矿工肺癌的发生率增高。

#### 3.5.1.6　电离辐射所致常见癌的临床特点

(1)白血病

辐射诱发白血病与受照剂量相关,在照后一定时间发病,而且照射方式与白血病类型有关。1 Gy 以上急性照射诱发的白血病以各种急性白血病增加明显,小剂量照射或职业性照射易发生慢性粒细胞性白血病。辐射诱发的白血病急性多于慢性。

(2)甲状腺癌

甲状腺是对辐射致癌高度敏感的器官。年龄愈小其危险愈大。辐射诱发的甲状腺癌分化程度高,一般是乳头状腺癌或滤泡癌,生长缓慢、较少转移,而且检出率高,易于手术治疗,所以活存期长、死亡率很低。

(3)乳腺癌

辐射诱发乳腺癌的敏感性仅次于血液系统和甲状腺,几乎只在女性中发生。乳腺癌发生率随受照剂量增加而增加,年轻时受照发病率高。辐射诱发乳腺的原发灶多为导管细胞(71.4%),但经常向乳腺组织浸润。

(4)肺癌

氡照射是除吸烟以外第二位肺癌病因。辐射诱发肺癌的敏感性为中等,死亡率和发病率近似相等,主要见于铀矿开采工人吸入含氡的气体后,经衰变放出子体而造成的 α 辐射。肺癌发病率与暴露水平密切相关。铀矿工肺癌的特点是发病年龄低,病程短,转移较早,组织学类型主要是小细胞未分化癌。辐射诱发肺癌潜伏期为 15～24 年,受照后 30 年以上仍有发生。

很早就认识到高氡暴露可以导致健康损害。1567 年出版的 Paracelsus 撰写的书中,报告在捷克斯尼伯格矿工中观察到年轻矿工肺疾病死亡率罕见的高。1879 年 Haerting 和 Hassa 解剖了 20 例尸体,证实为肺癌,并认为 75%的矿工死于肺癌。1933 认识到可能是井下高氡导致了矿工肺癌。2009 年,WHO 对欧洲 13 个(7148 个病例)、北美 7 个(3662 个病例)和中国 2 个(沈阳市和陇东地区,1050 个病例)共计 11860 例肺癌的病例对照研究进行了综合分析,提供了室内氡致肺癌的最重要流行病学证据。肺癌危险随着室内氡浓度的升高而成比例地增加,室内氡浓度每升高 100Bq/m3,肺癌相对危险增加 10%,UNSCEAR 2006 年报告的估计为增加 11%(95% CI: 5%～19%)。

《职业性放射性肿瘤判断规范》(GBZ97－2017)给出了放射致癌的病因概率计算方法和相关资料,附录中给出了可计算病因概率的恶性肿瘤,包括食管癌、胃癌、结肠癌、肝癌、外照射致肺癌、骨和关节恶性肿瘤、女性乳腺癌、膀胱癌、甲状腺癌,以及除慢淋白血病外的所有类型白血病。

### 3.5.2 电离辐射遗传效应

决定生物体遗传性状的基本单位是基因,而基因是染色体 DNA 链上具有一定功能的一段核苷酸序列,这个序列作为密码指导 mRNA 和蛋白质的合成。电离辐射是一种诱变剂,辐射遗传效应是通过电离辐射对生殖细胞遗传物质 DNA 的损害而导致突变,并向受照者的后代传递,使受照者的后代发生遗传性异常或遗传性疾病,它是表现于受照者后代的随机性效应。

电离辐射遗传效应(radiation－induced genetic effects)是指电离辐射对受照者后代产生的随机性效应,它是通过损伤亲代的生殖细胞(精子和卵子)的遗传物质(DNA),在子代中表现出来,通常具有终生性特性。辐射导致的遗传效应主要是多系统发育异常而不是单基因疾病。导致遗传突变增加量等于下一代自发突变的辐射剂量(Gy),称加倍剂量。UNSCEAR 等国际组织对遗传效应加倍剂量的估计值,历年来变化不大。

(1)日本原子弹爆炸幸存者的遗传流行病学调查

通过对人群大样本量长期观察表明,没有显示出亲代受照对子代产生有统计学意义的遗传效应。这可能与人体受照后与妊娠总会有一定的时间间隔，如果推迟妊娠，大部分有害的遗传性后果是可以避免的，一般建议男女受到一次明显照射后，为把遗传危害减少到最低程度，妊娠至少推迟 0.5～1 年，这是一个慎重又保守的建议。

（2）天然辐射高本底地区的辐射遗传影响

天然辐射高本底地区辐射影响研究，国内外学者都很重视，虽然各地区尽量扩大调查人群数量，提高检测项目的精确性，但是迄今除了巴西天然辐射高本底地区能确认体细胞染色体畸变具有有意义的升高外，其他指标均未能证实有遗传负荷增加。天然辐射高本底地区是否存在辐射危害还有待进一步深入调查。

（3）职业照射

1981～1982 年对我国 25 个省、自治区、市医用 X 射线工作者辐射遗传效应调查，放射组 13056 例、32348 孕次，相同医院的内外科医务人员 16925 例、41120 孕次为对照组，结果表明，两组人员影响生育的主要因素构成基本一致，其生育率、不育率、活产婴儿性比均无明显差异。但放射组的自然流产率、多胎率、新生儿死亡率明显高于对照组。对 20 种先天畸形和遗传疾病调查结果显示，放射组总发生率明显增高。但是相关分析表明，以上所有改变与父母受照剂量、平均年剂量以及放射工龄均无明确相关。

（4）医疗照射

临床上虽然有散在的关于医疗照射诱发遗传负荷的报道，如染色体畸变的增加、继发肿瘤等，由于病例数过少，尚不能做出对遗传构成有影响的确定性结论。

综上所述，迄今为止，无论是公众成员还是职业工作者，人类受射线照射后的遗传危害几率都是很微小的。

图 3－11 给出了辐射引起随机性效应的一般剂量效应关系。由 X 或 γ 射线引起的癌症频率会随剂量的增加而增加，效应频率达到最大值后，剂量-效应曲线趋于平稳，剂量再高，曲线又有下降。在曲线的最低点，当剂量大约 100～200 mGy 时，不易测到任何潜在的效应，这是由于统计学不确定度造成的，因为存在大量自发癌症和混杂因素的影响，但在低剂量区（＜200 mGy），随机性效应的概率会随剂量成比例增加。

对非照射居民偶然接触到放射线的照射，由于这种随机性效应也存在着自发频率（图 3－11基线），辐射引起的致癌效应与未受照个体有相同的形态学、生物化学和临床等特征，所以很难把它们与电离辐射引起的效应定量地区分开来。

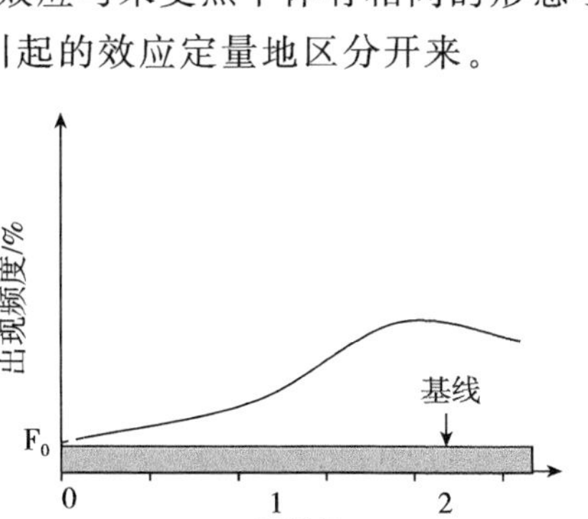


图 3－11　辐射引起的随机性性效应

阴影表示非受照人群的对照发病率；虚线部分表示向低剂量的外推

# 3.6 辐射生物学效应的分类和影响因素

电离辐射的生物学效应，分类方式不同，生物效应的种类也不同。此外，影响生物学效应的因素比较多，下面我们讲述电离辐射生物学效应的分类和影响因素。

## 3.6.1 辐射生物学效应分类

机体受辐射作用时，根据照射剂量、照射方式以及效应表现的情况，在实际工作中常将生物学效应分类表述。

### 3.6.1.1 按照射方式分

(1)外照射与内照射(external and internal irradiation)

辐射源由体外照射人体称外照射。γ线、中子、X线等穿透力强的射线，外照射的生物学效应强。放射性物质通过各种途径进入机体，以其辐射能产生生物学效应者称内照射。内照射的作用主要发生在放射性物质通过途径和沉积部位的组织器官，但其效应可波及全身。内照射的效应以射程短、电离强的α、β射线作用为主。兼有内、外照射则称为混合照射。

(2)局部照射和全身照射(local and total body irradiation)

当外照射的射线照射身体某一部位，引起局部组织的反应者称局部照射。当照射剂量和剂量率相同时，身体各部位的辐射敏感性依次为:腹部＞盆腔＞头颈＞胸部＞四肢。

当全身均匀地或非均匀地受到照射而产生全身效应时称全身照射。如照射剂量较小者为小剂量效应，如照射剂量较大者(＞1 Gy)则发展为急性放射病。大面积的胸腹部局部照射也可发生全身效应，甚至急性放射病。根据照射剂量大小和不同敏感组织的反应程度，辐射所致全身损伤分为骨髓型(bone marrow type)、肠型(gastro－intestianl type)和脑型(central nervous system type)三种类型。

### 3.6.1.2 按照射剂量率分

(1)急性效应(acute radiation effect)

高剂量率照射，短时间内达到较大剂量，效应迅速表现。

(2)慢性效应(chronic radiation effect)

低剂量率长期照射，随着照射剂量增加，效应逐渐积累，经历较长时间表现出来。

### 3.6.1.3 按效应出现时间分

(1)早期效应(early effect)

或称近期效应，是指在受照后几个星期内发生的辐射效应，如急性放射病，急性皮肤损伤等。

(2)迟发效应(late effect)

或称远后效应，在受照后数月甚至数年后发生的效应(一般 6 个月以上)。如慢性放射病、致癌效应、放射性白内障、辐射遗传效应等。临床放射治疗的资料显示，迟发损伤发生率通常在放射治疗 10 年后开始有所上升。

#### 3.6.1.4　按效应表现的个体分

(1)躯体效应(somatic effect)

受照射个体体细胞损伤而致本身所发生的各种效应。又可区分为全身效应(total body effect)和局部效应(local effect)。

(2)遗传效应(genetic effect)

受照射个体生殖细胞突变，而在后代表现出的效应。

#### 3.6.1.5　按效应的发生和照射剂量的关系分

(1)组织反应(tissue reaction )

也叫确定性效应(deterministic effect)或非随机性效应。指效应的严重程度与照射剂量的大小有关。效应的严重程度取决于细胞群中受损细胞的数量或百分率。此种效应存在剂量阈值，超过此阈值，效应即出现。如照射后的白细胞减少、白内障、皮肤红斑脱毛等均属于确定性效应。这些效应在成因上是由放射线能量沉积事件决定的，当照射的剂量达到一定水平后，细胞死亡会超过细胞增殖补充或代偿能力，此时确定性效应必然会出现，故又称为必然性效应。

(2)随机性效应(stochastic effect)

指效应的发生率与照射剂量的大小有关，这种效应在个别细胞损伤(主要是突变)时即可出现，不存在阈剂量。遗传效应和辐射致癌等属于随机效应。

将各种不同剂量的电离辐射可能产生的健康效应总结，见表 3－9 和图 3－12。

**表 3－9　电离辐射照射水平和可能的人类健康效应**

| 受照剂量/(mSv/mGy) | 目前的认识 |
|---|---|
| 3000～5000 | 50％的受照者未经治疗时，在 30～60 d 死亡 |
| 1000 | 10％～25％的人发生急性放射病 |
| 500 | 约 5％的人出现症状，如白细胞计数降低等 |
| 200 | ICRP 1990 年建议书和 UNSCEAR 2000 报告定义的小剂量 |
| 100 | 大于 100 mSv，已经观察到辐射致癌危险的增加 |
| 50 | 2003 年以前职业放射工作人员年剂量限值。现行职业照射剂量限值要求任何一年不得超过 50 mSv |
| 20 | 职业照射剂量限值：在限定的五年内平均年有效剂量不得超过 20 mSv(5 年内 100 mSv) |
| 2～3 | 正常天然辐射本底地区的天然辐射年剂量 |

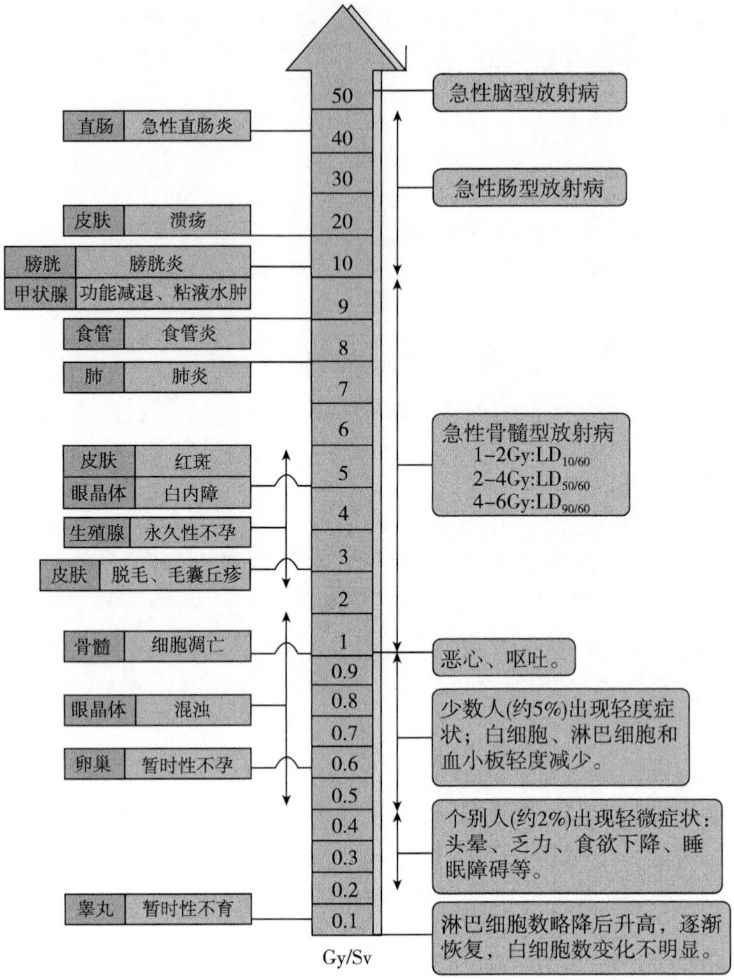


图 3－12　局部急性照射(左侧)与全身急性照射(右侧)剂量与组织反应

(主要参考日本原子能机构网站资料、ICRP 103 号出版物及辐射损伤教科书等。李玉文制图)

#### 3.6.1.6　电离辐射的旁效应

电离辐射的旁效应(Bystander Effect)是指受照细胞周围的未受照细胞也产生类似的辐射效应,如基因突变、细胞凋亡等,导致总体辐射效应高于常规理论预期的辐射损伤效应。

将电离辐射与健康效应的分类汇总成表 3－10,供参考。

**表 3－10　电离辐射与健康效应的分类**

| 分类方式 | 分类 | 定义 |
| --- | --- | --- |
| 照射方式 | 外照射 | 放射源位于体外对机体的照射。分全身照射和局部照射 |
| | 内照射 | 放射性核素进入体内,对机体产生的照射 |
| 照射持续时间 | 急性照射 | 短时间内接受的照射 |
| | 慢性照射 | 多指低剂量或低剂量率造成的持续(例如数年以上)照射 |
| | 短时照射 | 照射时间介于急性照射和慢性照射之间的照射 |

续表

| 分类方式 | 分类 | 定义 |
|---|---|---|
| 源与人体的相对位置 | 外污染 | 放射性核素粘附于健康的或创伤的体表，构成局部外照射源，也可被吸收人体 |
| | 内污染 | 人体内放射性核素种类和数量超过其自然存在状态 |
| | 浸入照射 | 指人体处于放射性核素(如 3H)气体或蒸汽中 |
| | 表面污染 | 放射性核素对体表的污染，分全身污染和局部污染 |
| 机体受照范围 | 局部照射 | 机体的局部(仅某一个或数个器官或组织)受到照射的情形 |
| | 全身照射 | 机体的所有组织或器官都受到照射的情形 |
| 器官剂量分布是否均匀 | 均匀照射 | 机体各组织和器官吸收剂量相差不大的照射 |
| | 非均匀照射 | 机体各组织和器官吸收剂量相差较大(剂量差别 3 倍及以上)的照射 |
| 效应发生的个体 | 躯体效应 | 指受照者个体身上出现的辐射效应。胚胎或胎儿在母体内受到照射，其后身上发生的辐射效应是特殊的躯体效应 |
| | 遗传效应 | 表现在受照者后代身上的辐射效应 |
| 是否存在剂量阈值 | 组织反应 | 有剂量阈值特征的细胞群损伤，损伤的严重程度随剂量的增加而加重。近年也称为组织反应 |
| | 随机效应 | 效应的发生不存在剂量阈值，辐射效应发生概率与受照剂量成比例关系 |
| 效应出现时间 | 早期效应 | 照射后在数月内出现的辐射效应 |
| | 远期效应 | 照射后经过数年以后出现的辐射效应 |
| 是否有其他因危害素 | 辐射效应 | 因电离辐射照射产生的效应 |
| | 放射复合伤 | 除电离辐射作为致病原因外，尚复合有其他致损伤因素，如冲击波、光辐射等 |

## 3.6.2 影响辐射生物学效应的因素

影响辐射生物学效应的因素包括辐照因素、机体因素，以及介于二者之间的介质因素等。

### 3.6.2.1 辐照因素

(1)辐射类型

高 LET 辐射在组织内能量分布密集，生物学效应相对较强。故在一定范围内，LET 愈高，RBE 愈大。在给定剂量下高 LET 辐射所致亚致死性和致死性损伤的比例大于低 LET 辐射。无论从辐射对细胞的损伤还是损伤后的修复，都充分表现出中子照射作为一种治疗肿瘤的方法与 X 射线相比有很大的优越性，其原因是中子对细胞的损伤大于 X 射线，且基本不存在细胞潜在致死性损伤及亚致死性损伤的修复。

(2)剂量和剂量率

照射剂量大小是决定辐射生物学效应强弱的首要因素，剂量越大，效应越强。但有些生物学效应当剂量增大到一定程度后，效应不再增强。另外，在一定剂量范围内，同等剂量照射时，剂量率高者效应强，剂量率低者效应弱，其机制是在照射时间延长的过程中，发生亚致死性损伤的修复和细胞增殖。

(3)照射方式

同等剂量照射，一次照射(single dose)比分次照射(fractionated dose)效应强，分次愈多,各次之间的间隔愈长,生物效应愈小;同样,全身照射比局部照射效应强。

(4)照射面积

当照射的其他条件相同时,受照射的面积愈大,生物效应愈明显。在临床肿瘤治疗中,一般都将照射野缩至尽可能小的范围,并采用分次照射以减少每次剂量,这样可降低正常组织的放射损伤效应,以达到对局部肿瘤尽可能大的杀伤。

#### 3.6.2.2 机体因素

(1)种系差异

一般认为,生物进化程度愈高,辐射敏感性愈高。在脊椎动物中,哺乳动物的放射敏感性比鸟类、鱼类、两栖类和爬虫类为高。哺乳类中各种动物的放射敏感性也有一定的差别。同一类动物中,不同品系之间放射敏感性有时也有明显差别。

(2)性别

育龄雌性人体的辐射耐受性稍大于雄性。这与体内性激素含量差异有关。

(3)年龄

一般是随个体发育过程而逐渐降低。幼年和老年的辐射敏感性高于壮年。

(4)生理状态

机体处于过热、过冷、过劳和饥饿等状态时,对辐射的耐受性降低。

(5)健康状况

身体虚弱和慢性病患者,或合并外伤时对辐射的耐受性亦降低。

#### 3.6.2.3 介质因素

(1)温度

机体受照射时,其内外环境温度的变化,可直接影响辐射生物学效应,称为温度效应(temperature effects)。如在进行放射治疗之前,先提高肿瘤组织局部温度,其疗效得以明显提高。若在零度条件下照射新生小鼠,即使用致死量(8 Gy)X 射线照射,存活率仍可达70%。温度改变影响效应程度的原因有几种可能:①温度造成动物体内氧状况的改变;②温度引起体内新陈代谢水平的改变;③在低温或冰冻状况下,溶液中自由基扩散受阻。

(2)氧

受照组织、细胞或溶液系统的辐射效应随周围介质中氧浓度的增加而增加,这种现象称为氧增强效应(oxygen enhancing effects)。实验发现,大(小)白鼠在人工缺氧或予以吸入低氧空气时进行照射,其死亡率显著降低。目前为提高肿瘤组织对辐射的敏感性,在肿瘤局部注射血管扩张剂或让患者吸入 3～4 个大气压的氧气,以消除肿瘤组织中的“缺氧中心”,就是利用辐射“氧效应”这一特性提高放射治疗效果。

(3)化学物质

在溶液体系中,由于其他物质的存在而使一定剂量的辐射对溶质的损伤效应降低称为防护效应(protection effect)。如某些激素和化学制剂对机体起保护作用,可降低机体的辐射敏感性,这对研究提高机体对辐射耐受性的“抗放药物”有着重要的现实意义。细胞的培养体系中或机体体液中在照前含有辐射防护剂(radioprotectant),如含 SH 基的化合物可减轻自由基反应,促进损伤生物分子修复,能减弱生物效应。反之,如含有辐射增敏剂(radiosensitizer)，如亲电子和拟氧化合物能增强自由基化学反应，阻止损伤分子和细胞修复，能提高辐射效应。目前，防护剂和增敏剂在临床放射治疗中都有应用，前者为保护正常组织，后者为提高放疗效果。

（李蓉、朱巍、孙全富）

# 思考题

1.电离辐射生物学效应有哪些特点？

2.影响电离辐射生物学效应的主要因素有哪些？

3.用细胞辐射敏感性和剂量存活曲线解释肿瘤患者放疗采用剂量分割的原理。

4.举例说明辐射敏感组织与辐射生物学效应的关系。

5.如何理解 DNA 损伤修复与细胞周期调控的关系？

6.根据所学内容，你认为哪些生物学效应可以作为临床估算受照剂量的检查指标？

# 参考文献

[1]夏寿萱.放射生物学[M].北京：军事医学科学出版社，1998.

[2]夏寿萱.分子放射生物学[M].北京：原子能出版社，1992.

[3]刘树铮.医学放射生物学[M].北京：原子能出版社，2006.

[4]Eric J Hall，Amato J Giaccia. Radiobiology for the radiologist [M]. 6th Edition Philadelphia ：Lippincott Williams & Wilkins，2005.

[5]Mosby. Radiologic Physics And Radiobiology & Radiation Protection(HRD)[M]. Elsevier Science Health Science div，2004.

[6]Radiation Emergency Assistance Center/Training Site (REAC/TS)[EB/OL].i.http://orise.orau.gov/reacts/pubs-resources.html.

[7]Education，Training，& Related Resources. [EB/OL] ii.http://www.iaea.org/Publications/Training/index.html.

[8]苏燎原，刘芬菊，周平坤.医学放射生物学基础.北京：原子能出版社，2013.

# 第4章 电离辐射监测

为了评估辐射防护设施的防护效果以及人员的受照剂量，辐射水平测量是一项必不可少的手段。本章将从电离辐射监测的分类、监测设备、监测方法和监测结果的处理与评估等几个方面进行介绍。

## 4.1 监测的分类

按照监测的目的的不同可分为常规监测和事故情况下的监测。按照监测的辐射类型，辐射监测仪表可分为α、β、γ、X和中子等监测仪表；按照使用方式可分为固定式和可携式监测仪表；按照监测对象可分为表面污染监测仪、环境场所监测仪、个人监测仪、空气污染监测仪和流出物监测仪等几类。电离辐射监测通常分为工作场所监测和个人剂量监测。

(1)常规监测

常规监测是指在辐射工作场所有代表性的、能反映正常工况下辐射状况的地点，对某些放射性指标进行的长期的、连续的或定期的检测。这些放射性指标是辐射监测工作中不可缺少的内容，是掌握环境辐射水平状况，评价控制措施的效果，积累环境本底和污染情况的重要手段。常规监测包括固定式监测和移动式监测。

(2)事故监测

事故监测是指在发生核与辐射事故的情况下，对事故的污染程度和剂量水平以及运行工况所开展的监测。如核电厂发生事故时放射性物质释放所造成的水源和大气污染等进行监测，以便确定污染范围及其严重程度，采取相应的防护措施。

## 4.2 监测设备

根据辐射场性质和监测目的不同，选择相应的辐射监测设备。监测设备选择应与放射工作场所射线的种类和强度相适应，同时应满足其他要求(例如特殊场所防尘、防爆等)。设备选择至关重要，设备的时间响应、能量响应、剂量和剂量率响应等，都是衡量设备性能的重要指标。设备选择不当，会导致测量结果不准确，甚至错误。辐射监测设备可分为外照射监测设备、内照射监测设备、放射性表面污染监测设备和个人监测设备四类。

辐射监测仪表一般都是由核辐射探测器、信号处理和显示系统组成。辐射探测器是辐射监测仪表的关键器件，仪器的性能指标主要取决于探测器。辐射监测仪表中用得最多的有三类探测器，即气体探测器(包括G—M计数管、正比计数器和气体电离室等)、半导体探测器和闪烁探测器。除上述几种探测器外，在个人监测和环境监测中也使用固态探测元件，如热释光元件、光释光元件，由这些元件做成的剂量计，如 TLD 连同其测读设备亦属辐射监测仪表。

伴随着剂量评价标准的变化和技术手段的提升，外照射个人剂量监测设备经历了胶片剂量监测装备、荧光玻璃监测装备、热释光剂量监测装备、光释光剂量监测装备等发展阶段，目前以热释光剂量监测装备应用最为广泛。内照射个人剂量监测，常用的有两种，即体外直接测量和生物样品的分析。内照射监测方法比较繁琐，需要消耗大量的人力和时间。体外直接测量装备有全身计数器、肺计数器、甲状腺计数器；生物样品分析间接测量设备主要包括尿铀、尿钚、尿氚测量设备。

### 4.2.1 外照射监测设备

(1)便携式 X、γ 辐射监测仪

便携式 X、γ 辐射监测仪用于放射工作场所 X、γ 射线剂量和剂量率水平检测。X、γ 辐射监测仪的种类很多，应用较普遍的是半导体、塑料闪烁体和电离室型巡测仪。具有可伸缩的长柄的巡测仪，可以在远距离测量很强辐射场。在某些工作场所，如辐射场水平易变化或可能发生事故的场所，可设置固定式辐射监测仪。其基本要求如下：对于环境水平监测仪器，其探测下限应小于 $1\times10^{-2}$ μSv/h；对于防护水平监测仪器，其探测上限应大于 $1\times10^{2}$ mSv/h；仪器能量响应应适合检测场所辐射场；一般情况下仪器在－10℃～＋40℃能够正常使用；测量结果能以 Gy、Gy/h、Sv 或 Sv/h 表示。

(2)中子周围剂量当量(率)仪

中子周围剂量当量(率)仪用于放射工作场所中子周围剂量当量率水平检测。目前应用比较普遍的中子当量仪，是采用组织等效材料作为室壁(慢化体)和工作气体的均匀电离室或正比计数器，可以测重中子在组织中的吸收剂量，再转换为辐射防护用量(周围剂量当量)。中子周围剂量(率)测量仪表仅适用于能量范围有限的辐射场，用于宽谱中子辐射场时会导致测量结果有较大误差。其基本要求如下：仪表应满足可以测量环境的本底水平；仪器能量响应符合检测场所辐射场的要求；一般情况下仪器在－10℃～＋40℃能够正常使用；中子周围剂量当量(率)仪的能量响应范围通常对于热中子能量至 15 MeV，慢化体大一些的中子周围剂量当量(率)仪其能量响应上限可达 20 MeV。一般情况下仪器在－10℃～＋40℃能够正常使用；测量结果能以 Sv、Sv/h 表示。

(3)辐射场环境 γ 辐射侦检系统

辐射场环境 γ 辐射侦检系统用于核和辐射事故时大范围快速辐射剂量水平的测量。γ 辐射侦检系统通常利用辐射巡测车和航空监测设备，采用无线通信技术、数字化识别技术、热成像模拟技术等技术，实现核事故状态下对行动地域进行 γ 辐射监测，查明并标识放射性沾染边界，测定特定沾染点的地面辐射水平。工作模式通常包括环境模式，应急模式，辐射场监测模式(离地 1m 处的 γ 剂量率)以及训练模式。具有信息录入及身份识别功能，通过编码，快速实时录入测量人员或检测载体及辐射场的信息。能在有效区域内以无线通信方式搜索测量终端，自动识别、连接。采用多模态图像处理技术，实时动态显示辐射水平；一般支持直接将统计信息打印归档。

### 4.2.2 内照射监测设备

内照射监测设备通常分为体外直接测量设备和间接测量设备两类。其中体外直接测量设备包括全身计数器和局部计数器；内照射间接测量设备包括生物样品和气溶胶监测设备。

#### 4.2.2.1 体外直接测量设备

这类设备通过测量体内γ放射性核素释放的γ射线的能量和强度，也可用于发射特征X射线、正电子和高能β粒子的放射性核素或某些发射特征X射线的α辐射体，并采用适当的人体模型对仪器进行刻度，利用专用的数据处理软件进行能谱分析，从而得以测定人体内放射性核素的含量。体外测量装置一般是由一个或几个屏蔽好效率高的探测器、光电转换和数据处理等部分组成的自动扫描测量系统，其测量、数据处理和结果分析由微机控制进行。测量方式有全身、肺部或甲状腺测量。对体内滞留的放射性核素，例如镭、铀和超铀核素，要求采用高灵敏度测量技术。体外测量仪以全身计数器和甲状腺计数器为代表。

(1)全身计数器

全身计数器是指从人体外直接测量摄入体内的放射性物质所发射出的X射线或γ射线，由此进行放射性核素的定性及定量分析的装置，是用于内照射监测的主要监测仪器。全身计数器能直接测定人体内某些放射性核素的含量，从而估算出待积当量剂量。全身计数器通常有探测器系统和数据处理系统组成。不同的探测器系统用于不同性质核素的测量。目前常用的探测器有碘化钠晶体和高纯锗(HPGe)探测器。碘化钠晶体测量系统最适合于存在放射性核素数目较少的情况，对能量的分辨是有限的。但是，在许多情况下，这种方法是定量测定体内含量的最灵敏方法。高纯锗(HPGe)探测器系统能量分辨好，能很容易地鉴别出混合物中的各种放射性核素，工作期间需要冷却到液氮温度。但是，半导体探测器的尺寸小，因此其灵敏度比无机晶体和其他闪烁体低。

为了确定局部器官，如肺、甲状腺内放射性核素的含量，可用肺部计数器、甲状腺计数器等测量仪器。

(2)甲状腺计数器和肺部计数器

甲状腺计数器和肺部计数器可以从人体外直接测量甲状腺和肺部摄取放射性核素的活度。为了确定局部器官，如肺、甲状腺内放射性核素的含量，可用肺部计数器、甲状腺计数器等测量仪器。甲状腺计数器和肺部计数器工作原理及探测器的特性与全身计数器大体相同。

#### 4.2.2.2 间接测量设备

间接测量是根据仪器测量获得的环境和生物样品中的放射性核素浓度水平，然后通过公式或数学模型计算得出人体可能受到的照射剂量。

(1)生物样品测量仪

生物样品测量仪用于测量生物样品中的放射性核素的浓度。γ放射性核素可用闪烁探测器或半导体探测器直接测量，对于α或β放射性核素的分析，样品必须进行化学分离，制成样品源，一般采用低本底α或β射线测量仪测量。用液体闪烁计数法测定尿样中的氚水含量时，探测下限为200 Bq/L。用α计数法测量水中的放射性核素如$^{235}U$、$^{238}U$、$^{239}Pu$等，其探测下限约为0.01 Bq/L。

(2)气体和气溶胶监测仪

气体和气溶胶监测仪用于测量工作场所和周围环境空气中放射性气体或气溶胶浓度。气体和气溶胶监测仪一般包括采样系统和测量系统。放射性气体监测仪是先把含放射性的气体直接引入探测器,然后再进行测量。根据采样方式的不同,仪器又分为连续和单次采样两类。测量空气中β放射性气体浓度一般采用气流β辐射仪。在气溶胶浓度易变化又有可能超过导出浓度的场所,通常采用设置固定式连续测量的监测仪,当浓度超过预先设定的值时,监测仪能报警。气体和气溶胶监测仪还包括用气球法、电离室法和闪烁室法测量氡气浓度的监测仪。

### 4.2.3　表面污染监测仪

表面污染监测仪是指一种通过测量任何物体表面α、β/γ放射性活度的方法确定其污染程度的测量仪器。表面污染测量仪由探头和电子测量单元组成,最常用的探测单元是硫化锌[ZnS(Ag)]闪烁体(测量α污染)、塑料闪烁体(测量β污染)、G－M 计数管和半导体探测器等。表面污染监测仪主要用于测量放射工作场所地面、工作台面、墙壁的α、β沾污水平,还可以测量人体表面污染、放射性贮存容器和运输容器的表面污染测量等。表面污染监测仪主要包括α、β表面污染仪两类。α污染监测仪的探测器大多是 ZnS(Ag)闪烁计数器或薄窗多丝正比计数器。β表面污染监测仪往往采用塑料闪烁计数器或薄窗 G－M 计数管。探头的有效面积与探测效率密切相关,目前常用的表面污染监测仪的有效面积为 170 $cm^2$,地板污染监测仪探头的有效面积可为 400 $cm^2$。表面污染监测仪最重要的指标是表面活度响应和仪器效率。一般情况下,探测器对 2π 方向入射的钴－60 β放射性粒子的探测效率≥10%;仪器的表面污染最小可探测下限(仪表本底标准偏差的三倍)≤0.4 Bq/$cm^2$;当仪器用于表面污染擦拭样品(简称拭样)测量时,其最小可探测下限≤40 Bq;仪表的测量误差≤30%。一般情况下仪器在－10～＋40℃能够正常使用;测量结果以 cps、cpm 或 Bq/$cm^2$ 表示。

### 4.2.4　个人监测仪

个人监测仪通常情况下称为个人剂量监测仪,是指为测定个人受到的剂量当量而佩带在身体上的小型剂量仪或剂量计及其相应的测读系统。个人剂量监测分为主动式和被动式监测。主动式个人剂量监测设备通常是指各种电子个人剂量计及其配套的读出系统组成的测量系统。电子个人剂量计(EPD)通常以半导体探测器、小型 G－M 计数管或密封电离室为探测器,具有实时和累积剂量显示、剂量率报警等功能,通常称为直读式个人剂量计。被动式个人剂量监测设备是由热释光等元件及其配套的读出系统组成。个人剂量计根据其测量原理的不同可分为热释光个人剂量计(TLD)、光释光个人剂量计(OSL)、玻璃荧光个人剂量计和胶片个人剂量计等。在矿山和隧道等工作场所,为了估算工作人员内照射剂量,特别是氡子体产生的内照射剂量,工作人员需佩带氡及氡子体个人剂量计。

个人剂量计的选择不仅取决于辐射的类型,也取决于除 $H_P(d)$之外所要获得的其他信息。在实际应用当中,应根据具体情况,选取不同类型的剂量计。用于常规检测的剂量计包括:光子剂量计,仅仅给出个人剂量当量 $H_P(10)$;β－γ剂量计,可给出个人剂量当量 $H_P(0.07)$和 $H_P(10)$;具有甄别功能的光子剂量计,除测量 $H_P(10)$之外,还可给出辐射类型，有效能量，并能探测高能电子；肢端剂量计，可给出 β－γ 辐射的 $H_P(0.07)$（若操作中子源，也可给出中子剂量）；中子剂量计，给出有关 $H_P(10)$ 的信息。

有时工作人员所处的辐射场的水平会有显著的非预期的升高，此时，应佩戴辅助的剂量计，这种剂量计可在较早时间内给出工作环境的辐射场的短时间的变化。这种类型的剂量计包括直读式、笔式剂量计，能在操作过程中或者一个工作日结束后直接读取剂量计读数，具有报警功能的电子剂量计还可在剂量或剂量率水平超出设定的阈值时给出视/听报警信号。

（1）电子式个人剂量计（electronic personal dosimeter，EPD）

电子式个人剂量计有时也叫直读式电子个人剂量计，一般均具有报警功能，当累积剂量当量和剂量当量率超出预先设定的限值时，发出声光报警。剂量当量和剂量当量率数值可用按键切换，由 LCD 直接显示读出。测量数据和工作时间等可存储在剂量仪内且掉电不丢失，并可由红外通讯等方式传输至读出器和中心计算机。剂量仪有两种工作方式，既可配合读出器和计算机联机工作，也可单机独立运行。在应急和其它可能出现急性照射的情况下，它可快速确认所受剂量是否超过剂量限值。

（2）热释光剂量计（thermo luminescent dosemeter，TLD）

热释光剂量计多采用 LiF（ Mg，Cu，P）晶体材料。测量系统一般包括：热释光剂量计（探测器和外壳）、热释光剂量读出器等。还有一些辅助装置，如热释光探测器退火炉、热释光探测器冷却炉、低本底铅室和照射装置、系统刻度装置以及计算机等。热释光探测器具有许多优点，如组织等效性好，灵敏度高，可测量较长时间内积累的剂量，性能稳定，使用方便，可用于事故处理，导源剂量检测，输出量的测量，个人剂量检测，环境累积剂量检测等。热释光剂量计可测量 β 射线、γ 射线、中子、质子等多种射线（或粒子）。用于测量工作人员在某种辐射场工作一段时间总的受照剂量时，常规监测一般 30 天为一个周期，最长不能超过 90 天。

热释光探测器的工作原理：热释光晶体材料受到电离辐射时，能够将辐射转化的能量储存起来；在读出器测读时，当加热到一定温度时将吸收的能量以光的形式释放出来，称为热释光，其发光强度与所受到的辐射剂量相关。

（3）光释光剂量计（Optically Stimulated Luminescence，OSL）

光释光剂量计以 $Al_2O_3$:C 为晶体材料。光释光剂量计与 TLD 相比，具有无需加热、灵敏度高，能量响应好，具备快速重复测读功能，光释光个人剂量监测系统逐渐得到广泛应用。在某些领域，光释光剂量计已逐渐代替热释光剂量计。光释光与热释光性能对比见表 4－1。

**表 4－1　光释光剂量计与热释光剂量计性能比较**

| 项目 | 光释光 | 热释光 |
|---|---|---|
| 加热方式 | 无需加热，不需要氮气 | 需要精准控制加热时间和温度，要求有稳定的氮气流量 |
| 维护工作量 | 极低的维护工作量与运行成本 | 故障率高，必须对加热器、氮气流量等进行维护 |
| 刻度 | 刻度简单，一套刻度片可以重复使用并用于多个读数仪 | 不同的读数仪必须单独刻度，且刻度繁琐复杂 |

续表

| 项目 | 光释光 | 热释光 |
|---|---|---|
| 测量结果 | 每个读数仪都能给出相同的结果 | 仅能在刻度的读数仪读取，其他读数仪给出的剂量不同且无实际意义 |
| 测读速度 | 280 剂量计/小时 | 60～100 剂量计/小时 |
| 探测下限 | 0.01 mSv | 0.1 mSv |
| 探测范围 | 0.01 mSv～100Sv | 0.01 mSv～10Sv |
| 成像性能 | 可成像 | 不可成像 |
| 复读能力 | 可在脉冲光激发下多次读取 | 只能读取一次 |
| 退火方式 | 使用前无需退火，剂量累计到一定程度时对剂量计进行重置(亦称退火) | 需加热退火 |
| 环境影响 | 不敏感 | 对温湿度等敏感 |
| 信号衰减 | 无衰减 | 信号随时间不断衰减 |
| 价格 | 较贵(光释光剂量计约 800 元/个) | 便宜(国产剂量计约 100 元以内) |

(4)中子个人剂量计

中子个人剂量计可分为被动式个人剂量计和主动式个人剂量计，常见的被动式中子外照射剂量计主要有$^{6}$LiF 热释光中子剂量计、反照中子剂量计、核乳胶快中子个人剂量计、中子气泡剂量计、固体径迹个人剂量计(CR－39)等，主动式中子个人剂量计主要有半导体型中子个人剂量计。其中被动式个人剂量计不能实时显示辐射剂量信息，主动式个人剂量计可实时显示剂量信息并具有报警功能。其中$^{6}$LiF 热释光中子剂量计适用于低能中子的监测，而其他类型的剂量计则适用于能量较高的快中子的监测。$^{6}$LiF 剂量计的使用与测量 X、γ 射线的剂量计相似。中子反照剂量计则是利用人体作为吸收中子的慢化体，将快中子转化成慢中子再进行测量，因此，人体实际上是剂量计的一部分，因而要求在刻度中子反照剂量计时，使用与人体相近的模体。佩戴时剂量计与身体紧密相靠，它适用于场所内中子谱相对稳定的场合。由于中子场总是伴随有 γ 辐射，因此在一些特殊场合可由光子－中子剂量比推导出中子的剂量。也可利用血液中钠和毛发中硫的中子激活分析技术测定中子剂量，可测剂量范围约为 0.1 至数十 Gy。

固体径迹剂量计的原理是通过反冲核和核反应产生的(裂变碎片、反冲质子、粒子或 C、H、O 反冲核等)在有机聚合物、玻璃、云母等探测材料上，造成可蚀刻(化学蚀刻，电化学蚀刻或两者结合)的辐射损伤区域，经过一定的化学处理，在损伤区域显示出可见径迹，通过测定径迹密度，可给出相对应的中子剂量。

固体径迹个人剂量计(CR－39)、配对 TLD 反照率剂量计、气泡剂量计等三种探测方法比较见表 4－2。

**表 4－2　三种探测方法性能比较**

| 项目 | 性能比较 |
|---|---|
| 能量响应 | 中子气泡探测器具有非常好的能量响应特性，可以进行能谱测量。CR－39 次之，低能端增加外赋响应。配对反照 TLD 方法较差，10 keV 以上差。 |
| 角度响应 | CR－39 具有前峰性，可改善，利用探测器形状变化。反照 TLD 符合 cos 规律，较差。 |
| 阈能 | 反照 TLD 具有热中子响应，CR－39 约为 100 keV，可通过增加外赋响应层改善阈能。 |
| 探测能量范围 | CR－39 具有非常宽的可探测能量范围，最高超过 20MeV，中子气泡探测器和反照 TLD 的可探测最高能量约为 10MeV。 |
| 工作环境 | 中子气泡探测器的使用受到环境的影响非常大，热和震动都引起探测器的计数偏差，数据衰减快，因此，不适宜作为日常监测的剂量计。CR－39 和反照 TLD 受环境影响小。 |

具有报警功能的电子剂量计常用 G－M 管或硅二极管做探测器，这类剂量计适用于能量下限在 20～80 keV 的光子的测量，不同类型的探测器能量下限会有所不同。但是，这些剂量计在有弱贯穿辐射或脉冲辐射的剂量率很高的辐射场中可能会产生误动作。有时，周围的电磁场也会引起某些类型的电子剂量计的误读数。

对于在强辐射场下的短时间作业，应制定特殊监测计划，包括使用报警式仪器。在高度不均匀的辐射场，则应佩戴额外的躯干或肢端（例如手指、足部、膝盖和头等）剂量计。

当 β 辐射有可能对辐射场有显著贡献时，应采用 β－γ 剂量计。这些剂量计可以是 TLD 或胶片剂量计，通常采用在不同材料或厚度的过滤片下放置 2 个或多个 TLD 元件或胶片，或者采用电子剂量计。若 β 剂量的显著成分来源于低能 β 射线，目前设计的剂量计可能不能满足要求。

对于肢端剂量的测量，特别是对于手部，一个简单的单一 TLD 元件的剂量计就足够，如果将其佩戴在最易受到照射的手指，并且面向辐射源。对于低能 β 辐射的准确测量，所采用的探测器应非常薄，并且在其前面放置组织等效可模拟组织的过滤片，这样就可以对标称深度 7(0.07 mm)的剂量进行评价（例如采用厚度为 5 的组织等效探测器，相当于 3 的有效厚度，在组织等效滤片之下有一个厚度约为 4 的滤片就足够了）。

当中子剂量与 γ 剂量的比值不超过 10%，可只用光子剂量计测定光子剂量，然后根据光子剂量监测结果和两者粗略比值计算总剂量；当中子剂量与 γ 剂量的比值超过 10%，原则上应使用能分别测量中子剂量和光子剂量的鉴别式个人剂量计。

## 4.3　监测方法

电离辐射防护标准中规定的剂量限值，针对的是内照射剂量和外照射剂量之和。因此，确定人员最终的有效剂量，需同时进行外照射剂量监测和内照射剂量监测。按照射途径可分为外照射剂量和内照射剂量；按监测原理可分为物理剂量、生物剂量和依据临床症状反推的受照剂量，其中依赖物理个人剂量计的估算方法和依据临床症状估算剂量的方法常用于快速受照剂量估算。

### 4.3.1　外照射监测方法

#### 4.3.1.1　X、γ 射线测量

(1)选择适宜的辐射剂量检测仪器。对于 X、γ辐射场，通常选用 X、γ周围/定向剂量当量(率)仪；对于中子—γ混合辐射场(通常存在中子辐射的工作场所总会伴随有γ辐射的存在)，选用 X、γ周围/定向剂量当量(率)仪和中子周围剂量当量(率)仪。

(2)本底测量。为科学、正确测量和评价工作场所的辐射剂量水平，首先应正确测量工作场所辐射本底水平。工作场所的辐射本底，是指在无辐射源、无放射性污染物或关闭射线装置不产生辐射的情况下，测量主要来自场所地面、周围建筑物、宇宙辐射等而产生的辐射剂量。测量时至少读取三个本底测量值。值得注意的是：测量工作场所本底水平时，只能使用与现场测量工作场所源项所致辐射剂量一致的仪器测量，而不能用一台仪器测量本底，另一台仪器测量有源时的辐射剂量。工作场所环境本底的测量，通常可取距地表 1 m 的标高任意测量关注点进行。也可根据实际情况选取测量关注点测量本底水平。

(3)机房或屏蔽体外检测。在距离机房或屏蔽体外侧表面 30cm 处，相对标高 1m 至 1.5m区域进行巡测，并注意记录辐射剂量率最大值和检测位置。其他含有源容器的装置，应按相关标准要求，检测容器外表面 5cm、100cm 处的周围剂量当量率。

(4)防护门检测。检测防护门外侧辐射剂量率时，一般在距防护门外侧 30cm 处分别检测门体上缝、下缝、左缝、右缝、门体上中下部的辐射剂量率，门体有锁时应检测锁眼部位，防护门为对开式时，还需检测门体中缝处辐射剂量率。

(5)防护设施有铅玻璃观察窗检测。如切割、分装放射源的热室等，需要检测距观察窗表面 30cm 处窗体上缝、下缝、左缝、右缝、窗体中部的泄漏辐射。

(6)防护设施上层和下层辐射剂量水平检测。上层可采用以人员腹部位置为检测关注点，坐位时参考采用距上层地板表面 0.5 m 处、站位时参考采用 1.0 m 处作为检测关注点。下层可采用人员头部位置为检测参考点，坐位时可参考采用距下层地板表面 1.0 m 处作为检测关注点，站位时可参考采用 1.5 m～1.7 m 之间距离为检测参考点。在巡测过程中，应注意记录辐射剂量率较大值和检测位置。除巡测寻找较大辐射剂量点外，还需在人员可到达的顶层和下层、前、后、左、右、中部选点测量。

测量点距待测屏蔽体表面的距离：应以仪器探测器灵敏体积的等中心位置至屏蔽体表面为实际测量距离。探测器灵敏体积的等中心是指位于探测器中心点的位置。任何辐射剂量测量仪都应在其外部设置探测器等中心的标识。

有时根据需要还可以选择热释光剂量计，但在布放时应注意几点：代表性、位置(高度、距建筑物距离)、污染等。剂量计的选择应满足环境谱，足够的灵敏度，方向性等要求。不同性质的热释光磷光体有各自的特点，使用时应首先了解和明确检测目的，其次是正确选择热释光磷光体，对热释光磷光体应掌握其的线性、灵敏度、能量响应、方向性、发光峰位置、退火条件、自衰退和自增长等，以免给结果的评价造成麻烦。

#### 4.3.1.2　中子测量

中子的测量方法大体和 X、γ 射线测量测量相同，但所用的测量仪器不同。中子测量一

直以来是个难点，主要体现在以下几点：

(1)中子监测的能量范围宽。从热中子直到 20 MeV 的中子，在这样宽的能量范围内，中子剂量仪表能量响应误差按±100% 要求，能满足该要求的不多；

(2)灵敏度低。最小探测限的测量如果按 97.5% 的置信度，对于累计型剂量临界水平大约为 100μSv，对于剂量率型大约在 1μSv /h 水平；

(3)中子因仪器或人体的存在而发生慢化、散射和俘获现象，可能影响测量的准确性；

(4)中子与探头的介质发生多种核反应，介质中的核素反应截面随中子能量变化很大，在研制仪器的探头上有很大难度；

(5)中子能谱的确定不同于 γ 射线能谱的测量，需要多个探测器进行测量和估算；

(6)所有的中子辐射场中均伴随 γ 射线，这为中子剂量测量带来干扰。

最早的中子剂量巡测仪是用无慢化体的热中子灵敏探测器作探头，或用直径小于 100mm 的慢化球体包裹热中子灵敏探测器作探头，它们能较好地用于中子能量小于 10 keV辐射场的剂量监测；采用较大的慢化体可用于宽范围的中子剂量测量，探测器放在几何中心，中子能量响应比较理想的能量范围上限可达 20 MeV。多球中子能谱测量方法是从 20 世纪 60 年代发展起来的一种成熟的测量技术。利用从几 cm 到几十 cm 直径的一套不同大小的聚乙烯球中各含一个热中子探测器，可以在不同精度上分析中子注量谱，大致确定中子能谱，从而可以计算出各种剂量学量。这种方法用于测量中子剂量的能量范围可达到 20 MeV。

## 4.3.2 内照射监测方法

内照射剂量监测可分为体外直接测量法和生物样品间接测量法，有时还包括空气放射性气溶胶监测法。其中体外直接测量设备按根据测量部位不同可分为全身计数器和器官计数器(如肺计数器、甲状腺计数器)。生物样品间接测量设备主要包括液体闪烁计数器系统、激光铀分析仪、低本底 α 放射性测量仪，分别用于尿氚、尿铀和尿钚的测量。人员内照射剂量可以通过个人监测和环境介质(空气、食品、水)的监测结果来估算。

### 4.3.2.1 体外直接测量方法

全身计数应在人员洗消、更衣后进行，摘掉珠宝、手表和眼镜等饰物，以防止体表放射性污染对测量的干扰，避免污染测量设备。全身计数可在放射性核素摄入后任意时刻进行，一般来说越早越灵敏。甲状腺计数应在人员更衣、洗消后进行，以防止体表放射性污染对测量的干扰，避免污染测量设备。放射性碘的半衰期较短，因此测量应当尽早进行。

被测人员应在实际可能的程度上处在一个确定的计数位置上，以确保连续测量的可重复性，并改进与刻度结果的比照。在某些情况下，测量对象需保持静止状态达一个小时，以使测量结果尽量准确。应为处于密闭屏蔽中的测量对象提供某些联络手段，特别是在有必要延长计数时间时。测量结果经生物动力学模型和物理衰变校正，得到放射性核素初始摄入量，然后用初始摄入量评价内照射剂量，即待积当量剂量和待积有效剂量，对成人积分时间为摄入时刻后 50 年，儿童为摄入时刻后 70 年。

表 4－3 列出了部分放射性核素的体外测量方法的探测下限。

表 4－3 部分放射性核素体外测量方法的探测下限

| 核素 | 测量部位 | 探测下限(kBq) | 核素 | 测量部位 | 探测下限(kBq) |
|---|---|---|---|---|---|
| $^{226}Ra$ | 全身 | 0.5 | $^{238}Pu$ | 肺部 | 1 |
| $^{228}Ra$ | 全身 | 0.5 | $^{239}Pu$ | 肺部 | 2 |
| $^{235}U$ | 全身 | 2 | $^{240}Pu$ | 肺部 | 1 |

#### 4.3.2.2 生物样品测量方法

个人体内污染监测使用的生物样品包括尿、粪和血液等。常用的是尿和粪样，所以又称排泄物分析。对不放出 γ 射线或仅放出低能光子辐射的放射性核素，个人体内污染量的监测主要借助于排泄物分析。尿样分析是排泄物分析中最常用的方法。收集尿样时应避免样品受到外来污染。为估计每日尿排出总活度，应收集 24h 全尿；当收集全尿有困难时，可由部分尿样中放射性核素活度估算出全日尿的活度。由于监测方法的灵敏度所限，有时需分析由几天排出尿合并制成的尿样品。摄入的难溶放射性物质主要随粪便排出，因此一般用粪便样品评估其放射性核素摄入量。

测量尿中氚的浓度最常用的方法是液闪计数法。液体闪烁器测量氚的基本原理可分三步说明。第一步是辐射能转变为光能。样品(尿样＋闪烁液)中的氚衰变放出的 β 射线的能量，首先被闪烁液中的溶剂分子所吸收，转变为激发能。然后，溶剂分子再把这种激发能通过碰撞转移给有机闪烁溶质的分子，使之激发。被激发的溶质分子退激时产生荧光，即转换成一定波长的光子。第二步是光子能量转换为电能。闪烁液发出的荧光被光电倍增管接受，在其光阴极上被转化为光电子，接着在一系列打拿级之间进行电子倍增，最后在阳极形成电脉冲信号。第三步是电脉冲的处理和记录。光电倍增管给出的电脉冲信号经过电子学系统的放大、成形，最后被定标器记录。

尿铀测量设备——激光铀分析仪的工作原理：尿样经硝酸和过氧化氢硝化，破坏腐殖酸，呈白色无机尿盐。再用过硫酸铵和适量水溶解氧化尿盐，使样品中铀转成硫酸铀酰溶液。调节溶液 PH 值至 3～ 4，加入荧光增强剂，使之与铀酰离子生成络合物，使铀酰离子络合成荧光效率很高的单一络合物，提高铀酰离子在激光诱发下产生荧光的效率，并掩蔽其他干扰离子，并且该络合物受到紫外光脉冲激发产生 500 nm、522 nm、546 nm 波长的荧光，用标准加入法测定铀的荧光强度，这种荧光强度表征着样品中的铀含量。由此通过相应的公式计算就可得到尿样的铀浓度。

尿钚测量设备主要包括低本底 α 射线测量仪，常用的方法是离子交换－低本底 α 射线测量法，其工作原理是：尿样用浓硝酸、过氧化氢硝化后，用氨水调节 pH 值，生成碱式磷酸盐沉淀。再进行湿法灰化破坏有机物，残渣用硝酸溶解，然后用强碱性阴离子交换法分离纯化钚，盐酸－氢氟酸溶液解吸钚。在硝酸－硝酸氨溶液中电沉积制源，用低本底 α 射线测量装置进行测量。低本底 α 射线测量装置中的探测单元会捕捉 α 射线并将其转化为电信号，在排除 β、γ 射线的干扰之后，该电信号的强度与 α 射线的强度呈线性关系，通过探测该电信号即可实现对 α 射线的测量，最终通过一定的公式计算即可得到尿中钚的浓度。

核事故情况下，根据环境监测数据估算公众内照射剂量也可参照 GB/T17982 进行。早期内照射剂量评估的关键不是辐射剂量的准确计算和确定，而是辐射剂量的大概估计，从而预测潜在的生物学效应，采取相应的医疗干预措施。准确的内照射剂量测定通常需要时间。一些放射性同位素如锕系同位素($^{241}Am$，钚等)的早期内照射剂量估计，对是否迅速采取医疗措施尤为重要。例如，DTPA在摄入放射性核素后几小时内给药最为有效。测量空气中长寿命的放射性气溶胶浓度的方法很多，如衰变法、α/β比值法、α－β假符合法、α能量甄别法以及能量假符合法等。

### 4.3.3 表面污染监测方法

体表污染检测的目的是检查人员(伤员)体表有无放射性污染及污染部位、水平，为人员去污及去污效果评价提供依据。体表污染检测设备，常见的有手足污染检测设备、全身污染检测设备和局部污染检测设备等。其中手足污染检测设备常用于核医学科、核电站、核工业企业等计划照射中的手足污染检测，由于该种设备重量较大，故多设置为固定检测点。全身污染检测设备，主要用于放射性沾染大范围筛查和密集场所安保检测，通常安装在人员密集场所和应急监测通道入口，其特点是重量大、探测速度快、人员(伤员)通过量高、探测下限低等，也包括核应急使用的门框式辐射检测仪，通常可设置报警阈值以配合自动监测工作；有些配有中子探测器，可对中子进行监测。局部污染检测设备适用于小面积、局部可疑污染部位的检测，如甲状腺内污染检测仪，肺部内污染检测仪等。

对于非密封源放射工作场所，α、β表面污染检测是评价工作场所放射防护的重要内容。α、β表面污染的检测通常使用直接测量法，采用α、β表面污染监测仪进行测量，这种方法测量的是受污染表面可去除和固定的污染之和。

(1)典型的测量几何条件

测量表面污染时，测量仪器的探头表面与被测污染体层表面之间的距离直接影响测量结果的准确性，要求距离尽可能近而又使探头不会受到污染。同时要求污染检测时探头表面与被测体表面的距离应与仪器检定时的条件一致。典型的测量条件为：测量α污染时，探测器与被测表面的距离为5mm；测量β污染时，探测器与被测表面的距离为10mm。

(2)仪器的探测效率$\varepsilon_i$

仪器的探测效率$\varepsilon_i$不仅由仪器探测器的探测效率决定，还与探测器窗与污染源的距离有关，亦即探测器和被探测表面的相对几何条件。同时还与源的粒子辐射能量有关。在参考检测条件下，仪器对第i种核素的探测效率$\varepsilon_i$按下式计算：

$$\varepsilon_i = \frac{\text{参考几何条件下仪器测读的净计数率}}{\text{标准源 }2\pi\text{ 表面粒子发射率}} \qquad (4-1)$$

(3)源效率$\varepsilon_s$

源效率按照下式计算：

$$\varepsilon_s = \frac{\text{穿出污染层上表面的粒子发射率(粒子 }/s\text{)}}{\text{污染体层的活度(Bq)}} \qquad (4-2)$$

源效率包括污染体层下方物质对污染层发射粒子的反散射及反散射粒子和向上方发射的粒子在污染层中的自吸收，是一个并不十分确定的量。

(4)表面污染直接测量法

①赴现场测量前，应按照检测仪器的有关技术说明和操作规程，检查仪器电池电量是否充足、工作状态是否正常；

②现场测量前，在远离待测污染区的地方测定被测场所的本底计数率；

③测量时，探测器与被测表面之间的距离应在可行的情况下尽可能的小。为此可采用定位架；在可能情况下，测量期间的几何条件应尽可能与仪器校准时的几何条件保持一致，以减小测量误差，为此可采用可移动的定位架。

为便于实际测量操作简便，可将定位架按 5 mm 高度制作，使待测量表面与探测器有效探测面积表面始终保持在 5 mm 距离处，即可保证有效探测α和β放射性污染水平。由于β粒子在空气中的射程较长，因此在此距离处不会影响有效测量β放射性污染水平，但如果距离大于 5 mm，则由于α粒子在空气中的射程有限，会很大程度上低估α放射性污染水平。

对因物体表面几何条件或监测表面附近有其他辐射源干扰无法直接测量的场所，可采用擦拭法间接测量，即是把待测表面的放射性污染物转移到样品上，然后根据需要对擦拭材料进行样品处理及制备，最后由放射性测量装置测量制备样品上的放射性活度。由于擦拭法的测量结果受到的影响因素较多，如擦拭效率、人员操作方式、擦拭面积和力度等，因此，间接测量法通常用于表面污染的定性评价。

## 4.3.4　氡及其子体测量方法

在铀矿山、非铀矿山、地下溶洞、隧道等地下工作场所，氡及其子体检测是放射防护的重要内容，氡及其子体场所检测可以采用被动测量方法，如固体径迹测量法、活性炭法和驻极体法；也可以采取主动测量方法，进行瞬时或连续测量。其检测方法可以参照 GBZ/T 182《室内氡及其衰变产物测量规范》。

### 4.3.4.1　被动测量

氡浓度被动测量通常采用固体径迹测量法，选择有代表性的、工作人员停留时间较长的位置，根据现场的具体情况确定探测器放置数量和位置，尽可能选择在不会受到干扰和探测器不易遗失的地方，同时，选择有工作人员经常停留的房间（如办公室、车间、宿舍）和室外人员经常停留或经过的位置，布放高度在人的呼吸带。

探测器布放时认真记录探测器编号、布放位置和布放时间，拆开密封袋，将探测器平放或悬挂在测量点，高度控制在矿工呼吸的最佳高度处（1.5～2 m），离墙壁的距离至少为 20 cm，防止$^{220}$Rn 的干扰。布放期间确保探测器的安全。不易被碰，不易掉落，不会伤人。放置好后，严禁任何人打开、随意挪动位置，不能用其他东西遮盖住，防止水喷洒浸泡到探测器，防止损坏。布放时间一般为 1～12 个月。

探测器回收后记录探测器回收时间。探测器回收后用塑料袋密封，1 周内送回实验室进行蚀刻和测读分析。

探测器刻度应在有资质的标准氡室中进行，每批探测器应按一定比例抽样刻度。更换探测器材料或批号需要重新刻度。在选定的采样点平行布放 2 个平行样，数量不低于布放总数的 10%。每批探测器都需要留 5%或 5～10 个探测器进行本底测量。需要运输或邮寄时，本底（空白）采样器应与测量用的采样器同时邮寄。探测器的本底随储藏时间的增加而增加，平时应密封保存在低温的环境。如本底（空白）探测器的测量结果明显高于探测下限时，应停止使用。应定期参加可溯源到国家标准实验室之间的比对，以检查实验室间或测量方法间是否存在系统误差。

#### 4.3.4.2 主动测量

氡及其子体的主动测量，通常采用闪烁室测氡仪、脉冲电离室测氡仪、静电收集型测氡仪以及氡子体测量仪进行场所连续或瞬时测量。测量程序如下：

(1)使用前应按使用手册的要求对仪器或系统进行检查，如电池电压、各种参数、测量模式、时间间隔等应符合测量要求；仪器的本底和稳定性应与校准时一致。

(2)主动测量一般为短期测量，测量点的选择同被动测量，季节和通风状况会对测量结果产生影响，必要时需要对测量场所密闭后进行测量。

(3)将仪器放置到选定的测量位置，按操作程序进行测量，并按要求进行现场记录。有些仪器需要 1～4 h 的稳定时间，连续测量时间至少为 24 h。

(4)测量结束应对现场进行检查，记录可能影响测量结果的因素及与实验条件不符的情况。取仪器稳定后测量值的算术平均值作为该点的测量结果。

(5)仪器刻度

仪器的校准(刻度)应在获得国家计量授权的标准氡室中进行。标准氡室的氡浓度应能溯源到国家标准或国际氡参考实验室。测量仪器必须经校准(刻度)，在有效期内且稳定性和灵敏度均符合要求。仪器每年至少在标准氡室检定一次，仪器维修后需要重新检定，每台仪器应有单独的体积活度响应数值。

(6)本底测量

为避免闪烁室在使用后未能排空闪烁室内的氡气，闪烁室测氡仪每次测量之前需要对测量系统进行本底测量。

(7)仪器比对

应定期参加可溯源到国家标准实验室之间的比对，或者本实验不同仪器之间的比对，以检查实验室间或测量方法间是否存在系统误差。

(8)常规性能检测

应定期(如每周或每次测量之前)按仪器使用手册的要求对仪器和系统进行维护，包括常规的性能检验，使仪器或测量装置的工作参数如本底、探测效率、时间间隔、泵的流量等处于正常工作状态。当发现某些参数在预定的控制值以外时，应及时查找原因，进行适当的校正或调整。定期更换滤膜、防止滤膜阻塞。

### 4.3.5 放射性气溶胶检测方法

#### 4.3.5.1 样品采集

样品采集通常采用大流量空气采样器、滤膜和碘盒等方法。在气溶胶监测时，如果为了评估工作人员的剂量，有时采用小流量的或个体的采样器，大流量的更适合于环境样品的监测。采样选点，应使采集的样品能代表工作场所的状况。室外采样点应选择在相对开阔、没有高大建筑物对气流影响的地方，且远离烧煤烟囱的下风向；对于室内工作场所的空气采样，取样器应置于工作人员常停留位置或需调查的位置，距地面 1.5 m 高采样。

空气污染监测仪用于探测空气中的放射性气溶胶。气溶胶可以是飘尘、凝集物(烟)或悬浮液滴(雾、霾)。监测仪器一般依靠风机，使污染空气以一定速率通过过滤材料，再测滤材上沉积物的放射性，或者把滤材取下来再测量。根据通过滤材的空气体积，换算获得空气放射性活度浓度。气体监测仪包含一个辐射探测器，可以直接测量放射性气体。

空气污染监测仪按空气采样器可分为以下几组类型：

(1)个人空气采样器，流量率为每分钟 2～4 L；

(2)电池供电空气采样器，流量率约为每分钟 10 L；

(3)发电机供电空气采样器，典型流量率为每分钟 30 L、60 L 或 100 L；

(4)大流量空气采样器，流量率大于每分钟 1000 L。用于室内及室外采集各种类型放射性气溶胶。

#### 4.3.5.2 样品预处理及样品制备

对于采用大流量空气采样器采集的样品，需在现场将样品向内侧折叠好，放入密封的塑料袋后带回实验室，再用专用的压样机将样品压制成与标样体积、形态相同的圆柱形样品，再装入样品盒内，密封待测。对于碘盒样品则在现场用塑料袋密封后带回实验室直接装入样品盒内，密封待测，无需进行压样处理。

#### 4.3.5.3 样品测量

样品的测量步骤如下：

(1)保持与获取刻度源 $\gamma$ 谱相同的几何条件和工作状态；

(2)对谱仪进行能量刻度校验或能量刻度，确保能量一道址相互对应；

(3)将样品置于探测器上，确保样品、效率刻度源与探测器的相对位置相同；

(4)样品谱的获取时间根据样品中放射性强弱、对特征峰面积统计误差的要求或样品分析误差的要求而定。通常认为合理的最长计数时间应满足特征峰峰面积计数的统计误差小于 10%或 24 h 计数；

(5)低活度样品的测量时间要长，测量过程中应注意和控制谱仪的工作状态变化对样品谱的可能影响；

(6)根据全吸收峰的能量(或道址)和样品的历史来进行核素鉴别。

本底谱的测量应在测量样品前、后各测一次，然后取平均；也可在测量前或测量后测一次，用于谱数据分析时扣除本底谱的贡献。样品盒与探测器的相对几何位置要同刻度源、样品测量时相同。

### 4.3.6 总 α、总 β 分析

总 α、总 β 浓度值被用作放射性污染的信号和程度指标，根据总 α、总 β 测量结果可判断排放或污染水平，也可在样品分析之前对样品进行筛选。

#### 4.3.6.1 样品制备

为防止交叉污染，将每个采自现场的样品放入单独的容器内，按规定标识编号，将要存放待测样的不锈钢盘的底部也做上擦不掉的标识，测量盘不能重复使用。

(1)气溶胶

使用便携式或固定式空气取样器收集气溶胶，记录采样开始的时间与结束的时间，以

及采样期间现场的气象条件(气温、气压、湿度、风力等)。采样结束后取下滤膜,放在预先测量过本底的测量盘中,铺平并用样品压环固定。放置于干燥器中待样品干燥后,在α/β气体正比计数器或其它测量仪器上分析测定其总α和总β放射性,测量时间为30～60 min。

(2)水和沉降物

取一定量的水样(以能产生固体残渣量30～100 mg确定水样体积)分别加入2000 mL烧杯,使水样体积不超过烧杯容积的一半,在可调温电热板上(禁沸或微沸)蒸发浓缩,直至全部水样浓缩至约100 mL。

将浓缩液转移至250 mL烧杯中,用少量1∶1硝酸分次洗涤2000 mL烧杯,合并洗涤液于250 mL烧杯中,在可调温电热板上于微沸条件下继续蒸发浓缩,直至约50 mL。

将浓缩液转移至预先在350℃下恒重的瓷蒸发皿中,用少量无离子水分次洗涤烧杯,洗涤液并入瓷蒸发皿中,加1毫升浓$H_2SO_4$置于红外灯下小心加热蒸干,在电热板上继续加热蒸干,将烟雾赶尽。

将蒸发皿连同残渣放入高温炉,在350±10℃下灼烧1小时后取出,置于干燥器中冷却至室温,并记录灼烧日期和时间。用减重法准确算出灼烧后固体残渣质量。准确称取一定量的样品灰放在已恒重的测量盘中铺样,样品盘中样品一般要求α不大于10 mg/cm$^2$,β不大于20 mg/cm$^2$。(如样品不好铺匀可采用湿铺法,即在称好的样品灰上,滴几滴无离子水铺匀,红外灯下烘干,放至室温,待测)。

(3)其他类型样品

视情况将其蒸发或灼烧后的残渣全部转移至测量盘内铺样后立即测量。

#### 4.3.6.2 样品测量

测量前先根据设备制造商的推荐值,设置α和β同时测量的工作电压。设置完成后把样品放入测量室内,测量样品至少1 min。在一个典型的测量日中,每测完10个样品后,至少测一次本底和α、β标准源。从10个样品中再随机选取一个样品测量,将这个作为重复测量的样品的数据记录下来。

### 4.3.7 个人剂量监测方法

热释光个人剂量系统的通用操作程序为:

(1)依据监测类型与监测人数,配备数量足够、同批次的剂量片,剂量片的分散性符合国家标准要求(分散性越低越好,但价格越低越贵)。

(2)根据购置的剂量测量系统的特点进行检定校准。一般先对系统进行自校,之后将剂量计送中国计量科学院或中国原子能研究院等国家法定计量检定部门进行年度检定(每年一次)。

(3)在仪器日常使用中依据相关作业指导书并参照仪器说明书,对仪器进行日常维护及期间核查。

(4)依据监测类型与人数,制定监测计划;对探测元件退火、组装;发放个人剂量计;定期回收并提前发放下一个监测周期的剂量计;测读剂量计并出具监测报告。对于异常的测量结果,应查找原因;对于高剂量结果,应进一步进行现场核实与调查。

# 4.4　事故情况下监测

## 4.4.1　场所监测

现场环境场所辐射监测，一般由营运单位、地方生态环境部门和委托单位进行，或军队防化部队实施。在这些部门支持配合的情况下，核事故医学救援队可以采取他们提供的数据，在此基础上，进行医学救援队展开地域的环境辐射监测，为救援队展开地域内部区域划分提供依据。

执行不同任务的监测，首先需选择合适的监测设备，应保证仪器的量程能满足事故条件下的量程需求。如β/γ剂量率仪根据量程可以分为环境水平、中水平和高水平三类，对应量程分别为 0.05～100 μSv/h，10μSv/h～10 mSv/h，1 mSv/h～10 Sv/h。对于一般事故，低水平到中等水平的仪器即可；对于涉及高放射性源的重大事故，需要附加中到高量程的仪器。对于可携带设备，最好带有声光报警功能，在周围噪声水平很高时可采用耳机，保证操作人员能够读取数据。

外照射环境剂量率监测的目的，一是判断工作场所的辐射安全性，二是通过环境剂量率的测定，结合停留时间等因素，评估人员外照射剂量或制定防护措施。在烟羽释放阶段，通过环境剂量率监测，可判断烟羽的轨迹和横截面边界，确定污染是否超过干预水平。

表面污染监测的目的，一是检查人员体表污染，为确定人员是否需要去污和去污效果评价提供依据；二是检查地表污染，为辐射安全区域划分提供数据；三是检查物品设备表面污染，为物品设备洗消及放射性废物处理提供依据。

表面污染监测的要求，一是要有合格的人员和设备，保证测量结果准确，二是要有适当的控制和保护，防止污染或损坏设备，三是要有合理的方法和步骤，避免发生误测漏测，四是要有详细的记录，为后续工作提供方便。

使用表面污染仪探测可及表面放射性物质的存在。表面存在的放射性物质，即使量很少，也可造成潜在的放射性内污染。测量仪器必须经过效率刻度或校准，才能由计数率(counts per second，CPS)获得单位面积放射性活度(Bq/$cm^2$)数据。有些仪器具备参数设置功能(如 LB124、Como170)，在单一核素情况下，可指定放射性核素种类，获得核素的活度数据。为保证快速准确测量，虽然 CPS 不是法定单位但并不影响其作为表面污染判断及去污的依据，故应急救援现场一般常采用 CPS 测量模式，后续评估时再通过使用γ谱仪分析放射性核素的种类及含量，根据检定证书提供的刻度因子(R 值)进而转换成国际单位(Bq/$cm^2$)。

表面污染一般可以直接测量，但对于测量困难的α和低能β射线，表面凹凸不平、仪器难以接近的地方，直接测量比较困难，可以采用滤纸擦拭污染表面，对可去除成分进行采样。擦拭效率，通常可假设为 10%。滤纸测量结果乘以 10，再除以擦拭面积，即可得到可去除成分的单位面积活度。

## 4.4.2　个人剂量监测

人员的外照射剂量可以通过个人监测和环境辐射水平监测评估。应急救援人员、核与辐射领域职业工作人员，应佩戴个人剂量计，以剂量计监测结果为主要依据。公众可采取环境辐射水平监测、生物剂量测定以及电子自旋共振波谱方法等进行评估，其中在核事故情况下估算公众受照剂量，应考虑事故不同阶段的所有主要照射途径和主要放射性核素。事故早期的剂量估算应主要依靠模式计算，监测结果用来检验和修正模式。事故中、后期阶段应根据已获得的大量监测资料或采用经过修正的模式，进行公众受照剂量估算，详见《核事故应急情况下公众受照剂量估算的模式和参数》(GB/T17982－2018)。急性放射病患者在缺乏剂量数据时，可采用临床症状反推的方法。外照射个人剂量监测，目前以热释光剂量监测应用最为广泛。热释光个人剂量计适用于计划照射和应急照射的个人剂量监测。应急救援人员还应当佩戴具有报警功能的直读式剂量计，避免过量照射，防止发生有害的确定性效应。由于中子场总是伴随有 γ 辐射，在一些特殊场合可由光子－中子剂量比推导出中子的剂量。也可利用血液中钠和毛发中硫的中子激活分析技术测定中子剂量，可测剂量范围约为 0.1 至数十 Gy。

个人监测结果可以为采取阻吸收、促排等医学措施提供依据，环境介质监测结果可以用于评价群体平均剂量，为采取药物防护、隐蔽、临时避迁、永久避迁、食品禁售等干预行动决策提供依据。

### 4.4.3 电子自旋共振波谱测量

电子自旋共振是由不配对电子的磁矩发源的一种磁共振技术，是研究化合物或矿物中不成对电子状态的重要工具，能定量测量和直接观察辐射在机体中产生的自由基。使用电子自旋共振(ESR)测量牙釉、骨骼等人体组织，可测得人员受照剂量数据。在这种剂量测量方法中，骨、牙齿、塑料制品、手表玻璃、含糖食品和一些药品等均可作为测量样品。其中研究最多的是牙齿，对于急性照射或者长期慢性照射，其信息可以保存长达几十年。牙齿对 30～100 keV 的光子有较高的灵敏度，对该类照射可以获得较高的测量精度，可探测下限约 100 mGy。其他的可探测下限为骨组织和手表玻璃小于 2 Gy，蔗糖小于 1 Gy。

### 4.4.4 生物剂量测量

生物学剂量，即通过对受照者的生物样品分析，估计其受照剂量，通常称为生物剂量计。目前生物剂量计有多种，其中人血淋巴细胞染色体畸变、微核及早熟染色体凝集较为成熟。染色体畸变是公认的可靠、灵敏的方法，在 0.1～5.0 Gy 剂量范围内较为准确，已对细胞培养、制样和判读分析进行了统一和规范；利用微核估算受照剂量比较准确的范围为 0.25～5.0 Gy。

染色体畸变包括染色体数目异常和染色体结构异常。染色体结构异常可分为染色单体型、染色体体型畸变。外周血淋巴细胞受到照射产生的多为染色体型畸变，常以染色体型畸变作为放射生物剂量学的指标。如果对疑似受照人员外周血淋巴细胞染色体畸变分析中观察到染色单体型畸变，则要考虑是否有其他诱变剂的接触史。染色体型畸变根据其在体内的转归，可以分为非稳定性畸变和稳定性畸变。前者主要包括双着丝粒(dicentric, dic)、着丝粒环(centric ring，r)和无着丝粒断片；后者包括易位(reciprocal translocation，t)、倒位(inversion，inv)和缺失(deletion，del)。其中，非稳定性畸变，特别是双着丝粒和着丝粒环(dic＋r，简称“双＋环”)分析(见图 4－1)，是目前用于外照射伤员剂量估算的主要方法。

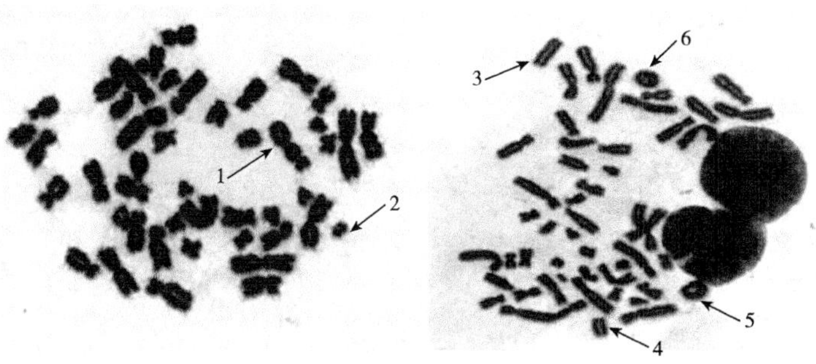


图 4－1　染色体非稳定性畸变：双着丝粒染色体、着丝粒环及无着丝粒断片

1－双着丝粒体；2－着丝粒环；3－断片；4－断 片；5－着丝粒环；6－着丝粒环

(1)外周血采集时间

全身均匀照射情况下，血样采集原则是尽早采集，通常需要在给予药物等治疗措施前采集。在局部照射和不均匀照射情况下，循环中和血管外细胞池的淋巴细胞直到 24 h 左右才能达到平衡，过早采集可能导致血中受照细胞的比例不具有代表性。因此，在照射后24 h 采集更为准确。通常在照射 4 周后染色体畸变(dic＋r)数目开始逐渐下降，所以血样采集不宜晚于照射 4 周后。严重过量照射后，白细胞数目可能会明显下降，血样采集的窗口期可能只有几小时或者几天，之后淋巴细胞数量会降至不能满足细胞遗传学分析的要求。如果治疗措施包括全血和成分血的输入，在治疗开始前采集患者的血样非常重要。

(2)抗凝剂选择

不含防腐剂的肝素锂是淋巴细胞培养最常用的抗凝剂，也可用肝素钠或者肝素铵。其他常见的抗凝剂如乙二胺四乙酸(EDTA)，可导致细胞生长抑制，不能用于淋巴细胞采集时的抗凝剂。

(3)采集容器

含适量肝素锂的一次性玻璃或塑料采血管都可以使用。老式的拧盖试管或者真空管也能使用，但必须保证无菌，不能使用含有玻璃或塑料珠或凝胶的试管。如果用干燥的肝素抗凝，必须保证取血后颠倒试管几次与血液适当混匀。

(4)样品保存

如血样不能及时进行细胞培养，可冷藏保存，采集后立即用植物凝集素(phytohaemagg lutinin, PHA)刺激并保持在低温状态下(低于 20℃)，以保证淋巴细胞不转化。

(5)血样运输

运输过程中，血样的理想温度应保持在 18～24℃，可保存 2～3 天。如果温度不在此范围内，可使用冷冻剂或室温包裹。在任何情况下，要避免血样冷冻。避免血样受到安检时的 X 射线照射。可以在包裹中放置一张 X 光胶片或者标准热释光剂量计，贴上标签“避免 X 射线”。

事故照射时，受照者通常无个人剂量监测数据，很难快速获得准确的受照剂量。此时可参照表 4－4 和表 4－5 估算伤员的外照射受照剂量。

**表 4—4　骨髓型急性放射病初期临床反应及受照射剂量范围参考值**

| 分度 | 初期表现 | 照后 1～2 d 淋巴细胞绝对数最低值($\times 10^9$/L) | 受照射剂量范围参考值(Gy) |
|---|---|---|---|
| 轻度 | 乏力、不适、食欲减退 | 1.2 | 1.0 |
| 中度 | 头昏、乏力、食欲减退、恶心，1～2h 后呕吐、白细胞短暂上升后下降 | 0.9 | 2.0 |
| 重度 | 1h 后多次呕吐，可有腹泻，腮腺肿大，白细胞数明显下降 | 0.6 | 4.0 |
| 极重度 | 1h 内多次呕吐和腹泻、休克、腮腺肿大，白细胞数急剧下降 | 0.2 | 6.0 |

**表 4—5　γ 射线急性照射后的各种可能的生物剂量估计**

| 剂量估计(Gy) | 发生呕吐的比例(%) | 呕吐开始时间(h) | 淋巴细胞绝对计数 | | | | | | 淋巴细胞下降速率常数(k) | 外周血淋巴细胞双着丝粒数(n) | |
|---|---|---|---|---|---|---|---|---|---|---|---|
| | | | 0.5 d | 1 d | 2 d | 4 d | 6 d | 8 d | | 每 50 个细胞 | 每 1000 个细胞 |
| 0 | — | — | 2.45 | 2.45 | 2.45 | 2.45 | 2.45 | 2.45 | — | 0.05—0.1 | 1—2 |
| 1 | 19 | | 2.30 | 2.16 | 1.90 | 1.48 | 1.15 | 0.89 | —0.126 | 4 | 88 |
| 2 | 35 | 4.63 | 2.16 | 1.90 | 1.48 | 0.89 | 0.54 | 0.33 | 0.252 | 12 | 234 |
| 3 | 54 | 2.62 | 2.03 | 1.68 | 1.15 | 0.54 | 0.25 | 0.12 | 0.378 | 22 | 439 |
| 4 | 72 | 1.74 | 1.90 | 1.48 | 0.89 | 0.33 | 0.12 | 0.044 | 0.504 | 35 | 703 |
| 5 | 86 | 1.27 | 1.79 | 1.31 | 0.69 | 0.20 | 0.06 | 0.020 | 0.63 | 51 | 1024 |
| 6 | 94 | 0.99 | 1.68 | 1.15 | 0.54 | 0.12 | 0.03 | 0.006 | 0.756 | — | — |
| 7 | 98 | 0.79 | 1.58 | 1.01 | 0.42 | 0.072 | 0.012 | 0.002 | 0.881 | — | — |
| 8 | 99 | 0.66 | 1.48 | 0.89 | 0.33 | 0.044 | 0.006 | <0.001 | 1.01 | — | — |
| 9 | 100 | 0.56 | 1.39 | 0.79 | 0.25 | 0.030 | 0.03 | <0.001 | 1.13 | — | — |
| 10 | 100 | 0.48 | 1.31 | 0.70 | 0.20 | 0.020 | 0.01 | <0.001 | 1.26 | — | — |

注：1.表中列出三种最常用的生物剂量参数，γ 射线急性照射的剂量估算，其他射线等量照射也可参照。

2.第二、第三列显示受照后呕吐发生的开始时间和呕吐发生率；中间部分显示淋巴细胞减少发展的时间过程，为得到照射剂量的速率常数，淋巴细胞计数测定两次。淋巴细胞绝对计数正常范围：$(1.4\sim3.5)\times10^9\cdot L^{-1}$。淋巴细胞下降率是根据公式：$L_t=2.45\times e^{-k(D)t}$算得，其中 $L_t$为淋巴细胞计数($\times10^9 L^{-1}$)；2.45($\times10^9 L^{-1}$)为人群中平均淋巴细胞测量值的均数；$k$ 为特定 γ 射线急性照射剂量淋巴细胞下降率常数；$t$ 为照后时间(d)。

3.最后一列是淋巴细胞染色体畸变，需要数日才能得到结果，是人外周血淋巴细胞双着丝粒染色体的数目

引自：闵锐，李雨，潘真，辐射损伤的分类及诊断——介绍美国国家战略储备辐射工作组关于急性放射病治疗的建议之一，国外医学，放射医学核医学分册，29(4)：179—185，2005

## 4.4.5　人员的放射性表面污染检测

在核事故时，面对大批量的伤员时，传统的放射性表面污染监测方式费时费力，效率较低。目前，市场上已经出现融合 WIFI 无线通信技术、编码识别技术、热成像模拟技术等前沿科技，一主机多终端的集成化批量人员体表放射性污染检测系统，其工作原理是改变沾

染检测仪只能一次检测一人的方式，采用 WIFI 无线通信方式，将 6～30 个检测终端无线连接，大量扩容，可同时检测 6～30 人，提高了检测效率、检测时间；对放射性污染以热力图的形式在体模上实时显示污染部位及污染程度，具有声光报警功能、污染部位识别、污染程度分度显示、系统上传等功能。实现了核应急状态下人员体表放射污染的快速、批量、系统、集成、精准化检测，显著提高核事故应急医学救援的效率和水平。对人员进行放射性污染监测的方式见图 4－2。

图 4－2　对人员进行放射性污染监测

1.监测探头与人体距离约 1cm。监测顺序：从头顶开始，沿身体一侧向下移动探头，依次监测颈部、衣领、肩部、手臂、手腕、手、手臂内侧、腋下、体侧、腿、裤口和鞋、腿内侧，再监测身体另一侧。监测体前、体后，特别注意脚、臀部、肘、手和脸部。探头移动速度：5 cm/s，应用耳机监听污染声音信号。

2.对皮肤和衣服，按 100 $cm^2$ 的面积求平均值；手部按 30 $cm^2$ 的面积求平均值；指尖按 3 $cm^2$ 的面积求平均值。

3.进行 α 监测，探头与人体距离应小于 0.5 cm。测量暴露皮肤，如有污染应更换衣服。

### 4.4.6　体内污染检测

全身或器官中放射性物质含量的体外直接测量技术，可用于发射特征 X 射线，γ 射线，正电子和高能 β 粒子的放射性核素，也可用于一些发射特征 X 射线的 α 辐射体。用于全身或器官放射性核素含量的体外直接测量设备，由一个或多个安装在低本底环境下的高效率探测器组成，探测器的几何位置应符合测量目的。对于发射 γ 射线的裂变产物和活化产物，如 $^{131}I$、$^{137}Cs$ 和 $^{60}Co$，可用能在工作场所使用的较简单的探测器进行监测。对少数放射性核素，如钚的同位素，则需要高灵敏度探测技术。

如果放射性核素污染的伤口中有发射高能量 γ 射线的放射性物质，通常可用 β—γ 探测器。当污染物为某些能发射特征 X 射线的 α 辐射体时，可用 X 射线探测器。当伤口受到多种放射性核素污染时，应采用具有能量甄别本领的探测器。伤口探测器应配有良好的准直器，以便对放射性污染物进行定位。在进行体外直接测量前，应进行人体表面去污。

对于不发射 γ 射线或只发射低能光子的放射性核素，应采用排泄物监测技术。对于发射高能 β、γ 射线的辐射体，也可采用排泄物监测技术。一般采用尿样分析进行排泄物检测，对主要通过粪排泄或需要评价吸入 S 类物质自肺部廓清时，要求分析粪样。

在一些特殊调查中也可分析其它生物样品，例如可使用鼻拭子放射性测量仪分析鼻腔分泌物或鼻拭样；怀疑有高水平污染时可分析血样；在有$^{14}C$、$^{226}Ra$和$^{228}Th$的内污染情况下，可采用呼出气活度监测技术；在极毒放射性核素如超铀元素污染伤口的情况下，应对已切除的组织样品进行制样和/或原样测量。

尿样的收集、储存、处理和分析时应注意：应避免外来污染，交叉污染和待测核素的损失；对于大多数常规分析，收集 24 h 尿液。在常规监测情况下，如收集不到 24 h 尿，应把尿量用肌酐量或其他量修正到 24 h 尿。氚是例外，一般只取少量尿，即能由所测尿氚浓度，推算体液浓度及摄入量。在某些情况下如特殊监测，为减少核素经尿排出的日排出量涨落对监测结果的影响，应分别分析连续 3 d 的尿样，或分析连续 3 d 的混合液，其平均值作为中间 1 d 的日排量。

粪样监测常用于特殊调查，尤其是已知吸入或怀疑吸入 M 或 S 类物质后的调查，由于核素每天的粪排量涨落较大，因此应连续收集几天的粪样。

生物样品中 γ 辐射体可用闪烁探测器或半导体探测器直接测定；对 α 和 β 辐射体应先化学分离，再测量样品中总 α 或总 β 活度，作为一项简单的筛选技术，但不能用来定量估算摄入量或待积有效剂量，除非已知放射性核素的组成。

根据空气样品的测量结果，估算摄入量带有很大不确定度。但是事故情况下，可作为人员吸入放射性物质的一个补充。在取样周期终了时，用非破坏性技术测量滤膜上放射性，以及时发现不正常的高水平辐射。然后将滤膜保留，并合并较长时间积累的滤膜，用放射化学分离提取方法和高灵敏度的测量技术进行测量。内照射个人监测方法选择和基本要求，见表 4－6。

**表 4－6　内照射个人监测方法选择和基本要求**

| 核素 | 实用监测方法 | | 最低探测限 | 说明 |
|---|---|---|---|---|
| | 设备 | 监测类型 | | |
| $^{3}H$ | 液闪 | 尿样 | 100 Bq·L$^{-1}$ | |
| $^{58}Co$和$^{60}Co$ | γ射线谱 | 全身测量 | 50 Bq | |
| | | 肺测量 | 100 Bq | |
| | | 尿样 | 1 Bq·L$^{-1}$ | |
| | | 粪样 | 1 Bq/样品 | |
| $^{89}Sr$和$^{90}Sr$ | β计数 | 尿样 | 1 Bq·L$^{-1}$ | 应先进行化学分离 |
| $^{125}I$、$^{129}I$和$^{131}I$ | γ射线谱 | 甲状腺测量 | 100 Bq | 如果甲状腺已被阻止吸收碘，应采用尿样测量 |
| | | 尿样 | 5 Bq·L$^{-1}$ | |
| $^{134}Cs$和$^{137}Cs$ | γ射线谱 | 全身测量 | 50 Bq | |
| | | 尿样 | 5 Bq·L$^{-1}$ | |
| | | 粪样 | 10 mBq | |
| $^{234}U$、$^{235}U$和$^{238}U$ | γ射线谱 | 肺测量 | 200 Bq | 仅适用于$^{235}U$特殊监测和接近年剂量限值的常规监测 |
| | | 尿样 | 10 mBq·L$^{-1}$ | 应先进行化学分离 |
| | | 粪样 | 10 mBq | |

续表

| 核素 | 实用监测方法 | | 最低探测限 | 说明 |
| --- | --- | --- | --- | --- |
| | 设备 | 监测类型 | | |
| $^{239}Pu$ 或 $^{240}Pu$ | γ 射线谱 | 肺测量 | 2.0 mBq | 灵敏度与胸壁厚薄有关 |
| | α 谱 | 尿样 | 1 mBq · $L^{-1}$ | 应先进行化学分离，尿样和粪样可用于 M 类的日常和特殊监测；仅粪样可用于 S 类的常规监测，但仅在摄入几天内有效，裂变径迹和质谱分析的灵敏度会更高些。 |
| | | 粪样 | 1 mBq | |
| $^{3}H$ | 液闪 | 尿样 | 100 Bq · $L^{-1}$ | |
| $^{58}Co$ 和 $^{60}Co$ | γ 射线谱 | 全身测量 | 50 Bq | |
| | | 肺测量 | 100 Bq | |
| | | 尿样 | 1 Bq · $L^{-1}$ | |
| | | 粪样 | 1 Bq/样品 | |
| $^{241}Am$ | γ 射线谱 | 肺测量 | 20 Bq | 不适用于低于年剂量限值的监测 |
| | | 骨测量 | 20 Bq | |
| | α 谱 | 尿样 | 1 mBq · $L^{-1}$ | 应先进行化学分离 |
| | | 粪样 | 1 mBq | |
| | | 粪样 | 1 mBq | |

注：引自 GBZ 129—2016 职业性内照射个人监测规范。

# 4.5 监测结果处理

## 4.5.1 本底测量确定

探测器中出现的本底计数通常归结于下述四个来源：(a)来自天然源的环境本底辐射，如宇宙射线或氡及其衰变产物；(b)来自屏蔽和其他设备中的放射性本底辐射；(c)来自测量对象中天然放射性辐射；(d)由于测量对象同环境辐射相互作用而散射到探测器的辐射。对于基于闪烁计数 NaI(Tl)晶体或者层式磷光闪烁体计数系统，探测器系统的本底计数应用一个适当的体模(尽可能类似于要计数的测量对象，而且置于限定的计数位置)来测定。对于全身计数，用性别、身高和体重方面相符的未受污染的测量对象来测定本底计数，将能改进测量结果。但是，完全相符是不可能的，诸如 $^{40}K$ 含量等因素就是不能控制的，因而较好的结果能从相符合的控制组，或者从开始工作前对特定个人所作的测量获得。对计数器中本底的测量，在时间上应尽可能与测量对象的测量接近，理想的情况是刚刚在其前和恰巧在其后。用半导体探测器时，以相符的体模进行本底计数是不必要的。仪器本底应该在现场确定。

### 4.5.2 检测结果的处理

检测结果应给出平均值和标准偏差，最终结果为平均值和设备校准因子的乘积或商。

(1)按下式计算测量结果的平均值：

$$\overline{X}=\frac{1}{N}\sum_{i=1}^{N}X_i \tag{4-3}$$

式中，$\overline{X}$—平均值；

$N$—测量数据的个数；

$X_i$—第 $i$ 个读数值。

标准偏差 $\sigma_X$ 按下式计算：

$$\sigma_X=\sqrt{\frac{1}{N-1}\sum_{i=1}^{N}(X_i-\overline{X})^2} \tag{4-4}$$

平均值乘以校准因子即为该测量关注点的周围剂量当量率值。

对于测量结果包含本底的情况：

$$\dot{H}^*=\overline{X}\times Cf \tag{4-5}$$

对于测量结果不包含本底的情况：

$$\dot{H}^*=(\overline{X}-X_0)\times Cf \tag{4-6}$$

式中，$X_0$—本底，$Cf$ 是校准因子。

(2)α、β 表面污染水平

测量任意的表面污染时，仪器除记录所在位置表面污染外，同时记录有本底计数。本底包括：天然辐射、测点周围的某种辐射场以及仪器电子学线路部分的噪声等，该本底不是表面污染本底，所以，必须从仪器测量值中扣除，获得净表面污染测量值。测点位置的本底以如下方法扣除本底。此情况下的做法是：

①将仪器的防护盖板盖在仪器探头的探测窗上，(可以使用可屏蔽掉β发射的铝板)屏蔽所测表面污染的辐射，此时测量的计数率是测量点的本底，可记为 $n_b$。

②然后取下探头探测窗上的盖板，测量被测污染表面的计数率，此时计数率是表面污染和本底贡献之和，可记为 $n_0$。

③表面污染计数率 $n_s$ 为：$n_s= n_b-n_0$。

表面污染水平系指单位面积的表面污染活度，记为 $A_s$，单位为 $Bq/cm^2$。由仪器测值计算 $A_s$ 如下：

$$A_s=\frac{n_0-n_b}{\varepsilon_i\times W\times\varepsilon_s} \tag{4-7}$$

式中，$A_S$—表面污染水平，$Bq/cm^2$；

$n_0$—仪器测量的总计数率(cps)，计数率为计数每秒(计数/s)时，为了书写方便，记为符号“cps”，其单位为 $s^{-1}$；

$n_b$—仪器测量的本底计数率(cps)，$s^{-1}$；

$\varepsilon_i$—仪器对α或β的探测效率；

$W$—探测器的有效探测面积，$cm^2$；

$\varepsilon_s$—污染源的效率。

注意：当仪器的效率 $\varepsilon$ 中已包含污染源的效率 $\varepsilon_s$，则(4−7)式中将不再用污染源效率 $\varepsilon_s$ 修正。(4−7)式可变换为：

$$A_{s'} = \frac{n_0 - n_b}{W \times \varepsilon} \tag{4-8}$$

通常，经检定的α、β表面污染测量仪检定证书给出的校准因子为表面活度响应 $R_i$，而表面活度响应 $R_i$ 与探测效率 $\varepsilon_i$、探测器有效探测面积 W 和污染源的效率 $\varepsilon_s$ 的关系为：

$$R_i = \varepsilon_i \times W \times \varepsilon_s \tag{4-9}$$

式中，$R_i$—表面活度响应，单位 $Bq^{-1} \cdot s^{-1} \cdot cm^2$。

此时，(4−7)式可改写为下式：

$$A_i = \frac{n_0 - n_b}{R_i} \tag{4-10}$$

式中，$A_i$—表面污染水平，$Bq/cm^2$；

$R_i$—表面活度响应，$Bq^{-1} \cdot s^{-1} \cdot cm^2$。

式(4−7)中的污染源的效率 $\varepsilon_i$ 未知时，可采用下述保守但尚合理的 $\varepsilon$ 值：

$\varepsilon = 0.5$(对于 $E_{\beta max} \geqslant 0.4$ MeV 的β发射体)

$\varepsilon = 0.25$(对于 0.15 MeV $< E_{\beta max} <$ 0.4 MeV 的β发射体和α发射体)

对于 $E_{\beta,max} <$ 0.15 MeV 的β粒子的表面污染，原则上不适宜用表面污染仪直接测量。对于α粒子表面污染，当污染层厚度大于α粒子的射程，即大于饱和层厚度时，实际的源效率低于上值，将导致低估α粒子表面污染水平。尽管如此，但考虑到此时的污染物向人体内的转移量不多，因此，上述典型值是可以接受的。

(3)总α总β放射性活度浓度

样品中总α总β的放射性活度浓度可以用总α总β分析软件中的详细记录单来计算。也可以根据下面公式计算：

$$C_G^i = \frac{\frac{N_i}{t_i} - \frac{N_b}{t_b}}{\varepsilon_i V} \tag{4-11}$$

式中，$C_G^i$—总α或总β的活度浓度，根据样品类型单位有 $Bq/m^3$、Bq/L、Bq/kg 等；

$i$—α或β；$N_i$：样品计数；

$t_i$—样品测量时间，s；

$N_b$—本底计数；

$t_b$—本底测量时间，s；

$\varepsilon_i$—总α或总β的计数效率，$s^{-1} \cdot Bq^{-1}$；

$V$—相应样品量，根据样品类型单位有 $m^3$、L、kg 等。

当测量有α放射性存在时的β放射性(在β坪区)时，β辐射体的浓度，可以用下面公式计算：

$$C_G^\beta = \frac{n_\beta - n_\alpha F_\alpha}{\varepsilon_\beta V} \tag{4-12}$$

式中，$C_G^\beta$—总β的活度浓度，根据样品类型单位有 $Bq/m^3$、Bq/L、Bq/kg 等；

$\varepsilon_\beta$—总 β 的计数效率，$s^{-1}\cdot Bq^{-1}$；

$n_\beta$—在 β 电压坪区上的 β 净计数率(总计数率减去本底计数率)；$n_\alpha$：在 α 电压坪上的 α 净计数率(总计数率减去本底计数率)；

$F_\alpha$—α 串通道因子；V：相应样品量，根据样品类型单位有 $m^3$、L、kg 等。

(4)氡浓度

空气中氡浓度按公式(4－13)计算：

$$C_{Rn}=\frac{n-n_b}{T\cdot F} \tag{4-13}$$

式中，$C_{Rn}$—暴露期间被测场所的平均氡浓度，$Bq/m^3$；

$n$—径迹密度，$Tr/cm^2$；

$n_b$—本底径迹密度，$Tr/cm^2$；

$T$—暴露时间，h；

$F$—刻度系数，$(Tr/cm^2)/(Bq\cdot h/m^3)$。

空气中氡浓度按公式(4－14)修正计算：

$$C_{Rn}=\frac{\sum_{i=1}^{n}R}{n\cdot K} \tag{4-14}$$

式中，$C_{Rn}$—氡浓度的平均值，$Bq/m^3$；

$K$—仪器的体积活度响应(修正因子)，无量纲；

$R$—仪器示值，$Bq/m^3$；

$n$—测量次数。

(5)放射性气溶胶浓度

按下式计算放射性气溶胶浓度：

$$C=\frac{A}{V\cdot t\cdot \eta} \tag{4-15}$$

式中，$C$—放射性气溶胶浓度，$Bq/m^3$；

$A$—测定的滤材上的放射性活度，Bq；

$V$—抽气速率，$m^3/s$；

$t$—采样时间(测量周期)，s；

$\eta$—滤材的收集效率。

(6)样品中放射性核素浓度的计算

用谱分析软件计算、打印出样品中各特征光峰的全能峰面积，计算被测样品的第 j 种核素的比活度(Bq/kg)为：

$$Q_j=\frac{A_{ji}-A_{jib}}{P_{ji}\eta_{ji}D_jM} \tag{4-16}$$

式中，$Q_j$—第 $j$ 种核素浓度，Bq/kg；

$A_{ji}$—待分析样品第 $j$ 种核素的第 $i$ 个特征峰的全能峰面积(计数/秒)；

$A_{jib}$—与 $A_{ji}$ 相对应的特征峰本底计数率(计数/秒)；

$P_{ji}$—第 $j$ 种核素发射第 $i$ 个 γ 射线的几率；

$\eta_{ji}$—第 $i$ 个 $\gamma$ 射线特征峰的全能峰的效率值；

$D_j$—第 $j$ 种核素校正到采样时的衰变校正因子；

$M$—测量样品的质量，Bq/kg。

(7)直接氧化蒸馏法测量水中氚和尿中氚浓度计算

计算水中氚和尿中氚的活度浓度公式：

$$A=\frac{n_s}{KV_mE} \tag{4-17}$$

式中，$A$—水中氚的放射性浓度，Bq/L；

$V_m$—测量时所用水样的体积，mL；

$E$—仪器对氚的计数效率，cpm/dpm；

$n_s$—待测试样净计数率，cpm；

$K$—单位换算系数，$6\times10^{-2}$ dpm/Bq/L；

分析结果 A 的相对标准偏差由下式确定：

$$A=\left[\frac{1}{n_s^2}\left(\frac{n_b+n_s}{t_s}+\frac{n_b}{t_b}+\sigma_E^2\right)\right]^{1/2} \tag{4-18}$$

式中，$\sigma_A$—相对标准偏差；

$\sigma_E$—仪器对氚的计数效率标准偏差；

$n_s$—待测试样的净计数率，cpm；

$n_b$—本底试样的计数率，cpm；

$t_s$—待测试样计数时间，min；

$t_b$—本底试样计数时间，min。

(8)最小可探测下限的确定

按照本底计数值标准偏差的 3 倍(3σ)计算，即测量计数值减去本底计数值≥3σ 时，认为测量结果有意义。

若测量计数值减去本底计数值<3σ 时，则认为测量结果小于可探测下限。

(9)数据修约准则

需保留位数的后位数为 4 及以下时舍弃；需保留位数的后位数为 6 及以上时进一；需保留位数的后位数为 5，5 后不为 0 时进一，5 后为 0 时，5 前为奇数则进一，5 前为偶数则舍去。

（侯长松、李蓉、陈忠民）

# 思考题

1.常用的外照射监测设备有哪些？其应用的场所？

2.内照射监测方法有哪几种？

3.外照射个人剂量计有哪些？他们的各自特点是什么？

4.如何开展表面污染测量，测量时的注意事项是什么？

5.氡及其子体主动测量方法有哪些？如何开展氡及其子体主动测量？

6.发生辐射事故时，应开展哪些辐射监测？

# 参考文献

[1]潘自强.辐射安全手册.北京：科学出版社，2011 年 11 月.

[2]苏旭，侯长松.放射防护检测与评价.北京：中国原子能出版社，2016 年 9 月.

[3]苏旭，张良安.实用辐射防护与剂量学.北京：中国原子能出版社，2012 年 12 月.

[4]李继开.核事故应急响应概论.北京：中国原子能出版社，2010 年 6 月.

[5]苏旭.核和辐射突发事件处置.北京：人民卫生出版社 2013 年 9 月.

[6] https://baike.baidu.com/item/辐射监测仪表

# 第5章　受照人员剂量估算

人员受到电离辐射照射后，尽快估算出受照剂量可以为应急医学救治提供诊断依据，并能预测可能出现的辐射效应及潜在的损伤程度，为后续制定治疗方案提供依据。目前常用的人员剂量估算方法包括物理剂量估算方法、生物物理剂量估算方法和生物剂量估算方法。物理剂量估算方法利用收集的现场受照条件及参数或采集的受照样品进行模拟或测量，得到受照人员的全身及器官剂量；生物物理剂量估算方法通过采集人体受照样品，通过物理测量手段（如电子自旋共振方法），可以得到人体特定部位的受照剂量；生物剂量估算方法通过收集受照人员的生物样品（如外周血）进行培养和测量，可以较准确估算受照人员的全身受照剂量。三种方法相辅相成，在事故情况下通常综合运用，互为验证，这样可以更加准确地评估受照剂量。

## 5.1　物理剂量估算

物理剂量估算是常用的受照剂量估算方法之一，可以快速、合理地提供受照人员的全身剂量、器官剂量，以至局部详细剂量分布。

### 5.1.1　物理剂量估算方法

物理剂量估算又分为外照射剂量估算、内照射剂量估算。在内外照射计算机模拟估算中，利用数字化人体模型并采用蒙特卡罗算法是最常用的方法。本小节分别介绍外照射物理剂量监测与估算方法、内照射物理剂量监测与估算方法和人体模型模拟方法。

#### 5.1.1.1　外照射物理剂量监测与估算方法

目前核辐射突发事件外照射物理剂量评估方法主要有两大类，即直接测量方法和模拟估算方法。直接测量方法包括热释光方法、光致发光方法、电子自旋共振法等。模拟估算法主要有实验模拟和理论模拟两种。本节先介绍直接测量方法。

(1)β/γ 外照射剂量监测

1)热释光剂量(TLD)方法

①概述

热释光剂量测定是常用的个人剂量监测和事故剂量测定方法之一。所谓热释光，是指一些材料在受到电离辐射照射后经加热所发射的光。常见的热释光材料包括热释光剂量计、手表红宝石、棉织物、纽扣、玻璃、石英、陶瓷、砖瓦、含糖食品以及人体的牙齿、指甲、头发、骨骼等样品。受辐射照射的热释光材料中会形成电子陷阱，电子被捕获在电子陷阱上。当该材料被加热后，陷阱中的电子吸收能量被释放出来从而发光，发光强度与该材料受到的辐射剂量相关。因此，通过测量热释光的强度，就可以估算出材料所在位置的受照剂量。

热释光读出系统一般由光电倍增管、光学系统、加热装置、计数器、温控系统等组成。热释光材料经加热释放出的光子，需要通过光电倍增管转换为电信号以读出进行观测。光输出量与加热温度间的变化曲线称为发光曲线，光输出量的时间积分（即发光曲线下的面积）用以估算受照剂量。发光曲线的形状由受照剂量、受照历史、晶格中的杂质和缺陷、对热释光材料的处理等因素影响。例如，手表红宝石材料在 30 Gy 剂量以下，热释光峰数量为 1 个，在 40 Gy 剂量以上则出现 2～5 个峰，且随剂量增加，出现多个峰的几率增大。热释光材料经过读出过程释放了其储存的受照信息，读出结束后（部分材料）经过进一步退火可以继续使用以记录新的受照剂量。

常用的热释光剂量计材料通常选用氟化锂（镁铜磷），其他材料还包括氟化钙、氧化铍、硼酸锂、硫酸钙、硅酸镁等。由于事故情况下一些受照人员可能未佩戴热释光剂量计，也可以选择一些生物样品，如牙齿和骨骼开展热释光剂量测量。但这些生物样品在受照者生前往往不易取得，只能作为放射事故调查和追溯剂量时使用。热释光材料在记录受照剂量后，环境中光线和热的激发可能导致热释光材料电子陷阱中的电子释放，这种现象称之为衰退。为避免这种现象引起热释光测量读数的不准确，应在取得受照材料后尽快开展测读工作。

②利用石英材料的前剂量热释光技术

剂量重建是回顾性剂量学的主要技术方法，它是开展核辐射突发事件调查的关键工作之一。在众多剂量重建方法中，前剂量热释光技术是其中的重要一种。前剂量效应，是指一些材料受到电离辐射后，其热释光峰灵敏度的提高具有剂量依赖性。石英是通常用来开展前剂量测量的热释光材料，当石英材料受照后，通过适当的温度（450～500 ℃）进行热激活，其 110 ℃热释光峰增加的强度与之前的受照剂量成正比。

石英前剂量测量方法的操作步骤通常包括：样品收集、预处理和化学处理，热释光响应值本底测量，热激活和热激活后的热释光响应测量，给样品照射刻度剂量，照射刻度剂量并热激活后的热释光响应测量，剂量计算等。测量结果估算剂量值 $D$（单位：Gy）的计算方法如下：

$$D=\frac{S_{N}-S_{0}}{S_{N+\beta}-S_{N}}\cdot\beta \tag{5—1}$$

式中，$S_0$—对照样品热激活后热释光峰响应值；

$S_N$—受照样品热激活后热释光峰响应值；

$\beta$—照射的刻度剂量，Gy；

$S_{N+\beta}$—受照样品再照射刻度剂量 β 后经过热激活的热释光峰响应值。

前剂量热释光技术的优点是即使辐射照射发生在较早以前，也能得到相对准确的剂量值，这对既往核或放射事故剂量追溯有重要意义。但它也有一些局限，如果事故照射剂量较低，天然辐射对石英材料的照射会影响测量结果的扩展不确定度。

③利用红宝石材料的热释光测量

在既往发生的放射事故中，受照者通常未佩戴个人剂量计或个人剂量计已经超过量程，无法用来估算受照剂量。由于机械手表的机芯中通常使用红宝石作为其轴承材料，而红宝石又是良好的热释光测量材料，所以如果受照者在事故期间佩戴了机械手表，则可以取用其中的红宝石通过热释光方法来测量受照剂量。

手表中红宝石材料的基质是三氧化二铝晶体，里面掺杂 0.05%左右的三氧化二铬，颜色呈浅红色。手表红宝石热释光光谱波长范围为 630～760 nm，峰值波长为 699 nm，属于红外光。由于红宝石材料热释光波长不同于其他热释光磷光体，所以在进行热释光剂量测量时需要选用适应其波长范围的光电倍增管和滤光片，通常应当采用峰值中心波长为 699 nm的滤光片。

手表红宝石热释光测量的加热程序是：预热处理温度 150 ℃，预热时间 15 s，测量读出温度 360 ℃，测量时间 20 s，加热速率 20～30 ℃/s，退火温度 400 ℃，退火恒温时间 10～30 min，冷却采用速冷。

手表红宝石元件热释光发光值在 0.1～10 Gy 之间与受照剂量呈良好线性关系，最低探测下限约为 1 mGy。重复测量和退火 10 次，其单位剂量热释光读出值的变化在±8%以内，重复测量性能对于剂量估算来说可以接受。手表红宝石容易受到环境温度和光线的影响。实验表明，普通白炽灯照射对红宝石材料的热释光灵敏度影响最小。因此，在热释光测量时，应尽量在暗室内使用白炽灯照明进行操作，手表红宝石元件与白炽灯泡的距离应大于等于 50 cm，以防止红宝石材料受热造成发光值的变化。

手表红宝石受辐照后发光值逐渐衰退是其固有性质。尽管各类手表红宝石元件之间热释光灵敏度相差很大，但它们的热释光值衰退规律基本一致。实验表明，各类手表红宝石在照后 24 h 内衰退很快，之后则变得缓慢，因此在受照后应尽快测量。如果热释光测量与受照的间隔时间较长，且受照剂量又比较小，则可以将多个手表红宝石元件放在一起同时测量，以增加热释光读出值。此外，手表红宝石热释光发光值衰退还随受照后的保存温度变化，总的来看，保存温度越低则衰退越小。因此，如果采用自身刻度方法进行红宝石测读剂量刻度，应当注意使等待测量的时间和保存条件与事故实际发生到测量的时间和实际保存条件保持一致，且进行刻度时的测读条件应与实测剂量时的测读条件相同。注意进行刻度照射时，应将手表红宝石元件装回原手表中进行照射。

进行事故受照人员剂量估算时，可将热释光剂量计布放在仿真人体模型表面及内部，根据事故受照几何条件进行照射，得出人体受照剂量分布。再将利用手表红宝石测得的剂量作为人体佩戴位置的照射剂量以对其他部位的受照剂量进行归一化，进而估算人体各组织或器官的剂量及全身有效剂量。

2)光致发光(OSL)剂量和辐射光致发光(RPL)方法

光致发光剂量测定技术是始于上世纪末的一种新型辐射剂量检测方法。它的原理是，某些晶体受电离辐射后产生的电子—空穴对被晶格缺陷捕获，用特定波长的光激发，晶体受激发光，且发光量与晶体所受剂量和激发光的强度成正比。记录该晶体受激释放的荧光信号，就可以估算其受照剂量。由于晶体受光激发每次只释放很少一部分离子(<1%)，因此可以重复测读，这是光致发光技术相对于热释光技术的一个明显优势。

目前，用于光致发光技术的探测材料通常采用 $Al_2O_3$:C(又称刚玉或蓝宝石)。氧化铝是常见的工业材料，它坚固且对环境因素不敏感，经高温下掺杂处理，可制成探测材料。光致发光计测读装置通常包括激发光源、光导、测光装置、机械传动和信号处理装置等。一般采用波长为 532 nm 的发光二极管作为激发光源，使用光电倍增管作为光电信号转换装置。光致发光测量技术具有可重复测读、衰退较慢、良好的环境稳定性、灵敏度与传统热释光器件相似、无需加热和重复退火等特点，是开展个人剂量监测与估算的重要方法。

辐射光致发光剂量计通常又称为玻璃剂量计，它的基质材料是锂铝偏离酸盐或钠铝偏磷酸盐玻璃。这种玻璃材料受到电离辐射后形成发光中心，再受紫外线照射，可发射可见光，且发光强度与所受电离辐射剂量成正比。利用专用的测读装置，记录释放的荧光量，即可估算受照剂量。玻璃剂量计具有灵敏度高、可重复测读、剂量线性好、衰退可忽略等特点，可较好开展外照射剂量监测和估算。

(2)中子剂量监测

1)利用中子剂量计测量

中子个人剂量计的原理主要是利用中子与物质相互作用产生的反冲质子、α粒子或裂变碎片等带电粒子在一定介质材料中产生径迹，通过统计径迹的数量来估算中子剂量。

在矿物、玻璃等固体材料中，中子与物质作用产生的电离粒子可沿其反冲路径产生结构损伤(径迹)。固体核径迹探测器包括裂变径迹探测器、反冲径迹探测器和核反应径迹探测器。裂变径迹探测器利用中子致$^{237}Np$、$^{232}Th$或$^{238}U$发生裂变，其裂变碎片产生径迹；反冲径迹探测器利用中子与物质中C、O或N原子核发生弹性散射，反冲的C、O或N原子核产生径迹；核反应径迹探测器利用中子与$^{6}Li$或$^{10}B$发生(n,α)反应，发射的α粒子产生径迹。再利用适当的试剂对材料进行蚀刻，在显微镜下可观测径迹密度并进行计数，即可给出中子剂量。

除固体径迹探测器外，还有一些其他类型的中子个人剂量计。核径迹乳胶是利用中子与乳胶中的H原子核作用产生反冲质子，经适当处理后统计径迹数量来估算剂量，其适合快中子测量。气泡探测器是利用中子与固定弹性聚合物内的过热液滴作用产生气泡，通过对气泡的计数给出剂量。

2)利用感生放射性核素测量

人体内的Na、P等核素吸收中子后可生成$^{24}Na$、$^{32}P$等放射性核素，通过测量身体不同部位这些感生放射性核素的活度可以估算平均中子剂量和受照方位。通常用于测量中子剂量而收集的人体样品包括血液、头发和尿液。此外，一些人员佩戴物中的金属，如Au、Cu、Al、Fe，也可以吸收中子并转化为放射性金属核素，通过测量佩戴物金属材料的放射性活度，可以得到中子能谱的信息。

(3)外照射物理剂量估算

1)估算的注意事项和原则

开展外照射物理剂量估算，首先要调查和掌握辐射场的性质、事故过程、人员受照条件等基本信息。对于外照射，辐射场类型可以是X或γ射线，也可以是中子照射或混合照射，注意中子辐射场通常伴有γ射线。要掌握放射源的活度或中子辐射场的注量率，计算出关注点的比释动能率。要了解事故发生时人员受照的几何条件、受照持续时间和受照方式。受照条件往往只能通过当事人回忆口述，通常较不准确。这时可以通过找出参考点和限制条件，进行实际模拟来估算。比如假设受照者进入辐射场的位置为A点，离开辐射场的位置为B点，从A点到B点的行走时间(即在该辐射场的受照时间)可以通过现场模拟来估计。

辐射事故通常对人体造成非均匀照射。根据受照时的人体取向，人不同部位的组织和器官受到的照射剂量可能相差较大。可以通过仿真人体模型模拟照射或蒙特卡罗计算等方式，给出事故照射条件下人体不同组织和器官的剂量分布。为了给受照者后续医疗救治提供可靠的剂量依据，外照射剂量估算应尽可能准确，要避免出现低估和过大的高估。

2)估算方法

①比释动能(率)和吸收剂量计算

对放射源可视为点源的，在已知放射性活度的情况下可计算空气比释动能率 $\dot{K}_a$(单位为 mGy/h)：

$$\dot{K}_a=\frac{A\Gamma_K}{R^2} \tag{5-2}$$

式中，$A$—放射源的活度，GBq；

$R$—放射源与关注点的距离，m；

$\Gamma_K$—空气比释动能率常数，mGy · m$^2$/ GBq · h。常用核素的 $\Gamma_K$ 值可查国家标准《外照射慢性放射病剂量估算规范》(GB/T 16149—2012)的附录 A.1。

由空气比释动能率可计算介质 m 的吸收剂量 $D_m$(单位为 mGy)：

$$D_m=\dot{K}_a\frac{\left(\frac{\mu_{en}}{\rho}\right)_m}{\left(\frac{\mu_{en}}{\rho}\right)_a}(1-g)t \tag{5-3}$$

式中，$\dot{K}_a$—空气比释动能率，mGy/h；

$\frac{\left(\frac{\mu_{en}}{\rho}\right)_m}{\left(\frac{\mu_{en}}{\rho}\right)_a}$—介质 m 的质能吸收系数与空气的质能吸收系数之比；

$g$—电离辐射产生的次级电子消耗于韧致辐射的能量占其初始能量的份额；

$t$—累积照射时间，h。

对不带电粒子，如果已知粒子注量，则比释动能 $K$(单位为 Gy)计算可按下式：

$$K=\Phi\left(\frac{\mu_{tr}}{\rho}\right)E \tag{5-4}$$

式中，$E$—入射粒子能量，J(注意通常入射粒子能量用单位 MeV 表示，此时需要换算，1 MeV$=1.6\times10^{-13}$ J)；

$\Phi$—粒子注量，m$^{-2}$；

$\left(\frac{\mu_{tr}}{\rho}\right)$—不带电粒子的质能转移系数，m$^2$/kg。

②器官剂量计算

通过监测或利用公式估算出空气比释动能后，器官吸收剂量 $D_T$(单位为 Gy)按下式计算：

$$D_T=C_{KP}C_{TP}K_a \tag{5-5}$$

式中，$C_{KP}$—空气比释动能与个人剂量当量的转换系数，Sv/Gy；

$C_{TP}$—个人剂量当量与器官 T 吸收剂量的转换系数，Gy/Sv；

$K_a$—空气比释动能，Gy。

$C_{KP}$值可查 GB/T 16149—2012 的附录 C.2，$C_{TP}$值可查 GBT16149—2012 的附录 C.1。

当有个人剂量监测数据时，器官吸收剂量 $D_T$（单位为 Gy）可按下式计算：

$$D_T = \sum_j C_{TPj} H_{Pj}(d) \tag{5-6}$$

式中，$C_{TPj}$—在 $j$ 类照射条件下，个人剂量当量与器官 T 吸收剂量的转换系数，Gy/Sv；

$H_{Pj}(d)$—在 $j$ 类照射条件（照射类型、射线能量及射线入射角度）下的个人剂量当量，Sv。

$C_{TPj}$的值可查 GB/T 16149—2012 的附录 C.1。

已知特定能量的中子注量时，器官吸收剂量 $D_T$（单位为 Gy）可按下式计算：

$$D_T = \sum_j C_{T\Phi j} \Phi_j \tag{5-7}$$

式中，$\Phi_j$—能量为 $j$ 的中子注量，$cm^{-2}$；

$C_{T\Phi j}$—对能量为 $j$ 的中子辐射场，中子注量与器官吸收剂量的转换系数，$Gy \cdot cm^2$。对红骨髓的剂量当量转换系数 $C_{T\Phi j}$ 可查 GB/T 16149—2012 的附录 B.2。

#### 5.1.1.2 内照射物理剂量监测与估算方法

（1）放射性核素体外测量

人体内放射性核素体外直接测量方法通过从体外测量全身或器官内放射性核素发射的射线来定量分析体内核素活度，并进一步估算放射性核素的摄入量和待积剂量。它适用于能发射射程较长射线（可逃逸出人体）的核素，也就是能发射 X 射线、γ 射线、正电子或高能 β 粒子的核素，以及某些发射特征 X 射线的 α 衰变核素。例如$^{59}Fe$、$^{60}Co$、$^{85}Sr$、$^{131}I$、$^{235}U$、$^{239}Pu$、$^{241}Am$ 等。

开展全身放射性核素测量使用的全身计数器通常包括屏蔽铅室、探测器、前置放大器、主放大器、模数转换器、高压电源、多道分析仪和数据处理等系统部件构成。常用的探测器主要包括 NaI(Tl) 晶体、液体闪烁体、塑料闪烁体和高纯锗半导体探测器等。全身计数器在进行能量刻度和效率刻度后，方可开展全身计数测量。

进行全身计数测量前，首先要移除受检者的手表、眼镜等金属佩戴物。用表面污染检测仪判断受检者是否有体表污染，如果有体表污染应先通过洗消去除体表污染。全身计数测得的 γ 能谱数据经过谱分析，提取全吸收峰道址和净峰面积，结合能量刻度和探测效率得出体内放射性核素类别及活度。

得到体内放射性核素活度后，其摄入量 $I$（单位为 Bq）的估算按下式：

$$I = \frac{M}{m(t)} \tag{5-8}$$

式中，$M$—测得的事故摄入 $t$ d 后体内或器官内核素的含量，Bq；

$m(t)$—摄入单位活度核素 $t$ d 后体内或器官内该核素的含量，Bq/Bq。对不同核素，$m(t)$值可以查国家职业卫生标准《职业性内照射个人监测规范》(GBZ 129—2016)的附录 C。

计算出核素摄入量后，其导致的待积有效剂量 $E(\tau)$ 按下式计算（单位为 Sv）：

$$E(\tau) = I_{jp} e_{jp}(\tau) \tag{5-9}$$

式中，$I_{jp}$—核素 $j$ 通过途径 $p$ 的摄入量，Bq；

$e_{jp}(\tau)$—核素 $j$ 通过途径 $p$ 进入人体内的剂量系数，Sv/Bq。对不同核素和不同摄入方式，$e_{jp}(\tau)$值可查 GBZ 129—2016 的附录 E 或国家标准《放射性核素摄入量及内照射剂量估算规范》(GB/T 16148—2009)的附录 C。注意不同摄入方式(吸入、食入或注射等)以及吸入途径中不同的吸收类型或形态,都会导致剂量系数不同。

如果摄入的放射性核素并非全身均匀分布的情况,则需要考虑对特定器官进行放射性测量。部分核素浓集于单一器官,例如钚、镅、锔、锎等同位素富集于肺部,碘同位素富集于甲状腺,此时需要开展肺部或甲状腺放射性测量。肺部计数器可使用 NaI 或 NaI－CsI 晶体探测器,由于人体胸壁对低能 X 射线或 γ 射线的吸收对活度测量结果影响较大,因此需要用超声波技术测定胸壁厚度以对活度测量结果进行校正。甲状腺测量可采用带铅准直的 NaI 晶体探测器,探测器应位于颈部表面上方 10 cm 处。

(2)生物样品放射性测量

对不发射 γ 射线或只发射低能 X/γ 射线的核素(例如氚),无法在体外直接测量体内放射性活度,只能开展排泄物等生物样品的放射性测量来估算其摄入量。对发射高能 β/γ 射线的核素,也可以采用排泄物测量的方法作为体外直接测量的验证和补充。通常检测的排泄物是尿样,但对于主要通过粪便排泄的核素或自肺部廓清的 S 类物质,则需要开展粪样分析。

尿样在收集、储存和分析的过程中要避免受到外来核素污染。为估算人体每天经尿排出的总活度,需要收集 24 h 全尿,如果无法收集 24 h 尿样,则要利用尿中肌酐含量修正到 24 h 尿。氚则只需要测量活度浓度即可估算摄入量,所以只需采集少量尿样。为减少核素经尿排出的日涨落因素影响,可测量连续 3 d 尿的混合样,取平均值作为中间一天的日排量。对粪样,由于核素通过粪便排出的日涨落较大,通常要收集连续几天的粪样进行测量。

排泄物中 γ 核素活度可用闪烁体探测器或半导体探测器测量,α/β 核素活度应采用放化方法分离后进行测量。得到单日排出的放射性核素活度后,摄入量 $I$(单位为 Bq)的估算按下式:

$$I=\frac{M}{m(t)} \tag{5-10}$$

式中,$M$—测得的事故摄入 $t$ d 后的日排泄量,Bq/d;

$m(t)$—摄入单位活度核素 $t$ d 后日排泄量预期值,$d^{-1}$。对不同核素,$m(t)$值可以查 GBZ 129—2016 的附录 C。

计算出核素摄入量后,待积有效剂量的计算方法同前。

此外,还可以对生物样品开展总 α、总 β 放射性测量。这种方法虽然无法估算特定核素的摄入量和待积有效剂量,但可作为一种定性分析方法用于开展大人群内污染快速筛查。

(3)空气采样分析

用空气采样分析法来估算摄入量和待积有效剂量带来的不确定度很大,一般只在摄入的核素既不发射 X/γ 射线,又在排泄物中浓度很低时才采用。在使用个人空气采样器采集事故地点空气样品时,采样头应位于呼吸带内(地面上 1.5 m),采样速率通常为职业人群典型吸气速率(约 1.2 $m^3/s$)。采样结束后,将滤膜合并、采用放化方法分离后进行活度测量。

测得采样地点空气中放射性核素 $j$ 的活度浓度后,其摄入量 $I_j$(单位为 Bq)的估算按下式:

$$I_j=c_jBT \tag{5-11}$$

式中,$c_j$—测得的空气中核素 $j$ 的活度浓度,$Bq/m^3$;

$B$—人的呼吸率，$m^3/h$，缺省值对成人可取 0.83 $m^3/h$，对 1 岁以下、1 岁、5 岁、10 岁和 15 岁未成年人分别取为 0.13 $m^3/h$、0.23 $m^3/h$、0.37 $m^3/h$、0.60 $m^3/h$ 和 0.77 $m^3/h$；

$T$—内污染人员在事故地点的停留时间，h。计算出核素摄入量后，待积有效剂量的计算方法同前。

#### 5.1.1.3 人体模型模拟方法

物理剂量直接测量方法可以给出直观结果，但其通常需要在实验室对样品进行检测分析，所以很难在事故早期及时给出剂量估算值以决定下一步处置措施，而且在非均匀受照情况下也很难估算器官剂量。而蒙特卡罗模拟算法只要在收集了源项、受照模式等信息的基础上，就可以对事故剂量进行估算，同时也可给出器官剂量，为人员救治和应急决策提供依据。

(1)数字化人体模型

为开展辐射受照物理剂量估算而开发的数字化仿真人体计算模型按照时间发展顺序，大致经历了三代：数学体模、体素体模和面元体模。

数学人体模型(Mathematical Phantom)又称程式化人体模型(Stylized Phantom)，它是用数学公式表示的圆柱、圆锥、椭球等二次曲面及其组合来构建人体外形和内部器官，典型的数学模型包括 MIRD 模体和 ORNL 模体等。数学模型发展几十年来，在外照射器官剂量计算中得到广泛应用，但其使用的简单几何形状与人体真实结构存在较大差异，因此其计算的剂量值与之后使用更精细人体模型的计算值之间也存在一定差异(部分器官甚至差异较大)。

人体体素模型(Voxel Phantom)是基于 CT、核磁共振或者人体断层图像构建的，图像中每个像素代表一个二维组织元，再将二维图像层叠起来，由组织体素元构成三维人体。有代表性的体素模型有 VIP－man、NORMAN、KTMAN、CAM 等。体素模型对人体结构的描述较为精确，因此使用它进行剂量计算的结果较为可信，但缺点是它只能完全按照被扫描的人体姿态来构建，不能进行姿态变形。

面元人体模型(BREP Phantom)是用一组曲面围成的封闭空间来描述将三维物体，它的主要优势是易于调整组织和器官的体积以及改变人体模型的姿态。这样就可以根据事故受照人员的体型(身高、体重)和受照时的姿势进行受照剂量模拟计算，计算结果更加符合实际情况。目前世界上开发出的面元模型主要包括 RPI 系列、UF 系列、PSRK－Man、CRAM_S 等。

(2)蒙特卡罗模拟

蒙特卡罗方法是一种统计试验方法，它把物理问题看成随机事件或随机过程，利用随机抽样技术获得问题的数值解。随着计算机技术的发展，大规模模拟随机试验已成为可能，从而使蒙特卡罗技术得到广泛应用。目前，辐射受照物理剂量模拟计算通常采用蒙特卡罗方法作为主要计算手段。

蒙特卡罗方法将积分计算转化为求解服从概率分布密度函数 $f(r)$ 的随机变量 $g(r)$ 的数学期望，设：

$$(g)=\int_0^{\infty} f(r)g(r)\mathrm{d}r \tag{5-12}$$

从概率分布密度函数 $f(r)$ 中抽取 $N$ 个子样 $r_1,r_2,\cdots,r_N$，对应观测值 $g(r_1),g(r_2),\cdots,g(r_N)$，其算术平均值为：

$$\overline{g}=\frac{1}{N}\sum_{i=1}^{N}g(r_i) \tag{5-13}$$

当 $N\to\infty$ 时，$\overline{g}\to\langle g\rangle$。即把积分运算转变为抽样求算术平均值的运算。

在辐射剂量计算中，我们假设放射源 S(放射性活度在源内部均匀分布)中的点 $i$ 对靶器官 T 中的点 $j$ 照射产生的吸收剂量为 $D_{ij}$，则

$$D_{ij}=\frac{A\Gamma_k}{V_S R_{ij}^2}e^{-\mu_s d_{ij}-\mu_f f_{ij}-\mu_m m_{ij}}[1+\mathrm{SPR}(m_{ij})]\frac{\left(\frac{\mu_{an}}{\rho}\right)_T}{\left(\frac{\mu_{an}}{\rho}\right)_a}(1-g)t \tag{5-14}$$

式中，$A$—放射源活度，Bq；

$\Gamma_k$—空气比释动能率常数，$\mathrm{Gy\cdot m^2/Bq\cdot s}$；

$R_{ij}$—$i$ 点与 $j$ 点的距离，m；

$V_S$—放射源的体积，$\mathrm{m^3}$；

$\mu_s$、$\mu_f$、$\mu_m$—分别是放射源材料、屏蔽材料和人体组织中的线性衰减系数，$\mathrm{m^{-1}}$；

$d_{ij}$、$f_{ij}$、$m_{ij}$—$i$ 点与 $j$ 点间经过放射源材料、屏蔽材料和人体组织中的距离，m；

SPR($m$)—射线在人体中经过距离 $m$ 时，散射线造成的剂量与原射线造成的剂量之比；

$\frac{\left(\frac{\mu_{an}}{\rho}\right)_T}{\left(\frac{\mu_{an}}{\rho}\right)_a}$—人体器官 T 中质能吸收系数与空气中质能吸收系数之比；

$g$—电离辐射产生的次级电子消耗于韧致辐射的能量占其初始能量的份额；

$t$—人员停留时间，s。

器官 T 的剂量 $D_T$ 为上式的积分，即

$$D_T=\frac{1}{V_T}\iiint_S\iiint_T D_{ij}\,dV_S\,dV_T \tag{5-15}$$

式中，$V_T$—器官 T 的体积，$\mathrm{m^3}$。

若采用蒙特卡罗方法，在放射源 S 和靶器官 T 体积内对位置($i,j$)进行随机抽样(抽样总数分别为 $M$、$N$)，则上式转化为：

$$\langle D_T\rangle=\frac{1}{MN}\sum_{i=1}^{M}\sum_{j=1}^{N}D_{ij}V_S \tag{5-16}$$

当 $M\to\infty,N\to\infty$ 时，$\langle D_T\rangle\to D_T$。以上就是用蒙特卡罗方法进行辐射剂量计算的基本算法。当然，实际的蒙特卡罗模拟要比上面的示例复杂得多。目前，常用的蒙特卡罗计算程序有 MCNP、Geant4 等。

(3)事件现场模拟

仿真人体模型是使用与人体组织对放射线散射和吸收等效的材料制成的有器官、骨骼、肌肉等真实结构的人体模型。采用仿真人体模型进行事件现场模拟测量是物理剂量重建的一种重要方法。

开展事件现场模拟，首先要调查事故受照人员基本情况(性别、身高、体型)、受照时的体位、受照方式、受照时间、与放射源的距离、有无屏蔽和屏蔽物的材料、尺寸等信息。再在事件现场按照事故发生时的真实情况布放放射源、仿真人体模型和屏蔽物等。可将热释光剂量计布放在仿真人体模型的重要组织或器官中，然后使用事故放射源源按事故发生时的现场条件对体模进行照射，如果涉及加速器事故，应通电打开加速器，照射时间尽量与事故受照时间相同。照射结束后，从模体上拆下剂量计并进行测读，估算重要器官或组织的剂量，并计算全身有效剂量。现场模拟测量中，也可同时使用巡测仪对事故场所重要位置的剂量率进行测量，作为对模体测量的验证和补充。

## 5.1.2 物理剂量估算的模型和参数

### 5.1.2.1 不同照射类型的物理剂量估算

(1)不均匀照射估算的模式和参数

核辐射事故照射情况下，受照者体内吸收剂量分布通常是不均匀的。一般地，当不同部位吸收剂量值的变化因子小于或等于 3 时称为相对均匀照射，变化因子大于 3 时称为非均匀照射。

1)红骨髓计权平均剂量

①红骨髓活存计权等效剂量

目前对不均匀照射还没有可适用于各种剂量范围的剂量表达方式。在引起骨髓型放射病的剂量范围内，对非均匀照射情形，可使用“红骨髓造血干细胞活存计权等效剂量”的方法来评估受照者剂量，这种方法在近年来放射源事故受照者剂量估算中，取得了较满意的效果。

受照者全身造血干细胞活存率 $S_n$ 由下式计算：

$$S_n=\frac{1}{W}\int_{D_{\mathrm{man}}}^{D_{\mathrm{max}}} m(D)S_n(D)\mathrm{d}D \tag{5-17}$$

式中，$W$—全身红骨髓的总质量，克；

$D$—红骨髓的吸收剂量，Gy；

$m(D)\mathrm{d}D$—受照剂量为 $D$ 至 $D+\mathrm{d}D$ 的红骨髓质量，g；

$S_n(D)$—均匀照射条件下，受照剂量为 D 时的干细胞活存率，%。

$S_n(D)$的一般表达式为：

$$S_n(D)=1-(1-\mathrm{e}^{-D/D_0})^n \tag{5-18}$$

式中，$D_0$—半致死剂量，Gy，一般取 0.85～1.37 Gy；

$n$—常数，一般取 1～1.5。

根据以上公式求得的非均匀照射条件下的干细胞存活率 $S_n$，将它作为均匀照射条件下的干细胞活存率代入 $S_n(D)$的计算公式，反解出 $D$，即为干细胞活存计权等效剂量 $D_{sw}$。

②红骨髓质量计权平均剂量

对于相对均匀照射的情况，可使用红骨髓质量计权平均法计算红骨髓计权平均剂量 $D_{\mathrm{rw}}$：

$$D_{rw}=\frac{\sum_{i=1}^{k}D_iW_i}{\sum_{i=1}^{k}W_i} \tag{5-19}$$

式中，$D_i$—第 $i$ 体积内红骨髓的吸收剂量，Gy；

$W_i$—第 $i$ 体积内红骨髓的质量，g。

2)平均吸收剂量

对相对均匀照射，可以用平均吸收剂量方法计算受照者的剂量。全身平均吸收剂量 $D_{aw}$：

$$D_{aw}=\frac{\sum_{i=1}^{k}D_im_i}{\sum_{i=1}^{k}m_i} \tag{5-20}$$

式中，$D_i$—第 $i$ 体积内组织的吸收剂量，Gy；

$W_i$—第 $i$ 体积内组织的质量，g。

(2)分次及延时照射估算的模式和参数

通常情况下，放射事故造成受照者在短时间内受到一次性大剂量照射，但也有可能发生分次照射或延时照射的情况。分次照射是指在较长时间内受到多次、间歇性照射。延时照射是指在长时期内受到的低剂量率连续或间断性照射。对低 LET 射线，分次和延时照射通常比一次等剂量的急性照射所导致的辐射效应小。为估算和评价分次、延时照射的辐射效应，需要把分次、延时照射的累积剂量归一为一次急性照射等效剂量，但目前还没有成熟、一致的归一方法。现根据事故病人资料总结出经验公式，可参考使用。

1)分次照射的等效剂量

计算分次照射等效为一次照射的剂量，可采用以下几种方法：

①时间—剂量分次因子方法

一次等效剂量 NSD(nominal standard dose)的计算公式如下：

$$\mathrm{NSD}=\mathrm{TDF}^{1/1.538} \tag{5-21}$$

其中，TDF 为时间—剂量分次因子(time—dose fractionation factor)，其表达式为：

$$\mathrm{TDF}=nd^{1.538}X^{-0.169} \tag{5-22}$$

式中，$n$—分割照射次数；

$d$—分次照射剂量，Gy；

$X$—分次照射时间间隔，d。

适用条件：$n\geqslant 4$。

总累积时间—剂量分次因子 $\mathrm{TDF}_{total}$ 为：

$$\mathrm{TDF}_{total}=\sum_{i=1}^{k}\mathrm{TDF}_i \tag{5-23}$$

式中，$\mathrm{TDF}_i$—第 $i$ 分次照射程序的时间—剂量分次因子。

对两个分次照射程序的间隙用衰减因子 DF(decay factor)进行修正，其计算公式为：

$$\mathrm{DF}_i=\left(\frac{T_i}{T_i+R}\right)^{0.11} \tag{5-24}$$

式中，$T_i$—第 $i$ 分次照射程序的持续时间，天；

$R$—第 $i$ 分次照射程序与第 $i+1$ 分次照射程序之间的时间间隔，天。

经过 $k$ 个分次照射程序的一次等效剂量为：

$$NSD=\sum_{i=1}^{k}(TDF_i)^{1/1.538}\cdot DF_i\cdots DF_{k-1} \tag{5-25}$$

式中，$TDF_i$—第 $i$ 分次照射程序的时间—剂量分次因子；

$DF_i$—第 $i$ 分次照射程序与第 $i+1$ 分次照射程序间的衰减因子。

②累积辐射方法

累积辐射效应 CRE(cumulative radiation effects)的计算公式：

$$CRE=n^{0.65}dX^{-0.11} \tag{5-26}$$

式中，CRE——一次等效剂量，Gy；

$n$—分割照射次数；

$d$—分次照射剂量，Gy；

$X$—分次照射时间间隔，d。

③Ellis 经验公式

一次等效剂量 NSD 的计算公式如下：

$$NSD=Dn^{-2.4}T^{-0.11} \tag{5-27}$$

式中，$D$—总累积剂量，Gy；

$n$—分割照射次数；

$T$—照射总时间，d。

适用条件：$4\leqslant n\leqslant 35$，$3\leqslant T\leqslant 100$。

2)延时照射的等效剂量

计算分次照射等效为一次照射的剂量，可采用以下方法：

$$ED=\frac{D}{1+K/\sqrt[3]{\dot{D}}} \tag{5-28}$$

式中，ED—等效为一周内照射剂量；

$D$—延时照射累积剂量，Gy；

$\dot{D}$—延时照射的剂量率，Gy/min；

$K$—常数，对健康人 $K=0.475$，对白细胞减少症 $K=0.237$。

此方法适用于照射时间小于 100 d 的照射。

如果考虑致死效应，则：

$$ED=DT^{-0.26} \tag{5-29}$$

式中，$D$—延时照射累积剂量，Gy；

$T$—延时照射总时间，周。

#### 5.1.2.2 核事故不同阶段的物理剂量估算

核事故按照其发展阶段，可以分为早期、中期和晚期。在核事故情况下估算场外公众的受照剂量，应根据事故不同阶段，考虑主要照射途径和主要放射性核素。

核事故早期阶段是指由出现明显的放射性物资释放先兆(即确认可能出现场外辐射后果)到释放开始以后的最初几小时的这段时间。由出现事故到放射性物质开始释放进入大气，一般需要经过 0.5 h 到 1 d 或几天。事故早期剂量估算面临的最大困难是事先难以预计事故的发展过程(源项不明确)和气象条件的变化，因此应尽早获得有关放射性物质释放的数据和环境监测结果，这有助于开展早期阶段的剂量估算。

核事故中期阶段是指从放射性物质开始释放后的最初几小时，延续至几天到几个星期的这段时间。在这个阶段，通常来讲从核设施释放的放射性物质大部分已经进入大气，而且其主要部分已沉积于地面，除非是仅释放放射性惰性气体的情况。放射性物质从释放地点到关注地点的输运时间，通常受释放高度和即时风速风向等因素影响。在事故中期阶段，依据已获得的环境监测数据，可确定主要照射途径的预期剂量。

核事故后期阶段，又称晚期或恢复期，是指核事故后的几周到几年时间。这一阶段可能持续较长时间，主要取决于核事故的释放特点和放射性物质的释放量。在这一阶段，由于放射性核素衰变、风吹雨淋和有计划的去污等因素，放射性污染水平通常会明显降低。但是，这一阶段要特别关注通过食品饮用水等途径食入放射性物质对人体造成的内照射剂量。

(1)事故早期剂量估算的模式和参数

在核电厂或其他大型核设施发生有放射性物质释放的事故早期，主要照射途径是放射性烟羽外照射（γ 和 β 外照射），以及人体吸入烟羽中放射性物质引起的内照射。其他照射途径还包括衣物或皮肤上沉积的 β 核素外照射、地面沉积核素 γ 外照射和吸入再悬浮放射性核素引起的内照射。

1)烟羽外照射剂量

①烟羽 γ 外照射剂量估算

基于地面上方 1m 处 γ 周围剂量当量估算在烟羽通过期间 $\tau$ 内烟羽中放射性核素所致的 γ 外照射剂量当量 $H_{p\gamma}$(单位为 Sv)：

$$H_{P\gamma}=SF_{P\gamma}\cdot\int_0^{\tau}\dot{H}_{P\gamma}(t)\mathrm{d}t \tag{5-30}$$

式中，$SF_{p\gamma}$—建筑物对烟羽外照射的屏蔽因子，计算个人剂量时取为 1，计算群体剂量时取为 0.7；

$\dot{H}_{P\gamma}(t)$—$t$ 时刻烟羽产生的在地面上方 1 m 处的 γ 外照射周围剂量当量率，Sv/s。

基于近地面空气中核素的时间积分浓度估算在烟羽通过期间 $\tau$ 内烟羽中放射性核素所致的 γ 外照射剂量当量 $H_{p\gamma}$(单位为 Sv)：

$$H_{P\gamma}=SF_{P\gamma}\cdot\Psi\cdot DCF_{p\gamma} \tag{5-31}$$

式中，$SF_{p\gamma}$—建筑物对烟羽外照射的屏蔽因子，计算个人剂量时取为 1，计算群体剂量时取为 0.7；

$\Psi$—近地面空气中核素的时间积分浓度，$\mathrm{Bq\cdot s/m^3}$；

$DCF_{p\gamma}$—核素单位时间积分浓度与其所致 γ 外照射剂量的转换系数，$\mathrm{Sv\cdot m^3/(Bq\cdot s)}$。$DCF_{p\gamma}$ 值可查找国家标准《核事故应急情况下公众受照剂量估算的模式和参数》(GB/T 17982—2018)的附录 C。

②烟羽 β 外照射剂量估算

空气中放射性惰性气体所致皮肤 β 照射当量剂量 $H_{i\beta}$(单位为 Sv)：

$$H_{i\beta}=SF_{\beta}\cdot\Psi\cdot DCF_{i\beta} \tag{5-32}$$

式中，$SF_{\beta}$—衣服和人体对 β 辐射的屏蔽因子，该屏蔽因子与受照个体的习惯、衣着、姿势、季节和时间等因素有关，其时间平均的代表值可取为 0.5，保守估计时可取为 1；

$\Psi$—近地面空气中放射性惰性气体的时间积分浓度，$Bq \cdot s/m^3$；

$DCF_{i\beta}$—惰性气体单位时间积分浓度与其所致皮肤β照射当量剂量的转换系数，$Sv \cdot m^3/(Bq \cdot s)$。$DCF_{i\beta}$值可查GB/T 17982—2018的附录D。

空气中放射性核素所致皮肤β照射当量剂量$H_{a\beta}$(单位为Sv)：

$$H_{i\beta} = SF_\beta \cdot \Psi \cdot DCF_{a\beta} \tag{5-33}$$

式中，$SF_\beta$—衣服和人体对β辐射的屏蔽因子，取值同前；

$\Psi$—近地面空气中放射性核素的时间积分浓度，$Bq \cdot s/m^3$；

$DCF_{a\beta}$—放射性核素单位时间积分浓度与其所致皮肤β照射当量剂量的转换系数，$Sv \cdot m^3/(Bq \cdot s)$。$DCF_{a\beta}$值可查找GB/T 17982—2018的附录E。

2)吸入放射性物质内照射剂量

①吸入烟羽引起的内照射剂量

吸入烟羽内照射剂量$H_b$(单位Sv)：

$$H_b = \Psi \cdot B \cdot DCF_b \tag{5-34}$$

式中，$\Psi$—近地面空气中核素的时间积分浓度，$Bq \cdot s/m^3$；

$B$—人的呼吸率，$m^3/s$；

$DCF_b$—吸入单位活度放射性核素与其所致待积有效剂量或甲状腺待积当量剂量的转换系数，Sv/Bq。

不同年龄组成员的呼吸率$B$可参考GB/T 17982—2018的附录F.1，不同核素的吸入剂量转换系数$DCF_b$可查GB/T 17982—2018的附录F.2和附录F.3。

②吸入再悬浮核素引起的内照射剂量

吸入再悬浮核素所致待积有效剂量或待积剂量当量$H_r$(单位为Sv)：

$$H_r = C_g \cdot B \cdot DCF_b \cdot \int_0^\tau K(t) e^{-\lambda_R t} dt \tag{5-35}$$

式中，$C_g$—地面沉积核素表面比活度，$Bq/m^2$；

$B$—人的呼吸率，$m^3/s$；

$DCF_b$—吸入单位活度(再悬浮)核素与其所致待积有效剂量或甲状腺待积当量剂量的转换系数，Sv/Bq；

$K(t)$—时间依赖的再悬浮因子，定义为空气中再悬浮核素浓度与该核素地面沉积表面活度之比，$m^{-1}$；

$\lambda_R$—核素的衰变常数，$s^{-1}$；

$\tau$—积分时间，s，通常取为$6.048 \times 10^5$ s(一周)。

吸入剂量转换系数$DCF_b$可查GB/T 17982—2018的附录F.2和附录F.3，再悬浮因子$K(t)$的影响因素和时间依赖关系可查GB/T 17982—2018的附录F.4。

3)衣物或皮肤上沉积物β照射剂量

沉积在皮肤或衣物上核素所致β照射当量剂量$H_{s\beta}$(单位为Sv)：

$$H_{s\beta} = SF_\beta \cdot C_s \cdot DCF_{s\beta} \tag{5-36}$$

式中，$SF_\beta$—衣服和人体对β辐射的屏蔽因子，取值同前；

$C_s$—皮肤和衣物上沉积核素的表面比活度，$Bq/m^2$；

$DCF_{s\beta}$—皮肤、衣物表面沉积单位比活度核素与其所致皮肤β照射当量剂量的转换系数，$Sv \cdot m^2/Bq$。

不同核素的 $DCF_{s\beta}$ 值可查 GB/T 17982－2018 的附录 E。

4）地面沉积核素 γ 外照射剂量

①基于地面沉积核素表面比活度估算

地面沉积核素所致外照射剂量当量 $H_{g\gamma}$（单位为 Sv）：

$$H_{g\gamma}=SF_{\gamma}\cdot C_{g}\cdot DCF_{g} \tag{5-37}$$

式中，$SF_{\gamma}$—考虑了人员在室内居留份额的时间平均建筑物屏蔽因子；

$C_g$——地面沉积核素表面比活度，$Bq/m^2$；

$DCF_g$—假定受照射者在室外给定时间 $\tau$ 内停留时地面沉积核素单位表面比活度与其所致积分全身剂量的转换系数，$Sv \cdot m^2/Bq$，对事故早期，$\tau$ 一般取第 1 周。$DCF_g$ 值可查 GB/T 17982－2018 的附录 G.1。

时间平均建筑物屏蔽因子 $SF_{\gamma}$ 取决于建筑物的屏蔽作用和人员在室内的居留时间份额（无量纲），其表达式为：

$$SF_{\gamma}=1+X(S-1) \tag{5-38}$$

式中，$X$—人员在建筑物内的居留因子，参考值为 0.8；

$S$—建筑物的屏蔽因子（建筑物内的剂量率与建筑物外的剂量率之比）。屏蔽因子受建筑物类型、结构、材料、门窗面积、居住者习惯等诸多因素的影响，使用时根据具体情况确定，其参考值可查 GB/T 17982－2018 的附录 G.2。

②基于地面上方 1m 处 γ 剂量当量率估算

地面沉积核素所致外照射剂量当量 $H_{g\gamma}$（单位为 Sv）：

$$H_{g\gamma}=SF_{\gamma}\dot{H}_{\gamma}\cdot\frac{1-e^{\lambda\gamma}}{\lambda} \tag{5-39}$$

式中，$SF_{\gamma}$—考虑了人员在室内居留份额的时间平均建筑物屏蔽因子，计算方法同前；

$\dot{H}_{\gamma}$—地面沉积核素产生的在地面上方 1 m 处的 γ 照射剂量当量率，Sv/s；

$\lambda$—核素的有效衰变常数，$s^{-1}$；

$\tau$—积分时间，s，通常取为 $6.048\times10^5$ s（一周）。

核素有效衰变常数 $\lambda$ 的计算方法：$\lambda=\lambda_R+\lambda_W$。其中 $\lambda_R$ 为核素的物理衰变常数，$\lambda_W$ 为地面沉积清除速率常数，与核素再悬浮、降水冲洗、核素向下转移有关。对放射性碘同位素 $\lambda_W$ 取 $3.17\times10^{-9}\ s^{-1}$，对其他核素 $\lambda_W$ 取 $3.17\times10^{-10}\ s^{-1}$。

（2）事故中期剂量估算的模式和参数

在核电厂或其他大型核设施发生有放射性物质释放的事故中期，主要照射途径是地面沉积放射性核素的外照射，以及通过食品饮用水摄入放射性物质引起的内照射。其他照射途径还包括吸入再悬浮核素的内照射等。

1）地面沉积核素外照射剂量

①基于地面沉积核素表面比活度估算

地面沉积核素所致第 1 年积分有效剂量 $H_{g\gamma}$（单位 Sv）：

$$H_{g\gamma}=SF_{\gamma}\cdot C_{g}\cdot DCF_{g} \tag{5-40}$$

式中，$SF_{\gamma}$—考虑了人员在室内居留份额的时间平均建筑物屏蔽因子；

$C_g$——地面沉积核素表面比活度，$Bq/m^2$；

$DCF_g$—假定受照射者在室外给定时间 $\tau$ 内停留时地面沉积核素单位表面比活度与其所致积分全身剂量的转换系数，$Sv \cdot m^2/Bq$。

剂量转换系数 $DCF_g$ 的计算：

$$DCF_g = \int_0^{1a} \dot{H}_\gamma(t)\mathrm{d}t \tag{5-41}$$

式中，$\dot{H}_\gamma(t)$—单位表面比活度所致 γ 剂量当量率，$Sv \cdot m^2/Bq \cdot s$，$\dot{H}_\gamma(t)$ 值可查 GB/T 17982－2018 的附录 G.1。

②基于地面上方 1 m 处 γ 剂量当量率估算

地面沉积核素所致第 1 年积分有效剂量 $H_{g\gamma}$（单位 Sv）：

$$H_{g\gamma} = SF_\gamma \cdot \dot{H}_\gamma(t=0) \cdot \theta \tag{5-42}$$

式中，$SF_\gamma$—考虑了人员在室内居留份额的时间平均建筑物屏蔽因子；

$\dot{H}_\gamma(t=0)$—地面沉积核素峰值时刻（$t=0$）产生的在地面上方 1 m 处的 γ 照射剂量当量率，Sv/s；

$\theta$—地面沉积核素在峰值时刻（$t=0$）单位 γ 剂量当量剂量率所致第 1 年积分剂量当量与地面沉积核素峰值时刻在地面上方 1 m 处产生的 γ 剂量当量率的比值，s。

$\theta$ 计算如下：

$$\theta = \frac{\int_0^{1a} \dot{H}_\gamma(t)\mathrm{d}t}{\dot{H}_\gamma(t=0)} \tag{5-43}$$

式中，$\dot{H}_\gamma(t)$—地面沉积核素 $t$ 时刻产生的在地面上方 1 m 处的 γ 剂量当量率，Sv/s；

$\dot{H}_\gamma(t=0)$—地面沉积核素峰值时刻（$t=0$）产生的在地面上方 1 m 处的 γ 剂量当量率，Sv/s。

$\theta$ 参考值可查 GB/T 17982－2018 的附录 G.1。

2）食入放射性物质内照射剂量

①食入未经加工处理的被污染的食物所致剂量估算

食入未经加工的被污染食物 z 所致的待积有效剂量或器官待积当量剂量 $H_{fz}$（单位为 Sv）：

$$H_{fz} = C_{fz}(t_p) \cdot I_{fz} \cdot H_2 \cdot G_z \tag{5-44}$$

式中，$C_{fz}(t_p)$—食物 z 中放射性核素的峰值比活度或归一化时刻 $t_p$ 的比活度，Bq/kg 或 Bq/L；

$I_{fz}$—被污染食物 z 的年食入量，kg/a；

$H_2$—食入单位活度核素的待积有效剂量或器官待积当量剂量，Sv/Bq；

$G_z$—食物 z 中核素比活度的 1 年积分值与某一指定时刻（峰值时刻或归一化时刻）该食物中核素比活度的比值，a。

$G_z$ 的计算如下：

$$G_z = \frac{\int_{tp}^{tp+1a} C_{fz}(t)\mathrm{d}t}{C_{fz}(\tau p)} \tag{5-45}$$

式中，$C_{fz}(t)$—某一时刻 $t$ 食物 z 中放射性核素的比活度，Bq/kg 或 Bq/L；

$C_{fz}(t_p)$—某一指定时刻 $t_p$ 食物 z 中放射性核素的比活度，Bq/kg 或 Bq/L；

$t_p$—某一指定时刻，通常是食物 z 中放射性污染峰值时刻或指定的归一化时刻。

对未加工的新鲜食物，$G_z$ 值可参考 GB/T 17982—2018 的附录 J.1，对于储藏食物即在事故后生产、收获或储存并在其后一年中被均匀消费的食物，$G_z$ 值可参考 GB/T 17982—2018 的附录 K.1。

②食入经过加工处理的被污染食物所致剂量估算

食入经加工处理的食物 z 所致的待积有效剂量或器官待积当量剂量 $H'_{fz}$（单位为 Sv）：

$$H'_{fz}=\frac{H_{fz}}{f} \tag{5-46}$$

式中，$H'_{fz}$—食入经加工处理的食物 z 所致的待积有效剂量或器官待积当量剂量，Sv；

$H_{fz}$—食入未经加工的被污染食物 z 所致的待积有效剂量或器官待积当量剂量，Sv；

$f$—未经加工食物中放射性核素比活度与经过清洗、加工处理后食物中放射性核素比活度的比值。$f$ 的数值可参考 GB/T 17982—2018 的附录 J.2。

③饮用被污染的饮用水所致剂量估算

食入被污染的饮用水所致的待积有效剂量或待积当量剂量 $H_w$（单位为 Sv）：

$$H_w=C_w\cdot I_w\cdot H_2\cdot\frac{1-e^{\lambda_R\tau}}{\lambda_R} \tag{5-47}$$

式中，$C_w$—饮用水中放射性核素在峰值时刻或归一化时刻的比活度，Bq/L；

$I_w$—被污染饮用水的年摄入量，L/a；

$H_2$—摄入单位活度核素所致的待积有效剂量或器官待积当量剂量，Sv/Bq；

$\lambda_R$—核素的物理衰变常数，$a^{-1}$；

$\tau$—饮用被污染饮用水的持续时间，a。

饮用水年摄入量 $I_w$ 值可参考 GB/T 17982—2018 的附录 I.1，剂量转换系数 $H_2$ 可查 GB/T 17982—2018 的附录 I.2 和 I.3。

吸入再悬浮核素的内照射剂量计算方法同事故早期阶段，这里不再赘述。

(3)事故后期剂量估算的模式和参数

在核电厂或其他大型核设施发生有放射性物质释放的事故后期，主要照射途径是摄入被污染的食品和饮用水引起的内照射。其他照射途径还包括地面沉积核素的外照射、吸入再悬浮核素的内照射等。事故后期剂量估算的模式和参数可参考事故前期和中期，这里不再赘述。由于事故后期通常有更多的监测数据，可结合多种模式进行剂量估算。

(4)平均有效剂量和集体剂量估算

1)公众成员平均受照有效剂量的估算

核事故导致放射性物质释放后，公众成员通常通过多种途径照射同时受到多种放射性核素的照射，由各核素和各照射途径所致公众成员平均有效剂量 $E$（单位为 Sv）：

$$E=\sum_T W_T\sum_i\sum_p H_{ip} \tag{5-48}$$

式中，$W_T$—器官或组织 T 的组织权重因数；

$H_{ip}$—器官或组织 T 所受核素 $i$ 经照射途径 $p$ 所致当量剂量或待积当量剂量，Sv。

$W_T$ 值可查 GB/T 17982—2018 的附录 H。

2)公众成员集体剂量估算

给定半径范围内的公众成员集体有效剂量 $S$(单位为人·Sv)：

$$S=S(A)+S(W) \tag{5-49}$$

式中，$S(A)$—给定半径范围内经大气途径产生的公众成员集体有效剂量，人·Sv；

$S(W)$—给定半径范围内经水体途径产生的公众成员集体有效剂量，人·Sv。

经大气途径产生的集体有效剂量 $S(A)$：

$$S(A)=\sum_{d} P_{d} \sum_{a} E_{ad} f_{ad} \tag{5-50}$$

式中，$P_d$—d 子区的公众成员人口数，人；

$E_{ad}$—d 子区 a 年龄组公众成员经大气途径产生的平均个人有效剂量，Sv；

$f_{ad}$—d 子区内 a 年龄组公众成员在该子区人口中的比例。

经水体途径产生的集体有效剂量 $S(W)$：

$$S(W)=\sum_{d} P_{d} \sum_{a} E_{ad} f_{ad} \tag{5-51}$$

式中，$P_d$—d 子区的公众成员人口数，人；

$E_{ad}$—d 子区 a 年龄组公众成员经水体途径产生的平均个人有效剂量，Sv；

$f_{ad}$—d 子区内 a 年龄组公众成员在该子区人口中的比例。

# 5.2 生物物理剂量估算

电子顺磁共振(ESR)方法是目前广泛使用的生物物理剂量估算方法，它是开展核辐射突发事件受照人员外照射剂量估算的重要手段。由于核辐射突发事件偶发性强，受照人员常常没有佩戴个人剂量计，而电子顺磁共振剂量测量方法可选用的材料包括牙釉质、指甲、头发、骨组织、香烟、纽扣、手表玻璃、含糖食品和药品等，这样可以解决未佩戴剂量计受照人员的物理剂量估算问题。电子顺磁共振测量方法具有检测时间较短、可测剂量范围宽、样品剂量信息保存时间长、仪器操作相对简单、可重复测量等优势，适合核辐射事故快速剂量估算。

## 5.2.1 测量原理

电子顺磁共振测量技术是测量受照个体生物样品(如骨骼、牙齿、指甲等组织)中的自由基，即利用物理方法对生物样品受辐照后的特异性改变进行测量，从而估算受照剂量。自由基是分子中含有自旋未配对电子的化合物。电离辐射可导致一些材料中产生大量自由基，通过测定自由基的浓度就可以估算材料的受照剂量。原子核核外电子同时进行轨道运动和自旋运动。在外加恒磁场作用下，电子的磁矩如同一根磁针。对未配对电子，其总磁矩主要由自旋磁矩贡献。电子的自旋为 $+\frac{1}{2}$ 或 $-\frac{1}{2}$，两种自旋电子的能级差为 $g\mu_B B$，其中 $B$ 为外加恒磁场的磁感应强度；$\mu_B$ 为玻尔磁子，是电子磁矩的自然单位；$g$ 为波谱分裂因子($g$ 因子)。当电子吸收能量，它就可以从低能态跃迁到高能态，这被称为电子顺磁共振。

通常，提供跃迁能量的方式是在垂直于恒磁场方向施加一频率为 $\nu$ 的电磁波。当满足

$h\nu = g\mu_B B$ 时，电子可以通过共振吸收能量而跃迁，跃迁产生的吸收信号经过处理可得电子顺磁共振吸收谱线。电子顺磁共振信号的积分吸收强度正比于辐射诱发自由基的浓度，而自由基浓度又与受照剂量呈线性关系，所以通过测量电子顺磁共振吸收谱线，就可以估算受照剂量。

### 5.2.2 测量方法

电子顺磁共振谱仪一般由微波、扫描磁场、调制磁场、控制与数据处理等部分组成。在通常开展的牙釉质电子顺磁共振剂量测量中，样品最好选择舌两侧的臼齿和前臼齿，这样可以最大限度地避免样品受环境紫外线照射而增加本底；如果只能选择前牙，也要尽量使用前牙的舌内面。在测量中，微波频率通常选择 9.5～9.8 GHz，扫描磁场中心大约在 350 mT，扫描宽度为 10 mT。测得的吸收谱需要进行谱处理，去除本底信号，得到剂量信号，再利用剂量信号的峰峰幅度 $R$ 来估算辐射诱发自由基浓度，即可得吸收剂量。

指甲电子顺磁共振剂量估算方法主要是利用受照者指甲角蛋白基质中稳定的辐射诱导信号进行物理生物剂量测量。与牙釉质电子顺磁共振测量方法相比，指甲电子顺磁共振测量具有以下优点：人的指甲不断代谢更新，避免既往受照史对事故剂量估算的影响；指甲样品易采集，测量过程无创且更加简便。指甲在受到电离辐射后会产生自由基，这些自由基在相对较长时间内（几天到几周）保持稳定，辐射诱导的指甲电子顺磁共振信号在常温下的半衰期为 300 h。离体指甲电子顺磁共振测量的步骤通常包括对剪切的指甲样品进行清洗、自然晾干/烘干、称重，电子顺磁共振波谱采集，通过自由基信号估算样品的受照剂量。离体测量的指甲电子顺磁共振信号由 3 部分组成：本底信号（background signal）、辐射诱发信号（radiaition－induced signal）和机械诱发信号（mechanically induced signal）。其中本底信号为指甲本身含有的自由基信号；机械诱发信号为指甲样品收集过程中由于机械剪切产生的自由基信号；辐射诱发信号为辐照引起的信号。用蒸馏水清洗照射后的指甲，可以大大减少无关信号的干扰，从而提高估算准确度。指甲样品从周围空气中吸收的水分抑制自由基的产生，因此对指甲样品清洗后要进行干燥处理。由于机械诱发信号与辐射诱发信号特性相似，会产生重叠且难以分离，影响剂量估算的准确性。而通过在体电子顺磁共振测量，可以避免对指甲的机械剪切，从而避免机械诱发信号的产生，提高剂量估算的准确性。

电子顺磁共振剂量测量方法具有剂量响应范围宽、样品制备简单、剂量估算时间短等优势，在核辐射突发事件受照人员剂量估算应用方面有巨大潜力。但电子顺磁共振谱仪设备价格通常较高，且其对不同种类的生物样品在剂量重建的准确性和灵敏度等方面还需要进一步研究。

## 5.3 生物剂量估算

在辐射防护工作中，如何准确及时地估算受照者的吸收剂量是至关重要的。在估算剂量时，一方面用物理仪器进行现场模拟，推算受照剂量；另一方面可通过生物学指标的检测估算受照剂量。

## 5.3.1 生物剂量估算

### 5.3.1.1 辐射生物剂量计

用生物学方法对受照个体的吸收剂量进行测定，称为生物剂量测定(biological dosimetry)。生物剂量计是利用人体生物材料如组织、细胞、DNA、蛋白质等，在电离辐射后发生的与辐射剂量存在一定量效关系的某个方面的改变，刻度辐射剂量的一类生物标记物与分析方法。

近年来，人们发展了许多生物学检测方法。迄今，已经得到应用或正在深入研究中的生物剂量计已有多种。真正实用成熟的辐射生物剂量计应具备以下条件中的大多数：①对辐射有较高的特异性；②辐射剂量效应关系稳定、灵敏，剂量响应范围较宽；③人群本底值稳定，个体差异较小；④离体条件与活体条件下剂量估算结果一致；⑤实验方法稳定可靠，适合在基层开展；⑥较低廉的实验成本，可进行较大人群监测。

目前辐射生物剂量评估方法主要包括临床指标、传统的细胞遗传学方法、体细胞基因突变检测方法和分子遗传学方法。

(1)临床指标

临床指标主要包括临床症状和体征、生化指标，可用于辐射事故受照人员早期分类、诊断和治疗方案的初步筛选，但辐射敏感性及特异性均不高。

(2)细胞遗传学方法

主要包括外周血染色体畸变分析、微核分析、早熟凝集染色体和稳定性染色体畸变分析分析等，外周血染色体畸变分析、微核分析、早熟凝集染色体分析主要用于急性受照的剂量估算；而稳定性染色体畸变分析(包括G显带和荧光原位杂交)主要用于慢性小剂量照射和先前受照的剂量重建。

其中染色体畸变分析作为辐射生物剂量计的检测手段，已有四十多年的历史，是迄今为止得到公认的一种比较成熟的技术，国内外大量研究证明，外周血淋巴细胞染色体畸变分析是目前估算受照剂量的最为可靠的方法，对多例辐射事故受照人员进行生物剂量估算，均取得满意结果。1973年，WHO在《人类染色体畸变分析方法》手册中，对外周血染色体畸变估算生物剂量方法进行了总结，推动了该方法的标准化进程。1986年，IAEA在技术报告丛书260号《生物剂量：用于剂量估算的染色体畸变分析》中对外周血染色体畸变分析的原理和方法进行了更为详尽的阐述。2001年，IAEA在技术报告丛书405号《辐射剂量估算的细胞遗传学方法》中，对260号技术报告对染色体畸变分析方法进行了修改与补充，并增加了胞质分裂阻滞微核法、荧光原位杂交、早熟凝集染色体等方法。

(3)体细胞基因突变检测方法

电离辐射诱导的DNA损伤可导致体细胞一些编码标志蛋白的基因位点突变，从而产生异常的编码蛋白或蛋白缺失，这些异常或缺失的蛋白可作为剂量监测的标识。主要包括次黄嘌呤磷酸核糖转移酶(hypoxanthine guanine phosphoribosyl transferase，hprt)、血型糖蛋白A(glycophorin A，GPA)、T细胞受体(T cell receptor，TCR)等。这些方法各具优点，但也有缺点，一般作为生物剂量估算的辅助技术手段，而且尚未能得到推广。

(4)分子生物学和分子遗传学方法

现代分子生物学技术的飞速发展,使越来越多的新技术、新方法用于辐射生物剂量估算领域,包括基因组学分析、蛋白组学分析、代谢组学分析、线粒体 DNA 片段缺失分析等。这些研究目前均处于起步阶段,需进一步深入研究。

#### 5.3.1.2　染色体畸变

(1)人类染色体

染色体畸变是细胞群体反应电离辐射损伤的经典指标,它不仅能察觉电离辐射损伤和评价其损伤程度,而且用照射离体人外周血所建立的染色体畸变的剂量效应曲线可以估算事故条件下人员所受的剂量。

染色体是指细胞增殖周期有丝分裂中期核内易被碱性染料着色的小体。染色体上载有直线排列的、能自我复制的基因,因而有储存和传递遗传信息,以及调控细胞分化、发育的作用,它是核基因的载体。

染色体(chromosome, CS)主要是由 DNA、RNA 和蛋白质(碱性蛋白质和酸性蛋白质)以及少量类脂质和无机物所构成的复合体。染色体中的 DNA 有重复性 DNA 与非重复性 DNA,它们呈顺序相间排列。染色体中蛋白质含量最多的是组蛋白,均为碱性蛋白,还有一些含量很少的非组蛋白。染色体中的 DNA 形成骨架,每条染色单体含有一条 DNA 双螺旋,与染色体蛋白质相连。核小体(nucleosome)的结构模型,染色质(chromatin)是有若干重复单位——核小体组成,一个核小体分为颗粒部和连接部。间期的染色质为一种很长的纤丝状结构,相当于基本染色质丝,其直径约为 10.0 nm。在细胞分裂过程中,染色质形成染色体是由于染色质 DNA 的多级螺旋化的结果,使几厘米长的 DNA 蛋白质纤维形成几微米长的染色体,约为原 DNA 长度的万分之一($1/7 \times 1/6 \times 1/40 \times 1/5 = 1/8400$)。

染色体在细胞周期中经历着凝缩和舒展的周期性变化。在细胞分裂中期达到凝缩的高峰,轮廓清楚,因而便于观察。

1)着丝粒(centromere)

着丝粒是富含重复性 DNA 构成的异染色质,为染色体上未着色或着色很浅的狭窄处,故又称为主缢痕(primary constriction)。通常每一条染色体都有 1 个着丝粒。着丝粒是纺锤丝附着之点,在细胞分裂中与染色体的移动密切相关。失去着丝粒的染色体片段通常因不能在分裂后期向两极移动而丢失。着丝粒将染色体横向分为两个臂,短臂(p)和长臂(q);纵向分为两条染色单体,彼此互称姐妹染色单体(sister chromatid)。它们各包含一条 DNA 双螺旋,两条单体仅在着丝粒处相连接。

各染色体的着丝粒的位置各不相同,每条染色体的着丝粒位置是恒定的。人类染色体按其着丝粒的位置可分为三类。如果着丝粒位于染色体纵轴的 1/2～5/8 处,将染色体分为长短相近的两个臂,称为近中着丝粒(metacentric)染色体;如果着丝粒位于染色体纵轴的 5/8～7/8 处,将染色体分为长短明显不同的两个臂,就称为亚中着丝粒(submetacentric)染色体;如果着丝粒位于染色体纵轴的 7/8 ～末端处,就称为近端着丝粒(acrocentric)染色体。人类没有真正的端着丝粒染色体。

2)次缢痕(secondary constriction)

次缢痕为染色体上狭窄和浅染的区域,与着丝粒一样,是染色体物质稀少或去螺旋化的结果。它比较常见于1、3、9、16号及Y染色体。

3)随体(satellite)

在近端着丝粒染色体的短臂顶端的小球状结构,称为随体。通常由于次缢痕(又称随体蒂或柄)的存在,致使末端的染色体物质与其余部分仅以一丝相联而呈小球状。染色体的随体间容易发生连接,称随体联合(satellite association),即近端着丝粒染色体的短臂及随体常紧靠或相联,参加联合的染色体多少不等。

4)端粒(telomere)

端粒是存在于染色体末端具有特殊功能的结构。端粒序列是细胞进化过程中一段高度保守的序列,去除了端粒的染色体易发生重排,形成染色体畸变,因此端粒起着稳定、保护染色体的作用。

将一个细胞内的染色体按照一定的顺序排列起来所构成的图像称为该细胞的核型(karyotype),它代表该细胞的染色体组成,通常是通过显微摄影所得的染色体照片剪贴或染色体分析仪在计算机屏幕上排列而成根据一些正常个体的许多细胞的核型,综合绘制的图形称模式核型图。依靠模式核型图,对比待测细胞的核型是否正常,以及对异常特点作出鉴别,称核型分析。

根据丹佛会议所规定的两条原则,人类分裂中期的染色体按长度递减和着丝粒位置特点将23对染色体分为7个组。其中,1～22对是男、女所共有,称常染色体;另一对男、女有所不同,称性染色体,女性的两条性染色体形态相同,为XX;男性有一条X染色体和一条较小的Y染色体,只是按照其大小将X和Y染色体分别归入C组和G组。常染色体则根据大小顺序由1编到22号。

在分裂中期细胞,人类的23对染色体间在大小和形态上是各不相同的,所以每一条中期染色体都可按其大小、形状和特殊带形加以鉴别。

(2)电离辐射与染色体畸变

当人员受到一定剂量电离辐射作用后,细胞中的染色体可以发生数量或结构上的改变,这一类改变称为染色体畸变(chromosome aberration,CA)。染色体畸变可以自发地产生,指人类由于受到宇宙射线等天然本底辐射的作用,在未受到附加照射的细胞看到的畸变,通常称为自发畸变(spontaneous aberration)。自发畸变率一般很低,其类型和辐射诱发的相同,只是频率很低。染色体畸变一般分为染色体数量畸变和结构畸变两大类。

许多物理的、化学的和生物因子可以引起染色体断裂,这些因子称为致断因子。染色体还可能自发地断裂。断裂的末端被认为具有“粘性”,即易与其他断端重新黏合或重接,因此一次断裂产生的两个黏性末端常重接而修复如初。但有时会出现反常的重接,结果导致多种染色体结构异常。

1)畸变与细胞周期之间的关系

一般来说,体细胞大部分时间处于间期,而有丝分裂时间很短,只有1～2 h。受照射的细胞中产生的染色体畸变虽然要到有丝分裂中期才能看到,但实际上,几乎所有的畸变都是在间期受损伤的结果。染色体畸变主要分两大类,即染色体型畸变(chromosome type aberration)和染色单体型畸变(chromatid type aberration)。前者涉及染色体的两个单体上相同位点;而后者仅涉及一个染色单体上的一定位点。这取决于辐射处理时细胞所处的期相,也取决于诱变剂的种类。如果细胞在G1期受照,由于DNA尚未合成,染色体是以单根线行使其功能，由此造成的损伤经 S 期复制成 2 份，所以染色体的两个染色单体是相同的，形成染色体型畸变。如果细胞在 G2 期受照，那时的染色体已经过 S 期复制成两个染色单体，所涉及的损伤一般只是两个染色单体中的 1 个，即使两个染色单体都受到损伤，但损伤的部位也未必相同，所以在中期观察时，两个染色单体的外形就不一致，形成染色单体型畸变。

2)染色体型畸变

①末端缺失(terminal delation，del)

一条染色体的长臂或短臂的远端发生一次断裂后，断片离开原位，导致一个正常染色体丢失了末端区段，故称为末端缺失。但在常规染色体标本中如果丢失的区段较小，就无从查知这种异常染色体。所以，实际上人们观察的是断下来的片段部分，它们为一对彼此平行的染色单体，但没有着丝粒，故称为无着丝粒断片(acentric fragment，ace)。这是唯一的一次击中畸变。

②微小体(minute，min)

典型的微小体为一对圆形的染色质球。有时比无着丝粒断片小。染色体臂内发生两次断裂，形成 3 个片段，两个断裂之间的片段离开原位，余留的两个断端在断面直接相接，形成一条中间缺失的染色体。

③无着丝粒环(acentric ring，R0 )

无着丝粒环为一对环形的染色单体，没有着丝粒。它与微小体实际上是一种畸变类型，二者之间的区别仅在于断裂点之间的距离不同。无着丝粒环断裂点之间的距离较大，故形成一对空心圆，或中央略凹陷。

④着丝粒环(centric ring，Rc)

着丝粒环为一对环形染色单体，由于有着丝粒，两个环在着丝粒处仍相连。在染色体长、短臂各发生一次断裂，含有着丝粒的片段两端断面相互重新连接成环状结构；两个无着丝粒片段连接成一断片。计数染色体畸变时，着丝粒环加上断片计为一个染色体畸变。着丝粒环和无着丝粒环很易区别，前者有着丝粒，并伴有 1 个(偶尔 2 个)断片。

⑤倒位(inversion，inv)

一条染色体发生两次断裂，形成上、中、下 3 个片段，中段上下颠倒，然后和上下两段相接，形成倒位。根据两断裂点的发生部位可分臂内和臂间倒位两类，如果两处断裂发生在着丝粒两侧，称为臂间倒位(pericentric inversion)；两个断裂如果发生在着丝粒一侧(长臂或短臂)，形成的倒位称臂内倒位(paracentric inversion)。

⑥相互易位(reciprocal translocation，t)

相互易位是一种对称性互换。两条染色体各发生一处断裂，并相互交换其无着丝粒片段，形成两个重排染色体。因交换是对称性的，所以也称对称性互换。在相互易位中，如果互换的片段大小相差悬殊，则结构重排的两个染色体的形态会发生很大变化，其中一个明显变长而另一个变短，可在非显带标本中得以察觉；但是，如果互换的片段大小相近，那么由此衍生出的两个染色体，尽管结构起了变化，而外形几乎不变。在这种情况下，可藉助显带技术或荧光原位杂交(FISH)技术加以鉴别。

⑦双着丝粒体和多着丝粒体(dicentric，dic and polycentric)

具有两个(或两个以上)着丝粒的染色体称双着丝粒染色体(多着丝粒染色体)。为不对称互换。两条或两条以上染色体各发生一处断裂后，两个或两个以上具有着丝粒部分连接，形成双着丝粒体或多着丝粒体，而无着丝粒片段相接形成断片。在计数畸变时，双着丝粒体也要伴有一个断片，合起来称作一个畸变；如果为多着丝粒体（有 $n$ 个着丝粒），则应换算成（$n-1$）个双着丝粒体，同时伴有 $n-1$ 个断片。

上述的 7 种染色体畸变，除末端缺失外，其余的 6 种畸变均为二次击中畸变。放射损伤检测中，这 7 种畸变都是辐射损伤的指标。目前在非显带染色体标本中最常用的指标为双着丝粒体和着丝粒环。由于双着丝粒体的自发率低，形态特殊，并伴有断片，易于识别，在体内持续时间较长。

3)染色单体型畸变

在 G2 期或 S 期大部受照，由于染色体已复制为两条单体，故辐射诱发的畸变呈单体型畸变。它可分为两类：

①染色单体断裂(chromatid break，ctb)

染色单体断裂指一个染色单体被打断，且远端部分离开了原来的位置，导致染色单体缺失和染色单体断片。

②染色单体互换(chromatid exchange，cte)

染色单体互换是两个或两个以上染色单体断裂和断裂后染色单体重排的结果。互换可以发生在不同染色体的染色单体之间，称间互换；也可以发生在一条染色体的染色单体之间或染色体内，称内互换。

③裂隙(gap)

裂隙是一个染色单体上的非染色区（非染色质裂隙），在那里的染色单体出现轻微的错排，光学显微镜下为很小的裂缝，其宽度不超过染色单体横径。

4)染色体数量畸变

正常人体细胞一般含有 23 对同源染色体，它由父方精子带来的一组染色体（单倍体 haploid，n）和母方卵子带来的一组染色体共同组成，因而是二倍体（diploid，$2n$），用符号 $n$ 代表父方或母方一个染色体组的数目。正常二倍体染色体组或整条染色体数量上的增减，称为染色体数量畸变。其主要类型如下。

①多倍体(polyploid)

具有两个以上染色体组的细胞称多倍体。如三倍体（triploid，$3n$）和四倍体（tetraploid，$4n$）等。

②非整倍体(uneuploid)

在正常二倍体染色体中，某对同源染色体减少或增加一条或多条，其他染色体对仍保留二倍体不变，这样的细胞称非整倍体细胞。比二倍体少一条或数条的细胞，称为亚二倍体；比二倍体多一条或数条的称为超二倍体。另外，如细胞染色体总数与二倍体相同，但各对同源染色体多少不一，这种细胞称为假二倍体。

③核内复制(endoreduplication)

两次细胞分裂之间染色体不是复制一次而是二次，得到的不是两条染色体而是 4 条。

(3)辐射诱发染色体畸变的机理

关于染色体畸变形成的机理较为复杂，还不十分清楚，迄今为止主要有两种假说用以说明染色体结构畸变的形成方式。一是断裂—重接假说，也叫断裂第一假说（breakage—

first—hypothesis)，起先由 stadler 于 1931 年提出，以后为 Sax 等的研究所证实。这是一种经典假说。另一个是互换假说(exchang—hypothesis)，由 Revell 提出，并得到一些研究者的支持。

1)断裂—重接假说

根据这一假说，畸变的形成是一个电离粒子(或为自发的)通过间期核染色体的连续结构，或是一个电离粒子经过染色体附近时，导致染色体直接或间接的断裂。这种断裂的趋势不外乎是以下 3 个中的一个：①断裂端按原来的样子重新连接，以致在细胞学上无法加以辨认，这称为愈合(restitution)。②和其他的断裂重接新的图型，形成染色体重排，这称为重接(rejoin)。这种重接的大多数能在细胞学上察觉出来。③断裂端不再重接，依然游离着(free)，造成末端缺失。电子径迹导致染色体上一个断裂的结果，这是在一个电离粒子的径迹上产生的，称为“一击(one—hit)畸变”，而一切染色体内或染色体间的结构重排，至少需要两个断裂方可进入互换过程。所以，互换畸变是由单个或几个(通常是两个)独立的电子径迹导致的几个断裂产物，从而导致二击(two—hit)、三击畸变(three—hit)。因而，互换畸变大多数是二击畸变。末端缺失和无着丝粒断片依然保持其原来的断裂面，成为染色体结构的一种稳定状态，这是唯一的一击畸变。愈合代表自然地修复了辐射引起的损伤。据 Prempree 等研究认为，染色体断裂到重接的时间大约为 90 min。可见只有当两个畸变在时间上较为接近的情况下，方能形成互换畸变。

2)互换假说

这一假说认为，所有的畸变(包括简单的染色单体断裂在内)都是互换的结果。在这里，电离辐射引起的原发事件不是断裂，而是使接近荷电粒子径迹处的染色单体丝上出现一种不稳定状态，这种不稳定状态的本质是什么，还不十分清楚。这种不稳定状态彼此间可以起反应；或者由于空间的关系不能起反应，那就得以复原。如果有两个这样的不稳定区(它们是两个电离粒子二次击中独立地产生的或由一个电离粒子产生的)相互起作用，这一过程称为互换的“前奏”。第二步才是真正的互换过程。那就是按照减数分裂中的交换那样进行(交换可以是完全的或不完全的)，交换的结果便导致染色体畸变。如果两个姊妹染色单体之间发生不完全互换，便可导致染色单体畸变。互换的实际过程可以是这两个区域相互反应的时候，也可以是在反应之后的一段时间。这种不稳定状态延续的时间，相当于经典假说中从断裂到重接所需的时间。互换假说还有一个重要假定，就是只有当间期核的染色体为去螺旋化的状态，并形成一个圈的时候，互换才能在这个圈中进行。显然，畸变的形成还取决于它们的空间位置。这就是所谓的“位置概念”，即在一个细胞核内，只有少数位置(有限的空间体积)中的染色体紧密地靠在一起，这些染色体上原发损伤，按其空间位置处于所谓的“重接距离”之内，彼此可以相互作用，从而导致互换畸变。按 Bauchinger 等的研究，认为这一距离约为 1 μm。

由此可见，以上两种假说在许多实际含义上并无大的差别，它们都符合靶学说，但它们都不够完善，以致人们在许多研究中，有时用经典假说来解释，而在另一些场合则用互换假说来解释。

3)染色体畸变形成的分子机理

遗传和变异是生物体的生命现象，以往认为如果遗传物质 DNA 分子受到损伤，DNA 分子产生变异，细胞就不能分裂或产生变异。近年来渐渐认识到正常细胞中具有一整套十分有效的DNA修复系统,藉此能修复DNA分子的许多异常,使受损伤的DNA分子迅速恢复正常,以保持细胞正常功能和遗传的稳定。辐射所致DNA损伤中,DNA链断裂与染色体畸变形成密切相关。Sakai等将辐射诱导的DNA损伤分为快修复、DNA单链断裂(SSB)、慢修复DNA双链断裂(DSB)和不可修复DSB。关于不可修复型DSB的成因目前尚不清楚。有人认为在高剂量辐射情况下,DNA分子断裂较多区域中两个非常接近的断裂点相互作用所致。慢修复型SSB通过酶的作用以DNA双链中未受损的另一条单链作为模板,按原有的碱基排列顺序正确重建,实现无错误的修复。可修复型DSB两条单链在原位重接修复,DNA得到了正确修复,去除了辐射损伤。但实际情况往往不是如此。可修复型DSB易发生错误修复,断链往往发生不同形式的重组,进行错误修复,形成染色体重排,导致各种类型的染色体畸变。可见染色体畸变是残留的未修复的DSB,或DSB的错误修复所致。因照射DSB修复缺失突变体细胞,如XYS及Ly－s后,染色体畸变率明显高于其野生型。可见修复在染色体畸变形成过程中起主要作用。用限制性内切酶或拓扑异构酶Ⅱ的抑制剂处理XYS－5细胞时,畸变率明显增高,这是由于抑制了DSB重接过程所致。当电离辐射诱发钝性末端DSB时,由于缺乏氢键的稳定作用,使重接能力丧失,染色体畸变率增高;黏性末端DSB易于重接,畸变率减少。染色体畸变不仅取决于DSB及其修复,而且与染色质结构变化有关。染色质高度凝缩时受照,畸变率明显增高;而染色质松散时受照,畸变率减少。微核的形成主要是由于残留的未修复的DSB所致。

(4)染色体畸变分析的辐射生物剂量估算

在事故照射情况下,采取受照人员的血样按建立剂量效应曲线的同样标准进行细胞培养、标本制备和畸变分析,检出受照人员血样的染色体畸变率。然后选择与事故条件相近的剂量效应曲线,估算相应的吸收剂量值。这个剂量称为“全身剂量当量”或“全身等效剂量”(equivalent whole body dose)。它不同于一般物理剂量的概念,它是由观察到的染色体畸变估算出的全身平均剂量。估算剂量时,除给出平均值外,同时应给出95%可信限剂量范围。在计算95%可信限时,可忽略标准曲线中由于不确定的畸变率的标准误,而只计算观察细胞畸变率的标准误。95%可信限剂量范围可由下列公式计算:

95%可信限范围＝畸变/细胞±细胞畸变率的标准误× 1.96

估算剂量时,剂量的可信程度取决于观察到的畸变量和分析细胞数。通过对不同剂量受照者畸变分析结果表明,在大剂量急性照射时,由于畸变率高,需要计数的细胞数少,分析100～200个细胞可满足统计学要求。一般情况下,计数200～500个中期分裂细胞,可满足有医学意义照射水平的剂量估算。而在较小剂量照射时,往往需要计数大量的细胞数才能达到统计学上的要求。

生物剂量测定采用分析非稳定性染色体畸变,其中尤以“双＋环”的频率估算剂量较为准确。但Cu畸变会随照后时间的推移而逐渐减少。因此,只有在畸变未明显下降前取样,才能给出较准确的估算剂量。研究发现,照后1～2个月“双＋环”的变化不大,3个月后明显下降,只有原初频率的60%～80%,3年后只有原初水平的15%～20%。“双＋环”频率随时间的推移而下降速率也存在一定的个体差异。一般认为,取血时间最好在事故后48 h内,原则上应尽早取血培养,最迟不超过2个月。外周血中Cu畸变在体内存在时间与许多因素有关,如淋巴细胞寿命、剂量水平、剂量分布、照射持续时间和个体差异等,都有待于进一步研究。

非稳定性染色体畸变估算剂量范围，一般认为是 0.1～5 Gy。其最低值，对 X 射线约为 0.05 Gy，γ 射线为 0.1 Gy，而裂变中子可测到 0.01 Gy。但在此种情况下，必须分析大量的细胞才能得到较为可靠的结果。

非稳定性染色体畸变分析进行生物剂量测定主要用于分布比较均匀的急性全身外照射，目前还不能用于混合照射、分次照射、长期小剂量照射和内照射的生物剂量估算。

#### 5.3.1.3　微核的生物剂量测定

1964 年，Rugh 发现在照射后小鼠的淋巴结和外周血淋巴细胞中存在核碎片（微核），试图用其作为评价辐射损伤的辅助指标。Evans 等将蚕豆（V/c/a o）根端细胞暴露于电离辐射，观察到辐射诱导 MN 形成效应，并据此间接推断 MN 来源于辐射诱导的染色体异常。1973 年，Heddle 推荐使用这种简便而迅速的方法来衡量染色体损伤，在辐射领域内得到了广泛的研究和应用。大量研究表明，在一定剂量范围内，整体和离体条件下微核率均呈明显的剂量—效应关系，并经放疗病人和动物实验证明，离体和整体照射微核效应一致，表明淋巴细胞微核率可以作为估算受照剂量的生物学指标。随着研究的深入和技术手段的进步，1985 年 Fenech 和 Morley 改进了微核的实验方法，提出了胞质分裂阻滞微核法（Cytokinesis－block method，CB 微核法），使淋巴细胞微核在辐射生物剂量估算领域的运用更为广泛。2001 年，国际原子能机构在技术报告丛书 405 号《辐射剂量估算的细胞遗传学方法》中增加了 CB 法微核内容。我国也在 1999 年发布了微核法的行业标准—《WS/T 187—1999 淋巴细胞微核估算剂量的方法》。外周血淋巴细胞微核率测定作为对职业性放射性工作者所受辐射损伤的评价是一项非常有意义的指标，亦列为我国慢性放射病诊断的重要检测指标之一。

（1）微核

微核（micronucleus，Mn），也叫卫星核，是真核类生物细胞中的一种异常结构，是染色体畸变在间期细胞中的一种表现形式。断裂残留的无着丝粒断片（染色体碎片）或在分裂后期落后的整条染色体，在分裂末期都不可能纳入主核。当进入下一次细胞周期的间期时，它们在细胞质内浓缩成小的核，称为微核。

微核的形态学特征是：

1）存在于完整的胞浆中，小于主核的 1/3；

2）形态为圆形或椭圆形，边缘光滑；

3）与主核有同样结构；

4）嗜色性与主核一致或略浅，Fenlgan 染色阳性或 DAN 的特异性反应；

5）与非核物质颗粒相反，微核不折光；

6）与主核完全分离，如相切，应见到各自的核膜。

辐射诱发的外周血淋巴细胞染色体畸变主要是染色体型畸变，其中非稳定性染色体畸变包括无着丝粒断片、微小体、无着丝粒环、双着丝粒体和着丝粒环在有丝分裂过程中大部分不能纳入新的细胞核中，在间期形成微核，因此辐射诱发的外周血淋巴细胞微核与染色体畸变存在直接联系。

（2）外周血淋巴细胞微核方法

随着外周血淋巴细胞微核广泛应用，方法也得到不断改进，从最早得到广泛应用的甲基纤维素法(直接法),发展到常规培养法、胞质分裂阻滞微核法。

1)甲基纤维素法

在抗凝静脉血中加入0.5%甲基纤维素后37 ℃温浴30 min后经离心、涂片、染色后进行微核显微观察计数的方法,特点是方法简单,制片迅速,缺点是因淋巴细胞未经培养,不能观察到分裂中期的非稳定性染色体畸变在下一分裂间期说形成的微核。目前,甲基纤维素法已基本被常规培养法、胞质分裂阻滞微核法所替代。

2)常规培养法

将抗凝静脉血在RPMI1640完全培养基中37 ℃培养72 h后,经离心、低渗、预固定、固定、滴片、染色等过程,进行微核显微观察计数微核的方法,该法大大提高了淋巴细胞微核的检出率,方法较简便,经济,适合基层开展,是目前使用更广的淋巴细胞微核方法。

3)胞质分裂阻滞微核法

淋巴细胞微核仅出现在诱发后经过一次分裂的间期细胞中,早先采用的甲基纤维素法和常规培养法由于均不能分辨出未转化的、分裂一次的和分裂一次以上的淋巴细胞,影响了微核分析的正确性,使该技术的应用受到一定的限制。1985年Fenech等提出胞浆分裂阻滞微核法,该法将抗凝静脉血在RPMI1640完全培养基中37 ℃培养72 h后,离心、低渗、预固定、固定、滴片、染色等过程同常规培养法,不同之处在于在培养进行至44 h加入松胞素-B(cytochalasin-B,Cyt-B),它在不干扰细胞核分裂的同时阻滞胞浆的分裂。于是,分裂一次的所有淋巴细胞的胞浆中将出现两个细胞核,这种双核细胞称为cytokinesis-block cell,简称CB细胞。CB细胞很大,具有双核,极易鉴别。如果第二次胞浆分裂被阻滞,则形成3核或4核细胞,故双核CB细胞是只经历一次分裂的细胞。计数CB细胞中的微核率,可显著提高微核检测的灵敏度和准确性。建立淋巴细胞微核的剂量效应曲线现在均需采用胞质分裂阻滞微核法,它的不足是松胞素-B价格昂贵,基层不易开展。

(3)淋巴细胞微核观察

1)淋巴细胞微核的判断标准:

①微核直径为主核的1/20~1/3;

②微核染色性质与主核一致,染色可略淡;

③微核与主核在同一细胞中(CB微核法中微核应与两个主核在同一细胞中);

④微核与主核不连接;

⑤微核不折光,与染料颗粒、杂质相区别。

2)淋巴细胞计数数目

样本计数细胞数直接影响微核率的准确性,计数细胞过少,虽观察速度快,但微核率结果误差太大,而计数细胞过多,则费时费力。

目前甲基纤维素法和常规培养法每个样本需计数2000个淋巴细胞,胞质分裂阻滞微核法每个样本需计数1000个双核CB细胞。

3)淋巴细胞微核率

微核率的记录常同时使用细胞微核率(‰)和微核细胞率(‰),细胞微核率表示1000个细胞中所观察到的微核数目,因为一个细胞中可能观察到多个微核,细胞微核率(‰)可超过1000‰;微核细胞率表示1000细胞中观察到的含有微核的细胞数。

4)淋巴细胞微核的自发率

甲基纤维素法的微核自发率约为 0.1‰～0.3‰,波动较大;常规培养法的微核自发率≤5‰;胞质分裂阻滞法的微核自发率约为 10‰～20‰,自发率高于前两种方法的原因在于双核 CB 细胞是只经历一次分裂的细胞。计数 CB 细胞中的微核率,可显著提高微核检测的灵敏度和准确性,同时松胞素－B 本身也具有一定毒性,而诱发一定数量微核。

#### 5.3.1.4 早熟凝集染色体(premature condensation chromosome,PCC)分析

(1)早熟凝集染色体研究概况

1970 年 Rao 和 Johson 在做细胞融合实验时,用$^3H$－TdR 标记的 S 期细胞和非标记的 $G_2$期细胞融合,意外地发现所融合的双核细胞中有一套未标记的染色体和一套呈粉碎状的标记染色体。这个现象导致他们完成了另一组实验,用秋水仙胺阻断的有丝分裂细胞分别与同步的 $G_1$、S 和 $G_2$期细胞用灭活的仙台病毒进行融合,30min 后核膜发生融合,同时 M 期细胞中的促有丝分裂因子迅速导致间期细胞中染色质的凝集。这种现象被命名为早熟凝集染色体(Premature condensation chromosome,PCC)。PCC 的形态与细胞融合时,间期细胞在细胞周期中所处的阶段有关。进一步发现不同种类的动物之间,植物之间的细胞融合,均发现有丝分裂细胞可以诱导间期细胞产生早熟凝集染色体。1983 年 Pantelias 等用化学融合剂聚乙二醇( Polyethylene glycol, PEG )代替了灭活的仙台病毒,简化了细胞融合的操作步骤,使 PCC 技术得到广泛应用。

PCC 现象的发现开辟了细胞生物学的一个新领域,使人们有可能在细胞生长周期的任何阶段中看到分离的染色体结构。各种物理因子或化学诱变剂对处于 $G_1$、S 和 $G_2$期细胞导致损伤时,不需达到分裂中期就可在相应的各期细胞中直接见到染色体损伤,使过去用一般方法不能进行的一些研究工作得到了开展,从而为研究染色体损伤及修复提供一个有用的方法。

采用 PCC 技术可直接观察细胞间期染色体损伤,不需要刺激细胞增殖和细胞培养,减少了由于间期死亡及染色体修复等引起的误差,在获得标本 2～3 h 之后即可分析染色体损伤情况,得出结果。它与常规染色体方法相比有快速、灵敏等优点。

Cornforth(1983 年)用 Brdu 加入到诱导细胞的培养中,FPG 染色,使诱导细胞染色淡化而被检查的细胞呈深色,加大了分辨率。1991 年 Vyas 用 C 带方法,在 $G_1$－PCC 中也能检出双着丝粒体和着丝粒环,使得 PCC 技术用于放射生物剂量计的可靠性又提高了一步。

但该方法也有其不足之处,一是细胞融合技术要求较高,不适合基层推广;二是细胞融合后得到的 PCC 指数一般比有丝分裂指数更低。

1995 年,Gotoh, E 等建立了药物诱导 PCC 的新方法,他们用花萼海绵诱癌素(Calyculin A),诱导染色体发生凝聚, Calyculin A 是从花萼盘皮海绵中提取的一种蛋白磷酸酯合成酶抑制剂,它可诱导外周血淋巴细胞在 G1、S、G2 及 M 期发生染色体凝聚,而无需进行细胞融合。1996 年,Gotoh 和 Asakawa 又报道了用冈田酸(Okadaic Acid)诱导 PCC 的方法,冈田酸又名软海绵酸,取自冈田软海绵,是另一种蛋白磷酸酯合成酶抑制剂。

(2)PCC 在辐射生物剂量测定中的应用

1983 年,Pantelias 和 Maillie 将早熟凝集染色体分析应用于辐射生物剂量计领域。离体实验结果表明,在受照的间期(G0 或 G1)淋巴细胞和分裂中期细胞融合后的融合细胞中,

辐射对染色体的损伤表现为 G1－PCC 断片（每个受损伤细胞中所含的多余的 PCC 数），随着照射剂量的增高，每个细胞的 G1－PCC 断片也相应增多，其剂量效应曲线可拟合直线方程，即 $Y=a+bD$。Pautolias 等用不同剂量（0～3 Gy）X 线照射小鼠及其外周血淋巴细胞建立的离体和活体剂量效应曲线，统计学分析表明两者之间没有显著性差异。Hittelman 和 Rao 用 X 和 γ 射线照射 $G_2$期的 CHO 细胞，在 PCC 中见到的染色体损伤多于中期细胞中所发现的，断裂高 2 倍左右，而互换和裂隙高 1.25 倍。

细胞受电离辐射后，在 PCC 中可以检查到许多可见染色体损伤，并可和细胞第一次分裂后所见的中期染色体畸变相比较。药物诱导 PCC 技术使 PCC 技术更为简单，可靠，很快被运用于医学研究中，特别是辐射生物剂量计领域。与常规秋水仙素阻滞法（只观察 M 期分裂相），及细胞融合法 PCC 相比，该法简便可靠，可观察到更多细胞周期不同阶段的染色体分裂相，得到更高的分裂指数。对部分个体如年老者、免疫力低下者及受到大剂量辐照者，此法尤为适用。

#### 5.3.1.5 荧光原位杂交技术（fluorescence in situ hybridization，FISH）分析

随分子生物学技术的迅猛发展，FISH 技术被运用到染色体畸变分析及剂量的估算，它是一种快速分析人类染色体结构畸变，特别是相互易位的新方法。基本原理是利用生物素（biotin）标记的已知碱基序列的核酸作为探针，按照碱基互补的原则，与标本上细胞染色体的同源序列核酸进行特异性结合，然后用荧光标记的生物素亲和蛋白（avidin）和抗亲和蛋白的抗体进行免疫检测和放大，使探针杂交区发出荧光，形成可检测的杂交双链核酸，最后在荧光显微镜下检查探针存在与否。结合了探针的染色体呈现出特定的颜色，未结合探针的染色体就不着色，因而着色与未着色的染色体间发生了互换，这种异常的染色体在荧光显微镜下非常容易鉴别。目前，在辐射生物剂量学领域的 FISH 研究中，选用的探针主要是全染色体探针、泛着丝粒探针、特异性的端粒和着丝粒探针等。不同探针的组合，加上 FISH 技术正由单色、双色 FISH 向多色 FISH（M－FISH）发展，这样就可获得更加生动的彩色染色体图像，不但能快速正确检测双着丝粒体，而且能很容易地辨认出易位、缺失和插入。

辐射诱发的双着丝粒体和易位与照射剂量间呈良好的量效关系。急性照射的剂量估算主要分析双着丝粒体。双着丝粒体的检测，在 FISH 技术可以用泛着丝粒探针进行杂交，杂交后使细胞中的染色体着丝粒区着色，在荧光显微镜下能快速计数双着丝粒体。易位在受照者体内不影响或不严重影响细胞的生存和繁殖，在体内能长期保持相当恒定，至少变化很少。虽然外周血 T 淋巴细胞具有不同的寿命，但由于骨髓造血干细胞不断补充，使得外周血淋巴细胞的易位率保持稳定。有研究表明，易位畸变至少在 10 年内保持稳定，尤其是单纯的完全相互易位细胞在分裂时不会被淘汰，基本上不受时间长短的影响，特别适用于慢性照射和早先受照者的剂量估算。FISH 技术通过特异性 DNA 探针，使特定的染色体着色，从而能迅速有效地检测与这些染色体相联系的染色体结构畸变，使易位染色体的分析大大简化。目前有两类探针成功地应用于易位的检测中。一类是采用染色体区域的重复序列，如染色体的着丝粒区和端粒区重复序列作探针。杂交后，染色体在上述两个区域内显示出两个杂交信号。如果该染色体发生相互易位，根据互换情况，这两个信号可分开，分别位于两个不同的染色体上。另一类探针是一条或数条全染色体探针。这类探针杂交

后可以使同源的整条染色体着色，如果着色和未着色的染色体之间发生易位，则表现为染色体的一部分着色，另一部分不着色，很易鉴别，从而可大大提高易位的检出率。

目前，FISH 技术已在生物剂量测定中进行了广泛的研究。剂量效应曲线的研究结果一致表明，随着照射剂量的增加，涉及探针的双着丝粒体和易位明显增加。由 FISH 方法观察到的双着丝粒率和易位率换算成全基因组的双着丝粒率和易位率均符合线性平方模式，即 $Y=a+bD+cD^2$。

用 FISH 方法可以大大提高易位的检出率，与 G 显带技术相比，节省了人力物力。由于不需要分散良好的中期分裂相作分析用，增加可供分析的细胞数，提高了检测的精确度。可见它是一种快速、准确的很有前途的生物剂量测定方法，是当前辐射细胞遗传学发展中的一门前沿技术。其不足之处是对某些稳定性染色体畸变，如倒位和缺失不甚敏感；由于探针的特异性，只有某些与探针相对应的染色体畸变才能被察觉；该技术要求高，且需要高纯度试剂，价格昂贵。用于生物剂量测定还有不少问题需要进一步的深入研究，如用 FISH 方法观察到的染色体易位率换算成全基因组染色体易位率是否符合 Lucas 推荐的经验公式；以及用易位率进行回顾性剂量重建时，易位不随时间延长而降低的假设是否成立等都有待深入探讨。

#### 5.3.1.6　体细胞基因突变分析

电离辐射诱导的造血细胞 DNA 损伤可导致体细胞一些编码标志蛋白的基因位点突变，从而产生异常的编码蛋白或蛋白缺失，这些异常或缺失的蛋白可作为剂量监测的标识。常见的有 HPRT(次黄嘌呤鸟嘌呤磷酸核糖转移酶)、GPA(血型糖蛋白 A)、TCR(T 细胞抗原受体)、HLA(人白细胞抗原)等。

(1)次黄嘌呤鸟嘌呤磷酸核糖基转移酶(hypoxanthine guanine phosphoribosyl transferase，HPRT)基因突变分析

hprt 基因是体细胞突变研究中常用的基因。人和啮齿类细胞的 hprt 基因位于 X 染色体上。该基因产物为次黄嘌呤鸟嘌呤磷酸核糖转移酶，它是一种嘌呤合成酶，该酶特异性不强，在细胞 DNA 合成时可将嘌呤类似物 6－巯基鸟嘌呤(6－TG)和 8－氮杂鸟嘌呤(8－AG)掺入到 DNA 中，阻断半保留复制，形成一种致死性的核苷－5－磷酸盐，造成细胞死亡。细胞 hprt 基因突变后，不能编码生成 HPRT 酶，使突变细胞对 6－TG 或 8－AG 产生抗性作用，嘌呤类似物就不能掺入到 DNA 中，不影响其复制。因此，在选择性培养基中，突变的细胞能存活，正常细胞却因 6－TG 或 8－AG 的毒性作用不能分裂甚至引起死亡，因此通过检测分裂细胞的数目便能确定 hprt 基因突变频率(mutation frequence，MF)。

hprt 基因位点是一个对电离辐射和化学诱变剂都非常敏感的位点，在单基因突变研究中，该基因是一个经典的基因位点，其突变基因可在体内长期存在。有关电离辐射引起的 hprt 基因位点突变与照射剂量间关系的研究表明，hprt 基因位点突变频率与照射剂量呈线性关系。可用于急性和慢性小剂量照射。其不足之处是：hprt 基因突变的特异性不强，自发率较高，并随年龄增长，自发突变率也有所增高。

(2)血型糖蛋白 A(GPA)基因位点突变分析

GPA 是分布于人类红细胞(RBC)表面的一种重要的血型糖蛋白，体细胞 GPA 基因对电离辐射和化学诱变剂都有非常敏感的位点，GPA 基因突变分析反映的是骨髓干细胞的基

因 MF,该基因突变为中性突变,故其 VC 在体内长期存在,研究表明,事故后 3～4 年,其 GPA MF 仍显著高于对照组,并与用双着丝粒体估算的受照剂量之间有明显的量效关系。GPA 基因突变分析用流式细胞仪检测 $1 \times 10^6$ 个细胞只需几分钟,分析速度快,且稳定性好,重复性高,但 FCM、荧光 McAb 价格昂贵,且 GPA MF 的个体差异较大,仅能用于 MN 型个体。

#### 5.3.1.7 组学分析

(1)基因组学

利用基因组学分析技术,特别是以微阵列分析为代表的差异基因筛选技术,对电离辐射后基因的表达变化(gene expression change, GEC)进行分析可以满足快速分析的要求。这项技术能同时对成千上万基因的表达进行分析和比较,具有快速、高通量和计算机分析的特征,近年来研究较多。鉴于一系列生物过程参与了辐射诱导的细胞应激、凋亡、损伤和修复、炎症发生和遗传等效应,一些与 DNA 损伤修复相关的蛋白质,与各种反应和代谢相关的细胞信号传导分子和信号通路成分都受基因表达调控,辐射诱导的各种效应在很大程度与这些基因的表达量、表达时相和调节有关。目前被大家认可有可能成为生物剂量标记的基因有:CDKN1A、Gadd45a、xpc、bbc3、mdm2 等一些与细胞周期调节、细胞凋亡和 DNA 损伤修复相关的基因。

基因组学分析的优点是易实现快速和高通量分析,筛选具有良好时效和量效关系指标的范围也较广。但鉴于照射后基因表达变化的复杂性,仅用单个的基因表达变化的信息来表达受照剂量其可靠性较差。较可取的办法是选用一组基因,观察在不同剂量照射后、不同时间点相关基因表达水平的变化及与受照剂量间的关系,一系列基因表达的变化才能够更准确地评估受照剂量。

(2)代谢物组学

在辐射生物剂量计研究方面,目前代谢物组学的应用主要体现在通过对受照生物尿液或组织液中代谢成分的分析,寻找与辐射剂量相关的各种指标方面。由于尿液可无创获得,且通过分析设定时间段内收集的尿液,便可较客观地反映一段时间内体内有关代谢组分上调与下调的情况,因此成为最常用的代谢物组学分析样本。早期利用代谢物组学研究辐射生物剂量计,研究多集中在神经递质及其代谢物上,如 5－羟吲哚乙酸、硫酸吲哚酚、3－甲基－4 羟基苯羟乙酸,3－甲氧基肾上腺素,去甲变肾上腺素,高香草酸等。近年来,代谢物组学的研究热点相继转移到搜寻血液和尿液中辐射反应相关生物分子标志物方面,如乙醛酸盐、苏糖酸、尿嘧啶、对甲苯酚、柠檬酸盐、2－氧化戊二酸、己二酸酯、庚二酸、辛二酸盐、壬二酸盐、胸腺嘧啶乙二醇、胸腺嘧啶核苷乙二醇、8－羟基鸟嘌呤等蛋白质和核酸代谢产物。

随着代谢组学技术的发展,利用动物模型和临床患者的血清和尿液寻找放射损伤特异性标志物的研究较多,获得多种受放射调节的差异代谢物,可作为潜在的放射损伤标志物。与基因和蛋白标志物相比,代谢物更容易受到饮食、个体差异、性别和环境因素的影响。

代谢物组学指标分析的优势在于:样本可无创收集,样本中各种代谢相关的信息含量丰富,有利于筛选出具有良好量效和时效关系的指标,在方法学上也能做到高通量快速分析。代谢物组学指标分析的不足是需要特定的实验室和特殊的设备,虽可实现移动式分析单元，但尚难做到便携式现场分析。

(3)蛋白质组学

辐射诱导细胞内蛋白质表达水平改变的研究主要集中在蛋白质组学筛选。生物体内蛋白质和量的变化与辐射效应息息相关，辐射作用于生物体后不同的时间、不同蛋白质的表达变化都可能与生物体所受辐射剂量相关。由于基因转录水平的改变并不能完全直接代表 mRNA 翻译水平的变化，所以在分子水平研究细胞的辐射反应时，同时检测基因转录水平和蛋白质翻译水平更有意义。蛋白质水平指标的检测不仅可提示辐射生物效应带来的近期相关风险和远期效应，对于生物受照剂量也具有更直接的指示作用。

电离辐射后存在着大量的辐射反应蛋白，这些蛋白随着辐射剂量和照后时间的变化表达上调或下调，是能反应受照剂量的生物指标体系，但是在蛋白质组学分析中，仅凭单一蛋白质分子的改变来评价生物体受照射剂量的准确性和可靠性是不够的，选择一组蛋白质活化或量的改变来评价受照剂量会大大提高准确率和可靠性。随着蛋白质芯片技术和其他更灵敏、快速的分析技术的出现，蛋白质组学分析方法应该会有更大的应用前景。

## 5.3.2　辐射剂量效应曲线的建立

### 5.3.2.1　辐射诱导染色体畸变的剂量效应关系

1962 年 Bender 用离体照射人体外周血淋巴细胞的方法，首先肯定人体细胞染色体畸变量和受照剂量呈正比关系。随后，又有大量的研究工作表明，离体照射哺乳动物外周血诱发的淋巴细胞染色体畸变量与活体照射所得的剂量效应曲线两者统计学上无显著性差异。由此提出外周血淋巴细胞染色体畸变分析可作为生物剂量计，估算辐射事故情况下受照人员所受的辐射剂量。染色体畸变分析已在事故照射的生物剂量测定中得到广泛应用，并已被国际上公认是一种可靠的灵敏的生物剂量计。

电离辐射可诱导染色体发生多种类型的畸变。畸变的类型取决于射线剂量、LET(线性能量转移)和细胞受照时所处的细胞周期等因素。在染色体畸变分析中，非稳定性染色体畸变中的双着丝粒和着丝粒环是目前最常用的生物剂量评估指标，它的优势在于这种指标在非照射对照组的自然发生频率较低，而照射却能诱导较高的发生频率，具有稳定灵敏的剂量效应关系，并且形态结构容易辨认。

(1)急性照射的剂量-效应关系

1)剂量一效应曲线的模式

采用适当的模式进行剂量-效应曲线关系分析，对于合理地描述生物效应的特点，揭示其发生机制有重要意义。关于急性照射条件下，辐射诱导染色体畸变剂量效应关系的研究，1973 年世界卫生组织(WHO)推荐了下列 4 种数学模式进行拟合：

直线方程：$Y = a + bD$

平方方程：$Y = a + cD^2$

直线平方方程：$Y = a + bD + cD^2$

指数方程：$Y = a + kD^n$

式中，$Y$—畸变/细胞或畸变率(%)；

$D$—剂量(Gy)；

$a$—畸变(一次或二次击中畸变)的自发畸变率；

$b$、$c$—拟合的回归系数；

$k$—常数；

n—剂量指数。可通过解方程或用计算机软件拟合系数，同时应检验拟合系数的显著性和曲线的拟合度。

2)拟合模式的选择

染色体畸变率和剂量之间的关系与射线的品质有关。

①低 LET 辐射

根据经典假说，用 X、γ 射线急性照射引起的染色体畸变是由一次击中和二次击中造成。国内外大量研究表明，人体淋巴细胞经低 LET 辐射处理后，大多数研究者所得到的资料表明，用二次多项式比用指数模式拟合为好。低 LET 辐射诱导的双着丝粒体与受照剂量呈二次多项式关系，即 $Y=a+bD+cD^2$。该模式的含义，一个双着丝粒体畸变需二次断裂，二次断裂分别位于两个染色体上，bD 项表示这部分二次击中畸变由一个电离径迹通过，使两个染色体各产生一个断裂，随后重排形成一个双着丝粒体，它与剂量成直线关系；而 $cD^2$ 项表示两个电离径迹使两个染色体各产生一个断裂，然后重排形成双着丝粒体。由此可见，形成一个双着丝粒体的两个断裂可由单个电离粒子径迹所致损伤形成，它与剂量率无关(即直线成分)；也可由两个独立的径迹所致损伤相互作用而成，其值取决于两个径迹作用之间相隔的时间，因此 $cD^2$ 项取决于剂量率(即平方成分)。

②高 LET 辐射

α 粒子、裂变中子或低能质子等的特征是在组织中很快地释放能量。它们单个电离径迹的能量可沉积在两个染色体上，引起两个断裂，重组形成双着丝粒体。这样，高 LET 辐射诱导的染色体畸变，不但一次击中畸变与剂量之间呈直线关系，二次击中畸变的剂量效应也可以拟合直线方程式，即 $Y=a+bD$。对具有线性剂量效应关系的高 LET 辐射，不存在剂量率效应。Scott 等用 0.7 MeV 快中子分别作急性和慢性照射，剂量率分别为 0.034 Gy/h 和 0.5 Gy/min(两者相差约 1000 倍)，结果两者在畸变量之间没有明显差异。迄今国内外大量研究表明，高 LET 辐射诱导的二次击中畸变剂量效应关系采用二次多项式比直线方程的拟合优度为好，即 $Y=a+bD+CD^2$。一般情况下，高 LET 辐射的 $b$ 值要比低 LET 辐射的 $b$ 值高几十倍。线性项($bD$)只在低吸收剂量下起主导作用，而平方项($cD^2$)则在高吸收剂量下起主要作用。

3)建立剂量效应曲线的原则

当用染色体畸变作为生物剂量计时，首先在离体条件下，用不同剂量照射健康人血，根据畸变率和照射剂量的关系，建立剂量效应曲线，即刻度曲线。

①剂量效应曲线的类型

应建立不同辐射类型、不同剂量、不同剂量率(低 LET)的剂量效应曲线。

②照射条件

选用 2～3 名，不吸烟的正常健康个体，年龄在 18～45 岁，男女均可，非放射性工作者，半年内无射线和化学毒物接触史，近 1 个月内无病毒感染。根据 IAEA 技术报告 No.260 中的建议和多数实验室的工作情况，在 0.1～5 Gy 剂量范围内，选择 8～10 个照射剂量点。取上述人员血样，37±0.5 ℃条件下进行均匀的离体照射。考虑到染色体断裂重接的时间为 90～120 min，故血液照射后在 37 ℃条件下放置 2 h 再进行培养。

③培养方法

为避免非稳定性畸变丢失所致的误差，采用荧光加姬姆萨（fluorescent plus Giemsa，FPG）技术或培养开始加秋水仙素的方法，可确保分析细胞均为受照后的第一次分裂中期细胞。FPG 技术是一种姐妹染色单体色差（sister chromatid difference，SCD）染色技术，原理是：当在细胞培养液中加入溴脱氧尿苷（bromodeoxyuridine，BrdU）后，进行分裂的细胞在 DNA 半保留复制过程中，取代胸腺嘧啶核苷而掺入新复制的 DNA 核苷酸链中。在第一次分裂周期时，两条单体 DNA 双链中各有一条被取代，因而两条单链没有什么不同。但在处于第二次分裂周期的分裂中期细胞中，同一染色体的两条姐妹染色单体，一条是由双股都含有 BrdU 的 DNA 链组成，另一条的 DNA 双链中一股是原有的链，另一股是含 BrdU 的链组成。由于双股都含有 BrdU 的 DNA 链的螺旋化程度较低，因而这条姐妹染色单体对某些染色剂的亲和力降低，而另一条单体则不降低。故进行分化染色后，光学显微镜下可清楚看到双股都含有 BrdU 的链所组成单体着色浅，而只有单股含 BrdU 链组成的单体着色较深。含有着色深的染色单体所占比例符合 $2^{1-n}$ 公式（$n$ 为细胞周期）。因此，可利用姐妹染色单体分化着色的技术，鉴别出第一、第二、和第三次分裂细胞。

（2）局部照射的剂量一效应关系

染色体畸变分布与畸变类型、射线品质以及照射的均匀程度等因素有关。当照射仅局限于身体某个部位时，由于受照部位的淋巴细胞在血液中迅速地与未受照射的淋巴细胞混合，畸变率就会改变。用一次急性均匀性照射建立的量效关系来描述局部照射染色体畸变的量效关系有较大的误差。为了解局部照射情况下染色体畸变与受照剂量的关系，Lloyd 等在离体条件下，将照射的血和未受照射的血等量混合，培养制片，发现双着丝粒体在混合培养时要比非混合培养时低，前者不及后者的 1/2。Sasaki 研究活体照射情况下的局部照射对畸变率的影响，发现肿瘤病人局部照射后取血培养观察到的畸变比相同剂量离体照射同一病人的血时为低。因此，无论是活体照射还是离体照射，在一般照射条件下所建立的剂量效应关系不能完全适用于局部照射。低 LET 辐射急性均匀照射条件下，双着丝粒在细胞间呈泊松（Poisson）分布，而在局部照射或不均匀照射条件下，畸变分布则偏离泊松统计，呈过度分散分布（over－dispersion），因而研究畸变分布的性质可以指出是否为均匀照射，偏离的程度反映了不均匀照射的程度。用泊松分布 u 检验，可以判断是否均匀照射。

从畸变分布的性质出发，国际原子能机构（IAEA）介绍了不纯泊松法和品质值（Qdr）法两种用于局部照射剂量估算。近年来针对这两种方法用于不均匀性或局部照射的剂量效应关系研究的可行性，一些文献从离体模拟实验的角度作了肯定。但不均匀性或局部照射的剂量估算还未解决，活体验证的报道则更少，尚需更多的研究才能做出结论。

（3）迁延性照射或分次照射

迁延性（指低 LET 的低剂量率）照射或分次照射比急性照射产生的畸变率可能要低。Scott 等以 3 Gy 的 $^{60}Co-\gamma$ 线在 24 h 内均匀照射人淋巴细胞，发现双着丝粒体只有相同剂量急性照射时的一半。对于高 LET 辐射，由于一次击中和二次击中畸变的剂量效应曲线近于线性关系，延时照射或分次照射不会影响畸变率。但是，对于低 LET 辐射，一次击中畸变量不变，二次击中畸变的线性平方关系中的平方项则要减少。该项代表了来源于双径迹次级损伤相互作用而得到的畸变。一些研究表明，次级损伤随照射时间的增加而呈指数性下降。因而在分次照射或低剂量率照射条件下，由于各径迹造成的次级损伤有一定的时间修复，一些次级损伤不再能形成畸变。Catchieside 和 Lea 建议用 G 函数来修正平方项的系数。二次多项式变为下式 $Y=a+bD+cG(x)D^2$。$Y$、$D$、$a$、$b$ 和 $c$ 的数值同急性照射，$G(x)$为时间修正因子。延时照射，情况较为复杂，有些实验验证，在 3 h 内观察值和预期相吻合，另一些实验，效果不理想。尚待深入研究。

#### 5.3.2.2 微核的剂量效应关系

微核率的大小是和作用因子的剂量或辐射累积效应呈正相关，这一点与染色体畸变的情况一样。目前国内外不少部门已把微核测试用于辐射损伤、辐射防护、化学诱变剂、新药试验、食品添加剂的安全评价，以及染色体遗传疾病和癌症前期诊断等各个方面。

辐射诱发微核的剂量效应关系，辐射诱导的微核率和微核细胞率随剂量增高而增加，对于低 LET 辐射，其剂量效应关系与照射剂量范围有关，如果剂量在 0.5 Gy 以内，主要为直线关系 $Y=a+bD$，剂量大于 0.5 Gy，则出现平方项，适于拟合二次多项式，即 $Y=a+bD+cD^2$；对于高 LET 辐射微核的剂量效应关系研究较少，从理论上讲，主要适于直线方程。关于剂量一效应曲线的类型、照射条件。细胞计数等与建立染色体畸变剂量效应曲线原则类似。近年来，在事故受照人员的生物剂量测定中，已有多例实际应用的报道。例如忻州事故中，采用 CB 微核法对 34 例受照者进行生物剂量测定，并与染色体畸变分析估算的剂量进行比较，结果两种方法估算的剂量基本一致。还有略低于染色体畸变估算值的报道。目前认为 CB 法微核估算剂量范围在 0.25～5.0 Gy 之间较为准确。估算剂量时，除给出平均值外，同时应给出 95%可信限剂量范围，方法同染色体畸变。微核分析进行生物剂量测定主要用于急性均匀或比较均匀的全身照射，对不均匀和局部照射，只能给出等效全身均匀照射剂量。而对于分次照射、内照射和长期小剂量照射等，由于影响因素复杂，目前尚不能用微核来估算剂量。关于照后淋巴细胞的消长规律，研究表明照后微核立即升高，然后保持较恒定的水平，但持续多久尚待研究。蒋本荣通过狗全身照射实验后证明微核即刻升高，以后稳定于此水平，1 个半月后急剧下降，半年后还未恢复至照前水平，故一般认为照后应尽早采样，最迟不超过 1 个月。

微核检测方法简单，分析快速，容易掌握，又有利于分析自动化，尤其在事故涉及的人员较多时更显示其优越性，如果已知人体受照前的微核水平，可检测到 0.05 Gy 剂量。但是微核不像双着丝粒体对电离辐射那样敏感、特异，自发率较高，约为 10‰～20‰；个体差异较大，自发率与性别无关，但与年龄呈正相关关系，所以估算剂量的下限值的不确定度较高；微核的衰减速度比双着丝粒体快。

（曹建平、陈大伟、付熙明）

## 思考题

1.物理剂量估算有什么优势和劣势？

2.热释光、电子自旋共振等测量方法分别需要收集何种样品？

3.如何测量中子照射所致剂量？

4.估算内照射剂量有哪几种方法？

5.核事故不同阶段的主要照射途径分别有哪些？

6.理想的辐射生物剂量计应满足哪些条件？

7.微核分析用于估算剂量的优缺点有哪些？

8.建立剂量效应曲线应注意哪些问题？

# 参考文献

[1]郭力生，耿秀生.核辐射事故医学应急[M].北京：原子能出版社，2004.

[2]苏旭，张良安.实用辐射防护与剂量学[M].北京：中国原子能出版社，2013.

[3]苏旭.核和辐射突发事件处置[M].北京：人民卫生出版社，2013.

[4]国家质量监督检验检疫总局.放射性核素摄入量及内照射剂量估算规范：GB/T 16148—2009[S].北京：中国标准出版社，2009.

[5]国家市场监督管理总局.核事故应急情况下公众受照剂量估算的模式和参数：GB/T 17982—2018[S].北京：中国标准出版社，2018.

[6]International Atomic Energy Agency. IAEA Safety Standards Series No. GSR part 3. Radiation Protection and Safety of Radiation Sources：International Basic Safety Standards[S]. Vienna：IAEA，2014.

[7]International Atomic Energy Agency IAEA Safety Standards Series No.GSR Part 7. Preparedness and Response for a Nuclear or Radiological Emergency[S]. Vienna：IAEA，2015.

[8]International Atomic Energy Agency. IAEA Safety Standards Series No.GSG－2. Criteria for Use in Preparedness and Response for a Nuclear or Radiological Emergency [S]. Vienna：IAEA，2011.

[9] International Atomic Energy Agency. IAEA Emergency Preparedness and Response Series. Method for Developing Arrangements for Response to a Nuclear or Radiological Emergency，EPR－METHOD[R]. Vienna：IAEA，2003.

[10]范亚光，张良安，戴光复，等.利用前剂量技术进行辐射事故剂量重建的研究[J].中国辐射卫生，2003，12(3)：134－136.

[11]孙元君，赵卫军.光致发光个人累积剂量测量系统的特点[J].核电子学与探测技术，2013，33(6)：728－730,743.

[12]田烨，郭俊旺，邹洁芮，等.电子顺磁共振在体测量指甲剂量方法的可行性研究[J].中华放射医学与防护杂志，2019，39(5)：392－396.

[13]龚守良.医学放射生物学[M]. 4 版.北京：中国原子能出版社，2015.

[14]白玉书，陈德清.人类辐射细胞遗传学[M].北京：人民卫生出版社，2006.

[15]苏燎原，刘芬菊.医学放射生物学基础[M].北京：中国原子能出版社，2013.

# 第 6 章　卫生应急管理

发生核辐射突发事件时，能及时、有效地开展医学应急处置，最大程度地减少核辐射事故或事件造成的人员伤亡和社会影响，对于保障人民身心健康、维护社会稳定具有重要意义。我国不断完善核辐射卫生应急法律法规和标准体系，形成了较完备的应急体制机制；经过近年来的积极建设，形成了国家、省、市、县四级核辐射卫生应急体系，各级均指定了核辐射紧急医学救援机构、放射卫生防护机构，并建立了核辐射卫生应急专业救援队伍。在国家卫生健康委的领导下，全国核辐射医学应急救援机构在核事故场外应急体系中发挥着重要作用，为核辐射应急医学准备与响应等方面做了大量工作，并在历次核辐射突发事件应急中做出了应有贡献。本章主要介绍我国核应急和辐射医学应急法规体系、应急准备、应急队伍建设和应急响应等内容。

## 6.1　核事故和辐射事故卫生应急准备

核事故是指核电厂或其他核设施中发生的严重偏离运行工况的状态。在这种状态下，放射性物质的释放可能或已经失去应有的控制，达到不可接受的水平。辐射事故是指因放射源丢失、被盗、失控，或因放射性同位素和射线装置的设备故障或操作失误导致人员受到异常照射的意外事件。核辐射应急是指在出现核事故和辐射事故后，需要立即采取某些超出正常工作程序的行动，以避免事故发生或减轻事故后果的状态。有时也称为紧急状态。同时，也泛指立即采取超出正常工作程序的行动。

### 6.1.1　国家卫生健康委核事故和辐射事故卫生应急组织体系

核事故和辐射事故卫生应急采取属地管理、分级负责的原则，设置国家、省、市、县四级应急组织。各级卫生健康行政部门领导本级核和辐射损伤医疗救治机构和放射卫生防护机构；上级卫生健康行政部门或技术机构分别指导下级卫生健康行政部门或技术机构的工作。核事故和辐射事故卫生应急组织体系如图 6－1 所示。

### 6.1.2　各部门职责

#### 6.1.2.1　国家卫生健康委

国家卫生健康委负责全国核事故卫生应急的组织和协调工作，主要包括：

(1)负责组织、协调、指导全国卫生系统有关单位及地方卫生健康系统做好核应急准备相关工作，以及全国核应急医学技术支持体系建设和相关管理工作；

(2)在应急情况下，根据情况提出保护公众健康(含心理健康)的措施建议，组织医学应

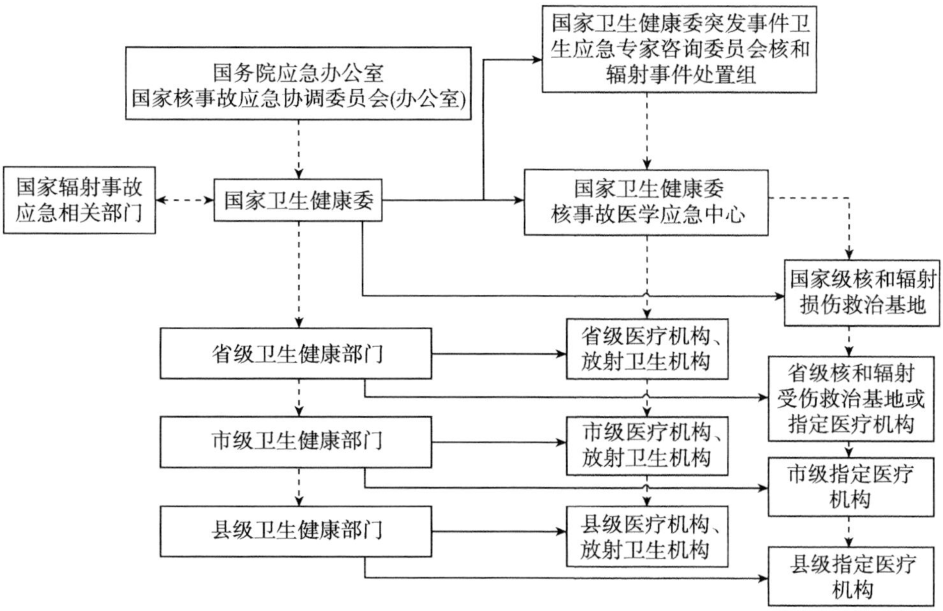


图 6—1　国家核事故和辐射事故卫生应急组织体系

——→ 领导关系；- - - - - -→ 指导关系；←- - - - -→ 信息通报、工作协调

急支援，指导、支持地方卫生健康系统开展饮水和食品的应急辐射监测，参与事故调查，开展健康效应评价，组织对受过量照射人员的医学跟踪。

#### 6.1.2.2　国家卫生健康委突发事件卫生应急专家咨询委员会核与辐射事件处置组

国家卫生健康委突发事件卫生应急专家咨询委员会核与辐射事件处置组由国内放射医学、放射卫生、辐射防护和核安全等方面的专家组成，其主要职责：

(1)提供核事故与辐射事故卫生应急准备与响应的咨询和建议，参与救援准备与响应；

(2)参与国家卫生健康委核事故与辐射事故卫生应急预案的制定和修订；

(3)参与和指导核事故与辐射事故卫生应急培训和演练；

(4)参与核事故与辐射事故卫生学评价。

#### 6.1.2.3　国家卫生健康委核事故医学应急中心

国家卫生健康委核事故医学应急中心(以下简称国家卫生健康委核应急中心)设在中国疾病预防控制中心辐射防护与核安全医学所。国家卫生健康委核应急中心设临床部、监测评价部和技术后援部。第一临床部设在中国医学科学院放射医学研究所和血液病医院，第二临床部设在北京大学第三医院和人民医院，第三临床部设在解放军 307 医院(解放军总医院第五医学中心)，监测评价部设在中国疾病预防控制中心辐射防护与核安全医学所，技术后援部设在军事医学科学院。同时国家卫生健康委核应急中心也是国家核应急医学救援技术支持中心和国家核应急医学救援分队。国家卫生健康委核应急中心的主要职责：

(1)参与国家卫生健康委核事故与辐射事故卫生应急预案、工作规范和技术标准等的制订和修订；

(2)做好国家卫生健康委核事故与辐射事故卫生应急技术准备与响应工作;

(3)对地方卫生健康系统核事故与辐射事故卫生应急准备与响应实施技术指导;

(4)承担国家卫生健康委突发事件卫生应急专家咨询委员会核与辐射事件处置组的秘书处工作;

(5)负责国家级、省级核与辐射处置类卫生应急队伍建设和管理的技术指导;

(6)负责国家卫生健康委核事故与辐射事故卫生应急技术支持系统的管理和日常运行;

(7)承担国家卫生健康委核事故与辐射事故卫生应急备用指挥中心职责;

(8)组织开展核事故场外应急和特别重大辐射事故的健康效应评价,指导开展其他级别核事故与辐射事故健康效应评价,指导对受到超过年剂量限值照射的人员实施长期医学随访;

(9)作为世界卫生组织辐射应急医学准备与救援网络(WHO-REMPAN)在中国的联络机构,承担我国与WHO-REMPAN的联络工作,做好国际核与辐射事故卫生应急救援相关工作。

#### 6.1.2.4 国家级核与辐射损伤救治基地

国家级核与辐射损伤救治基地的主要任务:承担全国核事故与辐射事故医疗救治支援任务,指导开展人员所受辐射照射剂量的估算和健康影响评价,以及特别重大核事故与辐射事故卫生应急的现场指导;开展辐射损伤救治技术培训和技术指导。

#### 6.1.2.5 省、市(地)、县级卫生健康行政部门

省、市(地)、县级卫生健康行政部门的主要职责:

(1)制订本级的核事故与辐射事故卫生应急预案;

(2)组织实施辖区内的核事故与辐射事故卫生应急准备和响应工作,指导和支援辖区内下级卫生健康部门开展核事故与辐射事故卫生应急工作;

(3)负责本级核事故与辐射事故卫生应急专家咨询组、队伍的建设和管理工作;

(4)负责与同级其他相关部门建立核事故与辐射事故卫生应急的沟通与协调机制,加强应急信息沟通和信息联动工作。

#### 6.1.2.6 省级核与辐射损伤救治基地或指定医疗机构

省级核与辐射损伤救治基地或指定医疗机构的主要任务:承担辖区内核事故与辐射事故辐射损伤人员的医疗救治和医学随访,以及人员所受辐射照射剂量的估算和健康影响评价;负责核事故与辐射事故损伤人员的现场医学救援。

#### 6.1.2.7 地市级、县级指定医疗机构

地市级、县级指定医疗机构承担核事故与辐射事故现场医疗救治任务,负责事故伤病员的现场救治、转运等现场医学处理任务。

#### 6.1.2.8 指定放射卫生机构

各级卫生健康行政部门指定的放射卫生机构,承担辖区内的核事故与辐射事故卫生应

急放射防护、人员放射性污染检测、辐射剂量估算、食品和饮用水的放射性监测，以及公众健康风险监测和评估工作。

### 6.1.3 核辐射卫生应急职责任务

对现行有效的法规、预案进行梳理，卫生健康部门需开展以下相关工作。

(1)核事故卫生应急职责

1)卫生健康部门负责的职责：

①场外伤员救治；

②场外伤员去污洗消；

③过量受照人员的剂量估算；

④心理援助；

⑤食品和饮水应急辐射监测(和评估)；

⑥健康效应评价；

⑦过量受照人员的医学跟踪；

⑧卫生应急人员剂量监测；

⑨指导地方政府和核设施营运单位制定核事故医学应急工作方案(医学救援组职责，国家卫生健康委和军委后勤保障部牵头，国防科工局等参加)。

2)卫生健康部门参与的职责：

①场内伤员救治(核设施营运单位负责，卫生健康部门支援)；

②污染人员去污洗消(军委联合参谋部与生态环境部门牵头，卫生健康部门和军委后勤保障部参与)。

(2)辐射事故卫生应急职责

①伤员医疗救治；

②伤员去污洗消；

③过量受照人员的剂量估算；

④过量受照人员的医学跟踪；

⑤污染人员去污洗消；

⑥心理援助；

⑦提出保护公众健康的措施建议；

⑧食品和饮用水监测(和评估)；

⑨卫生应急人员剂量监测；

⑩事故报告。

### 6.1.4 卫生应急准备

(1)信息沟通与协调联动

各级卫生健康行政部门与同级核应急管理机构、环保、公安、气象等相关部门，以及军队和武警部队卫生部门保持密切信息沟通和协调联动。

(2)队伍建设

国家卫生健康委负责国家卫生健康委核事故与辐射事故卫生应急队伍的建设和管理。

省级卫生健康系统建立健全辖区内的核事故与辐射事故卫生应急队伍。核设施所在地的市(地)级卫生健康系统建立核事故与辐射事故卫生应急队伍。

(3)物资和装备准备

各级卫生健康系统负责建立健全核事故与辐射事故卫生应急仪器、设备装备和物资准备机制,指定医疗机构和放射卫生机构做好应急物资和装备准备,并及时更新或维护。核事故与辐射事故卫生应急物资和装备包括核与辐射应急药品、医疗器械、辐射防护装备、辐射测量仪器设备等。

(4)技术储备

国家和省级卫生健康系统组织有关专业技术机构开展核事故与辐射事故卫生应急技术研究,建立和完善辐射受照人员的剂量估算方法、分类和诊断方法、医疗救治技术、饮用水和食品放射性污染快速检测方法、健康效应预警监测和后果评价方法等,并做好相关数据储备。

(5)通信与交通准备

各级卫生健康部门要在充分利用现有资源的基础上建设核事故与辐射事故卫生应急通信网络,确保医疗卫生机构与卫生健康部门之间,以及卫生健康部门与相关部门之间的通信畅通,及时掌握核事故与辐射事故卫生应急信息。核事故与辐射事故卫生应急队伍根据实际工作需要配备通信设备和交通工具。

(6)资金保障

核事故与辐射事故卫生应急所需资金,按照《财政应急保障预案》执行。核电厂省份的核事故卫生应急准备经费纳入核应急储备资金列支。

(7)培训和演练

各级卫生健康部门要组织加强应急培训和演练,不断提高应急救援能力,并注重应急人员自身防护,确保在突发核事故与辐射事故时能够及时、有效地开展卫生应急工作。

①培训

各级卫生健康系统定期组织开展核事故与辐射事故卫生应急培训,对核事故与辐射事故卫生应急技术人员和管理人员进行国家有关法规和应急专业知识培训和继续教育,提高应急技能。

②演练

各级卫生健康系统适时组织开展核事故与辐射事故卫生应急演练,积极参加同级人民政府和核应急协调组织举办的核事故与辐射事故应急演练。

(8) 公众宣传教育

各级卫生健康系统通过广播、影视、报刊、互联网、手册等多种形式,做好公众的风险沟通工作,广泛开展核事故与辐射事故卫生应急宣传教育,指导公众用科学的行为和方式应对突发核事故与辐射事故,提高自救、互救能力。

(9)国际合作

按照国家相关规定,开展核事故与辐射事故卫生应急工作的国际交流与合作,加强信息和技术交流,合作开展培训和演练,不断提高核事故与辐射事故卫生应急的整体水平。

# 6.2　核应急和辐射应急相关法律法规

在核事故和辐射事故卫生应急领域，国际组织(国际原子能机构和世界卫生组织等)制定了相关国际公约，规定了成员国的权利和义务。我国国家层面，制定了《中华人民共和国核安全法》《中华人民共和国突发事件应对法》和《放射性同位素与射线装置安全和防护条例》等法律法规。国务院及相关部委制定了《国家核应急预案》《卫生部核事故和辐射事故卫生应急预案》等相关应急预案，颁布了部门规章和规范，规范应急管理工作及应急响应能力建设。在技术层面，国家卫生健康委等部委制定了一系列国家或行业标准，细化了卫生应急准备和处置技术要求。

## 6.2.1　国际公约

我国作为国际原子能机构(IAEA)和世界卫生组织(WHO)的成员国，应当遵守IAEA颁布的国际公约如《及早通报核事故公约》、《核事故或辐射紧急情况援助公约》和WHO颁布的《国际卫生条例》等。

(1) IAEA颁布的公约

IAEA在核应急和辐射应急方面的国际公约主要有《及早通报核事故公约》和《核事故或辐射紧急情况援助公约》。《及早通报核事故公约》的主要内容包括：缔约国有义务对引起或可能引起放射性物质释放、并已经造成或可能造成对另一国具有辐射安全重要影响的超越国界的国际性释放的任何事故，向有关国家和机构通报。核事故通报内容包括核事故及其性质、发生时间、地点和有助于减少辐射后果的情报。目的在于通过在缔约国之间尽早提供有关核事故的情报，使可能超越国界的辐射后果减少到最低限度。《核事故或辐射紧急情况援助公约》强调了在核事故或辐射紧急情况下，缔约国有义务进行合作，迅速提供援助，尽量减少其后果和影响。旨在建立一个有利于在发生核事故或辐射紧急情况时迅速提供援助，尽量减少后果的国际援助体制，进一步加强安全发展和利用核能方面的国际合作。

(2) 国际卫生条例

《国际卫生条例》的主要特点是由国境卫生检疫报告传染病扩展为全球对影响健康的生物和化学物质或核/放射材料的自然发生、意外泄漏或故意使用的公共卫生反应；强调针对可能构成国际关注的突发事件的紧急情况，各国及时通报并采取必要卫生措施的义务。《国际卫生条例》以保障全世界人民的健康和生命安全为目标，适应了全球社会、经济快速发展的形势，也符合世界各国共同应对突发事件的迫切需要。

## 6.2.2　国内法律法规

我国的核应急和辐射应急有关法律包括公共应急法(如《中华人民共和国突发事件应对法》)、一些单行法律(如《中华人民共和国核安全法》)、行政法规(如《核电厂核事故应急管理条例》和《放射性同位素与射线装置安全和防护条例》)等。通过这些立法，从法律或法规层面明确了应急管理体制，规定了相关部门的职责，加大了问责力度。

（1）中华人民共和国突发事件应对法

《中华人民共和国突发事件应对法》共7章70条，主要规定了突发事件应急管理体制、突发事件的预防与应急准备、监测与预警、应急处置与救援、事后恢复与重建等方面的基本制度和法律责任等。该法律以法的形式规范了突发事件应对活动，明确了国家建立“统一领导、综合协调、分类管理、分级负责、属地管理为主”的应急管理体制，确立了“预防为主、预防与应急相结合”的工作原则；明确了各级政府在预防与应急准备、监测与预警、应急处置与救援、事后恢复与重建等方面的责任，赋予政府应对突发事件组织、动员各种资源的应急处置权力；规定了各类单位在建立安全管理制度、制定应急预案、应急教育宣传演练、信息报告报送、服从应急指挥以及配合应急处置等方面的责任和义务。同时，在法律责任部分加大了对政府、政府有关部门及相关人员的问责力度。突发事件发生后，有关单位不及时组织开展应急救援工作，造成严重后果的，责令其停产停业，暂扣或者吊销许可证或者营业执照，并处五万元以上二十万元以下的罚款，根据情节对直接负责的主管人员和其他直接责任人员依法给予处分。《突发事件应对法》作为我国公共应急制度的基本法，对于依法应对突发核事件和辐射事件，进一步做好我国的核应急和辐射应急医学救援工作具有重大的现实意义。

（2）中华人民共和国核安全法

2017年9月1日，第十二届全国人民代表大会常务委员会第29次会议审议并表决通过了《中华人民共和国核安全法》(以下简称《核安全法》)。《核安全法》共8章94条。《核安全法》重点内容包括：规定了确保核安全的方针、原则、责任体系和科技、文化保障；规定了核设施营运单位的资质、责任和义务；规定了核材料许可制度，明确了核安全与放射性废物安全制度；明确了核事故应急协调委员会制度，建立应急预案制度，核事故信息发布制度；建立了核安全信息公开和公众参与制度，明确了核安全信息公开和公众参与的主体、范围；对核安全监督检查的具体做法作出明确规定；对违反本法的行为给出惩罚性条款，并对因核事故造成的损害赔偿作出制度性规定。

《核安全法》第四章核事故应急规定，国家设立核事故应急协调委员会，组织、协调全国的核事故应急管理工作。省、自治区、直辖市人民政府根据实际需要设立核事故应急协调委员会，组织、协调本行政区域内的核事故应急管理工作。国家核事故应急协调委员会成员单位根据国家核事故应急预案部署，制定本单位核事故应急预案，报国务院核工业主管部门备案。省、自治区、直辖市人民政府指定的部门承担核事故应急协调委员会的日常工作，负责制定本行政区域内场外核事故应急预案，报国家核事故应急协调委员会审批后组织实施。应急预案制定单位应当根据实际需要和情势变化，适时修订应急预案。国家对核事故应急实行分级管理。国家核事故应急协调委员会按照国家核事故应急预案部署，组织协调国务院有关部门、地方人民政府、核设施营运单位实施核事故应急救援工作。

（3）放射性同位素与射线装置安全和防护条例

《放射性同位素与射线装置安全和防护条例》的第四章专章规定了辐射事故的应急处理，包括辐射事故分级、报告、应急处理和有关部门的职责等。根据辐射事故的性质、严重程度、可控性和影响范围等因素，从重到轻将辐射事故分为特别重大辐射事故、重大辐射事故、较大辐射事故和一般辐射事故四个等级。特别重大辐射事故是指Ⅰ类、Ⅱ类放射源丢失、被盗、失控造成大范围严重辐射污染后果，或者放射性同位素和射线装置失控导致3人以上(含 3 人)急性死亡。重大辐射事故是指Ⅰ类、Ⅱ类放射源丢失、被盗、失控,或者放射性同位素和射线装置失控导致 2 人以下(含 2 人)急性死亡或者 10 人以上(含 10 人)急性重度放射病、局部器官残疾。较大辐射事故是指Ⅲ类放射源丢失、被盗、失控,或者放射性同位素和射线装置失控导致 9 人以下(含 9 人)急性重度放射病、局部器官残疾。一般辐射事故是指Ⅳ类、Ⅴ类放射源丢失、被盗、失控,或者放射性同位素和射线装置失控导致人员受到超过年剂量限值的照射。辐射事故发生后,县级以上人民政府环境保护部门、公安部门和卫生部门按照职责分工做好相应的辐射事故应急工作,卫生部门负责辐射事故的医疗应急。环境保护部门、公安部门、卫生部门应当及时相互通报辐射事故应急响应情况。该条例还规定了辐射事故的报告时限、报告内容和报告途径要求,明前了卫生部门在辐射事故应急处理中的职责,可用于指导我们开展辐射应急医学救援准备和响应工作。

### 6.2.3　应急预案

我国核事故和辐射事故应急相关部门制定了一系列应急预案,用以指导和规定应急管理、应急准备与应急处置相关工作。其中与核事故和辐射事故卫生应急有关的预案包括《国家突发公共事件医疗卫生救援应急预案》《国家核应急预案》和《卫生部核事故和辐射事故卫生应急预案》等。

(1)国家核应急预案

《国家核应急预案》作为国家核应急工作的专项预案,规定了国务院各有关部委在国家核应急工作中的职责任务。国家卫生健康委的职责是,负责组织、协调、指挥全国卫生系统有关单位和地方卫生部门做好核应急准备相关工作,以及全国应急医学技术支持体系建设和相关管理工作。在应急情况下,根据情况提出保护公众健康(含心理健康)的措施建议,组织医学应急支援,指导、支持地方卫生部门开展饮水和食品的应急辐射监测,参与事故调查,开展健康效应评价,组织对受过量照射人员的医学跟踪。该预案还规定,由国家卫生健康委和中央军委后勤保障部卫生局牵头国家核事故应急指挥部医学救援组工作,包括指导地方政府和核设施营运单位制定核事故医学应急工作方案,根据需要组织、协调全国和军队的医疗卫生力量和资源进行医学应急支援。提出公众防护措施建议并指导相关地方做好公众防护和辐射检测工作,组织、协调、指导做好辐射损伤人员和非辐射损伤人员医疗救治以及受影响区域公众健康风险评估、筛查和心理援助等。

(2)国家突发公共事件医疗卫生救援应急预案

《国家突发公共事件医疗卫生救援应急预案》作为国家突发事件医疗卫生救援工作的专项预案,规定了各级各类医疗卫生机构承担突发事件的医疗卫生救援任务。各级医疗急救中心(站)、化学中毒和核辐射应急医疗救治机构承担突发事件的现场医疗卫生救援和伤员转送,各级疾病预防控制机构和卫生监督机构根据各自职能做好突发事件中的疾病预防控制和卫生监督工作。医疗卫生救援队伍在接到救援指令后要及时赶赴现场,根据现场情况全力开展医疗卫生救援工作,包括现场抢救、转送伤员、卫生学调查和评价工作等。该预案还规定了各级卫生行政部门在突发事件医疗卫生救援工作中的分级响应职责。卫生部组织和协调特别重大突发事件的医疗卫生救援(Ⅰ级响应),省级卫生行政部门组织开展重大突发事件的医疗卫生救援(Ⅱ级响应),市(地)级卫生行政部门组织开展较大突发事件的医疗卫生救援(Ⅲ级响应),县级卫生行政部门组织开展一般突发事件的医疗卫生救援(Ⅳ

级响应）。

（3）卫生部核事故和辐射事故卫生应急预案

《卫生部核事故和辐射事故卫生应急预案》作为原卫生部核事故和辐射事故应急工作的部门专项预案，确立了原卫生部核事故和辐射事故应急组织体系，规定了卫生部门有关单位在核事故和辐射事故应急工作中的职责任务。国家核事故和辐射事故医学应急组织的职责主要是组织、指挥国家核事故和辐射事故医学应急工作，指导地方医学应急组织做好核事故和辐射事故医学应急工作。地方核事故和辐射事故医学应急组织的职责主要是组织、指挥辖区内的核事故和辐射事故医学应急工作。突发核事故和辐射事故医学应急坚持分级负责、属地为主的原则。国家和地方核事故与辐射事故医学应急组织按照国家和地方核事故与辐射事故应急组织的指令实施医疗卫生救援，提出应急医疗救治和保护公众健康的措施和建议，做好核事故和辐射事故应急医疗卫生救援工作。

### 6.2.4 部门规章或规范

国家核事故和辐射事故卫生应急相关部门颁发了一些部门规章和规范，如《全国卫生部门卫生应急管理工作规范》《国家卫生应急队伍管理办法》和《国家级核应急专业技术支持中心和救援分队管理办法》等，进一步细化了卫生应急队伍建设和管理的要求。

（1）全国卫生部门卫生应急管理工作规范

《全国卫生部门卫生应急管理工作规范》结合近几年的卫生应急工作实践经验，对卫生应急的机构职责、管理制度、现场处置和队伍建设等方面进行了规范，明确了各级卫生行政部门和各级各类医疗卫生机构在突发事件应急工作中的职责。该规范规定，省、市、县级卫生行政部门组织协调本辖区内突发公共卫生事件的应急处理，组织协调对灾害、恐怖、中毒、核事故和辐射事故等突发事件所涉及的公共卫生问题实施紧急的医疗卫生救援措施。医疗救治机构负责突发公共卫生事件相关信息报告和症状监测，负责病人的现场抢救、运送、诊断和治疗等，配合进行流行病学调查和检测样本的采集，负责本单位医务人员的应急救援技能培训和演练；院前急救医疗机构负责病人的现场抢救、转运工作；卫生行政部门指定的医院负责收治核和辐射损伤病人等。疾病预防控制机构负责各类突发事件中的疾病预防控制和公众卫生防护。开展突发公共卫生事件及其相关信息收集、流行病学调查、现场快速检测和实验室检测等，提出和实施防控措施，承担相关人员的培训与演练、应急物资和技术储备等。该规范还对监测预警、装备储备、培训演练、应急队伍、信息报告与发布、现场处置、恢复重建和评估等工作进行了规范，可用于指导我们依法、规范、高效地开展核应急和辐射应急医学救援准备与响应工作。

（2）国家级核应急专业技术支持中心和救援分队管理办法

为规范国家级核应急专业技术支持中心和救援分队的管理，加强核应急救援能力建设，提高核应急救援能力和管理水平，2016 年 2 月国家核事故应急协调委员会颁发了《国家级核应急专业技术支持中心和救援分队管理办法》。该办法适用于国家核事故应急协调委员会统一命名的国家级核应急专业技术支持中心和救援分队（以下简称中心和分队）的管理工作。该办法总共 6 章 33 条，规定了中心和分队及其管理部门的责任，中心和分队的应急准备、应急响应及监督考评等。规定中心和分队应按照国家级核应急专业技术支持中心和救援分队建设规范中明确的《达标基本要求》，加强自评估工作。国家核应急办会同主管部门参照达标基本要求制定评估细则，每 2 至 3 年对中心和分队进行一次能力评估；对评估优秀的单位予以表彰，对评估中存在问题的责令限期整改；连续两次评估不达标的，将取消国家级核应急专业技术支持中心或救援分队资格。对于更好地发挥中心和分队在核应急工作中的作用有重要的意义。

(3)国家卫生应急队伍管理办法

2010 年 11 月，卫生部颁发了《国家卫生应急队伍管理办法(试行)》。该办法总共 6 章 28 条，规定了国家卫生应急队伍的建设原则，队伍和装备的管理，队员的遴选条件，队员的职责、权利和义务等。加强和规范国家卫生应急队伍建设与管理，全面提升国家卫生应急队伍的应急处置能力和水平。该办法还规定，国务院卫生行政部门分别依托其属(管)医疗卫生机构及省级卫生行政部门组建紧急医学救援、突发急性传染病防控、突发中毒事件处置、核和辐射突发事件卫生应急四类国家卫生应急队伍。核和辐射损伤处置类队伍由放射医学、辐射防护、辐射检测、临床医学、卫生应急管理等方面的专业人员组成。根据每次事件的初步判断、事件规模以及复杂性，选定相应专业和数量的人员组建现场应急队伍。

(4)国家核应急医学救援分队建设规范

为规范国家级核应急专业技术支持中心和救援分队的建设，强化提高核应急救援能力，2016 年 2 月，国家核事故应急协调委员会颁发了《国家核应急医学救援分队建设规范》等 5 个建设规范。《国家核应急医学救援分队建设规范》的总共 9 章 29 条，包括国家核应急医学救援分队(以下简称医学救援分队)的职能定位、能力目标、分队编成与职责、应急响应基本要求、专业技术要求、基本装备物质配备、能力保持与确认等，并提出了医学救援分队人员的能力基本要求和医学救援分队建设的达标基本要求。该规范规定，医学救援分队是核应急救援的国家级支援力量，是对一线核应急医学救援力量的能力补充和技术支持。在发生核事故(事件)情况下，按照国家指令及有关单位请求，医学救援分队与其他专业救援力量密切协同，担负指导并协助一线救援力量做好核辐射伤员现场医学救治、转运和相关人员个人受照剂量的监(检)测等工作。医学救援分队根据职能定位，应具备较强的快速反应、分析研判、现场处置、技术支持和自我保障能力。该规范是国家级核应急医学救援分队能力建设的基本依据，也可用于指导地方核应急医学救援分队建设，提高我国的核应急医学救援能力。

### 6.2.5　核与辐射应急卫生相关标准

在核事故和辐射事故卫生应急领域，国家还颁布了一系列标准，如《核或辐射应急准备与响应通用准则》《核和辐射事故医学响应程序》和《辐射损伤医学处理规范》等，以规范卫生应急准备与响应相关工作。

(1)基本标准

①GB 18871—2002　电离辐射防护与辐射源安全基本标准；

②GBZ 112—2017　职业性放射性疾病诊断总则；

③GBZ 179—2006　医疗照射防护基本要求；

④WS/T 613—2018　公众成员的放射性核素年摄入量限值；

⑤GBZ/T 146—2002　医疗照射放射防护名词术语；

⑥GB/T 18201—2000　放射性疾病名单。

(2)应急准备

①WS/T 328—2011　放射事故医学应急预案编制规范；

②WS/T 440—2014　核电厂周围居民健康调查规范；

③GBZ/T 171—2006　核事故场内医学应急计划与准备；

④GBZ/T 271—2016　核或辐射应急准备与响应通用准则；

⑤WS/T 636—2018　核和辐射事故医学应急演练导则。

(3)应急响应

①WS/T 467—2014　核和辐射事故医学响应程序；

②GBZ/T 279—2017　核和辐射事故医学应急处理导则；

③GBZ/T 262—2014　核和辐射突发事件心理救助导则；

④GBZT 255—2014　核和辐射事故伤员分类方法和标识；

⑤GBZ/T 234—2010　核事故场内医学应急响应程序；

⑥GBZ 215—2009　过量照射人员医学检查与处理原则；

⑦GBZ/T 216—2009　人体体表放射性核素污染处理规范；

⑧WS/T 583—2017　放射性核素内污染人员医学处理规范；

⑨GB/T 18199—2000　外照射事故受照人员的医学处理及治疗方案；

⑩GBZ/T 261—2015　外照射辐射事故中受照人员器官剂量重建规范；

⑪GB/T 17982—2018 核事故应急情况下公众受照剂量估算的模式和参数；

⑫WS/T 614—2018　应急情况下放射性核素的γ能谱快速分析方法；

⑬GB 14882—94　食品中放射性物质限制浓度标准；

⑭GB 5749—2006　生活饮用水卫生标准。

# 6.3　核与辐射事故卫生应急救援队伍建设

各级核辐射卫生应急队伍是开展核辐射突发事件卫生应急处置(特别是现场处置)的主要力量。本节主要介绍核与辐射应急救援队伍的建设原则和建设要点，主要包括队伍的职责和任务、队伍的人员组成和分工、队伍的培训和演练以及装备配备及管理。

## 6.3.1　核与辐射应急救援队伍的职责和任务

(1)职责

①迅速赶赴事故(事件)现场，实施或指导现场救援；

②收集分析事故(事件)医学后果所需要的相关信息，评估事故(事件)的医学后果和现场的医学处置能力，适时向现场应急指挥部提出建议，并向本级核事故医学应急指挥部报告，将事故(事件)的医学后果减轻到最低程度。

③确保受到过量照射和(或)放射性核素体表污染、伤口污染、体内放射核素摄入的病人得到及时而有效的处置；

④建立现场临时救援处置站，做好伤员的分类和转送工作；为后续诊治收集并提供相关信息，采集必要样品。

（2）任务

①应急救援队伍的准备；

②现场救援的实施和指导；

③医学应急救援队伍的个人防护；

④事故（事件）医学后果的评估和建议；

⑤建立现场临时救援处置站；

⑥伤员的初步分类和诊治；

⑦体表污染人员的去污、防护和建议；

⑧放射性核素摄入量的评估、阻吸收治疗及医学预防建议；

⑨疑似过量照射人员的受照剂量评估，预防性治疗和后续诊治建议；

⑩采集现场救治和后续诊治需要的相关样品；

⑪收集事故（事件）医学后果评估需要的相关信息并进行分析、评价和报告；

⑫适时向核事故医学应急指挥部报告现场救治情况；

⑬及时评估现场的医学应急救援处置能力和力量，提出支援的意见和建议；

⑭提出核与辐射应急医学救援队伍终止现场救援活动的建议；

⑮应急医学救援队伍现场救援的总结和报告。

## 6.3.2　核与辐射应急救援队伍的组成和人员分工

### 6.3.2.1　应急救援队伍的组成

核与辐射卫生应急医学救援队伍的人数在 30 人左右。其中队长 1 名，负责组织和指挥等全面工作；副队长 2 名，组织和协调各组工作。分为现场防护监测组、体表污染检测与分类组、现场急救组、去污洗消组、生物样品采集及检测组、空气、食品、饮用水监测组、心理干预组、后勤保障组。承担事故现场防护监测、伤员的检伤分类及现场急救、人员体表放射性污染监测及去污、对疑似内污染人员的生物样品采集及阻吸收措施、过量照射人员的现场处置、伤员转运、心理干预以及对事故影响地区的食品和饮用水放射性监测等任务。各组成员人数及主要承担的任务见表 6－1。

**表 6－1　应急救援队伍的组成**

| 组别名称 | 人员数量 | 主要承担任务 |
|---|---|---|
| 队长 | 1 | 总指挥 |
| 副队长 | 1～2 | 组织协调 |
| 现场防护监测组 | 3～4 | 现场辐射水平监测、应急区域设置、人员引导 |
| 体表污染检测与分类组 | 3～5 | 体表污染检测\伤员分类、填写伤员分类标签 |
| 现场急救组 | 4～6 | 对重伤员进行现场紧急医学救治 |
| 去污洗消组 | 6～8 | 指导全身污染人员进行去污洗消，对局部污染人员实施局部洗消，洗消前后进行体表污染检测 |
| 生物样品采集及检测组 | 2～3 | 对疑似受照人员和疑似内污染人员采集并检测生物样品、指导其采取阻吸收和促排措施 |

续表

| 组别名称 | 人员数量 | 主要承担任务 |
|---|---|---|
| 食品、饮用水监测组 | 3～4 | 在事故现场周边开展食品、饮用水监测工作 |
| 心理干预组 | 1～2 | 对伤员及公众开展心理疏导及风险沟通工作 |
| 后勤保障组* | 2～3 | 通用物资准备、分发、整理 |

注：* 不包含物资运输人员。

#### 6.3.2.2 应急救援队伍各组任务及分工

应急救援队伍由放射医学、辐射防护、辐射检测、临床医学、卫生应急管理等方面的专业人员组成。根据每次事件的初步判断、事件规模以及复杂性，选定相应专业和数量的人员组建现场应急队伍。

(1)现场防护监测

事故发生后，现场防护监测组首先进入应急现场。使用手持式风速风向仪对现场风速风向进行测量，以便选择事故发生地上风向地区设置现场应急处置区，并使用便携式 $\gamma$ 谱仪测量现场放射性污染核素。使用 $\beta/\gamma$ 辐射巡测仪从事故现场外围向内展开测量。搭建指示物(如警戒线)明确划出控制区与监督区。在控制区边界(上风向处)设置一个人员出口，作为场内人员(包括伤员)的撤离通道，引导从事故现场撤离的人员从撤离通道进入检测区域。若监测发现现场风向改变、或辐射剂量率水平异常升高，应立即向应急分队队长报告，并提出应急区域调整的建议。

(2)体表污染检测与分类

到达应急现场后，按照现场防护监测组划分的工作区，立即调试表面污染检测设备(如有条件，可以安装搭建门式污染检测系统)，同时建立污染分类区。引导从事故现场撤离的人员进入污染检测与分类区域，依次通过门式检测系统，重伤员不需通过门式检测系统，在救援人员的帮助下由快速通道离开污染分类区，送至现场医学救治区。对门式检测系统检出的受污染人员，令其脱去外套，置于污物桶中，然后用表面污染仪对其进行检测。检测时将表面污染仪探头置于距人体约 1 cm 处，从头顶开始，在身体一侧沿颈部、肩部、手臂、体侧、腿和鞋的顺序进行，然后再检测身体另一侧。探头移动速度保持在 5 cm/s。记录受污染的部位和污染水平，引导其进入去污洗消区。无污染人员经无污染通道撤离。

体表污染检测与分类组配备一名临床医学专家，对非放射性损伤与放射性损伤人员的伤情进行判断，并填写核与辐射伤员分类标签。红色标签代表重伤员，应立即处理；黄色标签为中度伤员，其次处理；绿色标签为轻伤员，可延期处理；黑色标签为死亡遗体，最后处理。注意应将伤员的受污染信息也填入分类标签中，将分类标签佩戴于伤者左腕处。

(3)现场急救

从事故现场撤出的危重伤员，不经过污染检测，直接送到现场急救区进行抢救。暂且不管污染水平如何，用常规的急救方法抢救生命，因为放射性污染不会危及生命。采取止血、对骨折部位固定、包扎创面、抗休克、防止窒息等措施稳定病情。处理方法尽量采用无创措施，一般仅给予基础生命支持(BLS)，必要时再给予气管插管、补液用药等高级生命支持(ALS)治疗。处理伤口时应注意防止污染物扩散。需紧急处理的伤员苏醒、血压和血容量恢复和稳定后，及时进行去污处理。需进一步进行手术治疗的伤员用无纺布包裹，用救护车立即送至后方救治基地。

(4)体表污染去污洗消

经体表污染检测和分类组判定为全身污染的人员，先用湿毛巾、肥皂擦洗局部高污染部位，再指导其进入去污洗消帐篷或现场附近有洗浴条件的设施，进行全身淋浴，然后换上干净衣物，用表面污染仪检测，判断是否达标，未达标则再次淋浴。经体表污染检测和分类组判定为局部污染的人员，用表面污染仪对污染部位进行确认，对确定的污染部位进行局部洗消。对体表(非伤口)受污染人员，首先用棉球沾清水擦拭 2～3 遍，若污染依然存在，用棉球沾肥皂水再清理 2～3 遍，若污染依然存在，用棉球沾 EDTA－Ca 溶液再清理 2～3 遍，直至表面污染仪检测其剂量率达到本底水平 3 倍以下，方可让受污染人员离开。对伤口受污染的人员，首先用棉球沾灭菌水或生理盐水冲洗伤口 2～3 遍后，用表面污染仪检测污染情况，若剂量率达到本底水平 3 倍以下，受污染人员贴止血带，防治静脉血回流，带至生物样品采集组抽血并检测，若污染依然存在，用棉球沾 EDTA－Ca 溶液再清理直至剂量率达到本底水平。若局部受污面积较大且处于平整位置，可选择用局部洗消器加洗消液进行去污处理。

(5)生物样品采集及检测

由体表污染检测与分类组确定的疑似放射性损伤的伤员，引导其进入生物样品采集区，对伤员登记个人基本情况，测量血压，采集血样用于以下分析：①全血细胞计数；②细胞遗传学分析；③生物化学分析(血清淀粉酶)；④放射性核素分析。对疑似吸入内污染人员或头部污染人员采集鼻拭子。对于血压异常、白细胞降低或淋巴细胞降低者建议立即后送，其余可缓送医院进行临床观察。根据放射性核素分析结果，对受到内污染的人员指导其尽快服用相应的阻吸收药物或促排药物。注意在使用阻吸收药物前留取生物样品(如尿样、粪样等)。

(6)食品和饮用水监测

根据核事故发生期间的气象条件，选取事故下风向地区生长的叶类蔬菜(如菠菜)进行现场采样，将样品带回现场检测车。取其可食部分，不经清洗，直接用蔬菜粉碎机粉碎鲜样后，装入样品盒，称重，标记密封后测量。根据核事故发生期间的气象条件，结合下风向地区的地理条件，采集当地居民的露天生活饮用水，取样点应设在水源、进水管入口处，或处理后的水进入配水系统之前。采样前注意先将水桶用待采样的水清洗，采样后将水桶密封后带回现场检测车。将水桶内的水样摇匀后，直接装入样品盒，称重，标记密封后测量。利用检测车上的现场 $\gamma$ 谱仪，分析采集制备好的样品。如果检测结果表明样品的放射性活度浓度超过国家相关标准，应立即停止食用被污染的食品和饮用水，并用清洁食品代替。如果没有替代食品，要建议有关部门考虑对居民实施撤离和临时避迁。如污染物中存在放射性碘，要考虑采取稳定碘预防措施。

(7)心理干预

从事故现场撤出的工作人员及公众(受污染人员经过去污洗消后)，视情况对其开展必要的心理援助。首先要取得受影响人员的信任，建立良好的沟通关系。与他们进行一对一的谈话，提供其发泄愤怒、恐惧、挫折和悲伤的机会，使不良情绪得到及时疏导。及时、公开、透明地发布事故信息及救援工作的进展情况，预测未来可能出现的问题，提供应对指导意见，让公众了解真实、准确的情况，消解公众的恐慌和不安全感。向公众介绍辐射危害和防护的基本知识，发放核与辐射科普宣传手册。向公众普及正确的心理危机干预知识和自我识别症状的方法，指导积极应对，消除恐惧。保持家庭成员在一起，以减轻公众的焦虑情绪。

### 6.3.3 核与辐射应急救援队伍装备准备

#### 6.3.3.1 装备原则

核与辐射应急救援队伍装备原则包括以下内容：能够满足现场的救援需要；体积小、重量轻，便于携带；分类、分包、分箱标准装配，并附有清单；装备的设备、仪器和仪表都必须操作简便，其性能能够满足恶劣条件下的需要；药品必须在有效期内；装备、仪器和仪表必须经过刻度、标定或校准；所有配置的装备，救援队伍（最小组成单位）能够随身携带。

#### 6.3.3.2 装备内容

（1）现场急救医疗器械和仪器

核与辐射应急医学救援队伍装备的医疗设备、器械以满足核与辐射事故情况下的基本需要、不同事故（事件）可适当增减。包括成套标准手术器械、输血设备、一次性注射器、血细胞计数器、显微镜、外周血涂片设备、止血箱、急救袋与面罩、心脏除颤器，电池与充电器、生物样品收集与储存容器、急救箱等。

（2）核事故应急药箱

核事故应急药箱包括急性放射性损伤防治药品、急性放射性疾病早期的救治药品、常见放射性核素的阻吸收药品（碘化钾、普鲁士兰、褐藻酸钠、磷酸铝凝胶等）、加速体内放射性核素排泄的药品（DTPA－Ca、DTPA－Zn）、放射损伤防治药（尼尔雌醇、雌三醇、氨磷汀）、细胞生长刺激因子、局部放射损伤防治药（维斯克、放烧膏）等。

主要用于核与辐射事故（事件）的应急医学处理和放射损伤的早期救治。每个药箱内的药品可供 10 人使用 1 天。

（3）急救药箱

急救药箱配备了现场急救的基本药品，包括止痛剂、强心剂、升压药、抗高血压药、止吐剂、抗生素、利尿剂、生理盐水和其他对症治疗药品等。

（4）去污洗消用品

去污洗消用品包括 $KMnO_4$ 饱和溶液、5％的 $NaHSO_3$ 溶液、0.2N 的 $H_2SO_4$、5％的次氯酸钠溶液、0.1N 的盐酸溶液、无菌洗眼液、手术棉卷包、擦鼻用棉签、遮蔽胶带、刷子，包括钉刷、石蜡纱布敷料、药签、鼻导管、洗涤剂、伤口和皮肤消毒液、标记污染点的去污不可擦毡笔等。

（5）普通装备（通用物资）

普通装备包括调频袖珍收音机、手机、笔记本电脑、备用电池、关键备用件、塑料单、塑料带、塑料袋（不同规格）、手术服、单子和毯子、可移动担架床、标牌与可贴标签、医学信息表、放射事件患者表、消毒盖布、废品袋、办公用品、运送箱、手电筒等。

（6）辐射监测仪器

核与辐射应急医学救援队伍配备的辐射监测仪器包括：多用途 γ/β 巡测仪、β/γ 表面污染监测仪、α/β 表面污染监测仪、场所辐射监测仪、中子当量仪、自读式剂量计、累积剂量计、全身计数器、液体闪烁计数器等。

(7)个人防护装备

个人防护装备包括自读式剂量计、累积剂量计、防护服、防护靴、棉手套、尼龙手套、橡皮手套。

(8)通讯设备

核与辐射应急医学救援队伍配备的通讯设备包括:可调频的便携式无线电台、移动电话、对讲机、带无线网卡的笔记本电脑、手持/车载卫星定位系统(GPS)、备用电池。

(9)着装和标志

核与辐射应急医学救援队伍统一着装,印有救援队伍标志。

(10)运输工具

运输工具包括应急救援装备车、救护车(有防止污染扩散的措施)。

(11)生物样品采样装备

生物样品采样装备包括一次性注射器、止血带、75%医用酒精、碘伏、无菌肝素抗凝试管、抗凝试管、不抗凝试管、可收集 24 h 尿的容器、可收集 24 h 粪便的容器、收集唾液、痰液、呕吐物和其他体液或分泌物的容器、收集指甲、毛发、衣物、口罩、饰品等的容器、标签和带不粘胶的标签、空塑料容器(容积 20～30 L)、剪刀、指甲钳、透明胶带、标记笔等。

#### 6.3.3.3　物资准备

核与辐射卫生应急演练的物资装备包括专业设备和通用物资装备两部分。专业设备包括针对核与辐射应急现场处置工作内容所需的手持式 γ 谱仪、门式检测仪、表面污染检测仪、洗消帐篷、血球分析仪、空气采样器、现场 γ 谱仪等放射性监测和样品检测设备,以及常规医学救援所需的除颤仪、呼吸机等急救设备。通用物资包括 C 级防护服(黄色、白色、蓝色)、覆盖于仪器表面的塑料膜等放射性污染防护装具(演练中各专业处置小组需注意防止放射性污染扩散及二次沾染),笔纸、标签等现场记录用品,警戒带、指挥棒等现场安保装备,对讲机、喇叭等通讯装备,以及日常医药箱等。应急演练需要准备的主要物资列于表6—2。

物资装备的准备工作由后勤保障组和各应急专业处置小组共同完成。各专业处置小组根据本组承担的任务列出本组所需的专业设备和通用装备清单,专业设备由各小组自行协调准备,通用装备由后勤保障组负责统一采购和准备。应急物资装备清单应作为卫生应急准备的一部分,平时就建立并固化下来,每次演练时只需根据不同的情景设计(核事故或辐射事故,事故规模等)做出适当调整即可。

**表 6—2　核与辐射卫生应急演练各专业处置组主要物资装备示例**

| 组别名称 | 专业设备 | 通用装备 |
| --- | --- | --- |
| 现场防护监测组 | 手持式 γ 谱仪、GPS 系统、风速仪 | 黄色 C 级防护服、挎包、记录本、塑料膜、插线板、对讲机、立柱、警戒带、指挥棒、小旗子、标志牌 |
| 体表污染检测与分类组 | 表面污染检测仪、门式检测仪、伤员分类标签 | 黄色 C 级防护服、塑料膜、污物桶、便携式椅子、标志牌 |
| 现场急救组 | 除颤仪、血压计、呼吸机、应急医药箱、固定夹板、手术刀具、担架车 | 白色 C 级防护服、污物桶、棉签、纱布、无纺布、标志牌 |

续表

| 组别名称 | 专业设备 | 通用装备 |
| --- | --- | --- |
| 去污洗消组 | 洗消帐篷、局部去污洗消装置、废水收集袋、表面污染检测仪、去污药箱、检测记录单 | 黄色C级防护服、塑料膜、污物桶、胶带、棉签、棉球、纱布、油料、标志牌 |
| 生物样品采集及检测组 | 血球分析仪、生化分析仪、现场γ谱仪、棉拭子、采血针管及辅助材料 | 白色C级防护服、棉签、记录纸、标志牌 |
| 空气、食品、饮用水监测组 | 空气采样器、现场γ谱仪、粉碎机、GPS系统、样品盒及实验工具等 | 蓝色C级防护服*、插线板、塑料模、记录纸 |
| 心理干预组 | 核与辐射宣传手册、折页、宣传画等资料 | 白大褂、标志牌、便携式桌椅 |

注：* 后勤保障组同样穿着蓝色C级防护服

#### 6.3.3.4 装备的管理

核与辐射应急医学救援队伍的装备应由专人统一管理，保证国家核与辐射应急医学救援队伍的装备随时处于可用状态，满足核与辐射事故（事件）现场救援的需要。装备管理人员对各自管理的装备负全部责任，具体需要承担下列职责和任务：

（1）保证设备、仪器、仪表、材料、物品、药品、办公用品和通讯装备处于完好状态，随时可用。

（2）每月对各自管理的设备、仪器、仪表、材料、物品、药品、办公用品和通讯装备检查1次，做好检查记录并归档，以备质量监督。

（3）保证材料、物品、药品均在制造商标明的有效期之内，在失效期的前一个月必须更新相应材料、物品、药品，并做好记录，以备质量监督。

（4）所有设备、仪器、仪表、通讯装备每年校准1次，维护保养2次，并做好记录，以备质量监督。

（5）建立设备、仪器、仪表、材料、物品、药品、办公用品和通讯装备的使用记录。

### 6.3.4 队伍的培训和演练

#### 6.3.4.1 队伍的培训

培训是为了掌握现场救援技能，明确职责、权利和义务，保证现场救援活动的有效衔接，规范现场救援行动而进行。相关部门应当制定队伍培训计划、培训教材、考核制度和培训档案；队员每年必须参加一次国家组织的救援培训；要针对队员承担任务的不同而开展有针对性的培训。

培训内容包括：放射防护基本知识和相关法规、标准；可能发生的放射事故及其医学应急处理措施；国内外典型放射事故及其医学应急处理的经验教训；所涉及的应急预案或程序；急救基本知识和操作技能；人员去污基本知识和操作技能；心理危机干预基本知识和技术；有关放射测量仪表的性能和操作等。

培训应至少每年举行1次。

#### 6.3.4.2　队伍的演练

演练是为了检验国家核辐射卫生应急救援队伍的响应能力；现场处置技能；通讯保障能力；现场救援的协调性；为修订国家核与辐射应急医学救援队伍的工作规范提供依据。

通过核与辐射应急医学救援队伍演练，培养应急决策人员的心理素质和技能，培训应急处置人员的技能，检验核与辐射卫生应急准备的有效性和合理性，对核与辐射事件卫生应急预案、人员、装备、通讯等准备情况进行有效验证。通过演练，能发现问题，不断改进完善，提高核与辐射卫生应急准备的水平，在实战时有效处置核与辐射突发事件。

我国核与辐射卫生应急演练，按组织形式划分，可分为桌面演练和实战演练；按内容划分，可分为单项演练和综合演练。按目的与作用划分，可分为检验性演练、示范性演练和研究性演练。国际原子能机构颁布的报告书将核应急演练分为操练、桌面演练、分项演练、全方位演练和现场演练等。

在我国举行的核与辐射卫生演练，大多数属于示范性演练，而检验性演练较少。示范性演练是指为向观摩人员展示应急能力或提供示范教学，严格按照应急预案规定开展的表演性演练，检验性演练是指为检验应急预案的可行性、应急准备的充分性、应急机制的协调性及相关人员的应急处置能力而组织的演练。与示范性演练不同，检验性演练事先不编写演练脚本，应急队伍到达现场后，完全根据应急预案执行任务，这样更能起到锻炼队伍、检验能力的作用。

核与辐射应急医学救援队伍应按照应急预案的要求，组织开展医学应急演练。演练包括综合演练，或就伤员分类、医疗救治、剂量检测、人员去污、救援人员防护等部分进行局部演练。演练要有针对性，重点检验信息渠道是否通畅、应急准备是否充分、反应机制的灵敏性、指挥系统的有效性等，提高应急技术水平和应急反应能力，发现问题，及时对应急预案进行修订。

核与辐射应急医学救援队伍每年至少应进行一次演练。

## 6.4　核与辐射事故卫生应急响应

在核辐射事故/事件发生时，各级核辐射卫生应急机构应根据相关预案，开展核辐射卫生应急响应行动。本节主要介绍核辐射卫生应急响应行动的流程和相关管理工作，包括响应行动的启动、响应措施、响应终止、总结评估、国际通报和援助等内容。

### 6.4.1　核事故卫生应急响应

#### 6.4.1.1　卫生应急响应行动

根据核事故性质、严重程度及辐射后果影响范围，核设施核事故应急状态分为应急待命、厂房应急、场区应急、场外应急（总体应急），分别对应Ⅳ级响应、Ⅲ级响应、Ⅱ级响应、Ⅰ级响应。

(1)Ⅳ级响应

1)启动条件

当出现可能危及核设施安全运行的工况或事件,核设施进入应急待命状态,启动Ⅳ级响应。

2) 响应措施

①国家卫生健康委卫生应急办公室接到国家核应急办关于启动Ⅳ级响应通知后,立即通知国家卫生健康委核应急中心及涉事地区省级卫生健康行政部门。

②国家卫生健康委核应急中心加强值班(电话 24 h 值班),密切关注事态发展,做好相应的卫生应急准备。

③涉事地区省级、地市级、县级卫生健康系统密切关注事态发展,做好相应的卫生应急准备。

3)响应终止

国家核应急办终止Ⅳ级响应,国家卫生健康委应急办宣布核事故卫生应急响应终止。

(2)Ⅲ级响应

1)启动条件

当核设施出现或可能出现放射性物质释放,事故后果影响范围仅限于核设施场区局部区域,核设施进入厂房应急状态,启动Ⅲ级响应。

2)响应措施

①国家卫生健康委卫生应急办公室接到国家核应急协调委关于启动Ⅲ级响应通知后,立即向国家卫生健康委主管卫生应急工作的领导报告,并通知国家卫生健康委核应急中心及涉事地区省级卫生健康行政部门。

②国家卫生健康委核应急中心加强值班(电话 24 h 值班)。各专业技术部进入待命状态,做好卫生应急准备,根据指令实施卫生应急。

③涉事地区省级、地市级、县级卫生健康系统密切关注事态发展,做好相应的卫生应急准备。

3)响应终止

国家核应急协调委终止Ⅲ级响应,国家卫生健康委宣布核事故卫生应急响应终止。

(3)Ⅱ级响应

1)启动条件

当核设施出现或可能出现放射性物质释放,事故后果影响扩大到整个场址区域(场内),但尚未对场址区域外公众和环境造成严重影响,核设施进入场区应急状态,启动Ⅱ级响应。

2)响应措施

①国家卫生健康委卫生应急办公室接到国家核应急协调委关于启动Ⅱ级响应通知后,国家卫生健康委主管卫生应急工作领导、卫生应急办公室主任及相关司局负责人进入国家卫生健康委卫生应急指挥中心指导应急工作。国家卫生健康委及时向国家核应急协调委报告卫生应急准备和实施卫生应急的情况。

②国家卫生健康委核应急中心各专业技术部进入场区应急状态,做好卫生应急准备,根据指令实施卫生应急。

③涉事地区省级、地市级、县级卫生健康系统做好伤员救治、受污染伤员处理、辐射损伤人员受照剂量估算、人员健康风险评估、卫生应急人员防护、心理援助与风险沟通等卫生应急准备。同时各级卫生健康系统及时向上一级卫生健康系统报告卫生应急准备及实施情况。

3)响应终止

国家核应急协调委终止Ⅱ级响应,国家卫生健康委宣布核事故卫生应急响应终止。

(4)Ⅰ级响应

1)启动条件

当核设施出现或可能出现向环境释放大量放射性物质,事故后果超越场区边界,可能严重危及公众健康和环境安全,进入场外应急状态,启动Ⅰ级响应。

2)响应措施

①启动Ⅰ级响应后,国家卫生健康委卫生应急办公室接到国家核应急协调委关于核事故卫生应急、成立国家核事故应急指挥部的指令后,国家卫生健康委组织相关司局和中央军委后勤保障部卫生局、生态环境部、工业和信息化部、国防科工局等部委成立医学救援工作组,组织开展医学救援工作。中央军委后勤保障部卫生局负责组织军队卫生力量支援核事故卫生应急救援;生态环境部负责提供环境监测、污染范围、事故发展趋势研判、事故后果中长期环境影响等数据;工业和信息化部负责提供有关卫生应急医药用品;国防科工局负责提供核事故及评估有关信息。

同时,国家卫生健康委参加指挥部辐射监测组、放射性污染处置组、信息发布和宣传报道组、涉外事务组以及社会稳定组的工作。

②国家卫生健康委核应急中心做好伤员救治、人员放射性污染处理、食品和饮用水放射性监测、健康风险评估等卫生应急技术支持工作,各专业技术部进入场外应急状态,按照国家卫生健康委的指令实施卫生应急任务。

③涉事地区省级卫生健康系统根据地方核事故应急组织或国家卫生健康委的指令实施卫生应急,提出医疗救治和保护公众健康的措施和建议,做好伤员救治、受污染伤员处理、受照剂量估算、饮用水和食品的放射性监测、公众健康风险评估、公众防护、卫生应急人员防护、心理援助与风险沟通等工作。必要时请求国家核事故卫生应急组织的支援。

④地市级、县级卫生健康系统按照本级人民政府统一部署,或上一级卫生健康系统的要求,开展伤员分类、转运和现场救治、受污染人员去污的技术指导、碘片发放和指导服用、心理援助与健康教育等工作;协助开展饮用水和食品放射性监测。

对核事故伤员进行现场捡伤分类和应急救治后,按照分级救治原则,根据伤员伤情轻重和辐射损伤严重程度,将伤员及时分送省级核辐射救治基地或指定医疗机构、地市级和县级指定医疗机构。中度及以上放射损伤人员送省级核与辐射损伤救治基地或指定医疗机构救治。在后续治疗过程中,根据救治需要,适时将伤员转送上级医疗机构救治。

3)响应终止

国务院批准终止Ⅰ级响应,核事故卫生应急工作完成,伤病员在指定医疗机构得到救治,受污染食品和饮用水得到有效控制,国家卫生健康委宣布核事故卫生应急响应终止。

核事故卫生应急流程见图 6—2。

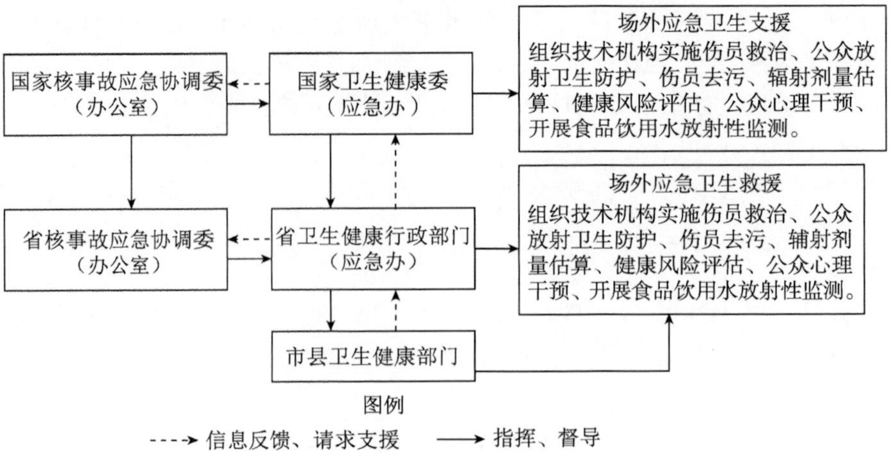


图 6—2　核事故卫生应急流程

#### 6.4.1.2　总结报告

核事故卫生应急响应完成后，卫生健康各相关部门应对卫生应急响应过程中的经验进行总结，总结报告及时上报上级卫生健康部门。国家卫生健康委卫生应急办公室汇总和总结核事故卫生应急工作情况，总结报告及时报国家核应急协调委。

#### 6.4.1.3　国际通报和援助

（1）国际通报

按照《国际卫生条例(2005)》等有关规定要求，国家卫生健康委协调相关部门做好向世界卫生组织的国际通报工作。

（2）请求国际援助

当核事故超过我国卫生应急响应能力范围时，国家卫生健康委协助国家原子能机构向国际原子能机构提出核事故卫生应急援助请求，或根据《国际卫生条例(2005)》向世界卫生组织提出技术指导和援助请求。

### 6.4.2　其他核事故卫生应急响应

对乏燃料运输事故、涉核航天器坠落事故等，根据其可能产生的辐射后果及影响范围，国家和受影响省（自治区、直辖市）的卫生健康系统进行必要的响应。

（1）乏燃料运输事故

乏燃料运输事故发生后，省（自治区、直辖市）、市、县级卫生健康部门参照本预案和《乏燃料运输事故应急预案》立即组织开展卫生应急处置工作。必要时，国家卫生健康委组织有关单位予以支援。

（2）台湾地区核事故

台湾地区发生核事故可能或已经对大陆造成辐射影响时，参照本预案开展卫生应对工作。根据国家的指令，协调调派核事故卫生应急专业力量协助救援。

（3）境外发生核事故

境外发生的对我国大陆（或我国公民）已经或可能造成影响的核事故的卫生应急响应

参照本预案进行。国家卫生健康委统一组织协调全国卫生应急响应，各级卫生健康部门组织开展本辖区内卫生应急响应工作。

当接到国际卫生应急救援请求或指令时，国家卫生健康委按照相关规定和程序组织开展国际援助。

(4)涉核航天器坠落事故

涉核航天器坠落事故在我国局部区域产生辐射影响，并可能造成公众健康风险，或导致食品和饮用水放射性污染，国家卫生健康委组织协调卫生应急响应，涉事省（自治区、直辖市）卫生健康部门组织开展辖区内卫生应急响应工作。

## 6.4.3　辐射事故卫生应急响应

### 6.4.3.1　辐射事故的卫生应急响应分级

根据辐射事故对公众健康的影响，从重到轻将辐射事故卫生应急响应分为特别重大辐射事故、重大辐射事故、较大辐射事故和一般辐射事故四个等级。

特别重大级别的辐射事故卫生应急响应：放射源丢失、被盗、失控或者放射性同位素和射线装置失控导致 3 人以上（含 3 人）受到全身照射剂量＞8 Gy。

重大级别的辐射事故卫生应急响应：放射源丢失、被盗、失控或者放射性同位素和射线装置失控导致 2 人以下（含 2 人）受到全身照射剂量＞8 Gy 或者 10 人以上（含 10 人）急性重度放射病、局部器官残疾。

较大级别的辐射事故卫生应急响应：放射源丢失、被盗、失控或者放射性同位素和射线装置失控导致 9 人以下（含 9 人）急性重度放射病、局部器官残疾。

一般级别的辐射事故卫生应急响应：放射源丢失、被盗、失控或者放射性同位素和射线装置失控导致人员受到超过年剂量限值的照射；以及铀矿冶、伴生矿超标排放，造成人员受到过量照射。

### 6.4.3.2　辐射事故的报告

医疗机构或医生发现意外辐射照射人员时，医疗机构应在2 h内向当地卫生健康行政部门报告。

接到辐射事故报告的卫生健康行政部门，应在 2 h 内向上一级卫生健康行政部门报告，直至省级卫生健康行政部门，同时向同级生态环境部门和公安部门通报，并将辐射事故信息报告同级人民政府；发生特别重大辐射事故时，应同时向国家卫生健康委报告。

省级卫生健康行政部门接到辐射事故报告后，经初步判断，认为该辐射事故可能需启动特别重大级别的辐射事故卫生应急响应和重大级别的辐射事故卫生应急响应时，应在2 h内将辐射事故信息报告省级人民政府和国家卫生健康委，并及时通报省级生态环境部门和公安部门。

### 6.4.3.3　辐射事故卫生应急响应

辐射事故的卫生应急响应坚持属地为主的原则，实行分级响应。特别重大级别的辐射事故卫生应急响应由国家卫生健康委组织实施，重大级别、较大级别和一般级别的辐射事故卫生应急响应由事故所在地省、市、县级卫生健康系统组织实施。

(1)特别重大级别的辐射事故卫生应急响应

接到特别重大辐射事故的通报或报告，且人员放射损伤情况达到特别重大辐射事故卫生应急响应级别时，国家卫生健康委立即启动特别重大辐射事故卫生应急响应工作，并上报国务院应急办，同时通报生态环境部。国家卫生健康委组织专家组对损伤人员和救治情况进行综合评估，根据需要及时派专家或应急队伍赴事故现场开展卫生应急响应工作。

辐射事故发生地的省(自治区、直辖市)卫生健康系统在国家卫生健康委的指挥下，组织实施辐射事故卫生应急响应工作。

(2) 重大级别、较大级别和一般级别的辐射事故卫生应急响应

省、自治区、直辖市卫生健康行政部门接到重大辐射事故、较大辐射事故和一般辐射事故的通报、报告或指令，并有人员受到过量照射时，负责组织协调和指导卫生应急响应工作，必要时可请求国家卫生健康委支援。

辐射事故发生地的市(地)、州和县级卫生健康系统在省(自治区、直辖市)卫生健康系统的指导下，开展辐射事故卫生应急工作，包括伤员救治、受污染人员处理、根据环保部门提供的信息开展受照剂量估算、饮用水和食品的放射性监测、公众健康风险评估、公众防护、卫生应急人员防护、心理援助与风险沟通以及信息沟通等工作。

国家卫生健康委在接到支援请求后，根据需要及时派遣专家或应急队伍赴事故现场开展卫生应急。

辐射事故卫生应急流程见图 6－3。

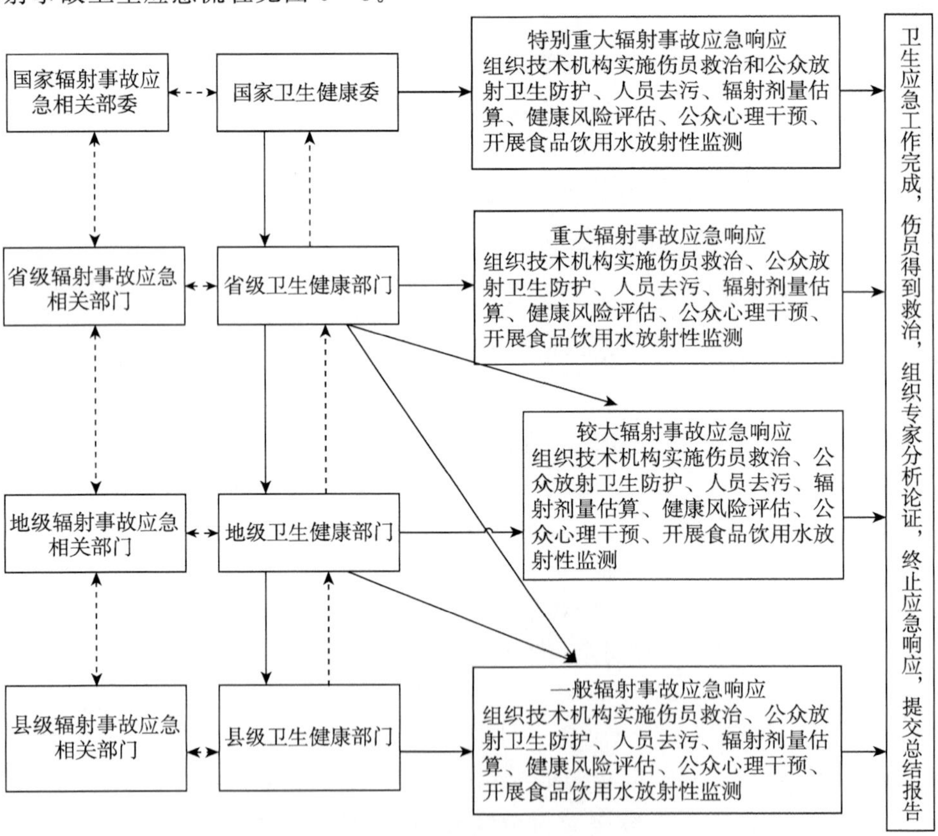


图 6－3　辐射事故卫生应急流程图

信息反馈、请求支援；指挥、督导；信息通报、工作协调

#### 6.4.3.4　卫生应急响应终止

伤病员在医疗机构得到有效救治及辐射危害得到有效控制时，国家卫生健康委可宣布特别重大辐射事故的卫生应急响应终止，并报国务院应急办公室备案，同时通报生态环境部；省（自治区、直辖市）卫生健康行政部门可宣布重大辐射事故、较大辐射事故和一般辐射事故的卫生应急响应终止，并报当地政府应急办公室及国家卫生健康委核应急中心备案，同时通报当地政府生态环境部门。

#### 6.4.3.5　总结报告

辐射事故卫生应急响应终止后，组织和参与卫生应急响应的地方卫生健康部门在一个月内提交书面总结报告，报送上级卫生健康行政部门，抄送同级生态环境部门和公安部门。重大辐射事故和较大辐射事故的卫生应急响应总结报告上报国家卫生健康委。

#### 6.4.3.6　国际通报和援助

（1）国际通报

按照有关规定和国际公约的要求，国家卫生健康委协助国家原子能机构做好有关卫生应急响应的国际通报工作。同时，根据《国际卫生条例》要求，国家卫生健康委协调相关部门做好向世界卫生组织的国际通报工作。

（2）请求国际援助

当辐射事故超过我国卫生应急响应能力范围时，国家卫生健康委协助国家原子能机构向国际原子能机构提出卫生应急援助请求，或根据《国际卫生条例（2005）》向世界卫生组织提出援助请求。

### 6.4.4　其他辐射事故卫生应急响应

（1）食品放射性污染事故

食品放射性污染事故指食品受到放射性污染，对人体健康有危害或者可能有危害的事故。食品放射性污染事故发生后，根据事故发生地人民政府有关部门或县级以上人民政府食品安全办等相关部门的指令，省（自治区、直辖市）、市、县级卫生健康系统参照本预案和《国家食品安全事故应急预案》立即组织对染人员去污和救治、开展流行病学调查和食品放射性污染检测、食品安全风险评估、公众受照剂量估算和健康风险评估等卫生应急响应工作。必要时，国家卫生健康委组织有关单位予以支援，同时通报国务院食品安全办。

（2）饮用水放射性污染事件

饮用水放射性污染事件指饮用水受到放射性污染，对人体健康有危害或者可能有危害的事件。饮用水放射性污染事件发生后，根据事件发生地人民政府有关部门或国务院有关部门的指令，省（自治区、直辖市）、市、县级卫生健康系统参照本预案中辐射事故卫生应急响应和《国家突发公共卫生事件应急预案》立即组织对受污染人员的去污和救治、开展流行病学调查和饮用水放射性污染检测、饮用水安全风险评估、公众受照剂量估算和健康风险评估等卫生应急响应工作。必要时，国家卫生健康委组织有关单位予以支援。

(3)境外发生的辐射事故

境外发生辐射事故,并已对我国境内公众造成健康影响时,参照本预案开展卫生应急响应。国家卫生健康委统一组织协调全国卫生应急响应,各级卫生健康系统组织开展辖区内卫生应急响应工作。

当接到其他国家或国际组织的救援请求时,国家卫生健康委组织卫生健康系统开展国际援助。

(袁龙、陈惠芳)

# 思考题

1.我国核辐射医学应急法规、标准主要包括哪些?主要规定了哪些内容?

2.核辐射医学应急工作主要包含哪些单位?它们分别负责哪些处置任务?

3.核与辐射卫生应急救援队伍的架构是怎样的?每个专业组需要执行哪些任务、配备何种装备?

4.核与辐射卫生应急演练如何分类?目前最需要开展何种演练?

5.核事故卫生应急处置与辐射事故卫生应急处置有哪些异同?

# 参考资料

[1]放射性同位素与射线装置安全和防护条例[Z]. 中华人民共和国国务院令第449号.

[2]国家核应急预案[Z]. 中华人民共和国国务院公报，2013，000(020):19－25.

[3]卫生部核事故和辐射事故卫生应急预案 [Z]. 中华人民共和国卫生部公报，2009(12):11－22.

[4]国家核事故应急协调委员会.国家级核应急专业技术支持中心和救援分队管理办法[S]. 国核应委〔2016〕3号.

[5] 国家核事故应急协调委员会.国家核应急救援辐射监测现场技术支持分队建设规范[Z].国核应委〔2016〕4号.

[6]中华人民共和国卫生行业标准. 核和辐射事故医学响应程序 WS/T 467—2014[S].

[7] 苏旭.核和辐射突发事件处置[M]. 北京:人民卫生出版社.2013.

[8]IAEA. Generic procedures for medical response during a nuclear or radiological emergency[S]. EPR－MEDICAL(2005).

[9] Arrangements for Preparedness for a nuclear or radiological emergency, IAEA Safety Standards Series No. GS－G－2.1. IAEA, Vienna. 2007.

[10]International Atomic Energy Agency. Preparedness and Response for a Nuclear or Radiological Emergency[S].IAEA Safety Standards Series, No.GSR Part 7. 2005

# 第7章　伤员现场医学处置

核事故时对伤员的现场医学处置又叫一级救治，根据不同的组织体系，设施位置等各具特色。核电厂、核设施与医院之间的距离较近，一级救治力量较强，医学应急救援较及时。军事方面，如核武器爆炸、核武器泄露丢失、核潜艇泄露或被袭击等，医学的应急救援力量距离较远，一级救治力量较弱，医学应急救援多因距离远，可能耽误，反而对一级救治非常重视。但任何组织体系的医学应急救援，都是在国际或国家相关法律、法规、标准等的原则范围内进行。

## 7.1　现场医学处置流程与原则

一般由核设施营运单位医学救治力量和机动应急救援力量承担，必要时请求外援。其遵循的原则是：快速有效、保护救援者和被救援者，对危及生命的创伤优先救护。

现场医学处置的主要工作任务包括卫生应急人员防护、对伤员进行个人防护、初步伤情判断、抢救危重伤员、污染人员去污、现场处置过量照射、样品采集、信息收集、集中伤员和伤员转送工作。

根据事故实际需要，可派出医学应急队机动前出。医学应急队按机动方案快速机动至上级指定现场附近区域。行进途中车长随时向队长报告情况，医学应急队队长要保持跟上级的通联，了解道路拥堵情况，选择最佳路线。同时还应尽快与事故单位建立联系，尽可能多地了解事故信息，包括事故现场核素种类、环境剂量率、伤员数量、伤情分布等，还应尽快掌握周边医疗机构分布情况。医学救援队在抵达事故地域附近后应及时向现场处置指挥部报到。

### 7.1.1　总则

核事故现场医学处置的总则，执行的前提是预先编制核事故场内医学应急计划和应急响应程序，做好各项规章制度，落实到各部门，落实到人员分工，并在平时的工作中定期演练，才能在发生事故时能有条不紊地进行应急救援。

#### 7.1.1.1　现场医学处置的总则

(1)核设施营运单位应编制核事故场内医学应急响应程序，用于指导和规范核事故场内医学应急响应工作。

(2)核事故场内医学应急响应程序是场内应急计划的一部分，应当重点突出，责任明确，任务清楚，可操作性强。

(3)核事故场内医学应急响应程序应包括场内医学应急响应和场内医学处置的全过

程，包括待命、启动、响应行动、响应终止等。

(4)考虑到核设施的特点不同，核设施营运单位在编制场内医学应急响应程序时，应对程序的内容和编写形式做适当的调整。但程序包括核事故场内医学应急响应和场内医学处置的全过程。

(5)核事故场内医学应急响应程序要考虑核设施营运单位的特殊情况及场外医学应急支持能力，通过组织演练，检验程序的可操作性、有效性和可行性。

(6)核事故场内医学应急响应程序要定期修订，一般周期为3～5年，根据国家相关法规和标准的修订和演习中发现的问题，及时进行修订。

(7)核事故场内医学应急响应程序是场内医学应急计划的支持性文件，应和场内医学应急计划同时呈报主管部门审查备案。

#### 7.1.1.2 核事故场内医学应急待命和启动

(1)核设施营运单位的医学应急组织应建立值班待命制度，保证在核事故应急情况下能及时响应。

(2)场内医学应急待命值班人员应具备完成核事故医学应急救援能力的技术和能力，人员配置应满足第一时间的医学应急救援响应的需要。

(3)在待命岗位中设置一名负责人，负责每轮待命值班期间医学应急救援的协调工作及场内场外响应的接口。

(4)程序中应明确规定应急待命值班期间各待命岗位人员的职责和任务。

(5)程序中应明确规定待命岗位人员在不同应急状态下的待命地点、待命方式和通讯联络方式等。

(6)程序中应规定场内医学应急的启动条件、启动指令和启动方式。

#### 7.1.1.3 核事故医学应急接口

(1)场内接口

明确不同应急情况下和事故场内的接口组织、接口人员和接口方式。

(2)场外接口

①支持单位的接口：明确规定技术支持单位的技术支持条件、形式和内容，接口人员和接口方式；技术支持单位人员到场后的协调指挥行动等。

②地方核事故医学应急组织的接口：明确规定与地方核事故医学应急组织的接口人员和接口方式；以及接口人员到场后的协调指挥行动。

③场内、场外接口组织人员的通讯联络方式应在附录中写明。

### 7.1.2 现场救援

#### 7.1.2.1 现场搜救伤员

(1)接到现场搜救伤员的命令，救援人员必须根据现场的实际情况，穿戴防护用品，佩戴报警式个人剂量计，做好现场辐射测量的准备，必要时服用预防性药物。

(2)了解和观察现场环境，保护自身和所有救援人员的生命安全。

(3)持续监测搜寻现场的辐射水平,评估救援人员的受照情况,向现场的搜救人员提出现场可停留时间的具体建议。

(4)发现伤员,立即撤出事故现场。

(5)如果伤员需要就地抢救,应立即实施现场抢救。

#### 7.1.2.2　现场抢救伤员

(1)现场抢救伤员时,要随时监测现场辐射水平,向现场应急人员提出现场可允许停留时间的具体建议。

(2)如果现场不能停留,应立即将伤员转移到安全地带实施抢救,如上风方向或侧风方向,避开放射性落下灰。抢救措施,一般按照六项急救措施来进行,即呼吸道畅通、止血、包扎、骨折固定、搬运、基础生命支持(心肺复苏)。在未给伤员使用肾上腺激素前,取得血液、尿液、毛发等生物样本后,可以尽快给予抗辐射药物,采取阻止吸收或加速排除体内放射性核素的措施。

(3)经抢救后可撤离的伤员,应立即撤离。

(4)如果现场安全状况发生了变化,威胁到伤员和救援人员的生命安全,伤员和救援人员应立即撤离到安全地带。

### 7.1.3　伤员分类

#### 7.1.3.1　分类准备

分类准备包括以下几个方面:(1)分类标签的准备;(2)分类登记表的准备;(3)受照剂量评估方法和技术规范的准备;(4)体表、伤口放射性核素污染监测的准备;(5)放射性核素摄入评估方法和技术规范的准备;(6)化学中毒分类评估方法和技术规范的准备;(7)放射性复合伤评估方法和技术规范的准备;(8)医学应急人员分类分工的准备。

#### 7.1.3.2　分类实施

(1)首先对是否需要现场紧急处置的伤员进行分类。需要紧急处置的伤员立即进行现场抢救,不需要紧急处置的伤员进行分类转送。

(2)对是否具有放射性损伤的伤员进行分类。无放射性损伤的伤员转送到普通医院诊治,有放射性损伤的伤员进行再分类。

(3)疑似放射性损伤的伤员,按是否有放射性核素体表或伤口污染进行分类。不需要现场预防性治疗的伤员,立刻转送到下一级医疗机构进行诊治;需要进行现场预防性治疗的伤员,给予预防性抗辐射药物或阻吸收措施后再行转送。

(4)没有体表或伤口污染的疑似放射性损伤的伤员,按是否需要现场预防性治疗进行分类。不需要现场预防性治疗的伤员,立刻转送到下一级医疗机构进一步诊治;需要进行现场预防性治疗的伤员,给予预防性抗辐射药物或阻吸收药物后再行转送。

(5)现场有化学中毒的伤员,可请求专业救援队伍支援或紧急处置后立刻后送。

(6)所有分类转送的伤员要在身体统一部位如胸前佩挂分类标签,并进行登记。

### 7.1.4 样品采集

(1)样品采集的准备

核事故场内医学应急响应程序应对样品采集的准备做相应规定,包括样品、采集器械、器具和物品、技术要求等。

(2)样品采集的基本要求

样品采集的目的要明确,时间要实时,采集样品要妥善保管,采集样品不能损害到伤员健康,不能延误抢救时间。

(3) 样品采集的实施

医生根据伤员的诊治需要提出采样种类,由护士实施。做好样品采集记录,妥善保管采集的样品。

(4)样品的处置

样品由救援队伍保存,如果需要样品,可随伤员一起转送到下一级医疗机构,做好样品的处置记录。

### 7.1.5 伤员转送

根据伤员分类的结果,分类分级转送。

伤员转送要明确转送地点,转送人员应做好伤员转送记录,包括伤员的基本情况,伤类、伤情、转送人员名单、转往的医疗机构,已实行的救治措施等。

有放射性核素体表或伤口污染的伤员,要做好伤员的防护,防止污染扩散。

伤员转送途中要有安全保障措施,做好转送人员个人防护,防止放射性污染。

伤员的分类标签,留取的样品上面的资料要随伤员一起转送,在伤员身体显著位置如胸前配挂分类标签。

### 7.1.6 过量照射人员的现场处置

剂量估算,初步估算疑似过量照射人员的受照剂量。对疑似过量照射人员的剂量估算要采用多种方法,特别是要重视伤员的临床症状,白细胞计数和淋巴细胞绝对值计数的变化。

现场处置,疑似受照剂量可能大于 0.5 Sv 者,应尽早使用抗辐射药物。留取样品,留取用于估算剂量的血液样品和其他样品。分类、分级救治,给伤员佩戴分类标签,立刻护送,做好伤员的转送记录。

### 7.1.7 内污染人员的现场处置

应明确摄入放射性核素的种类,了解和判断摄入方式和时间。

初步估算放射性核素的摄入量,对疑似体内污染的人员,对放射性核素摄入的剂量估算要偏保守估计。

疑似摄入过量放射性核素,留取生物样品后,尽早采取阻吸收和促排治疗措施。

分类、分级救治。给伤员佩戴分类标签,做好伤员的转送记录,紧急处置后立刻转送。

### 7.1.8 伤口污染人员的现场处置

(1)基本要求

①不能因为处理放射性污染伤口而使污染扩大,避免或减轻对伤员健康和生命安全的损害。

②明确污染伤口的放射性核素种类。

③尽早处理放射性污染伤口,使用阻吸收药物,阻止放射性核素进一步进入。

④伤口处理要遵循放射性污染伤口的处理原则。

⑤使用阻吸收药物前,要留取生物样品。

⑥伤口污染的伤员应分级救治,及时护送,做好伤员的转送记录。

(2) 现场处置行动

①如果伤口出血严重,应立即给予止血。

②实施放射性核素污染监测,进行伤口放射性污染的去污处理。

③污染伤口去污后,应进行伤口的放射性核素测量,评估去污效果。

④如果必要,应尽早清创,保留切除组织,留取样品,以便估算剂量。

⑤尽早使用阻吸收和促排药物,在用药前留取其他生物样品。

⑥给伤员佩戴分类标签,立刻后送,做好伤员的转送记录。

### 7.1.9 体表污染人员的现场处置

(1) 基本要求

一般情况下,体表放射性核素污染,要在现场去污染站(室)处理。现场去污,只需去除疏松沾染;对于体表固定污染难以去除的人员,不宜在现场处置,应及时后送,做好伤员的转送记录。防止放射性核素经眼、口、鼻、耳进入体内。避免或减少污染扩散。

(2)体表放射性污染现场处置行动

①体表放射性核素污染监测:记录监测部位面积和污染水平,如果必要,估算皮肤剂量。

②头面部的去污,要防止放射性核素进入眼、耳、口、鼻,并防止沾染身体其他部位。

③眼部污染,要用洗眼器冲洗,防止损伤眼部组织。

④鼻腔污染,要减去鼻毛,湿棉签擦洗,注意防止鼻腔组织损伤。

⑤每次去污后,要监测去污效果,并记录。

⑥经三次去污,仍不能去除的皮肤污染,视为牢固污染,做好皮肤防护,给伤员佩戴分类标签,立刻后送,做好伤员的转送记录。

### 7.1.10 现场救援终止

(1)终止条件

①现场应急,指挥部下达终止命令。

②现场救援活动结束。

(2)现场救援撤离行动

①接到撤离指令后,立刻撤离到指定地点。

②撤离过程中,要做好救援人员和伤员的安全保障。

③到达撤离指定地点后,立刻向现场应急指挥部和场外医学应急组织报告;并根据现场应急指挥部和场外医学应急组织的指令行动。

此外,记录程序应包括以下记录:伤员处置记录、伤员的分类登记、伤员的转送登记。

附录程序应包括以下附录:场内接口通讯录、技术支持单位接口通讯录、地方核事故医学应急组织接口通讯录、伤员分类标签、伤员分类登记表、伤员转送登记表、现场伤员处置登记表、技术规范。

## 7.2 应急人员的个人防护

辐射防护,既要针对各种不同性质的射线或粒子(如 α、β、γ、X、中子等),以及不同种类的放射性物质,又要考虑不同核辐射事故及其不同阶段特点,同时还要满足不同人群(如各类救援人员、伤员和公众等)的需要,更要关注核辐射可能导致的各种伤害(外照射、内污染、心里伤害等)。因此,辐射防护的措施和分类多种多样。按辐射类型(危害途径)可分为外照射防护和辐射污染的防护(内照射防护);按时间可分为紧急防护行动(如撤离、隐蔽、服用稳定碘等)和较长期的防护行动(包括避迁、农业对策和补救行动、医学随访、区域去污及其恢复等);按人群可分为集体防护措施(如撤离、隐蔽、避迁、控制环境及食物和水的污染等)和个人防护措施(主要是防止吸入、食入、体表和体内污染等);按机理可分为物理防护(是指通过剂量控制、污染的区域和环境控制等达到降低辐射和减少放射性物质进入人体内的目的,也称通用防护)、化学防护(如通过使用吸附剂、络合剂等达到去污染的目的)和医学防护(如服用稳定性碘预防放射性碘对甲状腺的损伤,使用普鲁士蓝阻止放射性铯在体内的吸收,通过催吐、洗胃等减少食入放射性物质的吸收,通过引咳祛痰和洗肺等减少吸入放射性物质吸收等)。但归根结底是减少外照射剂量、降低内污染水平。

核应急医学救援作为一种特殊的实践,同样要遵守辐射防护三原则,即实践正当性、防护最优化和剂量限值。为了将受照剂量控制在合理可达到的尽可能低的水平(as low as reasonably achievable, ALARA 原则),应急人员必须根据辐射侦查数据与任务区域、性质、强度等科学合理的综合,选择外照射和内照射防护措施,救援过程中,一旦发生外照射或疑似内污染,应立即进行针对性的医学处理。

详细内容参加第 10 章《应急队员的个人防护》此处只阐述现场可能涉及的操作内容。

### 7.2.1 防护最优化原则

采取有效措施,尽可能减少受照剂量和受照时间;根据剂量率将事件现场分为热区(大于 100 μSv/h)、温区(10~100 μSv/h)和冷区(小于 10 μSv/h),在不同区域采用不同级别的防护:冷区采取 D 级防护,温区采取 C 级防护,应急人员(如果非常必要)进入热区需根据热区实际情况采取 C 级以上防护(详见第 10 章)。根据具体任务,采取最适应的防护措施,并非都必须使用最高级别的防护标准,比如温区的洗消组人员为了工作便捷,头面部宜采用防护口罩及护目镜,躯体防护上采用防喷溅的防护服和防护靴。

## 7.2.2 剂量限值原则

剂量是危害评价的基础，也是医学处理的依据。控制应急人员的受照剂量以确保防止发生严重的确定性效应，并将随机性效应降低至合理可接受的水平，是保护应急人员健康的重要措施。

应急照射是为了制止事故扩大或进行抢救等，工作人员自愿接受超过正常限值的照射。对应急照射进行干预的工作人员不得接受到规定的职业照射单一年份最大剂量限值的照射（即≤50 mSv）；当为了①抢救生命或防止严重损伤；②防止大的集体剂量；③防止演变成灾难性情况等，而采取行动从事干预时，必须尽一切努力把工作人员所受剂量在单一年份最大剂量限制 2 倍以下（即≤100 mSv）；除去为抢救生命的行动外，必须尽一切努力把剂量保持单一年份最大剂量限值的 10 倍以下（即≤500 mSv）；若工作人员所受的剂量可能＞500 mSv，只有当给他人带来的利益明显大于他们承受的危险时，才必须采取行动，并将当量剂量和医学观察结果记入个人剂量档案和健康档案。

## 7.2.3 应急队员常见的防护措施与示例

### 7.2.3.1 基本要求

在应急救援现场，应当采用正当性和最优化原则，对应急救援人员实行剂量控制。应采取适当的防护措施，使救援人员的受照危险减至最小。基本要求包括：

(1)按要求穿戴个人防护用具，检查防毒面具气密性；佩带个人剂量计，包括报警式或直读式个人剂量计；按照上级指示服用稳定性碘片。

(2)牢记进入现场的危险并注意防范；通过缓冲区进入污染区；全部活动都应该在受照剂量尽可能合理低的原则下进行；知晓应急人员返回水平（该水平是一个导则不是限值，应用时应该判断）。

(3)不要在剂量率超过 1mSv/h 的地方逗留；进入剂量率大于 10mSv/h 的地区要小心；无环境分析/辐射评价负责人许可，不应进入剂量率大于 100 mSv/h 的地区。

(4)注意采取时间、距离和屏蔽手段防护自己；进入高剂量率地区前制定预案；不要冒不必要的风险；不要在污染区内吃、喝和抽烟，揉眼和使用化妆品。

(5)有疑问时向小组领导或同事咨询；离开污染区时，接受体表和衣服的污染监测；处理沾染人员的工作人员应进行沾染监测，做好换衣服和洗消或淋浴的准备；由污染区携出的物品、设备，必须在缓冲区经过检查和处理，达到去污标准后，才能带入清洁区。

### 7.2.3.2 外照射通用防护措施

(1)缩短在沾染区通过和停留的时间

在保证完成任务的前提下，应尽可能缩短在沾染区停留的时间。必要时采取轮流作业法，控制个人受照剂量。当需要通过沾染区时，应选择较窄的、道路平坦的、辐射级较低的地段通过，或乘坐车辆通过，缩短通过的时间。行车时要尽量避免和减少扬尘。

(2)情况允许时，推迟进入沾染区的时间

在外界条件允许情况下，进入沾染区越迟，地面辐射级越低，人员所受外照射剂量就越小。

(3)利用屏蔽防护

人员在沾染区作业(如抢救伤员时),应尽可能进入工事、民房、车辆、大型兵器内,或利用地形地物屏蔽防护,减少受照剂量。

(4)清除地表的污染物

在需要停留处及其周围,铲除5～10 cm厚的表层土壤,或用水冲、扫除等措施去除表层尘土,可降低所在位置的辐射级。实践证明,在开阔地域内,如铲除直径6 m的表层土壤,则中心位置的辐射级可降低一半以上。

(5)药物防护

进入沾染区且受照剂量可能受到较大剂量的人员,应预先应用抗辐射药物,如尼尔雌醇片("523"片)。从沾染区撤出的人员,如已受到较大剂量照射者,也应尽早应用抗辐射药物,以减轻辐射损伤。

#### 7.2.3.3 内照射防护通用措施

(1)使用防护器材

应根据沾染程度和当时条件,采取防护措施,或穿戴制式的个人防护服装,或利用就便器材,凡能挡灰或滤灰的器材对落下灰均有防护作用,例如戴口罩或用毛巾等掩盖口鼻,扎紧领口、袖口和裤口,戴上手套、穿上雨衣或披上斗蓬、塑料布、床单等,脚穿高统靴,对于防止落下灰进入体内和沾染皮肤有良好的效果。

(2)遵守沾染区的防护规定

必须穿戴相应的个人防护器材,不得随意脱下;尽可能减少扬尘,不得随地坐卧和接触污染的物品,不得在沾染区内吸烟、进食和饮水;在沾染区内停留时间较长,必须进食时,应选择沾染较轻的地域,在工事或帐蓬进行,使用自带的清洁食品。

(3)服用碘化钾

如果环境中存在$^{131}$I,进入沾染区前每人口服碘化钾片100 mg。如事先未服用,在撤离沾染区后应立即补服(不晚于6 h)。碘化钾可有效地减少放射性碘在甲状腺的沉积量。

(4)洗消和除沾染

人员撤离沾染区后和对疑有沾染的物品在使用前,必须进行沾染检查,超过控制值应洗消和除沾染。如确定有体内污染,应迅速将伤员转移致非沾染区,对伤员进行局部或全身洗消,以防止放射性物质继续进入体内。口服碘化钾、褐藻酸钠和普鲁士蓝胶囊等阻吸收药,使用促排灵、双氢克脲噻等促排药物。

#### 7.2.3.4 核应急医学救援队防护装备配备要求

(1)辐射监测组

B级防护服或C级防护服、手套、防毒面具、热释光个人剂量计、直读式个人剂量报警仪。

(2)伤情分类组

C级防护服、手套、防毒面具、热释光个人剂量计、直读式个人剂量报警仪。

(3)去污组

C 级防护服、手套、防水靴、热释光个人剂量计、直读式个人剂量报警仪、口罩 N95/N99、眼罩。

(4)现场救护组

D 级防护服、手套、口罩 N95/N99、热释光个人剂量计。

如遇雨雪等恶劣天气、或现场有爆炸有毒气体等特殊情况时，可根据情况提高防护等级。

#### 7.2.3.5 示例

核辐射事故医学救援的实践中，保护救援人员受到尽可能少的核辐射伤害的前提下，为实现现场核辐射伤员的快速医学处置，保证高效、有序地完成现场医学救援任务，根据热区、温区和冷区内的危害水平和性质，分别选择不同的防护级别，有必要对不同作业人员实行分级防护，即热区内防护级别最高、冷区外防护级别最低。

(1)对洗消后的伤员进行医学诊断和处理的救援人员，由于所处的环境为清洁区，伤员的体表放射性污染已消除，即便伤员体内可能存在不同程度的放射性污染，但不会对救援工作人员产生二次污染，因此无需采取特别的防护措施，一般只需 D 级防护即可，如穿戴洁净的隔离服(白大褂或一次性防尘或手术服)、戴口罩、手套等。

(2)负责伤员急救、洗消去污、污染检查等的救援人员，面对的是不同程度体表污染的伤员，需采取必要的防护措施，特别是呼吸道防护和体表污染防护。通常情况下，伤员在脱下外衣后，可减少 80%以上的污染，因此为确保救援行动的高效有序，根据现场情况，采取 B 或 C 级即可，基本要求是：①佩戴个人剂量计；②穿戴密封的隔离服和靴套、手套；③使用口罩或全面屏防毒面具等防吸入；④使用眼罩保护眼睛不受污染(戴防毒面具时不需要)；等。需要特别指出的是：①负责污染伤员洗消的工作人员，佩戴的防护用具需具备防水的功能，如穿戴防水隔离服、雨靴、橡胶手套等；②及时将处理过程中产生的放射性废物转移到指定暂存地点，以防止救援人员受到不必要的过量照射；③处理下一名伤员前，及时更换担架、器械和手套等可能接触到伤员的用具，以防止交叉污染的情况发生。

(3)负责伤员接收和分类的救援人员，以及为抢救伤员生命，对污染伤员进行急救的医生，即使所处的环境在展开工作前为清洁区，由于面对的是从污染区直接过来的伤员，其体表和衣物上可能存在严重的放射性污染，需采取较高等级的辐射防护措施，具体包括：①佩戴个人剂量计；②穿戴密封的隔离服和靴套、手套；③使用全面屏防毒面具防吸入等。需要注意的是：①第一时间脱出伤员的外衣，一是减轻衣物上的放射性物质对伤员的进一步伤害，二是减少放射性物质向后续救援区域的转移和扩散；②及时将处理过程中产生的放射性废物转移到指定暂存地点，以防止救援人员受到不必要的过量照射；③处理下一名伤员前，及时更换担架、器械和手套等可能接触到伤员的用具，以防止交叉污染的情况发生。

(4)必须进入污染区进行伤员搜救、抢救的救援人员，视事故具体情况和具体任务，采用最适当的防护措施，一般不低于上述防护要求，但也不一定非是最高级别的防护标准。需要注意的是：①除佩戴通用个人剂量计(热释光)，还需佩戴可报警的直读式个人剂量计，以实施剂量控制的防护要求；②遵循污染区快速通过、最短停留的原则。

## 7.3 救治现场的环境辐射监测

现场环境辐射监测，一般由核设施营运单位或地方生态环境部门进行，或军队防化部队实施。在这些部门支持配合的情况下，核事故医学救援队可以采取他们提供的数据，在此基础上，进行医学救援队展开地域的环境辐射监测，为救援队展开地域内部区域划分提供依据。

核与辐射事故应急监测可分为辐射监测与污染监测，其中辐射监测包括剂量监测与剂量率监测，污染监测包括表面污染监测与空气污染监测。执行不同任务的监测，首先需选择合适的监测设备，应保证仪器的量程能满足事故条件下的量程需求。如 β/γ 剂量率仪根据量程可以分为环境水平、中水平和高水平三类，对应量程分别为 0.05～100 μSv/h，10 μSv/h～10 mSv/h，1 mSv/h～10 Sv/h。对于一般事故，低水平到中等水平的仪器即可；对于涉及高放射性源的重大事故，需要附加中到高量程的仪器。对于可携带设备，最好带有声光报警功能，在周围噪声水平很高时可采用耳机，保证操作人员能够读取数据。

核应急医学救援队应该至少配备以下辐射监测仪器：多功能辐射巡测仪、α/β 表面污染检测仪、中子剂量当量仪、直读式个人剂量计、累计式个人剂量计。图 7－1 列举了常见的几款设备。在辐射水平较高或事故范围较大，不适宜人员现场直接监测，可采用辐射巡测车进行现场测量。目前也有在无人机上搭载辐射监测仪器，进行航空监测。

多功能辐射巡测仪

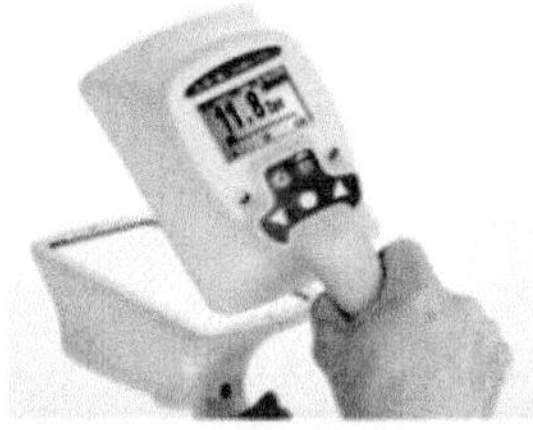

表面污染检测仪

中子周围剂量当量仪

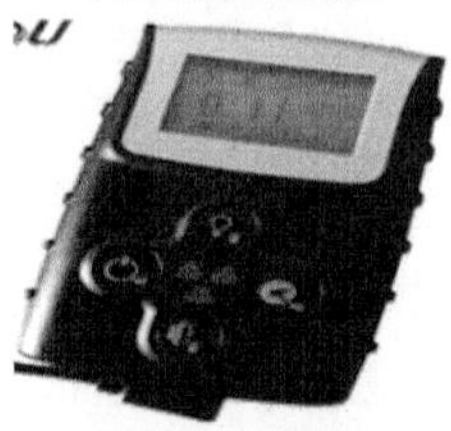

直读式个人剂量计

累计式个人剂量计（热释光）

图 7－1　常用的各种类型的辐射仪器

### 7.3.1　环境剂量率

环境剂量率监测的目的，一是判断工作场所的辐射安全性，二是通过环境剂量率的测定，结合停留时间等因素，评估人员外照射剂量或制定防护措施。在烟羽释放阶段，通过环境剂量率监测，可判断烟羽的轨迹和横截面边界，确定污染是否超过干预水平。

(1)测量仪器的选择

用于环境剂量率水平监测的设备通常是各种剂量率或剂量仪。各种不同类型的辐射探测器，如电离室、正比计数管、盖革计数管等气体探测器，晶体、塑料等闪烁探测器，硅、锗等半导体探测器等，均可用于环境辐射监测仪器。

测量仪器的选择应当与其应用目标相适应。设备选择不当，会导致不准确甚至是错误的测量结果。应当关注所用仪器设备的响应时间和能量响应，有些设备的外壳能吸收大部分低能光子，电离室的响应时间通常较慢，在测量脉冲射线时，应当尽可能选择响应速度快的设备，如薄窗盖革计数管、闪烁探测器等。

可以采用在探头前面加吸收体的方式，大致估计射线的类型和能量。此法可用于识别β射线产生的轫致辐射。能量补偿仪器一般只用于测量贯穿辐射。

在大范围快速测量时，常采用辐射巡测车和航空监测设备。此时应注意测量结果的处理和转换。

目前有辐射场环境γ辐射侦检系统(如图 7—2 所示)，采用无线通信技术、数字化识别技术、热成像模拟技术等技术，实现核事故状态下对行动地域进行γ辐射监测，查明并标识放射性沾染边界，测定特定沾染点的地面辐射水平。有五种工作模式，包括环境模式，应急模式，辐射场监测模式(离地 1m 处的γ剂量率)以及训练模式。具有信息录入及身份识别功能，通过编码，快速实时录入测量人员或检测载体及辐射场的信息。能在有效区域内以无线通信方式搜索测量终端，自动识别、连接；单个系统最大可以接入 30 个测量终端，实现多终端组网和监测。采用多模态图像处理技术，实时动态显示辐射水平，图形颜色渐变由绿渐红，<10 μSv/h 绿色(冷区)，10～100 μSv/h 黄橙色(温区)，>100 μSv/h 红色深红(污染区)。采用直接方式展示，支持直接将统计信息打印归档。

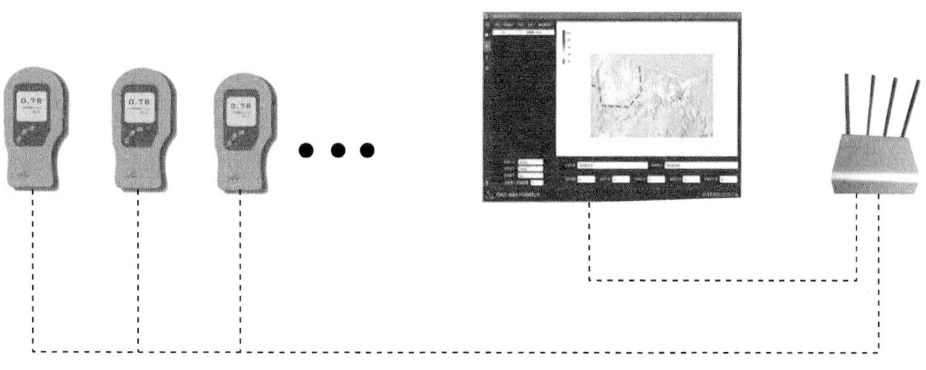

图 7—2　辐射场环境γ辐射侦检系统

(2) 使用步骤

①检查检定或校准证书。确认证书没有过期。每台设备每年都要定期检定，维修后也

要根据情况重新检定。

②评估待测辐射，判断仪器是否满足测量需求。

③设置仪器参数，检查电池，必要时调整探头高压和仪器零点。

④测量。多数剂量率仪带有自动量程功能，但使用手动多量程仪器时，应先放到最大量程，再逐步调小，直到量程合适。读数时注意仪器当前在哪个量程。把吸收体或β/γ盖板装上或取下，重复测量。调整仪器方向位置，检查读数稳定性。

⑤评估测量结果。确定影响测量结果的各种因素如窄束、非对称或脉冲辐射场，温度、湿度或大气压，射频或磁场等。

⑥应用校正因子。把读数乘上相应修正系数或校准因子。

⑦记录结果。判断结果与之前的测量或计算比较是否合理，保留手写记录。

### 7.3.2 表面污染

表面污染监测的目的，一是检查人员体表污染，为确定人员是否需要去污和去污效果评价提供依据；二是检查地表污染，为辐射安全区域划分提供数据；三是检查物品设备表面污染，为物品设备洗消及放射性废物处理提供依据。

表面污染监测的要求，一是要有合格的人员和设备，保证测量结果准确；二是要有适当的控制和保护，防止污染或损坏设备；三是要有合理的方法和步骤，避免发生误测漏测；四是要有详细的记录，为后续工作提供方便。

使用表面污染仪探测可及表面放射性物质的存在。表面存在的放射性物质，即使量很少，也可造成潜在的放射性内污染。测量仪器必须经过效率刻度或校准，才能由计数率(CPS)获得单位面积放射性活度($Bq/cm^2$)数据。有些仪器具备参数设置功能(如 LB124、Como170)，在单一核素情况下，可指定放射性核素种类，获得核素的活度数据。为保证快速准确测量，虽然 CPS 不是法定单位但并影响其作为表面污染判断及去污的依据，故应急救援现场一般常采用 CPS 测量模式，后续评估时再通过使用γ谱仪分析放射性核素的种类及含量，根据检定证书提供的刻度因子($R$ 值)进而转换成国际单位($Bq/cm^2$)。

(1)使用步骤

表面污染监测人员必须了解仪器和监测对象的特性，才能获得合理的结果。

①检查检定或校准证书。确认证书没有过期，检定结果满意。察看上次例行检查的结果。

②估计污染表面的放射性核素。判断仪器是否适用。

③设置仪器参数。检查电池。必要时调整高压和零点。设置多量程仪器到最高量程。

④在事故当地正常本地地点，或距待测污染表面 1 m 处，测量本底计数率。

⑤测量污染表面。扫描污染表面，避免接触。移动速度应当适应仪器的能力。保持仪器与被测表面的距离与检定校准时一致，一般测量α射线时大约 0.5 cm，测量β射线时约 2.5～5 cm，移动速度不超过 5 cm/s。

⑥计算表面污染。仪器读数减去本底计数率，再利用效率刻度数据，把净计数率转换为单位面积活度。满足一定条件时，此过程也可由仪器自动完成。

⑦评估结果。确定影响结果的因素，如表面弯曲度和平整度，厚层污染重的射线自吸收，潮湿或不平的表面对α射线和低能β射线的遮盖等。

⑧记录结果，与预期或之前测量进行比较，保存结论。

（2）特殊表面污染监测技术

表面污染一般可以直接测量，但对于测量困难的 α 和低能 β 射线，表面凹凸不平、仪器难以接近的地方，直接测量比较困难，可以采用滤纸擦拭污染表面，对可去除成分进行采样。擦拭效率，通常可假设为 10%。滤纸测量结果乘以 10，再除以擦拭面积，即可得到可去除成分的单位面积活度。

### 7.3.3　空气污染监测

空气污染监测的目的，一是保证工作人员安全，二是结合停留时间、呼吸率等用于群体放射性核素摄入量及内照射剂量的评估。空气污染监测设备可分为固定式监测设备和移动式监测设备。也可通过空气气溶胶采样器，将放射性物质吸附于滤纸上，经过样品前处理，使用（低本底）α/β 计数器进行测量。常见的移动式放射性气溶胶监测设备见图 7－3。

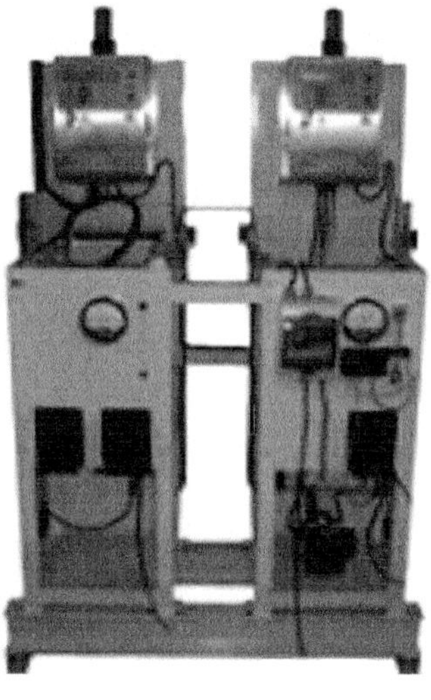

气溶胶探测器

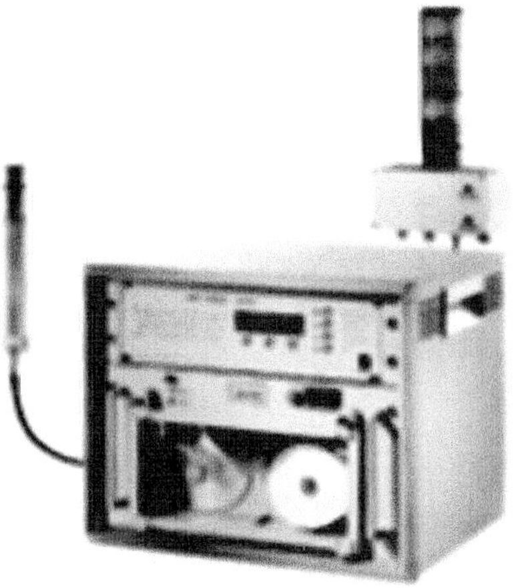

移动式气溶胶监测仪

图 7－3　常用的移动式放射性气溶胶监测设备

空气污染监测仪用于探测空气中的放射性气溶胶。气溶胶可以是飘尘、凝集物（烟）或悬浮液滴（雾、霾）。监测仪器一般依靠风机，使污染空气以一定速率通过过滤材料，再测滤材上沉积物的放射性，或者把滤材取下来再测量。根据通过滤材的空气体积，换算获得空气放射性活度浓度。气体监测仪包含一个辐射探测器，可以直接测量放射性气体。

空气污染监测仪按空气采样器可分为以下几组类型：

（1）个人空气采样器，流量率为 2～4 L/min；

（2）电池供电空气采样器，流量率约为 10 L/min；

（3）发电机供电空气采样器，典型流量率为 30 L/min、60 L/min、100 L/min；

（4）大流量空气采样器，流量率大于 1000 L/min。

我国生态环境部所属系统，在全国大中城市及关键地点均设置有固定的空气污染的采样点和监测系统，这些监测系统在 2011 年日本福岛核电厂事故期间，发挥了重要作用。2017 年国家生态环境部进行了全国范围内的辐射环境质量检测，得出的结论是空气吸收剂量率和累积剂量处于当地天然本底涨落范围内，气溶胶和沉降物中天然放射性核素活度浓度处于天然本底水平，人工放射性核素活度浓度未见异常；空气（水蒸汽）和降水中氚活度浓度、空气中气态放射性碘同位素未见异常。一旦发生核辐射事故，这些固定监测设备也可以发挥一定的作用。

### 7.3.4 现场环境辐射监测程序

（1）任务

对现场进行辐射侦检，根据侦检结果划定展开边界，标定热区、温区和冷区，为救援队在冷区部署提供依据。

（2）装备器材

对讲机2部，巡检仪或环境γ剂量率、表面污染仪各2台，便携式能谱仪1台，中子剂量仪1台，风向风速仪1台，B级或C级防护服4套，直读式个人剂量报警仪4个，热释光个人剂量计4个，碘化钾100片，红、黄色警戒线各500 m，环境样品采集箱1个，笔2支。

（3）现场应急监测指标

①γ-β剂量率；

②α、β表面污染监测；

③地表γ核素巡测；

④现场γ能谱测量；

⑤中子剂量监测。

（4）操作程序

①做好个人防护准备：监测人员服用碘化钾片，穿着防护服，戴橡胶手套、鞋套、防毒面具，左前胸佩戴直读式个人剂量报警仪向事故现场靠近。

②测量周围剂量当量率，划分现场污染范围：监测人员J1、J2手持环境γ剂量率、表面污染仪，首先开展当地非事故地区的天然本底辐射监测，包括天然贯穿辐射（环境γ剂量率），表面污染水平两项指标（天然本底测量方法：在检测点距离地面1 m处测量，至少测量5次，取平均值和标准偏差）。根据辐射监测的结果，划出辐射污染范围，边界为剂量率大于100 μSv/h（热区），剂量率范围为10～100 μSv/h（温区），10 μSv/h以下为冷区，如图7－4所示。在冷区范围，选择沾染区侧风向、靠近水源、进出道路顺畅的区域作为拟展开地域。

③划分医学救援队展开区域污染区边界：监测人员J1、J2向拟展开区域一侧跑步前进，J1手持巡检辐射仪与地面保持1 m距离，从A点出发，沿对角交叉方式行进（行进路线图见图7－4），分别在A、B、C三点插入定位黄旗。监测人员J2手持巡检辐射仪与地面保持1 m距离，从A点出发，途经D点与侦检员J1在C点会合。两人相互配合，确定剂量率水平低于10 μSv/h，用红色彩带标识现场救援队展开区域污染区边界（BC），用黄色彩带标识出警戒线（AD）。

④测定风速、风向等：监测人员J3将风向风速仪高举至头顶，从A点出发，沿着图中虚线方向，分别在J1、J2、J3点测量风向、风速并记录，返回A点。

⑤环境样品采集：监测人员J4使用环境样品采集箱采集如空气、建筑物、土壤、植物、水源、食物等样品，以待进一步分析。与本底水平相比较判定污染程度。

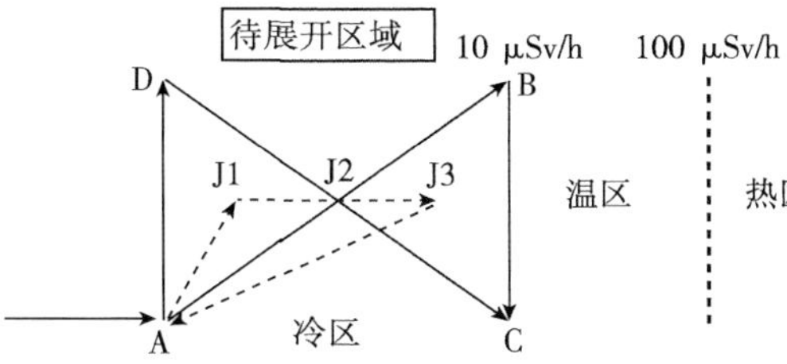


图 7－4　现场辐射监测路线图

# 7.4　封控放射源和人员搜救

在事故发生后，在进行环境辐射监测的基础上，展开救援的第一步是封控放射源。按照职能划分，封控放射源一般是由生态环境部，或军队防化部队进行。在封控放射源以后，进行人员搜救，人员搜救一般是由应急管理部的消防部门，或军队防化部队进行。

## 7.4.1　封控放射源

封控放射源，也就封锁控制放射源，包括封堵泄露的放射性物质，控制放射源，或找回丢失的放射源，使之处于对人员的安全状态。

(1)主要任务

搜寻散落核部件，监测进出道路与关键场所放射性水平、人员和装备的放射性水平，使之处于对人员的安全状态，并能使人员安全撤离。

(2)装备

高压喷雾器、放射性污染物喷雾剂。救援人员着 A 或 B 级防护服，具备重度污染防护能力。

(3)操作要点

①搜寻定位：辐射监测人员利用巡检仪或便携式能谱仪先测量产生危害的放射源，包括事故发生点、碎片散落点，明确放射性污染源的位置，识别核素的种类。再测量重要部位，如出入道路、应急行动路线等。

②封控放射性污染源：如果是放射性物质泄漏，则采取高压喷雾器向污染源喷撒高浓度污染压制剂，封堵放射源，控制放射性物质外溢。如果是放射源丢失，则使用便携式能谱仪寻找放射源，在定位后，如果放射源的活度高，辐射水平高，则使用机械手回收进铅罐；如果放射源的活度不高，可以使用人工轮流处置的形式降低人员受照剂量，将其回收进铅罐。

③监测封控效果：辐射监测人员用巡检仪连续监测放射性污染源周围 1 m、5 m 和10 m 处的地面 $\gamma$ 射线剂量率。断续喷撒高浓度污染压制剂，直至辐射剂量率降低到稳定水平。

## 7.4.2　人员搜救

在监测环境辐射水平，确保应急救援人员安全的前提下，进行事故遇难人员的搜救。搜救前，必须进行正确的区域划分、场所的设定，现场必须实施警戒，严格控制人员出入，设立工作区、装备区、指挥部等，提供良好的搜救环境，才能提高搜救效率。

首先是判断适当的搜救地点。对大范围遭受核辐射袭击的情况下，若是正常上班时间，学校、医院、工厂等人员集中的地方是确定的重点搜救区域。若事故发生在晚上，重点将放在居民区；若事故发生在周末，重点将放在商场等公共场所。其次是组织分配人员，划分作业区域。在发现幸存者后，通过探查现场，寻找最便捷和安全的救援通道是确保搜救成功的关键。搜救分为人工搜救和仪器搜救。

#### 7.4.2.1 人工搜救

如果事故现场的辐射水平较低，经计算现场停留时间，人员可停留较长时间，适合采用人工搜救，但搜救人员都应佩戴报警式个人剂量仪。人工搜救分为呼叫搜救、空间搜救。

(1)呼叫搜救

由 4 名以上搜救人员围绕搜救区等间距排列，间隔 8～16 m，半径 5 m 左右。搜救区及其邻近区域全部工作停下来，保持安静。搜救人员顺时针同步向前走动，并大声呼叫或利用扩音器，或连续 5 次敲打瓦砾或邻近建筑物构件。呼叫后，保持安静，仔细捕捉幸存者响应的声音，并辨别声音方向，若不止一个搜救人员听到回应，可由 3 个人员判定的方向交汇确定位置。该方法的优点是所需人员少、操作简单、配合监听设备，将声音扩大。缺点是对无知觉或埋压较深人员搜救效果不好。

(1)空间搜救

分为多个房间搜救、大开阔区线型搜救、网格搜救。

多个房间搜救：进入建筑，右侧贴墙向前搜救，逐个房间搜救。直到所有房间或空间搜救完毕。如果忘记或迷失方向，只需向后转，左侧靠墙即可返回原位置。可结合绳索救援及相关搜救器材使用。

大开阔区域线形搜救：搜救人员面对开阔区一字排开，间距 3～4 m，从开阔区一边平行搜救至另一边，往返几次，以确保不遗漏被埋压的的受困者。

网格搜救：该方法需要较多的搜救人员，将倒塌区域分成若干个网格区域，5～6 个搜救人员分配一个网格进行搜救。

如果事故现场的辐射水平较高，则不适合使用人工搜救，需要使用仪器搜救。

#### 7.4.2.2 仪器搜救

在救援方法上，是人工搜救和仪器搜救多种方式的综合。生命探测仪是当前世界上最先进的搜救及检测仪器，根据不同的原理分为红外生命探测仪、音频生命探测仪、光学生命探测仪和雷达生命探测仪等。

(1)红外生命探测仪(热成像无人机)

红外生命探测仪具有夜视功能，其原理是通过感知温度差异来判断不同的目标，在黑暗中也可照常工作，见图 7－5。任何物体只要温度在绝对零度以上都会产生红外辐射，人体也是天然的红外辐射源。但人体的红外辐射特性与周围环境的红外辐射特性不同，红外生命探测仪就是利用它们之间的差别，以成像的方式把搜救的目标与背景分开。人体的红外辐射能量较集中的中心波长为 9.4μm，人体皮肤的红外辐射范围为 3～50μm，其中 8～14μm 占全部人体辐射能量的 46%。能经受救援现场的恶劣条件，可在震后的浓烟、大火和黑暗的环境中搜寻生命。红外生命探测仪探测出遇难者身体的热量，光学系统将接收到的人体热辐射能量聚焦在红外传感器上后转变成电信号，处理后经监视器显示红外热像图，从而帮助救援人员确定遇难者的位置。当然，也需要遇难者尽可能维持自身体温，减少热量流失。便携式全功能热像仪能将温度的测量、修改、分析及图像采集、储存合于一体，用于减少各种灾害造成的人员伤亡。

热成像无人机同时配备红外传感器，可从拍摄传统视频切换到热成像模式（图 7－5），其主要用途可用于识别温度差异以及人员定位，同时提供针对监测区域的概览及其他不同区域的快速巡查，提高搜救效率。通过遥控器可以让无人机飞到任何想要巡查的地方，如高海拔或者是难以进入的区域捕捉照片，得到快速且详尽的位置信息。前置千万像素的摄像头可以获取高分辨率的照片和全高清视频。搜救团队可仔细观察现场且保持一段安全距离。目前，已在热成像无人机上搭载辐射监测的巡检仪和表面污染检测仪，对大范围的人员伤亡等进行全面的检伤分类。

图 7－5　红外生命探测仪和热成像无人机

头盔式红外热像仪具备红外热成像和强光照明等多种功能，用于事故现场黑暗、浓烟环境中的搜寻，可穿透烟雾和黑暗查找火源，解救被困人员，寻找隐藏的暗火和危险物品。具有白热、黑热、伪彩多种显示模式，头戴式可使双手解放。

（2）音频生命探测仪

音频生命探测仪应用声波及震动波的原理，采用先进的微电子处理器和声音/振动传感器，进行全方位的振动信息收集，可探测以空气为载体的各种声波和以其他媒体为载体的振动，并将非目标的噪音波和其他生命探测仪背景干扰波过滤，迅速确定被困者的位置。高灵敏度的音频生命探测仪采用两级放大技术，探头内置频率放大器，接收频率范围为 1～4000 Hz，主机收到目标信号后再次升级放大。通过探测地下微弱的诸如被困者呻吟、呼喊、爬动、敲打等产生的音频声波和振动波，可判断生命是否存在。音频生命探测仪靠的是识别被困者发出的声音。这种仪器有 3～6 个振动传感器（拾振器），根据各个振动传感器听到声音先后的微小差异来判断幸存者的具体位置。说话的声音最容易识别，因为设计者充分研究了人的发声频率。若幸存者已不能说话，只要用手指轻轻敲击，发出微小的声响，也能够被它听到。但音频生命探测仪是一种被动接收音频信号和振动信号的仪器，救援时需要在废墟中寻找空隙伸入探头，容易受到现场噪声的影响，探测速度较慢。

（3）光学生命探测仪（“蛇眼”）

光学生命探测仪是利用光反射进行生命探测。仪器主体非常柔韧，像通下水道用的蛇皮管，能在瓦砾堆中自由扭动。仪器前面有细小的探头，可深入极微小的缝隙探测，类似摄像仪器，将信息传送回来，利用观察器就可以把瓦砾深处的情况看得清清楚楚。

(4)雷达生命探测仪

雷达生命探测仪是融合雷达技术、生物医学工程技术于一体的生命探测设备。主要利用电磁波的反射原理制成，通过检测人体生命活动所引起的各种微动，得到呼吸、心跳的有关信息，辨识有无生命。雷达生命探测仪是世界上最先进的生命探测仪，它主动探测的方式使其不易受到温度、湿度、噪音、现场地形等因素的影响，电磁信号连续发射机制更增加了其区域性侦测的功能。

超宽谱雷达生命探测仪是最先进的一种，穿透能力强，能探测到被埋生命体的呼吸、体动等生命特征，并能精确测量被埋生命体的距离深度，具有强的抗干扰能力，不受环境温度、热物体和声音干扰的影响，具有广泛的应用前景。超宽谱雷达生命探测仪具有很大的相对带宽(信号的带宽与中心频率之比)，一般大于 25%。检验人体生命参数是以脉冲形式的微波束照射人体，因人体生命活动(呼吸、心跳、肠蠕动等)的存在，使得被人体反射后的回波脉冲序列的重复周期发生变化。对经人体反射后的回波脉冲序列进行解调、积分、放大、滤波等处理，输入计算机进行数据处理和分析，可得到与被测人体生命特征相关的参数。

超宽谱雷达生命探测仪用于生命探测具有穿透力强、作用距离精确、抗干扰能力强、多目标探测能力强、探测灵敏度高等优点，探测距离可达 30～50m，穿透实体砖墙厚度可达 2m 以上，可隔着几个房间探测到人，具有人体自动识别功能，在生命探测领域拥有广泛的应用前景。与红外生命探测仪、音频生命探测仪相比更实用。生命探测技术的发展，使其应用范围不断扩大，如用于医学上的非接触式生命监护等。

生命探测仪是借着感应人体所发出超低频电波产生之电场(由心脏产生)来找到“活人”的位置。配备特殊电波过滤器可将其他动物，诸如狗、猫、牛、马、猪等不同于人类的频率加以过滤去除，使生命探测仪只会感应到人类所发出的频率产生之电场，即只探测到人的生命，对其他动物的生命不起作用，具有很强的针对性。配备两种不同侦测杆，长距离侦测杆侦测距离可达 500m，短距离 20m。因此只要有生命迹象，不论其是否清醒、昏迷、身陷瓦砾堆或躲在集装箱中，均可用生命探测仪在最短时间内将其找到。人体发出的超低频电场可穿过钢筋混凝墙、钢板、木板、甚至水。仪器在碰到上述障碍物时，侦测距离会减少，但只要操作者向前靠近侦测地点，仍可精准地找到欲搜寻的人体目标。本仪器目标锁定功能在侦测到人体发出超低频产生之电场后，侦测杆会自动锁定此电场；人体移动时，侦测杆也会跟着移动。配备激光光点，提供操作者寻找侦测杆方向。

水下生命探测器是用于灾害后水下救援、水下生命的搜寻、水下打捞，水下事故探查等救援作业；小巧灵活、操作简便，通过控制台上的多个旋钮即可控制水下机器人前进、后退、转弯、上升、下沉；灯光强弱和摄像头焦距；云台俯仰等；可实时进行水下视频检测和观测。

(5)搜救犬

最“聪明”的搜救能手是搜救犬，经过训练，它们是百发百中的搜救行家。

(6)小气垫

小气垫可力撑数十吨重物。找到了幸存者，需要进行施救。有时要抬起沉重的楼板，很难想象一个小小的气垫就能完成这个工作。这种气垫比枕头略大，没充气时是瘪的，只要有 5 cm 的缝隙，把它塞进去。然后用气瓶把里面的气压加到 8 个大气压，“气鼓鼓”的垫子就能顶起楼板了。气垫的材料，最早用钢丝网添加橡胶来做，后来改用新型材料高强度芳族聚酰胺，非常坚韧。

(7)液压钳

如果现场钢筋交错，可使用液压钳。应用液压原理，小小的钳子能把钢筋一根根剪断，为营救工作赢得宝贵的时间。

(8)月球灯

月球灯由高达 2000 W 的电力支持，两个月球灯就能照亮一个足球场。

(9)救援机器人

日本科学家研制了一种蛇形机器人，能在事故救援中发挥作用。这种机器人的原理类似于前面提到的“蛇眼”搜救仪器。跟“蛇眼”相比，蛇形机器人更灵活，它的每一个关节都有一个微型马达为其提供动力，活动更为便捷。

(10)远距离抛投枪

以压缩空气为驱动力的缆索投掷系统。仅在数秒的瞬间时间内，抛射头连带绳索就能被远距离发射出去，射程超过 230 m。纯压缩空气驱动，无火花或火焰，能在易燃易爆区安全使用，应用范围十分广泛，能适用于各种复杂、危险的领域，远距离及高空情况下，目标瞄准精度高，在强风环境中所受影响也极小。分别配有训练、营救用抛射头，各种形状钛制抓钩，尤其是黑色钛合金制抓钩，抗弯强度高达 2500 kg，特别是内置自动充气救生圈抛射头可抛射 180 m，营救效果更佳。

(11)防火隔热服

由热反射阻燃材料经特殊工艺加工成的防火隔热面料，经特殊缝制设备、独特的剪裁工艺，经多道工序加工成防火隔热服。全新智能材料层的设计提供了类似“双层玻璃”功效的保护，通过在材料层内保留更多的空气，使得隔热层大大提高了热防护性能。采用通过反光带穿孔工艺，使汗水迅速的渗透到外面流走，排汗透气性能高。肘部空间增加，手臂运动更灵活自如。防护服配有专用内置式救生带，救生带可拆卸位于上衣外层和防水层之间，穿着时几乎察觉不到救生带，但是在紧急情况下却能依靠它得到救援。

(12)移动式快速生物侦检仪

生物快速检测系统是一款新颖的层析免疫检定装置，能够快速提供有关生物威胁的诊断结果，可以用于测定几乎所有的免疫活性物质。该系统标准配置包括用于探测炭疽杆菌、天花病毒、蓖麻毒素及肉毒毒素的检测试剂盒。应用领域包括应急突发事件现场、重要活动、群体集会场所、车载、舰载使用、区域监测系统、卫生疾控中心、机场、海关等。

(13)军事毒剂侦检仪

军事毒剂侦检仪用于战场检测与监测化学毒剂、核生化巡逻与监测任务，以及检查盛放化学品容器的缺陷或泄露等。一般采用多种检测技术的阵列式设计，既可用于化学毒剂的检测，也可用于有毒工业品的检测，可实现广泛的化学品的同时检测、分类与测量。其组成包括：采用正交式检测设计的开放式离子迁移谱传感器，吸入式开放检测池，温度、湿度、压力、气流等 6 个半导体传感器；标配数据库包括化学战剂和有毒工业品气体库。

(14)手持式生物气体快速采样仪

手持式生物气溶胶采样器是为应急工作人员在不熟悉、有挑战且危险的环境下执行采样任务而设计的。采用先进的空气采样技术，具有按键方便、结实耐用和重量轻的特点。核心部分是样品收集盒，配备有旋转撞击器、液体盒、液体导管及预先安装好的样品瓶。样品采集完成后，空气中的病原体或孢子已溶解在浓缩的液体样品中了。只需更换样品盒，然后便可准备下一次的采样操作。使用简便，无需过多维护。

## 7.4.3 重伤员急救

急性放射病一般不会导致伤员短时间内死亡，但严重外伤、大出血、休克等可能导致死亡，因此对搜救出的重伤员进行急救是核事故现场医学处置的重要内容。

### 7.4.3.1 止血、通气

(1)止血带止血

体表出血伤员通常采用指压、加压包扎和填塞止血。上述措施不能控制的肢体大出血可用止血带止血。

使用止血带止血的伤员，应当在止血带上标记或注明使用时间。止血带使用时间不宜超过 2 h，止血超过 2 h 的，每小时应当松带一次，每次松开 2～3 min。

(2)通气

对呼吸道阻塞的伤员应当立即采取仰头提颏、托下颌等手法通气。手法通气无效者，可用口咽通气管或鼻咽通气管通气。情况紧急时可使用环甲膜切开器或环甲膜穿刺针切开或穿刺通气。条件许可时，可行气管切开通气。

(3)气胸处理

对张力性气胸伤员，在锁骨中线第 2、3 肋间穿刺排气；对开放性气胸伤员，行封闭包扎，必要时排气。

### 7.4.3.2 包扎和固定

(1)保护性包扎

对眼球破裂伤、脑膨出、肠脱出伤员应当立即用硬质材料或替代物进行保护性包扎。现场处理不要试图取出异物，不要强行送回脱出脑、肠、眼球组织，伤员经保护性包扎后应当立即后送。

(2)骨折固定

长骨、大关节伤，肢体挤压伤和大块软组织伤，应当用合适夹板固定，也可就地取材或借助躯干、健肢做临时固定。长骨骨折、肢体不稳定时，应当用石膏托或外固定支架固定肢体。

疑有脊柱骨折时，应当用硬板担架或脊柱固定板等临时固定，也可用硬木板、门板替代；闭合伤疑有颈椎骨折时，应当用颈托或简易措施固定。

疑有骨盆骨折时，采取骨盆固定带或大块布料行临时固定，有条件时可用抗休克裤临时固定。

开放性骨折伤员如有骨折端外露，不要进行骨折端还纳，应当先进行伤口止血包扎，然后再进行固定；夹板与骨突出部位接触处应当有良好的衬垫；夹板固定应松紧适度，以不影响远端血供为宜；夹板的长度要跨伤处上下两个关节。

### 7.4.3.3 清创

(1)清创时机

创伤伤口应尽早实施清创手术，清创一般应在伤后 6 h 内进行，最晚不宜超过 72 h。海洋环境下和高温环境下应当缩短清创时机，寒区可适度延长清创时机。

(2)清创优先顺序

对影响呼吸循环功能、出血不止或已上止血带的伤部，应当优先清创。多发伤伤员，应当首先对危害最大的伤部进行清创。休克伤员应在伤情稳定后再清创。在清创的同时，应当妥善止血。活动性内出血伤员，应当在抗休克的同时进行手术止血。有条件时，修补中等以上的重要血管。

(3)清创要求

清创时，应当尽量切除失活组织，取出异物，及时进行减压、引流和制动。对已感染的伤口，应当尽量清除坏死组织和异物，充分引流。非贯通(盲管)伤引流不畅时，应当做低位引流。二期外科处置时，对引流不畅或仍有坏死组织者，应再次清创。

长骨干骨折时，除污染严重、远离原位的游离小碎骨片应当取除外，与软组织连接或较大的游离碎骨片应当保留，并适当复位，以防骨缺损。非承重的扁平骨碎片均应当取出。

(4)清创缝合

清创后的伤口一般不做一期缝合。一般伤口通常在清创后 4～7 d，创面清洁、肉芽新鲜、整齐，无脓性分泌物时缝合伤口；感染较重伤口应当待感染控制后，创面清洁，肉芽组织健康时，通常在一期清创后 8～14 d 进行二期缝合；

伤口的肉芽底部形成硬结，影响伤口愈合时，应当将硬结组织切除，再缝合伤口(晚二期缝合)；较大伤口不能一次缝合时，先缝合可以对合的部分，其余部分用皮肤移植覆盖；对不能做延期缝合或二期缝合的伤口，可酌情植皮、带血管蒂的皮瓣移位术或吻合血管的皮瓣移植。

神经或肌腱损伤一般不做初期修复，断端行定位缝合，用肌肉或筋膜覆盖，避免暴露。特殊部位如头、面、手、外阴部污染轻时可做初期缝合或定位缝合。头、胸、腹、关节腔的穿透伤，应当在手术时缝合胸腹膜、硬脑膜和关节囊。

#### 7.4.3.4　心肺复苏

(1)心肺复苏适应症

淹溺、电击等非头、胸、心脏伤伤员心搏、呼吸骤停时，应当进行心、肺复苏。头颅穿透伤及心脏大血管损伤导致的伤员呼吸、心跳停止，不再行心肺复苏。胸壁有开放性损伤、肋骨、胸骨骨折时，不使用胸外心脏按压。

(2)现场复苏

现场心肺复苏，应当按照以下规范操作。

将伤员置于安全地方，仰卧位，立即在胸骨的下半部或两乳头连线的中点行胸外心脏按压，按压频率 100～120 次/分钟，按压深度至少 5 cm。

胸外按压 30 次后，采用仰头抬颌法或托下颌法迅速打开气道，清理呼吸道异物，放置口咽或鼻咽通气管等，保持呼吸道通畅。

对已建立有高级气道(置通气管者)的，按压-通气方法为以 100～120 次/分钟频率持续按压，每 6 秒钟给予 1 次呼吸(即每分钟 10 次呼吸)。对没有建立高级气道的，按压-通气比为 30∶2。每 2 分钟检查复苏效果。

心肺复苏有效的指征：①瞳孔由大变小；②面色由发绀转为红润；③颈动脉搏动恢复；

④眼球有自主活动;⑤自主呼吸恢复。

心跳、呼吸恢复后应当紧急后送,途中保持呼吸道通畅,有心室纤颤时,可电击除颤。

(3)心肺复苏后处理

心跳、呼吸恢复后的伤员,应当采取以下早期救治措施。

维持心脏功能和内环境稳定。及时补充血容量,维持有效的循环功能和正常的心率;纠正心律失常、微循环障碍、电解质和酸碱平衡紊乱。

维持呼吸功能。呼吸道分泌物多或昏迷时间较长者应做气管切开并给氧。必要时行辅助通气。

防治脑损害。尽早进行全身降温或头部降温。用脱水疗法减轻脑水肿,改善脑循环;根据情况输注能量合剂。有条件时可在上述治疗措施基础上行高压氧治疗。

防治多器官功能损害。预防肺部、泌尿道继发性感染及脓毒症等并发症发生。

#### 7.4.3.5 损伤控制手术

(1)损伤控制手术目的时机

在伤员早期救治阶段,对严重创伤、生命体征不稳定、不易后送的伤员,应当进行简捷、快速、阶段性的损伤控制性手术,以控制实质脏器或大血管损伤出血等危及生命的损伤和空腔脏器破裂造成的污染,为后续确定性治疗争取时机、奠定基础。

(2)损伤控制优先

对伤员进行损伤控制手术时,应当优先手术解除危及生命的损伤,如颅内血肿伴颅内高压、严重肺及支气管损伤、胸腹联合伤、肝脾等实质脏器损伤伴大出血等。

①腹部伤损伤控制

对腹部伤伤员应当首先控制出血,快速修复能缝合的损伤血管或脏器。不宜修复的复杂损伤可用敷料填塞控制活动性出血。复杂血管损伤做暂时性桥接。

肠管损伤时,应当控制肠内容物溢出引起的污染。将肠管钳夹后拖出腹外,不做肠造口术及常规切除吻合术。暂时关闭腹腔,进行损伤控制复苏及生命支持,损伤控制术后24～48 h后再行确定性手术。

②胸部伤损伤控制

对胸部伤伤员应当紧急手术解除心脏压塞。结扎或修复胸部损伤血管,对复杂血管损伤行暂时性桥接。对有严重的肺及支气管损伤者行紧急肺部分切除。对有膈肌损伤者行膈肌修补术。

③颅脑损伤控制

对颅内大量出血、颅内压增高的伤员应当尽早手术清除颅内出血及血肿。对有潜在脑肿胀者,增加去颅骨瓣减压术。

④骨关节伤损伤控制

对不稳定骨折伤员应当行紧急外固定,控制出血。

#### 7.4.3.6 休克的防治

(1)休克的预防

对失血的伤员,应当积极预防休克的发生。基本措施为:及时止血、包扎、制动。有条件时对有下肢或骨盆骨折的伤员可使用抗休克裤；采取镇静、止痛、保暖措施，保持呼吸道通畅；取平卧位，适当抬高下肢；有条件可口服补液，给予含盐、含糖饮料，但不宜过多，以免引起腹胀、呕吐。昏迷或消化道损伤的伤员，应静脉输液。

(2)输液输血方案

休克伤员可用晶体、胶体或晶胶混合液静脉输注复苏。有条件时，应当尽早使用血浆或全血复苏。

对出血未控制(有内脏活动性出血)的休克伤员，采用允许性低压复苏，目标复苏压力是复苏到桡动脉脉搏可触及，即收缩压控制在 80～90 mmHg 或平均动脉压控制在 50～60 mmHg。若有颅脑损伤，目标复苏压力可适当提高，收缩压可控制在 100～110 mmHg。

对出血已经控制的休克伤员，用乳酸林格液或 6％的羟乙基淀粉输注，维持收缩压在 100 mmHg 以上。

(3)休克治疗

当血液红细胞压积低于 0.25，血红蛋白低于 70 g/L，应当输全血或红细胞悬液；血浆蛋白不足时应输血浆。

抗休克期间，应当随时监视伤员尿量，伤员每小时尿量应当保持在 25～50 mL/h 正常范围，警惕血容量不足引起的肾功能障碍。

扩充血容量后，血压仍未得到恢复时，可用小剂量血管活性药物。

重度休克伤员应当经鼻导管或面罩给氧，必要时做气管内插管或行气管造口术，连接人工呼吸机进行辅助呼吸。

心脏功能不全时，可用多巴胺等正性肌力类药物，并控制输液量；心包积血引起心脏压塞(心包填塞)症状时，应做心包穿刺排出积血。

需要手术的伤员，休克症状基本纠正后即可手术。血压不稳定者，应查明原因，若有进行性内出血或严重内脏损伤，应在抗休克的同时进行手术探查。

#### 7.4.3.7 感染的防治

(1)感染预防

火器伤伤员伤口均为感染性伤口，应当及时、严密包扎伤口，避免不必要的更换敷料，减少再污染的机会；及时彻底清创并应当在负伤后 3 h 以内口服抗感染药物。

(2)感染救治

对不同情况的感染伤口和感染伤员应当采取不同的处理方法。

对化脓伤口，应当充分切开引流；在感染被控制后，进行二期缝合或用植皮术、邻近皮瓣转移等方法，尽早闭合创面。

感染伤口分泌物较多时，可用碘伏类消毒液湿敷。肉芽组织水肿时，用高渗盐水湿敷。肢体感染时，应当适度抬高患肢和制动。

有条件时，应当根据分泌物的细菌培养和药物敏感试验结果，选择使用有针对性的抗感染药物。

出现肾功能障碍时，禁用对肾功能有损害的抗感染药物，其他抗感染药物的用量也要适当减少，并延长其用药间隔时间。

发生脓毒症时，按照脓毒症治疗方法进行治疗。

(3)破伤风的预防

已获得破伤风基础自动免疫者,遭受开放伤后,应当加强注射破伤风类毒素 0.5 mL,以延长自动免疫时效。未接受过破伤风自动免疫的伤员,伤后应尽早进行联合免疫,补注破伤风类毒素和破伤风抗毒血清。尽早对伤部进行彻底清创。

(4)气性坏疽的预防

肌肉丰富部位有窄而深的弹片非贯通伤、大块肌肉撕裂伤和粉碎性长骨骨折或有较大血管损伤引起循环障碍时,应当抓紧时机,尽早彻底清创,以预防气性坏疽的发生。清创采取扩大伤口、切开深筋膜、解除深层组织张力、保持引流通畅等措施,并注射大剂量抗感染药物。

(5)特殊环境损伤感染的处理

热区、寒区、高原及水浸泡环境下的伤口感染处理,应当坚持早期清创、延期缝合、针对性抗感染的原则,并采取以下针对性措施。

亚热带环境损伤气性坏疽发生率高,清创后宜敞开伤口,但应覆盖无菌纱布,充分引流;迅速后送伤员;加强营养及时补充水分,严密观察伤口情况。

对海水和淡水浸泡伤口早期采用经验性用药,预防创伤弧菌感染,可应用左氧氟沙星或头孢他啶,严重者可联合用药。

寒冷干燥环境损伤感染发展速度和严重程度常低于常温条件下,感染基本局限在受伤部位,可参考一般抗感染原则。

高原环境创伤感染的清创处理时机可适当延迟。

#### 7.4.3.8 创伤性凝血病防治

(1)创伤性凝血病的预防

及时止血;防治低体温和酸中毒;对大出血伤员,早期(3 h 内)给予止血药物(如氨甲环酸)。

对重度休克伤员,有条件早期应给予新鲜血浆或全血复苏。

有条件适时监测伤员凝血功能相关指标变化,早期诊断。

(2)创伤性凝血病的治疗

早期应用新鲜冰冻血浆、冷沉淀、血小板。红细胞悬液、新鲜冰冻血浆、血小板按 1∶1∶1 比例输送。有条件时应输新鲜全血或基因重组Ⅶ因子。

#### 7.4.3.9 多器官功能障碍综合征的防治

重度和极重度以上的急性放射病,以及严重的创伤,伤员死亡的原因多为多器官功能衰竭,因此,要高度重视多器官功能障碍综合征的防治。

(1)积极抗休克和循环支持。早期、适量补充有效循环血量,如液体复苏不能达到满意效果,应增加升压药物和正性肌力药物。

(2)去除病因,控制感染,早期清创是预防感染最关键的措施。病因不明时,尽快给予经验性抗生素治疗,尽可能覆盖所有病原微生物(细菌/真菌)。一旦获得培养结果,应根据药敏结果结合临床情况尽快改为针对性治疗,避免耐药菌的出现。

(3)改善氧合及呼吸功能支持,根据缺氧程度选用鼻导管吸氧、面罩或储氧面罩吸氧等。缺氧症状仍不能改善者，应迅速建立人工气道并应用机械通气。机械通气时应注意要充分湿化吸入空气或氧，密切监测血流动力学指标的变化，注意管道、器具的消毒和灭菌。对于需长期依赖有创机械通气的伤员可行气管切开术。

(4)肾功能支持，纠正与去除引起急性肾损害的原因，保持肾脏良好的灌注。监测每小时的尿量，维持尿量＞0.5 mL/kg・h，观察尿液颜色变化。一旦发生少尿和肾衰竭，应给予利尿剂，必要时选择连续性肾脏替代治疗。

(5)肝功能支持，对于肝衰竭尚无特殊治疗手段。主要措施包括维持有效血容量，保持重要脏器血流灌注，纠正低蛋白血症；控制全身感染，尽量避免选择肝毒性大的药物；肝脏支持疗法：肝衰时可行人工肝支持，血浆置换，肝脏移植等技术。

(6)凝血功能障碍的防治。

(7)营养和代谢支持。首选肠内营养支持，如合并胃肠道损伤和功能障碍，可考虑配合肠外营养支持；增加维生素 C、维生素 E 及硒等微量元素的补充；控制血糖在 8～10 mmol/L。

# 7.5　人员的放射性污染检测

电离辐射防护标准中规定的剂量限值，针对的是内照射剂量和外照射剂量之和。因此，确定人员最终的有效剂量，需同时进行外照射剂量监测和内照射剂量监测。按照射途径可分为外照射剂量和内照射剂量；按监测原理可分为物理剂量、生物剂量和依据临床症状反推的受照剂量，其中依赖物理个人剂量计的估算方法和依据临床症状估算剂量的方法常用于快速受照剂量估算。

## 7.5.1　外照射剂量检测

人员的外照射剂量可以通过个人监测和环境辐射水平监测评估。应急救援人员、核与辐射领域职业工作人员，应佩戴个人剂量计，以剂量计监测结果为主要依据。公众可采取环境辐射水平监测、生物剂量测定以及电子自旋共振波谱方法等进行评估，其中在核事故情况下估算公众受照剂量，应考虑事故不同阶段的所有主要照射途径和主要放射性核素。事故早期的剂量估算应主要依靠模式计算，监测结果用来检验和修正模式。事故中、后期阶段应根据已获得的大量监测资料或采用经过修正的模式，进行公众受照剂量估算，详见《核事故应急情况下公众受照剂量估算的模式和参数》(GB/T17982－2018)。急性放射病患者在缺乏剂量数据时，可采用临床症状反推的方法。外照射个人剂量监测，目前以热释光剂量监测应用最为广泛。

### 7.5.1.1　个人剂量计

个人剂量计可分为累计式和直读式两种。累计式如热释光个人剂量计，适用于计划照射和应急照射的个人剂量监测。应急救援人员还应当佩戴具有报警功能的直读式剂量计，避免过量照射，防止发生有害的确定性效应。

热释光剂量测量系统一般包括：热释光剂量计(探测器和外壳)、热释光剂量读出器等。还有一些辅助装置，如热释光探测器退火炉、热释光探测器冷却炉、低本底铅室和照射装置、系统刻度装置以及计算机等。热释光剂量计是由一个或多个热释光晶体探测器[以 LiF(Mg,Cu,P)最为常见]装入容器(外壳)形成。热释光探测器具有许多优点:组织等效性好、灵敏度高、可测量较长时间内积累的剂量、性能稳定、使用方便,可测量 β 射线、γ 射线、中子、质子等多种射线(或粒子)。热释光探测器的工作原理是:热释光晶体材料受到电离辐射时,能够将辐射转化的能量储存起来;在读出器测读时,当加热到一定温度时将吸收的能量以光的形式释放出来,称为热释光,其发光强度与所受到的辐射剂量相关。因此,测量热释光发光强度可得到所受的辐射剂量。热释光剂量计的优点是体积小、重量轻、不需要电源,缺点是只能在读出器上进行测读,且仅能读取一次。怀疑受到大剂量照射时,测量要注意参数设置,避免超出量程。

直读式个人剂量计,主要是指各种电子个人剂量计及其配套的读出系统组成。电子个人剂量计通常具有实时剂量显示、剂量率报警等功能,作为无源剂量计的补充,在应急和其他可能出现急性照射的情况下,可确认所受剂量是否超过剂量限值。电子个人剂量计一般由探测器、测量电路(包括甄别、放大电路等)、电源、数据处理与显示等部分组成。电子个人剂量计的探测器有 GM 管计数器和半导体探测器。半导体探测器作为一种固体探测器,可做成很小的体积,可测量较高的计数率,抗辐射损伤性能较好,因此应用较多。电子个人剂量计的工作原理是:当射线进入到半导体探测器时,会在内部产生离子对;在偏压电场的作用下,离子对漂向两级,在测量电路中经甄别、放大之后形成电信号;该信号能够代表射线原初作用产生的离子对数,数目与辐射的剂量直接相关。

#### 7.5.1.2 电子自旋共振波谱方法(ESR)

电子自旋共振是由不配对电子的磁矩发源的一种磁共振技术(见图 7-6),是研究化合物或矿物中不成对电子状态的重要工具,能定量测量和直接观察辐射在机体中产生的自由基。使用电子自旋共振(ESR)测量牙釉、骨骼等人体组织,可测得人员受照剂量数据,见图 7-6。在这种剂量测量方法中,骨、牙齿、塑料制品、手表玻璃、含糖食品和一些药品等均可作为测量样品。其中研究最多的是牙齿,对于急性照射或者长期慢性照射,其信息可以保存长达几十年。牙齿对 30～100 keV 的光子有较高的灵敏度,对该类照射可以获得较高的测量精度,可探测下限约 100 mGy。其他的可探测下限为骨组织和手表玻璃小于 2 Gy,蔗糖小于 1 Gy。

图 7-6 电子自旋共振测量仪

#### 7.5.1.3　生物剂量测定方法

生物学剂量，即通过对受照者的生物样品分析，估计其受照剂量，通常称为生物剂量计。目前生物剂量计有多种，其中人血淋巴细胞染色体畸变、微核及早熟染色体凝集较为成熟。染色体畸变是公认的可靠、灵敏的方法，在 0.1～5.0 Gy 剂量范围内较为准确，已对细胞培养、制样和判读分析进行了统一和规范；利用微核估算受照剂量比较准确的范围为 0.25～5.0 Gy。

染色体畸变包括染色体数目异常和染色体结构异常。染色体结构异常可分为染色单体型、染色体体型畸变。外周血淋巴细胞受到照射产生的多为染色体型畸变，常以染色体型畸变作为放射生物剂量学的指标。如果对疑似受照人员外周血淋巴细胞染色体畸变分析中观察到染色单体型畸变，则要考虑是否有其他诱变剂的接触史。染色体型畸变根据其在体内的转归，可以分为非稳定性畸变和稳定性畸变。前者主要包括双着丝粒（dicentric, dic）、着丝粒环（centric ring, r）和无着丝粒断片；后者包括易位（reciprocal translocation, t）、倒位（inversion, inv）和缺失（deletion, del）。其中，非稳定性畸变，特别是双着丝粒和着丝粒环（dic＋r，简称“双＋环”）分析，是目前用于外照射伤员剂量估算的主要方法。

#### 7.5.1.4　依据临床症状估算受照剂量

事故照射时，受照者通常无个人剂量监测数据，很难快速获得准确的受照剂量。此时可参照表 7－1、图 7－8 和表 7－2 估算伤员的外照射受照剂量。

**表 7－1　骨髓型急性放射病初期临床反应及受照射剂量范围参考值**

| 分度 | 初期表现 | 照后 1～2d 淋巴细胞绝对数最低值/（$\times 10^9$/L） | 受照射剂量范围参考值值/Gy |
|---|---|---|---|
| 轻度 | 乏力、不适、食欲减退 | 1.2 | 1.0 |
| 中度 | 头昏、乏力、食欲减退、恶心，1～2 h 后呕吐、白细胞短暂上升后下降 | 0.9 | 2.0 |
| 重度 | 1 h 后多次呕吐，可有腹泻，腮腺肿大，白细胞数明显下降 | 0.6 | 4.0 |
| 极重度 | 1 h 内多次呕吐和腹泻、休克、腮腺肿大，白细胞数急剧下降 | 0.2 | 6.0 |

注：引自 GBZ 104—2017《职业性外照射急性放射病诊断》。

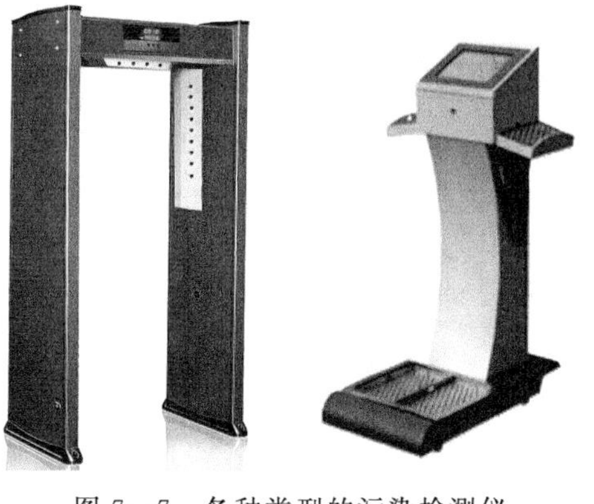

图 7－7　各种类型的污染检测仪

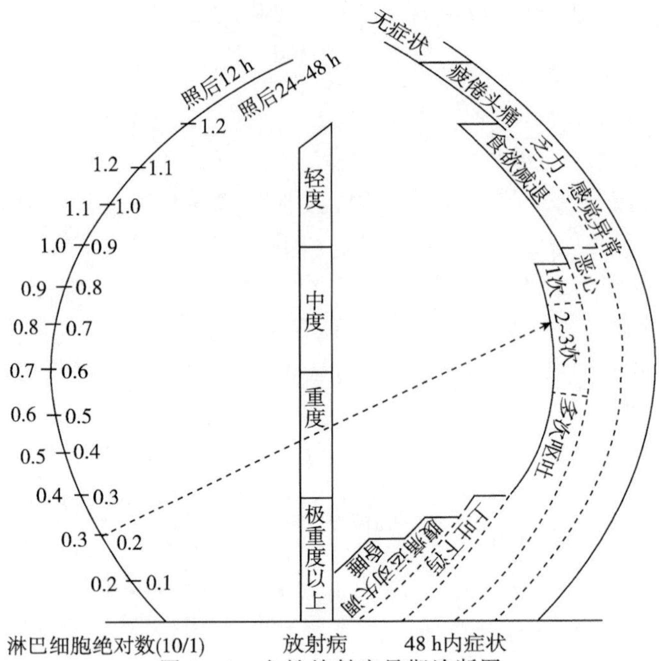


图 7—8　急性放射病早期诊断图

注:1. 按照后 12 h 或 24～48 h 内淋巴细胞绝对值和该时间内伤员出现过的最重症状(图右柱内侧实线下角)作一联线通过中央柱,柱内所标志的程度就是伤员可能的诊断;如在照后 6 h 对伤员进行诊断时,则仅根据伤员出现过的最重症状(图右柱内侧实线的上缘)作一水平横线至中央柱,依柱内所标志的程度加以判断,但其误差较照后 24～48 h 判断时大。

2.第一次淋巴细胞检查最好在使用肾上腺皮质激素或抗辐射药物前进行。其中轻度 1～2 Gy,中度2～4 Gy,重度 4～6 Gy,极重度以上＞6 Gy。

3.引自《外照射急性放射病诊断标准》(GBZ104－2017)。

**表 7—2　γ 射线急性照射后的各种可能的生物剂量估计**

| 剂量估计/Gy | 发生呕吐的比例/% | 呕吐开始时间/h | 淋巴细胞绝对计数 | | | | | | 淋巴细胞下降速率常数/k | 外周血淋巴细胞双着丝粒数 | |
|---|---|---|---|---|---|---|---|---|---|---|---|
| | | | 0.5 d | 1 d | 2 d | 4 d | 6 d | 8 d | | 每 50 个细胞 | 每 1000 个细胞 |
| 0 | — | — | 2.45 | 2.45 | 2.45 | 2.45 | 2.45 | 2.45 | — | 0.05～0.1 | 1～2 |
| 1 | 19 | | 2.30 | 2.16 | 1.90 | 1.48 | 1.15 | 0.89 | －0.126 | 4 | 88 |
| 2 | 35 | 4.63 | 2.16 | 1.90 | 1.48 | 0.89 | 0.54 | 0.33 | 0.252 | 12 | 234 |
| 3 | 54 | 2.62 | 2.03 | 1.68 | 1.15 | 0.54 | 0.25 | 0.12 | 0.378 | 22 | 439 |
| 4 | 72 | 1.74 | 1.90 | 1.48 | 0.89 | 0.33 | 0.12 | 0.044 | 0.504 | 35 | 703 |
| 5 | 86 | 1.27 | 1.79 | 1.31 | 0.69 | 0.20 | 0.06 | 0.020 | 0.63 | 51 | 1024 |
| 6 | 94 | 0.99 | 1.68 | 1.15 | 0.54 | 0.12 | 0.03 | 0.006 | 0.756 | — | — |
| 7 | 98 | 0.79 | 1.58 | 1.01 | 0.42 | 0.072 | 0.012 | 0.002 | 0.881 | — | — |

续表

| 剂量估计/Gy | 发生呕吐的比例/% | 呕吐开始时间/h | 淋巴细胞绝对计数 | | | | | | 淋巴细胞下降速率常数/k | 外周血淋巴细胞双着丝粒数 | |
|---|---|---|---|---|---|---|---|---|---|---|---|
| | | | 0.5 d | 1 d | 2 d | 4 d | 6 d | 8 d | | 每 50 个细胞 | 每 1000 个细胞 |
| 8 | 99 | 0.66 | 1.48 | 0.89 | 0.33 | 0.044 | 0.006 | <0.001 | 1.01 | — | — |
| 9 | 100 | 0.56 | 1.39 | 0.79 | 0.25 | 0.030 | 0.03 | <0.001 | 1.13 | — | — |
| 10 | 100 | 0.48 | 1.31 | 0.70 | 0.20 | 0.020 | 0.01 | <0.001 | 1.26 | — | — |

注：1.表中列出三种最常用的生物剂量参数，其他射线等量照射也可参照。

2.第二、第三列显示受照后呕吐发生的开始时间和呕吐发生率；中间部分显示淋巴细胞减少发展的时间过程，为得到照射剂量的速率常数，淋巴细胞计数测定两次。淋巴细胞绝对计数正常范围：$(1.4\sim3.5)\times10^9\cdot L^{-1}$。淋巴细胞下降率是根据公式 $L_t=2.45\times e^{-k(D)t}$ 算得，其中 $L_t$ 为淋巴细胞计数（$\times10^9L^{-1}$），$2.45\times10^9L^{-1}$ 为人群中平均淋巴细胞测量值的均数；$k$ 为特定 γ 射线急性照射剂量淋巴细胞下降率常数；$t$ 为照后时间(d)。

3.最后一列是淋巴细胞染色体畸变，需要数日才能得到结果，是人外周血淋巴细胞双着丝粒染色体的数目。

4.内容引自：闵锐，李雨，潘真.辐射损伤的分类及诊断—介绍美国国家战略储备辐射工作组关于急性放射病治疗的建议之一[J].国外医学，放射医学核医学分册，29(4)：179－185，2005。

#### 7.5.1.5 中子剂量

中子外照射剂量计主要有$^6$LiF 热释光中子剂量计、反照中子剂量计、核乳胶快中子个人剂量计和固体径迹个人剂量计等。其中$^6$LiF 热释光中子剂量计适用于低能中子的监测，而其他类型的剂量计则适用于能量较高的快中子监测。$^6$LiF 剂量计的使用与测量 X、γ 射线的剂量计相似。中子反照剂量计则是利用人体作为吸收中子的慢化体，将快中子转化成慢中子再进行测量，因此人体实际上是剂量计的一部分，因而要求在刻度中子反照剂量计时，使用与人体相近的模体。佩戴时剂量计与身体紧密相靠，它适用于场所内中子谱相对稳定的场合。由于中子场总是伴随有 γ 辐射，在一些特殊场合可由光子－中子剂量比推导出中子的剂量。也可利用血液中钠和毛发中硫的中子激活分析技术测定中子剂量，可测剂量范围约为 0.1 Gy 至数十 Gy。

### 7.5.2 体表污染检测

体表污染检测的目的是检查人员（伤员）体表有无放射性污染及污染部位、水平，为人员去污及去污效果评价提供依据。

体表污染检测设备，常见的有手足污染检测设备、全身污染检测设备和局部污染检测设备等，见图 7－7。其中手足污染检测设备常用于核医学科、核电厂、核工业企业等计划照射中的手足污染检测，由于该种设备重量较大，故多设置为固定检测点。全身污染检测设备，主要用于放射性沾染大范围筛查和密集场所安保检测，通常安装在人员密集场所和应急监测通道入口，其特点是重量大、探测速度快、人员（伤员）通过量高、探测下限低等，也包括核应急使用的门框式辐射检测仪，通常可设置报警阈值以配合自动监测工作；有些配有中子探测器，可对中子进行监测。局部污染检测设备适用于小面积、局部可疑污染部位的检测，如甲状腺功能检测仪，肺部内污染检测仪等。

在核事故时，面对大批量的伤员时，这种监测方式费时费力，效率较低。目前，市场上已经出现融合 WIFI 无线通信技术、编码识别技术、热成像模拟技术等前沿科技，一主机多终端的集成化批量人员体表放射性污染检测系统（图 7－9），其工作原理是改变沾染检测仪只能一次检测一人的方式，采用 WIFI 无线通信方式，将 6～30 个检测终端无线连接，大量扩容，可同时检测 6～30 人，提高了检测效率、检测时间；对放射性污染以热力图的形式在体模上实时显示污染部位及污染程度，具有声光报警功能、污染部位识别、污染程度分度显示、系统上传等功能。实现了核应急状态下人员体表放射污染的快速、批量、系统、集成、精准化检测，显著提高核事故应急医学救援的效率和水平。

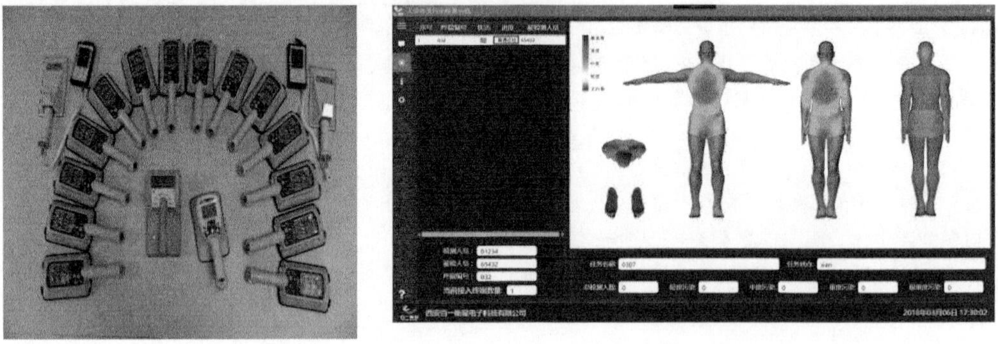

图 7－9　集成化批量人员体表放射性污染检测系统

## 7.5.3　体内污染检测

### 7.5.3.1　全身或器官中放射性核素的体外直接测量

全身或器官中放射性物质含量的体外直接测量技术，可用于发射特征 X 射线、γ 射线、正电子和高能 β 粒子的放射性核素，也可用于一些发射特征 X 射线的 α 辐射体。用于全身或器官放射性核素含量的体外直接测量设备，由一个或多个安装在低本底环境下的高效率探测器组成，探测器的几何位置应符合测量目的。对于发射 γ 射线的裂变产物和活化产物，如 $^{131}$I、$^{137}$Cs 和 $^{60}$Co，可用能在工作场所使用的较简单的探测器进行监测。对少数放射性核素，如钚的同位素，则需要高灵敏度探测技术。

如果放射性核素污染的伤口中有发射高能量 γ 射线的放射性物质，通常可用 β－γ 探测器。当污染物为某些能发射特征 X 射线的 α 辐射体时，可用 X 射线探测器。当伤口受到多种放射性核素污染时，应采用具有能量甄别本领的探测器。伤口探测器应配有良好的准直器，以便对放射性污染物进行定位。

在进行体外直接测量前，应进行人体表面去污。

### 7.5.3.2　排泄物及其他生物样品中放射性核素分析

对于不发射 γ 射线或只发射低能光子的放射性核素，应采用排泄物监测技术。对于发射高能 β、γ 射线的辐射体，也可采用排泄物监测技术。一般采用尿样分析进行排泄物检测，对主要通过粪排泄或需要评价吸入 S 类物质自肺部廓清时，要求分析粪样。

在一些特殊调查中也可分析其他生物样品，例如可使用鼻拭子放射性测量仪分析鼻腔分泌物或鼻拭样；怀疑有高水平污染时可分析血样；在有$^{14}C$、$^{226}Ra$和$^{228}Th$的内污染情况下，可采用呼出气活度监测技术；在极毒放射性核素如超铀元素污染伤口的情况下，应对已切除的组织样品进行制样和/或原样测量。

尿样的收集、储存、处理和分析时应注意：应避免外来污染，交叉污染和待测核素的损失；对于大多数常规分析，收集 24 h 尿液。在常规监测情况下，如收集不到 24 h 尿，应把尿量用肌酐量或其他量修正到 24 h 尿。氚是例外，一般只取少量尿，即能由所测尿氚浓度，推算体液浓度及摄入量。在某些情况下如特殊监测，为减少核素经尿排出的日排出量涨落对监测结果的影响，应分别分析连续 3 d 的尿样，或分析连续 3 d 的混合液，其平均值作为中间 1 d 的日排量。

粪样监测常用于特殊调查，尤其是已知吸入或怀疑吸入 M 或 S 类物质后的调查，由于核素每天的粪排量涨落较大，因此应连续收集几天的粪样。

生物样品中 γ 辐射体可用闪烁探测器或半导体探测器直接测定；对 α 和 β 辐射体应先化学分离，再测量样品中总 α 或总 β 活度，作为一项简单的筛选技术，但不能用来定量估算摄入量或待积有效剂量，除非已知放射性核素的组成。

#### 7.5.3.3　空气采样分析

根据空气样品的测量结果，估算摄入量带有很大不确定度。但是事故情况下，可作为人员吸入放射性物质的一个补充。在取样周期终了时，用非破坏性技术测量滤膜上放射性，以及时发现不正常的高水平辐射。然后将滤膜保留，并合并较长时间积累的滤膜，用放射化学分离提取方法和高灵敏度的测量技术进行测量。

## 7.6　伤员分类

核辐射事故现场救援时进行伤员分类，实行分类分级和专业救治，保证事故现场医学应急救援合理有序地进行。此处，伤员是指核辐射事故现场受伤的人员，或根据现场判断，可能受到过量照射或放射性核素污染而导致放射性损伤的人员。伤员分类(triage)，根据受伤严重程程度，在医疗资源不足情况下，为使更多伤员得到及时有效治疗，而采取区分伤员治疗优先次序的过程。

### 7.6.1　伤员分类

应急救治中应初步明确是单纯放射损伤还是存在复合伤，重点保证危重伤员得到及时救治。

#### 7.6.1.1　伤员分类的原则

(1)应征遵循快速有效，边发现边抢救，先重后轻，对危重伤员先抢救后去污的原则。

(2)非放射性损伤的伤员，按照一般通用的临床分类方法执行。

(3)放射性损伤的伤员，按照本标准规定的分类方法进行。

(4)放射性损伤的伤员合并其他损伤的，分别进行一般临床分类和放射性损伤分类，按照其中任意分类的最高一级优先进行现场处置。

(5)死亡人员要进行有无体表放射性核素污染的分类，以免搬运和处理尸体时造成放射性污染扩散。

#### 7.6.1.2 分类等级

单纯放射性损伤和放射性核素污染的伤员，现场伤员分类分为4个等级，统一使用不同的颜色加以标识，遵循下列的救治顺序：(1)第一优先处理，用红色分类标识；(2)第二优先处理，用黄色分类标识；(3)可延期处理，用绿色分类标识；(4)最后处理，用黑色分类标识。

#### 7.6.1.3 分类需要的仪器设备举例

(1)门式放射性检测仪1台。

(2)体表放射性检测仪2台。

(3)生物样本采集装备(含鼻试子采集箱2个)：鼻试子采集箱2个；一次性注射器，2 mL、5 mL、10mL、20mL；止血带；75%医用酒精；3%碘酊；试管架；酒精灯；无菌肝素抗凝试管；血凝管；抗凝管；可收集24h尿液袋；可收集24h粪便袋；收集唾液、痰液、呕吐物和其他液体或分泌物的容器；收集指甲、毛发、衣物、口罩、饰品等的容器；标签和带不粘胶的标签；空塑料容器；剪刀；指甲剪；一次性乳胶手套；塑料绳；透明胶带；标记笔；中性笔。

(4)分类箱1个(电子伤票1部，分类牌100个，伤标1本，伤票3本，检查记录单100张，电子血压计1个，警戒线500 m)。

(5)三防急救包6个，除颤仪1台。

(6)便携式监护仪1台。

(7)对讲机1部。

(8)个人防护装备6套(C级防护服、防毒面具、防护靴、防护手套、直读式个人剂量报警仪、热释光剂量计)。

#### 7.6.1.4 核事故伤员分类方法

放射性损伤的伤员现场检伤分类，应结合物理检测和临床分析综合判断，见表7—3。

(1)具备下列任意条件的几位第一优先处理的伤员：外照射剂量可能大于2 Gy；放射性核素摄入量可能大于10倍年摄入量限值(Annual intake limit，ALI)；伤口有活动性出血，并伴有放射性核素污染；体表放射性核素污染可能造成皮肤的吸收剂量大于5 Gy；放烧复合伤，放冲复合伤。

(2)具备下列任意条件的即为第二优先处理的伤员：外照射剂量可能在1～2 Gy；放射性核素摄入量可能为5～10倍的ALI；伤口放射性核素污染；体表放射性核素污染可能造成皮肤的吸收剂量为3～5 Gy。

(3)具备下列任一条件的即为可延期处理的伤员：外照射剂量可能在0.2～1 Gy；放射性核素摄入量可能为1～5倍的ALI；体表放射性核素污染可能造成皮肤的吸收剂量小于3 Gy。

(4)最后处理：死亡人员最后处理；对于死亡遗体要区分体表有无放射性核素污染，体表有放射性核素污染的尸体要防污染扩散，体表没有放射性核素污染的尸体按常规处理。

表 7-3 核事故伤员分类方法

| 分类 | 救治 | 外照射 | 内照射 | 皮肤 | 复合伤 |
|---|---|---|---|---|---|
| Ⅰ类 | 紧急救治第一优先 | >2 Gy | >10 ALI | 伤口活动性出血 伴放射污染；皮肤吸收剂量>5 Gy | 放烧<br>放冲 |
| Ⅱ类 | 暂缓救治第二优先 | 1~2 Gy | 5~10 ALI | 伤口放射性污染；皮肤吸收剂量 3~5 Gy | |
| Ⅲ类 | 简单救治延期处理 | 0.2~1 Gy | 1~5 ALI | 皮肤吸收剂量>3 Gy | |
| Ⅳ类 | 期待治疗最后处理 | 死亡,放射性污染者按规定处理 | | | |

注:引自 GBZ/T 255-2014《核和辐射事故伤员分类方法和标识》。

#### 7.6.1.5 检伤分类方法

现场检伤,非放射性损伤的分类按照常用的方法进行。检伤分类法分为五步检伤分类法和简明检伤分类法。

(1)五步检伤分类法

气道检查:首先判定呼吸道是否畅通,有无舌后坠,口咽气管异物梗阻或颜面部及下颌骨折,并采取相应的救护措施,保持气道畅通。

呼吸情况:观察是否有自主呼吸、呼吸频率、呼吸深浅或胸廓起伏程度、双肺呼吸运动对称性、双侧呼吸音比较,以及患者口唇颜色等。如怀疑有呼吸停止、张力性气胸或连枷胸存在,需立即给予人工呼吸,穿刺减压或胸廓固定。

循环情况:检查桡动脉、股动脉或颈动脉波动,如可触及,则收缩压估计为 80 mmHg、70 mmHg、60 mmHg 左右;检查甲床毛细血管再灌注时间,正常为 2 s,以及有无活动性大出血。

神经系统功能:检查意识状态,瞳孔大小及对光反射,有肢体运动功能障碍或异常、昏迷程度评分等。

充分暴露检查:根据现场具体情况,短暂解开或脱去伤员衣服,充分暴露身体各部位,进行望、触、叩、听等检查,以便发现危及生命或正在发展为危及生命的严重损伤。

(2)简明检伤分类法

行动能力检查:对行动自如的患者先引导到轻伤接收站,暂不进行处理,或仅提供辅料、绷带等让其自行包扎皮肤挫伤及小裂伤,常不需要医护人员立即进行治疗。但其中仍然有个别患者可能有潜在的重伤或可能发展为重伤的伤情,故需复检判定。

呼吸检查:对不能行走的患者进行呼吸检查之前,应打开气道,注意保护颈椎,可采用提颌法或改良推颌法,尽量不让头部后仰。检查呼吸时应采用"一听二看三感觉"的标准方法。无呼吸的患者,标识黑标,暂不处理。存在自主呼吸,但呼吸次数每分钟超过 30 次或少于 6 次者标识红标,属于危重患者,需优先处理;每分钟呼吸 6~30 次,则可开始第 3 步检伤一血液循环状况检查。

循环检查:患者血液循环的迅速检查,可以简单通过触及桡动脉博动和观察甲床毛细血管复充盈时间来完成。博动存在并复充盈时间小于 2 s 者为循环良好,可以进行下一步检查;博动不存在并复充盈时间大于 2 s 者,为循环衰竭的危重症患者,标红标并优先进行救治,必须立即检查是否有活动性大出血,并给予有效止血及补液处理。

意识状态：判断伤病者的意识状态前，应先检查是否有头部外伤，然后简单询问，并命令其做诸如张口、睁眼、抬手等动作。不能正确回答问题、进行指令动作者，多为危重患者，应标识红标并予以优先处理；能回答问题、进行指令动作者，可初步判断为轻症患者，标识绿标，暂不处理；但需警惕其虽轻伤，但隐藏内脏的严重损伤，或逐渐发展为重伤的可能性。

(3)检伤时的注意点

在相对安全区域尽快建立伤员评估站(救护点)；最先到达现场的医护人员应尽快进行伤员的检伤分类，方法应简单易行；检伤人员应关注全体伤员；应按照估算剂量的最大值进行相应的分类和处置；危重伤员进入"伤员处理站"时，应进行伤员复检。重点关注昏迷、聋哑或小儿，复检后应根据最新获得的病情资料，重新分类，并采取相应的处理方法。检伤时应尽量减少翻动，避免造成二次损伤。检伤与抢救发生冲突时，应以抢救为先。

#### 7.6.1.6 伤员伤势评估及处置顺序参考条件

(1)重伤——紧急处置

有危及生命的损伤，不能耐受任何延迟，需立即进行复苏和手术的伤员，通常为重伤员。即组织器官结构严重损害致肢体残废和重要器官功能严重损害；听觉和视觉严重丧失；有明显的内环境紊乱，有生命危险；预后差，对人体健康有重大伤害。包括以下情况：

广泛皮肤与软组织毁损，失血量＞40％或重度休克，失血量＞40％。

颅脑穿透伤；脑干损伤；幕上＞30 mL 或幕下＞10 mL 的颅内血肿；严重脑挫裂伤伴颅内血肿，中线移位＞5㎜；重度弥漫性轴索损伤；脑疝。

脊柱不稳定性骨折；不全性或完全性脊髓损伤；完全性马尾损伤。

双眼眼球撕裂伤(包括眼球破裂、脱出)；双眼视网膜撕裂伤，伴视网膜剥离。

严重机械性呼吸道梗阻，如呼吸道内大量血凝块阻塞、气管损伤塌陷等；主支气管重度撕裂伤、横断；单侧肺挫伤，伴张力性气胸/肺实质裂伤，或大量漏气/体循环空气栓塞；双侧肺撕裂伤；大量血胸。

心脏重度撕裂伤，伴穿孔；心脏瓣膜破裂；心室间隔或房间隔破裂；心脏压塞。

肝脏严重撕裂伤；脾脏严重撕裂伤，脾门或脾段血管受累；肾脏严重撕裂伤伴尿液外渗；肾蒂撕脱伤；胰腺严重撕裂伤；肠系膜广泛撕裂。

食管穿孔；腹腔内空腔脏器破裂、撕裂、横断；胆总管或肝管裂伤或横断；膀胱破裂。

多根肋骨骨折，胸廓不稳定，伴血/气胸；单侧连枷胸，伴肺挫伤；双侧连枷胸；肢体广泛毁损；肢体离断；不稳定性骨盆骨折伴严重休克。

二度烧伤面积为31％～50％或三度烧伤面积为11％～19％。

4～6 Gy 辐射剂量的单纯外照射损伤。

严重多发伤；严重复合伤；严重多部位冲击伤。

(2)中度伤——优先处置

伤情虽不立即危及生命，但延迟处理可能发生严重的并发症，需要在 3 h 内给予手术，或者同时需要复苏的伤员。通常为中度伤员。即组织器官结构受到较重的损害或有较严重的功能障碍，生命体征不稳定，有一定的生命危险；预后不良或对人体健康有一定的伤害。包括以下情况：

广泛皮肤与软组织挫伤，撕裂伤，失血量 20％～40％或中度休克。

脑神经损伤；颅骨骨折，硬膜完好，凹陷 1 cm；小脑小范围挫伤，出血≤10 mL；大脑小范围挫伤，出血≤30 mL，中线移位≤5 mm；中度弥漫性轴索损伤。

单眼眼球撕裂伤包括眼球破裂、脱出）；单眼视网膜撕裂伤，伴视网膜剥离。

伴腺管损伤的涎腺损伤；双侧声带损伤。

心脏严重挫伤；气管支气管裂伤，裂口＜1 cm；单侧肺挫裂伤。

肝脏、脾脏、肾脏、胰腺、肠系膜、卵巢等组织器官广泛挫伤或撕裂伤，失血量＞20％。

食管黏膜撕裂伤；胃撕裂伤伴穿孔或横断；尿道广泛撕裂伤；子宫撕裂伤或子宫破裂。

关节或软骨广泛损伤；多根肋骨骨折，胸廓稳定，伴血/气胸；单侧连枷胸，无肺挫伤；四肢骨折，不伴主要血管损伤或严重组织缺损；稳定的骨盆骨折；肢体挤压伤。

椎体压缩＞20％；椎间盘突出，伴神经根损害；脊髓损伤，伴一过性神经体征；神经根损伤。

二度烧伤面积为 11％～30％或三度烧伤面积＜10％。

2～4 Gy 辐射剂量的单纯外照射损伤等。

(3)轻伤——常规处置

伤情比较稳定，不需要复苏，延迟手术不会影响生命和转归的伤员。通常为轻伤员。即组织器官结构受到轻度的损害或部分功能障碍，生命体征稳定，无生命危险；预后好或对人体健康无明显影响。包括以下情况：

局部皮肤与软组织挫伤、撕裂伤，失血量≤20％。

心脏、气管、单侧肺轻度挫伤。

肝脏、脾脏、肾脏、胰腺、肾上腺、肠系膜、卵巢挫伤形成包膜下血肿，未破裂出血，或轻度表浅裂伤后出血，失血量≤20％。

食管、胃、肠道、胆囊、膀胱、输尿管、尿道、子宫等挫伤，或轻度撕裂伤，未穿孔。

关节扭伤；关节脱位；肌腱一韧带撕裂伤；单根或多根单处肋骨骨折不伴有血气胸；椎体轻度压缩无神经症状。

二度烧伤面积＜10％。

1～2 Gy 辐射剂量的单纯外照射损伤。

(4)危重伤——期待处置

遭受致命性损伤，生命处于濒危状态，或者濒临死亡，继续进行抢救生存的机会仍非常小的伤员；同时有多名伤员需要紧急处置、医疗资源有限的情况下，为保证伤员整体救治时效，通常为危重伤员。组织器官结构严重损害，有严重的器官功能障碍及内环境紊乱，濒死状态，修复或治愈的可能性极小，且严重危及生命；预后极差。包括以下情况：

格拉斯哥昏迷评分 3 分以下的极重度颅脑外伤，如严重脑干损伤、颅脑的广泛毁损或挫裂伤、广泛颅内血肿，深昏迷时间大于 6 h。

颈动脉、锁骨下动脉、胸主动脉、腹主动脉、腔静脉等大血管的破裂，伴严重休克。

胸、腹腔脏器广泛、开放毁损，生命体征极差。

呼吸循环功能严重障碍，呼吸、心跳已停止。

第三颈椎以上完全性脊髓损伤(横断)。

二度烧伤总面积＞50％或三度烧伤面积＞20％。

>6 Gy 辐射剂量的单纯外照射损伤。

#### 7.6.1.7 伤员分类标识

根据核辐射事故伤员的特点,伤员分类标识的内容包括超剂量照射,伤口放射性核素污染及体内放射性核素摄入的种类,和体表放射性核素污染的部位。

红色分类标识的核与放射事故伤员分类标签,见图 7—10。用于重度伤员,第一优先,立即处理。

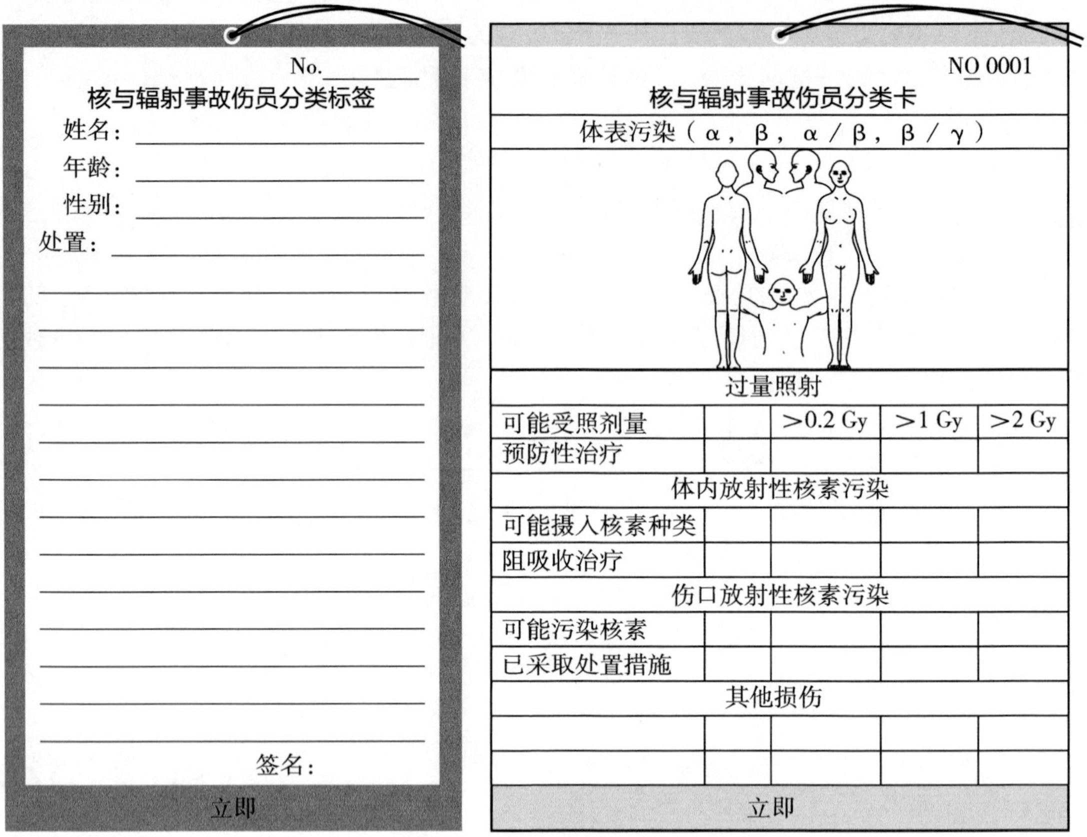

No.________

核与辐射事故伤员分类标签

姓名:________

年龄:________

性别:________

处置:________

签名:

立即

NO 0001

核与辐射事故伤员分类卡

| 体表污染(α,β,α/β,β/γ) | | | | |
|---|---|---|---|---|
| 过量照射 | | | | |
| 可能受照剂量 | | >0.2 Gy | >1 Gy | >2 Gy |
| 预防性治疗 | | | | |
| 体内放射性核素污染 | | | | |
| 可能摄入核素种类 | | | | |
| 阻吸收治疗 | | | | |
| 伤口放射性核素污染 | | | | |
| 可能污染核素 | | | | |
| 已采取处置措施 | | | | |
| 其他损伤 | | | | |
| | | | | |
| | | | | |

立即

图 7—10 红色分类标签的正面和背面

引自 WS/T 467—2014《核和辐射事故医学响应程序》

黄色分类标识的核与放射事故伤员分类标签,见图 7—11。用于中度伤员,其次优先,可延迟处理。

绿色分类标识的核与放射事故伤员分类标签,见图 7—12。用于轻度伤员,延期处理。

#### 7.6.1.8 分类流程

核辐射事故伤员的分类流程见图 7—13。

(1)全体人员穿戴防护装备,穿着 C 级防护服,左前胸佩戴热释光剂量片。打开直读式个人剂量报警仪,设定报警阈值,挂于腰间。

(2)到达分类场区域后,卸下装备,迅速划定伤员下车地点和伤员分类区的位置。设置

No.________

核与辐射事故伤员分类标签

姓名：________

年龄：________

性别：________

处置：________

签名：

延迟

NO 0001

核与辐射事故伤员分类卡

体表污染（α，β，α/β，β/γ）

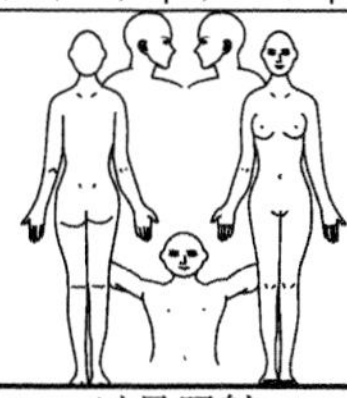

| 过量照射 | | | | |
|---|---|---|---|---|
| 可能受照剂量 | | ＞0.2 Gy | ＞1 Gy | ＞2 Gy |
| 预防性治疗 | | | | |
| 体内放射性核素污染 | | | | |
| 可能摄入核素种类 | | | | |
| 阻吸收治疗 | | | | |
| 伤口放射性核素污染 | | | | |
| 可能污染核素 | | | | |
| 已采取处置措施 | | | | |
| 其他损伤 | | | | |
| | | | | |
| | | | | |

延迟

图 7－11　黄色分类标签的正面和背面

引自 WS/T 467—2014《核和辐射事故医学响应程序》

No.________

核与辐射事故伤员分类标签

姓名：________

年龄：________

性别：________

处置：________

签名：

轻微

NO 0001

核与辐射事故伤员分类卡

体表污染（α，β，α/β，β/γ）

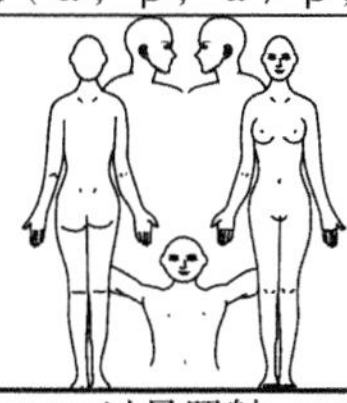

| 过量照射 | | | | |
|---|---|---|---|---|
| 可能受照剂量 | | ＞0.2 Gy | ＞1 Gy | ＞2 Gy |
| 预防性治疗 | | | | |
| 体内放射性核素污染 | | | | |
| 可能摄入核素种类 | | | | |
| 阻吸收治疗 | | | | |
| 伤口放射性核素污染 | | | | |
| 可能污染核素 | | | | |
| 已采取处置措施 | | | | |
| 其他损伤 | | | | |
| | | | | |
| | | | | |

轻微

图 7－12　绿色分类标签的正面和背面

引自 WS/T 467—2014《核和辐射事故医学响应程序》

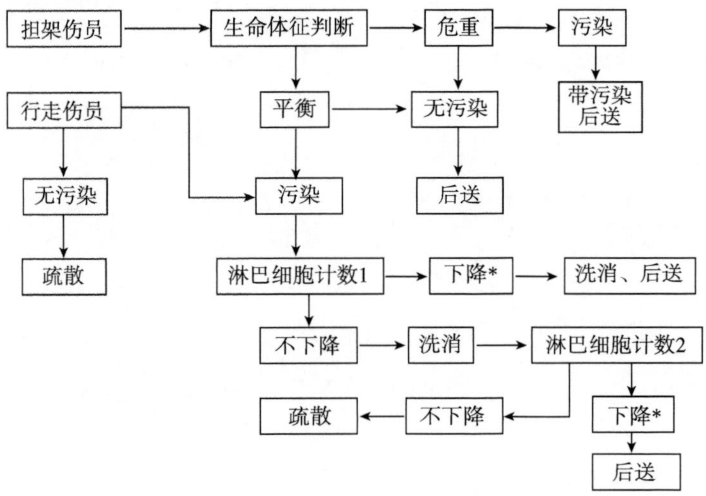


图 7—13　核辐射事故伤员分类诊断流程图

GBZ/T 279—2017《核和辐射事故医学应急处理导则》

3 类通道，即重伤员分类通道、轻伤员分类通道和危重伤员分类通道。

(3)重伤员分类通道

①体表污染检测，当担架伤员抬到检测处时，检测员手持检测仪从头到脚全身，检测动作可参照立姿位。检测时，要避免探头接触体表，检测仪移动速度约为 5 cm/s，测 α 距离体表 0.5 cm，测 β 距离体表 2.5～5.0 cm。

②伤情评估，依据放射损伤(复合伤)伤情国家标准评估，判断伤情，进行初步早期分类。

③初步去污，更换担架。剪去外衣，衣物放入放射性污物收集袋中，与担架员一起将伤员更换铺有防护膜的担架上，用干净病号服包裹伤员，完成初步去污。收集伤员个人贵重物品并做标记(后续分类去污处理)。

④伤情处置，立刻送往重伤抗休克组，待病情稳定后，送往手术组实施伤员分流。

⑤采集鼻试子、登记信息，佩戴分类标识。疑似内污染者，同时进行鼻试子采集样品，鼻拭子分别在人员的左右鼻腔按顺时针方向旋转采集。

(4)轻伤员分类通道

①体表污染检测。门框式辐射检测仪，轻伤员到达检测处时，依次排队，前后间隔 1 m 左右。伤员站立于门式放射性检测仪内，静立，测量，1～5 s 内可以判断被测人员是否受到污染。

②伤情评估。询问照射史，判断伤情，作出初步早期分类。

③采集生物样本和登记信息。疑似内污染者，同时进行鼻试子采集样品。填写电子伤票，挂配分类标识为绿色标识。

④佩戴分类标识，完成伤员分流与发送相应组室。

(5)危重伤员分类通道：不进行体表污染检测，先救后送，稳定伤情，快速及时后送。

①伤情评估：依据放射损伤(复合伤)伤情国家标准评估，判断伤情，进行初步早期分类。立刻送往重伤抗休克组，初步去污。

②佩戴分类标识，登记信息。挂配分类标识为红色标识。

③伤情处置：立刻送往重伤抗休克组，体表污染检测。可以床边进行鼻试子采集样品，

完成伤员分流。初步去污，更换担架。

④直接后送。待病情稳定后，请示直升机后送伤员申请，直接后送。

### 7.6.2　各级救治分类的特点

伤员分类的要求是，应当按照迅速准确、科学有序、区分缓急、合理分流的要求组织实施。突发事件发生后，首先根据现场情况和人员症状特点进行初步判断，再经过现场仪器侦检或采样检测，分析判断人员受何种袭击，并对迅速产生的批量伤员进行检伤分类，现场救治处置和后送，防止污染伤员的扩散，增加不必要的伤亡和再次污染。在现场救援工作中，检伤分类是保证救治和后送工作迅速进行的重要环节，错误的分类会导致救治工作紊乱，延误救治时间，因此分类工作不仅要迅速，而且要更准确。借助于信息化检伤分类装备的使用，可以提高分类的准确性、高效性，达到迅速准确的目的，伤员信息传递更、快捷。

(1) 急救分类

伤员急救分类，由核设施营运单位，或者到达现场的医务人员在事故现场或负伤现场实施。

伤员急救分类应当根据伤员生命体征和伤情等，初步判断伤员的伤势程度，确定伤员处置与后送优先顺序，佩戴分类标识，并按照要求配挂大出血、骨折、呼吸道阻塞、放射和染毒类别伤标。

(2) 收容分类

伤员收容分类，由二级及以上救治机构的分类后送组在分类场实施，也可以在后送途中进行。伤员收容分类时一般不打开绷带。通过复查伤情，判断伤势，区分出需要手术、抗休克、隔离、去污洗消、直接后送等伤员，补填伤票，佩带分类牌，送往相应组室进行处置。

(3) 救治分类

伤员救治分类，由各医疗科室(组)的医护人员实施，应当系统检查、明确诊断，区分出伤员的危重程度、处置的先后顺序及护理等级。伤员救治的先后顺序，应当根据需要救治伤员的数量、伤员伤情严重程度、卫生资源状况和救治环境与条件统筹安排。

(4) 后送分类

伤员后送分类，由分类后送组会同各医疗科室(组)进行。应当以伤员尽快到达确定性治疗机构为目的，根据伤员各类救治措施的最佳实施时机、后送工具及后送环境的特点，评估伤员后送指征，核对医疗后送文书，明确伤员后送先后次序、后送工具、后送地点、后送体位和后送中的注意事项。条件允许时，应尽早实施专科指向性后送。

伤员伤情几者紧密相连，有机结合，可视情况随时调整，也可合并进行。分类组成员按两个通道即重伤员通道和轻伤员通道部署，无伤人员到轻伤员通道通过，危重伤员从重伤员通道通过。生物样本需要采集种类多时，可选择在救治组室采样。对危重伤员(重度以上)在分类场不进行体表放射性检测，经过 3 min 伤情评估后，随即分类至救治组，待病情稳定后初步去污，快速直接后送。

一级救治(现场救治)，在辐射监测后进行简单的检伤分类，以抢救生命和脱离高辐射水平的环境为主，有条件时向伤员集中点转移(上风向，侧风向)；

二级救治(早期救治)，实行精确分类，主要区分有无污染，有无危及生命的伤情；

三级救治(专科救治)，集中一切力量挽救重伤员性命，此时放射性污染变为次要，主要看有无内污染，与普通损伤救治区别不大。

# 7.7 医学救治

国内外对核事故受照人员的救治实行三级医疗救治管理体系，即现场救护（一级）、当地救治（二级）和专科救治（三级）。三级医疗救治管理体系中的医疗卫生机构分别承担不同的职责任务。三级医学救治中，又分为现场救治和院内救治两类情况，下面分别阐述。

## 7.7.1 现场医学应急响应

一般由核设施营运单位医学救治力量和机动应急救援力量承担，必要时请求外援。其遵循的原则是：快速有效、保护救援者和被救援者，对危及生命的创伤优先救护。

现场的应急救援是由一级卫生机构实施，现场急救完成后，伤员伤情允许的情况下，可以将伤员尽快后送。条件允许时，二级救治机构可以排出救援队前出到战场或事故现场进行应急救援。在现代化的交通运输条件下，甚至可以通过车辆、直升飞机等越级后送。

### 7.7.1.1 现场医学应急组织结构和职责

现场医学应急组织任务是：拯救伤员生命，处理放射损伤和其他损伤，进行心理咨询和长期医学随访。核和辐射事故医学应急分为现场医学应急和医院医学应急两个阶段，具体见图 7－14 和图 7－15。

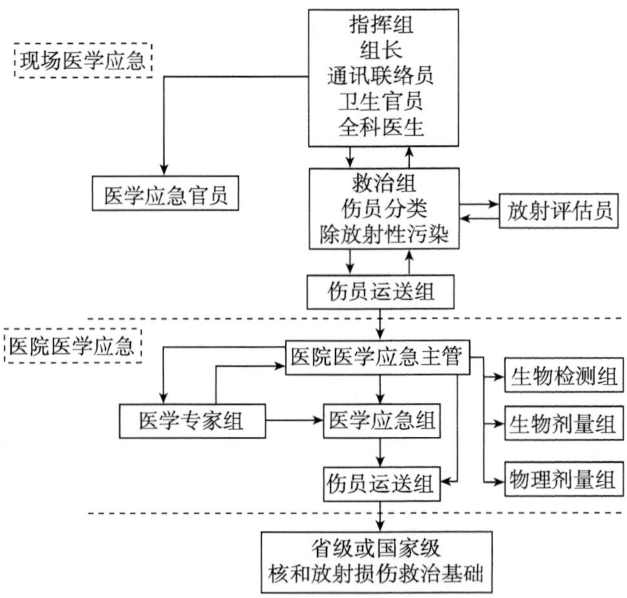


图 7－14 核和辐射事故医学应急组织结构

引自 WS/T 467－2014《核和辐射事故医学响应程序》

若医院无生物检测组、生物剂量组和物理剂量组，协调院外支援

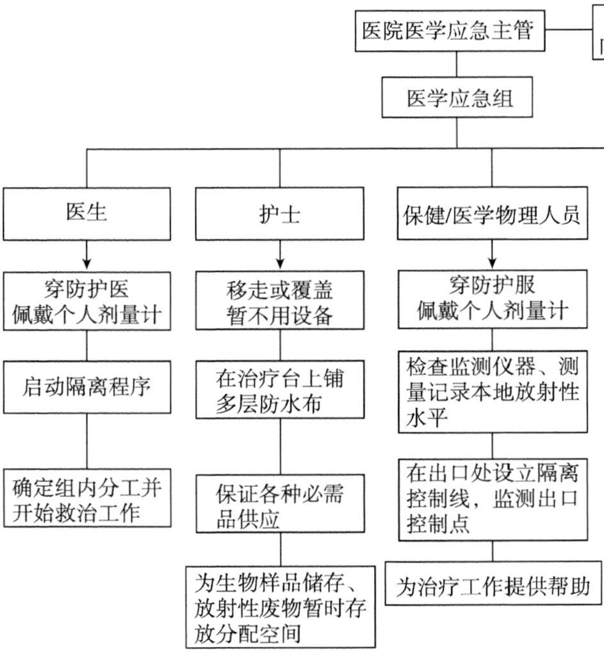


图 7－15　医学应急组成员职责

引自 WS/T 467—2014《核和辐射事故医学响应程序》

#### 7.7.1.2　医学应急队到达前，现场人员职责

(1)关注现场火、烟、蒸汽、化学品、电等常见危险因素，寻找伤亡人员；如有条件，可监测估计放射性危害。

(2)检查伤员状况，转送有危及生命损伤的伤员。

(3)执行紧急救治程序，采取心肺复苏、止血、创伤固定等挽救生命的措施。

(4)除非存在危及生命的危险，一般不要移动重伤员。

(5)陪护伤员。

(6)向医学应急队介绍事故情况，并告知伤员的具体位置。

#### 7.7.1.3　医学应急队到达现场后的工作程序

(1)建立现场医学应急区

听取情况介绍，建立现场医学应急区(图 7－16)，在该区内进行伤情分类(图 7－17)，按国家有关规定上报。

(2)正确穿戴防护装备

医学应急人员进入现场前，正确穿戴防护服、手套、鞋和呼吸装备，佩戴累积式和报警式个人剂量计。

(3)搜救伤员

尽快把伤员从危险区域转移到医学应急区进行分类。进行医疗救治前，要考虑伤员可能接受的辐射剂量和其他常规损伤。

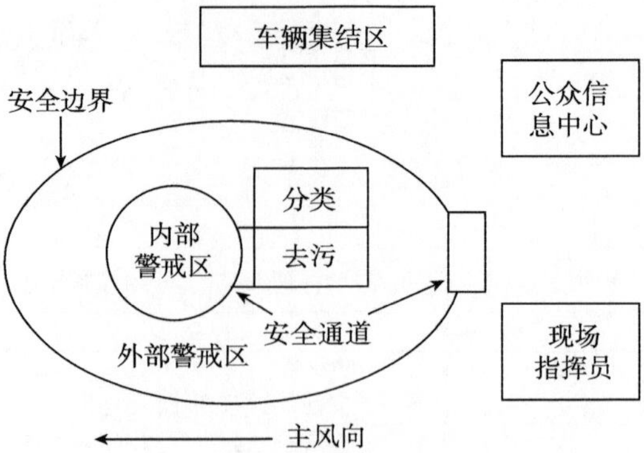


图 7－16　在事故现场设置的医学应急区示意图

引自 WS/T 467—2014《核和辐射事故医学响应程序》

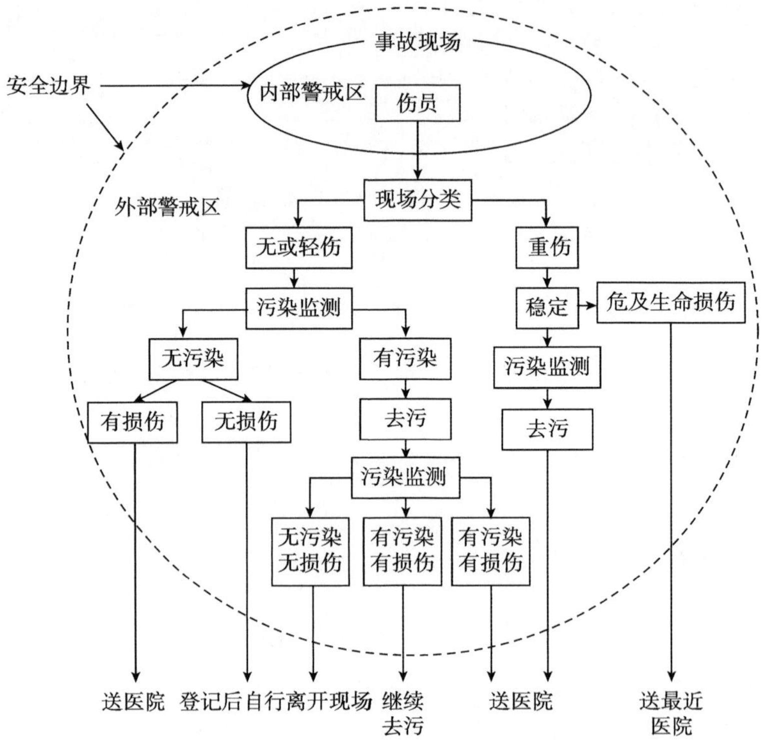


图 7－17　伤情分类流程图

引自 WS/T 467—2014《核和辐射事故医学响应程序》

(4)评估伤员状态,进行伤员分类

优先救助有生命危险伤员、严重医学问题先于放射问题的前提下,进行伤员分类:

立即救助:尚有生命特征,应立即采取挽救生命措施的伤员;

延缓救助:在不对伤员继续造成伤害前提下,可暂缓救助的伤员;

期待救助:拯救生命希望渺茫或需要花费大量资源与时间进行救助的伤员;

轻伤救助:可以走动的伤员。

(5)重伤员救助与伤口处理

主要进行 6 项急救技术，以及在采集生物样本以后及时给与抗辐射剂或阻吸收药。对有生命危险的伤员，即使尚未进行放射性污染监测，也应立即救助。稳定伤情，送往医院，如有需要，请求医学救援。用消毒敷料盖住伤口，做好送往医院的准备。

(6)现场遗体处理

先把在现场发现的遗体放到隐蔽处所，再转走伤员，因外照射死亡的遗体，无需采取防护措施。有放射性污染的遗体，放置标签，待运走遗体后，对存放处进行去污处理。

(7)对伤员进行放射性污染监测

送走有生命危险的伤员后，在放射评估员参与下，对伤员进行放射性污染监测和分类。然后进行相应医学救助。

(8)伤员脱衣、保存伤员污染衣物

隔离有放射性污染、但非危重伤员。除有医学禁忌外，脱掉污染衣物(图 7－18、图 7－19)，可以去掉大部分的污染。在寒冷季节，转送伤员前，脱去外面污染衣服。伤员脱去的衣物应放入塑料袋密封、标识、隔离保存。条件适宜时，进行现场洗消。洗消完毕，检测洗消结果是否符合要求。

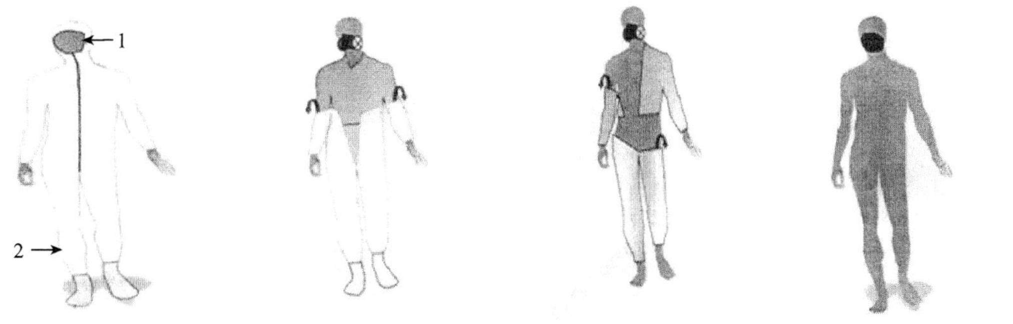


(1) 有污染伤员脱衣　(2) 自内向外卷脱防护服　(3) 衣服自内向外卷脱　(4) 完成脱衣程序

1——呼吸面罩；2——防尘服

图 7－18　有放射性污染可站立伤员的脱衣程序

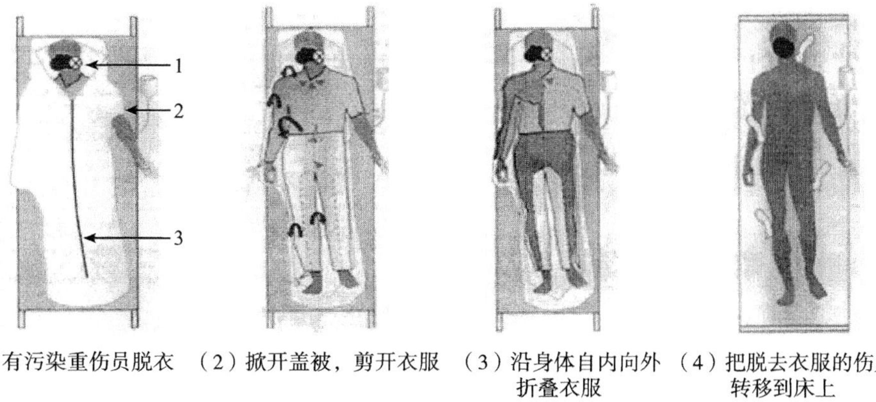


(1) 有污染重伤员脱衣　(2) 掀开盖被，剪开衣服　(3) 沿身体自内向外折叠衣服　(4) 把脱去衣服的伤员转移到床上

1——防护面罩；2——担架；3——盖被

图 7－19　有放射性污染伤员的脱衣程序

(9)评估测量数据并提交

放射性评估员评估测量数据,尽快给出结果,作为伤员分类、医学处理与确定进行长期医学随访人员的依据。把伤员放射监测记录提供给医院剂量估算组。

(10)记录涉及人员资料并通报接收医院

把事故涉及人员的姓名、住址、填入表,供以后随访。把伤员的常规损伤,已知或怀疑有外照射或放射性污染等情况,通知接收医院。

(11)检查人员、设备放射性污染状况

人员、设备应经过放射评估员和除污染人员的放射性污染检查,方可离开现场。应急人员进出高温、火、烟雾等场所,应进行脉搏、体温、血压等测试。

(12)交回个人剂量计

离开现场前,把个人剂量计交相关人员,估算个人剂量。

#### 7.7.1.4 转送伤员程序

(1)现场警戒区内的医学应急人员,将伤员放在床垫上,穿过警戒边界,把伤员连同床垫放在伤员运送担架上。

(2)用床单或毛毯盖严伤员,把伤员运送到医院救护车接待区。

(3)运送过程中,随时观察伤员体征,检查静脉输液管状态,注意控制污染,必要时更换手套。

(4)向医院提供伤员伤情变化信息。

(5)完成运送任务后,医院剂量估算组对运送人员、车辆、装备进行放射性监测和去污后,方可执行常规任务。

(6)把佩戴的个人剂量计交给相关人员,估算个人剂量。

#### 7.7.1.5 关注公众心理动向

在有较多伤员的事故中,评估公众心理状态。如引起公众广泛关注,应通知医院,可能会有大量公众成员到达,具体措施见《核和辐射突发事件心理救助导则》(GBZ/T 262)。

### 7.7.2 医院中的医学应急响应

医院中的医学应急响应,既包括二级救治机构,也包括三级救治机构的应急响应。两个机构在救治任务上有显著差异,但在救治程序方面没有显著差别,所以此处放在一起阐述。

#### 7.7.2.1 医院医学应急的原则

医院医学应急组织结构见图 7－13。

(1)接到通知后,立即启动核辐射应急预案。医院指挥机关立即指定专人与医院内部及外部各方面保持联系,并密切关注:事故地点、事故单位、事故时间、伤员的数目、损伤的类型(单纯的外照射事故或有可疑放射性污染的事故)、伤员有无创伤、生命体征是否稳定、对方的联系方式、伤员可能到达的时间等。

(2)医院内部立即将预先设置的辐射紧急区(radiation emergency area,REA)划分为污染区、缓冲区、清洁区。

(3)原则上污染伤员首先必须通过污染区接受处置,非污染伤员直接在清洁区内处置。伤员首先进入分类室,根据病情轻重、有无体表和体内放射性核素污染,分送到急诊室或洗消室进一步处理。

(4)所有运载伤员进入医院的车辆视为污染车辆,必须经过污染汽车通路,进入污染车辆洗消站,经过洗消、检测合格后方可离开 REA 区。

(5)处于 REA 区的急诊室必须注意正确处理普通内外科得伤情、内污染、外污染的关系:①如果伤员体表和体内有放射性核素污染,须在当地进行体表去污,在事故后 3 h 内开始排除体内的放射性核素。但如病情危急,应先抢救治疗,包括止血、固定、包扎、抗休克等等,待病情稳定后再去除体表和体内的放射性核素污染。②准确记录事故后伤员的症状和体征,收集与测定物理剂量有关的样品,采血做血常规(包括淋巴细胞计数)和送检生物剂量,在此之前不要用肾上腺皮质激素和抗辐射药物。③对需要住院的伤员,要掌握好住院时机、搬运伤员方式、根据科室选择合适的住院科室,搬运伤员途中保障伤员的安全,且不扩散放射性污染。

#### 7.7.2.2 医院中的放射性污染控制

医院中的放射性污染控制,实际就是按照将整个区域划分为污染区、缓冲区、清洁区,并由安保人员强制执行,安保人员不仅要指挥救护车进入合适的入口,还要保证污染伤员入口的安全,并防止无关人员进入污染区,以防止放射性物质扩散及污染面积扩大。

(1)设置医院救护车接待区

救护车接待区应设置在医院应急区入口外;当有较多伤员时,医院实行封闭管理;医院只设两个入口,一个供伤员进入,一个供员工、媒体和管理人员进入。用于接收少数伤员的医院应急区和救护车接待区示意图见图 7－20,用于接收较多伤员的医院应急区和救护车接待区示意图见图 7－21。

从救护车接待区伤员下车处到医院应急区入口,用厚纸板或隔尘垫铺出 1 m 宽通道,并用胶带固定,标识,无关人员禁止入内。

(2)设置医院应急区

医院应急区应有足够面积,能容纳预期数量的伤员;移走应急区原有患者,移走或覆盖暂不用设备。用覆盖物覆盖应急区所有地面,覆盖物与地面用胶带固定。应急区采取严格隔离措施,禁止无关人员进入,应急人员穿防护服进入,必要时设置缓冲区和第二控制线。

检查监测仪器,准备对离开应急区的人和物进行放射性监测,把本底值填入表中。治疗台面铺一次性防水台布,防止除污染过程中污水聚积在伤员身下。准备有塑料内衬的大型废物收集器、不同尺寸塑料袋、警示标签和标志。

在应急区除污染区入口处地面设置有明显标识的控制线,区分污染侧和清洁侧。

使用防水敷料,防止污染液体扩散。准备充足器械,外层手套和敷料等必需品。

(3)在医院应急区控制人员的放射性污染

采取通常预防措施。人员穿防护服,顺序是:穿防水鞋套;穿裤子,把裤子与鞋套扎在一起;穿外科手术服,系好并扎紧手术服开口;戴外科帽和防护面具;戴内层手套,用胶带把

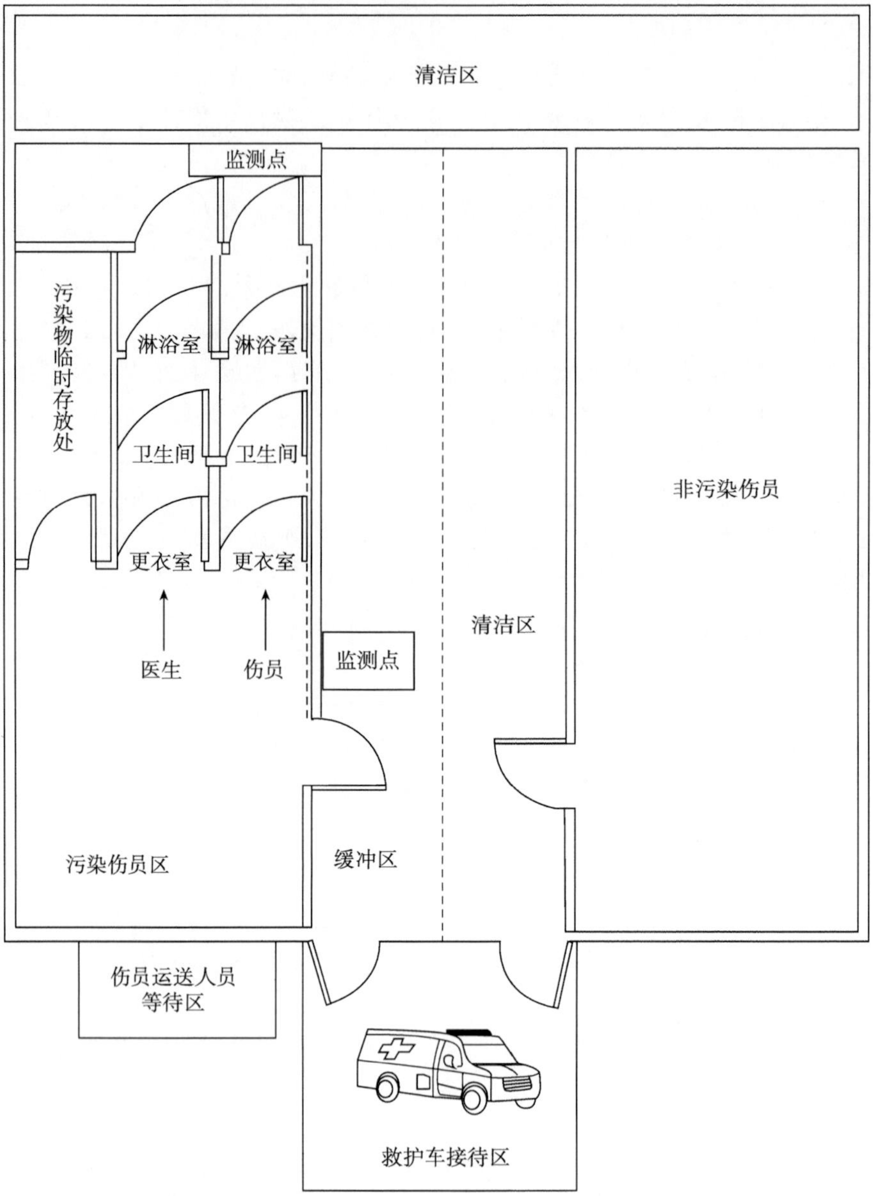


图 7－20　用于接收少数伤员的医院应急区和救护车接待区示意图

引自 WS/T 467—2014《核和辐射事故医学响应程序》

手套与手术服袖口粘在一起，手套应在袖口内；穿戴防溅装备，用液体去污时穿防水围裙；佩戴个人剂量计；戴外层手套。

(4)应急人员离开应急区前执行的程序

检查身体是否有放射性污染。人员脱去防护服，顺序如下：除去罩衣和鞋套上的粘带；脱去外层手套，取下剂量计；除去内层手套的粘带；脱掉罩衣（避免抖动），罩衣面向里折叠好；先把裤子脱到膝盖下方，坐在位于控制线清洁侧的凳子上，再完全脱掉裤子；脱防溅装备；脱外科帽和面罩；脱鞋套；脱内层手套。

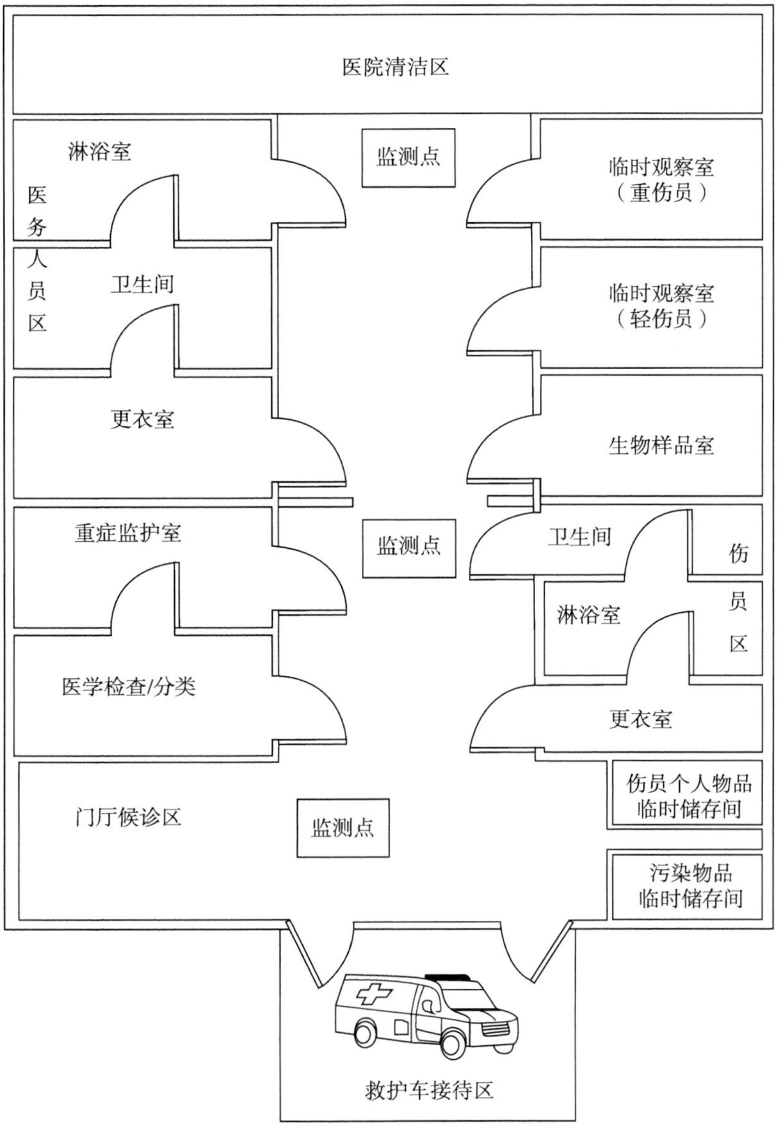


图 7－21　用于接收较多伤员的医院应急区和救护车接待区示意图
引自 WS/T 467－2014《核和辐射事故医学响应程序》

再次检查身体放射性污染状况；如有污染，反复淋浴直到恢复正常；穿好干净衣服，离开应急区。把个人剂量计交给相关人员。

#### 7.7.2.3　在救护车接待区接收伤员

(1)初步评估伤员状况

仔细询问并评估伤员状况，如可能，进行分类和必要诊治；当怀疑或确知伤员有放射性污染时，接诊医生要穿防护服并遵守放射防护规定。

(2)伤员运送组人员留在救护车内

在车辆和人员放射性污染监测完毕前，伤员运送组人员留在救护车内。

(3)安排伤员救治

安排救治顺序,注意严重医学问题优于放射问题。对有生命危险的伤员,若稳定病情,转重症监护室;若伤情不稳定,暂不进行放射性监测。登记怀疑受照但无创伤人员,以进行长期医学随访。

(4)伤员脱衣

除有医学禁忌的伤员外,尽快脱去伤员衣物,移走被单和毯子;脱去的衣物、贴身被单和毯子,放入塑料袋密封、标记并正确存放,以备测量分析。

(5)对伤员进行放射性污染监测

保健/医学物理人员对身体状况允许的伤员进行放射性污染监测,确定有无污染和污染部位,注意伤员用放射性核素做心脏起搏器的可能性。

(6)对伤员的医学处理

根据放射性污染监测结果,参照上面的措施执行。

(7)伤员转送

根据伤员状况,转送相应部门:有放射性污染并受照伤员,送应急区去污(有医学禁忌除外);无放射性污染但受照伤员和常规创伤伤员,送普通治疗区;有放射性污染未受照伤员,留救护车接待区,在去污和评估后离开。

(8)填写伤员登记表

把在救护车接待区获得的信息填入伤员登记表。

#### 7.7.2.4 在应急区对有放射性污染并受照伤员的评估与治疗

(1)再次评估伤员状况

按重、轻伤员顺序,再次评估伤员意识水平与生命指征、放射性污染与受照状况,稳定病情。如有怀疑或确知伤员有放射性污染,医生穿防护服,遵守放射防护规定。接收有气管和支气管内插管的放射性污染伤员时,考虑有放射性内污染的可能性。

(2)为伤员脱衣及衣物保存

在不危及伤员生命或损伤肢体情况下,对未脱衣伤员尽快脱衣。脱去的衣物、贴身被单和毯子,放入塑料袋密封、标记并正确存放,以备测量分析。在有外照射情况下,收集伤员手表、纽扣、牙冠和饰物,以估算剂量。工作人员接触放射性污染衣物后,更换手套。

(3)监测伤员的放射性污染

保健/医学物理人员对伤员进行放射性污染监测。

(4)检查和询问伤员,获取相关资料

检查和询问伤员,获取伤员职业史、过敏史、疾病史和正在使用的药物等资料,提供心理支持。如伤员为怀孕女性,估算胎儿辐射剂量,给出合理建议。

(5)掌握完整事故资料

取得完整事故资料,确定外照射可能性。如资料不全,观察放射性引起的症状体征,由保健/医学物理人员进行剂量估算。

(6)评估放射性内污染的可能性

如怀疑有放射性内污染,收集样品分析,具体见表7-4。由保健/医学物理人员估算内剂量,必要时进行促排治疗。

**表 7—4　在医院医学应急区收集样品**

| 伤员分类 | 样品 | 目的 | 操作 |
| --- | --- | --- | --- |
| 有放射损伤 | 立即进行血细胞计数和分类。全身受照伤员测量淋巴细胞计数，6 h 一次，持续 2 d | 估计受照剂量范围；<br>初始计数为基线，随后计数反应损伤程度 | 选择未受污染部位静脉取血，处理好针孔 |
|  | 尿常规分析 | 初步判断肾功能，建立尿常规基线，对内污染伤员尤为重要 | 样品收集过程中避免污染，必要时伤员戴塑胶手套取样；标明样品收集日期和时间 |
| 怀疑有体外放射性污染 | 从耳、鼻和口腔擦拭样品 | 估计体内放射性污染可能性 | 用盐水或水棉签擦拭鼻、耳和口内表面 |
|  | 收集伤口敷料和伤口擦拭样品 | 确定伤口有无放射性污染 | 用过的敷料放入塑料袋；用棉签或注射器从伤口收集分泌物；取出伤口中的异物放入容器，容器置于铅罐中 |
| 怀疑有体内放射性污染 | 每日收集尿样，持续时间取决于体内放射性污染状况与活度 | 测量排泄物中的放射性核素，确定体内放射性污染 | 用 24 h 尿液收集器 |
|  | 每日收集粪便，持续时间取决于体内放射性污染状况与活度 | 测量排泄物中的放射性核素，确定体内放射性污染 | — |

注：引自 WS/T 467—2014《核和辐射事故医学响应程序》。

(7)对呕吐伤员的处理原则

对无内外放射性污染但出现恶心、呕吐症状的伤员，在医院应急区观察 6 h，按表 7—5 处理。

**表 7—5　呕吐开始时间与处理原则**

| 全身受照 |  | 处理原则 |
| --- | --- | --- |
| 症状 | 吸收剂量 Gy |  |
| 无呕吐 | <1 | 普通医院门诊观察 5 周(血液、皮肤) |
| 照后 2～3 h 开始呕吐 | 1～2 | 医院血液科或外科(或烧伤科)住院治疗 |
| 照后 1～2 h 开始呕吐 | 2～4 | 送核和辐射损伤救治基地或有放射病科/中心的医院治疗 |
| 照后 1 h 内开始呕吐并有低血压等其他症状 | >4 | 送核和辐射损伤救治基地或有放射病科/中心的医院治疗 |

注：引自 WS/T 467—2014《核和辐射事故医学响应程序》。

(8)拍照受伤部位

对怀疑放射损伤部位，每周拍照 2 次。如症状变得明显，则每日拍照。照片存入伤员医学应急表中。

(9)收集和分析样品

收集样品，分开保存，标明姓名、日期、取样时间和取样部位。保留样品，供后续调查使用。在有较多伤员的事故时，只对有或可能有前驱症状的人进行血细胞计数和分类。

(10)伤员转诊

把已有或预期会有全身或局部症状的伤员，转诊到医院相应部门或后送医院治疗。

(11)填表

把从救护车接待开始的数据填入医学信息表。

#### 7.7.2.5 在应急区对无放射性污染但受照伤员的评估和治疗

(1)再次评估伤员状况

再次评估伤员呼吸和循环状况。迅速评估伤员意识水平与生命指征,稳定伤员状态。

(2)检查和询问伤员,获取相关资料

必要时,由剂量估算组对伤员进行放射性污染监测,确认伤员无内外放射性污染。询问伤员职业史、过敏史、疾病史和正在使用的药物。根据心理状况,提供心理支持。若伤员为怀孕女性,估算胎儿受照剂量,给出合理建议。

(3)掌握完整事故资料

取得完整事故资料,确定外照射可能性。非受照伤员待伤情稳定后,出院或转到医院相应部门治疗。如资料不全,观察放射性引起的症状体征。

(4)对呕吐伤员的处理原则

对无内外放射性污染但出现恶心和呕吐症状的伤员,在医院应急区观察 6 h,按表 7—6 原则处理。

(5)拍照受伤部位

对怀疑放射损伤部位,每周拍照 2 次。如症状变得明显,则每日拍照。照片存入伤员医学应急表中。

(6)收集和分析样品

收集样品,分开保存,标明姓名、日期、取样时间和取样部位。保留样品,供后续调查使用。照后 2 d 内,每 6 h 测 1 次淋巴细胞计数;随后 5 d 中,每 12 h 测 1 次。淋巴细胞计数可作为判断预后存活参考标准。

(7)伤员转诊

把已有或预期会有全身或局部症状的伤员,转诊到医院相应部门或后送医院治疗。

(8)填表

把从救护车接待开始的数据填入医学信息表。

#### 7.7.2.6 在应急区清除伤员放射性污染

(1)确定除污染办法

分析伤员情况,确定除污染办法。穿好防护服,向伤员解释将进行的操作。

(2)除污染步骤

根据放射性污染监测结果,按伤口、眼耳口鼻、高水平皮肤污染区和低水平皮肤污染区顺序清除放射性污染。随时注意伤员生命指征。

①伤口去污

用防水敷料覆盖伤口,防止污染扩散;除能证明伤口无放射性污染外,应认为任何伤口都受到了放射性污染。放射性物质通过伤口进入体内,应根据半衰期、溶解度、毒性组别与活度,采取相应措施。

清除伤口中可见污染物,保存以备分析。反复用盐溶液或水冲洗伤口;每次冲洗后进行放射性污染监测，判定去污效果。每次去污都应更换敷料和手套。伤口去污后，进行常规处理；如去污后伤口仍有污染，清创。用防水敷料覆盖去污后的伤口。在缝合伤口或进行其他处理前，对伤口周围的皮肤彻底去污；注意烧伤痂对敷料和床单的放射性污染。

②眼耳口鼻去污

眼：翻起眼睑，从内眼角到外眼角直接从水或盐溶液冲洗，有受过训练的人员操作。

耳：冲洗外耳，用棉签清洗耳道口，用耳好冲洗器冲洗耳道，注意保护鼓膜。

鼻：伤员自己擤鼻涕，保存擦鼻纸，以备分析。

口：刷牙漱口；如眼部污染，用3%过氧化氢溶液漱口；若咽下放射性物质，洗胃。

③毛发去污

轻度污染：水加洗发液洗3次，冲洗，监测，防止液体流入眼耳口鼻内。

不易去除的污染：用水加糊状肥皂洗，用软刷轻刷。

无法去除的污染：剪掉毛发(不可剃刮)，避免出现伤口内污染。

④对未损伤局部皮肤去污

从污染周边到中心，用温水逐渐加力擦洗(不可喷溅)，避免损伤皮肤。

若无效，改用中性肥皂水或稀释1～10倍的次氯酸钠水擦洗3～4 min，不可使皮肤发红或损伤；冲洗2～3遍后，擦干，探测器检查污染部位。如需要，重复上述步骤。

当污染水平不再下降，或皮肤刺激明显时，停止操作。用棉敷料盖住污染皮肤(戴棉手套和塑料手套)，待出汗后，再清洗和监测；必要时重复。

⑤大面积皮肤去污

淋浴冲洗，避免水进入眼耳口鼻内；如需要，再次冲洗。每次清洗完毕，用毛巾擦干。水可排入下水道。

(3)现场处理后的伤员转移

完成急救处理和去污后，从应急区转走伤员。

可走动伤员：穿鞋套，沿铺好清洁覆盖物通道走至控制线，坐在清洁侧轮椅上离开。

不可走动伤员：沿铺好清洁覆盖物通道拿进担架，用担架抬出。

(4)记录

把进行的操作和效果记录在表中。

#### 7.7.2.7 在应急区对伤员体内放射性核素的促排治疗

(1)确定方案

分析收集的信息，确定促排方案，向伤员解释将要进行的操作。

(2)洗胃与洗肺

对一次性食入大量未知放射性核素的伤员，在食入后1～2 h洗胃。如吸入大量不溶性放射性物质，只在不损害肺功能情况下才可洗肺。

(3)促排治疗

根据生物检测和整体测量结果，针对特定放射性核素进行促排治疗。随时注意伤员生命指征。

(4)评估促排效果

生物监测组评估并给出促排效果，做出是否继续促排的决定。如必要，持续进行促排治疗。

(5)填表

填写医学信息表,记录治疗措施。

#### 7.7.2.8 伤员转往医院相关部门的评估与治疗

(1)伤员转科治疗

伤员在医院应急区完成去污并伤情稳定,把创伤与放射损伤伤员转往医院血液、创伤、整形和烧伤等科室继续治疗。向相关医生介绍情况,确定工作程序。

(2)再次评估与治疗局部放射损伤

对疑似局部放射损伤部位,每周拍照 2 次。如症状变得明显,则每日 1 次拍照。照片存入伤员医学应急表中,作为判断局部放射损伤的依据。

受照数天到数周后,局部放射损伤部位会出现类似烧伤症状,其严重程度与剂量值、剂量率、辐射类型、受照部位、受照面积和照射几何条件等有关。

(3)评估与治疗急性放射病

获取照射过程详细资料,确定急性放射病的可能性。综合临床表现和医学需要(不是根据辐射剂量),制定对伤员的治疗方案。

剂量估算人员提供剂量估算数据,必要时调整治疗方案。根据有无内污染,加入促排治疗内容。根据伤员状况和治疗方案,结合本院治疗能力,考虑把伤员转送后送医院的必要性。如需转送,要把伤员连同完整医学记录一起转送到后送医院治疗。治疗继续留本院的伤员,直至出院。

(4)对出院伤员的建议

提出继续门诊治疗和长期随访建议。

#### 7.7.2.9 转送伤员到后送医院

(1)相关资料要与伤员一起转送

当伤员伤情和受照情况超过医院医护能力时,把伤员连同所有医学和放射医学数据复印,转送到后送医院。

(2)转送伤员前医院医学应急部的工作

与后送医院取得联系,确定转送伤员程序等项工作。

对未确认和已确认有放射性污染的伤员,控制污染:用床单裹住伤员或盖住污染部位,用防水敷料盖住伤口,并用胶带固定。保健/医学物理人员陪护转送伤员。

(3)转送途中的放射性污染控制

对体表无放射性污染的伤员,无需控制,但需在资料中注明。

注意防止体表污染的伤员污染车辆和人员。对有内污染的伤员,防止污染向外部扩散,防止呕吐物污染设备和人员。

(4)转送伤员后保健/医学物理人员的工作

向接收伤员的后送医院提供伤员放射性污染情况报告。把转送伤员用过的放射性污染物品装入塑料袋密封并标记,送至指定地点贮存。投入常规服务前,对乘员、救护车和设备进行放射性污染监测,发现污染,监督去污。

(5)后送医院接收医师的职责

对转送来的伤员，如有放射性污染，再次对皮肤和伤口去污。收集伤员排泄物进行放射性分析。

### 7.7.2.10 对伤员的放射性污染监测

(1)监测前的准备

检查放射监测设备是否处于正常工作状态。打开污染监测仪音频开关，把探头放在薄塑料袋中(不要遮挡探头窗口)，测量面积应大于 20 $cm^2$；定期测量并记录测点放射性本底水平。

(2)根据医生要求对伤员进行快速个人剂量监测

对无伤和轻伤员的监测见前面。对重伤员监测应获医生同意；重伤员仰卧，只测头顶、面部、双手、双腿和前身；如身体状况允许，测量背部；个人监测不可影响对生命垂危伤员的救治和转送。当污染人数较多时，可在运动场、体育馆和社区中心等处设立监测点；配备人员、监测设备和除污染设备等，保存监测记录。如把未监测伤员送到了医院，把情况通知医院医学应急部。

(3)伤口监测

用专用伤口探测器测量无覆盖伤口。测量被 α 粒子污染的伤口时，先用消毒纱布擦拭伤口、吸干，再测量伤口和纱布。伤口监测的目的是确定放射性物质在伤口的位置，以便有效去污，不可用于估算内照射剂量。

(4)眼耳口鼻监测

用面积 30～100 $cm^2$ 大窗探测器测量眼耳口鼻周围部位，再用小窗探测器找出污染点。事故发生后 10 min 内，用湿润棉签擦拭口和鼻，取擦拭物测量。

(5)评估监测结果

把高于本底水平 2 倍的部位视为污染部位。如测出在正常情况下不会出现的放射性核素(如碘)，即认为有污染。当测出 α 污染读数小于 2 倍本底水平时，污染不会达到医学显著水平，为防止 α 或低能 β 的内污染，需要采取脱衣等措施。事故发生 10 min 内，取口和鼻擦拭物测量，若每分钟几百或更多计数，表明有大量摄入；若仅数十计数，摄入的可能性小。

(6)皮肤监测与去污处理

核事故时，把伤员皮肤监测结果与表 7－6 比较，进行个人监测评价，并进行去污处理。操作干预水平(Operational intervention level，OIL)是指与干预水平相当，可通过测量或实验室分析确定，直接用于确定适宜的防护行动。

**表 7－6 皮肤放射性污染的操作干预水平(OIL)**

| 操作干预水平 | α | β/γ | | 低毒性 β/γ[1] | 采取的行动 |
|---|---|---|---|---|---|
| | $Bq/cm^2$ | $Bq/cm^2$ | $\mu Sv/h^{b}$ [2] | $Bq/cm^2$ | |
| OIL-1 | $>1\times10^3$ | $>1\times10^4$ | 2～3μSv/h 在低本底地区测量[3] | $>1\times10^6$ | 必需：防止不慎食入；限制污染扩散；去污；如有放射性碘，立即服稳定碘；进行医学检查与必要治疗；进行长期随访登记；进行心理辅导(尤其对孕妇) |

续表

| 操作干预水平 | α | β/γ | | 低毒性 β/γ(1) | 采取的行动 |
|---|---|---|---|---|---|
| | Bq/cm² | Bq/cm² | μSv/h b (2) | Bq/cm² | |
| OIL-2 | $>1\times10^2$ | $>1\times10^3$ | 0.2～0.3μSv/h 在低本底地区测量(3) | $>1\times10^5$ | 建议：防止不慎食入；限制污染扩散；去污；如有放射性碘，立即服稳定碘；进行长期随访登记；进行心理辅导(尤其对孕妇) |
| OIL-3 | $>1\times10^1$ | $>1\times10^2$ | 测不出 | $>1\times10^4$ | 选择：去污；淋浴；更衣；解除控制 |
| — | 可测出，但$<1\times10^1$ | 可测出，但$<1\times10^2$ | 测不出 | 可测出，但$<1\times10^4$ | 无：无危险。告知获取更多信息的途径 |

注：1.低毒性 β/γ 指 $^3H$，$^{51}Cr$，$^{55}Fe$，$^{63}Ni$，$^{99m}Tc$。

2.在 10cm 处测量的周围当量计量率。

3.低本底剂量率，假定为约 0.1 μSv/h。

引自 WS/T 467—2014《核和辐射事故医学响应程序》。

(7)监测并封存伤员污染衣物

监测伤员物品，把污染物品放入隔离袋中，做好标记，脱掉污染衣服，装入袋中并标记。提供替代衣服。

(8)填表记录。

# 7.8 伤员去污

表面污染是指人员、物体的表面具有放射性物质的污染。核武器爆炸、核辐射事故等情况下，以及操作非密封放射性物质的过程中，特别是开放型操作，往往不可避免地会使建筑物、设备、工具、以致人体表面沾染上放射性物质，这个现象统称为表面放射性污染。放射性表面污染，应在国家标准要求的控制水平以下。如果发生严重污染，不但可能使人员遭受外照射和内照射危害，而且能增高环境的辐射本底，影响测量结果的准确性，甚至还会通过各种传播途径，造成周围环境的污染。

## 7.8.1 概述

当人员发生污染时，采用各种去污措施，快速有效去除体表和伤口污染，使之降至允许的标准值以下，从而达到保护受污染机体的目的，避免或减轻内照射放射损伤。

### 7.8.1.1 人员职能

(1)外科医生：具有现场急救能力；熟练掌握核与辐射损伤防护规律；掌握放射损伤伤员去污程序，能够使用制式装备和简易器材对辐射伤员进行污染去除；能够指导非担架伤员自行去污，对担架伤员进行进一步去污处理，能够完成分队自身污染去除。

(2)辐射检测人员：具有核与辐射专业知识；能够熟练掌握各类核科学仪器的操作使用；评估污染去除效果，做出停止去污的决定。

(3)护士：能收集等级伤员污染物和个人物品，防止污染扩散；能进行非担架伤员自行去污，对担架伤员进行进一步去污处理；负责分队自身污染去除。

#### 7.8.1.2 人员定位和职能举例

表 7—7 去污组人员定位和职能举例

| 重伤员通道(H) | 轻伤员通道(L) |
|---|---|
| 前室：去污员 X1 | 前室：去污员 X5 |
| 查看伤员伤票；<br>脱去外(内)衣，必要时剪去，并放置专用污物袋里，做好登记；<br>收集伤员污物，贵重物品做好标记；<br>对伤员进行体表污染检测，做好伤员体表标记和记录；<br>将担架送入中室去污 | 查看伤员伤票；<br>导伤员脱去外(内)衣，<br>收集伤员污物，贵重物品做好标记；<br>对伤员进行体表污染检测，做好伤员体表标记和记录 |
| 中室：去污员 X2、去污员 X3 | 中室：去污员 X6 |
| 去污员 X2：<br>①对伤员伤口去污；<br>②对伤员进行局部或全身去污；<br>去污员 X3：<br>协助去污员 X2 做好去污工作 | 对伤员伤口进行去污；<br>指导伤员进行局部和全身去污 |
| 后室：去污员 X4 | 后室：去污员 X7 |
| 检测去污效果；<br>帮助伤员擦干身体、换上干净衣服；<br>填写伤票，做好登记；<br>协助伤员后送 | 检测去污效果；<br>帮助伤员擦干身体、换上干净衣服；<br>填写伤票，做好登记；<br>协助伤员后送 |

#### 7.8.1.3 基本去污剂和基本去污用品

国家标准《人体体表放射性核素污染处理规范》(GBZ/T 216)，对基本去污剂和去污用品的规定如下。

(1)基本去污剂

3%枸橼酸溶液、2%重碳酸钠溶液、3%过氧化氢溶液、0%EDTA 溶液、$CaNa_3DTPA$ 和 1%DTPA(pH 3～5)溶液；1.4%重碳酸盐溶液、鲁戈(lugol)液、醋酸溶液(pH4～5)或食用醋、高锰酸钾、硫代硫酸钠或盐酸羟胺、玫琮酸钾、2%利多卡因、生理盐水、无刺激性滴眼液和 1%稀盐酸。

(2)基本去污用品

软毛刷、毛巾、浴巾、纸巾；洗眼壶；鼻腔灌洗器、鼻拭子；污染伤口处理器械和药品；理发工具、指甲剪、剃须刀、牙刷；清创包及污染伤口处理器械和药品；棉签和棉球、创可贴；2%碘酊、75%乙醇；手套、手术衣、手术帽；隔离布、隔离衣、隔离帽；污染物收集器具、生物样品采集器具、污染人员更换衣物。

(3)大型去污装置

现场可配备去污设备或去污箱作为现场救援的基本装备。在大型的核辐射事故应急救援队，也配备了相应的去污箱组、可自动翻转的去污床、去污帐篷、去污车等大型去污设备，见图 7—22。如我军防化部队的洗消车以及市售的大型去污装置。

图 7—22　可自动翻转的去污床

伤员放射性污染去污系统专为核应急状态下去污设计的应急救援装备，躺在专用担架上的伤员直接进入洗消床体，进行全身及局部去污。该系统由去污床体、伤员转运床、增压清洗模块、去污液补给模块、负压风淋模块、热风烘干模块、伤员自动旋转模块、废水收集模块、自动控制模块等组成。采用负压吸附技术，在清洗前对伤员进行负压风淋，去除伤员身体表面的放射性尘埃等，减少放射性扩散造成的次生污染。设备电气控制采用可编程逻辑控制器件结合人机交互界面，实现床身旋转的自动、手动控制，并对设备运行过程中的温度、流量、液位等关键参数自动采集、显示、记录、存储。采用通风烘干技术，实现伤员污染部位清洗后及时干燥，不用毛巾，减少二次污染。可搭载人员体表放射污染检测系统，对去污伤员进行全过程污染部位检测，将污染及去污信息统计分析上传。预留可搭载急救要素模块位置，对伤员突发情况进行处置，主要可搭载除颤仪、监护仪、气管切开包、胸腔闭式引流包、清创包、简易呼吸机、输液装置、吸氧与负压吸引接口、急救药品与敷料等抢救模块，具备止血、通气、气管切开、胸腔闭式引流、心肺复苏与监护、吸氧、吸痰、抗休克及输液等功能。

#### 7.8.1.4　人体体表放射性污染处理的原则和要求

（1）存在于人体体表放射性核素的污染，原则上应尽快去除干净，但也不能过度实施去污程序，以免损伤体表，促进放射性核素吸收。

（2）尽可能地从事故情况判断出污染核素种类，选择适当的仪器作污染测量。体表污染测量要按程序进行，不要遗漏。对测量结果记录于“人体体表放射性核素污染去污记录表”。

（3）在对污染人员分类救治时，体表污染 2 倍于天然本底以上者，应视为放射性核素污染人员，应进一步测量。

（4）对放射性污染人员尽可能现场就近处理。尽快脱去污染的衣物和鞋，并装入污染物品袋，备详细测量。要尽早开始流动水冲洗去污，比晚些时间高效去污再开始去污效果要好得多。

（5）在去污过程中，污染衣物的脱放、去污剂的选取、污染人员的管理等一系列行为要始终贯穿避免放射性核素进入体内和避免播散到他人他处的指导思想。

（6）禁用可能促进污染放射性核素入体的有机制剂、浓度较大的酸碱溶剂和对皮肤有较强刺激性的溶剂。

（7）β—γ 放射性核素（特别是软 β 核素）和可转移性放射性核素的严重污染，更应该尽早去污和相应地测量、评估及医学处理。以避免发生急性 β 射线皮肤烧伤和放射性核素内污染。

(8)对严重污染人员和疑及深度创伤污染人员，要尽可能擦拭取样，或留存清创组织/血液，作放射性核素分析，以便确定放射性核素种类，指导医学处理和日后损伤评估。

(9)对疑及放射性核素吸收入体，造成放射性内污染的人员，应作进一步测量和(或)生物样品放射性核素分析，估算摄入量，以指导进一步的医学处理。

## 7.8.2　非伤员的去污

根据《人体体表放射性核素污染处理规范》(GBZ/T 216)，人体体表包括健康体表和创伤体表，其放射性污染处理的原则、要求和处理程序和方法存在差异。

### 7.8.2.1　健康体表放射性污染的处理程序和方法

(1)要优先于严重污染人员和创伤污染人员。要优先处理人体孔腔(如眼口鼻等)处的污染，去除要遵循先低污染区，后高污染区(图 7－23)和先上后下的顺序。要注意皮肤褶皱处和指甲缝处的去污。

图 7－23　去污的方向示意图：单一的向内运动或循环运动

(2)尽可能用温热的(小于 40 ℃)流动水去污。用香皂或中性肥皂、洗涤剂清洗的同时，尽早用上效果更高的专用去污剂。要用软毛刷，认真、细致、轻柔地擦洗 3～5 次。

(3)眼和头面部污染，首先俯面用向上喷淋的流动水冲洗眼和头面部。继之，用生理盐水冲洗眼。用 3%枸橼酸或 2%碳酸氢钠冲漱口腔，必要时用 3%过氧化氢溶液口腔含漱，以冲洗咽喉部污染。用棉签擦拭鼻腔，必要时减去鼻毛，向鼻腔喷洒血管收缩剂，以减少放射性核素的吸收。

(4)对稀土元素、钚和超钚核素污染，用含 EDTA 或 DTPA 的专用肥皂，或用 10% EDTA 溶液或 1%DTPA(pH3～5)溶液。对铀污染，用 1.4%碳酸氢钠溶液清洗。对放射性碘污染，用含碘的鲁戈( Lugol)液清洗。对放射性磷污染，用醋酸溶液(pH4～5)或食用醋清洗。

(5)对不明核素又难以去除的皮肤污染，用 5%高锰酸钾溶液刷洗或浸泡污染部位 3～5 min，再用新配制的 5%硫代硫酸钠(或 5%～10%盐酸羟胺)溶液刷洗或浸泡脱色。

(6)对未能彻底去污的部位，涂对皮肤无刺激性的消炎药膏，或用湿纱布敷盖以保护皮肤，或带上手套，也可避免放射性播散。

### 7.8.2.2　皮肤去污中的注意点

皮肤污染往往伴随着复杂的物理化学作用过程，污染的时间愈久，则愈难去污。所以，当皮肤受到放射性物质污染时，应及时用大量清洁温水冲洗，加用普通肥皂擦洗皮肤纹理处，再用软毛刷刷洗，经 2～3 遍清洗，一般均能达到去污要求。

当皮肤受到严重污染或污染时间较久时，采用一般清洗法不能达到满意的效果。可根据所污染的放射性核素种类，选用 EDTA－Na 肥皂、自力牌去污皂(普通肥皂 90.4%、EDTA－Na 2 3.6%、六偏磷酸钠 6.0%)或陶土糊剂，加温水刷洗 2～3 遍，清水冲洗后可得很好效果。也可采用饱和高锰酸钾溶液浸泡数分钟后，清水冲洗，再用5%的亚硫酸氢钠或草酸溶液浸泡，清水冲洗，可得很好的去污效果，但仅限一次。因高锰酸钾是氧化去污，它可除掉皮肤角质层，多次使用会损伤皮肤真皮层，促进核素由皮肤的吸收。

在皮肤去污时，应注意切勿使用具有腐蚀性的强酸、强碱，切勿使用破坏皮脂的有机溶剂，不宜使用过热的水和硬毛刷去污，以防毛细血管扩张而增加皮肤的通透性，或擦伤皮肤，造成放射性核素吸收增加。

必须指出，皮肤受到盐类颗粒状放射性物质污染后不能用液体去污剂去污，因盐类水解后可扩散污染面积，应当采用膏状去污剂去污染。

## 7.8.3 对伤员的去污

### 7.8.3.1 创伤体表放射性污染的处理程序和方法

(1)污染创伤的尽早去污更为重要，若疑及放射性核素(特别是高毒性的 α 核素和易转移性放射性核素)污染工具或硬物刺伤，则最好立即开始用清水冲洗，失血不多时，也不要急于止血，继之再作表面污染测量。

(2)将创伤污染人员迅速转移至安全场所，在保护创面清洁的前提下，脱掉或剪下衣服，暴露创面，以便于处理。

(3)尽早用蒸馏水或大量清水冲洗创伤表面，用生理盐水更好，但不要因等渗溶液而延误了开始清洗的时间。

(4)对稀土元素、钚和超钚核素污染的创伤，宜用弱酸性(pH3～5)的 $CaNa_3$－DTPA 溶液(1.0 g)和 2%利多卡因 10 mL，加入到 100 mL 生理盐水中冲洗。对放射性锶污染的创伤，可在创伤部位撒布玫瑢酸钾。

(5)同时对污染创伤部位进行直接污染测量或必要时采样测量，α 核素污染则需伤口污染探测仪探测并对污染点定位。根据污染核素种类、水平、范围和对预后功能的可能影响指导去污操作。

(6)对创伤较脏或污染点小且明确的创伤，往往需要在局麻下进行伤口清创，一是清污染，二是清除异物，洁净伤口。对撕裂伤，则要清整伤口，清除破损组织。对深部刺破伤，并疑有残留物或严重残留污染，则需借助伤口探测仪准直定位下实施手术。

(7)污染创伤的清创手术遵循一般外科手术原则外，尚应遵循放射性污染手术的处理规则；在污染部位每进一刀，或更换刀片，或边测量污染水平边进行，以避免因手术器械导致污染的扩散。

(8)对创伤结痂应留存，以作放射性核素测量和分析。

### 7.8.3.2 伤员去污的操作流程(举例)

(1)穿戴防护装备，穿着 C 级防护服。

(2)现场展开，迅速划定伤员停放地点和去污组伤员通道的位置。手持式表面污染监测仪、便携式巡检仪、去污标识摆放、伤员去污箱组摆放，核事故应急救援药箱和医疗用品等的开机和摆放。

(3)伤员去污，接收伤员，组长查看伤情卡；根据伤员的伤情和污染情况，组长分别引导进入轻伤员通道和重伤员通道。

(4) 重伤员去污

当重伤员被送至去污组时，由重伤员通道的工作人员负责去污。

1)去污室(前室)：X1

①查看伤员伤票。脱去伤员外(内)衣，必要时剪去，并放置专用污物袋里，做好登记。

②收集伤员污物，个人贵重物品，做好标记。

③伤员进行体表污染检测，做好伤员体表标记和记录。

对人员进行体表放射性污染检测时，使用表面沾染检测仪。需预先测量监测地的本底水平作为参照。检查α污染，探头距污染表面小于0.5 cm，但注意不要接触；检查β污染时探头距污染表面约2.5～5.0 cm，移动速度约5.0 cm/s。测量的线路如图7－24所示。

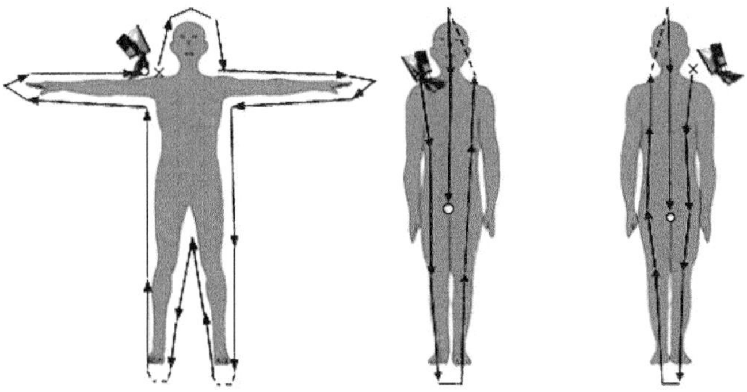

图7－24 人员体表测量的线路图

引自GBZ/T 216－2009《人体体表放射性核素污染处理规范》

让受污染人员站在一张干净的垫子上，采用直立、四肢和手指分开的姿势。首先测量手和手臂，再重复一次；再从身体前面头顶开始至全身，仔细测量前额、鼻、口腔、颈、躯干、膝和踝部；转身按同样顺序测量身体的背面；最后测量脚底。将测量结果记录于“人体体表放射性核素污染去污记录表”(图7－25)，标出污染分布范围和污染水平。对明确已受污染的人员进行去污。

④重伤员躺着接受检测，只检测能进行检测的部位(头的前部、双手、双腿和身体)。对测伤口，用伤口探测器，在伤口无覆盖的情况下进行。

⑤对辐射检测结果高于启动去污水平的伤员，将担架送入中室去污。

2)去污室(中室)：X2、X3

应用伤员去污箱组去污，流程见图7－26。

①进入前的预处理

进入去污帐篷前，由X2、X3手持吹风机从头到脚对伤员H1反复吹冲，稀释和减少污染物质后。再进入去污室内冲洗。

②对伤员伤口去污

开放性伤口的处理：去污前在离原止血带1～2 cm处先放置新止血带，再撕开原止血带。除去伤口包扎物，用伤口专用去污液反复冲洗伤口。擦干，清水冲洗，更换新的防水敷料。对污染创伤部位进行污染测量。

编号：

<table>
<tr><td colspan="4">体表污染人员基本资料</td></tr>
<tr><td>姓名：</td><td>性别：男　　女</td><td>出生日期：</td><td>年龄：</td></tr>
<tr><td colspan="3">工作单位：</td><td>联系电话：</td></tr>
<tr><td colspan="3">现住址：</td><td>联系电话：</td></tr>
<tr><td colspan="4">污染经过：</td></tr>
<tr><td>时间：</td><td colspan="3">部位/皮肤伤口情况：</td></tr>
<tr><td>污染的放射性核元素的情况</td><td>核素种类：</td><td colspan="2">放射性物质的状态：固态　　液态　　气态</td></tr>
<tr><td colspan="2">气溶胶浓度：</td><td colspan="2">防护情况：</td></tr>
<tr><td colspan="4">测量和去污时间：</td></tr>
<tr><td colspan="2">表面污染检测仪名称和型号：</td><td>本底：</td><td>探测效率：</td></tr>
<tr><td colspan="4">去污过程记录</td></tr>
<tr><td>去污方法</td><td>去污面积/cm$^2$</td><td>去污前活度/(Bq · cm$^{-2}$)</td><td>去污后活度/(Bq · cm$^{-2}$)</td></tr>
<tr><td></td><td></td><td></td><td></td></tr>
<tr><td></td><td></td><td></td><td></td></tr>
<tr><td></td><td></td><td></td><td></td></tr>
<tr><td></td><td></td><td></td><td></td></tr>
<tr><td colspan="4">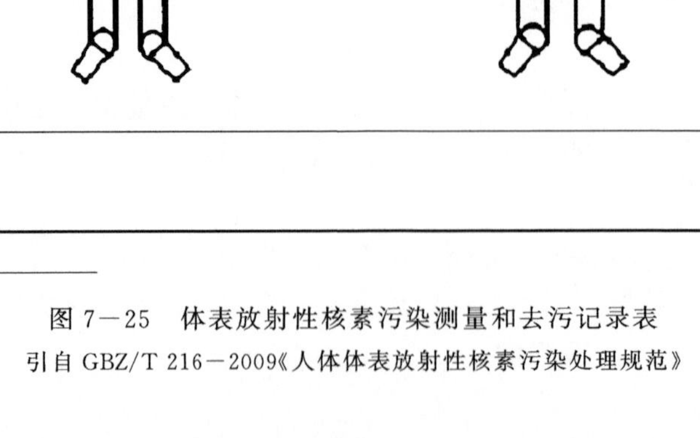</td></tr>
<tr><td colspan="4">备注：</td></tr>
</table>

测量和去污者签名：________

图 7—25　体表放射性核素污染测量和去污记录表

引自 GBZ/T 216—2009《人体体表放射性核素污染处理规范》

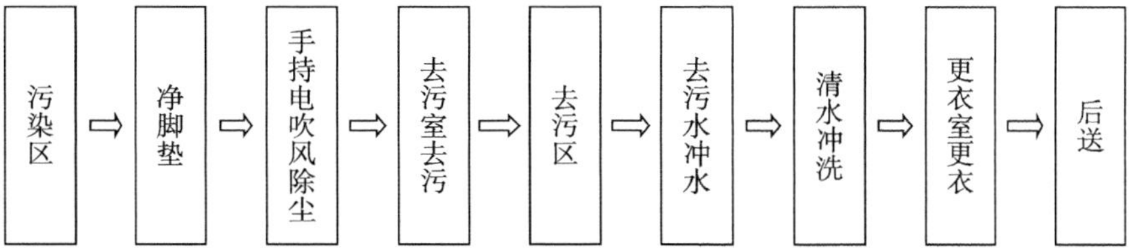


图 7－26　去污室去污流程

水疱的处理：不要弄破，已破水疱按照烧伤治疗原则清洗处理。

清创处理：对创面较脏或污染点小且明确的创伤，除去伤口包扎物，2%利多卡因局麻下清创，清除污染，清除异物，洁净伤口。对撕裂伤，清整伤口，清除破损组织。对深部刺破伤，疑有残留物或严重残留污染，借助伤口探测仪准直定位下实施手术。清创一是遵循一般外科手术原则外，二应遵循放射性污染手术的处理规则，即在污染部位每进一刀，或更换刀片，或边测量污染水平边进行。清创完毕，用伤口专用去污液反复冲洗伤口。清水冲洗，经辐射监测表明符合国家标准的控制水平，擦干，更换新的防水敷料。

同时，静滴促排灵 500 mL 促排因手术操作导致伤口吸收的放射性核素。对严重污染伤口，在不影响功能前提下，一次切除污染组织。留存创伤结痂，以作放射性核素测量和分析。

③对伤员局部去污

人体局部受到放射性污染，仅需进行部分皮肤、器官的去污。洗涤遵循的顺序：先轻污染部位，后重污染部位；身体先上面再下面，注意皮肤褶皱、腔隙部位的清洗，重复 2～3 次，监测放射性水平不再降低为止。

眼部去污：伤员俯面，用向上喷淋的流动水冲洗头面部，用生理盐水冲洗眼。也可使用洗眼器进行去污。为避免鼻泪腺污染，用直接水流或生理盐水水流从内眦到外眦冲洗。

头发去污：使用肥皂（洗发香波等），用丰富泡沫的温水轻轻压洗，注意头发应向后梳，使经过口鼻的食入减到最少。洗 3 次，每次 2～3 min，漂洗干净。表面沾染仪监测放射性水平。如放射性水平仍较高，剪去头发，用皮肤去污方法对头皮去污。

鼻腔去污：用棉签擦拭鼻腔，剪去鼻毛，向鼻腔喷洒血管收缩剂如 1%盐酸麻黄素滴鼻液，减少放射性核素的吸收。

外耳道去污：用水进行外部清洗，用洗耳器清洗耳管，小心不要损伤鼓膜 。

口腔去污：用 2%碳酸氢钠冲漱口腔，用 3%过氧化氢溶液口腔含漱，以冲洗咽喉部污染，不要吞咽。

局部皮肤去污：用塑料布将非污染部位覆盖，用胶布把边缘贴牢，浸湿污染部位，用软毛刷等蘸中性肥皂、香波、洗涤剂等轻轻擦洗。

去污完成，经辐射监测表明，符合国家标准的控制水平时终止。

④皮肤、手和身体

用肥皂（沐浴露等）和温水（40 ℃左右），洗 3 次，每次 2～3 min，注意皮肤褶皱处和指甲缝处的去污。表面沾染仪检查放射性活度水平，重复 2～3 次，至放射性水平不再降低为止，注意不要弄伤皮肤。用羊毛脂或护手霜保护皮肤不皲裂。

难以去污的处理：用上述方法不能去净时，可用专用去污液涮洗污染处 2～3 min，然后用清水冲洗。

⑤特殊核素污染的处理

同“健康体表放射性污染的处理程序和方法”。

⑥未能彻底去污的部位

涂对皮肤无刺激性的消炎药膏,用湿纱布敷盖以保护皮肤,避免放射性播散。

3)更衣室(后室):X4

①检测去污效果;去污完成后,再次辐射监测,在“人体体表放射性核素污染去污记录表”(以下简称“去污记录表”)记录。结果表明符合国家标准的控制水平,终止去污,其余同上处理。

②帮助伤员擦干身体,在去污过的皮肤上涂以羊毛脂或类似油脂,保护皮肤。换上干净衣服。

③登记伤员记录单,填写电子伤票,立刻送往重伤处置组。

(5)轻伤员去污(3 人)

当轻伤员被送至去污组时,由轻伤员通道的工作人员负责去污。

1)去污室(前室):X5

当轻伤员到达检测处时,依次排队,前后间隔 3 m 左右。

①查看伤员伤票,指导伤员脱去外(内)衣。

②收集伤员污物,贵重物品做好标记。

③对伤员进行体表污染检测,做好伤员体表标记和记录,方法同上。对结果高于启动去污水平的伤员,进入去污室去污。

2)去污室(中室):X6,协助伤员进行去污

①进入前的预处理:轻伤员进入去污帐篷前,从净脚垫上走过,去掉脚底污染物,而后站在净脚垫与帐篷入口端。工作人员使用吹风机从头到脚反复吹冲,稀释和减少污染物质后,再进入去污帐篷内冲洗。

②对伤员伤口进行去污,或指导或协助伤员进行局部和全身去污,具体同上。

3)更衣室(后室):X7

①检测去污效果;去污完成后,再次辐射监测表明符合国家标准的控制水平,在“去污记录表”记录。若检测不合格时,须再次进入去污室清洗,直至符合终止去污的标准,其余同上处理。

②帮助伤员擦干身体、换上干净衣服;在涮洗过的皮肤上涂以羊毛脂或其他类似油脂,保护皮肤。更换清洁衣服。

③登记伤员记录单,填写电子伤票,协助伤员,集合归队。

#### 7.8.3.3 启动和终止去污的辐射水平判断

对伤员进行体表污染检测,要做好伤员体表标记和记录,并根据国家相关标准中的控制水平,及时终止去污。

(1)提出去污启动的建议

经检测发现送来的伤员符合以下标准时:体表污染 2 倍于当地天然本底以上者,应视为

放射性核素污染人员，应进一步测量。也有认为，体表污染测量 10 倍于天然本底，或体表 γ 剂量率＞0.5μSv/h 者，有条件时要给予去污处理。此时，启动去污程序。

(2)终止去污的辐射水平

根据具体的情况，执行不同的国家标准。

①核辐射事故应急情况下，在现场救治时，因条件有限，按《核和辐射事故医学响应程序》(WST467—2014)、《核辐射突发事件放射性污染人员洗消流程及技术要求》(T WSJD 7—2020)规定执行，去污后体表 β/γ 射线污染程度应小于 100 $Bq/cm^2$，α 射线污染程度应小于 10 $Bq/cm^2$。如果进入二级、三级救治机构，此时去污和救治条件较完善，对伤员去污效果可以按照如下原则要求：如 β＋γ 污染水平低于 4 $Bq/cm^2$，或 α 污染低于 0.4 $Bq/cm^2$(或)低于 1000 CPM(衰变数/分钟，count per minute)，β 射线≤10 μSv/h(或 1 mR/h)，γ 射线降低至本底的 2 倍，则已足够停止去污，即按照国家标准 GB 18871—2002 执行，见表 7—8。这种情况，已经经实验室验证，是可以到达这种去污水平的。

②核武器爆炸后，人员体表去污按照国家军用标准《战时人员核辐射控制水平》规定来执行。

③任何情况下，人员皮肤表面去污再无成效时，应终止去污。要完全去污很困难，在任何情况下，只要监测仪器指示去污已不可能再有成效时，两次去污的效果差异不超过 10% 时，去污工作就应再行评价或终止。

**表 7—8　工作场所的放射性物质表面污染控制水平**　　单位：$Bq/cm^2$

| 表面类型 | 区域 | α 放射性物质 | | β 放射性物质 |
|---|---|---|---|---|
| | | 极毒性 | 其他 | |
| 工作台、设备、地面、墙壁 | 控制区 | 4 | 4×10 | 4×10 |
| | 监督区 | $4\times10^{-1}$ | 4 | 4 |
| 工作服、手套、工作鞋 | 控制区<br>监督区 | $4\times10^{-1}$ | $4\times10^{-1}$ | 4 |
| 手、皮肤、内衣、工作袜 | | $4\times10^{-2}$ | $4\times10^{-2}$ | $4\times10^{-1}$ |

注：1.手、皮肤、内衣受到污染时，应及时进行清洗。其他表面污染，应采取适当措施清除污染。对固定性污染，经防护人员检查同意，控制水平可以适当提高，但不能超过表中值 5 倍；

2.按三区原则布置的工作场所，第二区的表面污染除手、皮肤、内衣、工作袜外可适当提高，但不得超过表中值的 5 倍；

3.最大能量＜0.3 MeV 的 β 放射性物质污染，其表面污染的控制水平可为表中的 5 倍；

4.对低、中毒组放射性核素，控制水平可放宽 10 倍。

(引自国家标准 GB 18871—2002)

### 7.8.4　各级救治去污的特点

伤员去污在整个核与辐射事故医学救援链中处于承前启后的关键一环，去污是否迅速彻底，直接关乎伤员的身体健康，尤其对于重度伤员而言，直接关乎其生命安全。实现去污、内污染检测等站点的信息化管理，可有效提高医学救援整体水平的保障能力。一级(现场)救治的去污，以剪除衣服、更换污染衣服为主，条件许可时，可进行简单的去污，尽快将伤员后送至二级救治机构。二级救治，去污以伤口去污，人员去污，精细去污。三级救治，以全身残留伤口去污,难以去除的沾染进行去污。

应急人员进场前要尽快了解核辐射事故中放射源或放射性核素的种类和强度,以保护医学应急人员健康和更好的救助。尽可能消除或减少放射性核素进入人体的各种途径和机会,检查人员的受损伤程度,根据事故性质、人员受照情况、剂量水平,采取积极的医学救治措施。对估计外照射剂量较大的伤员,应尽早给予合适的辐射损伤防治药物;伤口放射性核素污染。对内污染可能超过干预水平的伤员,应尽早进行阻吸收和促排治疗;体表、鼻腔口腔污染的伤员应尽早去污。

伤员救治过程中,对伤情及各类处置信息的及时采集,准确获取已实施传递,不仅有助于现场医学救援和救治工作的顺利有效进行,也可为伤员的后期资料及进一步诊断提供准确详细的参考依据。对现场医学救援情况的全程监测与掌握,则有助于组织决策者的现场指挥与全盘调度最佳支配,医疗资源和救援人员,解决各种救援物资和人力资源短缺问题,减少医疗资源和药物装备的不必要消耗,进一步改善装备资源配置效果。

## 7.9 伤员后送

伤员医疗后送是核事故应急卫勤保障的重要环节。条件许可时伤员尽可能安排后送;如果暂时不能后送,如核潜艇等海上事故时,应根据事故艇条件对伤员进行对症处理,危重伤员进行支持处理,注意克服影响艇员生存能力的因素,减少活动,节省体力,等待救援。伤员后送分为车辆后送和救护直升机输送。

### 7.9.1 伤员后送概述

伤员后送应做好以下几方面工作:

(1)立体后送。建立由海上、空中、陆上相结合的立体医疗后送体系,减少后送层次,逐级后送与越级后送相结合,有条件时,可一步后送到确定性治疗机构。

(2)顺序后送。出现大批伤员时,要确立医疗后送的优先权,一般情况下的后送顺序是:Ⅱ类>Ⅰ类>Ⅳ类>Ⅲ类。

(3)做好准备。严格掌握后送指征,做好后送前的处置工作,尽量选择合适的后送工具,保持合适的后送体位,随时准备后送。

(4)全程监控。后送过程中,要进行连续性监护和不间断治疗。

#### 7.9.1.1 后送原则

伤员后送原则是,采取前接与后送、逐级后送与越级后送相结合;对妥善保护伤员,避免对后送工具及人员造成二次污染;保持全程不间断地医疗监护,完成分级救治,逐步完善治疗。后送过程中,需要随队医生、护士和担架员等,随时观察处置伤情。

在事故早期,结合早期临床症状及剂量估计,需转送到不同级别的医院,具体见表7—9。

**表 7—9　早期临床症状及剂量估计与处理原则**

| 临床症状 | | 估计的剂量 | | 处理原则与预后 |
|---|---|---|---|---|
| 全身 | 局部 | 全身 | 局部 | |
| 无呕吐 | 无早期红斑 | <1 | <10 | 在一般医院门诊观察 5 周，预后好 |
| 呕吐（照后 2～3 h） | 照后 12～24 h 早期红斑或异常感觉 | 1～2 | 8～15 | 在一般医院住院治疗，预后较好 |
| 呕吐（照后 1～2 h） | 照后 8～15 h 早期红斑或异常感觉 | 2～4 | 15～30 | 在专科医院住院治疗，或转送放射性疾病治疗中心，预后一般 |
| 呕吐（照后<1 h）和（或）其他严重症状，如低血压、颜面充血、腮腺肿大 | 照后 3～6 h 或更早，皮肤和（或）黏膜早期红斑并伴有水肿 | >4 | >30 | 在专科医院治疗，尽快转送到放射性疾病治疗中心，预后不好 |

注：引自 IAEA Safety Report Series No.2 Diagnosis and Treatment of Radiation Injury，Vienna，1998。略有改动。

#### 7.9.1.2　伤员后送的要求

伤员后送工作应当遵循前接与后送相结合、逐级后送与越级后送相结合、专用运力与其他运力相结合，以及安全、快速、准确的原则。具体要求如下：

（1）前接后送

二级以下救治机构以前接伤员为主，二级和三级救治机构以前接和后送相结合方式接收后送伤员。

（2）后送准备

各级救治机构在伤员后送前，应当对后送伤员进行医学评估、补充医疗处置，检查伤员携行药品器具、担架、被服，检查和补充医疗后送文书及相关证明，填写伤员后送交接单，保证伤员在生命体征稳定状态下实施后送。

担负伤员后送任务的卫生人员或分队，在接收伤伤员以前，应当检查各后送装具、装备的性能、状况及固定情况，做好伤员后送途中药品、器材、被服和其他物资准备。

（3）途中监护

伤员后送途中，医护人员应当对伤员进行连续性医疗监护和巡视，实施继承性治疗措施，密切观察伤病情变化，必要时采取急救措施或申请送往就近救治机构抢救。

医护人员应当主动了解行（航）程的环境变化等情况，根据伤员伤病情变化，提出维护伤员生命安全的运输建议。

（4）伤员乘载

伤员后送分队在组织伤员登上运输工具时，通常按照先重后轻的顺序上乘，并做好伤员编组定位。组织海上或空中运输后送时，应当根据舰艇、飞机航行特点合理安排担架伤员的乘载位置。传染性伤员、精神病伤员、战俘伤员后送时，应当采取隔离或其他安全预防措施。

（5）伤员交接

伤员交接时，交接双方应办理交接手续，重点交接重伤员和特殊伤员，清点伤员数量，交接医疗文书、伤员携带物品，交换担架、卫生被服等必要物资。

(6)清洁处理

伤员后送任务结束后,卫生人员应当协同运输力量对后送工具进行去污、消毒等处理。运载传染性伤员的运输工具应按卫生要求进行特殊处理。

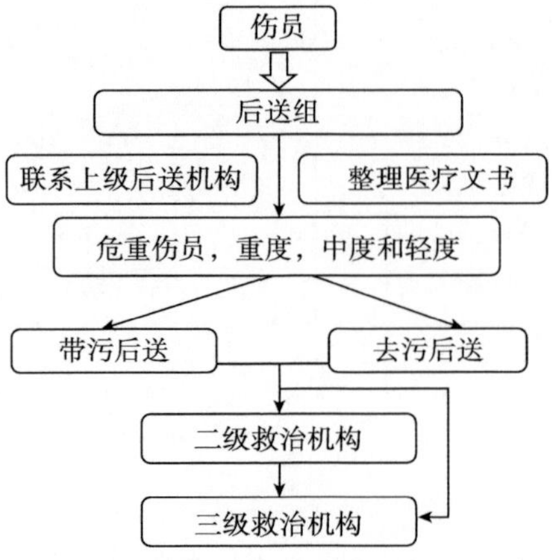


图 7—27　伤员转送流程图

## 7.9.2　救护车转送

在转送距离较近或伤情不太严重,适用于救护车转送。对使用救护车的类型,考虑放射性污染伤员,不像传染病患者导致空气污染的可能性较小,所以一般使用正压救护车进行转送。

### 7.9.2.1　进入事故现场前

选用正压式救护车,护士在车内贴防护膜;穿戴个人防护装具;B 级或 C 级辐射防护服、防毒面具、防护靴、防护手套、防护眼镜、报警式个人剂量计、热释光剂量计。

### 7.9.2.2　车辆驶入现场伤员集中点

(1)下车

从车厢前门下车,打开车厢后门,放下车厢后部上下梯子,携担架下车。

(2)接收伤员

与现场抢救队队长一起,了解伤员情况,查看伤标伤票,检查伤员伤情,明确后送伤员次序。观察伤员生命体征的情况,包括神志、血压、呼吸、心率、口唇颜色等各种引流管是否通畅,为伤员更换防护口罩。

(3)伤员登车

在现场抢救队队员协助下,更换伤员担架,搬运伤员至急救车,扣好担架锁扣固定伤员。轻伤员,则在护士的统一组织或搀扶下登车。办理交接文书。

### 7.9.2.3　后送途中

(1)组长

出发后,向后方医学救援队队长报告后送伤员数量及伤情;了解道路交通拥堵情况及开设洗消站位置；与伤员运送车队每辆车保持联络，随时掌握车辆、伤员情况，指导救治。

（2）医生

随时检查具体损伤和治疗措施的改变情况。外伤包扎固定后有无继续出血、肢体肿胀改变及远端血供是否缺乏、脊柱固定有否松动；对发现的问题及时采取必要的处理和调整；注意与清醒伤员的语言交流，了解伤员的意识状态，及时给予心理治疗，帮助缓解紧张情绪，稳定伤员生命体征。

（3）护士

在医生带领下，对伤员做相应处理。严密观察伤员生命体征的改变（包括神志、血压、呼吸、心率、口唇颜色等）；观察各种引流管是否通畅、输液管道是否安全可靠、氧气供应是否充足、仪器设备工作是否正常等；在严密监控下适当给予镇静或止痛治疗，防止伤员坠落或碰伤，适当保暖或降温，酌情添加补液或药品支持；帮助呕吐伤员防止吸入性窒息，收集呕吐物，装入带有放射性警示标志和标识的污物袋，扎好袋口。

#### 7.9.2.4 通过车辆洗消站

通过车辆去污站，需对车辆进行外表去污（随车人员检查并关好门窗）。通过辐射监测站，需对车辆进行表面放射性检测，合格方可进入核应急医学救援队伤员分类场。

#### 7.9.2.5 到达后方分类场

到达后方分类场后，与分类组组长交接伤员、医疗文书和留采的物品及采集样品；要做好防护工作，避免二次污染。

#### 7.9.2.6 转送救护车的处理

后送结束后，小心揭除救护车内部防护膜，装入污染物收集袋；车辆进行整体清洗并进行放射性检测至合格；检测合格后重新贴防护膜，待命。

### 7.9.3 救护直升机输送

直升机应急医疗救援包括空运前准备、交接登机、空运途中救治及到达交接、任务结束后直升机的处理四个阶段。

伤员空运中通常会受到飞行加速度、低气压、缺氧、晕机、振动和噪声以及温度、湿度等飞行环境因素的影响，这些影响因素有可能导致伤病情加重或恶化。严格掌握空运适应证，避免过度后送，造成卫生资源的浪费。伤员空运一般没有绝对禁忌证，但下列情况需慎重空运，或在严密医学监护下空运，包括：颅脑损伤伴昏迷、呼吸节律不整、脑脊液鼻漏或耳漏；颌面外伤，上下颌面用金属丝固定并伴有明显吞咽困难；外伤性气胸、血气胸伴有明显的呼吸功能障碍；外伤性大出血，血红蛋白在 70 g/L 以下，缺氧症状明显；处于抢救状态的休克、昏迷、窒息、癫痫、颅内压增高等；颅脑、腹部、眼球等脏器或组织损伤伴有积气的伤员；腹部穿透伤未经处理，或腹部手术后不足 48 h 的伤员；用管型石膏固定和重锤牵引的骨折伤员。

#### 7.9.3.1 空运前准备

（1）空运前准备

伤员空运前要进行充分的医疗准备，使伤病情在稳定的状态下后送，最大限度减少空运后送途中的医疗护理操作。

对拟空运的伤员空运前应当积极采取各种措施稳定伤病情，保证生命体征稳定和基本正常。对需要气管切开、气管内插管、静脉穿刺、静脉切开、导尿以及需要连续性和维持性治疗者（如输液、留置各种治疗管道）均应在登机前进行，并为机上继承性治疗做好准备。

对一些特殊伤病情伤员，需长航时及地区后送时，应做好适应航空环境需要的准备，如对需要胸腔闭式引流的伤员采用单向活瓣式引流装置。对肢体骨折用管状石膏固定者，切开固定石膏改用石膏托或小夹板固定。对胃肠脏器伤术后时间短（3～5 d）的伤员常规放置胃肠减压管并束腹带包扎腹部。对气管套管外气囊不用空气而改用盐水充填等。

对有晕车、晕船病史的伤员及颌面颈部伤张口困难的伤员给予贴敷防晕片，口服或肌注防止晕机的药物。上、下颌骨骨折行颌间固定又必须空运后送者，为预防晕机呕吐，空运前半小时肌注防止晕机的药物，必要时可重复使用，同时应备好紧急气管切开包及折除固定的工具，便于紧急处置时使用。

清点伤员的个人物品并妥善包装，做好标记。对留治期间所做的各种医疗处置进行总结，并做好详细记录，有关医疗文件装入统一制式袋中，随伤员一起后送。

（2）提出空运申请

救援队向前指提出空运后送伤员申请，填写《直升机应急医疗救援后送单》。对空运伤员进行空运后送分类，通常将空运后送分为三类：

①紧急空运。指需要抢救生命或重要脏器功能（如肢体、眼球），或防止严重并发症（如急性肾功能衰竭，心功能衰竭等）而必须立即后送的伤员，这类伤员应立即后送。

②优先空运。指需要尽快得到某种专科医疗救治而当地又不能得到解决的伤员。如严重颅脑伤，脊柱脊髓伤、周围大血管伤等，这类伤员可经过适当处置后空运后送。

③常规空运。指空运途中对伤员的病情无特殊影响，而伤员短期又不能康复或重返前线，当地救治机构收治能力有限而需要空运后送的伤员。这类伤员的后送无特殊的时间、条件限制和要求。

（3）勘选机降地点

直升机着陆场地选择：

①一般应选择周围无障碍物、土质坚硬的空旷场地，面积为30 m×30 m；

②如周围有高度在 10 m 以下的障碍物时，面积要求 60 m×40 m；

③夜间着陆场地需要 100 m×100 m。

直升机着陆联络方法：地面向空中发射信号弹，及时引导飞机进入空域；用白色“T”字布标志着陆点、无线电台联络。

（4）后送伤员准备

对直升机内部地面贴防护膜，队员着 C 级防护服，戴防护眼镜，携带医生背囊及卫生员背囊，卫生床单、毛毯。后送组组长负责了解后送伤员抢救情况，查验伤标、伤票与病历，搬运伤员。做好符合航空环境要求的特殊准备，如用石膏托或小夹板固定骨折；气管套管外气囊不用空气而改用盐水充填等；搬运伤员的准备，如担架，以及搬动时伤情变化的处理准备；各种管道的安置与固定；向伤员讲解航空医疗后送相关事项；空中所需的特殊药品、物资和器材等。护士迅速将伤员用卫生床单、军用毛毯包裹好，并在担架上捆绑固定，搬运至直升机停降点。

#### 7.9.3.2 交接登机

(1)登机方法:交接医疗文书

在关车状态下登机方法与登救护车、运输机基本相同。伤员可从机舱门或货舱口进入机舱;不关车状态下登机方法与关车状态没有明显区别,但须谨防车辆、人员误入旋转状态下的直升机旋翼、尾翼,避免发生直升机、车辆损坏或人员伤亡。

(2)登机现场管理

机头、机身两侧、机尾部等关键性位置应有专人维持秩序;搬运伤员上直升机,要按指定的路线出入;搬运伤员时,禁止静脉输液装置或其他物体高举过头,长物体应与地面平行;运载伤员的各种车辆到达机场后,车辆接近直升机时应沿着机身两侧,离直升机7～10 m的回形行车路线缓慢行进。禁止汽车在距离直升机少于7～10 m的区域内行驶;当在斜坡处接近直升机时,禁止从高坡侧靠近,应从低坡侧靠近;靠近直升机周围30 m内的范围内,人员不得逗留;严禁任何人靠近正处于工作状态的直升机螺旋桨、尾翼。

(3)组织伤员登机

登机顺序:先重后轻,先担架伤员后步行伤员。

担架在机舱内的安放顺序:先前舱,再后舱;先上层,后中、下层,一般轻伤员在上层,重伤员在中、下层,伤势重和身体重的伤员安置在下层,四肢打石膏绷带的伤员放置在过道一边。需要输液的安置在靠机尾的下层担架。混合装载时,先安置担架伤员,后安置坐位伤员。

伤员在机上的体位:根据伤情需要摆放,通常情况头朝向机头方向,但对循环系统不稳定或已有损伤的伤员担架横向摆放较为合适。

#### 7.9.3.3 空运途中救治及到达交接

(1)后送过程中

让伤员保持气道通畅,吸氧、输液扩容、心电监护等抗休克处理,定时放松止血带。完成空运后送文件的书写、记录或录入等。

①空运途中监测与救护

由于受飞机噪声、振动、颠簸的影响,机上的医疗护理操作常常需要采用特殊的方法进行。机上问诊常常很困难,通常要借助手势、询问牌、机上对话器甚至写字的方式与患者交流。空运航行中,机上医务人员要根据病情加强巡视和空中医疗护理,开展常规医疗护理和危重伤病情的紧急处理,包括对伤员登机时携带的各种治疗管道进行护理与处置。检查骨折固定是否正确,肢体血液循环是否良好,痛觉是否正常等。

有晕机反应的伤员应当尽量使其平卧,头部靠软枕固定并闭目,耳塞棉花或戴耳罩、耳塞,减轻震动及声、光刺激等,同时为其准备好呕吐袋。

直升机巡航高度和运输机密闭舱内高度不超过2500 m时,大部分伤员可以耐受,不必给氧。有胸部、肺部、严重颅脑伤、贫血、休克以及其他在地面即存在缺氧症状的伤员,必须进行吸氧。

②空运途中紧急医疗处置

空运途中伤员突然出现危急情况时,应当进行紧急医疗处置。可能出现的空中急症主要有急性呼吸道梗阻、脑疝、严重腹胀、进行性血气胸、石膏固定后伤肢剧痛等。

对急性呼吸道梗阻应立即手法或器械解除梗阻，保持呼吸道通畅。

对脑疝，应快速脱水处理(静推或静滴 20%甘露醇，呋塞米)；保持呼吸通道，持续高流量吸氧；已行气管切开或插管的伤员，可用呼吸气囊辅助过度通气，以降低颅内压；已行开窗减压的伤员应当立即松解头部绷带，如骨窗压力过高，应当拆除切口缝线，充分敞开减压；通知机组，尽量降低飞行高度，并与地面取得联系，准备下机后的紧急抢救。

对严重腹胀应留置胃肠减压管，用吸引器或大注射器连续抽吸减压，必要时放置肛管排气管。如排气无效，应通知机组，设法降低飞行高度，直到伤员症状减轻、消失为止。

对进行性血气胸应采取以下救治措施：单纯气胸或张力性气胸，于锁骨中线第 2 肋件间穿刺抽气，至呼吸困难症状改善后，在针尾结扎一顶端剪有小口的指套，做临时排气用；血胸者，于腋中线第 6、7 肋间穿刺抽血，若发现血液凝固很快，说明有活动性出血且量很大，应积极抗休克和止血处理。

对石膏固定后的伤肢剧痛者应立即松解绷带，抬高伤肢，必要时快速静脉推注 20%甘露醇 250 mL，同时肌注镇静、止痛药物。如空运时间较长，伤员出现典型肌筋膜间隙综合征表现，可考虑紧急肢体切开减压，以免造成肢体缺血、坏死，以及后期形成缺血性肌挛缩畸形等并发症。

(2)到达上级医院后

会同前接的医务人员将伤员抬下直升机，由组长向前接人员汇报伤情，办理交接手续。

#### 7.9.3.4 后送后救护直升机的处理

后送结束后，小心揭除直升机内部防护膜，装入污染物收集袋；对直升机进行整体清洗并进行放射性检测至合格；检测合格后重新贴防护膜，待命。

总之，在核事故应急时，确定先救命后去污、先去污后救治、先重度后轻度、先处置再后送原则；在去污中洗救并举，采用淋浴与擦拭结合，粗洗与精洗结合，水洗与药洗结合等方式，对污染伤员洗消去污，提出先伤口后全身、先头部后躯干、先重度后轻度原则。在实际救援过程中，根据不同的伤情，灵活处理。

(李蓉、陈肖华、李百龙、陈忠民、梁莉)

## 思考题

1.总结核事故时，作为医学救援队，对伤员现场医学处置的流程，画出流程图。

2.对大型核事故，进入事故现场进行应急救援，作为一名应急人员，你认为该做好哪些个人防护?

3.与常规事故如地震相比，大型核事故时的人员搜救，可以利用哪些仪器进行人员搜救? 搜救中的注意事项有哪些?

4.核事故现场，在全面辐射监测的基础上，需要对医学救援队驻扎区域进行环境辐射监测，监测目的、监测原则、方法和评价标准有哪些?

5.水源污染监测中如何取样、制样和测量？粮食、蔬菜污染的监测中如何取样、制样和测量？

6.核事故现场，人员的放射性污染检测距离和检测速度？衡量污染的指标和范围？

7.伤员去污可以使用哪些去污剂？去污的流程？注意事项

8.核事故现场，对伤员的分类可以使用哪些方法？分类标识分为几种？

9.核事故现场的伤员医学救治，救治原则和主要的救治措施有哪些？

10.现场救治后，转送伤员到二级救治机构，需要采取哪些措施防止放射性污染扩散？

# 参考文献


[1]中华人民共和国国家质量监督检验检疫总局.电离辐射防护和辐射源安全基本标准:GB 18871—2002[S].北京:中国标准出版社,2002.

[2]中华人民共和国国家质量监督检验检疫总局.操作非密封源的辐射防护规定:GB 11930—2010 [S].北京:中国标准出版社,2010.

[3]国际原子能机构.国际辐射防护和辐射源安全的基本标准暂行版:IBSS 2011[S].维也纳:国际原子能机构,2011.

[4]潘自强,周永增,周平坤,等.国际放射防护委员会 2007 年建议书[M].国际放射防护委员会第 103 号出版物.北京:原子能出版社,2008.

[5]姜德智.放射卫生学[M].苏州:苏州大学出版社,2004.

[6]FAO,IAEA,ILO,等.IBSS1997 国际辐射防护和辐射源安全的基本标准[S].维也纳:国际原子能机构,1997.

[7]中华人民共和国卫生部.人体体表放射性核素污染处理规范:GBZT 216—2009 [S].北京:人民卫生出版社,2009.

[8]中华人民共和国卫生部.用半导体 γ 谱仪分析低比活度 γ 放射性样品的标准方法:GB 11713—89 [S].北京:中国标准出版社,1989.

[9]中华人民共和国国家质量监督检验检疫总局和中国国家标准化管理委员会.土壤中放射性核素的 γ 能谱分析方法:GB 11743—2013 [S].北京:中国标准出版社,2013.

[10]环境保护部和国家质量监督检验检疫总局.核动力厂环境辐射防护规定:GB 6249—2011 [S].北京:中国环境科学出版社,2011.

[11] 国家环境保护总局.辐射环境监测技术规范:HJ 61—2021 [S].北京:中国环境科学出版社,2021.

[12] 中华人民共和国国家卫生和计划生育委员会.职业性外照射个人监测规范:GBZ 128—2016 [S].北京:中国标准出版社,2016.

[13] 中华人民共和国国家卫生和计划生育委员会.职业性内照射个人监测规范:GBZ 129—2016 [S].北京:中国标准出版社,2016.

[14] 中华人民共和国国家卫生和计划生育委员会.尿中总 α 和总 β 放射性检测规范:GBZ/T 269—2016 [S].北京:中国标准出版社,2016.

[15] 中华人民共和国国家卫生和计划生育委员会.尿中总铀和铀-235铀-238比值的

分析方法电感耦合等离子体质谱法:WS/T 549—2017 [S].北京:中国标准出版社,2017.

[16] 中华人民共和国卫生部.核与放射事故干预及医学处理原则:GBZ 113—2006 [S].北京:人民卫生出版社,2006.

[17] 中华人民共和国卫生部.核事故场内医学应急响应程序:GBZ/T 234—2010 [S].北京:人民卫生出版社,2010.

[18] 中华人民共和国国家卫生和计划生育委员会.核和辐射事故医学响应程序:WS/T 467—2014 [S].北京:中国标准出版社,2014.

[19] 中华人民共和国国家卫生和计划生育委员会.核和辐射事故伤员分类方法和标识:GBZ/T 255—2014 [S].北京:中国标准出版社,2014.

[20] 中华人民共和国国家卫生和计划生育委员会.核或辐射应急准备与响应通用准则:GBZ/T 271—2016 [S].北京:中国标准出版社,2016.

[21] 中华人民共和国国家卫生和计划生育委员会.核和辐射突发事件心理救助导则:GBZ/T 262—2014 [S].北京:中国标准出版社,2014.

# 第 8 章　外照射损伤的临床救治

核与辐射事故发生时，涉及人员会不同程度地受到超剂量照射。由于受照剂量不同，人体所受到的放射损伤程度也不同，表现各异。

我们把所受剂量超过年有效剂量当量限值，但小于 1 Gy 的外照射，称为过量照射，这也是临床最常见到的辐射损伤类型。

外照射急性放射病是指机体受到大剂量射线照射(大于 1 Gy)后发生的全身性疾病，是放射所致确定性效应中最严重的一种。穿透力强的射线照射是引起急性放射病的病因，以 γ 射线照射居多，X 射线和中子照射亦有之。机体受到各种类型的电离辐射照射只要达到一定的剂量，就可能发生急性放射病。当然，受照个体的年龄、健康状况等也是影响因素。可能引起该病的原因一是核武器爆炸；二是异常照射；三是医疗照射。

放射性皮肤损伤是射线照射皮肤引起的损伤。由于皮肤是接受外照射的必经途径，在局部放射性损伤中，皮肤损伤最为多见。放射性皮肤损伤多发生于三种情况：医疗性照射、事故性照射和职业性照射。

放射复合伤是指机体受到放射损伤，同时合并其他损伤(如烧伤、冲击伤、火器伤等)的复合性损伤，多见于核武器爆炸、核辐射事故和核恐怖等情况下。

## 8.1　过量照射人员医学检查与处理原则

过量照射是指在核与辐射应急或事故情况下，所受剂量超过年有效剂量当量限值并小于 1 Gy 的外照射，以全身均匀照射 100 mSv 为界还可以划分为轻度过量照射和明显过量照射。

### 8.1.1　临床表现

过量照射的临床表现与受照剂量明显相关。当受照剂量小于 0.2 Gy 时，绝大多数受照者无明显临床症状；当受照剂量大于 0.2 Gy 时，部分受照者可出现头晕、乏力、口干、恶心、纳差、睡眠障碍等植物神经系统症状，临床症状轻微，持续时间较短，不会长期影响工作和生活。临床症状除了受到照射剂量大小的影响外，还与受照者受照前的健康状况、受照时的身体状况、受照部位和不均匀程度以及个体对射线的敏感性等因素有关。因此，对小于 1.0 Gy 的照射，照射剂量与临床症状之间无明显平行关系，尤其是在受照者受到不均匀照射的情况下，完全依据早期临床症状来判定损伤程度比较困难。

造血系统是电离辐射最敏感的组织之一，小剂量照射后外周血白细胞总数和淋巴细胞绝对数可能会下降，其程度与照射剂量大小之间有一定关系。一次受照剂量在 0.1 Gy 以下时，血象基本上在正常范围内波动；一次受照剂量在 0.1～0.2 Gy 时，白细胞总数变化不明显，部分人淋巴细胞绝对数可能有暂时性降低；一次受照剂量在 0.25～0.5 Gy 时，白细胞总数及淋巴细胞绝对数较正常略低，但白细胞数一般不低于正常下限；一次受照剂量在1.0 Gy 时，白细胞总数早期下降，最低值可达到照前的 50%，淋巴细胞绝对数下降更明显，一年左右可恢复至照前水平；但血象的变化个体差异较大，尤其是全身受照剂量在 0.5～1.0 Gy 时，对人体损伤程度的差异较大。

睾丸对电离辐射较为敏感，很小剂量的 X 射线或 γ 射线照射也可引起精子数量的变化。睾丸受照剂量越大，精子耗竭时间会更短，不孕时间延长。已有研究证明，1.5 Gy 可引起短暂不育，2.5 Gy 可致 1～2 年不育，大于 3.5 Gy 可永久不育，8 Gy 可永久性去势。河南"4.26"$^{60}$Co 源辐射事故的三者受照者的全身平均受照剂量分别为 0.89 Gy、0.70 Gy 和 0.58 Gy，睾丸组织受照剂量分别为 2.2 Gy、1.9 Gy 和 1.6 Gy，分别于照后 86 d 和 109 d 检查提示无精子。有 2 位受照者均于照后 2 年在精液中出现精子，精子异常率分别为 35%和 25%，活动力不良，至照后 3 年精子计数仍低于正常值下限；另一位于照后 1 年在精液中出现精子，照后 2 年基本恢复正常。国内部分事故受照者的资料表明，受照者睾丸吸收剂量在 1.6～3.5 Gy，照后均出现精子数减少、活动率下降、活动力差，进而出现无精子，多在 2 年以后开始恢复。

### 8.1.2 诊断和医学检查

受过量照射人员早期诊断的主要依据是受照者的初期反应：①密切关注事故后受照者的症状和体征的变化；②实验室检查：受照后白细胞特别是受照后 1～2 d 淋巴细胞绝对值的变化是早期分类诊断的重要指标；③物理和生物剂量的估算是早期分类诊断的基础，采用外周血淋巴细胞染色体畸变分析估算人体受照剂量是目前公认的较好方法。临床医生应该根据初期临床症状，综合实验室检查结果以及物理和生物剂量的估算值对受照人员的损伤程度作出评估判断，这种多参数综合分析的结果可减小对事故判断的误差，为采取准确可靠的医学处理方案提供依据。

(1)早期医学检查

对全身受照剂量大于 0.1 Gy 的人员，应纳入医学管理，及时对其进行相关调查，并在当地机构进行医学检查；对受照剂量大于 0.2 Gy 的人员，应做详细的医学检查和观察。

①受照情况调查：记录受照时间、地点、受照者所处的体位、姿势、与放射源的距离、停留时间、放射源的种类和强度、受照方式、受照剂量和剂量率、有无复合伤、有无放射性核素体表污染和内污染，以及有无屏蔽和个人防护措施等情况。如怀疑受中子照射，应注意收集估算受照剂量所需的材料；如怀疑过量内照射应作相应的内照射估算。

②病史：受照前、后的病程经过，接触射线及其他理化毒物史，以及婚育史、家族史等。

③临床医学观察：注意观察受照后的精神心理状态、皮肤改变以及恶心、呕吐、腹泻等胃肠道症状出现的时间、持续时间及程度等；注意有无复合伤及其他自觉症状。临床各科检查包括内科、外科、神经精神、皮肤、眼、耳鼻咽喉、口腔及妇产等科的一般常规检查及必要的特殊检查。

④实验室检查：血液学检查包括血常规检查，记录受照后 1～2 d 内的外周血淋巴细胞和中性粒细胞计数，必要时做骨髓检查。其他可根据需要增加精液常规、免疫、内分泌、外周血淋巴细胞染色体畸变和微核分析等检查。

(2)远期医学检查

远期医学检查主要是根据受照情况和损伤程度进行的长期医学随访，主要观察受照者本人发生的确定性效应和随机性效应(致癌效应和遗传效应)，包括造血系统、生殖系统、眼晶状体、皮肤黏膜等的变化，辐射诱发肿瘤、子女健康状况和宫内照射效应。

### 8.1.3　处理原则

在异常照射、职业性照射、医疗照射及核爆炸等情况下，如果怀疑人员已经发生了过量照射，应立即进行调查，以便尽快评价受照剂量。评估的剂量如果很接近剂量限值(0.05～0.1 Sv)，则可调查起因和受照情况，采取核实受照剂量等管理措施，总结教训，不需要任何专门的医学调查或处理。如果评估的剂量比剂量限值高出很多(0.2～0.5 Sv 或更高)的情况下，则需要进行包括生物剂量估算在内的专门剂量调查，以及开展进一步广泛的诊断或医疗处理。当怀疑所接受的剂量十分接近或高于确定性效应的阈值时，所进行的调查应尽可能准确地测定吸收剂量及其在全身的分布，并且应包括对受影响的工作人员进行适当的医学检查和处理。

医学随访的频次：受照 5 年以内，每年做医学检查一次；受照 5 年后，则可以每 2～3 年做一次医学检查。

## 8.2　急性放射病的诊断与治疗

外照射急性放射病(acute radiation sickness from external exposure)是指人体一次或短时间(数日)内受到大剂量照射引起的全身性疾病。当受到大于 1 Gy 的均匀或比较均匀的全身照射即可引起急性放射病，根据其临床特点和基本病理改变，分为骨髓型、肠型和脑型 3 种类型。

### 8.2.1　骨髓型急性放射病

外照射骨髓型急性放射病是指相当于受到 1～10 Gy 的均匀或比较均匀的全身照射所引起的全身性疾病，按病情的严重程度，又分为轻度、中度、重度和极重度四种。

#### 8.2.1.1　临床表现

(1)骨髓型轻度急性放射病

多发生在人员受到 1～2 Gy 的射线全身照射后，病人的临床症状较少，一般不太严重。照后几天内可能会出现头昏、乏力、失眠和轻度食欲不振等症状，一般不发生脱发、出血和感染等临床表现。白细胞照后 30 d 前后可降至$(3\sim4)\times10^{9}$/L，照后 1～2 d 外周血淋巴细胞绝对值可降至 $1.2\times10^{9}$/L 左右。

(2)骨髓型中度和重度急性放射病

当人体受到 2～4 Gy 和 4～6 Gy 照射时，可发生中度和重度骨髓型急性放射病。两者临床经过相似，只是病情的严重程度有所不同。造血功能损伤是其基本病理改变，并主导病程中的感染及出血的发生、发展和严重程度。其临床特点是病程具有明显的阶段性、损伤具有广泛性以及在一定的照射剂量范围内疾病有自身恢复的可能性。其临床经过可分为初期、假愈期、极期和恢复期。

初期(照射当日至照后 4 d):病人可有头昏、乏力、食欲减退和恶心呕吐,有的病人还可发生颜面潮红、腮腺肿大、眼结合膜充血和口唇肿胀。放射损伤越严重,症状出现得越早、越严重,其出现的早晚与严重程度预示着放射损伤的严重程度。照后白细胞数可有升高或减少,照后 1～2 d 外周血淋巴细胞绝对值急剧下降,且与伤情严重程度呈正比。

假愈期(照后 5～20 d):病人初期症状明显减轻或消失。但是,造血损伤仍在继续发展,表现在白细胞数持续减少,骨髓增生抑制。病人在假愈期末开始有脱发、脱毛表现。

极期(照后 20～35 d):在造血功能严重受损的基础上,出血和感染是威胁病人生命的主要因素,同时还伴有电解质紊乱。极期开始的先兆:①全身精神、食欲进一步变差;②出现明显的皮肤出血倾向;③有明显的脱毛脱发;④白细胞数$\leqslant 2\times 10^9$/L,血小板降至$\leqslant 20\times 10^9$/L;⑤发热,病人可再次出现恶心呕吐和腹泻,全身一般情况恶化,造血功能严重障碍,骨髓增生低下或极度低下,中性粒细胞继续减少,继而临床上出现以感染、出血和贫血表现的严重症状,并因此继发水、电解质紊乱,使病人全身状况进一步恶化。

恢复期(照后 35～60 d):经治疗后,一般都能度过极期而步入恢复期。此期病人骨髓造血功能开始恢复,白细胞和血小板数回升。临床上发热、出血得以改善,但性腺损伤恢复得最慢,重度骨髓型急性放射病生育能力恢复较困难。

(3)骨髓型极重度急性放射病

当人体受到 6 Gy 以上照射时便可发生骨髓型极重度急性放射病。其临床经过和主要症状与骨髓型重度放射病大致相似,只不过临床症状出现得更早更严重,死亡率高,至今还没有临床救治成功的文献报道。造血功能低下是关键损伤环节,主要临床表现是:全血细胞减少、感染、出血、物质代谢紊乱和多脏器功能衰竭等。

主要临床特点如下:

①机体受照剂量范围多为 6～10 Gy。

②病程进展快,假愈期短且不明显。病人在照后 1 h 内就可出现恶心、反复呕吐、面色潮红或面部发热感;继而出现精神变差,食欲减退和拒食。经 2～3 d 症状稍缓解的假愈期后,很快进入极期。

③造血损伤更严重,部分病人造血不能自行恢复。一般认为当照射剂量大于 8 Gy 时,造血功能难以恢复或不能恢复,提示需要造血干细胞移植。

④临床症状重,发生早。一般于照后 1～2 周即可进入极期,出现精神变差或衰竭、食欲极差或拒食、反复呕吐等严重症状。感染发生率明显增高,病人多有高热(40 ℃左右)。部分病人可发生放射性间质性肺炎,出现呼吸困难、呼吸急促、干咳或少痰、缺氧和紫绀等表现,动脉血氧含量明显降低,多需吸氧或辅助呼吸。

⑤胃肠症状较重度严重。极重度病人恶心呕吐发生早且严重,多为反复呕吐;腹泻发生较早,极期时可出现稀便或水样便,甚至发生血便,但不出现血水便。由于液体的摄入量减少而排除量增多,病人多出现脱水、电解质紊乱和酸中毒。

⑥经过造血干细胞移植治疗后的病情变化复杂。近几十年来,部分极重度骨髓型急性放射病人在积极支持治疗的基础上实施了骨髓移植等造血干细胞移植治疗,病人的病情随造血功能的重建而有明显的变化,出血和感染症状得到一定的控制。此时,病人的预后主

要取决于造血干细胞移植并发症的发生情况，若发生移植物抗宿主病（GVHD）、间质性肺炎、严重感染等可使病人病情再度加重，常可造成病人死亡。

⑦病情重且复杂，治疗难度大、预后不佳，目前尚无极重度骨髓型急性放射病治疗活存的病例。

#### 8.2.1.2　诊断

急性放射病的诊断是合理治疗、促进恢复、估计预后的前提。急性放射病诊断的内容包括病人是否受到射线的照射，估计受照剂量，判断分型分度和所处的病期，以指导临床合理的救治。急性放射病的诊断可分为早期病情分类诊断和临床诊断，前者主要为及时合理的医学处理提供科学依据，后者则为研究和总结诊治经验。急性放射病病情较为复杂，影响因素较多，因此必须根据早期临床症状、受照剂量估计、病程经过、实验室检查结果等进行综合判断。需指出，随着医学科学和临床治疗技术的不断进步，经系统合理的治疗后，急性放射病的某些临床表现有较大的变异，给临床诊断带来一些新的问题，应注意研究和分析。自《外照射急性放射病诊断标准及处理原则》（GB 8280－1987）实施以来，国内外又陆续出现几起事故性放射病病例，积累了丰富的救治经验，我国依此又制定了一些外照射急性放射病的诊断标准、医学处理、随访及护理规范（GBZ 104－2017、GB/T 18199－2000、GBZ/T 163－2004、GB/T 217－2009）等。

（1）照射剂量

一次或短时间（数日）内分次接受 1～10 Gy 均匀或比较均匀的全身照射。用照射剂量进行早期分度诊断仅是初步的，若再结合早期临床表现综合分析可提高早期分度诊断的准确性。

（2）早期诊断

急性放射病的早期病情分类诊断，就是在受照射后初期尽早对受照者的病情作出较为准确的判断，一是估计受照人员是否发生急性放射病，二是初步估计疾病的严重程度（分型、分度）。早期病情分类诊断主要依据受照史、生物和物理剂量估算和病人照后初期临床表现等综合分析和判断，见表 8－1。急性放射病的早期病情分类诊断对病人的初期治疗和后送是十分重要的。国内学者田牛等在认真总结和分析国内外主要辐射事故所致急性放射病临床资料的基础上，设计和研制了急性放射病早期病情分类诊断图（图 8－1），可用于骨髓型急性放射病的早期分度诊断。

**表 8－1　骨髓型急性放射病的初期反应和受照剂量下限**

| 分度 | 初期表现 | 照后 1～2 d 淋巴细胞绝对数最低值/$\times 10^9$/L | 受照剂量下限/Gy |
|---|---|---|---|
| 轻度 | 乏力、不适、食欲减退 | 1.2 | 1.0 |
| 中度 | 头昏、乏力、食欲减退、恶心，1～2 h 后呕吐，白细胞数短暂上升后下降 | 0.9 | 2.0 |
| 重度 | 1 h 后多次呕吐，可有腹泻、腮腺肿大，白细胞明显下降 | 0.6 | 4.0 |
| 极重度 | 1 h 内多次呕吐和腹泻、休克、腮腺肿大，白细胞急剧下降 | 0.3 | 6.0 |

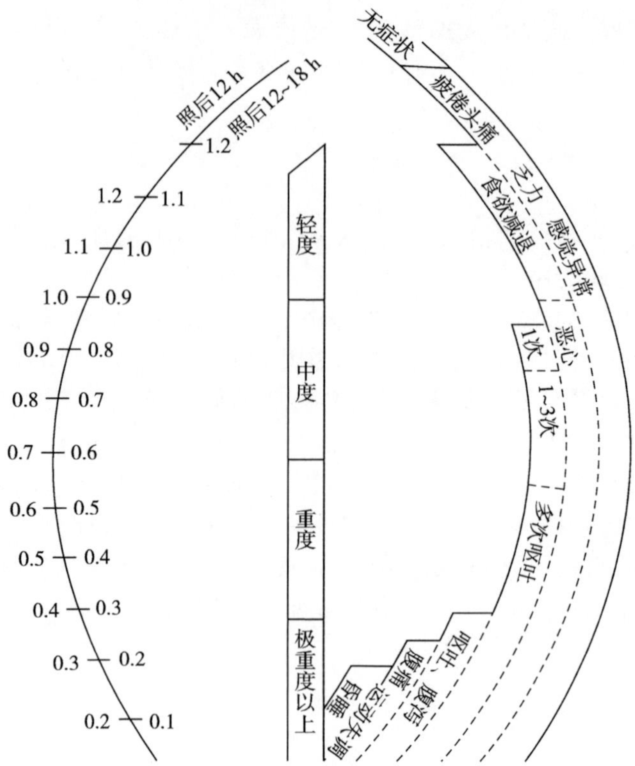


淋巴细胞绝对数（×10⁹/L）　　急性放射病48 h内症状

图 8－1　急性放射病早期诊断图

按照后 12 h 或 24～48 h 内淋巴细胞绝对值和该时间内病人出现过的最重症状（图右柱内侧实线下角）作一连线，通过中央柱，柱内所标志的程度就是病人可能的诊断；如在照后 6 h 对病人进行诊断时，则仅根据病人出现过的最重症状（图右柱内侧实线的上缘）作一水平横线至中央柱，依柱内所标志的程度加以判断，但其误差较照后 24～48 h 判断时大。第一次淋巴细胞检查应在使用肾上腺皮质激素和抗辐射药物之前进行。

（3）分度诊断

在早期分度诊断的基础上，依据照射剂量、临床经过和主要临床表现（感染、出血）、造血功能障碍程度进行综合分析和判定。在骨髓型急性放射病临床分度诊断时，外周血白细胞数降低的程度和病程分期的时间有重要的诊断意义（见表 8－2 和表 8－3）。

①照射剂量是早期分度的关键依据

用生物学方法，即外周血淋巴细胞畸变分析的方法来估算照射剂量。淋巴细胞微核率、外周血粒细胞碱性磷酸酶活力、淋巴细胞酸性磷酸酶活力、电子自旋共振（ESR）方法来估算照射剂量，也有一定参考意义。

②初期症状是早期分度的重要依据

骨髓型急性放射病的初期症状主要有乏力、不适、食欲减退、头昏、恶心、呕吐、腹泻、精神变差等，在不均匀照射的病人还常见颜面潮红、眼结膜充血、口唇黏膜水肿、皮肤红斑、腮腺肿痛等。受照射后，上述临床表现发生越早、越重、越多、持续时间越久，表明病情越重。表 8－1 所列初期症状可供早期分度的参考。呕吐是急性放射病最常发生的初期症状，因受其他因素影响较小，其发生情况有较重的诊断意义。在照后 1 d 内，若病人仅有轻度恶心而未出现呕吐，病情多为轻度；在照后2 h以后出现呕吐，呕吐仅3～5次，病情多为中度；若病人在照后2 h前发生呕吐，呕吐近十数次者，多为重度或极重度。如病人在照后1～2 d内出现腮腺部位肿痛或有37～38 ℃左右的体温，提示病情可能为中度或更重。若病人在照后初期发生较大面积的皮肤潮红或红斑，则中度或重度可能性大。

③照后1～2 d淋巴细胞数降低的程度是分度诊断的重要指标

淋巴细胞属辐射高度敏感组织。机体受一定剂量射线照射后，外周血淋巴细胞绝对数的降低发生早且与受照射剂量和病情密切相关。骨髓型急性放射病时，外周血淋巴细胞绝对数随照射剂量增大和病情的加重而降低，有较好的规律性，可以较好地反映病情的轻重。各度骨髓型急性放射病照后1～2 d外周血淋巴细胞绝对数（$\times10^9$/L）分别为轻度1.2、中度0.9、重度0.6、极重度0.3。由于某些药物（如肾上腺皮质激素、抗放药物等）和输血等治疗对外周血淋巴细胞数有较大的影响，因此淋巴细胞检查最好在采取治疗措施之前进行。

④急性放射病早期分类诊断图

临床实践提示，只用初期临床症状或外周血淋巴细胞绝对数变化来进行早期病情分类，往往有一定的误差。若将两者综合起来分析和判断，则可能提高早期分度诊断的准确性。为此，国内学者在认真总结和分析国内外主要辐射事故所致急性放射病临床资料的基础上，田牛等设计和研制了急性放射病早期病情分类诊断图（见图8－1），可用于骨髓型急性放射病的早期分度诊断。

**表8－2　各度骨髓型急性放射病的病情分期时间**

| 分度 | 初期 | | 假愈期 | 极期 |
|---|---|---|---|---|
| | 开始时间 | 持续时间/d | 持续时间/周 | 开始时间/照后天 |
| 轻度 | 几小时或1 d或不明显 | ＜1 | 4～5 | ＞30或无 |
| 中度 | 3～5 h | 1～2 | ＞2 | 20～30 |
| 重度 | 20 min至2 h | 1～3 | 1 | 15～25 |
| 极重度 | 立即或1 h内 | 2～3 | ＜1或不明显 | ＜10 |

**表8－3　各度骨髓型急性放射病人白细胞数变化的参考数据**

| 分度 | 减少速度/（$\times10^9$/L·d） | 照后7天值/（$\times10^9$/L） | 照后10天值/（$\times10^9$/L） | ＜$\times10^9$/L 时间/照后天 | 最低值/（$\times10^9$/L） | 最低值时间/照后天 |
|---|---|---|---|---|---|---|
| 轻度 | | 4.5 | 4.0 | | ＞3.0 | |
| 中度 | ＜0.25 | 3.5 | 3.0 | 20～32 | 1.0～3.0 | 35～45 |
| 重度 | 0.25～0.60 | 2.5 | 2.0 | 8～20 | ＜1.0 | 25～35 |
| 极重度 | ＞0.60 | 1.5 | 1.0 | ＜8 | ＜0.5 | ＜21 |

#### 8.2.1.3　治疗

治疗原则：早期应用抗放药物，减轻放射损伤，促进和改善造血功能；针对病程各期的发病特点，采用以抗感染、抗出血和纠正代谢紊乱为主的综合对症治疗措施。对极重度骨髓型急性放射病，若估计造血功能不能自身恢复，应尽早实施造血干细胞移植。概括地讲，就是“狠抓早期，主攻造血，兼顾极期”和积极对症治疗。

(1)早期治疗措施

1)早期应用抗放药物。放射损伤防治药物是在照射前或照射后早期应用能够减轻放射损伤的药物,一般也称为抗放药物。我国从1958年就开始进行放射损伤防治药物的研究,已筛选了上万个化合物和天然制剂。经过大量的药效学和临床试用研究,已找到几种有特点并可供临床应用的放射损伤防治药物。下面介绍几种已用于或可供急性放射病临床救治用的放射损伤防治药物。

雌三醇针剂规格为10 mg/mL,每支1 mL。预防急性放射病时,以照前6天内肌注10 mg效果较好。治疗时可于照射后1天内尽早使用,肌注10 mg。照射前与照射后联合应用,或与其他防治药物配伍使用,可提高疗效。"523"片剂,预防性应用时,可在照前2 d至照前即刻一次口服"523"30 mg,治疗时可于照后1 d内尽早口服本品30 mg。若照前预防和照后治疗联合应用,可在照前2 d至照前即刻口服本品20 mg,照后1 d内再口服10 mg。"408"片,每片含量为100 mg,照后当天一次口服本品300 mg,每2～3 d一次口服300 mg,用药次数以3～4次为好。

2)改善微循环和造血微环境药物。照后1～3 d给予静脉点滴低分子右旋糖酐、复方丹参注射液、维生素C、山莨菪碱等药物,有利于防止红细胞聚集和微血栓形成,改善或减轻微循环障碍。

(2)综合治疗措施

1)抗感染措施

①综合措施

防治感染是治疗急性放射病的重要临床问题,应兼顾如下关系:感染的预防与治疗、外源性感染与内源性感染、革兰氏阳性细菌与革兰氏阴性细胞、细菌与霉菌及病毒、应用抗菌药物与增强机体抵抗力等。常用的抗感染措施有:消毒隔离和无菌护理、抗感染菌物的应用、增强机体免疫力措施、局部感染灶的防治等(见表8—4)。输注全血及其有形成分可以提高机体抗感染能力和补充血细胞。

**表8—4　急性放射病感染的防治策略**

| 发病因素 | 治疗对策 |
|---|---|
| 屏障功能破坏 | |
| 皮肤、黏膜 | 隔离和无菌护理 |
| 肠道 | 肠道灭菌 |
| 吞噬细胞减少和功能降低 | 输注粒细胞、全血 |
| 非特异性体液因子减少 | 血浆、全血 |
| 抗体含量降低 | 丙种球蛋白输注 |
| 细胞免疫低下 | 免疫增强剂、全血 |
| 综合抗感染能力降低 | 抗感染药物 |

②抗感染药物的应用

及时合理地使用抗感染药物是防治急性放射病感染并发症的重要措施。近十年来,抗感染药物的研究和开发取得了明显的进步,研制出一些抗菌谱广、抗菌作用强且毒副作用低的抗感染药物,为急性放射病感染并发症的防治提供了更多可供选择的药物,提高了感染的防治效果。

早期局部处理：照后早期要注意口腔卫生护理；可口服肠道不吸收的抗菌药物，如链霉素、庆大霉素、万古霉素、制霉菌素等，控制和抑制肠道细菌和霉菌的滋生，减少来自肠道的内源性感染。局部应用抗菌药物时，应尽量避免选用拟用于全身感染治疗的抗菌药物，以防耐药性的发生。

抗菌药物的全身应用：根据以往实验研究和临床实践的经验，目前多主张有指征的预防性应用抗菌药物。全身应用抗菌药物的指征有：白细胞数降至 $3\times10^9/L$ 左右；病人出现明显的脱发；皮肤黏膜开始有出血；发现局部感染灶；有感染趋势及血沉加快等。抗菌素的选择，早期多对抗上呼吸道的革兰氏阳性球菌，此时可预防性地应用磺胺类药物。一旦发生感染，宜根据对感染病原体的估计，及时给予相应的抗菌药物。在粒细胞缺乏期内，感染的病原体多为来自肠道的革兰氏阴性杆菌，选用抗菌药物时应充分注意这一特点。抗菌药物的使用要根据需要有计划地进行，多半是先用抗菌谱较窄的抗生素，后用广谱抗生素。一些新的抗生素也可根据病情需要酌情选用。在应用抗菌药物时要注意，宜根据治疗效果和细菌培养药物敏感试验及时更换有效药物，注意维持药物的有效抗菌浓度。严重感染宜两种抗生素合用或几种抗生素交替配伍应用。如用药 2～3 d 内未显示抗菌效果，则应更换药物。若病人胃肠损伤症状较重，抗生素应以静脉给药为主，用药量宜大些。在重度骨髓型或更重的急性放射病时，由于机体免疫力严重低下，在大量应用广谱抗生素时容易诱发霉菌感染，可用抗霉菌药物含漱、雾化吸入或全身应用。在极重度骨髓型、肠型和脑型急性放射病时，感染出现早，发烧可不明显，故抗生素宜提前使用。目前应用的一些抗生素多有一定的毒副作用，在选用抗生素时，对肝肾功能有损害或对造血功能有抑制作用的药物应慎用。

③增强机体免疫力的措施

具有增强机体免疫功能的药物称为免疫增强剂，它又可分为主动免疫增强剂和被动免疫增强剂。前者是通过刺激机体免疫系统而提高免疫力的，而其本身并无直接的免疫活性，如短棒杆菌菌苗、植物多糖、白细胞介素 2(IL－2)等；后者是指一些具有免疫活性的抗体制品，使用后可直接起到增强机体免疫力的作用，即补充和替代作用，如胎盘球蛋白、人血丙种球蛋白、抗巨细胞病毒球蛋白、新鲜血浆等。

在中度、重度偏轻的骨髓型急性放射病时，机体放射损伤虽也较重，但其反应能力一般还存在，此时以使用主动免疫增强剂为宜，可以调动或刺激机体免疫系统而增加免疫力。在重度骨髓型以上病人，因机体放射损伤相当严重，免疫系统处于严重的抑制状态，对免疫刺激的应答反应严重低下或基本消失，若应用主动免疫增强剂不但不会起作用，可能会加重损害。此时宜给予被动免疫增强药物，如丙种球蛋白制剂，可增加机体内抗体的含量，从而很快地提高抗感染的能力。就病程分期而言，急性放射病初期和恢复期以应用主动免疫增强剂为主，极期时只能使用被动免疫增强剂。

④局部感染灶的处理

急性放射病的局部感染灶主要来自三个方面：受照前就存在的局部感染灶，如龋齿、齿龈炎、口腔黏膜慢性溃疡、皮肤疖肿或毛囊炎、足癣等；局部受大剂量照射后在极期到来之前出现的局部放射损伤，如皮肤放射损伤(红斑、水疱、溃疡及坏死)等；极期时出现的局部炎灶，其中以口腔炎症最多见。

局部感染灶对急性放射病的病情发展有较大的影响，可引起疼痛及其他症状，如吞咽困难、尿急尿频、里急后重等，从而加重病情；在极期时局部感染灶可扩散而酿成全身性感染(败血症)；若出现大面积皮肤坏死感染和肢体坏死，可引起机体发烧和中毒，甚者可造成病人死亡。因此，局部感染灶的防治是抗感染治疗重要环节之一，应予充分重视。

2)抗出血措施。出血是急性放射病常见的临床表现。出血可加重贫血，促进感染，大出血或重要脏器的出血可成为致死的原因。因此，抗出血是急性放射病综合治疗中的重要环节。根据对急性放射病出血机理的认识，抗出血治疗措施主要有补充和保护血小板，改善血管功能，纠正凝血障碍等。

①补充和保护血小板

输注新鲜血小板可补充血小板和维持正常功能，是最有效的抗出血措施。输注血小板悬液的时机主要视出血情况和血小板数降低程度而定，一般在血小板数低于(30～50)×$10^9$/L或出现皮肤黏膜出血时，即可输注血小板悬液，以预防大出血。一般每2～3 d输注一次，每次输注血小板数宜在$10^{11}$～$10^{12}$。一般是输注前进行体外照射γ射线15～25 Gy，以杀灭其中的造血干细胞和免疫活性细胞，而对血小板的功能和形态无明显影响。

②改善血管功能药物

安络血(肾上腺色素缩氨脲水杨酸钠)可降低毛细血管的通透性，促进毛细血管收缩。维生素C、芦丁可改善毛细血管功能，对止血有协同作用，在急性放射病止血治疗中已列为常规用药。5－羟色胺具有收缩和强化血管的作用，有人用于放射事故受照病人的治疗。

③纠正血液凝固障碍药物

纠正血液凝固障碍的药物有6－氨基已酸、对羧基苄胺(抗血纤溶芳酸)、止血环酸、维生素K、凝血酶原复合物等。立止血(Reptilase)是一种从巴西蝮蛇的毒液中提纯制备的血凝酶，在1996年吉林放射事故病人“文”的治疗中采用。

④局部出血的处理

在急性放射病极期，口腔黏膜，鼻黏膜常发生局部出血或渗血，皮肤表浅外伤也易发生出血，应及时给予局部止血处理，可用明胶海棉，止血海棉局部压迫止血，也可使用含有三七等成分的中药止血粉止血。

3)全血及其有形成份输注。在急性放射病时，输血及其有形成分的原则是“缺什么，补什么”，一般用于中度以上急性放射病病人的救治。全血细胞减少宜输全血；粒细胞减少明显则输粒细胞悬液；防治出血则输血小板悬液。由于血细胞分离技术的完善和实用化，成分输血的临床应用越来越广泛。

4)营养供给和维持物质代谢平衡。急性放射病时，机体损伤较重，消耗大，因此需要给予高热量、高蛋白、高维生素、易消化的饮食。极期时视胃肠功能情况可给予软食、半流质或流质饮食，尽量保证病人的营养需要。必要时，可给予助消化药。对不能进食的病人，宜静脉补给营养物质。

在重度骨髓型或更重的急性放射病时，由于食欲减退，呕吐和腹泻较为严重，体液丢失较多而摄入不足，常发生脱水、电解质紊乱和酸碱平衡失调，极期时更为突出。维持水和电解质平衡有助于机体内在环境的稳定，利于康复。脱水时，宜及时补液。低钠、低钾及二氧化碳结合力降低时，应及时纠正。适时检验水、电解质和酸碱平衡的变化，可以有针对性地进行输液治疗。急性放射病实施输液治疗时，应注意输液速度不宜过快，以防增加心肺的负担。

5)造血生长因子的应用

①主要造血生长因子简介

造血生长因子是具有刺激造血细胞的分化、成熟和其功能的一大类细胞因子，主要有粒细胞－巨噬细胞系集落刺激因子(granulocyte macrophage colony stimulating factor，GM－CSF)、粒细胞系集落刺激因子(granulocyte colony stimulating factor，G－CSF)、白细胞介素 3(Interleukin 3，IL－3)、促红细胞生成素(erythropoietin，EPO)、血小板生成素(thrombopoietin，TPO)等。GM－CSF 和 G－CSF 主要作用于粒细胞系统，EPO 主要作用红细胞系统，TPO 主要作用于巨核细胞－血小板系统等。

②造血生长因子在放射病治疗中的应用

造血因子的应用原则、方法剂量、停药指征可参考卫生行业标准《WST 378－2013 造血刺激因子在外照射急性放射病治疗中的应用指南》。

应用原则：全身或身体大部分吸收剂量估计达 3～10 Gy 即可使用造血刺激因子治疗；大于 60 岁的老人、小于 12 岁的儿童及合并其他损伤的患者吸收剂量可降低到 2 Gy。受照后 5 h 内出现腮腺肿大、乏力、恶心、呕吐、腹泻等症状时首选 G－CSF 治疗，其次 GM－CSF；当上述症状较严重或者上述症状出现在 1 h 内时，联合使用造血刺激因子效果更好，首选 G－CSF＋TPO，其次 GM－CSF＋IL－11；当出现红细胞减少时可联合应用 EPO。造血刺激因子应于受照后 24 h 内尽早使用；应用造血生长因子治疗期间，需密切观察副作用和造血系统的恢复情况，对症处理并调整剂量。

应用方法与剂量：G－CSF 推荐剂量是 5～10 $\mu$g/(kg・d)，GM－CSF 推荐剂量 5～10 $\mu$g/(kg・d)，皮下或静脉注射，首选皮下注射；白细胞介素 11(IL－11)的推荐用量是 25～50 $\mu$g/(kg・d)，皮下注射；促血小板生成素(TPO)推荐剂量是 300 U/(kg・d)，皮下或静脉注射，首选皮下注射；促红细胞生成素(EPO)推荐剂量是 100～150 U/(kg・d)，每周给药 2～3 次，皮下或静脉注射，首选皮下注射。

停药指征：GM－CSF 或 G－CSF 用药过程应监测白细胞计数和分类，待白细胞恢复至 $4.0\times10^9$/L 以上，或中性粒细胞绝对值升高≥$1.0\times10^9$/L 时即应停用；停药后白细胞下降至 $3.0\times10^9$/L 以下时可再继续应用，直到维持在 $4.0\times10^9$/L 以上；TPO 或 IL－11 用药过程中应监测血小板计数，待血小板恢复至 $100\times10^9$/L 以上时停用；当血红蛋白维持在＞120 g/L、HCT≥36％时可考虑停用 EPO；有条件的单位可监测 EPO 浓度，并依此调整 EPO 的剂量和用药时间。

在 1987 年巴西$^{137}$Cs 放射事故病人的治疗中首次应用了造血生长因子。1989 年的萨尔瓦多的放射事故中，3 例急性放射病人在治疗中也应用了 GM－CSF，亦观察到有加快血细胞恢复的效果。1990 年以色列索万(Sor－Van)放射事故中，一例受到 10 Gy 以上的 γ 射线全身照射的病人于照后 1～18 d 应用了 GM－CSF(250 $\mu$g/(m$^2$・d))，照后第 5～18 天加用了 IL－3(125 $\mu$g/(m$^2$・d))。1992 年 11 月武汉“92.11.13”$^{60}$Co 放射源事故中病人“国”(照射剂量 3.7 Gy)和“金”(照射剂量 2.3 Gy)当白细胞总数小于 $1.0\times10^9$/L 时，开始应用 GM－CSF，明显缩短了粒细胞缺乏的持续时间。1996 年 1 月吉林市放射事故所致中度骨髓型急性放射病人“文”，全身平均受照剂量为 2.9 Gy，合并严重局部放射损伤，于照后 4～23 d 期间使用了 G－CSF，用药剂量为 7 $\mu$g/(kg・d)，白细胞总数回升至大于 $1.0\times10^9$/L 仅需 3 天，回升至 $4.0\times10^9$/L 以上只需 6 d。1998 年 1 月哈尔滨放射事故受 5 Gy 左右照射的1例急性放射病人、1999年4月新乡放射事故病人(5.2 Gy)和2014年5月南京事故1例病人(1.5 Gy)在治疗中也应用G－CSF或GM－CSF,也取得了类似的效果。

从上述造血生长因子治疗急性放射病的临床实践中看出,GM－CSF、G－CSF、IL－3对中度和重度骨髓型急性放射病病人(受照剂量在2～6 Gy)的造血损伤有一定的促进恢复的作用,具体表现在加快了白细胞数(主要是中性粒细胞)的回升,缩短了白细胞最低值的持续时间,这对感染等并发症的防治和机体康复是有益的。

③造血生长因子应用的几个问题

选择适宜的适应征是影响造血生长因子治疗效果的重要因素。造血生长因子是通过刺激造血干/祖细胞而起作用的,如果受照者体内造血损伤达到不能自身恢复的程度,此时即使应用造血生长因子也不会起治疗作用。因此,只有在受照者体内还存在有或移植入一定数量造血细胞时,应用造血生长因子才能奏效。临床实践表明,只要受照机体还存留或移植入1%的骨髓造血细胞(大约$1\times10^{10}$个细胞),造血功能就有恢复的可能,此时应用相应的造血生长因子可促进造血功能加快恢复。就照射剂量而言,当机体受照射剂量在2～8 Gy时,一般认为造血功能尚可恢复,适于应用造血生长因子。

造血生长因子应用的时机。一般认为早期应用比晚用效果好。有些病例因多种原因在白细胞数低于$1.0\times10^9$/L时开始应用造血生长因子,也观察到对造血恢复有一定的刺激作用。

造血生长因子配伍应用。根据大剂量射线照射后造血功能障碍的变化规律和发病学意义,一般先选用GM－CSF或G－CSF以促进白细胞的恢复,然后根据造血功能恢复情况再适当选用其他作用于不同细胞系统的造血生长因子,如IL－3、TPO等。

应用造血生长因子的注意事项:首先在使用造血生长因子前,应对病人病情和造血功能损伤情况进行认真分析,选准适应症和用药方法。其次,要注意副作用的观察和防治。

6)造血干细胞移植。造血干细胞移植按其来源不同,除骨髓移植外、还有胎肝造血干细胞移植、外周血造血干细胞移植、脐带血造血干细胞移植等。

①适应症:人体受到8～12 Gy全身照射,导致极重度骨髓型急性放射病和轻度肠型急性放射病时,机体的造血功能很难自身恢复,可以实施造血干细胞移植。

②供者的选择:应选择免疫遗传学差异小者作为供体。同卵孪生子最好;其次是HLA配型相合或不全相合的同胞;HLA配型资料库中找到HLA表现型相合者,亦可作为供者。

③预处理:包括清髓型和非清髓型两种手段,要注意免疫抑制剂的种类和剂量的把握。

④时机:越早越好,一般受照后不要超过7 d完成移植。

⑤干细胞数量:移植中输注的有核细胞数要满足$(2\sim3)\times10^8$/kg体重。临床上常常对供者应用GM－CSF或G－CSF进行造血干细胞动员。

⑥预防并发症:早期最常见的表现为恶心、呕吐、黏膜炎。出血性膀胱炎、急性移植物抗宿主病发病少见,但却是早期死亡的重要原因。此外,移植后还会出现感染、神经系统并发症、肾脏并发症、心脏并发症、口腔黏膜炎等,需要采取积极防治措施。

7)护理

在对核和辐射突发事件引起的外照射急性放射病的救治经验分析中,合理有效的护理也是救治成功的重要环节,护理工作是必不可少的。对于外照射急性放射病不同类型、不同分度的护理要求不同。护理要求及措施需遵循国家职业卫生标准《GBZ/T 217—2009外照射急性放射病护理规范》，以预防感染为主，实施全环境保护措施，提供合理营养，密切观察病情变化，做好心理关怀和心理疏导。

8）其他对症治疗和心理关怀

急性放射病的病情较重，受损组织广泛，临床表现比较复杂，因此严密的临床观察对及时发现病情变化和适时采取治疗措施是必要的。急性放射病初期常出现恶心呕吐，宜给予消呕宁、枢复宁（枢丹）等止吐药物，病人出现精神紧张、失眠等症状，可给予镇静剂，如安定等。针对照射后早期常有微循环障碍，可给予低分子右旋糖酐、丹参注射液等输注，一般应用 2～3 d，以改善微循环。在病人发生外伤、烧伤、过敏反应、休克等严重情况时，宜给予及时的医学处理。在救治病人的同时，要注意关心病人的心理状况，必要时给予心理疏导和药物治疗。

## 8.2.2　肠型急性放射病

肠型急性放射病是机体受到 10 Gy 以上剂量照射后引起的以肠道损伤为基本改变，以呕吐、腹泻和血水便为主要症状的极严重的急性放射病。此型急性放射病病情十分严重，临床经过进展快，临床症状重且临床分期不明显，经积极综合治疗后仍无活存的病例。

### 8.2.2.1　临床表现

照射剂量在 10～50 Gy 时，肠道上皮损伤特别突出，表现为肠道症状严重，如拒食、频繁呕吐，重者呕吐胆汁，腹泻早且重，出现血水便，泻出物中含有肠黏膜脱落物，大便失禁等，病人常出现腹部疼痛；其他表现为脱水、血液浓缩、电解质紊乱等。部分病人可发生肠套叠和肠梗阻等严重并发症。肠型病人的造血损伤非常严重，已不能自身恢复。虽然给予各种积极的治疗和护理，最终仍会死于造血衰竭（感染、出血等）及多脏器功能衰竭的并发症。

肠型急性放射病病例在平时不常见，大多又经过积极的救治治疗，临床表现有较大的变异。肠型病人在照后 20 min～4 h 全部发生初期症状，主要表现为反复呕吐、全身不适或衰竭，3～5 d 后症状稍缓解或直接进入极期，发生严重的腹泻，拒食和呕吐等表现，一般在照后 20～30 d 内死亡。经骨髓移植的肠型急性放射病病例的活存时间有所延长，可活存 2～3 个月，其死亡原因多为放射性间质性肺炎、移植物抗宿主病（GVHD）、严重感染等。

肠型急性放射病多经过充分的综合对症治疗，病程多有延长。因造血功能已不能自身恢复，免疫功能也持续低下，病人多发生严重的感染并发症，多数病人在照后 20 d 内死亡。部分受到 10 Gy 以上剂量照射的急性放射病人，在对症支持治疗的基础上实施了骨髓移植等造血细胞移植，以重建造血功能。一般在移植后 2 周，外周血白细胞数开始恢复，随后病人的全身状况逐渐开始好转。但在接受骨髓移植后的第 2～3 个月，病人可能发生放射性间质性肺炎。在前苏联切尔诺贝利核事故（1986）所致的急性放射病例中，有 13 例受到大剂量照射而估计造血不能自身恢复的病人实施骨髓移植治疗，其中 5 例病人发生了放射性间质性肺炎，在照后 91 d 内死亡。

### 8.2.2.2　诊断

（1）照射剂量

一次或短时间（数日）内分次接受大于 10 Gy 的均匀的全身照射。

(2)分度诊断

轻度肠型急性放射病:照射剂量为 10～20 Gy。除照后 1 h 内出现严重恶心、呕吐外,1～3 d 内出现腹泻稀便、血水便,并可有腮腺肿痛;经 3～6 d 缓解期后上述症状加重为极期开始,可伴有水样便或血水便、发热。

重度肠型急性放射病:照射剂量为 20～50 Gy。受照后 1 d 内出现频繁呕吐,难以忍受的腹痛,严重稀水便,血液浓缩,脱水,全身衰竭,低体温。之后会出现剧烈呕吐胆汁或咖啡样物,严重者第 2 周在血水便或便中混有脱落的肠黏膜组织,大便失禁,高热。

#### 8.2.2.3 治疗

治疗原则:早期应用可减轻肠道损伤的药物;纠正脱水和电解质紊乱及矫正酸碱平衡失调;尽早实施造血干细胞移植,以重建造血功能;积极地综合对症治疗。

### 8.2.3 脑型急性放射病

脑型急性放射病是指机体受到 50 Gy 以上剂量照射后发生的以脑和中枢神经系统损伤为基本损伤变化的一种极其严重的急性放射病,其病情较肠型时更严重,发病更迅猛,临床分期不明显、预后极差。主要临床表现可概括为意识障碍、定向力丧失、共济失调、肌张力增强和震颤、强直性或阵挛性抽搐。1945 年 8 月日本原子弹爆炸受害者中,距离爆心投影点 500 m 以内的人员估计可能发生脑型急性放射病,因当时对急性放射病尚无系统认识,故无详细的相关资料。

#### 8.2.3.1 临床表现

当照射剂量＞50 Gy 时,影响病情发展的主要损伤是脑组织的损伤。骨髓造血和肠道损伤更加严重,均不能恢复。主要临床表现:共济失调、定向力障碍、剧烈腹痛、狂躁、眼球震颤、抽搐(角弓反张)和休克等。实验室检查:血液浓缩,白细胞数升高后急剧下降。骨髓穿刺物为水样,细胞很少。病人均在 2～3 d 内死亡。

#### 8.2.3.2 诊断

照射剂量:一次或短时间(数日)内接受大于 50 Gy 的均匀或比较均匀的全身照射,偶见于特大核事故及核战争条件下瞬时受到特大剂量照射的人员。

受照剂量为 50～100 Gy,病程 2 d 左右,受照后出现站立不稳和步态蹒跚等共济失调,定向力和判断力障碍,肢体或眼球震颤,强直性抽搐,角弓反张等征象。如受照剂量＞100 Gy,则受照后意识丧失,瞳孔散大,大小便失禁,血压下降,休克,昏迷,病人很快死亡,病程可仅数小时。

#### 8.2.3.3 治疗

目前我们对此型放射病的认识尚不充分,急救强调对症治疗,早期给予镇静、解痉、抗休克、强心、改善循环等,其中抗休克和控制抽搐尤为重要。

随着生物医学科学尤其是分子生物学技术的不断进展,急性放射病发病机理研究的日趋深入,放射病诊治实践经验的进一步积累,急性放射病的诊断水平将有明显的提高,以更好地指导临床救治。

采用现代综合对症治疗对急性放射病有较好的治疗效果，可使中度骨髓型急性放射病病人基本全部活存；重度骨髓型急性放射病则可绝大多数活存，感染和出血并发症多不严重，临床经过顺利。对极重度骨髓型急性放射病的治疗效果也有一定的进步，部分病人可活存 2～3 个月，多由于出现一些辐射晚期并发症（放射性间质肺炎等）而造成病人死亡。肠型和脑型急性放射病的病情太危重，目前尚无可使病人活存的有效治疗方法。为了进一步提高急性放射病的治疗效果，应深入研究超致死剂量照射后的机体损伤规律和发病学特点，寻找更有效的防治措施。

## 8.2.4　急性放射病的救治新进展

### 8.2.4.1　间充质干细胞（mesenchymal stem cells，MSCs）

间充质干细胞最早发现于骨髓中，目前人们能够从骨髓、脂肪、滑膜、骨骼、肌肉、肺、肝、胰腺等组织以及羊水、脐带血中分离和制备间充质干细胞，但用得最多的还是骨髓来源的间充质干细胞。MSC 作为一种成体多能干细胞，来源广泛，容易获得，且容易体外分离培养，除具有干细胞的基本特性，能够自我复制、自我更新以外，MSC 作为造血微环境的主要细胞，在维持造血干细胞的正常分化、促进移植后造血恢复方面发挥着重要的作用。另外，MSC 还具有多向分化潜能，在体外培养中和植入受体的不同组织和器官后，可转化为组织特异性的细胞，包括肌肉、软骨、骨、神经、肝脏、心脏、脑、肠和肺等组织细胞。近年来，MSC 在辐射损伤中的应用也受到了重视。目前，国内外关于 MSC 在放射损伤治疗中的研究已有大量文献报道。Yim 等研究证明，将 MSC 植入免疫缺陷 NOD－SCID 小鼠体内，其可以长期存在于骨髓、外周血、脾、肝、肺和小肠，并且低剂量照射可提高射线敏感组织如造血系统、胃肠道的植入率。Devine 等对经致死剂量照射幼年狒狒进行自身或异体 MSC 移植，移植后进行病理检查发现受者胃肠道、肾脏、肺、肝脏、胸腺、皮肤中均有相对高的 MSC 分布，其中胃肠道植入量最高，并且辐射损伤组织均有明显恢复，说明 MSC 可用于放射病多脏器损伤的治疗，也说明 MSC 存在远位效应。Francois 等在急性放射病的动物实验中也发现 MSC 能够迁移定居到损伤组织，参与损伤修复。

### 8.2.4.2　人脐血干细胞

脐带血中含有相当数量的造血干/祖细胞，移植性能近似骨髓细胞，且脐带中的干/祖细胞更原始，有更强的增殖分化能力，免疫细胞较为幼稚，功能活性低，不会触发免疫反应及引起移植物抗宿主病。有学者进行了人参皂苷（ginsenosides Rgl，Rg1）联合人脐带血单个核细胞（human umbilical cord blood monouclear cells，hUCB－MNCs）移植治疗对放射损伤小鼠造血功能影响的研究，结果表明 Rgl 明显促进 hUCB－MNCs 移植治疗亚致死量放射损伤小鼠造血功能的恢复，明显缩短中性粒细胞和血小板等血细胞恢复正常水平的时间。

### 8.2.4.3　蛋白类生物制品

随着重组生物技术的发展，产生了一系列的重组蛋白药物，因为绝大部分重组蛋白药物是人体蛋白或其突变体，可以弥补某些体内功能的缺陷或增加人体内蛋白功能，这或为重组蛋白药物治疗疾病的机制。有研究表明重组人血清白蛋白－粒细胞集落刺激因子融合蛋白对$^{60}Co$ γ射线5.0 Gy照射所致ARS小鼠有明显的治疗作用：白细胞和中性粒细胞减少，持续时间较对照组显著缩短，开始恢复时间提前，白细胞最低值明显升高。

重组人骨形成蛋白－2(recombinant human bone morphogenetic protein－2，rhBMP－2)能修复γ射线引起的小鼠急性造血损伤，机制为rhBMP－2能够促进MSCs的增殖并分化为造血细胞，其作用不仅能促进造血微环境修复，而且还能加速受照射小鼠造血细胞的生成。

凝溶胶蛋白(gelsolin)广泛分布于哺乳动物和非哺乳动物体内，在细胞运动、细胞活力、细胞凋亡、离子通道调节、某些信号转导等过程中发挥重要的作用。有学者用6 Gy $^{137}Cs$ γ射线照射BALB/c小鼠，结果显示照射后初期及中期，凝溶胶蛋白给药组血浆凝血酶原时间(prothrombin time，PT)、活化部分凝血活酶时间(activated partial thromboplastin time，APTT)显著高于单纯照射对照组，纤维蛋白原(fibrinogen，FIB)低于单纯照射对照组。照射后期，PT、APTT显著低于单纯照射对照组，FIB低于单纯照射对照组。GSH、SOD显著高于单纯照射对照组，说明凝溶胶蛋白在急性放射损伤中对改善辐射出血损伤、清除辐射诱导自由基具有一定作用。

## 8.3 放射性皮肤损伤的诊断与治疗

放射性皮肤损伤是电离辐射作用于皮肤引起的损伤，可见于医疗照射、事故照射和职业照射。根据放射性皮肤损伤临床特点不同，可分为急性放射性皮肤损伤、慢性放射性皮肤损伤和放射性皮肤癌。

急性放射性皮肤损伤(acute radiation injury of skin)是身体局部受到一次或短时间(数日)内多次大剂量外照射所引起的急性放射性皮炎及放射性皮肤溃疡。慢性放射性皮肤损伤(chronic radiation injury of skin)是局部皮肤长期受到超剂量限值照射，累积剂量一般大于15 Gy，数年后引起的慢性放射性皮炎及皮肤溃疡，亦可由急性放射性皮肤损伤迁延为慢性放射性皮肤炎或溃疡。放射性皮肤癌(radiation skin cancer)是在电离辐射所致皮肤放射性损伤的基础上发生的皮肤癌。由于本书是核应急相关用书，此处主要描述急性放射性皮肤损伤。

尽管多种原因的照射可以引起放射性皮肤损伤，但病理改变、临床表现、诊断和治疗遵循相同规律。本章节依据职业性放射性皮肤疾病诊断(GBZ 106—2020)为主进行展开。GBZ 106—2020代替了GBZ 106—2016《职业性放射性皮肤损伤诊断》、GBZ 219—2009《放射性皮肤癌诊断标准》和WS/T 475—2015《放射性皮肤疾病护理规范》，是放射性皮肤损伤的指导性文件。

### 8.3.1 临床表现

#### 8.3.1.1 急性放射性皮肤损伤的临床表现

工作人员在工作中意外受到体表放射性核素沾染和(或)外照射的事故照射，以及参加事故救援受到应急照射，或者公众因事故受到意外照射等，均可发生急性放射性皮肤损伤。

急性放射性皮肤损伤根据临床表现分为 4 度，临床过程有一定的阶段性，可将病程分为初期反应期、假愈期、临床症状明显期和恢复期四期。分度不同，均呈现其典型的临床表现，因射线种类、射线能量、吸收剂量、剂量率、受照部位、受照面积和全身情况等而异。可依据表 8－5，特别是临床症状明显期的皮肤表现，并参考局部吸收剂量值作出损伤深度的分度诊断。弱贯穿辐射造成皮肤损伤的参考剂量阈值为 2 Gy。

**表 8－5　急性放射性皮肤损伤的分度诊断标准**

| 分度 | 初期反应期 | 假愈期 | 临床症状明显期 | 参考剂量/Gy |
|---|---|---|---|---|
| Ⅰ | — | — | 毛囊丘疹、暂时脱毛 | ≥3 |
| Ⅱ | 红斑 | 二周～六周 | 脱毛、红斑 | ≥5 |
| Ⅲ | 红斑、烧灼感 | 一周～三周 | 二次红斑、水泡 | ≥10 |
| Ⅳ | 红斑、麻木、瘙痒、水肿、刺痛 | 数小时～十天 | 二次红斑、水泡、坏死、溃疡 | ≥20 |

受照后早期局部浅层血管扩张充血，其后随受照剂量不同，皮肤可出现脱毛、红斑、水泡和溃疡形成等不同变化。

皮肤受照后，3 Gy 以上剂量的照射就能使皮脂腺细胞变性形成粟粒样丘疹，毛囊生发层细胞变性、萎缩，毛发脱落。受照剂量增加，真皮水肿，乳头层血管扩张充血，少量中性粒细胞和淋巴细胞浸润，血管壁和神经纤维变性。表皮细胞出现变性，角化过度、脱落，大量空泡形成，基底细胞坏死，表皮下水肿液积聚，表皮和真皮层分开，形成水疱。若损伤进一步加重，表皮和真皮坏死、脱落，形成溃疡。创面覆盖纤维素样痂皮，溃疡周围水肿、纤维素样变性、小动脉壁纤维素样坏死，但缺少炎性细胞反应和肉芽组织。脱毛、红斑和水疱可以再生修复，溃疡形成后经久不愈，并可发展为慢性溃疡。

Ⅰ度急性放射性皮肤损伤，受照当时，局部无任何症状，24 h 后可出现轻微红斑，红斑很快消失。假愈期局部无任何症状。3～8 周后出现毛囊丘疹、暂时性脱毛。3 个月后毛发再生。

Ⅱ度急性放射性皮肤损伤在初期反应期受照局部无症状，部分受照者约 2 d 后局部皮肤轻微瘙痒、灼热感，可见皮肤轻度肿胀和界限清楚的充血性红斑，持续数天后消退。假愈期局部无异常，一般持续 2～6 周。进入临床症状明显期，局部皮肤再次出现瘙痒、灼热和边界清楚的红斑，干性脱皮和脱毛，可有色素脱失、灼痛，持续 4～7 d 后转入恢复期。然后上述症状减轻，红斑逐渐变为浅褐色，出现粟粒状丘疹，皮肤稍干燥、脱屑、脱毛，可伴有瘙痒不适。1～3 个月后症状消失，毛发再生。

发生Ⅲ度急性放射性皮肤损伤时，初期反应期可在受照时有一过性灼热、麻木感，受照 12～24 h 后出现皮肤肿胀和界限清楚的充血性红斑，可伴有灼痛，持续数天后消退。初期反应经过 24～48 h 后，症状减轻、消失，皮肤红斑消退，进入假愈期，无明显临床症状和体征，持续 1～3 周。假愈期后，局部皮肤再次肿胀，出现红斑，颜色较前加深，呈紫红色，伴灼痛，并逐渐形成水疱。水疱破裂后形成表浅的糜烂创面。若是放疗等分次照射引起的损伤，无明显水疱，表现为表皮松解、创面糜烂和渗出等湿性皮炎反应。恢复期时，组织修复，新生上皮菲薄，弹性差。经过一段时间后可出现慢性改变，如毛细血管扩张、皮肤色素沉着或脱失；脱落的毛发不再生长；皮脂腺、汗腺萎缩等。局部受外界刺激时容易破溃。

Ⅳ度急性放射性皮肤损伤是坏死、溃疡，初期反应期发生在受照当时或数小时后出现，灼痛、麻木，皮肤肿胀，红斑，症状逐渐加重。数小时或 10 d 以内进入假愈期；重者无假愈期。多数受照者受照 1～2 d 后局部肿痛、红斑稍减轻，2～3 d 后进入临床症状明显期。红斑颜色逐渐加深，呈紫褐色。肿胀加重，伴剧烈疼痛，相继出现水疱和皮肤坏死。坏死的皮肤脱落，形成溃疡。可伴有全身症状，乏力、纳差、恶心、呕吐，血白细胞减少。进入恢复期（慢性期）后，面积较小（直径≤3 cm）或浅表的溃疡，经过治疗可望愈合。新生上皮不稳定，稍遇刺激易发生皲裂或破溃。面积大而深的溃疡不易愈合，容易继发感染。不愈合的溃疡迁延成慢性放射性皮肤溃疡。重者累及深部肌肉、骨骼、神经或内脏器官。放射性溃疡长期不愈合，溃疡基底及周围形成瘢痕，导致局部功能障碍。

#### 8.3.1.2 慢性放射性皮肤损伤的临床表现

慢性放射性皮肤损伤可发生于局部皮肤长期受到照射，或由急性放射性皮肤损伤迁延而来，发生于受照射后数月至数年。

慢性放射性皮肤损伤组织病理学表现为混合性炎症反应。表皮过度角化，可伴有灶性角化不全。表皮细胞间水肿致细胞间隙增宽形成皮肤海绵。基底细胞空泡变。含有丰富纤维和弹性组织的真皮有丰富的纤维素渗出物。慢性放射性皮肤损伤的典型特征是成纤维细胞的出现。这些成纤维细胞胞浆嗜碱性，核大而深染或空泡变。血管壁增厚，纤维内膜增生。常伴有皮肤附属器尤其是毛囊消失。

慢性放射性皮肤损伤时，皮肤各损伤深度的分度均有其典型的临床表现。可依据表 8－6 作出分度诊断。

**表 8－6　慢性放射性皮肤损伤的分度诊断标准**

| 分度 | 临床表现（必备条件） | 参考剂量（急性迁延）/Gy | 参考剂量（慢性累积）/Gy |
|---|---|---|---|
| Ⅰ | 皮肤色素沉着或脱失、粗糙，指甲灰暗或纵嵴色条甲 | ≥5 | ≥15 |
| Ⅱ | 皮肤角化过度，皲裂或萎缩变薄，毛细血管扩张，指甲增厚变形 | ≥10 | ≥30 |
| Ⅲ | 坏死溃疡，角质突起，指端角化融合，肌腱挛缩，关节变形，功能障碍（具备其中一项） | ≥20 | ≥45 |

#### 8.3.1.3 放射性皮肤癌

放射性皮肤癌发生在皮肤受到严重放射损害的部位，是射线所致的皮肤萎缩、角化过度或长期不愈的放射性溃疡基础上恶变而成。放射性皮肤癌的病理类型有鳞状上皮细胞癌和基底细胞癌。在面部多为基底细胞癌，四肢和躯干多为鳞状上皮细胞癌。放射性皮肤癌一般恶性程度较低，肿瘤细胞分化程度高。由于局部组织严重纤维化，血管、淋巴管闭塞，癌细胞向周围浸润和转移缓慢。

放射性皮肤癌临床表现具有以下特点：肿瘤发生在受电离辐射损害部位皮肤并排除皮肤转移癌的可能性；有潜伏期，长短不一，一般为 10～20 年，最长可达 30 年；癌前表现为射线所致的慢性皮炎、角化增生或长期不愈的溃疡。

慢性放射性皮炎或长期不愈的慢性放射性溃疡恶变发展为放射性皮肤癌，表现为在萎缩变薄、粗糙、角化过度、皲裂、角质突起或放射性溃疡的基础上出现突出体表的结节状或疣样新生物。

## 8.3.2　诊断

### 8.3.2.1　急性放射性皮肤损伤的诊断

有明确的从事相关放射性工作的经历。有在工作中意外受到体表放射性核素沾染和(或)外照射的事故照射，以及参加事故救援受到应急照射的经历。根据佩戴的个人剂量计、场所剂量监测和剂量重建资料，估算出局部皮肤吸收剂量。也可根据临床表现估算出局部吸收剂量。

局部受照后，应用红外线热成像技术检查，可作为诊断局部损伤程度和范围的参考依据。红外线热成像技术原理与方法依据人体表各部位红外线辐射量多少即表面皮肤温度的变化大小，以红外线摄像机准确地捕捉这些红外线，再通过计算机测温分析系统将其转换成图像显示出来。以此推断出局部损伤程度，从而作出正确诊断。红外线热成像温度变化在诊断中的意义：①红斑水肿期温度升高；②水疱坏死区温度降低；③温度升高越高，损伤越重；④温度改变的区域与损伤范围基本一致。因此，温度变化与照射剂量损伤程度相关，可作为诊断损伤程度与范围的指标和依据之一。

必要时可进行 CT 和磁共振检查，深层组织如肌肉、大的血管或骨骼受到外照射发生损伤、水肿，CT 扫描表现为密度简体，磁共振显像呈 T2 高信号。目前发展的新型皮肤影像技术—皮肤反射式共聚焦显微镜，也称为皮肤 CT，可以对皮肤从表层到深层分层成像，具有无创、实时、检查方便等优点，可望为核与辐射致局部皮肤放射损伤提供一种强有力的检查工具。

急性放射性皮肤损伤还需与热烧伤区别。急性放射性皮肤损伤皮肤红斑反复出现，持续时间长，创面炎症反应不强烈，合并脱毛反应和毛囊丘疹。热烧伤临床表现急剧，无假愈期，持续时间短，炎症反应明显、疼痛。参照有无电离辐射照射史可诊断。其次，应与日晒性皮炎、过敏性皮炎和丹毒鉴别。

### 8.3.2.2　慢性放射性皮肤损伤的诊断

有明确的从事相关放射性工作的经历。局部皮肤长期受到超过年剂量限值的照射，亦可由急性放射性皮肤损伤迁延而来。累积吸收剂量(或分割照射剂量)大于 15 Gy，由急性损伤迁延而来的剂量大于 5 Gy。

慢性放射性皮肤损伤应与霉菌性疾病、扁平疣、接触性皮炎、神经性皮炎、慢性湿疹和慢性溃疡等鉴别。鉴别要点包括：①霉菌检查；②甲皱微循环检查；③病变区有超剂量照射史再结合临床特点判定；④必要时可做病理检查。

### 8.3.2.3　放射性皮肤癌的诊断

有明确的从事相关放射性工作的经历。局部皮肤发生慢性放射性损伤并在此基础上发生癌变。病变皮肤组织病理学证实存在恶性肿瘤细胞(恶性黑色素瘤除外)，必要时行免疫组织化学检测。

## 8.3.3 治疗

### 8.3.3.1 急性放射性皮肤损伤的治疗

(1)治疗原则:立即脱离辐射源,有放射性核素皮肤沾染者予以洗消去污处理。对全身及局部吸收剂量进行测量、评估。保护创面,防止外伤和局部理化刺激。对合并危及生命的损害(如休克、外伤、窒息和大出血),应首先抢救,维持生命。皮肤损伤面积较大、较深时,应给予全身治疗和相应护理措施。急性放射性皮肤损伤创面应根据不同损伤程度,不同阶段采取相应的处理方法。根据损伤深度、面积和患者全身情况,适时采取手术治疗和相应护理措施。

(2)全身治疗:加强营养,给予高蛋白和富含维生素及微量元素的饮食。加强抗感染措施,应用有效的抗生素类药物。给予维生素类药物。给予镇静止痛药物。注意水、电解质和酸碱平衡,必要时可输入新鲜血液。根据病情需要,可使用各种蛋白水解酶抑制剂,自由基清除剂和增加机体免疫功能的药物。必要时,可使用活血化瘀,改善微循环的药物。

(3)局部保守治疗:Ⅰ度放射性皮肤损伤、Ⅱ度放射性皮肤损伤或Ⅲ度放射性皮肤损伤、Ⅳ度放射性皮肤损伤在皮肤出现水疱之前,注意保护局部皮肤。必要时可用抗组织胺类或皮质类固醇类药物。Ⅲ度放射性皮肤损伤、Ⅳ度放射性皮肤损伤出现水疱时,可在严密消毒下抽去水疱液,可选用有效抗菌外用药物,结合使用含维生素 B12 的溶液及抗菌敷料覆盖创面,加压包扎,预防感染。疱皮有放射性核素沾污时,应先行去污,再剪去疱皮。Ⅳ度放射性皮肤损伤,水泡破溃形成浅表溃疡,可使用含维生素 B12 的溶液外敷,预防创面感染。如创面继发感染,可根据创面细菌培养的结果,采用敏感的抗生素药物湿敷。进入恢复期后适时手术。

(4)手术治疗:急性期应尽量避免手术治疗,因此时病变尚在进展,难以确定手术的病变范围。必要时可进行简单的坏死组织切除及生物敷料和游离皮片覆盖术,注意保护局部功能,待恢复期后再施行完善的手术治疗。位于功能部位的Ⅳ度放射性皮肤损伤或损伤面积大于 25 $cm^2$ 的溃疡,应进行早期手术治疗。

### 8.3.3.2 慢性放射性皮肤损伤的治疗

(1)处理原则:Ⅰ度慢性放射性皮肤损伤患者,应妥善保护局部皮肤避免外伤及过量照射,并作长期观察。Ⅱ度损伤者,应视皮肤损伤面积的大小和轻重程度,减少射线接触或脱离放射性工作,并给予积极治疗。Ⅲ度损伤者,应脱离放射性工作,并及时给予局部和全身治疗。对经久不愈的溃疡或严重的皮肤组织增生或萎缩性病变,应尽早采取手术治疗和正确的护理措施。

(2)全身治疗:加强营养,给予高蛋白和富含维生素及微量元素的饮食。间断应用改善微循环及抗自由基的药物。如合并外照射慢性放射病时,应按照 GBZ105 进行处理。

(3)局部保守治疗:可用润肤霜、膏,保护皮肤,局部可使用含维生素 B12 的溶液或含有超氧化物歧化酶(SOD)、表皮细胞生长因子(EGF)、成纤维细胞生长因子(FGF)、Zn 的抗生素类霜、膏,促使创面加速愈合。创面出现长期不愈合或反复破溃者,应及时手术治疗。

(4)手术治疗指征:对严重放射性皮肤损伤的创面,应适时施行彻底的局部扩大切除手术,再用皮片或皮瓣等组织移植,作创面修复。

8.3.3.3　放射性皮肤癌的治疗

放射性皮肤癌的处理应该遵照早期预防、早期发现、早期治疗的原则。一经诊断,尽在采用手术治疗。除此之外还需加强营养,适当使用提高免疫力药物和全身抗肿瘤药物。

### 8.3.4　放射性皮肤损伤研究进展

放射性皮肤损伤具有长期性、持久性、潜在性和进行性的特征,治疗周期长、疼痛明显、护理困难,严重影响生活质量。对其损伤机制进行深入研究从而找到精准有效的治疗措施显得尤其重要。众所周知,电离辐射损伤的发生机制与体内生物大分子,如核糖核酸、脱氧核糖核酸、蛋白质等密切相关,遗传学和表遗传学的一系列改变构成辐射生物效应的物质基础。但皮肤的组织结构特征和机体所处位置使得其损伤机制和治疗措施又具有明显的特点。近年来,国内外对放射性皮肤损伤的发生机制和治疗方法进行了深入研究,从不同角度阐明了损伤的分子机理,丰富了不同的治疗技术和药物。

国内学者早年集中于寻找各种不同的中药或其提取物对放射性皮肤损伤的修复作用,发现放黑绛丹、芦荟多糖等药物可用于促进放射性皮肤损伤的愈合,还尝试了将各种来源的干细胞用于放射性皮肤溃疡的治疗,均取得一定的效果。近年来对放射性皮肤损伤研究报道较多的是张舒羽教授团队,从蛋白质及其修饰角度阐明了放射性皮肤损伤发生的机理,发现 IFI6 通过调控 HSF1 介导的内质网应激过程从而抑制辐射诱导的皮肤细胞损伤,降低皮肤细胞的辐射敏感性;SDF－1alpha/CXCR4 调控放射性皮肤损伤的进展和纤维化形成;Nrf2/GCH1/BH4 轴通过调节 ROS 级联反应改善辐射诱发的皮肤损伤;泛素特异性蛋白酶 47(USP47)参与了放射性皮肤损伤的进展,并有望作为放射性皮肤损伤的防治新靶点。除此之外,还合成了蛋白转导结构域(PTD) HIV－TAT 及人铜锌超氧化物歧化酶(Gu/Zn SOD, SOD1)的重组蛋白(TAT－SOD1),用于放射性皮肤损伤的治疗;发现黑蛙多肽 RIFSP－2、RIFSP－5、RIFSP－9、RIFSP－10 对放射性皮肤损伤具有良好的修复作用。

国外学者在皮肤放射性损伤的机制和治疗方面进行了多个报道,探讨了多种治疗技术和方法,其中褪黑素的应用尤其振奋人心。Abbaszadeh 综述了褪黑素的作用机理、研究进展、应用前景,并绘制了其详细的作用模式图(见图 8－2)。

外源性或内源性合成的褪黑素可通过与膜结合的褪黑素受体 MT1 和 MT2 或核维甲酸孤儿受体(RORa)相互作用来调节皮肤细胞表型。在受体激活的表型效应中,值得注意的是黑色素的合成抑制,DNA 修复和抗氧化酶的过表达。非受体作用是通过与细胞内蛋白质例如醌还原酶 2(NQO2)或钙调蛋白的相互作用来介导的。褪黑素及其代谢物(在该图中以 AFMK 表示)可作为活性氧和氮(ROS 和 RNS)的直接清除剂,并通过与细胞色素 C 或电子相互作用来维持线粒体稳态。实线显示直接效果,虚线显示多个反应和信号。

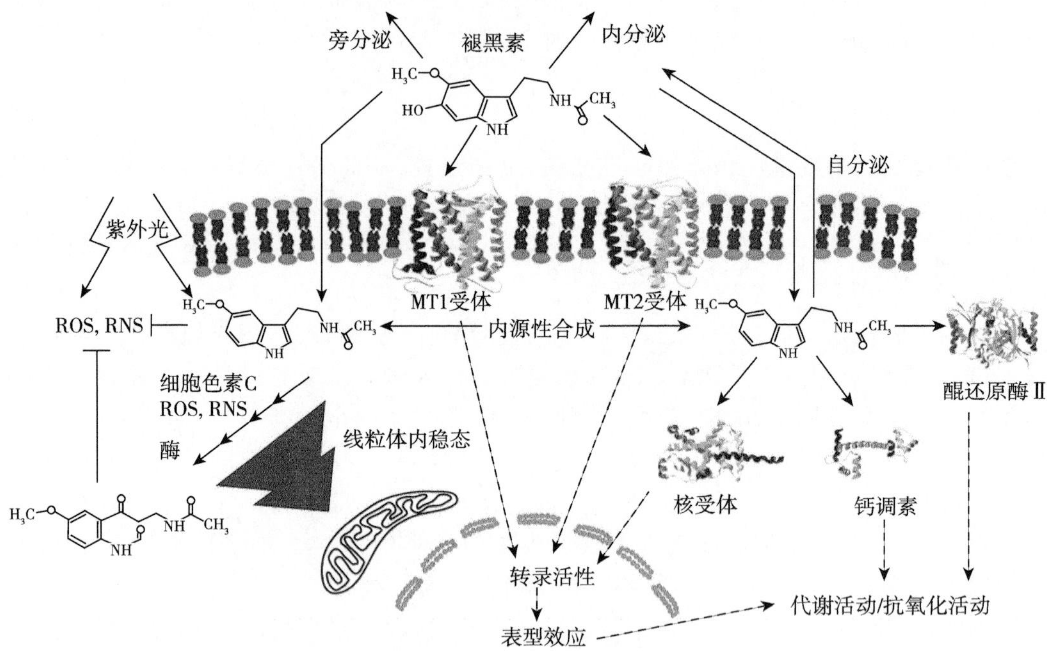


图 8-2　褪黑素对放射性皮肤损伤作用模式图

# 8.4　放射复合伤的诊断与治疗

## 8.4.1　概述

### 8.4.1.1　定义

复合伤(combined injuries)是指机体同时或先后受到两种或两种以上不同性质致伤因素作用而发生的复合性损伤。不同性质致伤因素是指它能引起独立的、特定的一类损伤，如射线引致放射损伤，高热引致烧伤，暴力及机械力引致创伤，其他致伤因素(如激光、微波、次声、粒子束、粉尘、纤维、激素、病毒等)引致的特殊损伤等。同一致伤因素作用于机体不同部位而发生多处损伤，称为多发伤(multiple injuries)，与复合伤的概念不同。

核武器爆炸时产生四种杀伤因素，所发生的多种复合伤统称核爆炸复合伤(combined injuries from nuclear explosions)。核爆炸复合伤发生率高、伤类杂、伤情重、发展快、诊治难，是核战争和核恐怖袭击造成减员和伤亡的重要原因，是救治的主要对象。放射复合伤(radiation combined injury)是指在核武器爆炸、核辐射事故和核恐怖等情况下，机体受到放射损伤，并合并其他损伤(如烧伤、冲击伤、火器伤等)的复合性损伤。放射复合伤时整体伤情重、发展快、诊治难，是核战争和核恐怖袭击造成减员和伤亡的重要原因，是救治的重要对象。

#### 8.4.1.2　战时和平时放射复合伤的发生情况

在战时和平时，放射复合伤的发生机会是很多的，主要见于下列情况：

(1)核武器爆炸

日本遭原子弹袭击后，广岛和长崎 20 d 生存的伤员中，复合伤约占 40%左右。在放射复合伤中，放烧复合伤发生率较高，放冲最高，放烧冲较低。我国核试验现场动物实验结果表明，复合伤的发生率为 50%～85%。

(2)贫铀弹伤害

贫铀武器可导致多种损伤，包括贫铀弹片伤、烧伤、内照射放射病、重金属化学毒性伤害等及相应的复合伤。

(3)核电厂事故

如 1986 年苏联切尔诺贝利核电厂事故伤员中，重度以上放射病患者多合并有热烧伤，部分同时有 β、γ 射线皮肤损伤。

(4)次生伤害和恐怖伤害

核设施、核电厂如遭精确武器直接打击造成破坏，脏弹爆炸等，可次生地发生核泄漏外溢和火灾、爆炸，从而引致放射复合伤。恐怖分子有可能获得核材料，以至粗制核武器，用核材料加爆炸材料制成“脏弹”，也能引发复合伤。

#### 8.4.1.3　伤类和伤情

核爆炸复合伤的伤类和伤情与核武器的当量、爆炸方式、人员分布和防护情况等密切相关。核爆炸时暴露人员主要发生放烧冲、烧冲和烧放冲三类复合伤。对于小当量，如千吨级、万吨级核武器在地爆、低空爆炸时，突出问题是放射损伤，主要发生放射复合伤；大当量，如百万吨级在空爆时，突出问题是烧伤，主要发生烧冲复合伤。大当量核武器，爆心附近的暴露人员由于同时遭受三种杀伤因素的强烈作用，现场死亡区较大。引起现场死亡的直接原因主要是冲击伤和烧伤，特别是冲击伤。人员在工事、建筑物或大型兵器内，由于屏蔽了光辐射的作用，主要发生放冲复合伤。当工事和建筑物倒塌和燃烧时，可发生以间接损伤为主的烧冲复合伤。

复合伤的命名原则是按损伤的严重程度排列，造成损害最重的伤类排在前面，其他因素的伤类依次排后。

(1)放射复合伤的分类

放射复合伤通常可分为 4 类：①放烧复合伤(combined radiation－burn injury)，以放射损伤为主复合烧伤。②放冲复合伤(combined radiation－blast injury)，以放射损伤为主复合冲击伤，即由电离辐射与冲击波(或其他机械力、暴力)同时所致的复合伤。③放创复合伤，是放射损伤合并创伤。④放烧冲复合伤，是以放射损伤为主复合烧伤与冲击伤。复合伤的命名原则是按损伤的严重程度排列，将主要伤列于前，次要伤列于后，如放冲复合伤，表明放射损伤是主要损伤，冲击伤为次要损伤。

(2)放射复合伤的分度

为了及时有效地进行急救、诊断、后送和治疗，必须对复合伤伤情进行分度。各类复合伤按伤情的严重程度，可分为轻度、中度、重度和极重度四级(见表 8－7)，受到相应核辐射的剂量分别为 1 Gy、2 Gy、3 Gy 和 4 Gy 以上。复合伤的分度是以各单一伤的伤情为基础，考虑复合伤的加重效应而划分，一般复合中度以上损伤，就可加重伤情等级。

**表 8－7　各类复合伤伤情的分度标准**

| 复合伤 | 分度标准(具备下列条件之一者) |
|---|---|
| 极重度 | 几种损伤中有一种达到极重度者；或有二种达到重度；或一种重度复合二种中度损伤 |
| 重度 | 几种损伤中有一种达到重度者；或三种损伤均为中度；或中度放射损伤复合中度烧伤 |
| 中度 | 几种损伤中有一种达到中度者 |
| 轻度 | 几种损伤均为轻度 |

#### 8.4.1.4　基本特点

复合伤的基本特点是“一伤为主”和“复合效应”(combined effects)。“一伤为主”是指复合伤的主要致伤因素在疾病的发生、发展中起主导作用；“复合效应”是指机体遭受两种或两种以上致伤因素作用后，所发生的损伤效应，不是单一伤的简单相加。单一伤之间可相互影响，使原单伤的表现不完全相同于单独发生的损伤，整体伤情也变得更为复杂。

大量研究表明，“相互加重”是复合效应的重要表现。但复合伤在有些情况下也可不加重，甚至减轻。复合效应可表现在整体效应、组织脏器和细胞效应上或分子水平效应上；复合效应也可表现在重要的病理过程中，不同病程环节和不同脏器表现可不尽一致。

### 8.4.2　放射复合伤的临床表现

放射复合伤时，放射损伤常起主导作用。其主要临床特点如下：

(1)伤情严重程度主要取决于照射剂量，病程经过具有放射病特征

随照射剂量增大，伤情严重，死亡率升高，活存时间缩短。一般说来，具有初期(休克期)、假愈期(假缓期)、极期和恢复期的病程阶段性，但放射复合伤极期提前、延长，假愈期缩短。

(2)休克的发生率高、程度重

在受到很大剂量照射后，由于中枢神经系统和心血管系统功能严重障碍，可能出现休克。放射复合伤时，休克发生率增加，程度更重。照射剂量越大，伤情越重，休克发生率越高，经过也更严重。根据日本广岛、长崎伤员的调查资料，复合伤休克发生率为 20%左右。严重的休克常是放射复合伤早期死亡的重要原因之一。休克大多发生在伤后初期，往往具有兴奋期延长与抑制期缩短的特点，这是在受到复合杀伤因素强烈作用后，机体神经、内分泌、循环和代谢功能发生严重障碍的综合表现，其中有效循环血量的减少常常成为休克发展中的重要环节，早期休克发生的重要原因在于放烧复合伤的心功能损害。

在单纯放射损伤时，早期休克是比较少见的。只有在受到很大剂量照射后，由于中枢神经系统和心血管系统的功能严重障碍，方可出现休克。而在放射复合伤时，休克发生率增加，程度更重。如小鼠单纯 12 Gy 放射损伤几乎不发生休克，15% Ⅲ度单纯烧伤休克发生率为 20%，而两种损伤合并后，休克的发生率增加到 50%。通过对 $^{60}Co$ γ 射线 6 Gy 全身照射合并 30% Ⅲ度烧伤大鼠的研究表明，早期休克发生的重要原因在于放烧复合伤的心功能损害，而心肌功能损害的原因主要包括能量代谢、钙离子通道的改变，伤后血清成分对心肌收缩功能的影响，心肌细胞膜 β－肾上腺素能受体的改变，内源性一氧化氮对心肌功能的抑制作用等。

(3)感染发生率高,出现早、程度重

复合伤时感染发生时间更早、发生几率更多、病程更重。放射复合伤常见的临床感染有创伤感染和局灶性感染,创伤的感染发生率增高,病程较严重,但常有革兰阳性球菌相对减少、革兰阴性杆菌相对增多趋势。放射复合伤的局灶性感染,临床上多见于体表、口腔和咽喉等部位。细菌随时可趁机侵入血循环,引起菌血症、败血症或脓毒血症。在实战条件下,放射复合伤时,发生厌氧菌感染的机会大增,伤情明显加重,预后严重,应注意防治。

放射复合伤感染加重的原因是:机体代谢紊乱,休克更为严重,全身抵抗力降低;单核吞噬系统吞噬功能抑制,白细胞减少和功能降低,血清杀菌力下降、特异性和非特异性免疫功能减弱,从而使机体局部的屏障作用,坏死组织也成为利于细菌滋生繁殖的场所。细菌也可通过烧伤痂皮内的毛囊腔隙进入痂下,发生早期痂下感染。痂皮软化溶解后,则更利于细菌的滋长和直接蔓延。

复合伤时发热和感染灶开始时间均早于单纯放射病。复合伤时创面细菌数量比单纯烧伤更多(百万至千万倍)。在极重度复合伤中,常发现休克刚过,感染就接踵而来,甚至休克期和感染期重迭,发生早期全身严重感染。在伤后 2～3 d 内死亡者,心脏和脾脏等组织内均能培养出细菌。对 7 d 内不同时间死亡的动物进行尸检观察,显示放射复合伤时感染病变发生率明显高于单纯放射病(见表 8－8)。从感染在死亡原因中的地位看,骨髓型放射病约有 75%的动物主要死于感染,而相应剂量的放射复合伤,则约有 90%主要死于感染。放射复合伤常见的临床感染主要有创伤感染和局灶性感染。创伤感染发生率高,病程较严重。局灶性感染多见于体表、口腔和咽喉等部位,常见的有皮肤和黏膜糜烂和溃疡、褥疮感染、齿龈炎、扁桃体炎和咽峡炎等。

**表 8－8　单纯放射病和放射复合伤后一周内死亡狗感染发生率比较**　　单位:%

| 感染病变 | 伤类 | 存活时间 | | |
|---|---|---|---|---|
| | | 0.5～2.9* d | 3.0～4.0 d | 4.1～7.0 d |
| 肺炎 | 放射病 | — | 9.1 | 29.4 |
| | 复合伤 | 6.5 | 12.2 | 29.4 |
| 扁桃体炎 | 放射病 | — | 4.5 | 57.1 |
| | 复合伤 | 15.2 | 21.9 | 70.6 |
| 口腔黏膜溃疡 | 放射病 | — | 19.5 | 14.3 |
| | 复合伤 | 32.6 | 19.5 | 47.1 |
| 血源性感染灶 | 放射病 | — | 4.5 | 11.8 |
| | 复合伤 | 4.3 | 4.9 | 11.8 |

注:放射病组 0.5～2.9 d 内死亡动物。

(4)造血功能障碍加重,出血明显

放射复合伤时,骨髓空虚和外周血细胞减少的时间都提前出现(见图 8－3)。造血组织损伤明显加重加快,表现为骨髓腔有核细胞数量明显减少,呈现骨髓空虚现象,几乎全为脂肪细胞所代替,提早进入骨髓衰竭期,再生延缓。

放射复合伤时白细胞数变化受多种因素的影响,复合放射损伤剂量越大,白细胞数下降越快,水平越低,回升也越慢;复合烧伤的伤情越重,面积越大,对白细胞的破坏作用也越重，复合冲击伤时冲击波超压值的大小也会产生影响(见图 8—4)。

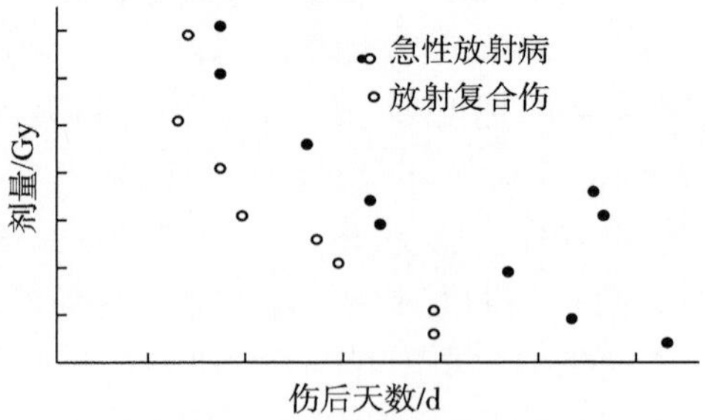


图 8—3　犬放射病和放射复合伤时骨髓造血组织发生空虚时间的比较

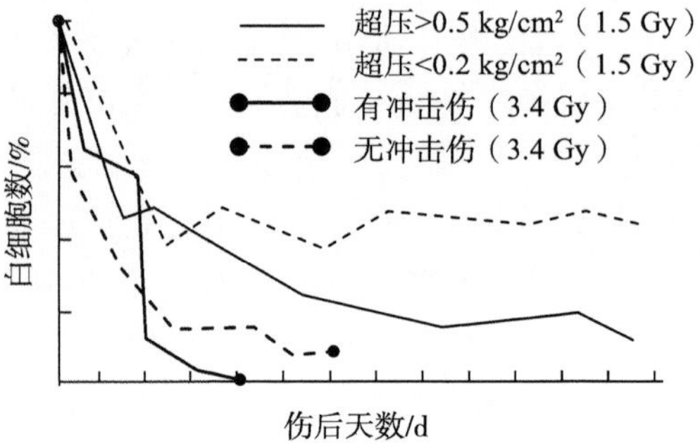


图 8—4　犬放射病和放冲复合伤外周血白细胞数的变化

放射复合伤时红细胞的变化，一般可见到初期升高，进行性降低和逐渐恢复三个阶段。初期升高反应与伤情严重程度有明显关系。单纯放射病或单纯烧伤比较，放射复合伤时下降更为迅速和严重，而且恢复也较慢。

放射复合伤时，外周血小板下降比单纯放射病更快、也更低。同时有毛细血管脆性增加，凝血障碍明显。胃肠出血严重，胃肠黏膜常发生斑片状出血，形成血便，加重贫血的发生。出血处黏膜常坏死，更易发生肠道感染。复合伤时，临床出血症候群一般也比单纯放射病提早出现，且更为严重。在造血组织发生再生的相应剂量范围内，放射复合伤时的造血组织再生率比单纯放射病时也明显降低(见表 8—9)。

**表 8—9　犬放射复合伤和单纯放射病时抑制造血组织再生剂量**

| 造血组织 | 伤类 | 抑制剂量/Gy | 复合伤时下降/% |
| --- | --- | --- | --- |
| 骨髓 | 单纯放射病<br>复合伤 | >6.5<br>>5.0 | 23 |
| 淋巴结 | 单纯放射病<br>复合伤 | >9.5<br>>7.0 | 26 |
| 脾 | 单纯放射病<br>复合伤 | >7.0<br>>5.0 | 20.8 |

(5)创伤愈合延缓

创伤的愈合受辐照剂量大小和所处放射病时相的影响。放射复合伤时炎症反应削弱，局部发生感染、出血、水肿和血栓形成，烧伤创面和开放性伤口有可能受到放射性物质的沾染，从而造成局部延缓愈合。其难以愈合的原因主要有炎症反应减弱，细胞增殖抑制，胶原合成受抑，细胞生长因子合成减少、表达降低；细胞外基质反应减弱，局部组织缺血缺氧，伤部并发感染、出血、水肿等。

核辐射的抑制作用使表皮细胞生长停滞，横纹肌虽有再生，却少见或不见横纹形成，肌肉组织的形成延缓、不完全，毛细血管和成纤维细胞或生长迟缓，或显得脆弱，肉芽组织迟缓以至难以形成。

骨折时，骨痂开始形成、骨痂连接和完全恢复的时间明显延缓，并可经久不愈或形成假关节，造成组织修复十分困难，因此放射复合伤时，烧伤创面、创伤伤口及骨折因放射损伤的影响而延迟愈合。

放射复合伤时，辐射对创伤愈合的影响主要发生在极期，故应力争在极期到来之前，尽量治愈或最大限度地缩小创面或伤口，并在极期严密防治局部感染和出血，这也能对放射复合伤的整体治疗创造良好条件。

放射性复合伤时神经内分泌调节障碍，代谢紊乱，特别是蛋白质代谢障碍，较早出现的贫血等全身性变化，对局部创伤愈合产生不利影响。

## 8.4.3　诊断

核爆炸时伤害因素多，致伤条件不一，人体对损伤的反应也有差异。最简单的分类方法就是将复合伤分为二大类：凡遭受有放射损伤者称为放射性复合伤，包括放射性落下灰沾染外伤等均属之；未受到放射损伤者称为非放射性复合伤，如烧伤复合骨折、复合内脏冲击伤等。

放射性复合伤是核爆炸所引起的特殊伤类，应依据受伤史、受照剂量、所处环境、体表伤情、早期症状与体征、外周血象变化等方面进行早期分类诊断。放射性复合伤是由几种单一伤复合形成，其诊断应在单一伤的基础上综合判断。由于烧伤和外伤容易察见，诊断复合伤的难点是查出是否复合放射损伤和内脏损伤。根据分级救治的原则，现场沾染区的诊断要点是以查明危及生命的伤情为主，早期救治机构的诊断要点是以分出优先处理的伤员为主，对复合伤的全面检查和确定诊断一般在后方医疗机构完成。

### 8.4.3.1　现场初步诊断

根据现场抢救治疗任务，最重要、最迫切的是从伤员中查明有无危及生命的伤情，判断其危急程度，找出内在原因，以便优先救治和后送。如伤员有窒息和严重呼吸困难、休克、昏迷、严重上吐下泻等一些危及生命的情况应尽速判断清楚，优先救治。核事故发生爆炸时，离爆心很近处，或受较大剂量照射时，可能出现脑型放射病和相应的放射性复合伤。伤员若出现持续性呕吐，甚至腹泻者可能为严重放射复合伤或严重放射病。

### 8.4.3.2　救治机构早期诊断

伤员从沾染区抢救出来，后送到早期救治机构。为了适应短时间内到达大批伤员和分级救治的要求，伤员到达后即应尽快做出早期诊断，以便区别伤情轻重，确定优先处理和手术的伤员，对放射性沾染伤员进行洗消，以及安排留治或后送。其早期诊断主要从以下几个方面进行了解和分析。

(1)受伤史

根据核爆炸的景象和有关情报、判断核武器当量、爆炸方式和爆心位置，推算出杀伤区位置范围和可能发生复合伤的类型。仔细了解伤员在核爆炸当时的位置，有无屏蔽和防护？是否看到爆炸景象或听到爆炸声响？曾否被抛掷、撞击、挤压和掩埋？在重沾染区停留时间和活动情况，怎样撤离沾染区？了解这些情况将有助于间接推测可能发生的损伤。

(2)伤员周围环境

不同的冲击波超压和动压，不仅可以使人员造成不同程度的损伤，而且对建筑物、工事、兵器等物体也可造成不同等级的破坏。因此，可以根据伤员周围的一些物体的破坏情况来推测人员可能发生的冲击伤。

(3)体表伤情

三种瞬时杀伤因素所造成的各种损伤程度是有相互联系的，可从比较容易诊断的烧伤情况，间接推测可能发生的放射损伤和内脏冲击伤。对暴露人员来说，小型核武器爆炸或核事故时，当发现有某种程度的烧伤，就要考虑可能发生同等程度或更重一些的冲击伤和放射损伤。当量越小，复合的放射损伤就越重。中型核武器爆炸或核事故时，烧伤程度和冲击伤大致相近或烧伤要重一些。大型核武器爆炸或核事故，烧伤程度将比冲击伤重 1～2 级。当伤员在防护屏蔽条件下，因所发生的烧伤大多为火焰烧伤，情况比较复杂。

(4)早期症状和体征

体表烧伤和外伤易于察见，诊断的难点和重点在于是否复合放射损伤和内脏冲击伤。以下症状和体征有助于复合伤的早期诊断：大面积烧伤而无明显的放射病早期症状，可能是以烧伤为主的复合伤。烧伤伴有耳鸣、耳痛、耳聋、咳嗽或有泡沫血痰，可能是烧冲复合伤。伤后有恶心、呕吐、腹泻，同时有烧伤和冲击伤的症状，可能是放烧冲复合伤。如还伴有共济失调、头部摇晃、抽搐等中枢神经症状，可考虑为脑型放射复合伤。整体伤情表现比体表烧伤或外伤要严重，应考虑是否为复合放射损伤或内脏冲击伤。

(5)外周血象变化

以放射损伤为主的复合伤，白细胞数有不同程度的下降，受照剂量越大，白细胞数下降越快、越低。以烧伤为主的复合伤，白细胞数一般呈增高反应，伤情危重者也可出现白细胞下降，但中性粒细胞一般不减少(见表 8—10)。

**表 8—10　几种复合伤的外周血白细胞数变化趋势**

| 伤类 | 白细胞总数 | 淋巴细胞绝对数 | 中性粒细胞% |
|---|---|---|---|
| 放烧冲 | 减少 | 减少 | 减少或波动 |
| 烧放冲 | 波动或稍减 | 减少 | 增加或波动 |
| 烧冲 | 增加 | 增加或稍减 | 增加 |
| 危重的烧冲或烧放冲 | 减少 | 减少 | 不减少 |

参考伤后 3 d 淋巴细胞数和伤后 6 d 白细胞数的变化，可以估计放烧冲复合伤的严重程度(见表 8—11)。

表 8－11　不同程度放烧冲复合伤的白细胞数变化

| 伤情 | 伤后 3 d 淋巴细胞数（$\times 10^9$/L） | 伤后 6 d 白细胞数（$\times 10^9$/L） |
| --- | --- | --- |
| 轻度 | ＞1.0 | 无明显变化 |
| 中度 | 0.5～1.0 | ＞3.5 |
| 重度 | 0.3～0.5 | 2.0～3.5 |
| 极重度 | ＜0.3 | ＜2.0 |

#### 8.4.3.3　确定诊断

后方专科医疗机构应在事故现场救治和早期救治的基础上，对伤员进行全面检查和确定诊断。主要是从病史、症状、体征、血象、放射剂量检查等进行必要的了解，有条件时辅以 X 线、心电图、超声波、同位素扫描和血液生化等方面的检查，综合分析，做出确定诊断，及时有效治疗。

（1）症状和体征

放射复合伤的临床诊断是根据中度以上复合伤损伤常产生相互加重伤情的特点，在识别单一伤种类与伤情的基础上进行的。因此，主要损伤的重要症状和体征就成为诊断的依据。但应掌握单一伤复合后伤情规律的变化。在严重烧伤情况下，血便和柏油便不能作为诊断放射损伤的特异性症象，因为严重烧伤也可引起血便和柏油便。此时，应根据其他征象综合判断放射损伤的有无及其程度。此外，无论何类复合伤，在病程中如出现衰竭、拒食、柏油样便或体温下降等，都表明伤情在重度以上，是疾病危重的表现。

（2）血象和生化指标

重度放射复合伤白细胞总数降到很低，淋巴细胞可以从外周血中消失，重度烧伤复合伤也见不到白细胞数增加。放射复合伤外周血淋巴细胞染色体畸变率和微核率增加，骨髓象具有急性放射病的特点。

烧冲复合伤时，血清谷草转氨酶（SGOT）的升高程度与伤情比较一致。重度以上伤情大多有明显升高，伤后 1 d，若 SGOT 超过 300U 多为极重度伤情。而中度以下伤情可无明显变化。极重度烧冲复合伤时，血中非蛋白氮（NPN）显著升高。伤后 3 d 平均为伤前的 276%。NPN 的极度升高表明伤情严重，肾脏可能发生肾小球缺血病变。二氧化碳结合力迅速降低。伤后 3 d 内降至 14 mmol/L 以下者，说明伤情严重。

（3）放射性沾染检查

对从放射性沾染区后送的伤员，应进行放射性沾染的检查和分类。为查明创伤是否被放射性核素沾染，可进行伤口沾染检查，了解其范围和程度，结合创伤情况确定诊断，及时救治。

（4）特殊检查

肺分流量和血气分析：肺部受冲击伤后、肺分流量显著增高，其变化比血氧分压更敏感，在很大程度上可反映肺部损伤程度。严重肺损伤时，血氧下降，对观察伤情发展有一定参考。

影象检查：X 线检查对诊断骨折、胸部冲击伤（气胸、肺出血和肺水肿等）、腹部冲击伤（气腹等）、呼吸道烧伤和异物的定位等有特殊价值。

其他：肺冲击时，也可做超声波、CT、核磁共振等检查，脑电图、脑血流图都可提供参考，必要时可进行腰穿测脑压和检查脑脊液。与此同时，在检查伤口或烧伤区的放射性沾染时，还应与体内的放射性（感生的及吸入的）进行鉴别诊断。

## 8.4.4 治疗

### 8.4.4.1 现场急救和紧急救治

复合伤的急救与一般战伤基本相同，包括止血、止痛、包扎、骨折固定、防治窒息、治疗气胸、抗休克等。如在沾染区，对有放射性物质沾染的伤口，应先放纱布或棉花填塞后再予以包扎，以阻止放射性物质的吸收，并迅速撤离沾染区。

由于复合伤时休克发生率高、程度重，感染又常是复合伤的重要致死原因，故应尽早采取抗休克和抗感染措施。如复合急性放射损伤有呕吐者，进行止吐处理。烧伤或其他外伤创面较大时，为预防感染可给长效抗菌药物，而后迅速后送。在伤情允许的情况下，皆应先洗消后再做其他处理。

### 8.4.4.2 治疗

（1）治疗原则

对核爆炸或核事故放射复合伤伤员多需进行分级救治，一般分为现场急救、早期治疗和专科治疗三级。充分利用各单一伤的治疗原则和经验，并根据复合伤的特点进行救治。早期处理包括抗休克、抗感染、心脏功能保护；及早进行烧伤创面处理，使复合伤变成为单纯放射损伤；合理使用抗放药物和造血因子等。重点治疗复合伤中的主要损伤，但对次要损伤也不容忽视。既要注重全身治疗，又要妥善处理局部，使两方面起相辅相成作用。应妥善处理同时存在的几种损伤（或几种征象）中出现的矛盾。注意病程发展的阶段性，不同时期的治疗各有侧重。

（2）放射复合伤的治疗

可参照急性放射病的治疗原则，积极地进行有计划的综合治疗。

①防治休克，原则和措施与一般战伤相同。

②早期使用抗放药，对急性放射病有效的抗放药对放射复合伤也基本有效，伤后应尽早给予；疑有放射性物质进入体内者，应尽早服用碘化钾；必要时还可采用加速排出措施。

③防治感染，早期、适量和交替使用抗菌药物，积极防治感染。中度以上复合伤，初期可选用长效磺胺，发烧或白细胞明显降低时，可换用青霉素等，极期改用广谱抗菌素。除全身使用抗菌药物外，应加强对创面局部感染的控制，以防止和减少细菌入血。同时应注意对厌氧菌感染的防治，如注射破伤风抗毒素、配合使用抗生素、早期扩创等。

④防治出血、促进造血和纠正水电解质紊乱。辐射剂量超过 6Gy 以上的极重度复合伤，有条件时应尽早进行骨髓移植，也可使用细胞因子或干细胞移植，但应注意其应用的时机和剂量。输血输液时要注意总量及速度，防止发生或加重肺水肿。

⑤手术处理，争取创伤在极期前愈合，尽量使沾染的创伤转为清洁的创伤，多处伤转为少处伤、开放伤转为闭合伤，重伤转为轻伤。手术原则，因手术可能加重病情，故术前要周密计划、充分准备，包括麻醉充分、严格无菌、手术操作熟练、尽量缩短麻醉和手术时间等。

清创要彻底，但应注意保护健康组织。严密止血，伤口一般延期缝合。骨折应及早复位，骨折固定时间应根据临床及 X 线检查结果适当延长。

手术时机：一切必要的手术应及早在初期和假愈期内进行，争取极期前创面、伤口愈合；极期时，除紧急情况外（如血管结扎术和穿孔修补术等），原则上禁止施行手术；凡能延缓的手术，应推迟到恢复期进行。

麻醉选择：针麻、局部和硬膜外麻醉在复合伤病程的各期都可应用。乙醚麻醉和硫喷妥钠麻醉在初期和假愈期可以使用。有严重肺冲击伤者，不用乙醚麻醉，防止加重肺部症状。

创面处理：对复合放射损伤的烧伤创面，如创面不很大，整体伤情允许，可作切痂植自体皮。放射损伤达一定剂量使免疫功能显著下降时，可作切痂植异体皮。切痂和植皮（自体或异体）时间应在创面细菌侵入性感染发生以前进行。植异体皮前，可输经处理的低淋巴细胞血（照射血或贮存血），并应切实加强其他全身治疗。

（3）心理辅导

对受照人员的心理辅导：对受到较大剂量电离辐射照射后的患者，应注意其受照射后的心理变化，根据情况必要时给予心理疏导或心理救助，相关内容可参见 GBZ/T262。治疗性救助：对心理应急严重的受照人员，可采取支持性心理治疗、认知治疗、认知行为治疗等方法和措施，其中有部分人员可能需要使用药物治疗。

（刘玉龙、李蓉、崔凤梅、王优优、侯雨含）

# 思考题

1.过量照射人员的处理原则是什么？

2.外照急性射放射病的分型分度及依据？

3.简述外照射骨髓型急性放射病的治疗原则及救治进展。

4.简述外照射急性放射病抗感染治疗的适应症、用药原则及停药时机。

5.简述急性放射性皮肤损伤的评估技术。

6.急性放射性皮肤损伤的治疗原则是什么？

7.放射复合伤的概念与多发伤有什么区别？

8.放射复合伤的分度和基本特点是什么？

9.简述放射复合伤与烧冲复合伤的主要临床特点？

10.放射复合伤与烧冲复合伤的治疗原则有何异同点？

# 参考文献

[1]中华人民共和国卫生部.过量照射人员的医学检查和处理原则：GBZ 215—2009[S]. 2009－3－6.

[2]王优优，卞华慧，陈炜博，等. 外照射急性、亚急性及慢性放射病的诊疗专家解析. 中

国辐射卫生,2019, 28(4).

[3]中华人民共和国卫生部.外照射亚急性放射病诊断标准:GBZ 99—2002 [S].北京:法律出版社,2002.

[4]姜恩海,王桂林,龚守良.放射性疾病诊疗手册[M].北京:中国原子能出版社,2012:24—32.

[5]卫生部卫生标准委员会.放射性疾病诊断标准应用指南[M].北京:中国标准出版社,2013:39—47.

[6]中华人民共和国卫生部.外照射急性放射病护理规范:GBZ/T 217—2009[S].2009—3—6.

[7]中华人共和国卫生部.造血刺激因子在外照射急性放射病治疗中的应用指南:WST 378—2013[S]. 2013—3—14.

[8]Eaton Jr E B, Varney T R. Mesenchymal stem cell therapy for acute radiation syndrome:innovative medical approaches in military medicine[J]. Military Medical Research, 2015, 2(1):2.

[9]中华人民共和国国家卫生健康委员会.职业性放射性皮肤疾病诊断:GBZ 106—2020[S]. 2020—10—01.

[10]Jia H, Mo W, Hong M, et al. Interferon—alpha inducible protein 6 (IFI6) confers protection against ionizing radiation in skin cells [J]. J Dermatol Sci. 2020;100(2):139—147.

[11]Cao J, Zhu W, Yu D,et al. The Involvement of SDF—1alpha/CXCR4 Axis in Radiation—Induced Acute Injury and Fibrosis of Skin. [J].Radiat Res. 2019,192(4):410—421.

[12]曹佳, 曹务春, 粟永萍. 程天民军事预防医学[M]. 北京:人民军医出版社,2014,746—754.

[13]中华人民共和国卫生部.放烧复合伤诊断标准:GBZ103—2007[S]. 2007—4—27.

[14]Islam A, Ghimbovschi S, Zhai M, et al. An exploration of molecular correlates relevant to radiation combined skin—burn trauma [J]. PloS One, 2015, 10(8):e0134827.

[15]Dai TY, Chen ZL, Tan L,et al. Radioresistance of granulation tissue—derived cells from skin wounds combined with total body irradiation. Molecular Medicine Reports, 2016, 13:3377—3383.

# 第 9 章 典型放射性核素内照射的危害与医学处置

放射性物质意外泄露、外溢或释放，都可能导致放射性核素内污染的发生。核电厂或其他核设施（如铀富集设施，铀加工工厂与燃料制造设施、研究堆、核燃料后处理厂、放射性废物管理设施等）发生意外事故，可以造成放射性物质释放。放射性同位素工业应用中，如 γ 辐射装置、工业 γ 探伤机、含密封源仪表等发生事故，可能导致放射性物质的意外泄露。核恐怖事件时，“脏弹”爆炸可导致放射性核素大面积污染。核战争时，伴随高强度的各种破坏，可造成放射性物质大量释放，引起环境和人员各种放射性污染。针对这些可能导致放射性核素内污染发生的情况，涉及的放射性核素主要集中在铀和裂变产物，工业用放射性核素（钴、铯、铱等）等。这些放射性核素可以经呼吸道、消化道、皮肤伤口进入人体，导致内照射，引起内照射确定性效应和随机性效应。针对内污染发生的不同阶段，可以采取阻吸收、促排、对症处理等各种医学处置，最大限度的降低内照射损伤。鉴于前面已有专门章节详细描述核应急时皮肤伤口沾染的医学处理，这里不再对皮肤伤口沾染做详细陈述。因此，本章主要针对核应急时可能面临的主要放射性核素，讲述他们的理化性质和体内代谢、损伤效应、以及医学处置。

## 9.1 典型放射性核素的理化性质与体内代谢

### 9.1.1 碘的理化性质和体内代谢

发生核爆炸、核反应堆事故时，释放的裂变产物中放射性碘在早期混合裂变产物中的份额较大，是污染环境的主要放射性核素。乏燃料中碘与其他元素形成化合物，主要以气态 CsI 和 $Cs_2I_2$ 以及锆的碘化物形式存在，在挥发氧化过程中约有一半的碘游离出来，以碘元素形式释放。且由于化学性质和体内吸收、分布和代谢的特性，碘也是造成内照射损伤的主要核素之一。同时，由于现代核医学的发展，放射性碘如 $^{125}I$、$^{131}I$ 等已广泛地应用于临床诊断和治疗，也会造成各种放射事故。因此，了解放射性碘的理化性质和代谢特点，有助于我们在核与辐射事故医学应急时的有效处置。

#### 9.1.1.1 理化性质

（1）化学性质

碘（Iodine，I）是元素周期表 53 号元素，是卤族元素之一。单质碘是一种紫黑色有光泽的片状晶体，密度为 $4.933\times10^3$ kg/m$^3$，熔点为 113.7 ℃，沸点 184.3 ℃，具有较高的蒸气压，临界点为 11.7 MPa，在微热下即易升华，升华后易凝华，单质碘遇淀粉会变蓝紫色。碘以分子状态易溶于许多有机溶剂中(如酒精、乙醚、氯仿和苯等),在介电常数较小的溶剂(如二硫化碳、四氯化碳)中生成紫色溶液,在乙醇和乙醚中显棕色。碘分子在水中的溶解度很小,但可溶于含有碘化钾的水溶液中,碘形成盐如碘化钾或其他碘化物在水溶液中溶解度却明显增大。单质碘及许多碘化物在常温下有升华的特性。

碘具有典型的非金属元素化学性质,碘离子($I^-$)是稳定的,有+1、+3、+5、+7 四种价态。碘的化学性质活泼,容易与许多元素发生化学反应,生成各种碘化物、含氧酸及其盐类。碘的单质是双原子分子,即 $I_2$。碘单质在强氧化剂(如浓硝酸)作用下,可以氧化形成碘酸($HIO_3$),在还原剂的作用下,可以形成碘离子($I^-$)。碘化物是碘离子存在的方式,易溶解于水,碘离子($I^-$)在氧化剂的作用下,易被氧化到高价态,如在酸性条件下,$I^-$ 离子易被空气中氧气所氧化,变成碘单质而升华。碘酸盐是另外一种碘盐形式,与碱金属元素形成的盐如碘酸钠($NaIO_3$)、碘酸钾($KIO_3$),在水中易溶解,而与碱土金属等形成的其他碘酸盐如碘酸银和碘酸钡在水中难溶。碘酸和可溶性碘酸盐在还原剂的作用下,易被还原成游离碘。为防止 $I^-$ 被氧化,有时加入亚硫酸钠($Na_2SO_3$)等还原剂作为保护剂,以维持碘的离子态,不让其变成碘单质而升华;也常用碱性化合物作为放射性碘污染去污清洗剂和放射性碘废液的稳定剂。

(2)物理性质

碘有 49 种同位素和同质异能素,从 $^{108}I$ 到 $^{145}I$,其中只有 $^{127}I$ 是其稳定同位素,$^{127}I$ 在自然界存在稀少,一般以溶于水的形式存在,在一些海藻生物和海生鱼类中有相对富集。大部分碘的放射性同位素的半衰期较短,半衰期较长的同位素有 $^{123-126}I$、$^{129-133}I$、$^{135}I$,其中 $^{129}I$ 的半衰期最长,达到 $1.57\times10^7$ a,在自然界有痕量存在。表 9—1 列出了几种半衰期较长的碘同位素及其衰变特性。放射性碘同位素一般通过反应堆裂变产生,或者核爆炸产生,少数通过加速器生产,各种碘的放射性同位素主要通过衰变发射 γ 和 β 射线产生内、外照射危害。碘也是人体的必需微量元素之一,进入人体后通过甲状腺滤泡上皮细胞的主动转运富集到细胞中,通过生成甲状腺激素发挥生理作用。

**表 9—1 几种半衰期较长的碘同位素**

| 核素 | 半衰期 | 衰变方式 | 辐射类型,主要射线能量(MeV)和比例(%) | 反应堆释放 |
|---|---|---|---|---|
| $^{120}I$ | 1.35 h | $\beta^+$ | $\beta^+$,5.05(32%),5.6(23%) | |
| $^{121}I$ | 2.10 h | $\beta^+$ | $\beta^+$,2.08(86%) | |
| $^{123}I$ | 13.2 h | EC | γ,0.159(83%) | |
| $^{124}I$ | 4.18 d | $\beta^+$ | $\beta^+$,2.55(36.9%),3.16(34.6%),8.66(11.6%) | |
| $^{125}I$ | 59.4 d | EC | γ,0.0035(6.7%);X,0.0027(74.6%) | 可 |
| $^{126}I$ | 12.9 d | $\beta^+$(52.7%),<br>$\beta^-$(47.3%) | $\beta^+$,1.48(28.7%),2.15(1.95%);$\beta^-$ 0.87(33.4%) | |
| $^{129}I$ | $1.57\times10^7$ a | $\beta^-$ | $\beta^-$,0.154(100%) | 可 |
| $^{130}I$ | 12.4 h | $\beta^-$ | $\beta^-$,1.00(48%),0.58(46.7%) | 可 |
| $^{131}I$ | 8.04 d | $\beta^-$ | $\beta^-$,0.606(89.6%),0.333(7.23%)<br>γ,0.364(81.5%),0.637(7.15%) | 可 |

续表

| 核素 | 半衰期 | 衰变方式 | 辐射类型，主要射线能量(MeV)和比例(%) | 反应堆释放 |
|---|---|---|---|---|
| $^{132}I$ | 2.3 h | $\beta^-$ | $\beta^-$，1.19(19%)，2.14(19%)，0.74(13%) | 可 |
| $^{133}I$ | 20.8 h | $\beta^-$ | $\beta^-$，1.22(83%) | 可 |
| $^{135}I$ | 6.57 h | $\beta^-$ | $\beta^-$，1.36(23.6%)，0.95(21.8%) | 可 |

在碘的较长半衰期放射性同位素中，$^{120}I$、$^{121}I$、$^{124}I$ 和 $^{126}I$ 都是 $\beta^+$ 衰变核素，发出 $\beta^+$ 射线后，与电子产生湮灭反应，产生两个能量 0.511 MeV 的 γ 光子，能量较高，一般的个人屏蔽用具难以起到辐射防护作用。由于半衰期不长，内照射危害极低，因此对这些碘同位素的防护，应当注重外照射防护。核事故时挥发性裂变产物中基本没有这些正电子核素，临床上 $^{124}I$ 一般由加速器生产，可以应用于 PET 显像，在我国应用较少。

$^{123}I$ 的衰变方式是电子俘获(EC)，并发出 γ 射线，其半衰期和 γ 射线能量非常适合核医学诊断的应用，用于甲状腺显像时，病人所受剂量仅为 $^{131}I$ 的 1%，且分辨率高，图像清晰。由于主要通过高能回旋加速器生产，在我国应用较少。

$^{125}I$ 的衰变方式也是电子俘获(EC)，只发射特征 X 射线和 35 keV 的 γ 射线，射线能量较低，半衰期 59.4 d。反应堆运行、核事故和核爆炸时，有少量 $^{125}I$ 产生，可以污染核设施、空气、地表、植物和物体表面，然后通过吸入、食入和皮肤黏膜伤口进入人体。商业供应的 $^{125}I$ 主要由反应堆中子照射生产，临床上常用于制备成 $^{125}I$ 粒籽源进行肿瘤的间质治疗，也可以制备成多种放射性支架源，进行食道癌等的治疗。$^{125}I$ 在一次衰变过程中可释放 15～20 个俄歇电子，而俄歇电子有较大的传能线密度(linear energy transfer，LET)，可用于放射性核素肿瘤靶向治疗。$^{125}I$ 也常作为标记核素，用于体外放射分析和体内示踪研究，也用于生态环境研究示踪。由于 $^{125}I$ 发射的 X 和 γ 射线能量较低，基本无需外照射防护，但其进入体内，就将富集到甲状腺细胞中，释放俄歇电子产生严重的内照射危害，因此在核与辐射事故应急时主要关心其内污染防治。

$^{129}I$ 是 $\beta^-$ 衰变核素，半衰期最长，达到 $1.57 \times 10^7$ a，是唯一天然痕量存在于自然界的放射性碘同位素，衰变成为稳定核素 $^{129}Xe$ 发出 $\beta^-$ 射线，能量为 154 keV。在反应堆运行和核爆炸时，可以释放少量 $^{129}I$，也是反应堆熔芯事故和乏燃料后处理事故时释放的长半衰期碘同位素之一。$^{129}I$ 在乏燃料中相对含量较高，每吨重金属乏燃料约产生 211 g 的 $^{129}I$，活度约 34 mCi。由于半衰期太长，$^{129}I$ 是乏燃料放射性废物长期危害的主要来源之一，会造成环境永久性污染。以往认为因为半衰期太长，$\beta^-$ 射线能量又低，进入人体产生辐射危害相对较低。但是近年来，对它在核事故晚期产生的内照射危害引起大家的重视，核事故后它进入人体后发出的 $\beta^-$ 射线可持续对甲状腺上皮细胞产生照射，存在诱发甲状腺炎症和甲状腺癌的可能。

$^{131}I$ 是 $\beta^-$ 衰变核素，半衰期为 8.04 d，$\beta^-$ 射线能量较高(606 keV)，伴随有 γ 射线(364 keV)。在反应堆运行、核事故和核爆炸时，会释放 $^{131}I$，它是核事故早期释放到环境中的最主要的碘同位素，其释放量被用于判断核事故严重程度，也是核与辐射事故早期判断的主要信号核素。在乏燃料后处理设施事故时，$^{131}I$ 也是主要释放的碘同位素。$^{131}I$ 也是临床使用最多的碘同位素，不仅可以作为诊断用同位素，也可以作为治疗用同位素。尽管作为诊断用放射性核素，$^{131}I$ 的半衰期偏长，γ 射线能量偏高，伴有 $\beta^-$ 射线，给病人增加了额外

的辐射剂量而不提供任何有用信息，但由于其容易标记到蛋白、多肽和其他生物工程药物分子上，且价格低廉，容易获得，所以，临床仍然用作靶向显像诊断核素，也可以作为功能显像核素。$^{131}$I是临床使用最多的治疗用放射性核素，主要应用于甲状腺功能亢进症、甲状腺癌的治疗。此外，各类新型靶向亲和配体标记$^{131}$I后，可以发展为放射性核素靶向药物，进行靶向治疗。$^{131}$I主要通过反应堆中子照射生产，也可以通过乏燃料溶解、分离、纯化获得，在$^{131}$I生产、包装、运输、使用、废物排放与处理过程中，都存在外照射危害，也存在污染环境、进入人体富集到甲状腺、造成内照射损伤的危害。因此，$^{131}$I是核与辐射事故中最需要关注的碘同位素。

$^{132}$I也是$\beta^-$衰变核素，半衰期为2.3 h，是核事故应急时必须注意的放射性同位素。核事故和核爆时，除了$^{131}$I是重要的早期信号核素，还会释放几种其他的碘同位素，包括$^{132}$I、$^{133}$I、$^{134}$I、$^{135}$I，它们都是$\beta^-$衰变核素。表9－2列出了由联合国辐射效应科学委员会(UNSCEAR)在2000年估算的苏联切尔诺贝利事故释放的几种主要碘同位素及其活度。可以发现，核事故发生后，向环境中释放量最多的是$^{131}$I，主要原因是它的半衰期更长一些，其他几种同位素半衰期短一些，因此部分在反应堆中衰变了，释放出来的相对少。但是，核事故、核爆过程中，除了直接释放的系列碘放射性同位素外，还会由于混合裂变产物内污染，导致放射性碘的母体核素碲(如$^{131}$Te、$^{132}$Te、$^{133}$Te和$^{135}$Te等)一并进入体内，在体内继续衰变生成内源性碘核素($^{131-133}$I和$^{135}$I等)滞留于甲状腺，同样造成内照射损伤。其中，$^{132}$Te的半衰期为3.2 d，是其子体核素$^{132}$I半衰期的33倍，所以进入体内后会达到衰变平衡$^{132}$Te—$^{132}$I，持续产生$^{132}$I。其他碲同位素$^{131}$Te、$^{133}$Te和$^{135}$Te的半衰期较短，产生的内源性碘同位素$^{131}$I、$^{133}$I和$^{135}$I较少。

**表9－2　切尔诺贝利核电厂事故中放射性碘同位素的释放量**(UNSCEAR，**2000**)

| 放射性核素 | 事故发生时反应堆堆芯中的储有量/PBq | 释放出的活度/PBq |
|---|---|---|
| $^{131}$I | 3200 | 1760 |
| $^{132}$I | 4200 | 1040 |
| $^{133}$I | 4800 | 910 |
| $^{134}$I | 2050 | 25 |
| $^{135}$I | 2900 | 250 |

#### 9.1.1.2　体内代谢

进入环境中的放射性碘的物理形态主要以气态或碘蒸汽形式存在，约占核反应堆碘释放量的10％～90％，也可以液态和固态形式存在。日本科学家检测到切尔诺贝利核事故释放到大气中的放射性碘，10％～30％以粒子状态存在，60％～80％以有机和无机碘化物存在，元素碘小于10％。环境中碘的化学存在主要以$I^-$和$I_2$形式，少量以碘酸根$IO_3^-$和高碘酸根$IO_4^-$的形式存在。

核事故时释放到环境中的放射性碘，极易经胃肠道、呼吸道、完整皮肤黏膜及伤口吸收，且吸收速度快，吸收效率高。各类碘化物和碘酸盐通过食物、水等口服进入消化道后，在可以在全消化道吸收，但主要部位是小肠。放射性碘能迅速而完全地通过肠壁进入淋巴管及血管内，1 h内可吸收食入量的75％～85％，经过3 h，可全部被吸收入血。当胃肠内容物较多时，吸收速度减慢，但不影响总吸收量。气态碘、碘气溶胶甚至碘颗粒可以通过呼吸道吸入，吸入后 1 h 进入血液可达 82%以上。吸入放射性碘化钠气溶胶，经过 5 min，约 61%左右的碘被吸收，40 min 时，可达 80%，3 d 时吸收率已近 100%。放射性碘化物的溶液或 $I_2$ 蒸气，可经完整的皮肤、黏膜吸收，如果皮肤、黏膜存在伤口更易吸收。核事故早期，放射性碘的危害主要来自污染到环境、设施和人体表面的外照射，以及通过呼吸道吸入产生的内照射，并且主要是 $^{131}I$ 和其他短半衰期放射性碘同位素贡献。随着表面去污和时间的延迟，通过污染食物、水等食入产生的内照射成为主要危害，主要由 $^{131}I$、$^{132}I$ 和 $^{125}I$ 贡献。切尔诺贝利核事故后发现，草场和蔬菜受到污染，牛羊食草后分泌污染的奶，人通过食入受污染的蔬菜、受污染的牛羊奶以及肉蛋等食品，成为放射性碘内照射的主要来源。日本福岛核事故后也发现，近海排放的放射性废液中 $^{131}I$ 是主要核素之一，它可以在海藻生物富集，放射性可高达 $1.0\times10^6$ Bq/kg，鱼类也可高达 $1.0\times10^5 \sim 1.0\times10^6$ Bq/kg，所以 $^{131}I$ 污染食物是核事故后造成甲状腺内照射损伤的关键核素。核事故后期在人体内产生内照射损伤的放射性碘主要是 $^{125}I$ 和 $^{129}I$ 等长半衰期同位素，其中 $^{129}I$ 的危害可能是终身的。

放射性碘进入血液后，部分以碘离子形式存在，部分与血浆蛋白结合但并不牢固，脱落形成碘离子，碘离子可以在全身组织器官分布，包括血液、骨髓、肝脏、肾脏、小肠、肺、心、脑、肾上腺和性腺等，但份额较低，绝大部分进入甲状腺，见表 9－3。甲状腺滤泡上皮细胞的 $Na^+/I^-$ 泵，将碘离子从细胞外迅速主动地吸收到细胞内，这是一个耗能富集的过程，细胞内浓度可以达到血液中的几百倍至几千倍。在氧化剂($H_2O_2$)作用和在过氧化酶催化下，碘离子转化为游离碘，再与酪氨酸结合成为一碘酪氨酸(MIT)和二碘酪氨酸(DIT)，DIT 再被游离碘或过氧化酶氧化，形成三碘或四碘甲状腺原氨酸，即 T3、T4。T3、T4 与球蛋白结合生成甲状腺球蛋白，并被转移储存在胶体内，当机体需要时，甲状腺球蛋白经蛋白水解酶和黏液分解酶作用后，分解成较小分子的甲状腺素，按需由甲状腺滤泡分泌到血流中去，维持一定的血浆浓度并到一些组织和器官中，调节机体代谢。图 9－1 显示了通过放射性示踪实验总结出的碘在体内代谢的四房室模型，表 9－4 显示了放射性碘(包括碘离子和结合碘)在不同房室或组织器官中的分布分数。可以发现，除了甲状腺分布多外，在组织间液中的分布高于血液，在肝脏中分布也较多，胃肠道以游离碘离子分布为主。

值得注意的是，动物实验和人体使用 $^{131}I$ 进行显像检查时都发现，乳房可以富集甲状腺激素中的有机碘和碘离子，可以达到血液的十倍以上。在妇女怀孕期间，碘也可以透过胎盘屏障，进入胎儿体内并富集到胎儿甲状腺中。因此在进行核与辐射事故应急时，要特别注意保护生育期的妇女，要防止因为母亲的放射性碘的污染而导致胎儿和婴儿的甲状腺内照射损伤。

甲状腺内碘的生物半排期约为 120 d，分布于甲状腺以外的其他器官和组织中的有机碘的生物半排期约为 12 d。放射性碘可经肾脏、肠道、肺、皮肤、唾液腺、乳腺及汗腺排除，其中以尿排为主。甲状腺功能与尿的排放呈负相关，甲状腺吸 $^{131}I$ 率增高，尿中 $^{131}I$ 排除率相应地降低，甲状腺功能亢进时，放射性碘的排除量显著减少，24 h 为 9.4%，48 h 也只有 12.5%，甲状腺功能低下时，尿碘排除率明显增高，24 h 为 61.7%，48 h 可达 68.8%，尤其是黏液水肿患者，48 h 的 $^{131}I$ 排除率竟高达 93.6%。碘核素在人体甲状腺内的生物半排期，因年龄不同而存在明显的差异，即婴儿＜儿童＜成年人。因此，从碘的吸收、分布和代谢特点，可以发现，放射性碘一旦吸收进入到甲状腺并经过生物转化成有机碘，其排出速度非常慢，对甲状腺的损害将会持续较长时间。因此，在进行核与辐射事故应急时，一方面要通过多种措施去污并阻止碘的吸收，但更重要的是要阻止进入血液中碘被主动转移到甲状腺细胞中，如大量给予口服稳定碘以占据甲状腺，并促进血液和组织间液中的碘加快通过尿液排出。

**表 9－3　动物体内各组织器官中$^{131}$I 的相对浓度***

| 组织和器官 | $^{131}$I 的相对浓度 |
|---|---|
| 肌肉、脾脏、胸腺 | 1 |
| 肾脏、肝脏、卵巢 | 2～3 |
| 唾液腺 | 3～5 |
| 乳汁 | 5～15 |
| 甲状腺 | 10000 |

注：以血液浓度为 1。

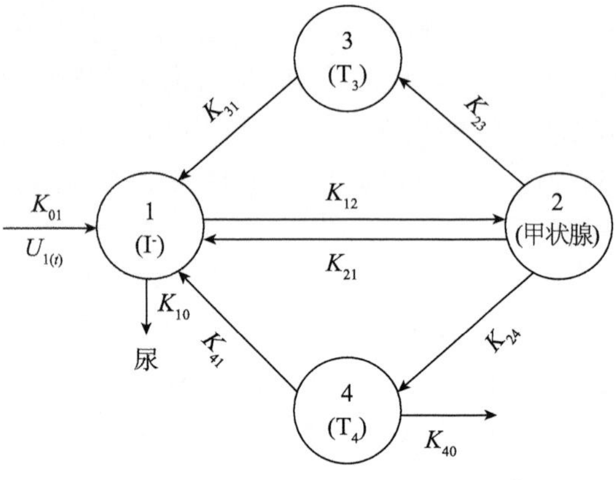


图 9－1　碘在人体内代谢动力学模型（四房室模型）

1 室—碘离子；2 室—储存于甲状腺的碘；

3 室—T3；4 室—T4

**表 9－4　放射性碘在不同房室或组织器官中的分布分数**

| 组织或器官 | 1 室 | 2 室 | 3 室 | 4 室 |
|---|---|---|---|---|
| 甲状腺 | | 1.00 | | |
| 肝脏 | 0.063 | | 0.1 | 0.419 |
| 红细胞 | 0.045 | | 0.0126 | |
| 唾液腺 | 0.05 | | | |
| 血浆 | 0.099 | | 0.0612 | 0.245 |
| 组织间液 | 0.423 | | 0.826 | 0.336 |
| 胃 | 0.15 | | | |
| 肠道 | 0.17 | | | |

注：1 室、2 室、3 室、4 室分别对应图 9－1 的中的四个房室。

## 9.1.2　铀的理化性质和体内代谢

铀(Uranium,U)是天然放射性核素,在自然界分布很广。天然铀(natural uranium)不断地自行衰变,$^{238}U$ 是铀系之首,$^{235}U$ 是锕系之首,它们在衰变过程中产生一系列放射性子体。随着原子能事业的发展,铀作为核燃料已被大规模地生产,深入系统地研究铀及铀系放射毒理学很有必要。

### 9.1.2.1　理化性质

铀为 92 号元素,银白色活泼的金属。铀有质量数从 226～240 共 15 种放射性同位素,其中$^{234}U$、$^{235}U$ 和 $^{238}U$ 是天然放射性同位素。三种天然放射性同位素形成天然铀,均为 α 辐射体,物理半衰期很长。铀放射性同位素中最短的为$^{234}U$,也约为 25 万年。天然铀中这三种同位素比例列于表 9－5。按重量计,天然铀中 99.28%是$^{238}U$;按放射性活度计,$^{238}U$ 和$^{234}U$ 各占约 48.9%,$^{235}U$ 占 2.2%。$^{238}U$ 虽然不能直接用作核燃料,但可经中子照射,俘获中子后衰变成$^{239}Pu$,后者是极重要的核燃料。

**表 9－5　天然铀的主要辐射特性**

| 同位素 | 丰度/% | 半衰期/a | α 粒子能量/MeV | 比活度/(Bq/g) | 占每 g 天然铀活度/(Bq/g) | 占每 g 天然铀活度的百分数/% |
|---|---|---|---|---|---|---|
| $^{224}U$ | 0.0055 | $2.48\times10^5$ | 4.76(74%)<br>4.72(26%) | $2.28\times10^8$ | $1.23\times10^4$ | 48.9 |
| $^{235}U$ | 0.7140 | $7.13\times10^8$ | 4.40(83%)<br>4.58(10%)<br>4.20(4%)<br>4.47(3%) | $7.92\times10^4$ | $5.70\times10^2$ | 2.2 |
| $^{238}U$ | 99.28 | $4.49\times10^9$ | 4.18(100%) | $1.24\times10^4$ | $1.23\times10^4$ | 48.9 |

浓缩铀(enriched uranium),是指同位素$^{235}U$ 的丰度高于天然铀丰度。低浓缩铀含$^{235}U$ 量为 2%～3%,为一般核动力反应堆所用燃料,而丰度高达 90%以上者用作核武器装料。

在铀同位素分离过程中,由于$^{235}U$ 和$^{234}U$ 质量相差甚微,不能分开,因此随着$^{235}U$ 加浓,$^{234}U$ 亦相应加浓。例如,在$^{235}U$ 丰度为 90%的浓缩铀中,$^{234}U$ 占 1.1%,$^{238}U$ 占 8.9%。此外,通常还含有少量的$^{236}U$。由于$^{235}U$,尤其是$^{234}U$ 的物理半衰期比$^{238}U$ 短,因此浓缩铀的比活度比天然铀高得多。浓缩铀的放射性活度主要来自$^{234}U$ 的贡献,约占总活度的 95%。可见,在浓缩铀中,同位素组成以$^{235}U$ 为主,放射性活度贡献则以$^{234}U$ 为主。

纯天然铀中$^{235}U$ 仅占 0.72%,$^{238}U$ 占绝对优势,获取浓缩铀后剩余的铀,$^{235}U$ 含量更低,叫贫铀。美国原子能标准委员会(NRC)将$^{235}U$ 低于 0.711%的铀定为贫铀,美国国防部定的国防部标准为 $^{235}U$ 含量在 0.3%以下,而实际使用的标准是 0.20%。贫铀弹是弹芯用贫铀合金制成的炮弹或炸弹。

$^{233}U$ 是人工同位素,它是通过中子照射$^{232}Th$ 得到:

$$^{232}Th \xrightarrow{n,\gamma} {}^{233}Th \xrightarrow{\beta} {}^{233}Pa \xrightarrow{\beta} {}^{233}U$$

$^{233}U$ 的物理半衰期介于 $^{234}U$ 和 $^{235}U$ 之间,为 $5.9\times10^7$ a,因此比活度较高。

铀的化学性质很活泼,易与大多数非金属元素发生反应。铀在酸性和中性介质中,易生成铀酰阳离子($UO_2^{2+}$);在碱性介质中,易生成铀酸根($UO_2^{2-}$)或重铀酸根($U_2O_7^{2-}$)阴离子。

铀与其他元素反应,可形成3、4、5和6价化合物,其中以6价铀最稳定,其次是4价铀。4价铀在有氧环境中或进入机体后,易氧化成6价铀。因此从毒理学角度来看,最重要的是6价铀化合物,其次是4价铀化合物。

在空气中,铀可逐渐氧化生成铀的氧化物。常见的氧化物有二氧化铀($UO_2$)、三氧化铀($UO_3$)、八氧化三铀($U_3O_8$)等。这些铀化合物均难溶于水。

铀与卤族元素化合,可形成一系列卤化物,其中最常见的卤化物有四氟化铀($UF_4$)、六氟化铀($UF_6$)和氟化铀酰($UO_2F_2$)。$UF_4$ 难溶于水或弱酸。$UF_6$ 易溶于水,且不稳定,易于挥发。这些氟化物在金属铀的制取中发挥重要作用。

铀酰离子与酸反应易形成稳定的铀酰盐。常见的铀酰盐有硝酸铀酰[$UO_2(NO_3)_2\cdot6H_2O$]、硫酸铀酰[$UO_2SO_4\cdot3H_2O$]、醋酸铀酰[$UO_2(CH_3COO)_2\cdot2H_2O$]、草酸铀酰($UO_2C_2O_2$)和磷酸铀酰[$UO_2HPO_4$]等。其中硝酸铀酰、硫酸铀酰和醋酸铀酰易溶于水,其他均难溶于水。在碱性介质中铀可形成铀酸盐,如重铀酸盐和重铀酸钠等。

#### 9.1.2.2 体内代谢

(1)吸收

呼吸道吸收:在生产条件下,铀化合物主要以气溶胶粒子形式经呼吸道进入体内,其在呼吸道各隔室的沉积和转移,与机体的生理状态、空气中铀浓度和铀化合物溶解度,尤其是气溶胶粒子粒径的大小有密切关系。

胃肠道吸收:在铀的工业生产环境中,铀可随污染的饮食直接进入胃肠道。此外,沉积在呼吸道的铀,大部分借呼吸道纤毛运动转移到咽喉部并咽入胃肠道。进入胃肠道的铀,大部分随粪便排除,吸收较少。

皮肤和伤口的吸收:难溶性铀化合物通过完整皮肤难以吸收、可溶性铀化合物不仅可以被吸收,而且能引起全身性铀中毒症状。用0.18~3.0 g/kg的硝酸铀酰水溶液敷贴大鼠皮肤,5 min后,大鼠血液中铀的浓度可达0.2~1.0 $\mu g/cm^3$,12 h浓度达到最高。当敷贴量增大时,动物出现明显的全身性铀中毒症状,严重者甚至死亡。

铀化合物溶液的溶剂对皮肤吸收起重要作用。有机溶剂有利于铀进入皮肤深层,与组织液中重碳酸根络合,随后吸收入血。无机溶剂,尤其是酸和碱,可损伤皮肤,从而增加铀的吸收。某例总烧伤面积占体表面积71%的硝酸铀酰皮肤烧伤事故表明,通过烧伤创面吸收入体内的铀高达93~186 mg,并伴有肾功能衰竭。

(2)铀在血液中的存在形式

铀吸收入血后,主要分布在血浆中,铀酰离子易与血浆中许多无机和有机酸反应,如柠檬酸、乳酸、磷酸、丙酮酸、苹果酸和中碳酸等,形成可扩散、易透过生物膜的络合物,也可以与蛋白质反应形成非扩散性的物质。其中6价铀酰离子与重碳酸根亲和力最强,这对其在机体内的转运具有重要意义。在正常生理条件下,血浆中 $UO_2^{2+}$ 重碳酸络合物与 $UO_2^{2+}$ 蛋白质达到平衡时,两者的比例是60%和40%。与重碳酸根反应如下:

$$HCO_3^- \leftrightharpoons CO_3^{2-} + H^+$$

$$UO_2^{2+} + 3CO_3^{2-} \leftrightharpoons [UO_2(CO_3)_3]^{4-}$$

血浆中的铀主要与血浆白蛋白结合，与球蛋白结合较少。白蛋白与球蛋白结合铀量之比是 3.5∶1.6 价铀是与蛋白质分子上的羧基相结合，而且稳定性较差。当血液中重碳酸铀酰较少时，铀蛋白质便不断地分解，并重新与重碳酸根络合，形成重碳酸铀酰，上述过程一直持续到铀自血液中全部消失为止，4 价铀与 6 价铀相比，前者与血浆蛋白质亲和力强。铀自血液中消失速率快，进入血液后 1 h，90%以上已离开血液。

(3)分布和滞留

吸收入血的铀可迅速分布到各器官组织。铀进入血液后 24 h，25%～50%到达器官，其中主要滞留在肾脏、骨骼、肝脏和脾脏，其他器官含量极少。表 9－6 为 5 例脑肿瘤患者经静脉注入硝酸铀酰后不同时间铀在各器官组织中的分布情况。可见，早期，肾脏中铀含量最高，骨骼次之，其后为肝脏、脾脏等。晚期，骨骼中铀滞留量的比例明显升高。

**表 9－6　5 例脑肿瘤患者静脉注入硝酸铀酰后主要器官组织中铀的含量(占注入量的百分数，%)**

| 组织 | 器官质量/g | 注入后时间 | | | | |
|---|---|---|---|---|---|---|
| | | 2.5 d | 18 d | 74 d | 139 d | 566 d |
| 肾脏 | 300 | 16.6 | 7.2 | 0.7 | 1.2 | 0.4 |
| 骨骼 | 7000 | 10.0 | 4.9 | 1.4 | 0.6 | 1.3 |
| 肝脏 | 1700 | 1.8 | 1.1 | 0.2 | 0.2 | $5.0\times10^{-2}$ |
| 脾脏 | 300 | 0.6 | 0.2 | 0.1 | $2.0\times10^{-2}$ | $6.0\times10^{-3}$ |
| 肺脏 | 10000 | 0.5 | 0.4 | $3.0\times10^{-2}$ | $2.0\times10^{-3}$ | $8.0\times10^{-3}$ |
| 胰脏 | 70 | 0.7 | $8.0\times10^{-3}$ | $8.0\times10^{-3}$ | $6.0\times10^{-4}$ | $4.0\times10^{-4}$ |
| 肾上腺 | 20 | $2.0\times10^{-2}$ | $1.0\times10^{-2}$ | $3.0\times10^{-3}$ | $1.0\times10^{-4}$ | $4.0\times10^{-4}$ |
| 膀胱 | 150 | $3.0\times10^{-2}$ | — | $2.0\times10^{-3}$ | $1.0\times10^{-3}$ | $3.0\times10^{-4}$ |
| 睾丸 | 40 | — | $1.0\times10^{-2}$ | $8.0\times10^{-3}$ | $4.0\times10^{-3}$ | $2.0\times10^{-3}$ |
| 肌肉 | 30000 | 1.2 | 2.1 | 0.9 | 0.3 | $6.0\times10^{-2}$ |

注：表中数值为 5 例患者的平均值。

静脉注入铀化合物后，早期器官组织中铀的分布因铀化合物种类而异。6 价铀主要分布在肾脏和骨骼，4 价铀在肾脏和骨骼中的分布只占注入量的 10%左右，主要滞留在肝脏和脾脏，可达注入量的 50%。这是因为静脉注入难溶性 4 价铀化合物时，铀在血液中更多以胶体粒子和蛋白质结合形式存在，很容易被肝、脾网状内皮细胞吞噬。

吸入难溶性铀化合物时，铀主要滞留在肺淋巴结和肺脏。

肾脏是铀进入体内早期的主要滞留器官。6 价铀进入血液后 0.75～2.5 h，肾脏滞留量便达到最高值，占注入量的 30%左右，2.5 h 以后，肾脏滞留量开始逐渐减少，到 40 d 以后，仅占注入量的 1%～2%。肾脏组织微观放射自显影研究结果表明，给大鼠静脉注入硝酸铀酰后，铀在肾脏中的分布式不均匀的，皮质的铀 α 径迹数始终高于髓质，其不均匀分布系数($N$)平均为 1.32。最初铀主要滞留在肾脏近曲管上皮细胞上，而肾小球和肾小管其他部位则很少。随后由于铀的毒性作用，滞留铀的近曲管上皮细胞变性、坏死和脱落。随着脱落细胞碎片迁移，铀被带到肾小管下端各段，集合管中亦出现铀。研究 6 价铀在肾近曲管沉积的机制是有意义的。实验表明，重碳酸铀酰只有在重碳酸根离子浓度较大，pH 较高的环境中才稳定，否则易于分解。血液中的重碳酸铀酰进入肾近曲细管后，由于该处 pH 较低(6.5 以下)。部分重碳酸铀酰立刻分解释放出 $UO_2^{2+}$ 和重碳酸根，后者很快被肾小管重吸收，$UO_2^{2+}$ 便与近曲细管上皮细胞蛋白质结合而沉积下来。中毒早期铀在肾脏近曲细管沉积量的多少，与机体碱储量有密切关系，碱储量少，铀滞留量多，反之则少。

当机体吸入难溶性铀化合物时，肺组织是主要滞留部位。难溶性铀化合物在肺和肺淋巴结滞留后，转移相当慢，半廓清期较长。吸入可溶性铀化合物后，体内代谢与难溶性铀化合物有明显差别：肺铀半廓清期短，主要滞留器官不是肺和肺淋巴结，而是骨骼。

6 价铀吸收后，早期在骨骼中滞留量约占 14%，晚期可达 90%以上。铀参与骨骼钙化过程。因此铀一旦滞留于骨骼后，很难排出。6 价铀无论经何种途径吸收，肝脏、脾脏中的量都少；但 4 价铀经静脉注入后早期，肝脏、脾脏滞留量可达注入量的 50%。

(4)排除

肠道排除：食入或吸入的部分铀可由肠道排除出体外。经肠道排除的铀来自两部分，一是未经胃肠道吸收的部分，其排除量多，速度快。难溶性铀化合物，除 0.2%被吸收外，其余全部被排除；二是吸收后的铀经肝脏系统排至肠道，随粪便排除。吸收后的 6 价铀经肠道排除量较少，速度也较慢，仅占尿排除量的 1/20。经静脉注入的 4 价铀，早期大量滞留于肝脏，故经由肠道排除量较多，可达注入量的 50%左右。

肾脏排除：铀吸收后可迅速由肾脏排除。早期排除量较多，速度快，称为快排除组分。这时排除的尿铀，主要来自血液中或软组织中未被结合固定的铀。吸收的铀已大量滞留在器官组织中后，由肾脏排除量减少，速度也减慢，称为慢排除组分。

## 9.1.3 钚的理化性质和体内代谢

### 9.1.3.1 理化性质

(1)化学性质

钚(Plutonium，Pu)的原子序数为 94，是重要的核燃料，在自然界含量极微，在铀矿石内约为铀含量的 $1/10^{11}$，主要靠人工生产，$^{239}Pu$ 是 $^{238}U$ 俘获中子后经 β 衰变生成的。已知钚有 15 同位素和一种同质异能素，质量数为 232～246。其中 $^{239}Pu$ 是重要的核燃料，$^{240}Pu$ 是生产超钚元素的主要原料，$^{238}Pu$ 主要用于制备核电池。

钚为一种银白色的具有金属光泽的金属，类似于铁和镍，熔点 641℃，沸点 3232 ℃，在空气中很快变暗，如果暴露时间足够长，就会产生有粉末的表面，最终形成一种橄榄绿色的粉末二氧化钚($PuO_2$)。$PuO_2$ 是所有钚化合物中最重的化合物之一，非常坚硬，是一种十分难溶的化合物。氟化物的研究最为广泛，主要用于钚的生产提炼过程。

(2)物理性质

武器级钚同位素主要有 $^{238}Pu$、$^{239}Pu$、$^{240}Pu$、$^{241}Pu$、$^{242}Pu$，它们的重量百分比分别是 0.000 05、0.933、0.060、0.004 4 和 0.000 15，武器级钚材料中各种同位素的重量百分比是根据武器设计需要以及钚生产特性所决定。长期贮存的钚中，还存在由于 $^{241}Pu$ 的 α、β 衰变而生成 $^{237}U$ 和 $^{241}Am$。表 9－7 给出了武器级钚材料中各种钚同位素及其他核素的有关辐射特性。

表 9－7　武器级钚材料中各种钚同位素及其他核素的 α、β 辐射特性

| 同位素 | 半衰期 | α 粒子能量/MeV | α 粒子分支比/% | β 粒子能量/MeV | β 粒子分支比/% |
|---|---|---|---|---|---|
| $^{238}Pu$ | $8.64\times10^{1}$ a | 5.495<br>5.452<br>5.352<br>5.208 | 72<br>28<br>0.09<br>0.005 | | |
| $^{239}Pu$ | $2.436\times10^{4}$ a | 5.147<br>5.134<br>5.096<br>5.064<br>4.999 | 72.5<br>16.8<br>10.7<br>0.037<br>0.013 | | |
| $^{240}Pu$ | $6.58\times10^{3}$ a | 5.162<br>5.118<br>5.014 | 76<br>24<br>0.1 | | |
| $^{241}Pu$ | $1.30\times10^{1}$ a | 4.893<br>4.848 | 75<br>25 | 0.021 | 100 |
| $^{242}Pu$ | $3.79\times10^{5}$ a | 4.898<br>4.858 | 76<br>24 | | |
| $^{237}U$ | 6.75 d | | | 0.249<br>0.084 | 74<br>26 |
| $^{241}Am$ | $4.58\times10^{2}$ a | 5.534<br>5.500<br>5.477<br>5.435<br>5.378<br>5.311 | 0.35<br>0.23<br>85<br>12.6<br>1.7<br>0.012 | | |

#### 9.1.3.2　体内代谢

钚广泛应用于军事工业、核动力工业、宇宙航行、气象研究、生物学和医学等领域，摄入途径包括吸入、食入、皮肤或伤口吸收等。事故情况下，最常见的是吸入。当吸入难溶性钚化合物时，肺及淋巴结是受损器官。体内钚主要经肠道和肾脏排除，但速度非常缓慢。钚是极毒类放射性核素，可诱发机体严重的辐射损伤效应，靶器官主要是骨骼和肝脏。

(1)吸收

呼吸道吸收：放射性气溶胶钚吸入人体后在人呼吸道中的沉积、吸收和转移是一个相当复杂的过程，它涉及到巨噬细胞的吞噬作用，气管及支气管的纤毛运动、钚粒子的溶解和吸收，以及通过淋巴系统的转移等。整个过程中，在很大程度上取决于钚颗粒的大小、溶解度及价态。ICRP 第 66 号出版物总结了放射性气溶胶钚在人体呼吸道各亚区间的分配份

额、沉积、廓清的一般规律。表9－8给出在吸入条件下不同钚化合物的吸收类别以及肠转移因子值。

**表9－8　在吸入条件下不同钚的化合物的吸收类别以及胃肠道吸收分数**

| 化合物类别 | 吸收类别 | 肠转移因子($f_1$) |
| --- | --- | --- |
| 所有未特别指定的化合物 | M | $5.0\times10^{-4}$ |
| 不溶氧化物 | S | $1.0\times10^{-5}$ |

注:类别M和S分别表示肺中速和慢速吸收。

动物实验表明,$^{239}PuO_2$一般均属于S型化合物。微米大小的$^{239}PuO_2$粒子吸入后最初几天,呼吸道上皮细胞的纤毛运动和黏液上移的机械性转运是吸入物廓清的主要途径;吸入后数天内廓清途径是机械转运与吸收。吸入后晚期半廓清期长达数百天,主要靠血液和肺相关淋巴转移,并与肺损伤程度有关。

吸入的$^{239}PuO_2$向血循环转移的速率与微粒大小、表面晶体结构、在肺泡巨噬细胞溶酶体中的溶解度有关。吸入的可溶性钚化合物,在呼吸道中会被水解,形成氢氧化钚胶体微粒,或被肺泡吞噬细胞转运至相关淋巴结,或被肺内低分子配位体螯合转移入血。这类钚化合物被列入为M类,廓清速率为0.5%/d。

胃肠道吸收:胃肠道对钚的吸收很少,且波动幅度很大。一般认为介于$10^{-6}\sim10^{-3}$之间。主要原因是小肠中pH较高,钚迅速分解成难溶性氢氧化钚,同时钚离子也可与肠内容物中的磷酸盐或草酸盐等生成难溶性钚化合物。

钚化合物形式对胃肠道的吸收有重要影响,通常顺序是Pu－柠檬酸盐＞硝酸盐＞Pu－氧化物。钚摄入量对胃肠道的吸收也有明显的影响,摄入量较小时,吸收率相对较高;摄入量较大时,吸收率相对较低。

皮肤伤口吸收:对接触钚元件的工作人员,其裸露皮肤存在钚污染的可能。因此,皮肤和伤口污染的吸收率倍受关注。钚经过皮肤的吸收率与钚化学形式、溶解度、溶液的酸度及皮肤污染面积等有关。可溶性化合物的吸收率高于难溶性化合物,溶液酸度增高吸收率也相应增大。

钚通过皮肤吸收很少。皮肤对$PuO_2$有天然屏障作用,但不能防止可溶性钚化合物的侵入。侵入皮肤的钚能长期沉积定位于毛囊。钚的稀酸溶液污染健康皮肤后,最初几小时的吸收率约为0.01%(甚至更低)。有机溶剂可加大钚通过健康皮肤的吸收率,例如钚的磷酸三丁酯－四氯化碳溶液污染健康皮肤后,15 min内的吸收率超过0.04%。

动物实验表明,伤口污染的钚均能从沉积部位转移,钚自伤口的吸收率与创面大小、深度及钚化合物种类有密切有关。钚的可溶性络合物能迅速进入血循环,而不溶性钚粒子缓慢沿淋巴管转移并集聚于相关淋巴结。钚的盐类溶液污染伤口后,在体液的pH环境中会形成氢氧化钚胶体,进而沿两个途径廓清,一是被组织中的配位体形成可溶性螯合物并进入血循环;一是形成聚合体粒子,缓慢地沿淋巴管转移并集聚在相关淋巴结。

(2)钚在体内分布特点及在主要器官中滞留

钚在血液中的存在形式:进入血液的钚,一部分分解形成胶体氢氧化钚,进而聚合形成大分子聚合物;另一部分与血液中蛋白质或其他天然络合剂形成络合物。在生理pH条件下,钚易水解和聚合。初始聚合成单体钚,进而聚合成聚合钚。单体钚扩散性强,能透过生物膜，进入各个器官和组织，其中主要是沉积在骨骼，其次是肝脏。聚合钚扩散性相对较弱，主要靠巨噬细胞的吞噬作用转移到器官和组织，主要沉积在肝、脾和骨髓等网状内皮系统中。血液中钚离子可与铁转递蛋白、白蛋白以及天然络合剂形成络合物，主要是形成Pu—铁转递蛋白、其次是 Pu—白蛋白。动物实验表明，钚进入血液后立即与铁转递蛋白结合，7 h 结合率达到峰值，24 h 后 50%的 Pu—铁转递蛋白离开血液进入器官和组织，主要在骨骼。血液中柠檬酸或 DTPA 可将钚从 Pu—铁转递蛋白上置换下来。

钚在骨骼中的滞留：骨骼是钚的主要滞留器官。钚在骨骼中的沉积特点，一是由于生长的骨骼不断吸收和重建，沉积在骨表面的钚可被埋入或吸收，故钚在骨骼中的滞留是一个动态的过程，二是钚在骨内分布是不均匀的，主要滞留在骨表面，即骨内膜、骨小梁表面和骨外膜。不同生理状态下的骨内膜，钚浓度也有显著差异，其中处于吸收状态的骨内膜钚浓度最高，处于相对静止状态的骨内膜、新生的骨内膜中的钚浓度最低。沉积在骨表面的钚，在骨骼的重建过程中或都被新骨覆盖或者被破骨细胞吸收、巨噬细胞吞噬。这两种细胞解体后，钚重新被释放到血液中进行再分布。滞留在骨表面的钚，可以与基质中的蛋白质结合，也可与骨细胞表面的膜蛋白结合，主要是醣蛋白、唾液蛋白及软骨蛋白结合，进入到骨细胞内的钚可与细胞器膜上的醣蛋白结合。另外钚也可与骨表面的无机磷酸盐反应。钚在骨表面滞留的同时，一部分钚也向骨髓转移。聚合钚和易于水解的钚盐，在骨髓中的滞留量较高。骨髓中的钚，多滞留在巨噬细胞中并与其溶酶体相结合。钚在造血骨髓中的滞留量多于脂肪骨髓。

钚在肝脏中的滞留：肝脏也是钚的主要滞留器官。最初钚均匀的分布在肝细胞内，随后逐渐浓集，晚期大量的钚沉积在窦状隙衬里的网状内皮细胞及肝门脉区域的组织中，形成浓集的放射灶。钚诱发的肝脏损伤与其在该器官内由相对均匀到高度浓集的分布特征有关。肝实质细胞受钚粒子照射后，产生从退行性变直到坏死的一系列病理变化，释放出来的钚粒子重新被网状内皮细胞吞噬，形成浓集的星状体。动物实验表明，早期钚与肝细胞浆内的可溶性蛋白质(主要是铁蛋白)结合，分布比较均匀；随后逐渐浓集在线粒体和溶酶体内。肝钚可通过两种途径清除，一是通过肝胆系统将钚转移到肠道，随粪便排除；二是通过血液循环，转移到其他器官组织。肝钚的清除速度相当缓慢，生物半排期较长，且与钚化合物的性质有关。

钚在肺中的滞留：可溶性钚化合物自肺廓清较快。如狗的生物半廓清期约 200 d，主要转移到骨骼和肝中，少量转移至肺淋巴结。难溶性钚化合物滞留时间长，量相对较多，主要是向肺淋巴结中转移，致使肺淋巴结中的钚浓度持续增高。难溶性钚化合物沉积在肺之后，很快被巨噬细胞吞噬并主要定位于溶酶体中。这种巨噬细胞或游离在肺泡腔内，或定位于肺泡膜上。前者可部分转移到气管纤毛上皮上被清除到胃肠道，另一部分可转移到肺淋巴结上，定位于肺泡膜上的巨噬细胞或者转移到肺淋巴结中或者渗入到肺组织纤维化区域。钚职业性工作者受到的吸入性内污染，一般以二氧化钚为主。

钚在其他器官中的滞留：钚在肝脏和骨骼中滞留的同时，也有少部分滞留在其他器官。在早期，脾脏、肾脏、肾上腺的钚浓度仅次于肝脏。钚在脾脏中呈不均匀性分布，主要滞留在红髓及髓窦中。钚在肾上腺中，主要滞留在皮质内带及外带。钚在生殖腺内的滞留量很少，仅占体含量的 $3.5\times10^{-2}\%$，但值得注意的是，它在生殖腺中的分布呈现高度的不均匀性。对小鼠睾丸的放射自显影观察表明，钚的 α 径迹大多发自曲细精管间的间质细胞，其次是曲细精管外层的生精细胞，而细管管腔内为最少，由于这种不均匀性分布，使靶细胞（生精干细胞）受到的照射剂量比睾丸的平均剂量大 4.5～6 倍，成为抑制生精干细胞成熟过程的原因之一。

（3）钚的排出

体内钚主要通过肠道和肾脏排除，但排除速率非常缓慢。柠檬酸钚经肾脏排除较多，经肠道排除较少。难溶性钚化合物及易分解的钚化合物经肠道排除较多，经肾脏排除较少；然而随着时间的推移，粪钚排除量相对减少，而尿钚排除量却相对增多。在早期，六价钚化合物由尿排除为主，而三价和四价钚化合物由粪便排除为主；晚期时，均以粪便排除为主。

## 9.1.4 铯的理化性质与体内代谢

放射性铯（Cesium，Cs）是核裂变产物的重要组分之一，也是核电厂事故的信号核素之一。它在$^{235}$U 的核裂变产物中，最初只占 1%左右，随着短半衰期放射性核素的不断衰变，2 年后可占 4.85%，5 年时达 15.2%。铯的放射性同位素在工业、农业以及医学上都有广泛应用。

### 9.1.4.1 理化性质

铯的原子序数是 55，为碱金属元素，铯的同位素有$^{116}$Cs～$^{146}$Cs，共 31 种，其中只有$^{133}$Cs 是天然存在的稳定性同位素。放射毒理学意义最大的是$^{137}$Cs、$^{134}$Cs 和$^{131}$Cs。

$^{137}$Cs 是 β 辐射源，半衰期为 30.17 a，放射比活度为 3.2 MBq/μg，其 β 射线能量为 0.514 MeV（93.5%）和 1.176 MeV（6.5%）。其衰变链为：

$$^{137}_{55}\text{Cs} \xrightarrow[30.174\ \text{a}]{\beta} {}^{137\text{m}}_{56}\text{Ba} \xrightarrow[2.55\ \text{min}]{\gamma} {}^{137}_{56}\text{Ba}$$

$^{134}$Cs 是 β、γ 辐射源，半衰期为 2.062 a，β 射线能量为 0.662 MeV（71%）和 0.089 MeV（27%），主要的 γ 射线能量为 0.605 MeV 和 0.796 MeV。

$^{131}$Cs 的衰变方式是电子俘获，放出 29.6 keV 的氙特征 X 射线。

放射性铯的化学性质与钾相似，可和非金属作用，生成 1 价的化合物。其生成的盐类如卤化物、硝酸盐、碳酸盐和硫酸盐都易溶于水，只有磷酸盐的溶解度较小。稳定性铯是生物体中的微量元素，在自然界中都以化合物的形式存在于地壳中。

### 9.1.4.2 体内代谢

（1）吸收

环境中的放射性铯主要来自核试验。核反应堆和燃料后处理厂。切尔诺贝利核电厂事故向外环境释放出大量放射性物质，经接受人体内放射性监测人员的数据表明，在食入照射中放射性铯要占 88%以上。环境中铯主要通过食物链进入人体，经呼吸道吸入的量只占食入量的 1%。

放射性铯无论经呼吸道、胃肠道或注入等途径进入机体，都极易被吸收，而且吸收迅速。如$^{137}$CsCl 由气管注入后，在最初几天由呼吸道消失得很快。气管注入后 5 min，即有 39.5%的摄入量被吸收；在注入后 1 d，已有 89.7%被吸收；到第 6 d 的吸收率为 97.5%，而停留于呼吸道的部分只占 0.2%。

$^{137}Cs$ 由胃肠道进入时，吸收率几乎为 100%，吸收部位主要是小肠。口服 10 min 后，在血液中、肾脏和肌肉等部位均可测出$^{137}Cs$。

(2)分布

放射性铯进入机体后的分布与钾类似，表现为全身性、相对均匀性分布。主要滞留于全身软组织尤其是肌肉中，在骨骼和脂肪中的浓度较低。$^{137}Cs$ 从呼吸道、胃肠道、腹腔或皮下进入，在体内的相对分布规律基本一致。

吸收入血的 Cs 呈离子态存在，不与血浆蛋白相结合，部分 Cs 可进入红细胞内。

长期多次口服$^{137}Cs$ 后的体内分布规律，与一次性口服后基本类似，只是肌肉内的滞留量相对增多。

对 30 岁的健康成年人体内$^{137}Cs$ 的含量调查表明，男性体内$^{137}Cs$ 平均含量为 6.3 Bq/kg 体重，而相应的女性平均含量为 4.1 Bq/kg 体重，两者的比例为 1.5∶1。儿童体内的放射性铯滞留量，明显低于成年人。

$^{137}Cs$ 进入母体后，很易通过胎盘进入胎儿体内，它的分布和滞留规律和母体是一致的。所不同的是胎儿体内的滞留能力较低，如对几个主要组织器官(如肌肉、肾脏、肝脏和皮肤等)的滞留程度作比较，可以看出，母体中的滞留程度要比胎儿体内大 4～5 倍左右。

(3)排除

人体内$^{137}Cs$ 生物半排期随人的生活地区、年龄与性别的不同而异，见表 9－9。孕妇$^{137}Cs$的生物半排期相当于正常妇女的 1/3～1/2。

**表 9－9　不同地区人体内$^{137}Cs$ 的生物半排期**

| 地区 | 测量人数 | $T_b$/d |
|---|---|---|
| 美国(阿拉斯加州除外) | 65 | 107.5 |
| 阿拉斯加州 | 35 | 85.7 |
| 加拿大 | 5 | 117.0 |
| 德国 | 15000 | 140.0 |
| 法国 | 23 | 87.6 |
| 意大利 | 1 | 165.0 |
| 联合王国 | 22 | 94.1 |
| 日本 | 67 | 78.2 |
| 斯堪的那维亚半岛(挪威、瑞典、丹麦) | 132 | 65.1 |

放射性铯不论以何种途径摄入体内，主要通过肾由尿排除，肠道排除量很少。放射性铯排除速率很快，在摄入后早期尤其以最初两昼夜排除最多，以后逐渐下降。人体静脉注入或经口摄入$^{137}Cs$ 后，尿和粪排除量之间可相差数倍以上。以静脉注入为例，$^{137}Cs$ 在最初两昼夜从尿中排除 20.8%，粪中只排除 1.7%，1 个月中尿的总排除量占摄入量的 60%，粪中仅为 9.2%。

放射性铯进入母体后，能很快经乳汁排除。曾有 1 例授乳妇女，摄入$^{137}Cs$ 310Bq，22 d 期间从乳汁的排除量可达 11.1%。

## 9.1.5 锶的理化性质与体内代谢

自20世纪50年代以来由于核爆炸后落下灰的全球性沉降,致使放射性锶(Strontium, Sr)对环境的污染不断加剧。因此,人们对放射性锶可能引起的危害研究引起关注。

### 9.1.5.1 理化性质

锶的原子序数为38,属元素周期II族,为碱土族金属元素。共有21种同位素,即 $^{78}Sr$～$^{98}Sr$,除 $^{84}Sr$、$^{96}Sr$、$^{87}Sr$ 和 $^{88}Sr$ 为天然稳定性同位素外,其余均为放射性同位素,且多是U和Pu的裂变产物。其中 $^{85}Sr$、$^{89}Sr$ 和 $^{90}Sr$ 是锶的重要放射性核素,其辐射特性列于表9－10。

**表9－10 锶的重要放射性同位素的辐射特征**

| 质量数 | 半衰期 | 主要衰变方式* | 粒子能量/MeV |
|---|---|---|---|
| 85 | 65.19d | ε(100) | 0.514 |
| 89 | 50.5d | β(100) | 1.463 |
| 90 | 28.6a | β(100) | 0.546 |

注:* 括号内为分支比,%。

$^{90}Sr$ 和 $^{89}Sr$ 分别是 $^{235}U$ 裂变时产生的 $^{90}Kr$ 与 $^{89}Br$ 裂片经β衰变而成的。其衰变链如下:

$$^{90}Sr:{}^{90}Kr \xrightarrow[33\ s]{\beta} {}^{90}Rb \xrightarrow[2.7\ min]{\beta} {}^{90}Sr \xrightarrow[28.1\ a]{\beta} {}^{90}Y \xrightarrow[64\ h]{\beta} {}^{90}Zr(\text{稳定})$$

$$^{89}Sr:{}^{89}Br \xrightarrow[4.5\ s]{\beta} {}^{89}Kr \xrightarrow[3.16\ min]{\beta} {}^{89}Rb \xrightarrow[15.6\ min]{\beta} {}^{89}Sr \xrightarrow[50.5\ d]{\beta} {}^{89}Y(\text{稳定})$$

$^{90}Sr$ 的衰变子体 $^{90}Y$ 半衰期为64 h,β粒子最大能量为2.270 MeV,$^{90}Sr$～$^{90}Y$ 达到放射平衡约需3周。$^{90}Sr$ 可用作核电池、β辐射源等,在军事、科学研究、发光仪表制造及医学上均有重要用途。$^{89}Sr$ 也是β辐射源,作β辐射源应用。锶的另一个重要的人工放射性同位素 $^{85}Sr$,是纯γ辐射源,为一种常用的示踪剂,衰变后变成稳定性 $^{85}Rb$。

锶为碱土族2价元素,其硝酸盐、氯化物及与有机酸形成的许多盐,都易溶于水,而碳酸盐、磷酸盐和硫酸盐则难溶于水。锶也能和络合剂形成可溶性的络合物,但与稀土族元素的络合物相比,锶络合物稳定性较差。

### 9.1.5.2 体内代谢

人体内的放射性锶,主要由于摄入含放射性锶的动、植物饮食而致,而后者又是核试验、核反应堆和核燃料后处理工业释放到环境中的放射性锶通过生物链转移的结果。

(1)吸收

胃肠道:单次经口摄入可溶性的放射性锶,约30%左右可在胃肠道内被吸收。而难溶性的 $SrTiO_3$ 在胃肠道内的吸收率很低,仅1%左右。例如,成人一次性口服稳定性 $SrCl_2$ 100～200 mg,平均吸收率为36%。5例正常人口服3.7～14 kBq/kg体重 $^{85}SrCl_2$ 后平均吸收率波动在20%～32%。

锶的吸收部位主要是小肠,吸收最多的是十二指肠和回肠,其次为结肠,胃部吸收较少。食入后 5 min 在血浆中即可测出，约 4 h 达到最大值，但以第 1 h 内吸收量最多。

碱土族核素由胃肠道的吸收速率与原子量的大小有密切的关系。核素的原子量越小，吸收速率就越大，反之则吸收速率越小，其相互间吸收速率的比例关系为 Ca∶Sr∶Ba＝10∶5∶1。

呼吸道：放射性锶的可溶性盐类较易于肺吸收，如$^{90}SrCl_2$气溶胶由呼吸道的吸收速率可达 30％～50％，并且吸收速率很快。如果吸入粒径为 1 μm 左右的易溶性$^{90}Sr$气溶胶，其中，50％左右是在最初几分钟内由肺中消失，经过 1 h 其 95％吸收入血液，肺中含量仅占吸入量的 5％。但吸入相同粒径的难溶性放射性气溶胶时，50％左右滞留于上呼吸道，并藉上呼吸道纤毛上皮运动转移至咽部而吞入胃肠道；在肺内沉积的也只有少量被吸收。

皮肤及伤口：放射性锶的可溶性化合物可穿透完整皮肤侵入体内。在人的正常皮肤上涂布无载体$^{85}SrCl_2$，6 h 后锶的吸收率为 0.26％。放射性锶的难溶性化合物如$^{90}SrSO_4$污染皮肤，很难经皮肤吸收。

放射性锶由创面进入体内的量，在很大程度上受伤情的影响。将可溶性的$^{85}SrCl_2$污染擦伤皮肤，由于放射性锶在伤口上呈离子状态，易被吸收，在毛细血管暴露多的新鲜伤口处吸收最高，在 30 min 内吸收值可占污染量的 38％，6 h 可高达 57.4％，比正常皮肤相应时间内的吸收值高 200 多倍。因此，从防护角度考虑，不能忽视小的皮肤创伤受放射性核素污染的危害性。

注入：$^{90}SrCl_2$经腹腔注入后，3 min 即可出现于外周血液中，经 30 min 血中浓度逐渐降低，而淋巴液中的浓度则上升；当静脉注射时，血液中$^{90}Sr$的浓度很快下降，而淋巴液中的浓度则上升；皮下注射后，经 5～20 min，$^{90}Sr$就出现血液及淋巴液中，经过 25 min，$^{90}Sr$在血液中的含量最高，以后则逐渐减少，而淋巴液中仍保持较高浓度。

(2)分布

放射性锶在体内的分布特点与钙类似，主要分布在含钙较多的组织，如骨骼和牙齿。$^{90}Sr$由不同途径入体后，在体液中的动态变化是相类似的，而体液中浓度的高低主要取决于不同途径的吸收率大小。在腹腔、皮下注射和灌胃三种途径中，以腹腔注射的吸收率最高。

放射性锶在体液中为 2 价正电荷离子，与血浆蛋白中各组分或各组织中蛋白质的结合并不牢固。因此，$^{90}Sr$的化合物主要是以离子状态或部分与有机酸结合成络合物的形式，循环于血液中。它在血液中滞留的时间是短暂的，离开血液后，小部分滞留在软组织中，大部分则选择性的滞留于骨骼中。如给猴腹腔注入$^{90}Sr$ 5 min 后血内放射性锶的含量最高，为注入量的 2.8％，24 h 后降至 0.05％。此时体内的$^{90}Sr$，约 70％已转移并滞留于骨骼的无机质中。

曾给 4 名志愿者静脉注入 18.5 kBq $^{85}SrCl_2$，5 min 后血浆中含量为注入量的 20％，1 h 后为 10％，24 h 为 3％，一周后仅占 0.5％。在注入后 10～12 h，注入量的 65％滞留于骨骼内。锶在脾脏、肝脏和肾脏等软组织内滞留量约为骨骼中含量的 1/500～1/1000，且结合不牢固，易于重新分布或排除。

放射性锶在骨骼中达到最高浓度的时间，静脉注入为 8 h，腹腔注入为 24 h，口服为 48 h。

母体污染的放射性锶，可经胎盘及乳汁转移到子体。如在母体产后 24 h 注入$^{90}Sr$，则通过哺乳转移到子体的$^{90}Sr$可达母体滞留量的 4％左右。

(3)排除

放射性锶经口进入时，主要由粪便排除。给 4 名志愿者口服$^{85}SrCl_2$ 3.7～15 kBq/kg 体重后，连续观察 12 d，粪中排除量占口服量的 79%～82%，而尿中排除量仅占 2.9%～15%。另有 4 名志愿受试者，虽然$^{85}SrCl_2$口服量增加至 0.18～0.37 MBq/kg 体重，它随尿和粪的排除比例与前 4 例大体相似。

被吸收入血或静脉注入的放射性锶，主要由尿排除。例如，10 名受试者静脉注入$^{85}SrCl_2$ 3.7～15 kBq/kg 体重后，连续观察 12 d，尿中排除量波动在 14%～48%，而经粪排除量仅占 6.5%～17%。

吸入放射性锶难溶性化合物后的排除规律与经口摄入的排除规律相似，以粪便为主。年龄对$^{90}Sr$的排除有影响。妊娠期或授乳期的母体摄入放射性锶后，部分经胎盘或乳汁转移给子代。转移到子体内的放射性锶，也选择性的滞留于子体的骨骼中，血浆中约 10%的放射性锶可转移至乳汁中，这是应该特别注意的。

给两例健康受试者静脉注入$^{85}SrCl_2$ 18 kBq/kg 体重，连续观察了 5 个月，$^{85}Sr$的排除动态曲线如图 9－2 所示，并由此拟合了放射性锶从体内排除的方程。由图可见，早期排除较多，因为这时放射性锶尚未与软组织呈牢固结合，部分在骨晶格表面呈疏松吸附。但是，当放射性锶已进入骨晶格深层后，就难以排除；在晚期放射性锶每天排除量约占体含量的 0.005%～0.02%。

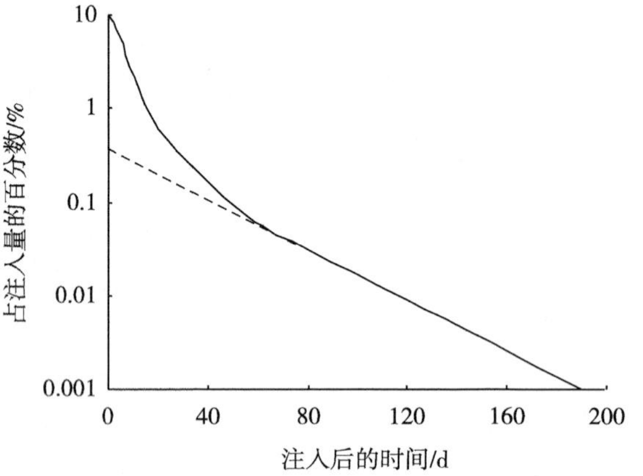


图 9－2　人静脉注入$^{85}SrCl_2$后的排除动态

(4)生物转化

在骨的生成过程中，血中钙、磷等无机盐类滞留于骨组织中，构成骨盐；骨吸收时，原来滞留于骨组织中的钙、磷等无机盐又释放入血。健康者，骨骼中约有 1%的骨盐，与血中的钙等经常处于不断的交换和平衡过程中。放射性锶在体内，参与钙的这种生物转化过程。血液及软组织中的放射性锶，可大部分迅速转移入骨组织内。

放射性锶进入骨骼后，主要沉积在骨细胞间质中的骨盐部分，即无机质部分。一般认为，锶在骨盐部分的沉积，包括离子交换与生理性成骨作用两个过程。离子交换是指骨盐表面的离子成分经常不断地与细胞外液中的各种离子成分自由进行交换。体内的放射性锶可通过与骨盐晶体表面的钙离子交换而沉着于骨盐结晶中。生理性成骨过程除了由血浆中钙、磷乘积超过其溶解度乘积而产生沉淀的生理过程外，还依赖于骨细胞的活力。随着时间的延续，放射性锶参与骨盐的形成而进入骨无机盐的晶体中。随生理性成骨过程而在骨内沉积的放射性锶是难以转移的。

放射性锶在骨组织中的沉积，可因机体的年龄和骨骼的不同而异。幼年机体摄入放射性锶，可选择性的滞留于骨形成区域钙化旺盛的部位，以骺板处最多，放射自显影可见骺板处有稠密的 β 粒子径迹的分布，然后逐渐转移至干骺端小梁骨部位，呈局限性滞留。老年机体由于不再发生活跃的成骨过程，故锶在骨内多呈弥散性分布。放射性锶在不同年龄人骨骼中的滞留，有明显的差异。以骨组织中放射性锶的含量（以锶单位表示，即 1 SU＝$^{90}$Sr 3.7・$10^{-2}$ Bq/g 钙，一个锶单位是指每克钙组织中含有 3.7・$10^{-2}$ Bq 的$^{90}$Sr）计，胎儿为 1.57，0～4 岁时为 3.42，5～19 岁为 2.03，大于 20 岁时为 0.63。这说明，在成骨过程中最活跃的 4 岁以下儿童骨骼中，放射性锶含量最高，成人则最低。

放射性锶在不同骨骼中的沉积量是有差异的，脊椎骨和肋骨内的含量明显高于长骨。即使在同一骨骼中，放射性锶的分布也是不均匀的，在骨无机盐部分的滞留量比骨其他部分高出 10～20 倍。

## 9.1.6　钴的理化性质和体内代谢

### 9.1.6.1　理化性质

钴（Cobalt，Co）是在自然界中分布较为广泛并在动、植物体内也有微量分布的金属元素，也是人体内不可缺少的微量元素之一，是维生素 $B_{12}$ 重要组成元素。钴的同位素有 35 种，即$^{50}$Co～$^{77}$Co。除$^{59}$Co 是稳定的同位素外，其余都是放射性同位素，且物理半衰期极短，只有$^{56}$Co、$^{57}$Co、$^{58}$Co 和$^{60}$Co 半衰期较长。钴金属是一种银白色的铁磁性金属，作为特种钢的添加剂，制备耐磨、耐热的特种合金，可制造耐高温的元件和管道用于核电厂。

在医学上，利用$^{57}$Co 或$^{58}$Co 作示踪原子，标记的维生素 B12 可用于诊断恶性贫血及骨髓联合变性。$^{60}$Co 在工农业及医学领域内应用极广，可作为 γ 外照射源，用于治疗恶性肿瘤、辐照育种、辐照灭菌及 γ 探伤等。$^{60}$Co 辐照源活度大，容易发生严重的辐射事故，尤其是早期工业和科研用的非自动化的堆码静态辐射源，国内外发生的致死、致重伤惨的辐射事故大都由这种$^{60}$Co 辐照装置引起。此外，$^{60}$Co 辐照源中的$^{60}$Co 常以钴盐（如$^{60}CoCl_2$）的化学形式包裹于合金管中，当管壁因为物理外力和化学腐蚀出现破裂时，可能导致$^{60}$Co 污染水体环境。

$^{56}$Co 的物理半衰期是 77.23 d，通过衰变发出 $β^+$ 和 γ 射线，包括 1.12 MeV（21.9％）、2.48 MeV（20.5％）的 $β^+$ 射线和 0.846 MeV（99.9％）γ 射线，衰变后生成子体核素为稳定核素$^{56}$Fe。

$^{57}$Co 的物理半衰期是 270.9 d，通过衰变发出 $β^+$ 和 γ 射线，在衰变过程中，发射 0.699 MeV（99.9％）正电子，发出 10 种不同能量的 γ 射线，占份额最大的是 0.112 MeV（88.0％）和 0.136 MeV（10.0％）。衰变后生成子体核素为稳定核素$^{57}$Fe。

$^{58}$Co 的物理半衰期为 0.86 d，通过衰变发出 $β^+$ 和 γ 射线，在衰变过程中在衰变过程中，发射 1.49 MeV（98.8％）正电子，释放 3 种不同的 γ 射线。占份额最大的是 0.810 MeV（99％）及 0.0064 MeV 的低能 X 射线。衰变后生成子体核素为稳定核素$^{58}$Fe。

$^{60}$Co 的物理半衰期为 5.26 a，是 $β^-$ 衰变核素，发出 $β^-$ 射线和 γ 射线。在衰变过程中，

释放能量为 0.313 MeV(大于 99.88%)和 1.49 MeV(0.01%)的两组 $\beta^-$ 粒子及能量为 1.17 MeV (约 100%)MeV 和 1.33 MeV(99.98%)两组 $\gamma$ 射线。衰变后生成子体核素为稳定核素$^{60}Ni$。

核电厂一回路流出物中,$^{60}Co$ 和$^{58}Co$ 是主要的放射性核素,原因是核电厂使用的含钴特种钢常用于阀座、泵轴颈和其他耐磨器件的材料,其中$^{58}Ni$ 经过(n ,p)反应,生成$^{58}Co$,$^{59}Co$经过(n,$\gamma$)反应生成$^{60}Co$。因此核电厂在日常维护过程中,出现管道泄漏,会有$^{60}Co$ 和$^{58}Co$流出污染环境。

钴原子序数为 27,在元素周期表第四周期第Ⅷ族,氧化态呈+2、+3 价,形成各种钴的氧化物和钴盐,常见的钴化合物有氧化钴、三氧化二钴、硫酸钴及氯化钴,3 价钴盐不稳定,易分解而变为 2 价钴盐。所以在通常条件下不存在 3 价钴盐,钴的特点是易生成络合物,在这些络合物中常以 3 价态形式存在。钴盐在水中具有一定的溶解性,进入环境中,可以在土壤、水、动植物中迁移分布。

#### 9.1.6.2 体内代谢

放射性钴可由各种途径进入体内。人经口摄入$^{60}CoCl_2$,吸收率为 5%～44%,变异范围很大,这与胃肠道的充盈程度、食物组成和摄入的钴量有关,未吸收的钴直接通过粪便排出。与胃肠道比较,肺脏的吸收率要高的多,例如,仓鼠经呼吸道摄入 Co 后,吸收率达 33%左右。正常完整皮肤不易吸收钴,约占 1%的钴可以通过完整皮肤吸收,但伤口容易吸收。人肌肉内注入$^{60}CoCl_2$后 18 h 内,吸收率为 18%。钴进入血液后,主要以离子态形式存在,约有 50%直接通过肾脏排出体外,其余部分与血浆白蛋白及球蛋白结合,两者的结合比例是 6∶4。

钴在组织器官中分布的特点是在肝脏的滞留量最多,其次是肾脏、肾上腺及胰腺,再次是骨髓、脾脏、肺脏及淋巴结,而睾丸、脑及骨骼肌最少。人的肝脏钴含量为体内含量的 20% ,若以浓度计,肝脏的钴浓度是全身其余部分平均浓度的 4 倍,所以内污染钴的处置的重点是要注意从肝脏中解离出钴离子从尿中排出。

### 9.1.7 氚的理化性质与体内代谢

氚(Tritium,$^3H$ 或 T)是产生氢聚变反应的重要核素之一。随着核能事业的不断发展,核反应堆的建立日益增多,氚向环境中的排放量不断增加,氚对人类的健康影响愈来愈受到人们的关注。因此,研究氚的放射毒理学、防止氚对工作人员及公众的照射是非常必要的。

#### 9.1.7.1 理化性质

氚是氢的放射性同位素,又称超重氢,质量数为 3,原子核中含有一个质子和两个中子。产生氚的核反应有:

$$^{14}_{7}N+^{1}_{0}n \longrightarrow ^{12}_{6}C+^{3}_{1}H$$

$$^{2}_{1}H+^{2}_{1}H \longrightarrow ^{3}_{1}H+p$$

$$^{6}_{3}Li+^{1}_{0}n \longrightarrow ^{3}_{1}H+^{4}_{2}He$$

其中,在反应堆中用中子辐射$^{6}_{3}Li$ 是人工氚的主要来源。

氚的物理半衰期为 12.33 a，发射软 β 粒子后衰变为稳定性元素 $^{3}He$。氚的 β 粒子平均能量是 5.7 keV，最大能量为 18.6 keV，在空气中平均射程为 0.56μm。核素氚易转化为氚水(tritium oxide，HTO，$T_2O$)。在空气中氚气是通过氧化反应和同位素交换反应生成氚水。同位素交换反应通常比氧化反应速率快。氚气转化为氚水的反应速率随氚浓度增加而加快。在氢弹(hydrogen bomb)爆炸过程中产生的氚，几乎完全转化为氚水。

氚的化学性质与氢相似。但是由于氚的质量数是氢的 3 倍，因此氚所参与的化学反应的反应常数与氢不同。从化学键能上看，$C-^{3}H$ 共价键比 $C-^{1}H$ 共价键稳定。因此与 $C-^{1}H$ 有关的生化反应可因氚取代了氢而发生改变，这称为同位素质量效应。但是只有在大部分氢原子被氚取代后，才会出现这种后果。机体内，在达到同位素质量效应所需要的比活度之前，就已经出现了辐射损伤效应。

1 g 氚的活度为 360 TBq，1 g 纯氚水的活度为 110 TBq。当 $10^{18}$ 个氢同位素混合原子中含有 1 个氚原子时，称为 1 个氚单位(tritium unit，TU)。1 个氚单位水的浓度为 0.12 Bq/L。我国地面水中的氚，沿海地区为几十个氚单位，内地则为几百个氚单位。

在放射性核素中，氚的 β 粒子能量是最低的，相当于 $^{14}C$ β 粒子能量的 1/8，$^{32}P$ β 粒子能量的 1/100。因此在放射自显影方法观察物质在细胞或亚细胞水平定位，在氚标记的化合物，具有最高的分辨率。

具有放射毒理学意义的氚化合物，根据它们的生物学特征，大致可分成 5 类：(1) 氧化物，其中主要是氚水；(2)氚气，其中主要是 HT 或 $T_2$；(3)难溶性氚化合物，如金属化合物(TiT，ZrT)和含氚的发光涂料等；(4)可溶性氚的有机化合物，主要是生物物质；(5)氚标记的核酸前身化合物，如 $^{3}H$－TdR 等。最后一种在机体具有特殊的代谢特性，因而与前 4 种氚化合物不同。

#### 9.1.7.2　环境中氚的来源和循环

环境中氚主要来源于天然生成和人工制造。天然氚主要是宇宙射线与大气中氮、氧作用而产生的，年产量约为 $7.4\times10^{10}$ MBq。目前全球累积贮量约为 $1.3\times10^{12}$ MBq。小部分天然氚来自太阳系和其他星球。生成的氚 90%存在于水圈，10%在平流层内，仅有 0.1%在对流层中。天然氚 99%转化为氚水，并参与自然界的水循环。海洋表层水中氚的浓度约为 0.1 Bq/L，淡水中氚的浓度高于海水，平均约为 0.4 Bq/L。

人工氚主要来源于核爆炸(尤其是氢弹试验)和核反应堆。截至 1982 年，全世界核爆炸试验所产生的氚积累量已达到 $3.7\times10^{13}$ MBq。大气层核爆炸产生的氚大部分注入同温层，在若干年内逐渐与对流层混合，氧化为氚水并随雨、雪降到地球表面。地下核爆炸时，岩石中的锂俘获中子可产生大量的氚。核反应堆的氚来源于核燃料的三裂变，以及氘、硼和锂等轻元素的中子活化。尤其是在以重水作为慢化剂的反应堆中，氘俘获中子可产生大量的氚。此外，加速器使用的氚靶也释放氚。氚在工业中也有应用，如用氚制造发光涂料等。在生物医学研究领域中，氚标记化合物应用极为广泛。这些都有可能对环境造成一定程度的污染。

核素氚释放到环境中后，经氧化反应和同位素交换反应转化为氚水，并加入自然界水的循环。因此大气、江河、湖海、土壤、植物和动物体内都存在着氚。氚水中的氚又能结合到植物和动物有机分子中去，形成氚的化合物，称为有机结合氚(organically bound tritium,

OBT)。可见,环境中的氚可通过物理、化学交换和生物转化等方法在自然界中循环。环境中的无机和有机结合氚可通过呼吸道和食物链进入人体。研究资料表明,陆生动物体内有机结合氚的20%来自饮水,55%来自土壤中的水(通过植物食料),20%来自空气中的氚水。人体内有机结合氚1/3来自动物性实物,2/3来自植物性食物。因此,研究环境中氚的迁移规律,对于了解氚的毒性及其对人类健康的危害具有重要作用。

#### 9.1.7.3 体内代谢

(1)吸收

胃肠道呼吸道和皮肤黏膜都能吸收氚水。饮入氚水后,经40～45 min就被完全吸收。吸收部位主要在小肠,它吸收的氚水量比大肠高4倍。97%的氚水是经过肠黏膜毛细血管吸收到门静脉系统,然后分布到全身;通过毛细淋巴管吸收仅占3%。

体表污染的氚水经浸渍和扩散作用可透过皮肤。皮肤吸收氚水,然后转移入血的过程称浸渍作用;氚水分子从浓度高的一侧穿过膜层向浓度低的一侧移动称为扩散作用。接触氚水蒸汽时,布料服装的阻挡作用很小,形同全身皮肤暴露于氚水蒸气中,氚水经扩散作用进入人体内。如果空气中氚水的浓度为$C$(单位是$Bq/m^3$),则通过皮肤吸收率为$C \cdot 10^{-2}/min$,相当于每分钟吸收10 L空气中的氚水。

氚水表面积很大,每立方厘米空气可与500 $cm^2$气—血交换表面接触,所以吸入的氚水蒸气能够全部扩散至血液。参考人呼吸率为$2\times10^{-2}\ m^3/min$,吸入氚水的速率为$C \cdot 2\times10^{-2}\ Bq/min$,相当于每分钟吸收20 L空气中的氚水。可见,当人暴露于浓度为$C$的氚水污染的大气中时,通过皮肤和呼吸道的总吸收率是$C \cdot 3\times10^{-2}\ Bq/min$。因此,在一个2000 h的工作年中,吸收氚水的量为$C \cdot 3.6\times10^{3}\ Bq$。吸入核素氚对人的危害小得多。因为核素氚在血液中溶解度很低,吸收入血的核素氚量仅占吸入量的1.6%。血液中核素氚半廓清期约为1 h。由于清除快,血液中核素氚氧化为氚水的量仅占如血氚量的0.6%。因此,吸入核素氚组织的剂量仅有同等浓度氚水蒸气的万分之一。

人体湮没在核素氚的放射云中,氚β粒子对皮肤的外照射剂量可以忽略不计,只需考虑核素氚对肺部的照射剂量。根据ICRP第30号出版物推算,吸入核素氚对肺部的剂量率是其他组织的60～150倍。

有机结合氚可通过胃肠道吸收,并可通过胎盘转移到胎儿中。在通常情况下,多数有机结合氚不会挥发。因此,它们以蒸气形式被吸入的可能性很小,一旦进入肺内,不经化学变化就能迅速完全转移到血液中。

食入氚标记的有机化合物和DNA前身物,相当大的份额在胃肠道内分解生成氚水。

(2)分布和滞留

摄入体内的氚,不管是氚水还是氚气,都呈全身性相对均匀性分布。摄入有机结合氚,多数也是如此。

通过不同途径摄入氚水后,氚水迅速而均匀地分布在体液中。血液中氚水浓度达到峰值所需时间,因摄取途径和接触时间而异。静脉注入后10 min内,氚水便在血液中混合均匀。经皮肤吸收,2 h内血液中氚水便达到峰值浓度。饮氚水后数分钟内就出现在血液中;含水量多的组织,氚含量相对较多。如肝脏和肌肉组织中氚含量相对多于脂肪和骨组织。通过同位素交换或酶促反应,体内氚部分掺入到有机分子中,成为组织结合氚。凡与有机分子中的氧、氮、硫和磷结合的氚，容易再交换出来，这种有机结合氚称为“可交换的有机结合氚”；凡与有机分子中的碳结合的氚比较稳定，因为它是通过酶促反应与碳结合的，因此不易再交换出来，这种有机结合氚称为“牢固的有机结合氚”。实验研究结果表明，骨髓和肾上腺中牢固的有机结合氚比其他组织多，这可能与这类组织的合成功能旺盛有关。

吸入氚气后，氚在体内亦呈相对均匀性分布，并绝大部分迅速排除体外，在体内转成氚水的量极少。

摄入体内的有机结合氚在体内亦呈相对均匀性分布，但与氚水相比，有机结合氚转化成机体组织的有机结合氚较容易。

摄入体内的氚水能够迅速地和体内的水混合在一起，并吸收进入血液。

(3)排除

机体吸入核素氚后，绝大部分立即随呼气排除，溶入血液的部分约有 80%在 1.5 h 内经呼吸道排除。

不论经何种途径摄入的氚水，都是经尿、呼气和汗(包括不显汗)排除。唾液、乳汁和粪便中也含有少量的氚水。

静脉注入氚水后 9 min，呼出气中氚便达到最大浓度。氚水蒸气压略低于轻水(即普通水)，就是说在同样条件下，轻水更易蒸发，使呼出气中氚水浓度略低于体水氚的浓度。观察表明，呼出气中的氚浓度为体液氚浓度的 78%～96%。由于体液的迅速更新，蒸发过程中的同位素效应不致造成体液氚的浓缩。

体液氚的有效半减期与体水的更新有关，后者与液体的摄入量密切相关。参考人体液总量为 42000 g，每天摄水量为 3000 g(包括有机物氧化生成的水)。因此体水氚的有效半减期为：$T_e=0.693\times 42000/3000\ d\approx 10\ d$。体水氚的有效半减期可因环境温度、劳动强度和年龄等不同而有很大波动。凡是影响水代谢的因素，都能影响体液氚的半减期。

当氚以氚水的形式吸收入体液后，绝大部分(约为初始吸收量的 99%)仍存留在体液中，随后按照人体水的代谢规律，以较快的速率排除；其余一小部分(约为初始吸收量的 1%)结合到人体组织成分中，成为组织有机结合氚，这些氚将通过与体液中的氚相互交换和人体组织成分的新陈代谢重新进入体液，因而排除的效率较慢。

## 9.1.8　铱的理化性质和体内代谢

### 9.1.8.1　理化性质

铱(Iridium, Ir)是一种稀有元素，于 1803 年在铂的不溶杂质中被发现，在地球的地壳中含量极低。目前研究发现的铱同位素或同质异能素有 71 种，绝大部分半衰期极短，较长半衰期的同位素包括：$^{189}Ir$、$^{190}Ir$、$^{192}Ir$$^{192m}Ir$、$^{193m}Ir$、$^{194}Ir$、$^{194m}Ir$ 等，$^{191}Ir$ 和 $^{193}Ir$ 是仅有的两个天然同位素，也是仅有的两个稳定同位素，丰度分别为 37.3%和 62.7%。

铱属于铂系金属，呈白色，另带少许黄色，其密度在所有元素中排第二位，仅比锇稍低。铱是唯一一种在 1600 ℃以上的空气中仍保持优良力学性质的金属，坚硬易碎，熔点非常高。铱的加工生产过程非常困难，所以很难铸造和塑性加工。尽管生产不易，价格昂贵，但

铱还是有多应用,包括在极端条件下加强机械的强度。高硬度的铁铱和铱铂合金,常用来制造笔尖和铂金首饰。由于其极高的熔点和超强的抗腐蚀性,铱在高水平技术领域中得到一定的使用,如航天、制药和汽车行业,铱制坩埚也被广泛用于大型高质量单个晶体的生产。在核技术应用领域,$^{192}$Ir 常被用于工业和医学的外照射源。

几个主要的较长半衰期的同位素包括:

$^{189}$Ir 的半衰期为 13.2 d,全部通过 $\beta^+$ 衰变生成稳定核素$^{189}$Os,发出的正电子通过湮灭反应发出 γ 射线。

$^{190}$Ir 的半衰期为 11.8 d,全部通过 $\beta^+$ 衰变生成稳定核素$^{190}$Os,发出的正电子通过湮灭反应发出 γ 射线。

$^{192}$Ir 的半衰期为 73.827 d,95%通过 $\beta^-$ 衰变生成稳定核素$^{192}$Pt,发出的 $\beta^-$ 能量为675.12 KeV,5%通过 $\beta^+$ 衰变生成稳定核素$^{192}$Os,发出的正电子通过湮灭反应发出 γ 射线。

$^{194}$Ir 的半衰期为 19.3 h,全部通过 $\beta^-$ 衰变生成稳定核素$^{194}$Pt,发出 $\beta^-$ 能量为2.228 MeV。

铱的原子序数为 77,在元素周期表在元素周期表第六周期第Ⅷ族,它的化学性质非常稳定,是最耐腐蚀的金属,对酸的化学稳定性极高,不溶于酸,即使是沸腾的王水,致密状态的铱也不能发生化学反应而腐蚀,只有海绵状的铱才会缓慢地溶于热王水中,但在高温加压的密闭反应釜中,铱在 250 ℃以上的王水中受到明显腐蚀。铱化合物的氧化态介乎－3到＋6,最常见的有＋3 和＋4,高氧化态的化合物比较罕见。

$^{192}$Ir 可以制备成密封源,可做成大于 3.7 TBq 的高比活度的点源,其发出的 γ 射线能量较高,适用于大多数金属材料和工业器件的 γ 照相探伤,因其体积小、轻便、无需电源与水源、灵敏度高、性能稳定、曝光角度大而广泛应用于工业探伤。一般正常使用的情况下,不会产生严重的外照射和内污染危害。但国内外均发生过因为工作人员的疏忽,导致$^{192}$Ir 源从源辫中脱落、遗失被盗,容易被不明人员检拾、收藏,导致严重的外照射事故的发生,可能致残、致死。应用$^{192}$Ir 源进行野外作业场所的探伤时,可能因为不能严格执行操作规程和辐射防护分区原则,导致出现外照射事故的发生。在临床医学方面,常将$^{192}$Ir 制备成为后装治疗机,用于人体腔内肿瘤如宫颈癌等的治疗,在使用过程中也可能因为卡源导致医务人员受到过量照射,发生放射损伤效应。

#### 9.1.8.2 体内代谢

如果密封$^{192}$Ir 源的包壳破损,$^{192}$Ir 同位素有可能通过食入、吸入或皮肤污染进入人体,引起内照射,主要的分布器官是气管与肺、肝和骨髓,未吸收的同位素通过胃肠道排出体外。但是,通过各种途径吸收的分数非常低,GB18871－2002 的附录 B5 中给出了铱的不同化合物状态下的肠转移因子 $f_1$均为 0.010;并且在附录 B6－B7 中,列出了不同年龄组通过吸入和食入不同化学形态的铱同位素后,单位摄入量所致的待积有效剂量。表 9－11 列出了$^{192}$Ir 在不同染毒方式和吸收类别情况下单位摄入量所致的待积有效剂量,在理解和处理放射性核素铱内污染照射时,可以参考。

表 9－11　$^{192}Ir$ 在不同染毒方式和吸收类别情况下单位摄入量所致的待积有效剂量

| 引入方式 | 活度中值空气动力学直径(AMAD) | 吸收类别 | 吸收分数 | 有效剂量/(Sv/Bq) | 30 d 肺部累积剂量/( Sv/Bq) | 30 d 红骨髓累积剂量/( Sv/Bq) |
|---|---|---|---|---|---|---|
| Inhal | 1 μm | F | 0.01 | $1.80\times10^{-9}$ | $4.50\times10^{-10}$ | $4.50\times10^{-10}$ |
| Inhal | 1 μm | M | 0.01 | $4.90\times10^{-9}$ | $2.10\times10^{-8}$ | $2.50\times10^{-10}$ |
| Inhal | 1 μm | S | 0.01 | $6.20\times10^{-9}$ | $2.40\times10^{-8}$ | $2.30\times10^{-10}$ |
| Inhal | 5 μm | F | 0.01 | $2.20\times10^{-9}$ | $5.40\times10^{-10}$ | $5.20\times10^{-10}$ |
| Inhal | 5 μm | M | 0.01 | $4.10\times10^{-9}$ | $1.70\times10^{-8}$ | $2.20\times10^{-10}$ |
| Inhal | 5 μm | S | 0.01 | $4.90\times10^{-9}$ | $2.00\times10^{-8}$ | $1.90\times10^{-10}$ |
| Inges | | | 0.01 | $1.40\times10^{-9}$ | $3.20\times10^{-11}$ | $1.90\times10^{-10}$ |

# 9.2　内污染的危害

## 9.2.1　放射性核素毒性

在毒理学中，常以一定时间内引起实验动物 50％死亡所需的剂量或浓度(半数致死剂量 median lethal dose ，LD50；半数致死浓度 median lethal concentration，LC50)作为衡量化学物质急性毒性的尺度。在实验研究中，也常以 LD50 表达放射性核素的急性毒性，以全身或靶器官与靶组织的吸收剂量或单位体重的放射性比活度(specific radioactivity，Bq/g 或 Bq/kg)来表示。对内污染来说，α 放射性核素的毒性大于 β 放射性核素；就 β 放射性核素而言，它们的毒性大小依 β 粒子的能量高低、衰变速率的快慢及核素滞留靶器官或组织的不同等因素而异。因为不同放射性核素的辐射类型、辐射能量、衰变速率、微观分布等都制约着它的生物学作用，所以仅用放射性活度的数值反映它的毒性是不妥的。因此，评价放射性核素的生物效应常使用吸收剂量。

放射性核素的毒性分组，一般是以年摄入量限值(ALI)为基准，综合考虑引起一定危害所需的放射性核素的活度和相应的质量，既要考虑核素对人体的相对危险，又要考虑核素被吸收的难易程度。一般将核素分为极毒，高毒，中毒和低毒四组(详见 GB 18871—2002 附录 D)。这种分组是辐射防护管理工作所必需的参考资料，如开放型放射性工作单位的级别、工作场所的分区、相应核素的操作量限制、监测结果的评估等都要以核素毒性分组作为依据。

GB 18871－2002 附录 D 中规定的极毒组核素包括：$^{148}Gd$、$^{210}Po$、$^{223}Ra$、$^{224}Ra$、$^{225}Ra$、$^{226}Ra$、$^{225}Ac$、$^{227}Ac$、$^{227}Th$、$^{228}Th$、$^{229}Th$、$^{230}Th$、$^{231}Pa$、$^{230}U$、$^{232}U$、$^{233}U$、$^{234}U$、$^{236}NP$($T_{Pl}=1.15\times10^5$ a)、$^{236}Pu$、$^{238}Pu$、$^{239}Pu$、$^{240}Pu$、$^{242}Pu$、$^{241}Am$、$^{242}Am$、$^{243}Am$、$^{240}Cm$、$^{242}Cm$、$^{243}Cm$、$^{244}Cm$、$^{245}Cm$、$^{246}Cm$、$^{248}Cm$、$^{250}Cm$、$^{247}BK$、$^{248}Cf$、$^{249}Cf$、$^{250}Cf$、$^{251}Cf$、$^{252}Cf$、$^{254}Cf$、$^{253}Es$、$^{254}Es$、$^{257}Fm$、$^{258}Md$等。高毒组核素包括：$^{10}Be$、$^{32}Si$、$^{44}Ti$、$^{60}Fe$、$^{60}Co$、$^{90}Sr$、$^{94}Nb$、$^{106}Ru$、$^{108m}Ag$、$^{113m}Cd$、$^{126}Sn$、$^{144}Ce$、$^{146}Sm$、$^{150}Eu$、($T_{pl}=34.2$ a)、$^{152}Eu$、$^{154}Eu$、$^{158}Tb$、$^{166m}Ho$、$^{172}Hf$、$^{178m}Hf$、$^{194}Os$、$^{192m}Ir$、$^{210}Pb$、$^{210}Bi$、$^{210m}Bi$、$^{212}Bi$、$^{213}Bi$、$^{211}At$、$^{224}Ac$、$^{226}Ac$、$^{228}Ac$、$^{226}Th$、$^{227}Pa$、$^{228}Pa$、$^{230}Pa$、$^{236}U$、

$^{237}$Np、$^{241}$Pu、$^{244}$Pu、$^{241}$Cm、$^{247}$Cm、$^{249}$BK、$^{246}$Cf、$^{253}$Cf、$^{254m}$Es、$^{252}$Fm、$^{253}$Fm、$^{254}$Fm、$^{255}$Fm、$^{257}$Md等。属于这一毒性组的还有气态或蒸汽放射性核素：$^{126}$I、$^{193m}$Hg、$^{194}$Hg。

中毒组核素包括：$^{22}$Na、$^{24}$Na、$^{28}$Mg、$^{26}$Al、$^{32}$P、$^{33}$P、$^{35}$S(无机)、$^{36}$Cl、$^{45}$Ca、$^{47}$Ca、$^{44m}$Sc、$^{46}$Sc、$^{47}$Sc、$^{48}$Sc、$^{48}$V、$^{52}$Mn、$^{54}$Mn、$^{52}$Fe、$^{55}$Fe、$^{59}$Fe、$^{55}$Co、$^{56}$Co、$^{57}$Co、$^{58}$Co、$^{56}$Ni、$^{57}$Ni、$^{63}$Ni、$^{66}$Ni、$^{67}$Cu、$^{62}$Zn、$^{65}$Zn、$^{69m}$Zn、$^{72}$Zn、$^{66}$Ga、$^{67}$Ga、$^{72}$Ga、$^{68}$Ge、$^{69}$Ge、$^{77}$Ge、$^{71}$As、$^{72}$As、$^{73}$As、$^{74}$As、$^{76}$As、$^{77}$As、$^{75}$Se、$^{76}$Br、$^{82}$Br、$^{83}$Rb、$^{84}$Rb、$^{86}$Rb、$^{82}$Sr、$^{83}$Sr、$^{85}$Sr、$^{89}$Sr、$^{91}$Sr、$^{92}$Sr、$^{86}$Y、$^{87}$Y、$^{88}$Y、$^{90}$Y、$^{91}$Y、$^{93}$Y、$^{86}$Zr、$^{88}$Zr、$^{89}$Zr、$^{95}$Zr、$^{97}$Zr、$^{90}$Nb、$^{93m}$Nb、$^{95}$Nb、$^{95m}$Nb、$^{96}$Nb、$^{90}$Mo、$^{93}$Mo、$^{99}$Mo、$^{95m}$Tc、$^{96}$Tc、$^{97m}$Tc、$^{103}$Ru、$^{99}$Rh、$^{100}$Rh、$^{101}$Rh、$^{102}$Rh、$^{102m}$Rh、$^{105}$Rh、$^{100}$Pd、$^{103}$Pd、$^{109}$Pd、$^{105}$Ag、$^{106m}$Ag、$^{110m}$Ag、$^{111}$Ag、$^{109}$Cd、$^{115}$Cd、$^{115m}$Cd、$^{111}$In、$^{114m}$In、$^{113}$Sn、$^{117m}$Sn、$^{119m}$Sn、$^{121m}$Sn、$^{123}$Sn、$^{125}$Sn、$^{120}$Sb($T_{P1}$=5.76 d)、$^{122}$Sb、$^{124}$Sb、$^{125}$Sb、$^{126}$Sb、$^{127}$Sb、$^{128}$Sb($T_{P1}$=9.01 h)、$^{129}$Sb、$^{121}$Te、$^{121m}$Te、$^{123m}$Te、$^{125m}$Te、$^{127m}$Te、$^{129m}$Te、$^{131m}$Te、$^{132}$Te、$^{124}$I、$^{125}$I、$^{126}$I、$^{130}$I、$^{131}$I、$^{133}$I、$^{135}$I、$^{132}$Cs、$^{134}$Cs、$^{136}$Cs、$^{137}$Cs、$^{128}$Ba、$^{131}$Ba、$^{133}$Ba、$^{140}$Ba、$^{137}$La、$^{140}$La、$^{134}$Ce、$^{135}$Ce、$^{137m}$Ce、$^{139}$Ce、$^{141}$Ce、$^{143}$Ce、$^{142}$Pr、$^{143}$Pr、$^{137}$Nd、$^{138}$Nd、$^{143}$Pm、$^{144}$Pm、$^{145}$Pm、$^{146}$Pm、$^{147}$Pm、$^{148}$Pm、$^{148m}$Pm、$^{149}$Pm、$^{151}$Pm、$^{145}$Sm、$^{151}$Sm、$^{153}$Sm、$^{145}$Eu、$^{146}$Eu、$^{147}$Eu、$^{148}$Eu、$^{149}$Eu、$^{155}$Eu、$^{156}$Eu、$^{157}$Eu、$^{146}$Gd、$^{147}$Gd、$^{149}$Gd、$^{151}$Gd、$^{153}$Gd、$^{159}$Gd、$^{149}$Tb、$^{141}$Tb、$^{154}$Tb、$^{156}$Tb、$^{157}$Tb、$^{160}$Tb、$^{161}$Tb、$^{159}$Dy、$^{166}$Dy、$^{166}$Ho、$^{169}$Er、$^{172}$Er、$^{167}$Tm、$^{170}$Tm、$^{171}$Tm、$^{172}$Tm、$^{166}$Yb、$^{169}$Yb、$^{175}$Yb、$^{169}$Lu、$^{170}$Lu、$^{171}$Lu、$^{172}$Lu、$^{173}$Lu、$^{174}$Lu、$^{174m}$Lu、$^{177}$Lu、$^{177m}$Lu、$^{170}$Hf、$^{175}$Hf、$^{179m}$Hf、$^{181}$Hf、$^{184}$Hf、$^{179}$Ta、$^{182}$Ta、$^{183}$Ta、$^{184}$Ta、$^{188}$w、$^{181}$Re、$^{182}$Re、($T_{P1}$=2.67 d)、$^{184}$Re、$^{184m}$Re、$^{186}$Re、$^{188}$Re、$^{189}$Re、$^{182}$Os、$^{185}$Os、$^{191}$Os、$^{193}$Os、$^{186}$Ir($T_{P1}$=15.8 h)、$^{188}$Ir、$^{189}$Ir、$^{190}$Ir、$^{192}$Ir、$^{193m}$Ir、$^{194}$Ir、$^{194m}$Ir、$^{188}$Pt、$^{200}$Pt、$^{194}$Au、$^{195}$Au、$^{198}$Au、$^{198m}$Au、$^{199}$Au、$^{200m}$Au、$^{193m}$Hg(无机)、$^{194}$Hg、$^{195m}$Hg(无机)、$^{197}$Hg(无机)、$^{197m}$Hg(无机)、$^{203}$Hg、$^{204}$Tl、$^{211}$Pb、$^{212}$Pb、$^{214}$Pb、$^{203}$Bi、$^{205}$Bi、$^{206}$Bi、$^{207}$Bi、$^{214}$Bi、$^{207}$At、$^{222}$Fr、$^{223}$Fr、$^{227}$Ra、$^{231}$Th、$^{234}$Th、Th 天然、$^{232}$Pa、$^{233}$Pa、$^{234}$Pa、$^{231}$U、$^{237}$U、$^{240}$U、U 天然、$^{234}$Np、$^{235}$Np、$^{236}$Np($T_{P1}$=22.5 h)、$^{238}$Np、$^{239}$Np、$^{234}$Pu、$^{237}$Pu、$^{245}$Pu、$^{246}$Pu、$^{240}$Am、$^{242}$Am、$^{244}$Am、$^{238}$Cm、$^{245}$Bk、$^{246}$Bk、$^{250}$Bk、$^{244}$Cf、$^{250}$Es、$^{251}$Es等。属于这一毒素组的还有气态或蒸汽态放射性核素：$^{14}$C、$^{35}S_2$、$^{56}$Ni(羰基)、$^{57}$Ni(羰基)、$^{63}$Ni(羰基)、$^{65}$Ni(羰基)、$^{66}$Ni(羰基)、$^{103}$RuO4、$^{106}$RuO4、$^{121}$Te、$^{121m}$Te、$^{123m}$Te、$^{125m}$Te、$^{127m}$Te、$^{129m}$Te、$^{131m}$Te、$^{132}$Te、$^{120}$I、$^{124}$I、$^{124}$I(甲基)、$^{125}$I(甲基)、$^{126}$I(甲基)、$^{130}$I、$^{130}$I(甲基)、$^{131}$I、$^{131}$I(甲基)、$^{132}$I、$^{132m}$I、$^{133}$I、$^{133}$I(甲基)、$^{135}$I、$^{135}$I(甲基)、$^{193}$Hg、$^{195}$Hg、$^{195m}$Hg、$^{197}$Hg、$^{197m}$Hg、$^{203}$Hg。

低毒组核素包括：$^{7}$Be、$^{18}$F、$^{31}$Si、$^{38}$Cl、$^{39}$Cl、$^{40}$K、$^{42}$K、$^{43}$K、$^{44}$K、$^{45}$K、$^{41}$Ca、$^{43}$Sc、$^{44}$Sc、$^{49}$Sc、$^{45}$Ti、$^{47}$V、$^{49}$V、$^{48}$Cr、$^{49}$Cr、$^{51}$Cr、$^{51}$Mn、$^{52m}$Mn、$^{53}$Mn、$^{56}$Mn、$^{58m}$Co、$^{60m}$Co、$^{61}$Co、$^{62m}$Co、$^{59}$Ni、$^{65}$Ni、$^{60}$Cu、$^{61}$Cu、$^{64}$Cu、$^{63}$Zn、$^{69}$Zn、$^{71m}$Zn、$^{65}$Ga、$^{68}$Ga、$^{70}$Ga、$^{73}$Ga、$^{66}$Ge、$^{67}$Ge、$^{71}$Ge、$^{75}$Ge、$^{78}$Ge、$^{69}$As、$^{70}$As、$^{78}$As、$^{70}$Se、$^{73}$Se、$^{73m}$Se、$^{79}$Se、$^{81}$Se、$^{81m}$Se、$^{83}$Se、$^{74}$Br、$^{74m}$Br、$^{75}$Br、$^{77}$Br、$^{80}$Br、$^{80m}$Br、$^{83}$Br、$^{84}$Br、$^{79}$Rb、$^{81}$Rb、$^{81m}$Rb、$^{82m}$Rb、$^{87}$Rb、$^{88}$Rb、$^{89}$Rb、$^{80}$Sr、$^{81}$Sr、$^{85m}$Sr、$^{87m}$Sr、$^{86m}$Y、$^{90m}$Y、$^{92}$Y、$^{94}$Y、$^{95}$Y、$^{93}$Zr、$^{88}$Nb、$^{89}$Nb($T_{P1}$=2.03 h)、$^{89}$Nb($T_{P2}$=1.10 h)、$^{97}$Nb、$^{98}$Nb、$^{93m}$Mo、$^{101}$Mo、$^{93}$Tc、$^{93m}$Tc、$^{94}$Tc、$^{94m}$Tc、$^{95}$Tc、$^{96m}$Tc、$^{97}$Tc、$^{98}$Tc、$^{99}$Tc、$^{99m}$Tc、$^{101}$Tc、$^{104}$Tc、$^{94}$Ru、$^{97}$RU、$^{105}$Ru、$^{99m}$Rh、$^{101m}$Rh、$^{103m}$Rh、$^{106m}$Rh、$^{107}$Rh、$^{101}$Pd、$^{107}$Pd、$^{102}$Ag、$^{103}$Ag、$^{104}$Ag、$^{104m}$Ag、$^{106}$Ag、$^{112}$AG、$^{115}$Ag、$^{104}$Cd、$^{107}$Cd、$^{113}$Cd、$^{117}$Cd、$^{117m}$Cd、$^{109}$In、$^{110}$In($T_{P1}$=4.90 h)、$^{110}$In($T_{P2}$=1.15 h)、$^{112}$In、$^{113m}$In、$^{115}$In、$^{115m}$In、$^{116m}$In、$^{117}$In、$^{117m}$In、$^{119m}$In、$^{110}$Sn、$^{111}$Sn、$^{121}$Sn、$^{123m}$Sn、$^{127}$Sn、$^{128}$Sn、$^{115}$Sb、$^{116}$Sb、$^{116m}$Sb、$^{117}$Sb、$^{118m}$Sb、$^{119}$Sb、$^{120}$Sb($T_{P2}$=0.265 h)、$^{124m}$Sb、$^{126m}$Sb、$^{128}$Sb($T_{P2}$=0.173 h)、$^{130}$Sb、$^{131}$Sb、$^{116}$Te、$^{123}$Te、$^{127}$Te、$^{129}$Te、$^{131}$Te、$^{133}$Te、$^{133m}$Te、$^{134}$Te、$^{120}$I、$^{120m}$I、$^{121}$I、$^{123}$I、$^{128}$I、$^{129}$I、

$^{132}$I、$^{132m}$I、$^{134}$I、$^{125}$Cs、$^{127}$Cs、$^{129}$Cs、$^{130}$Cs、$^{131}$Cs、$^{134m}$Cs、$^{135}$Cs、$^{135m}$Cs、$^{138}$Cs、$^{126}$Ba、$^{131m}$Ba、$^{132m}$Ba、$^{135m}$Ba、$^{139}$Ba、$^{141}$Ba、$^{142}$Ba、$^{131}$La、$^{132}$La、$^{135}$La、$^{138}$La、$^{141}$La、$^{142}$La、$^{143}$La、$^{137}$Ce、$^{136}$Pr、$^{137}$Pr、$^{138m}$Pr、$^{139}$Pr、$^{142m}$Pr、$^{144}$Pr、$^{145}$Pr、$^{147}$Pr、$^{136}$Nd、$^{139}$Nd、$^{139m}$Nd、$^{141}$Nd、$^{149}$Nd、$^{151}$Nd、$^{141}$Pm、$^{150}$Pm、$^{141}$Sm、$^{141m}$Sm、$^{142}$Sm、$^{147}$Sm、$^{155}$Sm、$^{156}$Sm、$^{150}$Eu($T_{P2}$=12.6 h)、$^{152m}$Eu、$^{158}$Eu、$^{145}$Gd、$^{152}$Gd、$^{147}$Tb、$^{150}$Tb、$^{153}$Tb、$^{155}$Tb、$^{156m}$Tb($T_{P1}$=1.02 h)、$^{156m}$Tb($T_{P2}$=5.00 h)、$^{155}$Dy、$^{157}$Dy、$^{165}$Dy、$^{155}$Ho、$^{157}$Ho、$^{159}$Ho、$^{161}$Ho、$^{162}$Ho、$^{162m}$Ho、$^{164}$Ho、$^{164m}$Ho、$^{167}$Ho、$^{161}$Er、$^{165}$Er、$^{171}$Er、$^{162}$Tm、$^{166}$Tm、$^{173}$Tm、$^{175}$Tm、$^{162}$Yb、$^{167}$Yb、$^{177}$Yb、$^{178}$Yb、$^{176}$Lu、$^{176m}$Lu、$^{178}$Lu、$^{178m}$Lu、$^{179}$Lu、$^{173}$Hf、$^{177m}$Hf、$^{180m}$Hf、$^{182}$Hf、$^{182m}$Hf、$^{183}$Hf、$^{172}$Ta、$^{173}$Ta、$^{174}$Ta、$^{175}$Ta、$^{176}$Ta、$^{177}$Ta、$^{178}$Ta、$^{180}$Ta、$^{180m}$Ta、$^{182m}$Ta、$^{185}$Ta、$^{186}$Ta、$^{176}$W、$^{177}$W、$^{178}$W、$^{179}$W、$^{181}$W、$^{185}$W、$^{187}$W、$^{177}$Re、$^{178}$Re、$^{182}$Re($T_{P2}$=12.7h)、$^{186m}$Re、$^{187}$Re、$^{188m}$Re、$^{180}$Os、$^{181}$Os、$^{189m}$Os、$^{191m}$Os、$^{182}$Ir、$^{184}$Ir、$^{185}$Ir、$^{186}$Ir($T_{P2}$=1.75)、$^{187}$Ir、$^{190m}$Ir($T_{P1}$=3.10 h)、$^{190m}$Ir($T_{P2}$=1.20 h)、$^{195}$Ir、$^{195m}$Ir、$^{186}$Pt、$^{189}$Pt、$^{191}$Pt、$^{193}$Pt、$^{193m}$Pt、$^{195m}$Pt、$^{197}$Pt、$^{197m}$Pt、$^{199}$Pt、$^{193}$Au、$^{200}$Au、$^{201}$Au、$^{193}$Hg、$^{193m}$Hg(有机)、$^{195}$Hg、$^{195m}$Hg(有机)、$^{197}$Hg(有机)、$^{197m}$Hg(有机)、$^{199m}$Hg、$^{194}$Tl、$^{194m}$Tl、$^{195}$Tl、$^{197}$Tl、$^{198}$Tl、$^{198m}$Tl、$^{199}$Tl、$^{200}$Tl、$^{201}$Tl、$^{202}$Tl、$^{195m}$Pb、$^{198}$Pb、$^{199}$Pb、$^{200}$Pb、$^{201}$Pb、$^{202}$Pb、$^{202m}$Pb、$^{203}$Pb、$^{204}$Pb、$^{205}$Pb、$^{200}$Bi、$^{201}$Bi、$^{202}$Bi、$^{203}$Po、$^{205}$Po、$^{207}$Po、$^{232}$Th、$^{235}$U、$^{238}$U、$^{239}$U、$^{232}$Np、$^{233}$Np、$^{240}$Np、$^{235}$Pu、$^{243}$Pu、$^{237}$Am、$^{238}$Am、$^{239}$Am、$^{244m}$Am、$^{245}$Am、$^{246}$Am、$^{246m}$Am、$^{249}$Cm。属于这一毒性组的还有气态或蒸汽态放射性核素:$^{3}$H(元素)、$^{3}$H(氚水)、$^{3}$H(有机结合氚)、$^{3}$H(甲烷氚)、$^{11}$C、$^{11}CO_2$、$^{14}CO_2$、$^{11}$CO、$^{14}$CO、$^{35}SO_2$、$^{37}$Ar、$^{39}$Ar、$^{41}$Ar、$^{59}$Ni、$^{74}$Kr、$^{76}$Kr、$^{77}$Kr、$^{79}$Kr、$^{81}$Kr、$^{83m}$Kr、$^{85}$Kr、$^{87}$Kr、$^{88}$Kr、$^{94}RuO_4$、$^{97}RuO_4$、$^{105}RuO_4$、$^{116}$Te、$^{123}$Te、$^{127}$Te、$^{129}$Te、$^{131}$Te、$^{133}$Te、$^{133m}$Te、$^{134}$Te、$^{120}$I(甲基)、$^{120m}$I、$^{120m}$I(甲基)、$^{121}$I、$^{121}$I(甲基)、$^{123}$I、$^{123}$I(甲基)、$^{128}$I、$^{128}$I(甲基)、$^{129}$I、$^{129}$I(甲基)、$^{132}$I(甲基)、$^{132m}$I(甲基)、$^{134}$I、$^{134}$I(甲基)、$^{120}$Xe、$^{121}$Xe、$^{122}$Xe、$^{123}$Xe、$^{125}$Xe、$^{127}$Xe、$^{129m}$Xe、$^{131m}$Xe、$^{133m}$Xe、$^{133}$Xe、$^{135m}$Xe、$^{135}$Xe、$^{138}$Xe、$^{199m}$Hg。

注:本核素毒性分组清单中有 10 个核素具有两个半衰期。其中 6 个因其两个半衰期($T_{P1}$、$T_{P2}$)相差悬殊而被分别列入不同的毒性组别;另有 4 个具有两个半衰期的核素,因其半衰期相差不大而被列在同一毒性组别,它们是 $^{89}$Nb、$^{110}$In、$^{156m}$Tb、$^{190m}$Ir 。汞分为无机汞和有机汞,共有 9 个核素。其中 5 个($^{193}$Hg、$^{194}$Hg、$^{195}$Hg、$^{199m}$Hg、$^{203}$Hg),其无机和有机形态属同一毒性组别;另外 4 个($^{193m}$Hg、$^{195m}$Hg、$^{197}$Hg、$^{197m}$Hg)则不同。

### 9.2.2　内照射损伤特点

放射性核素引起内照射损伤的机理与外照射相似,所不同的是内照射损伤受核素的辐射与化学特性、摄入途径与方式、体内生物转运、靶器官和组织种类、剂量在时间和空间的滞留等因素的影响,因此放射性核素引起的内照射损伤具有以下特点。

(1)病程分期不明显

内照射损伤的病程分期不明显,一般无初期反应或初期反应不明显,潜伏期长短不一,出现症状的时间依剂量大小而定,一般较晚,持续时间较长,极期后延,且症状不典型。从极期进入恢复期的患者,多迁延成慢性损伤或诱发肿瘤。如$^{134}$Cs 和$^{137}$Cs 急性内照射损伤病例,其病程发展过程基本如此,转成慢性则出现植物神经功能紊乱。又如口服$^{226}$Ra 病人,在照后 2.5 a 时骨髓功能仍处低下状态,成为慢性损伤过程。

(2)损伤部位的选择性

在体内呈非均匀性分布的放射性核素，常选择性地分布、滞留或沉积于某器官或组织内。对有大量放射核素滞留或沉积的器官或组织，称为源器官或源组织。对受辐照剂量较大且对机体健康影响较重要器官或组织，则称为靶器官或靶组织。因此，放射性核素内照射损伤具有一定的部位特异性。

亲骨内分布与滞留的核素(如 Ca、Sr、Ba、Ra、Y 和 Pu 等)对骨髓造血功能和骨髓的损伤严重，常引起持续性的中性粒细胞减少，贫血和骨坏死症状很突出，还可引起关节病变和骨肿瘤等。

亲网状内皮系统分布与滞留的核素(如 Ac、Th、Am、La 和 Ce 等)，对肝、脾和淋巴结等损伤严重，故淋巴细胞减少明显，可发生急性弥漫性中毒性肝炎及肝坏死，晚期可引起肝肿瘤。

亲肾性分布与滞留的核素(如 U、Ru)，可引起严重的肾损伤，如中毒性肾炎，肾功能不全，肾硬化等。

亲甲状腺的放射性碘核素，浓集于甲状腺内引起该腺体的严重损伤。

(3)进入和排出途径的局部损伤

有些内照射损伤的早期症状与进出途径有关。一些放射性核素尤其难溶性或颗粒状核素常在进入或排出途径滞留或沉积较长时间，故可引起明显的局部损伤，称为首过效应(first－pass effect)。例如，较大量放射性核素由呼吸道进出过程中，可引起咽喉炎、鼻炎、支气管炎和肺炎；经口摄入和肠道排出时，常引胃肠功能失调，黏膜出血，炎症，溃疡和坏死性病变；核素污染伤口可延缓伤口愈合，伤口易并发感染和出血，严重时可形成长期不愈的顽固性溃疡和皮下组织肿瘤。

(4)放射性复合伤

放射性核素内照射损伤的同时或先后，常常受到其他不同性质致伤因素的伤害，由此发生的复合性损伤称为放射性复合伤。放射性核素内照射复合伤常发生于核爆炸与核反应堆事故严重的核辐射和核泄漏情况下。多种不同性质致伤因素造成的放射性复合伤往往病情严重，而且不同创伤之间相互影响，比单一放射性核素内照射损伤的得伤情更加复杂。

## 9.2.3 内照射损伤分类

放射性核素内照射损伤效应的分类如下：

按发生时间的早晚，可分为近期效应(在摄入后数周内发生)、远期效应(在摄入后数月、数年或数十年后出现)。

按受照后效应发生的个体，可分为躯体效应和遗传效应。躯体效应是显现在受照射者自身的辐射效应；遗传效应是发生在受照射者后裔的效应。怀孕期间来自母体的放射性核素而引起胚胎和胎儿的损伤，是躯体损伤的特殊情况。躯体放应又可分为急性，亚急性和慢性损伤。

从辐射防护角度出度，将内照射损伤效应分为随机性效应(stochastic effects)和确定性效应(deterministic effects)。ICRP－2005 新建议案中提出了组织反应(tissue reaction)概念，以取代 ICRP－60 出版物中确定性效应(deterministic effect)。我们沿用确定性效应，指有害的组织反应。随机性效应是指发生概率(而非严重程度)与剂量大小有关的效应,并假定不存在剂量阈值。确定性效应是指严重程度随剂量而变化的效应并且可能存在剂量阈值。遗传效应和某些躯体效应如恶性肿瘤为随机性效应,其生物学本质是与个别细胞损伤有关,小于剂量限值的照射也不能排除发生的可能性。

### 9.2.4　确定性效应

确定性效应的生物学本质,是较大剂量辐射对细胞群体的损伤作用,即以细胞生存和增殖能力的丧失程度表达辐射损伤效应的严重性。由于各器官组织的功能不同,它们对特定放射性核素的敏感性有差异,其临床表现也各不相同。

(1)急性内照射放射病

放射性核素滞留在靶器官或靶组织对机体内照射引起的急性全身性疾病,称为内照射急性放射病。从内照射剂量学上看,一次或短期内数次摄入放射性核素的量超过几十至几百个年摄入量限值(ALI),才有可能达到引起内照射急性放射病的内照射剂量。实际上,在生产、研究和应用放射性核素过程中,造成人体内污染的事例时有发生,但严重污染者较少,酿成内照射急性放射病者更少。

GBZ96—2011 内照射放射病诊断标准中规定,诊断内照射放射病必须有确认放射性核素进入体内,同时具有相应的临床表现。确认放射性核素内污染是放射性核素一次或较短时间(数日)内进人人体,或在相当长的时间内,放射性核素多次、大量进入人体,体外直接测量(全身计数器)器官、组织或间接测量(由测量尿、粪、空气和其他环境样品分析推算)证实,放射性核素摄人量达到或超过阈值摄人量(见表 9—12 和该国标的附录 A)。

**表 9—12　放射性核素摄入导致严重确定性健康效应的剂量阈值**

| 效应 | 靶器官 | 照射类型 | RBE | 30 d 待积 RBE-加权吸收剂量 $AD_{T.05}(\Delta^{(2)})$/Gy-Eq |
|---|---|---|---|---|
| 造血损伤 | 红骨髓 | α 辐射体吸入或食入 | 2 | 0.5～8 |
| | | β/γ 辐射体吸入或食入 | 1 | |
| 肺炎 | 肺(肺泡) | α 辐射体(S 或 M 型)吸入 | 7 | 30～100 |
| | | β/γ 辐射体(S 或 M 型)吸入 | 1 | |
| 消化道损伤 | 结肠 | α 辐射体吸入或食入 | — | — |
| | | β/γ 辐射体吸入或食入 | 1 | 20～24 |
| 急性甲状腺炎 | 甲状腺(1) | 吸入或食入放射性核素 | 0.2～1 | 60 |
| 甲状腺功能衰退 | | | | 2 |

注:(1) 甲状腺产生确定性效应,外照射的效能比 $^{131}$I 内照射高出 5 倍,所以 $^{131}$I 的 RBE 为 0.2,而其他放射性核素的 RBE 为 1。

(2)Δ 为待积 RBE—加权吸收剂量的时间段,表中 Δ=30 d。

内照射放射病的临床表现,以与外照射急性或亚急性放射病相似的全身性表现为主;因放射性核素动力学特征不同而往往伴有以该放射性核素靶器官和源器官的损害,并具有放射性核素初始人体部位和经过的代谢途径(如肺、肠道和肾脏)的损伤表现。内照射放射病初期反应症状不明显或延迟,恶心、呕吐和腹泻仍为其主要临床表现。但放射性核素以吸入途径进入人体时，一般无腹泻出现。呕吐出现时间和严重程度与放射性核素摄人量密切相关。

均匀或比较均匀地分布于全身的放射性核素（如$^{3}H$、$^{137}Cs$）引起的内照射放射病，其临床表现和实验室检查所见与急性或亚急性外照射放射病相似，以造血障碍、骨髓功能低下为主要临床表现。极期发生较晚，病程迁延。选择性分布的放射性核素引起的内照射放射病呈现造血功能障碍等急性或亚急性外照射放射病相似的全身性表现，还伴有以靶器官及（或）源器官的损害为特征性临床表现。源器官和靶器官的损害因放射性核素种类、廓清速率和人体途径而异。

稀土类放射性核素以及在体内形成胶体的核素（如钋），易诱发网状内皮系统（如肝、脾和肾等器官）的损伤。镭和锶是碱土族元素的代表.均匀沉积于骨骼，导致骨质疏松、骨坏死、病理性骨折、贫血和骨髓功能障碍。因放射性碘甲状腺的高度选择性分布，引起甲状腺功能低下、甲状腺炎等甲状腺病变。吸入钚、镅、锫等锕系放射性核素可出现肺部损伤的症状。核素吸收入血，则主要沉积于骨表面，引起骨质改变和造血功能障碍。放射性锌则主要聚集于胰腺，易引起胰腺损伤。

（2）放射性复合伤

放射性核素辐射损伤的同时或先后受到一种或一种以上不同性质致伤因素的伤害而发生的复合性损伤称为放射性复合伤。不同致伤因素相互作用，伤情复杂并且严重，通常具有下述几种重要的生物效应。

休克：放射损伤在复合其他损伤后可发生休克。如放射损伤合并烧伤时，常发生早期休克，成为早期死亡的重要原因。

炎症和免疫低下：放射复合伤使免疫功能主要是细胞免疫低下，常早期发生严重感染，甚至导致早期毒血症。

代谢失调：血浆蛋白减少、电解质紊乱、体重减轻等较单一伤更为严重。

造血组织受损：造血系统功能受损贯穿于全过程，复合伤加重了造血组织的破坏。

组织修复延迟：损伤组织修复延迟，伤口愈合不良。

（3）主要靶器官损伤

骨髓损伤：放射性核素引起骨髓损伤的严重程度和特点与它的辐射特征和分布密切相关。亲骨性核素损伤的早期，骨髓充血，出现灶性出血和浆细胞浸润，分叶粒细胞减少，以中幼粒细胞、晚幼粒细胞和杆状核细胞为主，部分造血细胞坏死，出现核浓缩与核溶解。以后，由于造血功能受抑制及部分细胞坏死，骨髓内有形成分进行性减少，脂肪组织增多。再严重时，发展为再生障碍性贫血和骨髓衰竭，这与造血干细胞增殖分化受到严重抑制或破坏有关。非亲骨性核素如放射性碘，铯和铷等对骨髓亦有破坏作用，不过比亲骨性核素作用小。

骨髓损伤的同时，外周血出现相应在的变化。损伤初期出现以嗜中性粒细胞为主的白细胞增多或波动，随即出现淋巴细胞减少，嗜中性粒细胞减少，血小板减少。以后可见粒细胞分叶过多，细胞溶解，核碎裂，空泡形成等。红细胞也出现一定变化，如红细胞减少及大小不等。

骨骼损伤：初期骨质更新过程增强，出现含大量破骨细胞的成骨组织，骨髓腔内小静脉及毛细血管扩张。继而成骨组织减少，成骨细胞和破骨细胞几乎消失，骨髓及成骨组织被粘液样组织代替，小血管高度扩张，并有出血。后期，可出现骨质疏松，病理性骨折，特别是管状骨多见。骨折愈合缓慢，有时可出现异常骨痂，又不被吸收，并会有不成熟的骨组织。

肺损伤：难溶性放射性核素气溶胶，可滞留于肺泡壁上和肺淋巴结内。当累积剂量达到一定剂量时，能引起放射性肺损伤。放射性肺损伤也是乳腺癌、肺癌、食管癌、淋巴瘤或其他胸腔肿瘤放疗的潜在并发症。

放射性肺损伤有两个明显的临床阶段，早期暂短的放射性肺炎和晚期慢性放射性纤维化。放射性肺炎症状包括呼吸困难、咳嗽、低温、和胸部不适，这些症状通常过几周后自然减轻。在有些病例，病程可能是暴发性的，虽然这经常是致命的，但经治疗可能得到痊愈。放射性纤维化开始表现为逐渐增加的持续干咳或轻微肺炎症状和体征。然而这个阶段常常无临床症状，仅仅当摄片发现异常或继发感染、支气管扩张、自发性气胸时才认识到。

放射性肺炎病理学显示为急性渗出阶段，组织增生阶段和放射纤维化阶段。前两个阶段相当于临床和放射学的放射性肺炎阶段，第三阶段相当于放射性纤维化阶段。在急性期，血管内皮和滤泡上皮发生水肿、空泡和脱落。微管损伤引起毛细血管充血和血栓。间质蛋白体液渗出，通过损伤的滤泡上皮进入肺气泡。在某些气泡内，由脱落的上皮细胞、纤维蛋白渗出物和巨噬细胞可形成透明膜。肺泡上皮细胞特别是 II 型肺上皮细胞增殖，替代脱落的上皮细胞，常常伴有增大的高染色质核和多核形成。炎性细胞浸润，肺水肿，肺泡间隔增厚，晚期出现肺纤维化(pulmonary fibrosis)。严重者可因呼吸功能不全，循环衰竭或窒息而死亡。由肺泡内转移到气管支气管淋巴结的放射性核素，可引起淋巴结炎，淋巴结纤维化和萎缩。

胃肠道损伤：急性损伤常出现胃肠功能紊乱、溃疡性胃炎、放射性肠炎及溃疡、便血和粘液、里急后重等。严重时出现水电解质平衡紊乱和菌血症。有人称这些变化为胃肠道损伤症候群。例如，狗食入早期铀裂变混合物 260～330 MBq/kg 体重后，1 d 开始食欲减退，4 d后拒食，出现混有少量血的粪便，后变为鲜红血样粪便，便次频数，并有里急后重现象；1 周后交替出现，并常混有脓性黏液；4 周后逐渐恢复正常。

肾脏损伤：摄入可溶性铀的靶器官为肾脏。铀引起肾脏的主要病变是肾小管上皮细胞变性，坏死和脱落。剂量大时可引起肾小球坏死，动物死于急性肾功能衰竭。一般早期间质水肿，晚期肾曲管上皮萎缩，间质纤维增生。上述变化通常由皮质向髓质扩展，最终引起肾硬化。铀致肾功能损伤还可导致一系列临床生化指标变化，如尿蛋白出现和增高；尿过氧化氢酶增高；尿氨基酸与肌酐比值升高，尿碱性磷酸酶增高；血清非蛋白氮增高，进而引起酸中毒。

肝脏损伤：亲网状内皮系统分布的放射性核素(如 Pu 和 Th 等)可引起肝损伤，其特点是灶性营养不良和坏死。一般先出现肝索解离，肝细胞退行性变，空泡形成和内皮细胞肿胀；随后发展为脂肪变性和急性坏死；晚期出现间质纤维增生和肝硬化。放射自显影证明，上述病变处的吞噬细胞内有活性胶体颗粒，形成的辐射灶为射线径迹聚集的“星”状体。

甲状腺和其他内分泌腺损伤：放射性碘核素损伤甲状腺，在组织学上可见到滤泡上皮细胞空泡形成，细胞肿胀和胞核崩解，继而出现滤泡上皮不规则生长，间质纤维增生，滤泡内胶质减少，甲状腺体萎缩。甲状腺功能表现为吸碘率降低，$^{131}I$ 在甲状腺内的有效半减期缩短。放射碘损伤甲状腺的同时，可波及到甲状旁腺，使之肿大。亲骨性核素的慢性损伤，可因磷、钙代谢异常伴有甲状旁腺肿大。放射性核素内照射时，也可因出现垂体—甲状腺系统的功能障碍，导致其他内分泌腺的变化，垂体可出现萎缩及营养不良性改变，腺体结构不规则，嗜酸性细胞增多等。

### 9.2.5 随机性效应

放射性核素对健康影响最大的是诱发的DNA损伤。DNA对细胞各种功能具有遗传学调控作用，放射性核素内照损伤可引起细胞遗传物质的变化。生物细胞能修复辐射引起的大多数DNA损伤。而未修复的或错误修复的损伤可导致细胞死亡或凋亡，或者形成能存活但在遗传学上经修饰而突变的细胞。体细胞基因突变可能导致细胞恶性转化，使细胞不受正常调节机制的调控而异常增殖，出现辐射致癌效应(radiation carcinogenesis)。生殖细胞突变，则可能使后代发生遗传性疾病，即遗传效应(hereditary effects)。癌症和遗传疾病被认为是由辐射照射后存活下来的单个突变细胞发展而来的，这些效应称为随机性效应。

(1)辐射致癌效应

电离辐射是一种公认的致癌因素，辐射致癌效应是人和动物受照后远期效应中最严重的后果。

①辐射致癌的特点

辐射致癌的部位和类型：肿瘤发生的部位与放射性核素的滞留部位具有相符性，即肿瘤易发部位多是核素主要的滞留部位。骨骼和肺脏是一些核素的重要滞留部位，也是诱发肿瘤的常见部位。实验研究可见，放射性核素内照射诱发肿瘤与化学致瘤相比具有多发性和广谱性，即同一机体内可有几个器官或组织同时发生同类型或不同类型的肿瘤，个别实验动物可同时发生4～6种肿瘤。辐射流行病学调查进一步证实，氡及其子体所致剂量高的叶支气管和段支气管基底细胞处，正是矿工肺癌的多发部位。病理研究表明，放射性核素内照射诱发的肿瘤，多是上皮组织的各种癌、间叶组织的肉瘤和造血组织的白血病。

辐射致癌的潜伏期：辐射诱发肿瘤，都要经过从受到照射至发生肿瘤的潜伏期，其长短受许多因素影响，例如辐射剂量、肿瘤类型、动物种属、性别、受照年龄和组织器官等。一般认为白血病的潜伏期平均约为8年，而实体瘤(如乳腺癌及肺癌)潜伏期要比此值长2～3倍，约相当于动物寿命的1/3时间。成年诱发肿瘤的潜伏期平均约25 a。但也有短潜伏期的，如急性粒细胞性白血病以及由镭引起的骨肉瘤仅约2 a，其他癌为5～10 a。

辐射致癌的危险估计：目前获得的低剂量辐射诱发人体癌症的危险估计，均是由较高剂量和剂量率照射的资料外推而来，此值的大小与所采用的剂量—效应预测模型有关。目前多采用相乘模型，但其可靠程度仍有争议。此外这种危险估计主要针对致死性癌症的发生概率，而不同癌症的死亡率相差很大，例如，肺癌预期几乎100%死亡；甲状腺癌死亡率估计在2%～9%；而皮肤癌死亡率更低，仅约0.01%(基底细胞癌)～1%(鳞状细胞癌)。

辐射致癌的机理：辐射致癌的机理比较复杂。传统的辐射致癌机理来源于Weinberg的“癌症突变理论”，认为辐射诱发基因组损伤与剂量高低无关，损伤未能修复或错误修复的细胞被认为获得了“癌症标志”或恶性转化的表型，如永生化或锚定生长。这一进程被假定是纯粹基因相关的，比如抑癌基因或癌基因。然而突变理论随着生物学的发展受到了质疑，其有效性和普适性面临挑战。因为，越来越多的研究表明，致癌过程是多基因沿着几条路径起作用的。此外，真核细胞的表型是有基因编码的活性蛋白产物介导的，而蛋白质需由基因经转录和翻译后修饰激活，基因转录和翻译后修饰都涉及表遗传学的调控过程。因此，辐射致癌是由遗传、表遗传、旁效应等多因素调控的复杂生物学过程。

②影响内照射致癌效应的因素

影响内照射致癌效应的因素有：放射性核素的辐射类型、辐射能量、摄入的放射性活度、摄入途径和方式、分布与滞留的特点、吸收剂量和剂量率、动物种属、性别、年龄以及环境综合因素等，其中最重要的是受照射器官或组织对辐射的敏感性、吸收剂量和剂量率。

辐射剂量的影响：在一定剂量范围内肿瘤的发生率随剂量增大而增加。如对 780 例发光涂料工人$^{226}Ra$内污染的辐射流行学调查结果表明，当骨骼平均吸收剂量达 7.6 Gy 时骨肉瘤发生率为 2.3%；高于该剂量时则发生率相应增高，而低于该剂量的 542 例尚无一人发生恶性肿瘤；而当$^{226}Ra$的平均剂量高达 233 Gy 时，反而比相对低剂量的骨肉瘤发生率低（见表 9—13）。由此可见，放射性核素内照射诱发的肿瘤似乎有个最适致癌剂量，还有个最低致癌剂量。其他一些调查资料或实验研究也有类似情况。这可能与大剂量造成对细胞的杀死效应，有更多的细胞死亡或失去分裂增殖功能有关，而低于致癌剂量时还不足以诱发肿瘤。

**表 9—13　$^{226}Ra$内污染人员的骨平均剂量与骨肉瘤发生率的关系**

（Evans RD，Health Phys，1974）

| 骨平均剂量/ Gy | 观察例数 | 骨肉瘤数 | 发生率/% |
|---|---|---|---|
| 233 | 18 | 3 | 16.7±9.6 |
| 126 | 23 | 12 | 52.3±15.1 |
| 65.9 | 39 | 15 | 38.5±9.9 |
| 29.8 | 72 | 14 | 19.5±5.2 |
| 12.8 | 24 | 6 | 14.3±5.8 |
| 7.6 | 44 | 1 | 2.3±2.3 |
| <7.6 | 542 | 0 | 0 |

辐射剂量率的影响：在致癌剂量范围内，剂量率的变化对不同 LET 辐射致癌效应的影响不一。一般说来，低 LET 辐射内照射诱发肿瘤概率随剂量率降低而相应地减少，低至一定程度则不发生。剂量率不同，诱发的肿瘤类型也有差别，如$^{90}Sr$、$^{45}Cr$等核素以较高剂量率照射时多诱发骨肉瘤，低剂量率时则以发生白血病为主。高 LEL 的 α 粒子则与上述不同，其致癌概率不随剂量率的降低而减少，这与 α 粒子所致损伤难以修复、剂量率降低对杀死效应减少而恶性转化的概率增多有关。

不同 LET 辐射的影响：不同 LET 辐射的致癌效应有明显差别。高 LET 辐射（如 α 粒子、中子）比低 LET 辐射（如 γ、β 射线）具有更高的致癌活性，单位剂量诱发癌瘤的概率较高。辐射流行病学调查表明，770 名发光涂料工人因镭的内照射作用发生 51 例骨肉瘤和 21 例筛窦和鼻咽部鳞状上皮癌，局部剂量估计为 5 Gy 以上；昔日德国静脉注入$^{224}Ra$制剂治疗骨结核和强直性脊椎炎患者 900 例，发生 54 例骨肉瘤。低 LET 辐射致人骨肿瘤的效应，按$^{226}Ra$和$^{90}Sr$相对毒性间接推算，β 粒子内照射致癌效应比 α 粒子低得多。它们之间这种差别，除 LET 不同外，还与上述一些 α 辐射源在骨内主要分布于骨表面，靶细胞即骨表面细胞受照射剂量大，而$^{90}Sr$和$^{144}Ce$在骨内相对均匀性分布。

(2)辐射遗传效应

辐射遗传效应(hereditary or genetic effects)是受照射者生殖细胞遗传物质的损害导致受照者后裔发生的遗传性异常,它是表现于受照者后代的随机性效应。遗传效应在后代可表现为:性别比例改变、流产或难产、畸胎、死胎或婴幼儿死亡率增加,以及某些特殊性遗传性疾病增加等。辐射致遗传物质的损伤按其性质可分为基因突变和染色体畸变,二者均可使后代发生畸形、遗传性疾病或使后代死亡。有关放射性核素诱发人体遗传效应的资料很少。

基因突变是DNA碱基顺序中基因位点的改变,如基因脱失、增加或移位,从而使其携带的遗传信息发生改变,经过错误的转录和翻译,形成异常,造成遗传缺陷,故又称为点突变。各种因素引起的基因突变,都有可能改变遗传特性。基因突变分为单基因和多基因突变,单基因突变可分为显性和隐性两种。能在第一代表现的是显性,它只要有一个突变基因就可表现出效应;而隐性突变要有一对突变基因才能表现出效应,也就是说当某一个体从双亲都接受到相同的突变基因才能表现出效应。在人类中这种机会很少,可能通过几代人才能出现效应,但它常常增加群体的遗传负担。近十余年来,放射性核素的微观分布定位研究的进展,发现某些放射性核素如$^{14}C$和$^{3}H$可嵌入到遗传物质中,通过转换突变而引起基因突变。

生殖细胞染色体是遗传信息的主要载体,它的畸变在遗传与变异中起着重要作用。射线对生殖细胞的作用取决于生殖细胞发育的阶段,雄性细胞受到辐射损伤主要是在精原细胞,雌性细胞主要是处于休止期的卵母细胞。生殖细胞受到照射后产生的遗传效应随所观察的遗传学终点而有所不同,遗传学终点可分为:显性致死突变、隐性致死突变、显性可见突变、隐性可见突变、先天畸形、非整倍体、相互易位和可遗传易位。值得注意的是,内照射诱发的生殖细胞染色畸变,可在体内保持相当长的时间。

## 9.2.6 常见核素内照射损伤的临床特点

放射性核素进入体内后,分布和代谢特点各不相同,而且射线在体内持续地照射,直到完全衰变成稳定性核素,或完全排出体外时才终止。因此,内照射放射损伤的临床过程有其与外照射急性放射病不同的特点。下面介绍几种核武器爆炸后常见的放射性核素,如铀、钚、氚和裂变产物(主要是碘、铯和锶)的内照射损伤临床特点。

### 9.2.6.1 铀的内照射损伤

铀及其化合物对机体的作用,表现为化学毒性和放射毒性两个方面。肾脏是铀化学毒性的主要靶器官。因此诊断铀中毒,应以肾脏损伤作用作为主要指征。肾脏的主要病理改变是肾小管上皮细胞变性、坏死和脱落,尤其是近曲小管中段最严重。一般情况下,急性中毒后第3～5天开始出现坏死小管的再生修复,继而出现坏死后纤维瘢痕,间质纤维增生伴有萎缩或扩张的肾小管。

肾功能的生化指标变化是早期损伤的敏感指标。铀中毒时,肾小管上皮细胞损伤,可导致不同程度的蛋白尿。同时,尿过氧化氢酶增加,尿氨基酸氮与肌酐(AAN/C)比值增加,尿碱性磷酸酶升高。血液碱储备减少,非蛋白氮等代谢产物累积,二氧化碳结合力下降,出现酸中毒症状。另外,在肾脏损伤后,还伴有明显的肝脏损伤、肝功能障碍。

急性铀中毒时，初期白细胞升高，随后波动性下降，中性粒细胞和嗜酸性粒细胞分类升高，红细胞和血红蛋白下降。骨髓细胞明显增生，尤其是粒细胞和巨核细胞增生更为明显，出现核左移。

#### 9.2.6.2　钚的内照射损伤

钚是极毒类放射性核素，可诱发机体严重的辐射损伤效应，损伤的靶器官主要是骨骼和肝脏。当吸入难溶性钚化合物时，肺及淋巴结也是受到危害的器官。

钚的急性损伤效应，主要表现是食欲不佳、腹泻、体重急剧减轻，贫血、内出血、脾脏萎缩、骨髓严重破坏，白细胞数明显减少甚至完全消失，动物往往死于再生障碍性贫血。

骨骼损伤后，骨髓呈现出广泛性坏死及纤维化，出现胶样化骨髓和纤维化骨，骨髓细胞明显减少，甚至消失。钚可致骨血管纤维化、使骨骼血液循环破坏，早期主要表现为内皮损伤导致的毛细血管通透性改变和间质细胞的损伤，进而发展为血一骨屏障增加，造成局部缺血和营养不良，最终导致细胞死亡。

肝脏的病理改变是肝小叶坏死和结缔组织增生，或营养不良性变及脂肪浸润等，并往往出现腹水、皮下水肿及黄疸等。脾脏损伤严重时，出现脾萎缩。淋巴结失去正常淋巴成分，被纤维结缔组织所代替。

肺脏的病变表现为两种类型：一种是以炎症坏死性病变为特征，肺组织出现严重的炎症反应，如水肿、出血和广泛性坏死；另一种是以广泛性的纤维性增生病变为特征，各级血管损伤。

可溶性钚（硝酸钚等）主要诱发骨肉瘤和肝癌；而吸入难溶性钚（二氧化钚等）时，主要诱发肺癌。接触的局部皮肤硬化可伴有恶性肿瘤发生。

#### 9.2.6.3　氚的内照射损伤

胃肠道、呼吸道和皮肤黏膜都能吸收氚水。体表污染的氚水经浸滞和扩散作用透过皮肤。摄入体内的氚，不论是氚水还是氚气，都呈全身相对均匀性分布。

急性氚水中毒时表现为急性放射病的症状。当实验动物一次口服氚水量为 11.1 MBq/g 体重时，即可引起轻度放射病。一次摄入量为 14.8 MBq/g 体重时，可引起重度急性放射病，并在 33～45 d 内死亡。氚水对人的急性致死量为 740 GBq。

氚水和有机氚化合物均有致癌作用。动物实验中，除白血病外，几乎可导致所有组织出现肿瘤，氚水致癌效应没有特殊的靶组织。

因氚可掺入携带遗传信息的 DNA 分子中，氚致机体的遗传效应可分为基因突变和生殖细胞染色体畸变。生殖细胞对氚很敏感，精原细胞染色体易位已成为研究氚水遗传效应的很有意义的指标。

#### 9.2.6.4　裂变产物（碘、铯、锶）的内照射损伤

裂变产物又称裂片核素，是 $^{235}U$、$^{239}Pu$ 等在中子的轰击下发生裂变反应生成的多种放射性核素。一般将核爆炸不久后形成的称为早期混合裂变产物，其中放射性碘的比例高，在胃肠道几乎全被吸收，甲状腺是其主要的靶器官。晚期混合裂变产物主要是 $^{90}Sr$、$^{137}Cs$、

$^{144}Ce$ 及 $^{147}Pm$ 等核素，骨骼是其主要的靶器官。

(1)早期混合裂变产物

放射性碘可作为监测核爆炸或反应堆泄漏事故的信号核素，其中主要是 $^{131}I \sim ^{135}I$。早期放射性落下灰所造成的内照射损伤，主要是放射性碘对甲状腺的损伤，表现为甲状腺功能低下所引起的代谢降低，黏液性水肿，及其他严重的病理变化。剂量较大时，可引起内照射急性放射病，出现造血组织损伤而引起的全血细胞减少和胃肠道损伤等。放射性碘长期作用于机体，可发生甲状腺腺瘤和结节、甲状腺癌。研究发现 $^{131}I$ 对甲状腺产生数戈瑞剂量时，甲状腺功能增高；当剂量增至 30 Gy 时，可发生永久性功能低下；受照剂量达 100 Gy 时，甲状腺遭受严重破坏，腺体滤泡萎缩，间质及血管纤维化等。在对接受大量 $^{131}I$ 治疗的患者长期随访，发现有甲状腺肿瘤发生。

(2)晚期混合裂变产物

晚期混合裂变产物主要是长半衰期放射性核素，如 $^{90}Sr$、$^{137}Cs$、$^{147}Pm$、$^{144}Ce$、$^{106}Ru$ 等。主要损伤骨组织，亲骨和亲单核巨噬细胞系统的核素比例增高，造血组织损伤的程度也相对增高。

①铯

放射性铯也是核电厂事故的信号核素。铯在体内的分布与钾类似，表现为全身相对均匀性分布，主要滞留于全身软组织尤其肌肉中。$^{137}Cs$ 急性损伤类似外照射急性放射病，主要表现为体重下降，胃肠道损伤，骨髓破坏和出血症侯群。放射性铯由呼吸道吸入，可引起支气管周围腺体增生，血管周围水肿，肺泡和血管周围有出血灶。

$^{137}Cs$ 对机体的慢性损伤，临床上分为 3 个阶段：第一阶段是刺激期，主要表现为血象波动，心血管、中枢神经、植物神经和内分泌系统功能不稳定。第二阶段为假愈期，血象变化和功能失调有所恢复。但当有附加的生理或病理因素时，如妊娠，分娩，出血及药物作用等，可出现病理改变。第三阶段时，造血功能明显减弱，表现为网织红细胞减少，周期性贫血，白细胞减少和淋巴细胞绝对数减少等。另一表现为各组织器官的炎性病变，最明显的是肺部、胃肠道、泌尿道及生殖系统炎症。$^{137}Cs$ 内污染事故还可引起眼晶体混浊。

放射性铯可引起软组织肿瘤，如甲状腺癌，卵巢癌，乳腺癌，膀胱癌，胆管癌，神经细胞肉瘤和淋巴肉瘤等。

②锶

$^{90}Sr$ 进入骨组织后，主要滞留于长骨近骨髓腔的无机质中，对骨内膜、骨髓、骨中血管均会造成 β 粒子照射。骨髓造血组织受到严重破坏，导致白细胞、红细胞和血小板数量显著减少，发生再生障碍性贫血。放射性锶可大量侵入骨盐中，骨组织钙化过程严重受抑，可诱发自发性骨折及弥散性的骨质疏松等。受高能 β 射线照射后，眼晶体混浊，继发白内障。$^{90}Sr$ 所致的随机性效应主要为骨组织肉瘤(骨肉瘤、软骨肉瘤、骨纤维肉瘤和骨血管肉瘤)，尤以骨肉瘤多见；其次为白血病。

无论经何种途径进入体内，放射性锶和铯均能诱发肿瘤，但肿瘤发生的部位，则随着进入途径和裂变核素组分的不同而有差异。在口服或静脉注入时，多诱发骨肉瘤；而吸入时出现肺肿瘤。

# 9.3　内污染的医学处置

对放射性核素体内污染，主要采取综合措施，以防止或减少放射性核素在体内沉积，减轻或防止内照射损伤。对有过量放射性核素进入体内的人员应进行及时正确的医学处置，包括各种急救和治疗措施。使其尽快脱离放射性核素的接触，加强营养，注意休息，需要时应有计划地进行放射性核素的加速排出和综合对症治疗。

## 9.3.1　医学处理原则

内污染医学处理的目的是尽量减少放射性核素的内污染量，防止或减少对机体内脏的损伤，预防可能的远后效应。对已有内污染量大于年摄入量限值的人员，应立即估计摄入量，进行相应的医学处理。

放射性核素形成内污染的过程，可概括为以下三个阶段：在进入部位沉积或吸收，事故情况下，呼吸系统和伤口是最易受污染的部位；经血液或淋巴系统吸收或转移；在器官和组织内滞留。因此，医学处理要针对这些情况，抓住有利时机，采取适宜措施。

内污染时的医学处理遵循以下原则：应将抢救病人生命放在首位；尽早实施减少吸收和加速排除的治疗措施；处理措施要有针对性。初期，任何严重的机体损伤，如外伤、烧伤和休克，可能比辐射损伤更重要，或者比外照射损伤更严重，因此需要综合考虑，通盘安排，根据病情变化，选用具体措施应权衡利弊。放射性核素滞留于进入部位时，适时的急救或阻止吸收措施可获良好的效果。如果抓住时机，可有效减少吸收量，甚至减少到不足以危害机体的程度。阻止吸收对减轻放射性核素对人体的危害有积极的意义。因为放射性核素一旦吸收入血，受时间延迟的限制，当核素滞留于器官或组织时，即使采取促排措施，也得不到理想的效果。放射性核素吸收入血，分布到器官组织后，及早实行促排治疗，可收到良好效果。拖延时间越久，促排效果越差。目前有效的促排药物都是早期应用效果佳，晚期效果差。处理措施要有针对性，面对内污染人员，究竟采取何种措施，必须依据放射性核素的类型、化合物的物理化学性质、进入途径等确定。

疑有放射性核素内污染时，应尽快收集样品和有关资料，做有关分析和测量，以确定污染放射性核素的种类和数量。放射性核素加速排出治疗的原则应权衡利弊，既要减少放射性核素的吸收和沉积，以降低辐射效应的发生率；又要防止加速排出措施可能给机体带来的毒副作用。特别要注意因内污染核素的加速排出 加重肾脏损害的可能性，必要时应在肾脏损害极期到来之前，早期促排。

## 9.3.2　医学干预水平

体内污染的医学干预分为治疗性干预和预防性干预两类。

发生严重损伤时，在受伤者健康状态容许情况下，方能采取体表去污和促排措施，允许在严重受伤后 1～2 d 内，去除体表大部分污染，这属于治疗性干预。

大多数情况下，放射性核素内污染量较低，只需考虑远期辐射危害，应用某种措施可能引起暂时性不适，但能降低随机性效应的发生率，这属于预防性干预。

不同时期的干预水平见表 9－14。

**表 9－14 体内放射性核素污染后不同时期的干预水平**

| 不同时期 | 剂量/mmol |
|---|---|
| 初期(0～2 h) | 可转移性核素，吸入 1～5 ALI 时应考虑治疗；>5 ALI，必须予以治疗；>10 ALI，必须治疗 |
| | 锕系核素尤其是钚，>1 ALI，尽可能给予治疗 |
| 中期(1～3 d) | 残留量>5 ALI，继续治疗 |
| | 可转移性核素，污染量<10 ALI，短期治疗为宜；>10 ALI，必须继续治疗 |
| 后期(3～5 d) | 锕系核素：摄入量 5～10 ALI，继续治疗 |
| | 吸入难转移性核素：3～5 d 是洗肺治疗的适宜时间；>100 ALI，考虑洗肺疗法；<100 ALI，不采取洗肺疗法 |

注：1.食入核素时的干预水平同吸入时，对大肠下段照射量大，要尽量切除；

2.放射性碘污染时，估计甲状腺剂量大于 100 mGy，应予以预防性干预；

3.吸入气溶胶中有相当大量可能移动的核素，应静脉点滴络合剂；

4.伤口污染，可按上述干预对难转移性核素进行外科切除。

## 9.3.3 减少吸收

### 9.3.3.1 阻止胃肠道吸收

当放射性核素由消化道进入体内，仍停留在胃肠道时，应尽快采用各种措施，减少核素吸收入血。

非特异性阻吸收措施：在食入放射性核素的最初 1～2 h 内，首先进行口腔含漱、机械或药物催吐。催吐可用清洁钝器刺激咽部，或口服催吐药物，如吐根、硫酸铜(1%，25 ml)、硫酸锌(1～2 g)、藜芦(2.5～5 g)、甜瓜蒂(5～10 g)、胆矾(0.12～0.75 g)，或皮下注射阿朴吗啡(5～10 mg)。催吐要及早实施，可使刚进入胃内的放射性物质排出 80%～90%。在催吐效果不佳时，可用温生理盐水或弱碱性溶液(如 2%碳酸氢钠)洗胃。

对残留在胃内和肠道内的放射性物质，通过吸附剂、沉淀剂作用，将其吸附、沉淀下来。吸附剂有活性炭、磷酸钙、骨粉、硫酸钡等。鸡蛋清用于重金属元素，抗酸剂用于能溶于酸性液体的元素。摄入放射性核素后超过 4 h，可服用缓泻剂，可加速放射性核素在胃肠道内运行，缩短停留时间，减少吸收。

特异性阻吸收剂：沉淀剂褐藻酸钠(10 g)、凝胶磷酸铝(100 mL)用于锶、钡等元素。褐藻酸钠无毒，在胃肠道内不被吸收，其游离羟基能与肠道内的 $^{90}Sr$ 相遇发生络合反应，起到阻吸收作用。一般制成含量为 2%的褐藻酸钠糖水服用。

亚铁氰化物属低毒性物质，与 1 价阳离子发生离子交换作用，不被胃肠道吸收，在肠道内遇铯时，即形成难溶性 $Cs_2Fe_2[Fe(CN)_6]_3$，阻止铯的吸收。亚铁氰化物的 3 价铁盐，即普鲁士蓝(10 g)配成糖水服用，一天 3 次，连续 6 d，可减少 $^{137}Cs$ 的吸收率 40%。

预防和治疗性服用稳定性碘，使甲状腺被稳定性碘饱和并封闭，阻断放射性碘参与代谢，放射性碘大部分经肾排出，阻止甲状腺对放射性碘的摄取和滞留。建议 KI 用量以 100 mg为宜，在放射性碘摄入前 12 h 或同时服用。若摄入放射性碘后 4 h 再服用，效果减低。

#### 9.3.3.2 阻止呼吸道的吸收

首先阻止放射性核素在上呼吸道内的沉积。可以用棉签拭去鼻孔内污染物，剪去鼻毛，鼻咽部喷洒血管收缩剂(如1%麻黄碱或0.1%的肾上腺素)。然后用大量生理盐水反复冲洗鼻咽腔。必要时给予祛痰处理(如氯化铵 0.3 g，碘化钾 0.25 g)，促使其随痰咳出。

阻止呼吸道内吸收，可采用大容量肺部灌洗，即洗肺疗法。如吸入大量不溶性放射性物质，只在不损害肺功能情况下才可洗肺。

洗肺疗法是用灌洗液将滞留在肺里的难溶性放射性核素，随同肺泡细胞内容物一并洗出，以减少放射性核素在肺里滞留量的方法。全肺灌洗(Whole lung lavage，WLL)对尘肺、肺泡蛋白沉积症、胎儿吸入性肺炎等治疗的安全性，已得到广泛认可。在放射医学领域的主要适应针对严重的事故性吸入超钚元素或其他难溶性放射性颗粒的内污染者。比如，WLL 对吸入钚的氧化物是一个切实可行的治疗选择，它可用于治疗吸入其他难溶性放射性物质造成的损伤。对 WLL 应用清除肺部放射性物质的适应症，一般认为，30 d 以内，肺部剂量达 6 Gy 以上时，应该使用 WLL 进行治疗，可避免确定性效应；当肺部剂量当量负担较低时，应仔细考虑 WLL 减少随机性效应的风险。

洗肺方法：左右肺分隔，在全麻以及双腔气管插管下，给予一侧肺纯氧通气，另一侧用大量生理盐水灌洗，直到可移动性的物质洗出肺部。部分患者要实施多次灌洗以达到长期和满意的疗效。第三军医大学戴晓天等研制出智能洗肺机，已获得医疗器械许可证，这将有力推动核辐射事故时对吸入放射性核素的救治。一般认为，WLL 在有经验的医疗中心实施是安全和有效的，两肺安全和可靠的分离是确保实施 WLL 安全和有效性的关键因素。

洗液及灌洗次数：一般常用 37 ℃生理盐水或含 DTPA 的生理盐水(pH 7.2)，灌洗次数可 1～20 次不等，两肺交替进行，间隔 2～3 d 或更长时间。通常首次洗肺的疗效高，随时间的延长疗效渐差。如果灌洗回收液中放射性核素含量减少，可持续灌洗；当显示放射性核素不再能被去除的时候，应停止灌洗。灌洗的间隔和实施的总次数，应由医疗条件、舒适度和患者的耐受与否来决定。

灌洗的最佳时间：核事故后何时实施肺灌洗，对灌洗的效果有重要影响。有认为应该在暴露后第 1 天就去除气管、支气管和细支气管上的污染物。有倾向于留出 2 d，以确保肺泡巨噬细胞有充足的时间摄取放射性核素。有推荐在 3～4 d 后灌洗，以留出支气管纤毛将污染物从上呼吸道清除的时间。综合上述情况，吸入难入侵放射性核素后 1～2 d，作为开始洗肺的时间点，效果较好。

洗肺的疗效：对肺部难溶性放射性核素的促排，李蓉等合成了邻苯二酚结构修饰的聚乙二醇衍生物 MDO，评估了 MDO 灌洗液对暴露于大剂量贫铀(DU)粉尘的比格犬的保护效果，结果表明，大容量肺部灌洗对于犬吸入贫铀粉尘的促排作用明显，且 MDO 灌洗液的效果优于生理盐水。朱茂祥等给大鼠气管灌注不同剂量的贫铀粉尘后，发现对免疫功能有损伤作用，DMSO 对吸入肺内的贫铀粉尘有明显促溶促排作用，可使肺铀含量仅为吸入量的 20%，并有效减少部分组织器官如脾、胸腺和骨骼和体液铀的吸收或沉积。C. Gervelas 报道，可用雾化吸入 DTPA 的方式直接给予肺部促排剂，增加局部浓度，增强促排的效果。在核事故的情况下作为现场应急处理措施，非常方便。为改进吸入技术，将 DTPA 与消旋的亮氨酸、DPPC、碳酸氢铵(祛痰剂)结合，通过喷雾形成多孔微粒，使治疗更有利。对于

$PuO_2$污染的大鼠，肺部给予促排剂，可使钚随尿液排出量增加3倍，但$PuO_2$在肺中的溶解度没有增加。

#### 9.3.3.3 阻止皮肤和伤口吸收

放射性核素沾染体表，应尽早进行局部洗消、全身洗消和伤口除沾染，以减少或阻止放射性核素进入体内。

轻度污染，用特制的洗消皂洗消1～2次，污染基本可以去除；$^{239}Pu$和超铀核素($^{241}Am$、$^{242}Cm$)、稀土核素应选用DTPA复合剂(pH 3～5)、5%DTPA溶液(pH 3～5)和1%～2%的稀盐酸溶液。污染核素种类不明或难以去除的局部污染，可选用5%次氯酸钠溶液或6.5%高锰酸钾溶液浸泡后，再用10%～20%的盐酸羟胺刷洗脱色，一般均可去除。

减少放射性核素经体表(伤口)的吸收，尽快用生理盐水冲洗伤口，同时用消毒纱布或棉签擦试创面。必要时尽早进行清创术，可与洗消结合进行。对辐射危害大的放射性核素如钚，手术前可注射DTPA，以防钚在体内滞留。

### 9.3.4 加速排除

对已经吸收入血，沉积在组织器官中的放射性核素，宜尽早加速其排出，以减少其沉积量。促排治疗前、中、后，应测量放射性核素的排出量，根据测量结果，判断后续的处理措施。根据生物检测和整体测量结果，针对特定放射性核素，选择特异性的促排剂治疗。

#### 9.3.4.1 络合剂促排

络合剂是提供电子对的配位及化合物，能与金属离子配位络合，形成稳定的水溶性化合物。若配位基中有2个或2个以上提供电子对的键合原子(常为N、O、S)，在其间相隔2个或3个其他原子时，在结构上常成环状或螯环，又称螯合物。被络合的金属粒子不再显示其原有的化学性质。促排金属核素的络合剂多是有机化合物，能与血液、组织内的多种放射性核素配位结合，形成溶解度更大、解离度小、扩散能力强、可透过生物膜的络合物，易于经肾随尿排出，或经肝胆系统随粪排出。络合剂促排放射性核素的能效，与其形成络合物的稳定常数成正比，即稳定常数越大，促排效果越好。稳定常数是络合与离解可逆反应平衡的常数，稳定常数越高，络合物解离的放射性核数越少，甚至不解离。

(1)氨基羧基型络合剂(氨羧型络合剂)

目前应用广的有乙烯二胺四乙酸钙钠盐(又称依地酸钙钠，EDTA－$CaNa_2$)和二乙烯三胺五乙酸钙钠盐(又名促排灵，DTPA－$CaNa_3$)，对锕系核素(如$^{239}Pu$、$^{241}Am$、$^{242}Cm$、$^{252}Cf$等)和稀土族核素(如$^{90}Y$、$^{240}La$、$^{144}Ce$、$^{147}Pm$)和Th都具有明显的促排作用，对$^{60}Co$、$^{65}Zn$、$^{137}Cs$、$^{46}Sc$和铀都有一定的促排作用，但对碱土族无效。DTPA－ZnNa又称新促排灵，副作用较小。但对肾脏有损害，应注意尿常规检查，及时停药。DTPA疗效比EDTA好，副作用小。DTPA －$CaNa_3$ 20 mL加5%的葡萄糖盐水500 mL，静脉点滴，隔日一次，10 d为一个疗程，总量不超过5 g。

络合剂可通过肺泡进入血液，用于非吸入性内污染的促排，疗效较好。DTPA－$CaNa_3$雾化吸入预防和治疗，对吸入性内污染的防治首选该种途径。但经口摄入放射性核素，在其未从肠道完全排空之前，切忌口服氨羧型络合剂，避免增加放射性核素的吸收，避免经肝胆系统排至肠道内的放射性核素重吸收。

DTPA 的不足之处是难以透过生物膜，可改造其结构，增加其脂溶性，如偶合亲脂基团，形成亲脂性衍生物。氨羧型络合剂在人体体液 pH 条件下，也能与钙及机体必需的微量元素如 Zn、Mn、Co 等络合，引起血钙降低及某些微量元素缺失，导致代谢环节障碍，引起系列副作用。内源性 Zn 减少，许多与 Zn 相关的酶活性受到影响，是主要毒副作用。DTPA－$CaNa_3$对胎儿致畸的影响，目前多用于 DTPA 的锌盐代替钙盐，降低毒副作用，配伍用中药甘草锌可缓解 DTPA 的毒副作用。或早期用药首选 DTPA 钙盐，以后再用其锌盐。

DTPA 作为促排药物，广泛用于临床内污染核素的促排，但该药物具有不易透过细胞膜、体内半衰期短及其肝肾毒性等不足。对 DTPA 改性是促排剂研究的一个方向。壳聚糖不仅具有良好的生物降解性，还有良好的生物相容性以及生物粘附性，其降解产物无毒性，无免疫原性，可以被生物个体完全吸收；壳聚糖的游离氨基及邻位的羟基可以螯合金属离子，低分子量水溶性壳聚糖及其衍生物具有辐射防护作用。将壳聚糖与 DTPA 结合，合成不同游离氨基含量的水溶性高的低分子量壳聚糖－二乙烯三氨五乙酸（WSC－DTPA）纳米粒，不仅有促排作用，且对铀染毒大鼠的肝、肾组织有辐射防护作用。也有研究者制备了壳聚糖－乙二胺四乙酸纳米粒（CEC－Nano），对体内放射性锶具有良好的促排效果，尤其是预防性给药，促排效果更好。

（2）羧基羟基型络合剂

羧基羟基型络合剂如柠檬酸、乳酸、酒石酸等，是机体正常的代谢产物，是体液中存在的自然络合剂，对$^{239}$Pu、$^{90}$Sr 等促排效果好。但因是正常代谢产物，很快由体内消失，不易维持有效浓度。此类络合剂对稀土族放射性核素无明显的促排效果。

（3）巯基络合剂

二巯基丙醇、二巯基丁二酸钠和二巯基丙烷磺酸钠是砷、汞、锑等金属中毒的解毒剂。这类络合剂中的巯基与$^{210}$Po 络合，减少$^{210}$Po 与蛋白质中羟基的结合，促使 Po 随尿、粪排出，此外还可显著延长动物寿命。但这类络合剂仅对$^{210}$Po 有较好的促排效果，对其他放射性核素没有明显效果。其中后两种促排效果尤佳，且二巯基丙烷磺酸钠毒性小。

（4）氨烷基次磷酸型络合剂

这是一类聚氨的膦酸衍生物，是将氨基羧基型络合剂中的羧基用次膦酸基（－HPOOH）取代而成，能和 U、Pb、Be 核稀土族元素等金属离子络合成可溶性络合物，尤其对 U 的促排有特效，可作为 U 的特殊解毒剂。这类络合剂中效果最好的是乙二胺二异丙基次膦酸（EDDIP）和二乙三胺五甲基次膦酸钙钠盐（DTPP），另有双（二胺基乙基）硫四甲基次膦酸（BASTP）和双（二胺基乙基）醚四甲基次膦酸（BAETP）共 4 种。这类络合剂在增加尿铀排出量，降低肾内和骨内铀沉积量方面，均显著优于氨羧型络合剂，其稳定常数远高于 EDTA 和 DTPA，但口服时吸收率低，约为摄入量的 6.5％～12.5％，口服药效差。

（5）酰胺型络合剂

这类络合剂中，具有较强络合作用的药物是去铁敏（又称去铁草酰胺，DFOA），是由放线菌株中分离出的铁胺组成的多肽物质，临床用于治疗急性铁中毒，对$^{239}$Pu 也有促排作用；与 DTPA 伍用时，可减少骨骼内钚的滞留量，有明显协同作用。

#### 9.3.4.2　其他新型促排剂

壳聚糖处理含放射性钚、铀的废水，吸附率较强，可达 95％以上。但应用于人体的促排剂，尚需解决其水溶性等问题。有学者采用分子印迹技术，合成了水溶性印迹交联模板壳聚糖。以天然无毒壳聚糖进行修饰改造合成的衍生物，对铀有较高选择性和吸附性，可进一步将其作为体内用的促排剂。也有通过酰化反应，合成壳聚糖乙二胺四乙酸聚合物(CEC)、壳聚糖乙二胺四乙酸聚合物纳米粒(CEC－Nano)，形成两性离子螯合剂，更容易通过胃肠黏膜等生物屏障，提高生物利用度，促进体内放射性核素排出，对放射性锶的促排效果较好。

1－羟基－1,1－二膦酸乙烷(EHBP)为效果较好的羟基膦酸类铀促排化合物，但发现促排效果与服用时间有很大的关系，如 EHBP 在中毒 24 h 内给药有效，60 d 内存活率仍然保持在 100%，但 48 h 后给药即无效。苏州大学第五娟等发现天然产物桧木醇(Hino)对铀有一定的促排效果，进一步改构增强其活性，合成了基于羟基吡啶酮的配体(5LIO－1－Cm－3,2－HOPO)，表现出更强的 U(VI)亲和力，用于促排体内骨骼中的铀。

含邻苯二酚类基团的黄酮类化合物等对放射性核素的促排也有一定的效果。Fukuda 等证实了皮下注射酰铀(4 mg/kg 体重或 16 mg/kg 体重)均会引起注射部位严重的损伤，并在短时间内引起器官损伤，如果在暴露于贫铀 120 min 内，皮下给予邻苯二酚类化合物 catechol－3,6－bis(methyleiminodiacetic acid)(CBMIDA)及时治疗，将明显减轻铀的损伤；若是一次性给大鼠注射 DU 8 mg/kg，通过口服 CBMIDA 也有明显的促排和解毒效果。但 CBMIDA 胃肠吸收率低，对 PH 7 的铀溶液不具备清除能力，CBMIDA 与铀的螯合作用将受到机体成分的抑制。李蓉等合成了含 3－4 个羟基的邻苯二酚类化合物，用于铀的促排，效果良好。Sawicki 等观察了二磷酸盐螯合剂对六价铀的促排效果，发现二磷酸盐可降低体内酰铀离子浓度，使其排出率增加 10%。Misson 等证实，利用磷酸盐可避免铀在拟南芥的蓄积，可减轻铀对植物生物量和根细胞的毒性作用。Yantase 等发现利用氧化硅介孔材料可选择性清除血液中的锕系元素，如铀、钚、镅、钍等，且不具有毒性作用，不加重肾负担。

#### 9.3.4.3 影响代谢疗法

采用促进骨质分解代谢的药物，激素或控制膳食，使已沉积在骨骼无机质中的放射性核素，如$^{90}$Sr、$^{226}$Ra、和$^{140}$Ba 等向血液转移，达到促排目的。临床上常用的脱钙疗法，用甲状旁腺素和低钙膳食。甲状旁腺素能使骨质溶解，血中钙离子浓度升高，肾小管对磷酸根的重吸收减少或分泌增加，导致低血磷。甲状腺素使基础代谢增强，骨钙释放，在骨里的$^{90}$Sr 或$^{226}$Ra 释放至血液，达到促排目的。低钙饮食使血钙浓度降低，促使骨钙释放，将放射性核素移除。

氯化铵等致酸剂是强酸弱碱盐，导致体液及尿液酸化，甚至引起代谢性酸中毒，可使骨质分解代谢增强，有利于 Sr、Ba 等由骨中释放，随尿排除。口服氯化铵，同时静脉注射葡萄糖酸钙，治疗较晚期的放射性锶内污染者，具有一定的效果。

利尿促排，是应用利尿剂或其他加速水代谢的方法，加速分布于体液的放射性核素的排出。如人体受氚水污染时，可大量饮水及给予利尿剂双清克脲噻，使尿氚排出量显著增加。刘丽宏等探索过中药如排氚片等对氚的促排作用，其机制是通过中药产生的利尿作用，加速氚从体内的排除。李蓉等发现富氢水因富含分子氢具有良好的抗氧化、抗辐射损伤作用，对急性氧化应激等防治效果好；氢与氚是同位素，理化性质、代谢模式相似，可与氚竞争机体内的结合位点，也可置换出可交换的有机结合氚，对氚的促排效果优于普通水。

对放射性碘的促排，除使用碘化钾片外，还可服用高氯酸钾、他巴唑和促甲状腺素等。

常见放射性核素的阻止吸收和加速排除的情况见表 9－15。

**表 9－15　常见放射性核素的阻吸收和促排方法**

| 放射性核素 | 阻吸收药物 | 促排药物 |
| --- | --- | --- |
| $^{3}H$ | 强制饮水 | 强制饮水，利尿剂双氢克脲噻等 |
| $^{32}P$ | 磷酸铝 | 磷酸盐，DTPA |
| $^{60}Co$ | 钴盐 | DTPA、葡萄糖酸钴 |
| $^{90}Sr$ | 海藻酸钠 | 氯化铵、脱钙疗法 |
| $^{99m}Tc$ | 吸附剂 | 高氯酸钾 |
| 碘 | 碘化钾 | 碘化钾 |
| 铯 | 普鲁士蓝 | 普鲁士蓝 |
| $^{144}Ce$ | 海藻酸钠，吸附剂 | DTPA |
| $^{192}Ir$ | 吸附剂、抗酸剂 | 首选 Ca－DTPA；如无，可用 Zn－DTPA |
| $^{210}Po$ | 吸附剂、抗酸剂 | 二巯基丙磺酸钠 |
| $^{226}Ra$、$^{228}Ra$ | 海藻酸钠 | 氯化铵、硫酸钡 |
| $^{235}U$，$^{238}U$ | 吸附剂 | 碳酸氢盐 |
| $^{239}Pu$ | 吸附剂、抗酸剂 | 首选 Ca－DTPA；如无，可用 Zn－DTPA |

（崔凤梅、李蓉、许玉杰、陈忠民）

# 思考题

1.简述铀的体内代谢和损伤。
2.简述碘的体内代谢和损伤。
3.简述放射性核素内照射损伤的特点。
4.简述放射性核素内照射放射病。
5.简述放射性核素内污染的医学处理原则。
6.简述放射性核素的促排措施。

# 参考文献

[1]潘自强.辐射安全手册[M].北京：科学出版社，2011.
[2]李继开.核事故应急响应概论[M].北京：中国原子能出版社，2010.
[3]苏旭.核和辐射突发事件处置[M].北京：人民卫生出版社，2013.

# 第 10 章 应急队员的个人防护

辐射防护(radiation protection)又称放射防护(radiological protection),是指保护人员免受或少受电离辐射照射的影响和达到这一目标的方法,包括放射防护体系、放射防护标准、辐射监测、防护评价及实施管理等。核应急医学救援需遵守辐射防护原则,采取符合"最优化"原则的防护手段,尽可能降低或避免各类射线(如 α、β、γ、X、中子等)造成的内、外照射危害。本章将从应急救援角度,针对救援队员个人防护需求,介绍防护原则、剂量限值和内外照射通用防护手段,着重讲述防护装具种类、个人剂量监测设备、常见辐射防护剂及其使用方法。

## 10.1 防护原则

核应急医学救援作为一种特殊的实践,同样要遵守辐射防护三原则,即正当性、防护最优化和剂量限值。为了将受照剂量控制在合理可达到的尽可能低的水平(As Low As Reasonably Achievable, ALARA 原则),应急人员必须根据辐射侦查数据与任务区域、性质、强度等科学合理的综合选择外照射和内照射防护措施,救援过程中,一旦发生外伤或疑似内污染,应立即进行针对性的医学处理。

### 10.1.1 正当性原则

正当性,也称正当化,是指实践的正当性,通常指对于一项伴随辐射的实践只有在考虑了社会、经济和其他有关因素之后其对受照个人或社会所带来的利益足以弥补其可能引起的辐射危害时,该实践才是正当的。在实践正当化分析中要求进行利益和代价的分析,这种利益可以是经济、社会、军事及其他方面的得益,代价可以是生产代价、辐射防护代价以及辐射所致损害的代价。对一项实践的正当化分析可能是非常复杂的,如得益方和代价方可能不是一方,辐射防护只是一个需要分析的因素之一,正当化需要决策者全面权衡各种因素进行决定等。在实践的正当化分析中,辐射防护所起的作用中是确保辐射所引起的损害能得到适当的重视和考虑。

正当性判断在核应急医学救援实践中经常被忽视,许多资料往往认为核应急医学救援本身具备正当性,故在整个核应急医学救援中不再做正当性判断。

#### 10.1.1.1 展开地域正当性判断

核应急医学救援展开地域通常需要考虑风向、地表剂量率、水源(洗消用水)、交通(便于接送伤病员)、地势、社情民情等诸多因素,需要综合考量,一体决策。假定在满足风向、水源(洗消用水)、交通、地势、社情民情等要求的前提下,应急救援队伍在冷区展开更符合正当性原则，在温区展开虽有利于近距离接送伤员，但会大幅升高应急队员的集体有效剂量，可能不符合正当性原则。

#### 10.1.1.2　救援过程中的正当性判断

以伤员现场紧急救治举例。核与辐射事故现场发现伤员后，将面临就地救治和将伤员脱离事故现场再救治两个选择。如果伤员有脊柱伤等不宜立即搬动或呼吸暂停需立即进行心肺复苏的伤情，就地抢救伤员可能更符合正当性；立即将伤员脱离污染区虽有利于降低救援队员和伤员的受照剂量，但可能会引起伤员死亡或加重损伤，则“立即将伤员脱离污染区”的操作就不符合正当性。如果伤员仅头面部出血且脚踝扭伤行动不便，则给伤员佩戴防护口罩后立即将伤员转运脱离污染区再救治符合正当性原则。

同理，在伤员伤情危重时，先“救命”符合正当性操作；伤员伤情稳定时，先洗消符合正当性操作。

再者，执行放射源事故救援、辐射装置事故救援、核武器核事故医学救援时，由于空气中不可能存在放射性碘－131，此时服用 KI 片则不符合正当性原则；执行核武器袭击后医学救援时，由于空气中肯定存在放射性碘－131，此时服用 KI 片则符合正当性原则。

### 10.1.2　防护最优化原则

防护最优化是应急人员在任何区域从事任何任务必须遵守的原则，也是所有放射从业人员必须遵守的原则之一。

应急人员的个人防护要根据具体任务，采取最适应的防护措施，并非都必须使用最高级别的防护标准。在落实防护最优化原则主要有以下几个途径：

(1)采取有效措施，尽可能减少受照剂量和受照时间。

(2)分区防护

①区域划分

根据剂量率将事件现场分为热区(大于 100 $\mu$Sv/h)、温区(10～100 $\mu$Sv/h)和冷区(小于 10 $\mu$Sv/h)。如果核事故医学救援现场情况允许，救援队最好全部在冷区(小于 10 $\mu$Sv/h)或清洁区(天然本底水平)展开，以降低人员防护等级；不允许在热区展开。

②防护等级

根据在不同区域采用不同级别的防护：冷区采取 D 级防护，温区采取 C 级防护，应急人员(如果非常必要)进入热区需根据热区实际情况采取 C 级以上防护。防护要根据具体任务，采取最适应的防护措施，并非都必须使用最高级别的防护标准，比如温区的洗消组人员为了工作便捷，头面部宜采用防护口罩及护目镜，躯体防护上采用防喷溅的防护服和水靴。如果环境中无放射性气溶胶(如放射源事故)，可不穿戴任何防护服和防毒面具、口罩，主要防护方法与外照射通用方法相同，即缩短操作时间、增大与放射源之间的距离并合理选用屏蔽措施等。

### 10.1.3　剂量限值原则

剂量是危害评价的基础，也是医学处理的依据。控制应急人员的受照剂量以确保防止发生严重的确定性效应，并将随机性效应降低至合理可接受的水平，是保护应急人员健康的重要措施。

#### 10.1.3.1 应急照射剂量限值

应急照射是为了制止事故扩大或进行抢救等，有些工作人员自愿接受超过正常限值的照射。对应急照射进行干预的工作人员不得接受到规定的职业照射单一年份最大剂量限值的照射(即≤50 mSv)；当为了①抢救生命或防止严重损伤；②防止大的集体剂量；③防止演变成灾难性情况等，而采取行动从事干预时，必须尽一切努力把工作人员所受剂量在单一年份最大剂量限制2倍以下(即≤100 mSv)；除去为抢救生命的行动外，必须尽一切努力把剂量保持单一年份最大剂量限值的10倍以下(即≤500 mSv)；若工作人员所受的剂量可能>500 mSv，只有当给他人带来的利益明显大于他们承受的危险时，才必须采取行动，并将当量剂量和医学观察结果记入个人计量和健康档案。

国际有关组织机构推荐的事故应急照射情况下辐射剂量限值见表10－1。我国规定核辐射应急情况下救援人员量控制水平见表10－2。

**表10－1　应急情况下的职业照射限值**

| 行动类别 | 机构 | 器官 | 建议剂量控制水平/mSv |
|---|---|---|---|
| 抢救生命 | ICRP | 全身 | 可能超过500，有效剂量 |
| | | 皮肤 | 可能超过5000，等效剂量 |
| | NCRP | 全身 | 可能接近或超过500 |
| | | 皮肤 | 5000，等效剂量 |
| | EPA(对于知情的志愿者) | 全身 | 大于250，无绝对上限 |
| | EPA | 全身 | 250 |
| 立即和紧急现场行动 | ICRP | 全身 | 500及更低，有效剂量 |
| | | 皮肤 | 5000及更低，等效剂量 |
| | NCRP | 全身 | 全年职业限值最高至50，有效剂量 |
| 保护群众财产时的限值 | EPA | 全身 | 50 |
| 除抢救生命及保护群众财产外的其他紧急情况 | EPA | 全身 | 100 |

**表10－2　我国核辐射应急救援人员的剂量控制水平**

| 任务 | 应急人员剂量控制值/mSv |
|---|---|
| Ⅰ类：抢救生命行动 | 250 |
| Ⅱ类：防止严重损伤；避免大的集体剂量；场外周围剂量率监测等 | <50 |
| Ⅲ类：短期恢复活动；执行紧急防护行动；环境采样等 | <25 |
| Ⅳ类：长期恢复活动；与事故无直接联系的工作等 | 职业照射指导值(<20) |

#### 10.1.3.2 放射性落下灰摄入量限值

(1)食入量限值

①通过饮水、食物和药品等经口摄入体内的早期放射性落下灰放射性总活度不得超过

$1\times10^4$ kBq；②连续饮用（或食用）7 天的水（或食物），其放射性落下灰沾染活度不得超过 $2\times10^2$ kBq/L（或$2\times10^2$ kBq/kg）；连续饮用（或食用）90 天的水（或食物），其放射性落下灰沾染活度不得超过 20 kBq/L（或 20 kBq/kg）。

（2）空气中早期放射性落下灰控制浓度

①人员在放射性沾染区内较长时间（数天）停留时，开始吸入时空气中的早期放射性落下灰浓度不得超过 0.4 kBq/L；②人员在放射性沾染区内短时间（数小时）通过或停留时，空气中的放射性落下灰控制浓度按下式计算：

$$\text{空气放射性落下灰控制浓度(kBq/L)}=\frac{8\ \text{kBq}\cdot\text{h/L}}{\text{持续吸入时间(h)}} \tag{10-1}$$

#### 10.1.3.3　放射性落下灰在各种表面污染的控制水平

人员及不同物体表面上早期放射性落下灰沾染控制水平见表 10—3。

**表 10—3　放射性落下灰在体表及物体表面上的沾染控制水平**

| 表面 | β 沾染/(kBq·cm$^{-2}$) | 核爆炸后 γ 剂量率/(μGy·h$^{-1}$) | |
|---|---|---|---|
| | | <10 d | 10～30 d |
| 手及全身其他部位皮肤 | 10 | 40 | 80 |
| 创伤表面 | 3 | — | — |
| 炊具、餐具 | 0.3 | — | — |
| 服装、防护用品、轻武器 | 20 | 80 | 160 |
| 建筑物、工事及车船内部 | 20 | 150 | 300 |
| 大型兵器、装备、露天工事 | 40 | 250 | 500 |

### 10.1.4　应急队员防护基本要求与示例

#### 10.1.4.1　基本要求

在应急救援现场，应当采用正当性和最优化原则，对应急救援人员实行剂量控制。应采取适当的防护措施，使救援人员的受照危险减至最小。基本要求包括：

（1）按要求穿戴个人防护用具，检查防毒面具气密性；

（2）佩带个人剂量计，包括报警式或直读式个人剂量计；

（3）按照上级指示，（必要时）服用稳定性碘片；

（4）永远牢记进入现场的危险并注意防范；

（5）通过缓冲区进入污染区；

（6）全部活动都应该在受照剂量尽可能合理的低的原则下进行；

（7）知晓应急人员返回水平（该水平是一个导则不是限值，应用时应该判断）；

（8）不要在剂量率超过 1 mSv/h 的地方逗留；

（9）进入剂量率大于 10 mSv/h 的地区要小心；

（10）无环境分析/辐射评价负责人许可，不应进入剂量率大于 100 mSv/h 的地区；

(11)注意采取时间、距离和屏蔽手段防护自己;

(12)进入高剂量率地区前制定预案;

(13)不要冒不必要的风险;

(14)不要在污染区内吃、喝和抽烟,揉眼和使用化妆品;

(15)有疑问时向组长或队友咨询;

(16)离开污染区时,接受体表和衣服的污染监测;

(17)处理沾染人员的工作人员应进行沾染监测,做好换衣服和洗消或淋浴的准备;

(18)由污染区携出的物品、设备,必须在缓冲区经过检查和处理,达到去污标准后,才能带入清洁区。

#### 10.1.4.2 示例

在核辐射事故医学救援的实践中,在保护救援人员受到尽可能少的核辐射伤害的前提下,为实现现场核辐射伤员的快速医学处置,保证高效、有序的完成现场医学救援任务,根据热区、温区和冷区内的危害水平和性质分别选择不同的防护级别,有必要对不同作业人员实行分级防护,即热区内防护级别最高、冷区外防护级别最低。

(1)对洗消后的伤员进行医学诊断和处理的救援人员,由于所处的环境为清洁区,伤员的体表放射性污染已消除,即便伤员体内可能存在不同程度的放射性污染,但不会对救援工作人员产生二次污染,因此无需采取特别的防护措施,一般只需D级防护即可,如穿戴洁净的隔离服(白大褂或一次性防尘或手术服)、戴口罩、手套等。

(2)负责伤员急救、洗消去污、污染检查等的救援人员,所处的环境在展开工作前为清洁区,但由于面对的是不同程度体表污染的伤员,需采取必要的放射防护措施,特别是呼吸道防护和体表污染防护。通常情况下,伤员在脱出外衣后,可减少80%以上的污染,因此为确保救援行动的高效有序,无需采取很高等级的防护,C级即可,基本要求是:①佩戴个人剂量计;②穿戴密封的隔离服和靴套、手套;③使用口罩或全面屏防毒面具等防吸入;④使用眼罩保护眼睛不受污染(戴防毒面具时不需要);等等。需要特别指出的是:①负责污染伤员洗消的工作人员,佩戴的防护用具需具备防水的功能,如穿戴防水隔离服、雨靴、橡胶手套等;②及时将处理过程中产生的放射性废物转移到制定暂存地点,以防止救援人员受到不必要的过量照射;③处理下一名伤员前,及时更换担架、器械和手套等可能接触到伤员的用具,以防止交叉污染的情况发生。

(3)负责伤员接收和分类的救援人员,以及为抢救伤员生命,对污染伤员进行急救的医生,即使所处的环境在展开工作前为清洁区,由于面对的是从污染区直接过来的伤员,其体表和衣物上可能存在严重的放射性污染,需采取较高等级的辐射防护措施,具体包括:①佩戴个人剂量计;②穿戴密封的隔离服和靴套、手套;③使用全面屏防毒面具防吸入;等等。需要注意的是:①第一时间脱去伤员的外衣,一是减轻衣物上的放射性物质对伤员的进一步伤害,二是减少放射性物质向后续救援区域的转移和扩散;②及时将处理过程中产生的放射性废物转移到制定暂存地点,以防止救援人员受到不必要的过量照射;③处理下一名伤员前,及时更换担架、器械和手套等可能接触到伤员的用具,以防止交叉污染的情况发生。

(4)必须进入污染区进行伤员搜救、抢救的救援人员,视事故具体情况和具体任务,采用最适当的防护措施，一般不低于上述防护要求，但也不一定非是最高级别的防护标准。需要注意的是：①除佩戴通用个人剂量计(热释光)，还需佩戴可报警的直读式个人剂量计，以实施剂量控制的防护要求；②遵循污染区快速通过、最短停留的原则。

## 10.2 个人防护用品

最优化的防护是执行核应急医学救援任务的前提，核应急队员必须在做好自身防护的前提下执行任务，最终目的是使应急队员的受照剂量控制在合理可达到的尽可能低的水平。广义的防护包括合适的防护装具、合理的个人剂量限值(含监测装置)和(如有必要)药物防护，狭义的防护主要包括防护服、防毒面具和手套/靴套等。最优化的防护非防护等级越高越好，需结合核与辐射事故现场辐射监测数据综合选择，一体运用。按防护对象，可分为两类：一类是单兵防护装备，即单兵使用的面具、防护服、防护手套等，个人辐射防护器材背囊，防护服等也属于单兵防护装备；一类是集体防护装备，适于救援队和伤病员的集体防护，如集防帐篷、集防方舱、集防掩体等。按防护方式，可分为二类：一类是呼吸防护装备，主要指可保护人员的呼吸器官、眼睛面部免受放射性灰尘等伤害的器材，主要是指防毒面具(含滤毒罐或供氧、送风装置)；一类是皮肤防护器材，用于防止放射性物质对人体的沾染，包括防护服、防护手套和防毒靴套等，配套使用，可对人体不同部位的皮肤提供防护。按防护等级，可分为 ABCD 四级或 I、II、III、IV 级。

### 10.2.1 防护等级概述

GB 24539—2009 将化学防护服分成以下几类：

1 - ET：气密型防护服- ET 。

2 - ET：非气密型防护服- ET。

3：液密型化学防护服。

3a：喷射液密型防护服。

3a - ET：喷射液密型防护服- ET。

3b：泼溅液密型防护服。

4：颗粒物防护服。

国际 ISO 标准、EN 标准和 GB 标准中均将渗透性能指标分为 6 级。对于气密型化学防护服，ISO 标准和 GB 标准要求面料对化学物质的渗透性能应不低于 3 级，6 级为最优；ISO 标准、EN 标准和 GB 标准三大标准用为 15 种工业用化学物质(丙酮、乙腈、二硫化碳、二氯甲烷、二乙胺、乙酸乙酯、正己烷、甲醇、氢氧化钠、硫酸、四氢呋喃、甲苯、氨气、氯气、氯化氢)，而 NFPA 标准为 21 种工业用化学物质(增加二甲基甲酰胺、硝基苯、全氯乙烯、1，3－丁二烯、环氧乙烷、氯甲烷)，抗 6 种军用化学毒剂(氯化氰 CK、碳酰氯、光气 CG、硫酸二甲酯 DMA、氢氰酸 AC，H CN、沙林 GB、芥子气 HD)和 3 种液化气(合成氨、氯气、环氧乙烷)的渗透性能。

美国环境保护署(EPA)根据 NFPA_1991－2005 危险化学事故用蒸气防护套装，将化学防护服按防护等级分为 4 种。A 级：气体密闭型防护服；B 级：防液体溅射的防护服；C

级:增强功能型防护服;D级:一般型防护服。

需要说明的是,ABCD分级方式属于化学分级。A级防护服不等于A级防护,只有A级防护服与自带正压呼吸器或长管压缩空气呼吸器配合使用时才属于A级防护。如若选择A级防护但佩戴过滤式防毒面具,按化学分级则属于C级防护。下文A、B、C、D级防护均按照化学分级列述。

核应急救援个人防护借鉴采纳了上述化学防护服的分级方法,但核应急的ABCD级防护一般指所穿防护服的等级。例如,氰泄露事故医学救援时通常选用氰防护服(按化学分级属A级防护服);事故现场(热区)处置伤员时可选用B级防护服、全面屏过滤式防毒面具;冷区人员可选D级防护服、口罩和护目镜;其他组室人员可选C级防护服、过滤式防毒面具或口罩及护目镜。

## 10.2.2 A级防护

### 10.2.2.1 组成与适用环境

A级具有整体包覆性的气密式防护服,自带正压呼吸器或排气筒供空气呼吸器,对呼吸系统、粘液膜和皮肤都具最佳保护效果,可对周围环境中气体与液体提供最完善保护,见图10－1。适用于以下环境:防护高蒸气压、可经皮肤吸收,或致癌和高毒性化学物;可能发生高浓度液体泼溅、接触、浸润和蒸气暴露;接触未知化学物;有害物浓度达到IDLH(立即威胁生命和健康浓度,immediately dangerous to life or health concentration)浓度,缺氧(氧浓度小于19.5%)。包括以下组件:全面罩正压空气呼吸器,全封闭气密化学防护服,防化内衣,防护手套,防护靴,安全帽,无线通讯。优点:提供最大限度的眼睛、皮肤和呼吸防护。缺点:由于闷热和其他物理因素以及心理压力、供氧限制等不利因素,人员耐受时间最短;防护服笨重以及受供气管路制约,活动受限;并非所有场合都适用,存在防护过度问题。此外,人员训练周期较长,防护服的适应性较差,医学监护难度大、成本高。

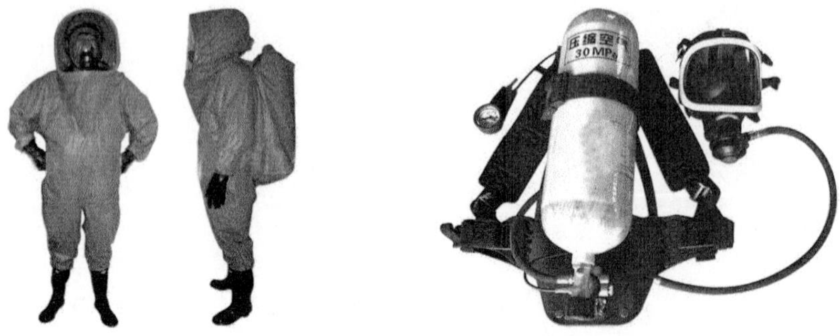

图10－1 A级防护服穿戴、局部示意图

### 10.2.2.2 性能

主体胶布采用经阻燃增粘处理的锦丝绸布,双面涂覆阻燃防化面胶制成,主体胶布遇火只产生炭化,不溶滴,又能保持良好强度。主体胶布经贴合－缝制－贴条工艺制成,服装主体和手套,并配以阻燃、耐电压、抗穿刺靴或消防胶靴构成整套服装。防护性能达到最高防护标准，防护范围为有毒气体、酸性溶剂、高温液体，材料可以防护多达 240 多种包括最常见的工业用化学品及化学事故中常见的化学品，呼吸器内置式，可与所有品牌呼吸器配合使用。接缝处经过内部和外部双硫化，密封性极佳 ，机械强度高，高密闭性防水拉链；高清晰度大面屏视窗，不扭曲视觉效果；手套和安全靴紧固连于连体服；连体服还包括 4 个阀门，以保证服装内 4 mPa 的低正压。

#### 10.2.2.3 防护服特点

服装分为全封闭和半封闭两种形式；服装符合人体工程学设计，穿戴舒适；采用大视野面罩，视野宽阔，透明度好，防雾耐磨；面料强度高，耐老化，在低温条件下应可保持柔韧性；接缝处被良好的缝纫，并经胶带贴合；手套、胶靴和服装连接牢固，并可更换；服装内可提供充足的空气，并有超压排风装置。

#### 10.2.2.4 穿着者资格

穿着防护服者，必须符合以下条件：身体健康，防化服合身，经过培训，明白防化服的使用方法。

#### 10.2.2.5 穿着法

(1)必须对防护服进行检视和气压检测，确定没有缺陷，必须按用途选择防护服。

(2)此时应按照所建议的说明，在防护服的目视镜里面涂上防雾剂。

(3)选择两个人“合作”，即在穿着防护服时有另一个人帮忙。

(4)内衣裤应该穿在防护服里面，至少，建议穿长袖和长裤，或长“内衣裤”。应该考虑穿耐火内衣裤。

(5)去掉可能损坏防护服的个人物品，如笔、证章、首饰等，佩戴个人剂量计。

(6)脱掉鞋(当穿上一个附带有长统胶靴的防护服时，可省去这一步)。一些长统胶靴不允许户外用鞋穿入。

(7)把裤腿卷入长袜中，以便能方便地穿上防护服的裤腿和长统胶靴。

(8)如果使用一个自给式空气呼吸装置，检查并装上该设备，完成所有联接，根据制造厂要求进行调节，除非该呼吸装置要求，暂勿戴上面罩。

(9)如果使用呼吸管空气供应系统，检查并完成所有的联接和调试，除非该呼吸装置要求，暂勿戴上面罩。

(10)坐着将两条腿放入防护服，将两只脚放入外套靴里，拉下套靴上面的防溅罩。(注：工作靴应比通常说穿的靴子大 1 至 2 号，这样有足够的空间将防护服保护套的靴子放入套靴。)

(11)打开空气供应装置，戴上面罩，确定供气系统工作正常。

(12)站起了，扎上内腰带。

(13)将手臂和头套入防护服里，拉上拉链，然后合上拉链覆盖。请助手检查确定拉链及拉链覆盖是否完全拉紧，面罩视野是否清晰，所有空气管路是否紧密接合，防护服是否处于最佳工作状态。

#### 10.2.2.6 卸装法

(1)在防护服尚有足够的空气时离开工作现场或“热区”,使安全地清除污染,及时脱去防护服。

(2)如果防护服接触了有毒化学品,要先适当地去毒,然后脱去防护服。

(3)按穿上防护服的相反顺序脱去防护服,勿接触防护服上可能沾有化学品的地方。

(4)如果有可能,对防护服进行全面去毒,清洗,检视及气压检测,以备再用。

(5)如果不能对防护服进行去毒时,应当用安全的方法将防护服抛弃。

#### 10.2.2.7 储藏期限

防护服由各种不同的橡胶及聚合物物成。目前缺少这些材料的储藏期限方面的数据。应该根据防护服的使用情况。超过 5 年可作为“训练专用”化学防护服。储藏应储藏在凉爽、干燥的地方、不受阳光直接照射。防护服可直接用原包装袋储藏或放在衣挂上储藏。

#### 10.2.2.8 注意事项

(1)重型防化服不得与火焰及熔化物直接接触。

(2)使用前必须认真检查服装有无破损,如有破损,严禁使用。

(3)使用重型防化服时,必须注意头罩与面具的面罩紧密配合,颈扣带、胸部的大白扣必须扣紧,以保证颈部、胸部气密。腰带必须收紧,以减少运动时的“风箱效应”。

(4)每次使用后,根据脏污情况用肥皂水或 0.5%～1%的碳酸钠水溶液洗涤,然后用清水冲洗,放在阴凉通风处,晾干后包装。

(5)折叠时,将头罩开口向上铺于地面。折回头罩、颈扣带及两袖,再将服装纵折,左右重合,两靴尖朝外一侧,将手套放在中部,靴底相对卷成以卷,横向放入重型防化服包装袋内。

(6)重型防化服在保存期间严禁受热及阳光照射,不许接触活性化学物质及各种油类。

### 10.2.3 B 级防护

#### 10.2.3.1 组成与适用环境

B 级防护服为防液体溅射的防护服,见图 10－2。与 A 级同样的呼吸防护,皮肤防护稍差,处置危险品时最低的防护级别。适用于以下环境:接触性质和浓度已知的物质,要求高呼吸防护,低皮肤防护;氧气浓度低于 19.5%;蒸汽或气体对皮肤无害或不经皮肤吸收的气体。B 级防护服主体包括联体或分体防护服装,还包括带硬帽的头套、全面罩防化屏,有内层和外层的防化手套,防化长靴或外罩防化鞋套,正压自给式空气呼吸器或长管式呼吸器,两用无线电通讯设施等。优缺点与 A 级防护服一样。使用 A、B 级防护服都要经过训练。适合军用或抢险救灾使用,核污染环境应急救援使用,不适合医用。

图 10－2　B 级防护服半封闭防护服及配套呼吸供气系统

#### 10.2.3.2　性能

半封闭防护服主体胶布采用经阻燃增粘处理的锦丝绸布，双面涂覆阻燃防化面胶制成，主体胶布遇火只产生炭化，不溶滴，又能保持良好强度。配以阻燃、耐电压、抗穿刺靴或消防胶靴构成整套服装。主体胶布采用经阻燃增粘处理的锦丝绸布，阻燃，耐电压，抗穿刺靴。

#### 10.2.3.3　特点

半封闭防护服是使用人员与正压式消防空气呼吸器配置在服装外，为外置式。防酸碱服，消防防化服，是工作人员在有危险性化学物品或腐蚀性物品的现场作业时，为保护自身免遭化学危险品或腐蚀性物资的侵害而穿着的防护服。

#### 10.2.3.4　使用方法

(1)先撑开服装的颈口、胸襟、两脚伸进裤子内，将裤子提至腰部，再将两臂伸进两袖，并将内袖口环套在拇指上。

(2)将上衣护胸布折叠后，拉过胸襟布盖严，然后将前胸大白扣揿牢。

(3)将腰带收紧后，将大白扣揿牢。

(4)带好消防面具后再将头罩罩在头上，并将颈扣带的大白扣揿上。

(5)最后戴上手套，将内袖压上手套里。

#### 10.2.3.5　注意事项：

(1)半封闭防护服不得与火焰及熔化物直接接触。

(2)使用前必须认真检查服装有无破损。

(3)使用时，必须注意头罩与面具的面罩紧密配合，颈扣带、胸部的大白扣必须扣紧，以保证颈部、胸部气密。腰带必须收紧，以减少运动时的“风箱效应”。

(4)每次使用后，根据脏污情况用肥皂水或 0.5％～1％的碳酸钠水溶液洗涤，然后用清水冲洗，放在阴凉通风处，晾干后包装。

(5)折叠时，将头罩开口向上铺于地面。折回头罩、颈扣带及两袖，再将服装纵折，左右重合，两靴尖朝外一侧，将手套放在中部，靴底相对卷成一卷，横向放入半封闭防护服包装袋内。

(6)半封闭防护服在保存期间严禁受热及阳光照射。

#### 10.2.3.6 “特殊的”B级防护服——DEMRONTM辐射屏蔽防护服

DEMRON 辐射屏蔽防护服是美国辐射屏蔽技术研究所开发的一种具有辐射屏蔽功能的B级防护服。该防护服采用改性聚乙烯(PE)和聚氯乙烯(PVC)技术,聚合物衬层的屏蔽材料由钽材料制成。DEMRON 辐射屏蔽防护服外观见图 10－3。钽对抗 γ、X 线和 β 射线的效果见表 10－4。DEMRON 辐射防护服主要用于屏蔽 β 射线和低能 γ 射线,对高能 γ 射线效果非常有限。

图 10－3　DEMRON 辐射防护服

DEMRON 辐射屏蔽防护服是衣衫身相连的防护服,比其他防护服具有更好的散热能力;躯干背心用三层织物,增加要害器官的屏蔽,背心提供可移动甲状腺保护,弯状防护提供生殖器保护。DEMRON 辐射防护服防化性能高于 NFPA1994 要求,其重量仅为传统的铅服装的五分之一。

DEMRON 辐射屏蔽防护服的重量仅是传统铅服的五分之一,它的抗辐射能力在现有的防护服装之上,产品既可军用,也可民用,可以用于生产防护服装、帐篷,还可以生产飞机衬里。DEMRON 辐射防护服是衣衫身相连的防护服,它比其他防护服具有更好的散热能力。躯干背心用三层织物,增加要害器官的屏蔽,背心提供可移动甲状腺保护,弯状防护提供生殖器保护。DEMRON 辐射防护服防化性能高于 NFPA1994 要求。

**表 10－4　DEMRON 辐射防护服对不同能量射线的降低程度**

| 放射源 | 射线种类 | 射线能量 | 剂量减少程度 |
|---|---|---|---|
| 50 kVp | X 射线 | 50 kV | ≥75% |
| 75 kVp | X 射线 | 75 kV | ≥60% |
| 100 kVp | X 射线 | 100 kV | ≥60% |
| $^{241}$Am | γ 射线 | 4.9% 20.8 keV | ≥85% |
| | | 13.3% 13.9 keV | |
| | | 19.3% 17.8 keV | |
| | | 35.7% 59.54 keV | |
| $^{109}$Cd | γ 射线 | 22 keV 主要 | ≥91% |
| | | 88 keV 次要 | |
| $^{137}$Cs | γ 射线 | 0.662 MeV | ≈1% |

续表

| 放射源 | 射线种类 | 射线能量 | 剂量减少程度 |
|---|---|---|---|
| | | | |
| $^{60}$Co | γ 射线 | 1.173 MeV | ≤1% |
| | | 1.332 MeV | |
| $^{90}$Sr/$^{90}$Y | β 射线(Sr) | 546 keV | 75% |
| | β 射线(Y) | 2.27 MeV | |

## 10.2.4　C 级防护

C 级防护服为增强功能型防护服，能防有毒液体物质的喷射，但不能防有毒化学物质的蒸气或气体，见图 10－4～图 10－6。适用于化学物质的成分、浓度对皮肤无影响，毒性物质的成分、性质和浓度确定，过滤器可有效过滤，氧气不低于 19.5%，低于 IDLH 的气体环境。防护服包括全面罩带滤毒罐的过滤式呼吸器、防有毒化学物质的手套和靴子、两用通讯系统、头盔。优点是机动灵活，物理负荷、精神压力小，不受供气限制。缺点是不能用于低氧环境，滤毒灌要匹配并定期更换，滤毒填料有一定的饱和性。

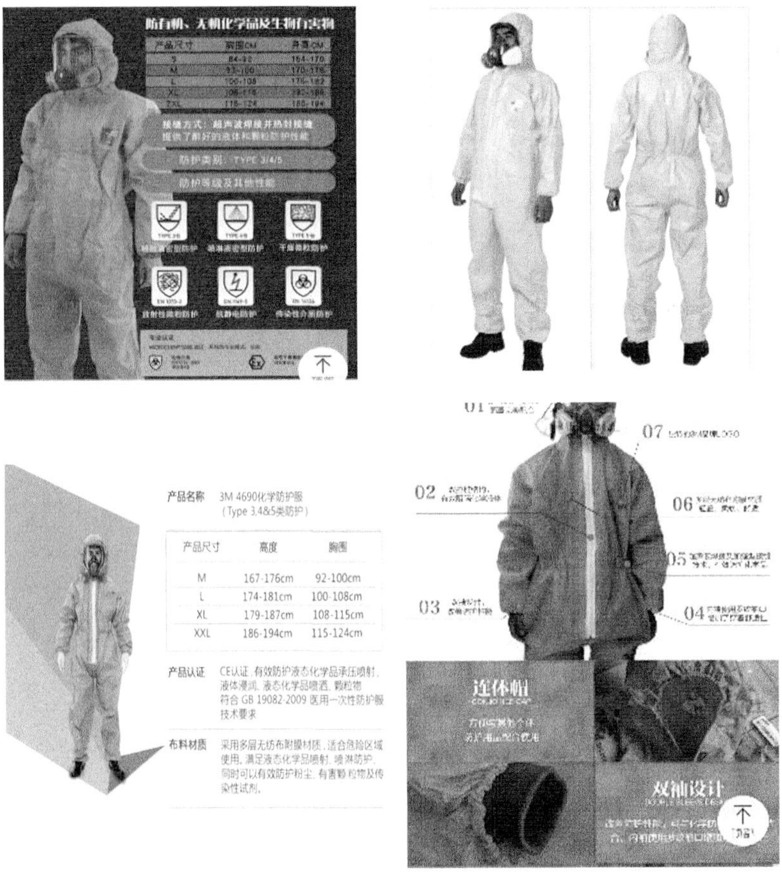


图 10－4　一次性连体防护服(C 级)

图 10－5　连体橡胶防毒服

图 10－6　分体式迷彩防毒服及配套面罩、靴套、手套

## 10.2.5　D 级防护

D 级防护服为一般型防护服，能提供最低程度的皮肤保护，见图 10－7。适用于以下环境：大气中无已知有害气体；工作中无液体飞溅、浸入液体或接触任何有害化学物的可能；已知污染环境的空气中无明显的危险；操作环境中的氧气含量不低于 19.5%。可选择件有手套、口罩、防护眼罩等。

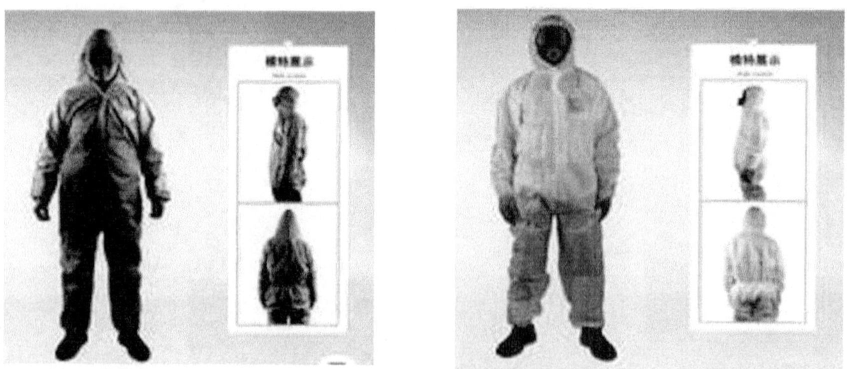

图 10－7　D 级防护服

# 10.3　个人剂量监测

个人剂量监测装备是指用于放射工作人员外照射个人剂量监测、内照射个人剂量监测的装备。外照射个人剂量监测装备根据原理可分为被动式个人剂量监测装备和主动式个人剂量监测装备。内照射个人剂量监测装备根据监测方法的不同可分为直接测量装备和间接测量装备。

自 1895 年伦琴发现 X 射线，不久人们便发现 X 射线对人体的危害。此后，随着加速器、反应堆的问世，人们接触放射性核素的种类逐渐增加，接触电离辐射的量空前增大，对辐射危害的研究也逐步深入。特别是广岛、长崎遭受核武器袭击后，人们对电离辐射的危害与防护的研究更为重视。放射工作人员的个人剂量监测工作是随着辐射防护标准监测指标体系的变化而逐步发展的。早期，由于对辐射损伤及辐射测量的研究还不够深入，最早提出的辐射防护标准是“红斑剂量”，即辐射引起皮肤出现红斑的剂量。1925 年首次提出“耐受剂量”的概念，它是以皮肤红斑剂量的 1/100 来表示的一种剂量标准，约为 0.2R/d(伦琴/天)。1934 年国际 X 射线与镭防护委员会(国际放射防护组织，ICRP 的前身)正式规定了该剂量标准，并一直沿用到 1950 年。1950 年，ICRP 又改用了最大容许剂量的概念。1950 年至 1977 年，国际上对剂量当量的限制，是采取对不同组织或器官(共分四类)给予不同限制剂量的办法。但在实践中发现，这种剂量限制体系在理论和实际应用方面均存在一些问题，最主要的是器官分类缺乏统一的有依据的定量标准，多个器官不均匀受照射时难以给出相加效应的估计。在这个时期，为解决这一问题，ICRP 曾作过许多努力，也进行过一些局部的补充和修订，但直到 1977 年发表第 26 号出版物才对剂量限制体系进行了重要改革。其中对剂量的最大改进是确定用有效剂量当量来衡量人员受照剂量的大小，对人员的剂量限值也按有效剂量当量计量。1990 年，ICRP 在第 60 号出版物提出了新的辐射防护基本建议，进一步推动了辐射防护标准的发展。ICRP 第 60 号出版物与其第 26 号出版物相比，辐射防护量和参数有了较大变化，引入当量剂量、器官剂量等取代剂量当量，用有效剂量取代有效剂量当量等。

伴随着剂量评价标准的变化和技术手段的提升，外照射个人剂量监测设备也同时经历了胶片剂量监测装备、荧光玻璃监测装备、热释光剂量监测装备、光释光剂量监测装备等发展阶段，目前以热释光剂量监测装备应用最为广泛。内照射个人剂量监测，常用的有两种，即体外直接测量和生物样品间接测量。内照射监测方法比较繁琐，需要消耗大量的人力和时间。体外直接测量装备有全身计数器、肺计数器、甲状腺计数器；生物样品分析间接测量设备主要包括尿铀、尿钚、尿氚测量设备。

## 10.3.1　外照射个人剂量监测

被动式个人剂量监测装备是由个人剂量计及其配套的读出系统组成。个人剂量计根据其测量原理的不同可分为热释光个人剂量计、光致发光个人剂量计、玻璃荧光个人剂量计和胶片个人剂量计等。

主动式个人剂量监测装备主要是指各种电子个人剂量计及其配套的读出系统组成。

电子个人剂量计通常具有实时剂量显示、剂量率报警等功能，作为无源剂量计的补充，在应急和其他可能出现急性照射的情况下，它可确认所受剂量是否超过剂量限值。常用的有个人剂量笔、胶片剂量计和热释光剂量计等，见图 10－8。

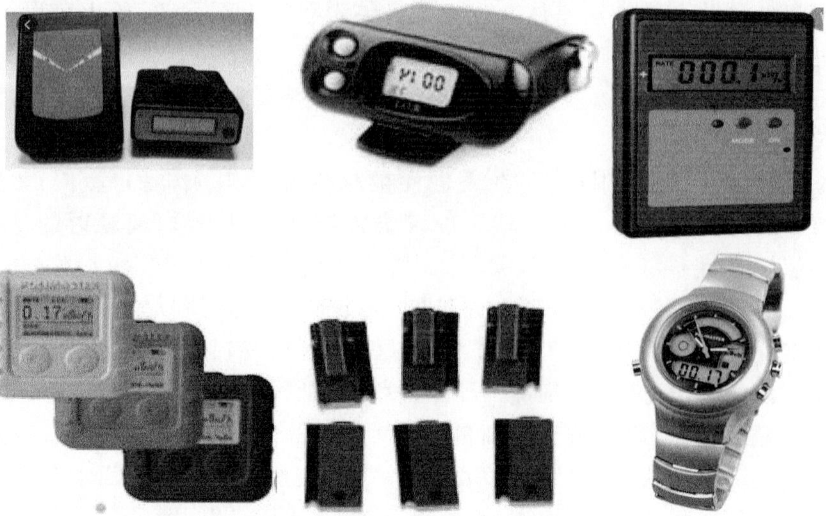

图 10－8　个人辐射剂量报警仪和热释光片

在许多中子照射或中子复合照射场合，尤其是反应堆等核设施和高能加速器等工作场所，中子剂量是常规监测项目，除此之外，还包括中子总注量、平均能量等。中子剂量（率）测量仪表仅适用于能量范围有限的辐射场，用于宽谱中子辐射场时会导致测量结果有较大误差。中子监测一直以来是个难点主要体现在以下几点：

（1）中子监测的能量范围宽。从热中子直到 20 MeV 的中子，在这样宽的能量范围内，即使中子剂量仪表能量响应误差按±100%要求，能满足该要求的也不多。

（2）灵敏度低。最小探测限的测量如果按 97.5%的置信度，对于累计型剂量临界水平大约为 100 $\mu$Sv，对于剂量率型大约在 1 $\mu$Sv/h 水平。

（3）中子因仪器或人体的存在而发生慢化、散射和俘获现象，可能影响测量的准确性。

（4）中子与探头的介质发生多种核反应，介质中的核素反应截面随中子能量变化很大，在研制仪器的探头上有很大难度。

（5）中子能谱的确定不同于 $\gamma$ 射线能谱的测量，需要多个探测器进行测量和估算。

（6）所有的中子辐射场中均伴随 $\gamma$ 射线，这为中子剂量测量带来干扰。

最早的中子剂量巡测仪是用无慢化体的热中子灵敏探测器作探头，或用直径小于 100 mm的慢化球体包裹热中子灵敏探测器作探头，它们能较好地用于中子能量小于 10 keV辐射场的剂量监测；采用较大的慢化体可用于宽范围的中子剂量测量，探测器放在几何中心，中子能量响应比较理想的能量范围上限可达 20 MeV。多球中子能谱测量方法是从 20 世纪 60 年代发展起来的一种成熟的测量技术。利用从几 cm 到几十 cm 直径的一套不同大小的聚乙烯球中各含一个热中子探测器，可以在不同精度上分析中子注量谱，大致确定中子能谱，从而可以计算出各种剂量学量。这种方法用于测量中子剂量的能量范围可达到 20 MeV。

#### 10.3.1.1　直读报警式个人剂量仪

直读报警式个人剂量仪是智能型袖珍仪器，采用最新的功能较强的单片机技术制作而成，主要用来检测 γ、X 射线，在测量范围内可任意设置各种阈值报警值，并发出声光报警，提醒工作人员注意安全，不同型号可储存不同数量的数据，符合国家国际标准，功能强、灵敏、功耗低、佩戴型仪器，主要是 γ、X 射线的剂量率（μSv/h）和个人累积剂量（μSv），一般每天设置 2.5 μSv，每年不超过 50 mSv，目的是满足高放射性场所工作人员的需要，广泛用于医疗、核工业、核医学、军用核设施、核电厂等剂量测量。

市场常见的个人剂量报警仪，一般都可检测 X、γ 辐射引起的累积个人剂量当量和个人剂量当量率。测量数据和工作时间等可存储在剂量仪内且掉电不丢失，并可由一定的通讯方式传输至读出器或中心计算机。个人剂量报警仪可预置剂量、剂量率报警阈值，在超阈时可发出声、光报警。

#### 10.3.1.2　热释光剂量计

热释光剂量计（thermoluminescent dosemeter，TLD）按其性质、形状、方式大体可分为：①按原子序数可分为高原子序数磷光体、中原子序数磷光体、低原子序数磷光体。②按形状可分为粉末状、片状、玻璃棒等。③按佩戴形式可分为笔式、徽章式、项链式等。④按用途可分为个人剂量计和环境剂量计。热释光剂量计在放射环境中用途广泛，如事故处理，导源剂量检测，输出量的测量，个人剂量检检测，环境累积剂量等。用于个人剂量检测：个人剂量检测是指在放射工作场所对工作人员受照剂量的检测，它不同于电离室式剂量计，是累积剂量测量，即工作人员在某种辐射场工作一段时间总的受照剂量。在多数情况下，一般辐射水平比较低，所以应选择灵敏度较高，能量响应较好，稳定性和线性俱佳的剂量计，常规监测一般 30 d 为一个周期，最长不能超过 90 d，一是可以满足测量需要，二是可以对异常现象尽早发现。最好是每个工作人员配备 2 只剂量计，一只佩戴，另一只为备用，即轮换，防止在检测期间漏记所受照射剂量，更主要是防止该期间异常照射的发生而丢失受照剂量数据。剂量计只能在工作期间正常佩戴，不允许人为编造“假”剂量，如放在辐射场中、管球下的“特殊处理”。

环境剂量检测：由于热释光剂量计具有累积剂量的功能，可以在所关心的辐射场中长期放置，所以是其他探测器无法比拟的，尽管环境辐射水平剂量仪，如高压电离室也可以连续工作，但它所记录的是每一瞬间的剂量率，而热释光剂量计所记录的是整个时间段的辐射剂量，在对环境辐射水平评价时更具有说服力。但在布放时应注意几点：代表性、位置（高度、距建筑物距离）、污染等。剂量计的选择应满足环境谱，足够的灵敏度，方向性等要求。不同性质的热释光磷光体有各自特点，使用时应首先了解和明确检测口的，其次是正确选择热释光磷光体，对热释光磷光体应掌握其的线性、灵敏度、能量响应、方向性、发光峰位置、退火条件、自衰退和自增长等，以免给结果的评价造成麻烦。

目前较为先进的 Mirion 系统组成见图 10－9，该设备为实验室设备，具有重复性好、测量线性大、灵敏度高、测读速度快、可联网共享数据、无需专门退火装置等优点。

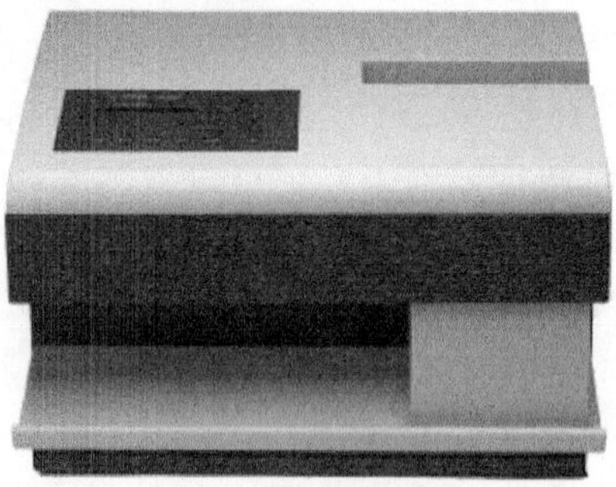

RE2000读出器

热释光剂量计

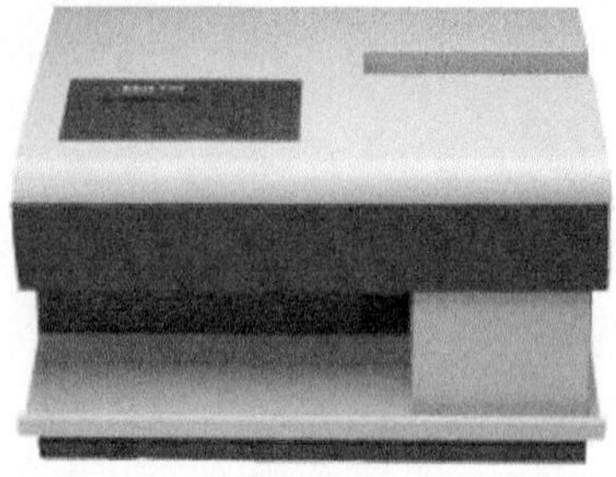

IR2000辐照器

图 10－9　Mirion 热释光系统

Mirion 系列产品中 TLD - Cube400 型便携式热释光剂量读出仪可用于核应急现场个人剂量测量，该设备重约 6 kg，尺寸 145 mm×162 mm×284 mm，见图 10－10。其加热器为热电偶陶瓷接触加热器，不锈钢托盘，可通过网线与电脑连接。缺点是需氮气加热。

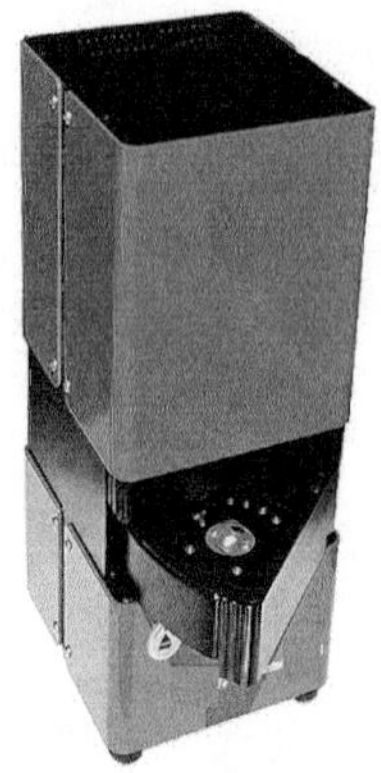

图 10－10　TLD - Cube 型便携式热释光剂量读出仪

热释光个人剂量系统的通用操作程序为：

(1)依据监测类型与监测人数，配备数量足够、同批次的剂量片，剂量片的分散性符合国家标准要求(分散性越低越好，但价格越低越贵)。

(2)根据购置的剂量测量系统的特点进行检定校准。一般先对系统进行自校，之后将剂量计送中国计量科学院或中国原子能研究院等国家法定计量检定部门进行年度检定(每年一次)。

(3)在仪器日常使用中依据相关作业指导书并参照仪器说明书,对仪器进行日常维护及期间核查。

(4)依据监测类型与人数,制定监测计划;对探测元件退火、组装;发放个人剂量计;定期回收并提前发放下一个监测周期的剂量计;测读剂量计并出具监测报告。对于异常的测量结果,应查找原因;对于高剂量结果,应进一步进行现场核实与调查。

#### 10.3.1.3　光释光剂量计

与热释光多采用 LiF(Mg,Cu,P)晶体材料不同,光释光剂量计(Optically Stimulated Luminescence,OSL)以 $Al_2O_3$:C 为晶体材料,具备重复分析功能。

光释光与热释光各有优缺点。光致光系统剂量计可以反复重复测度,可以作为事故时的佐证材料之一。剂量计剂量值受光照影响较小,测量简单快速,可自动进行能量识别,适合常规放射工作人员剂量监测和应急监测。但其价格昂贵,虽然每个剂量计都已经用了自身的灵敏度因子进行修正,但仍随着剂量计的使用,存在灵敏度变化,需重新购买刻度片进行灵敏度刻度,且该刻度片价格昂贵。在角响应等性能上还需进一步研究和探讨。热释光剂量计在各方面性能上均较成熟,剂量计稳定性均较好,角响应好,但其剂量不能重复测读,需要的能量鉴别时,需将不同率过区的探测器均放满,加大工作负荷。此外,光释光系统在质量控制中,因探测器容易受外界污染,系统灵敏度与探测器分散性、测读仪稳定性、技术人员操作有一定关系,故其影响因素较多,对操作人员要求更严格。

OSL 读数仪采用冷光源激发,不用氮气,不加热,设备维护简单;无加热也致使设备稳定耐用,故障率极低;同时脉冲式光激发,使剂量信号读取瞬间完成,测量速度高,每小时可处理最多 300 片剂量计。系统内设了完善的质量控制措施,每次测读开始和结束时,系统对光电倍增管灵敏度、激发光源强度、暗电流等系统状态参数进行自动检测、在操作界面上显示并记录存档,确保设备在最佳状态下运行;设备内置了条码扫描器,可自动识别人员佩戴的剂量计和 QC 剂量计,操作人员可预设 QC 剂量计测读误差范围,当测读结果超出设定误差值时设备自动停机,以供操作人员检查并修复问题,然后可对本批次剂量计重新测读,确保测读质量。光释光与热释光性能对比见表 10－5。

**表 10－5　光释光剂量计与热释光剂量计性能比较**

| 项目 | 光释光 | 热释光 |
| --- | --- | --- |
| 加热方式 | 无需加热,不需要氮气 | 需要精准控制加热时间和温度,要求有稳定的氮气流量 |
| 维护工作量 | 极低的维护工作量与运行成本 | 故障率高,必须对加热器、氮气流量等进行维护 |
| 刻度 | 刻度简单,一套刻度片可以重复使用并用于多个读数仪 | 不同的读数仪必须单独刻度,且刻度繁琐复杂 |
| 测量结果 | 每个读数仪都能给出相同的结果 | 仅能在刻度的读数仪读取,其他读数仪给出的剂量不同且无实际意义 |
| 测读速度 | 280 剂量计/小时 | 60～100 剂量计/小时 |
| 探测下限 | 0.01 mSv | 0.1 mSv |
| 探测范围 | 0.01 mSv～100 Sv | 0.01 mSv～10 Sv |
| 成像性能 | 可成像 | 不可成像 |

续表

| 项目 | 光释光 | 热释光 |
| --- | --- | --- |
| 复读能力 | 可在脉冲光激发下多次读取 | 只能读取一次 |
| 退火方式 | 使用前无需退火，剂量累计到一定程度时对剂量计进行重置(亦称退火) | 需加热退火 |
| 环境影响 | 不敏感 | 对温湿度等敏感 |
| 信号衰减 | 无衰减 | 信号随时间不短衰减 |
| 价格 | 较贵 | 便宜 |

国际上自从1996年开始，以$\alpha-Al_2O_3$:C作为光释光元件的测量技术逐步成熟，光释光剂量计在辐射剂量测量方面的研究和应用有了突破性进展。当前包括美国、日本等发达国家已经实现了基于光释光元件的辐射剂量的量值传递，使得相关研究和应用获得计量支持。近年来，光释光个人剂量监测系统逐渐得到广泛应用。据不完全统计，截至2014年全球约有150万套光释光个人剂量计，其中美国和日本几乎全部使用光释光剂量计。2014年以来国际原子能机构逐步舍弃使用了40年作为质量控制传递样品的热释光剂量计，改用光释光剂量计作为新一代的质量质控元件。

在空间辐射剂量学方面，由于光释光剂量计测读过程中不用加热，且具有小型化、重量轻、低功耗的特点，使得光释光剂量计测量系统用于空间站或飞船内辐射剂量的监测能为可能。美国宇航局已经开始将光释光剂量计作为航天活动空间辐射剂量监测的重要测量手段。

在医学剂量方面，由于光释光剂量计的高灵敏度、无需加热、全光学、快速测读的特性，使得在放疗中近于实时的精确内剂量测量成为可能。目前发达国家利用光释光和辐射发光组成光纤剂量系统用于内照射实时剂量率和吸收剂量测量已经成为现实。使用光释光剂量计代替目前使用的X光胶片，用于医学成像和重带电粒子的径迹成像，以及放射性沾污的远程测量研究正在进行之中。

在环境剂量方面，光释光剂量计与TLD相比，具有灵敏度高，能量响应特性更好的突出优势，能快速测量环境光子剂量率。在辐照加工方面，光释光剂量计已经用于食品辐照剂量监测。

在国内，随着光释光测量仪器的不断普及，国内核电、环保、卫生、工业、以及部分相关科研机构已经大量使用光释光剂量计用于剂量测量和科学研究。在国内市场上已有60多台套光释光读出设备，主要用于辐照剂量测量、医疗、地质考古等科研部门。个人剂量和环境辐射剂量监测方面，设备生产公司与国内相关部门合作成立了专业测量实验室，进行个人和环境辐射剂量的光释光剂量计测量。国内多家科研单位也开展了光释光剂量计以及测量设备的研究开发，已经得到一定的成果，生产出了初期的光释光元件和测量设备样机。

与热释光剂量计相比，光释光最大的缺点是价格高昂，采购成本为热释光的5～8倍；其次是国内尚缺乏光释光剂量计的检定标准。常见的光释光个人剂量监测系统见图10－11。其中microStar型读数仪可同时测量光子、电子、中子剂量，且体积较小，重量较轻，适用于核应急现场个人剂量监测。

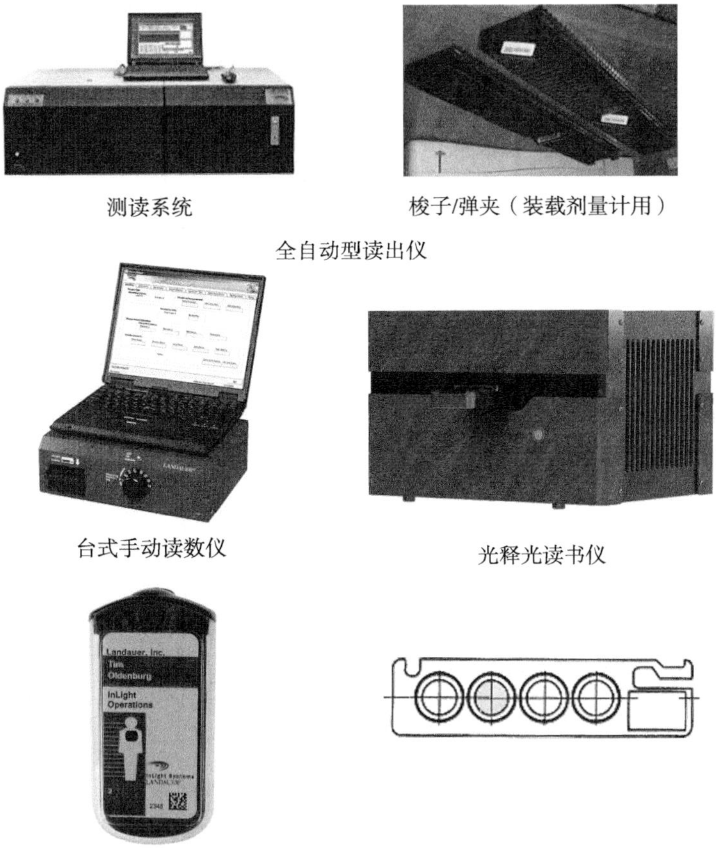

测读系统　　梭子/弹夹（装载剂量计用）

全自动型读出仪

台式手动读数仪　　光释光读书仪

光释光个人剂量计外观　　光释光个人剂量计内部结构

图 10－11　常见的光释光读数仪

#### 10.3.1.4　中子剂量计

Rosenzweig 和 Rossi 等首先在 20 世纪 50 年代采用组织等效正比计数器（TEPC）研制中子剂量监测仪，组织等效计数器又叫罗斯正比计数器，因计数器是一种较理想的组织等效材料，所以这类中子剂量监测仪一般都有较好的中子能量响应。开始利用这种计数器设计成场所剂量仪表，但随着电子技术的发展，TEPC 的应用取得长足进步，制成的仪器很小，可以装在口袋里，用于个人剂量计的优越性逐步显现。它是从微剂量学角度来测量的，配有多道分析器（一般采用 256 道），可以测在组织等效介质中线能的吸收剂量分布，因线能近似反映传能线密度从而对品质因子进行估计，吸收剂量由线能吸收剂量分布的积分来确定，这样可以得到剂量当量。现在商用的剂量计是基于圆柱型 TEP 和三重型（triple）TEPC 发展起来的为了提高灵敏度，通过增大计数器有效面积的办法可使灵敏度达到 20 计数/$\mu$Sv。另外，也有人通过增大有效体积使中子和 $\gamma$ 的线能谱分开，以设 $\gamma$ 甄别的方法测中子、$\gamma$ 混合场中的场所中子剂量。有些剂量计的设计进一步拓宽了中子能量范围，可以在热中子到 20 MeV 范围内使用。但同时也存在许多技术问题（如灵敏度低、容易受电磁场干扰、耗电以及在混合场中 $\gamma$ 射线的干扰等），因此有待进一步改善。半导体探测器的主要特点是探头体积小，剂量计容易小型化。测量原理与上述正比计数器相似，也配有多道分析器。小的光敏二极管半导体探测器面积只有几个 $mm^2$，中子的灵敏度大约为 1 计数/10 $\mu Sv$。虽然面积增大可以提高灵敏度，但噪声也随之增大，同时电源供应不能保证。也有人采用两个面垒型二极管半导体探测器，有效面积为 100～300 $mm^2$，中子的灵敏度可达 5 计数/$\mu Sv$，但这些剂量计的能量响应都不十分理想，也有 γ 射线干扰问题。为了有效扩大能量范围，还有人利用 1 /V 俘获核反应原理设计了多个面垒型二极管，即采用 4 个二极管，一个探测器无任何屏蔽(用于测身体反照率中子)，其余三个分别是用硼包裹、用镉片包裹(用于吸收热中子)和用聚乙烯材料包裹(用于测身体反照率中子)，其余三个分别是用硼包裹、用镉片包裹(用于吸收热中子)和用聚乙烯材料包裹(利用 n－p 散射作为质子的辐射体)。这种剂量计的不足在于快中子灵敏度比较低，尤其在 30keV～1MeV 范围更加严重，需要进一步研究改进。近年来新型 MOSFET(金属氧化物场效应)半导体器件的快中子个人剂量仪已得到应用。

中子个人剂量计可分为被动式个人剂量计和主动式个人剂量计，常见的被动式中子外照射剂量计主要有 $^6$LiF 热释光中子剂量计、反照中子剂量计、核乳胶快中子个人剂量计、固体径迹个人剂量计等，主动式中子个人剂量计主要有中子气泡剂量计、半导体型中子个人剂量计。其中被动式个人剂量计不能实时显示辐射剂量信息，主动式个人剂量计可实施显示剂量信息并具有报警功能。其中 $^6$LiF 热释光中子剂量计适用于低能中子的监测，而其他类型的剂量计则适用于能量较高的快中子的监测。$^6$LiF 剂量计的使用与测量 X、γ 射线的剂量计相似。中子反照剂量计则是利用人体作为吸收中子的慢化体，将快中子转化成慢中子再进行测量，因此，人体实际上是剂量计的一部分，因而要求在刻度中子反照剂量计时，使用与人体相近的模体。佩戴时剂量计与身体紧密相靠，它适用于场所内中子谱相对稳定的场合。由于中子场总是伴随有 γ 辐射，因此在一些特殊场合可由光子－中子剂量比推导出中子的剂量。也可利用血液中钠和毛发中硫的中子激活分析技术测定中子剂量，可测剂量范围约为 0.1 至数十 Gy。

(1)$^6$LiF 热释光中子剂量计

该剂量计采用 $^6$LiF、$^7$LiF 热释光探测器组合剂量计测量中子、γ 混合场剂量。剂量计内部设有四个槽，可放置不同类型、规格和形状的探测器，可用于 X、γ、β 射线和中子线剂量的测量，以及事故测剂量的测量。剂量计佩戴采用吊卡结构，剂量计采用不干胶条形码编号。对于中子－γ 混合场剂量测量，为了把中子剂量从混合场中区分出来，需要两个热释光探测器。其中一个中子灵敏另一个不灵敏，如 $^7$LiF 对中子不灵敏，仅对 γ 射线灵敏，而 $^6$LiF 对两种辐射都灵敏，由 $^6$LiF 和 $^7$LiF 的响应差即相当于扣除了光子剂量而得到中子剂量。CTLD－J4100 型热释光中子个人剂量计外观见图 10－12，性能见表 10－6。

**表 10－6　CTLD－J4100 型热释光中子个人剂量计主要性能参数**

| 项目 | 指标性能 |
|---|---|
| 能量范围 | 20 keV～3 MeV |
| 照射量范围 | $10^{-2}$～10 Gy |
| 总不确定度 | ≤±30%(对于能量≤30 keV 或照射量≤$10^{-2}$ Gy，≤±50%) |
| 能量响应 | －10%～＋25% |
| 分散性 | ≤±8% |
| 衰退和光效应 | ≤±5% |

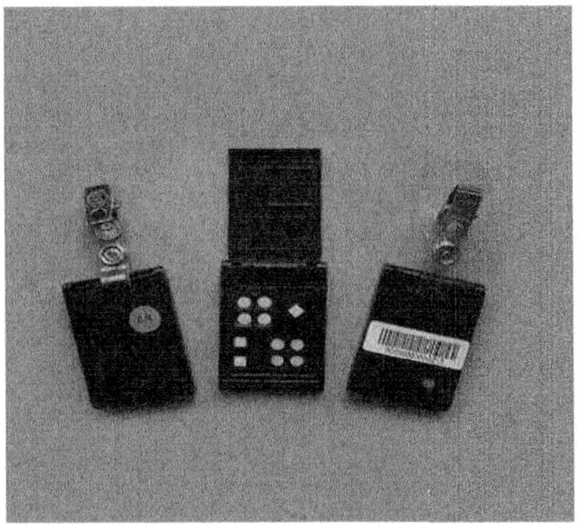

图 10－12　CTLD－J4100 型热释光中子个人剂量计

(2)反照中子剂量计

中子反照率技术是 70 年代发展起来的一种重要的中子个人剂量监测方法。基本原理是中子经受体如佩戴个人剂量计的人体反射回来变为热中子，利用热中子探测器进行个人剂量监测，可利用在含 Cd 或 B 材料包壳内放置多对热释光探测器的方法实现测量，亦称配对 TLD 反照率剂量计；或采用$^{6}$LiF(Eu)闪烁晶体探测中子剂量。如德国使用的 KfK 即所谓万能反照率个人剂量计是在含 B 塑料卡中分两单元设置 2 对 TL 探测器($^{6}$LiF 和$^{7}$LiF)。而瑞典应用辐射物理研究所( IAR) 则是三单元 TL 探测器。利用$^{6}$LiF 和$^{7}$LiF 探测器目的在于甄别 γ 射线贡献，多单元设计目的在于给出能谱信息。如 KfK 和 IAR 反照率剂量计都是以前开窗(朝向人体方向)测反照中子和后开窗测热中子两者之比提供能谱指数。反照率中子个人剂量计中的探测器可以是胶片、TLD，甚至是径迹蚀刻探测器。随着 LiF 敏化片的出现，反照率剂量计的灵敏度也有较大提高，一般做到探测下限 0.1 mSv。TLD 反照率剂量计的优点是灵敏度高、造价低、易读，可以大量使用。其缺点是并非所有的中子都变成了热中子，中子慢化反散射份额是随着中子能量变化的，对于热中子可占到 60%，而对于 10 keV 以上的中子反照射率的响应是急剧下降的，即探测器读数依赖于中子的能量，它过低地估计了高能部分，而过高地估计了低能部分，而高能部分在剂量学上是非常重要的，在实际使用过程中刻度困难、监测结果不确定度大。这是这种剂量计不可逾越的缺点，也决定了它很难直接应用于快中子剂量场监测。

TLD 反照率剂量计的结构设计示意如图 10－13 所示，包括两对 TLD 剂量片，其中一对下面有 B 塑料或 Cd 片，用来探测入射的热中子，称为$^{6}R_1$、$^{7}R_1$，而另外一对上面用 B 塑料或 Cd 片盖着，吸收( 屏蔽) 入射的热中子，称为$^{6}R_2$、$^{7}R_2$，用来探测快中子经过人体慢化后反射的热中子。这样从两对剂量计读出的测量结果能够得到一定的中子能谱信息，利用这些得到的能谱信息可以设定依赖中子能谱的合适的场所修正因子。此外，为了提高对 X、γ 射线的光子能量响应，通常$^{6}R_1$、$^{7}R_1$上面加有金属补偿片。除此之外，$^{6}$LiF(Eu)闪烁晶体中子剂量计较为常见，见图 10－14。

(3)核乳胶快中子个人剂量计

该剂量计适合测量快中子，由核乳胶片和塑料暗盒组成。为了提高探测效率可在乳胶表面包裹一层聚乙烯辐射体，常用于快中子测量，处理后的乳胶片可长期保存，供随时核查数据。其中核乳胶是能记录单个带电粒子径迹探测的特制的照相乳胶，主要成分是溴化银

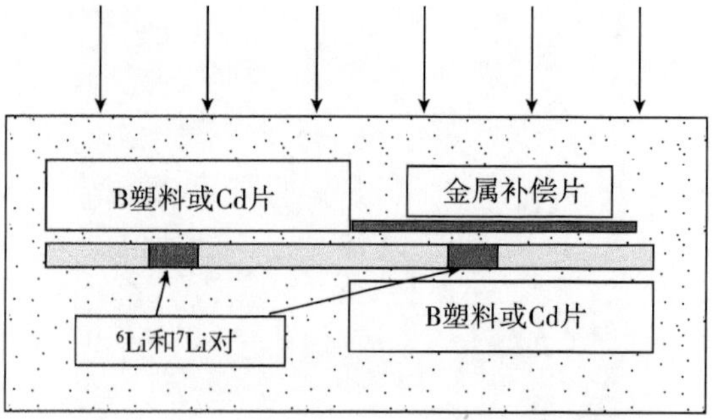


图 10－13　TLD 反照率剂量计结构示意图

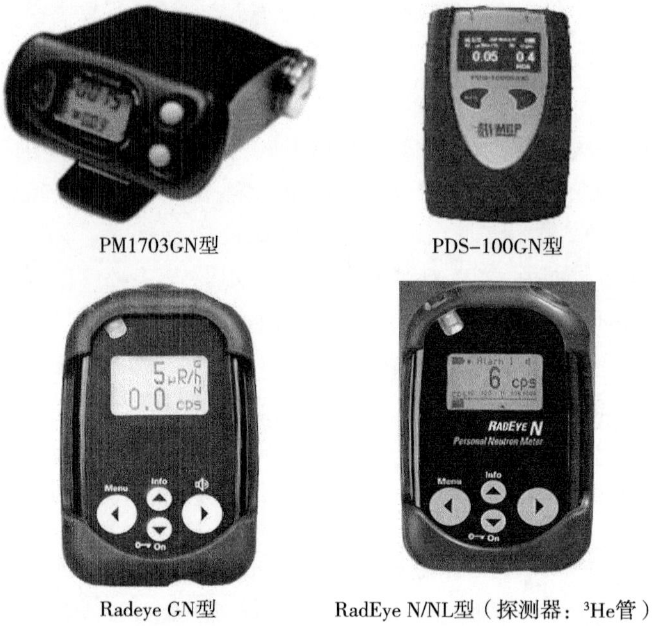


图 10－14　几款闪烁晶体中子剂量计

微晶体和明胶的混合物，与普通照相底片乳胶不同在于含溴化银的量大，晶粒小，乳胶层较厚。其原理是中子与乳胶中的氢核作用，发生弹性散射产生反冲质子，质子通过乳胶时产生潜影，化学处理后使之显影，利用高倍显微镜数出径迹数。径迹显示过程为：①带电粒子和乳胶的主要成分 AgBr 晶粒发生作用，不断损失能量，并使 AgBr 分解成 Ag 原子和 Br 原子；②在一定条件下，某些银原子会陆续汇集在一起形成集团，而 10 个左右银原子组成的集团就能形成显影的核心，即潜影；③经过化学处理后，显影核心的晶粒还原成黑色的银颗粒，这些被还原的银颗粒就把带电粒子的径迹显示出来。这种剂量计与其他剂量计相比，具有下述优点：①核乳胶为固体，阻止本领大，可以有效记录高能粒子；②组成径迹的银颗粒极为微小，空间分辨本领高；③设备简单、价格便宜。其缺点是：①阈值 0.7 MeV，能量响应差，能量范围有限(核 2＜10 MeV、核 3＜50 MeV)，饱和剂量 50 mSv；②消退率高，高温高湿会加剧消退；③光子照射会使胶片在受照和显影后变黑，影响径迹的辨别。

(4)固体径迹个人剂量计

常见的材料有 CR39、LR115 等。核粒子穿过绝缘体时，造成一定密度的辐射损伤，经适当处理，形成可观测的径迹，这种固体称为固体核径迹探测器。自 1962 年以来，中子辐射的监测已越来越多地应用固体核径迹探测器。这种探测器所具有的特性，使它十分适用于作中子、α 粒子和重离子剂量计，可分为裂变径迹探测器、反冲径迹探测器、基于(n，α)反应的径迹探测器。其原理是通过反冲核和核反应产生的(裂变碎片、反冲质子、粒子或 C、H、O 反冲核等)在有机聚合物、玻璃、云母等探测材料上，造成可蚀刻(化学蚀刻，电化学蚀刻或两者结合)的辐射损伤区域，经过一定的化学处理，在损伤区域显示出可见径迹，通过测定径迹密度，可给出相对应的中子剂量。这种剂量计与其他剂量计相比，具有下述优点：①用作探测器的塑料片等材料价格低廉；②体积小，而且在现场使用时，无需配备任何电子学系统，不需要能源；③与核乳胶相比，它便于显示径迹，不需要在暗室中进行操作；④在较高的灵敏度和极好的稳定性；⑤可选择性地记录电离辐射，对弱电离辐射(例如 β 和 γ 射线等)一般不灵敏，对于被记录的质子、α 粒子、各种重离子和裂变径迹等很容易辨认。固体核径迹探测器是积分型探测器，可以在较长时间内，稳定地积累记录径迹，因此，即使在粒子注量甚低的情况下，仍然十分适用。在某些场合，还可以配置定速转动或移动的设备，使其具有时间分辨的能力。常见的固体径迹测量系统见图 10－15、图 10－16。

Radosys 固体径迹自动测量系统

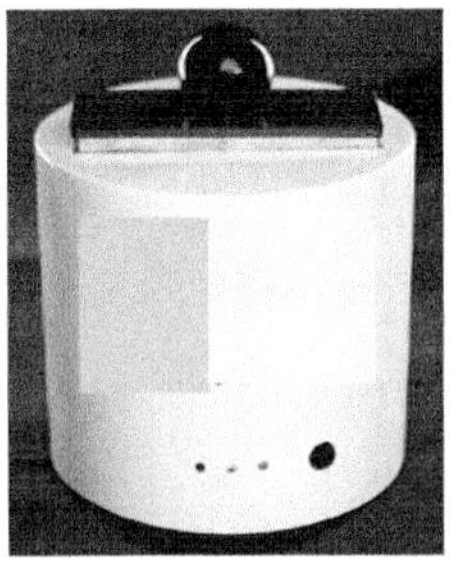

氡探测器

个人中子剂量计

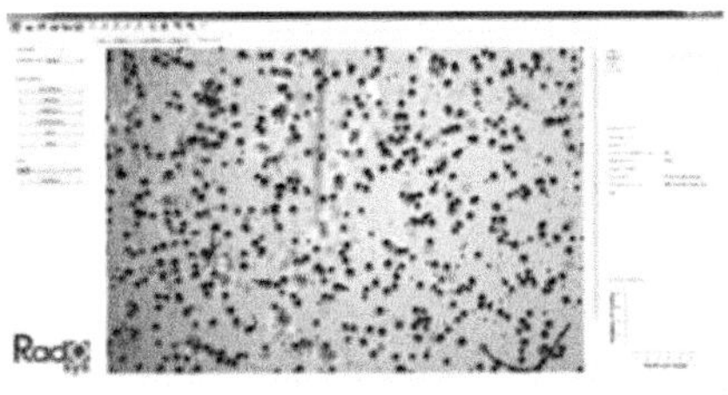

RSV10 全自动径迹分析单元

EcoReader 手动径迹分析单元

RSKS 标准型探测器

图 10－15　Radosys 固体径迹自动测量系统及配套附件

图 10－16　TASL 固体径迹蚀刻测量系统

(5)中子气泡剂量计

中子气泡剂量计是可重复使用,积分型、无源剂量计,可对中子辐射进行直接、可视的探测,是 80 年代发展起来一项技术,是目前唯一能够满足国际辐射防护委员会 ICRP60 要求的个人中子剂量计,具有从低能中子到高能中子的平坦响应曲线和对 γ 射线不灵敏的优点。气泡探测器可以用于任何存在中子的场合,如用于反应堆、同位素中子源和加速器等以对中子辐射进行测量,个人中子剂量测量和不同能区的中子能谱测量、宇宙辐射环境研究等。气泡探测器是由固化体、过热液滴、添加剂和施压装置组成的。其原理是:旋下探测器施压装置上的旋帽,探测器内压力下降,使探测液滴进入过热状态,对辐射敏感,此过程也可称为敏化。此时的探测器液滴就像无数个很小的气泡室一样,当中子和核相互作用,产生带电粒子,带电粒子的能量损耗沉积能量到过热液体微滴上,引发液滴爆炸成为肉眼可见的气泡,气泡的多少与入射中子的数量在一定范围内成正比,因而根据气泡的多少即可推算出中子剂量。气泡像微滴一样被硬弹性固体限制在微滴原位置不动,当记录完毕后,旋上施压装置上的旋帽,施加压力,又可以使气泡在外压的作用下变成液滴,因此气泡探测器可以重复使用。其优点是:无源,可一直存储;对中子极其灵敏而对 γ 完全不灵敏,可在有 γ 的本底中测量中子。其缺点是:对周围的温度敏感,对于能量与剂量的测量范围有限。

按照探测液体微滴的介质不同,可以把气泡探测器分为两类:一类是介质为粘滞液体或软胶,由美国于 1979 年首先报道研制成功,被称为过热液滴探测器(SDD);另一类是介质为硬弹性固体,由加拿大于 1983 年研制成功,被称为固体气泡损伤探测器,简称气泡探测器(BD)。固体气泡损伤探测器是过热液体探测器的进一步发展。前者,当探测液体受粒子照射而成为气泡后,由于浮力增大,气泡可移动或者漂浮起来,而后者可把形成的气泡固定在原来过热液滴的位置而不会破坏原有的结构。加拿大 BTI 公司现已研制出系列化商业产品,最典型的产品是 BDPND(见图 10－17),还有 BDT、BDS 等。

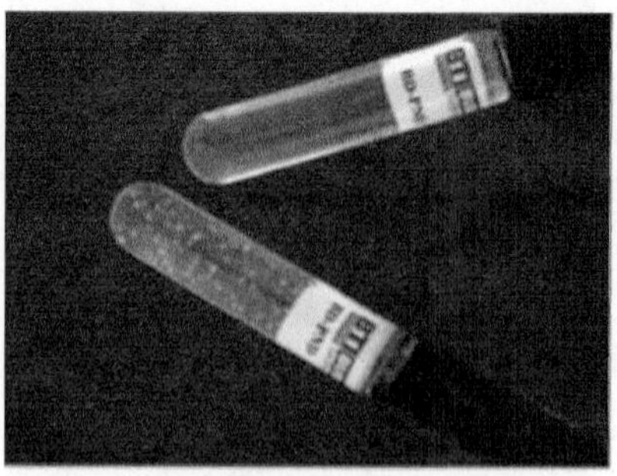

图 10－17　BDPND 中子气泡剂量计

固体径迹个人剂量计(CR39)、配对 TLD 反照率剂量计、气泡剂量计等三种探测方法比较见表 10－7。

表 10－7　三种探测方法性能比较

| 项目 | 性能比较 |
| --- | --- |
| 能量响应 | 中子气泡探测器具有非常好的能量响应特性,可以进行能谱测量。CR39 次之,低能端增加外赋响应。配对反照 TLD 方法较差,10 keV 以上差 |
| 角度响应 | CR39 可利用探测器形状变化改善角度响应。反照 TLD 符合余弦规律,角度响应较差 |
| 阈能 | 反照 TLD 具有热中子响应,CR39 约为 100 keV,可通过增加外赋响应层改善阈能 |
| 探测能量范围 | CR39 具有非常宽的可探测能量范围,最高超过 20 MeV,中子气泡探测器和反照 TLD 的可探测最高能量约为 10 MeV |
| 工作环境 | 中子气泡探测器的使用受到环境的影响非常大,热和震动都引起探测器的计数偏差,数据衰减快,因此,不适宜作为日常监测的剂量计。CR39 和反照 TLD 受环境影响小 |

(6)半导体型中子个人剂量计

主动式中子个人剂量计多数使用硅半导体型探测器。较成熟的半导体型个人剂量计有德国生产的 DOS－2002、日本生产的 SIMENS EDP－N 和 FUJI ELECTRIC NRNO 等。这类商售个人剂量计多采用转换体和单层硅探测器组合的结构设计,其剂量响应随入射中子能量变化剧烈,通常采用感兴趣能区的平均剂量响应来确定中子个人剂量当量率。但辐射防护领域实际中子辐射场能量范围通常较宽($2.53\times10^{-2}$ eV～15 MeV),且往往伴随着大量的 γ 射线,因此中子个人剂量计的测量结果不确定度往往较大。PTB 实验室曾对常用中子个人剂量计进行过测试,在不同能谱的中子源下,其个人剂量当量结果的相对误差可达 30%～200%。常见的主动式中子个人剂量计见图 10－18。

DMC3000

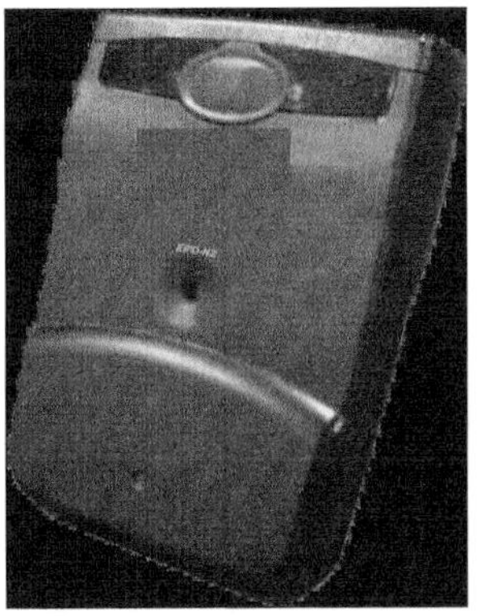

EPD-N2

DMC2000GN

图 10－18　几款半导体型中子个人剂量计

### 10.3.1.5　个人剂量计的选择

(1)常规监测

个人剂量计的选择不仅取决于辐射的类型,也取决于除 $H_P(d)$ 之外所要获得的其他信息。在实际应用当中,应更具具体情况,选取不同类型的剂量计。用于常规检测的剂量计包括:①光子剂量计,仅仅给出个人剂量当量 $H_P(10)$;②β—γ剂量计,可给出个人剂量当量 $H_P(0.07)$和 $H_P(10)$;③具有甄别功能的光子剂量计,除测量 $H_P(10)$之外,还可给出辐射类型,有效能量,并能探测高能电子;④肢端剂量计,可给出β—γ辐射的 $H_P(0.07)$(若操作中子源,也可给出中子剂量);⑤中子剂量计,给出有关 $H_P(10)$的信息。

(2)任务监测

有时工作人员所处的辐射场的水平会有显著的非预期的升高,此时,应佩戴辅助的剂量计,这种剂量计可在较早时间内给出工作环境的辐射场的短时间的变化。这种类型的剂量计包括直读式、笔式剂量计,能在操作过程中或者一个工作日结束后可直接读取剂量计读数,具有报警功能的电子剂量计还可在剂量或剂量率水平超出设定的阈值时给出视/听报警信号。

具有报警功能的电子剂量计常用G—M管或硅二极管做探测器,这类剂量计适于能量下限在20～80 keV的光子的测量,不同类型的探测器能量下限会有所不同。但是,这些剂量计在有弱贯穿辐射或脉冲辐射的剂量率很高的辐射场中可能会产生误动作。有时,周围的电磁场也会引起某些类型的电子剂量计的误读数。

(3)强辐射场下作业的监测

对于在强辐射场下的短时间作业,应制定特殊监测计划,包括使用报警式仪器。在高度不均匀的辐射场,则应佩戴额外的躯干的或肢端(例如手指、足部、膝盖和头等)剂量计。

(4)β—γ混合场监测

当β辐射有可能对辐射场有显著贡献时,应采用β—γ剂量计。这些剂量计可以是TLD或胶片剂量计,通常采用在不同材料或厚度的过滤片下放置2个或多个TLD元件或胶片,或者采用电子剂量计。若β剂量的显著成分来源于低能β射线,目前设计的剂量计可能不能满足要求。

(5)肢端剂量监测

对于肢端剂量的测量,特别是对于手部,如果将其佩戴在最易受到照射的手指,并且面向辐射源,一个简单的单一TLD元件的剂量计就足够。对于低能β辐射的准确测量,所采用的探测器应非常薄,并且在其前面放置组织等效可模拟组织的过滤片,这样就可以对标称深度7(0.07 mm)的剂量进行评价(例如采用厚度为5的组织等效探测器,相当于3的有效厚度,在组织等效滤片之下有一个厚度约为4的滤片就足够了)。

(6)中子和γ射线混合辐射场个人剂量监测

当中子剂量与γ剂量的比值不超过10%,可只用光子剂量计测定光子剂量,然后根据光子剂量监测结果和两者粗略比值计算总剂量;当中子剂量与γ剂量的比值超过10%,原则上应使用能分别测量中子剂量和光子剂量的鉴别式个人剂量计(中子剂量监测可使用固体核径迹探测器、TLD反照率剂量计等),分别测定中子和光子的个人剂量当量,然后计算总剂量。

#### 10.3.1.6 个人剂量计的佩戴

(1)在大多数情况下,佩戴在躯干部位。

(2)对于强贯穿辐射,佩戴在躯干部位的剂量率最高的位置。

(3)对于来自前方的入射辐射,或者旋转对称或者各向同性的辐射照射,剂量计应佩戴在躯干的前面,在腰与肩之间。

(4)对于用于评价眼睛晶状体剂量的剂量计则应佩戴在眼部附近(例如前额或帽子上)。

(5)肢端剂量计的佩戴:在肢端最大剂量比全身表面的剂量高出十倍时,应佩戴一个或多个的肢端剂量计,佩戴部位应为有可能接受到最高剂量的位置。

(6)对于在不均匀辐射场所受到的有效剂量评价,可让工作人员在其身体其他部位佩戴额外的剂量计,在一些特殊情况下,例如在放射照相中,经常使用防护铅围裙,一般要求将一个剂量计佩戴在铅围裙下面,而将另一个剂量计佩戴在身体没有屏蔽的部位。使用两个剂量计的目的在于确定身体有、无屏蔽部分所受的有效剂量。通过一定的算法,可能给出人体所受的总的有效剂量。

## 10.3.2 内照射剂量监测

内照射剂量监测可分为体外直接测量法和生物样品间接测量法,有时还包括空气放射性气溶胶监测法。其中体外直接测量设备按根据测量部位不同可分为全身计数器和器官计数器(肺计数器、甲状腺计数器),见图 10－19～图 10－22。生物样品间接测量设备主要包括液体闪烁计数器系统、激光铀分析仪、低本底 α 放射性测量仪分别用于尿氚、尿铀和尿钚的测量,见图 10－23～图 10－25。人员内照射剂量可以通过个人监测和环境介质(空气、食品、水)的监测结果来估算。个人监测结果可以为采取阻吸收、促排等医学措施提供依据,环境介质监测结果可以用于评价群体平均剂量,为采取药物防护、隐蔽、临时避迁、永久避迁、食品禁售等干预行动决策提供依据。核事故情况下,根据环境监测数据估算公众内照射剂量也可参照 GB/T17982 进行。早期内照射剂量评估的关键不是辐射剂量的准确计算,而是辐射剂量的大概估计,从而预测潜在的生物学效应,采取相应的医疗干预措施。准确的内照射剂量测定通常需要时间,可能延误治疗。一些放射性同位素如锕系同位素($^{241}$Am、钚等)的早期内照射剂量估计,对是否迅速采取医疗措施尤为重要。例如,DTPA 在摄入放射性核素后几小时内给药是最为有效。

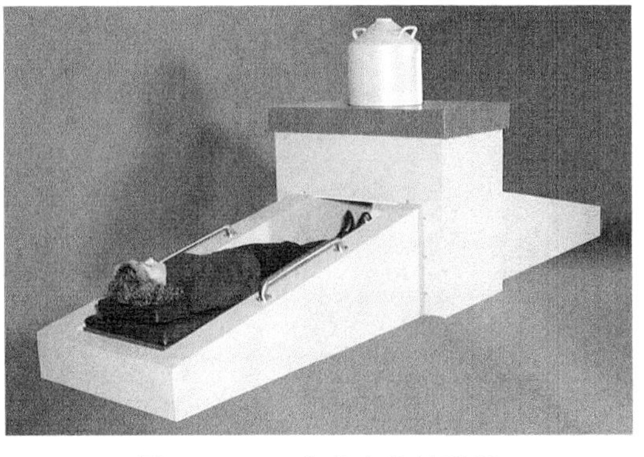

图 10－19 床式全身计数器

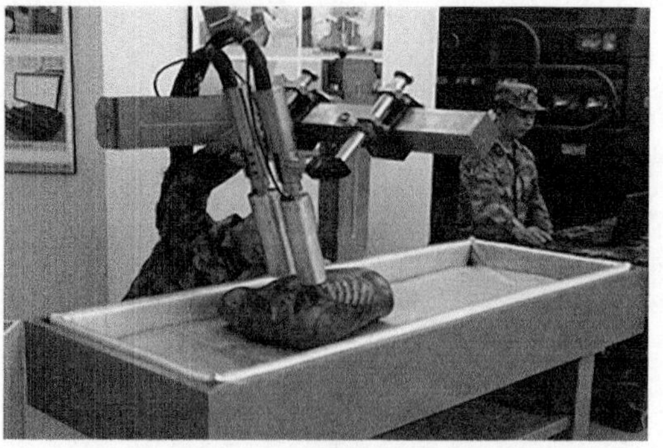

图 10－20　肺及全身计数器

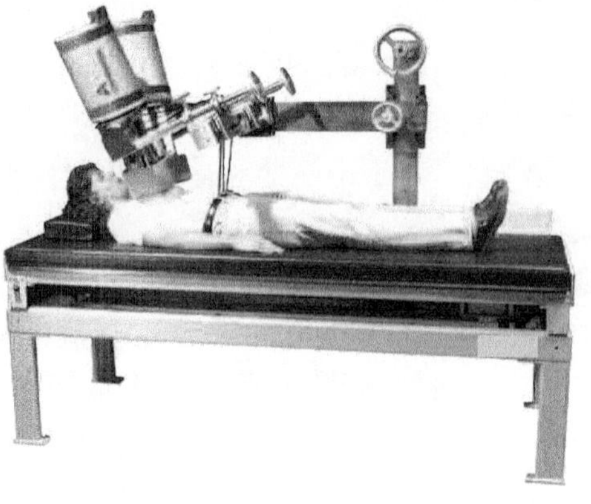

图 10－21　肺部及全身计数器

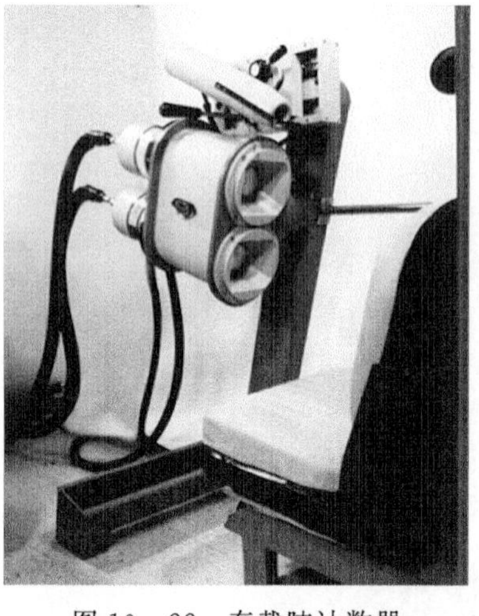

图 10－22　车载肺计数器

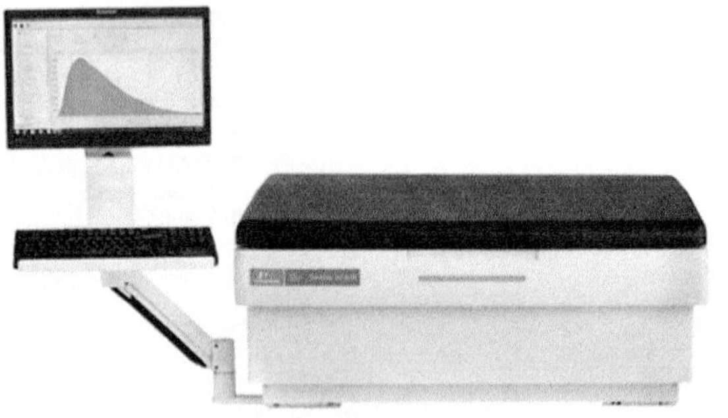

图 10－23　低本底液闪谱仪

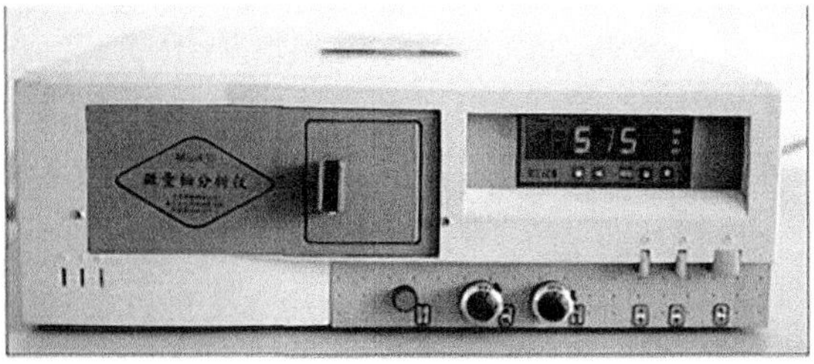

图 10－24　微量铀分析仪

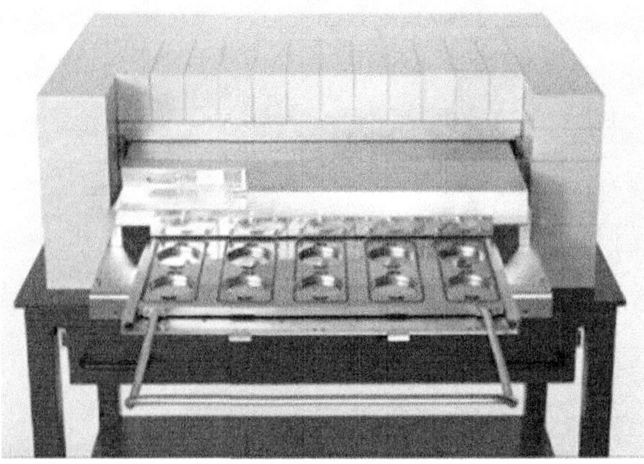

图 10－25　低本底 α、β 测量仪

### 10.3.2.1　直接测量设备

体外直接测量的工作原理是：通过测量体内 γ 放射性核素释放的 γ 射线的能量和强度，也可用于发射特征 X 射线、正电子和高能 β 粒子的放射性核素或某些发射特征 X 射线的 α 辐射体，并采用适当的人体模型对仪器进行刻度，利用专用的数据处理软件进行能谱分析，从而得以测定人体内放射性核素的含量。体外测量装置一般是由一个或几个屏蔽好效率高的探测器、光电转换和数据处理等部分组成的自动扫描测量系统，其测量、数据处理和结果分析由微机控制进行。测量方式有全身、肺部或甲状腺测量。对体内滞留的。放射性核素，例如镭、铀和超铀核素，要求采用高灵敏度测量技术。表 10－8 列出了部分放射性核素的体外测量方法的探测下限。

**表 10－8　部分放射性核素的体外测量方法的探测下限**

| 核素 | 测量部位 | 探测下限/kBq | 核素 | 测量部位 | 探测下限/kBq |
| --- | --- | --- | --- | --- | --- |
| $^{226}Ra$ | 全身 | 0.5 | $^{238}Pu$ | 肺部 | 1 |
| $^{228}Ra$ | 全身 | 0.5 | $^{239}Pu$ | 肺部 | 2 |
| $^{235}U$ | 全身 | 2 | $^{240}Pu$ | 肺部 | 1 |

(1)全身计数器

全身计数应在人员洗消、更衣后进行，摘掉珠宝、手表和眼镜等饰物，以防止体表放射性污染对测量的干扰，避免污染测量设备。全身计数可在放射性核素摄入后任意时刻进行，一般来说越早越灵敏。

不同的探测器系统用于不同性质核素的测量。高原子序数材料的无机晶体、常用的铊激活碘化钠，通常用于探测高能光子（100 keV 以上），如由许多裂变产物和中子活化产物发射的光子。用光电倍增管探测晶体同高能光子相互作用产生的闪烁；这些闪烁产生一些电子脉冲，经过专门处理，可获得一个反应晶体所吸收的辐射状况的能谱。这类测量系统最适合于存在放射性核素数目较少的情况；对能量的分辨是有限的，因此即使采用去卷积技术，也不可能测定给出复杂能谱（诸如由新的裂变产物混合体产生的能谱）的放射性核素成分。但是，在许多情况下，这种方法是定量测定体内含量的最灵敏方法。半导体探测器，如高纯锗（HPGe）探测器能量分辨很好，能很容易地鉴别出混合物中的各种放射性核素，工作期间需要冷却到液氮温度。其他可供使用的许多半导体探测器只有相当小的尺寸，因此其灵敏度比无机晶体和其他闪烁体低。探测器阵列正在成为监测特定器官（如肺）中污染的标准方法。低能光子，诸如由$^{239}$Pu 发射的光子（13～20 keV）和$^{241}$Am 发射的光子（60 keV），可用薄的 NaI（Tl）晶体探测，它的探测效率与较大的晶体相似，但本底低得多。附加第二个晶体，通常是 CsI（T1），作为反符合屏蔽，由于消除高能光子的影响从而改进探测灵敏度。这样一个装置通常称为层式磷光闪烁体（夹心）探测器，它能将这些光子的探测限值降低一个多数量级。HPGe 探测器阵列，由于其分辨率高和本底低，正越来越多地用于探测低能光子。对于低能光子的计数（例如，用层式磷光闪烁体或 HPGe 探测器），在确定探测效率时，必须考虑到上面覆盖组织的厚度。小型半导体探测器，特别是可在室温下工作的碲化镉（CdTe）探测器，正在越来越多地被使用。用 CaTe 探测器探测低能光子时具有高的灵敏度，它们的尺寸小（直径约为 10 mm，厚约 2 mm），使它们成为局部伤口监测的理想探测器。它们的另一些优点是：不需要将工作人员封闭在一个有屏蔽的室内，可快速评定外科切除操作是否成功。但是，这些小尺寸的探测器不适用于通过能谱测定法辨认和定量分析放射性核素。在建立一个先进的在体监测设施时，一般建议设置各种条样的探测系统，使之适用于可能受关注的特定放射性核素。

被测人员应在实际可能的程度上处在一个确定的计数位置上，以确保连续测量的可重复性，并改进与刻度结果的比照。在某些情况下，测量对象需保持静止状态达一个小时，以使测量结果令人满意地准确。应为处于密闭屏蔽中的测量对象提供某些联络手段，特别是在有必要延长计数时间时。测量结果经生物动力学模型和物理衰变校正，得到放射性核素初始摄入量，然后用初始摄入量评价内照射剂量，即待积当量剂量和待积有效剂量，对成人积分时间为 50 年，儿童为 70 年。

注意事项：探测器中出现的本底计数通常归结于下述四个来源：①来自天然源的环境本底辐射，如宇宙射线或氡及其衰变产物；②来自屏蔽和其他设备中的放射性本底辐射；③来自测量对象中天然放射性辐射；③由于测量对象同环境辐射相互作用而散射到探测器的辐射。对于基于闪烁计数 NaI（T1）晶体或者层式磷光闪烁体］计数系统，探测器系统的本底计数应用一个适当的体模（尽可能类似于要计数的测量对象，而且置于限定的计数位置）来测定。对于全身计数，用性别、身高和体重方面相符的未受污染的测量对象来测定本底计数，将能改进测量结果。但是，完全相符是不能的，诸如$^{40}$K 含量等因素就是不能控制的，因而较好的结果能从相符合的控制组，或者从开始工作前对特定个人所作的测量获得。对计数器中本底的测量，在时间上应尽可能与测量对象的测量接近，理想的情况是刚刚在其前和恰巧在其后。用半导体探测器时，以相符的体模进行本底计数是不必要的。测量设备应在使用前经过校准。测量人员受到适当培训和考核。仪器本底应该在现场确定。

(2)甲状腺计数器

仅适合于放射性碘的测量。甲状腺计数应在人员更衣、洗消后进行，以防止体表放射性污染对测量的干扰，避免污染测量设备。放射性碘的半衰期较短，因此测量应当尽早进行。优化尺寸的碘化钠探测器通常用于放射性碘，特别是$^{131}$I 的测量。甲状腺计数时，探测器中心在颈部正中表面位置 10 cm 处，测量时间 600 s。

#### 10.3.2.2　间接测量设备

个人体内污染监测使用的生物样品包括尿、粪和血液等。常用的是尿和粪样，所以又称排泄物分析。对不放出 γ 射线或仅放出低能光子辐射的放射性核素，个人体内污染量的监测主要借助于排泄物分析。尿样分析是排泄物分析中最常用的方法。收集尿样时应避免样品受到外来污染。为估计每日尿排出总活度，应收集 24 h 全尿；当收集全尿有困难时，可由部分尿样中放射性核素活度估算出全日尿的活度。由于监测方法的灵敏度所限，有时需分析由几天排出尿合并制成的尿样品。摄入的难溶放射性物质主要随粪便排出，因此一般用粪便样品评估其放射性核素摄入量。

生物样品中的 γ 放射性核素可用闪烁探测器或半导体探测器直接测量，对于 α 或 β 放射性核素的分析，样品必须进行化学分离，制成样品源才能测量。用液体闪烁计数法测定尿样中的氚水含量时，探测下限为 200 Bq/L。用 α 计数法测量水中的放射性核素如$^{235}$U、$^{238}$U、$^{239}$Pu 等，其探测下限约为 0.01 Bq/L。

测量尿中氚的浓度最常用的方法是液闪计数法。液体闪烁器测量氚的基本原理可分三步说明。第一步是辐射能转变为光能。样品(尿样＋闪烁液)中的氚衰变放出的β射线的能量，首先被闪烁液中的溶剂分子所吸收，转变为激发能。然后，溶剂分子再把这种激发能通过碰撞转移给有机闪烁溶质的分子，使之激发。被激发的溶质分子退激时产生荧光，即转换成一定波长的光子。第二步是光子能量转换为电能。闪烁液发出的荧光被光电倍增管接受，在其光阴极上被转化为光电子，接着在一系列打拿级之间进行电子倍增，最后在阳极形成电脉冲信号。第三步是电脉冲的处理和记录。光电倍增管给出的电脉冲信号经过电子学系统的放大、成形，最后被定标器记录。

尿铀测量设备——激光铀分析仪的工作原理：尿样经硝酸和过氧化氢硝化，破坏腐殖酸，呈白色无机尿盐。再用过硫酸铵和适量水溶解氧化尿盐，使样品中铀转成硫酸铀酰溶液。调节溶液 pH 3～ 4，加入荧光增强剂，使之与铀酰离子生成络合物，使铀酰离子络合成荧光效率很高的单一络合物，提高铀酰离子在激光诱发下产生荧光的效率，并掩蔽其他干扰离子，并且该络合物受到紫外光脉冲激发产生 500 nm、522 nm、546 nm 波长的荧光，用标准加入法测定铀的荧光强度，这种荧光强度表征着样品中的铀含量。由此通过相应的公式计算就可得到尿样的铀浓度。

尿钚测量设备主要包括低本底 α 射线测量仪，常用的方法是离子交换一低本底 α 射线测量法，其工作原理是：尿样用浓硝酸、过氧化氢硝化后，用氨水调节 pH，生成碱式磷酸盐沉淀。再进行湿法灰化破坏有机物，残渣用硝酸溶解，然后用强碱性阴离子交换法分离纯化钚，盐酸一氢氟酸溶液解吸钚。在硝酸一硝酸氨溶液中电沉积制源，用低本底 α 射线测量装置进行测量。低本底α射线测量装置中的探测单元会捕捉α射线并将其转化为电信号，在排除β、γ射线的干扰之后，该电信号的强度与α射线的强度呈线性关系，通过探测该电信号即可实现对α射线的测量，最终通过一定的公式计算即可得到尿中钚的浓度。

## 10.4 防护药物

抗辐射药物一般指照前给药能减轻辐射损伤，照后早期使用能减轻辐射损伤的发展、促进损伤恢复的药物。目前的抗辐射药物主要有如下3类：

(1)急性放射病防治药物：指在机体受电离照射前后给药能减轻机体的辐射损伤的药物，如雌三醇注射液、尼尔雌醇片、茜草片等。

(2)阻吸收药物：指能够有选择性地阻止或减少放射性物质的吸收，从而减轻其对机体的进一步损害的药物，如碘化钾、海藻多糖、普鲁士兰等。

(3)促排药物：指能够促进放射性物质的排出，有选择性地与放射性物质结合形成稳定的、可溶性的络合物，或阻止机体对体内的放射性物质的再吸收类的药物，如促排灵、氢氯噻嗪片等。

上述药品中，雌三醇注射液、尼尔雌醇片、阻吸收药物属防护类或预防类药物，茜草片、促排灵等属治疗药物。除此之外，消呕宁、甲氰咪胍、盐酸格拉斯琼、昂丹斯琼、蒽丹西酮等镇静止吐类药物，重组人粒细胞集落刺激因子、粒细胞—巨噬细胞集落刺激因子、白介素11等造血刺激因子，低分子右旋糖酐、丹参注射液、山莨菪碱注射液、维生素C注射液等改善微循环类药物，也都属于治疗药物。

通常情况下，应急人员在救援环境存在放射性碘时应预先服用碘化钾片，预期受照剂量过高或实际受照剂量超过1Gy时应尽早服用尼尔雌醇片并及时接受医学处理。

### 10.4.1 雌三醇注射液

雌三醇注射液是一个副作用小、有效时间长、照前预防和照后早期治疗都有较好抗放效果的防治急性放射病药物，见图10—26。

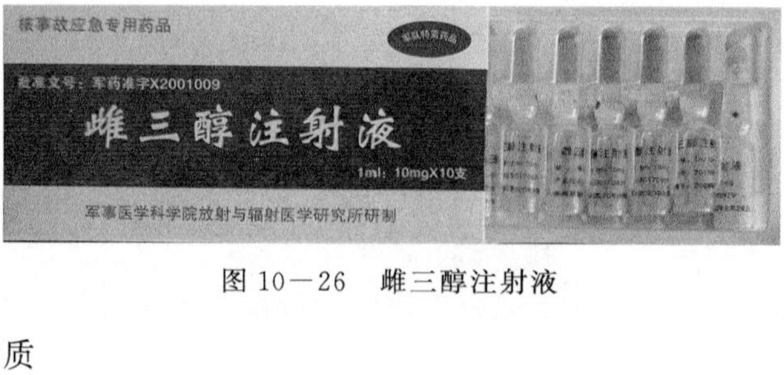


图10—26 雌三醇注射液

(1)主要理化性质

雌三醇为白色结晶性粉末，无味无臭，不溶于水。溶于二氧六环、氯仿和乙醚，易溶于吡啶。

(2)制剂

将雌三醇的微粒结晶混悬于茶油，苯甲酸苄酯和苯甲醇中，制备成乳白色混悬油注射剂。规格为 10 mg/mL，每支 1 mL，每盒 10 支。

(3)药理

雌三醇对正常和受照射机体造血组织的作用是不完全相同的。对前者基本是抑制为主，对后者以刺激促进增殖为主。雌三醇主要通过促进粒细胞的释放、抑制正常造血干细胞的增殖和分化、促进受照射造血组织干细胞增殖和分化、改善微循环、增加血流量起到抗放作用。

①一期临床试验

雌三醇对人体耐受性和安全性评价。10 例健康人肌内注射雌三醇 10 mg 后，其中 5 名男性受试者有 2 名于注药 20 d，乳房出现黄豆至蚕豆大的硬结，5 名女性受试者中有 2 名经期稍后移。但这些变化在停药后短期内均自行消失。除此之外，所有受试者未见其他异常变化。

②二期临床试验

雌三醇抗放作用的观察。在食管癌放疗患者中试用的结果，60 例食管癌放疗患者连续 14 次注射 1 mg、5 mg、7.5 mg 雌三醇，累积药量分别为 14 mg、70 mg、105 mg，累积照射剂量 60～70 Gy，给药组与 22 例不给药的对照组相比雌三醇能减轻放疗引起的白细胞下降，其中以每次 5 mg 和 7.5 mg 组效果较好。外周血淋巴细胞染色体畸变、血红蛋白及尿中牛磺酸含量给药组与对照组比较未见显著差别。但当照射剂量达到 30 Gy 时，用药组比对照组的淋巴细胞染色体畸变率要低。

雌三醇对人整体给药体外照射血中淋巴细胞染色体畸变率的影响。在 5 名健康人肌内注射雌三醇 10 g 前和注药后 36 h 取血，离体血液以 γ 射线 2 Gy 照射。其结果与给药前比较，雌三醇可明显降低淋巴细胞染色体畸变率，表明雌三醇对淋巴细胞染色体的辐射损伤有一定的保护作用。

雌三醇的临床扩大使用。雌三醇对肿瘤化疗和放疗所致的白细胞减少症都有较好的治疗作用。治疗子宫颈炎、老年性阴道炎和妇女更年期综合征均有较好的效果。

(4)雌三醇的毒性和副作用

雌三醇主要的毒副作用是对性器官的影响。这种影响随给药剂量的增大、给药次数的增加而增大。如有效量 5～10 mg 长期多次使用，则能引起睾丸萎缩，生精细胞抑制。

(5)使用说明

①作用与用途

雌三醇注射液是一个辐射损伤长效预防和照后早期治疗药物。在照射前 15 d 至照后 1 d内肌肉注射本药，能提高活存率，减轻放射病的临床症状，减低照后白细胞的下降程度。与抗生素伍用能提高放射复合伤的治疗效果。肿瘤放疗病人应用，能减低白细胞下降程度，对正常人整体给药后，体外照射血液所引起的淋巴细胞染色体损伤有保护作用。此外还具有使白细胞升高和止血作用。

②用法和用量

预防急性放射病时，可于受核辐射前 10 d 内一次肌肉注射 10 mg，以照前 6 d 内给药效果较好。治疗用药可于照后一天内尽早使用，肌注 10 mg。照前和照后结合使用，或与其他防治放射病药物伍用，可提高疗效。

③副作用

用药后可能出现暂时性乳房胀痛或硬结，月经失调，不经治疗乳房硬结消失，月经失调可纠正。

④禁忌症

妇科肿瘤，再生障碍性贫血、肝病及未成年患者忌用。

⑤注意事项

本药应在医生指导下应用，混悬油注射剂使用必须充分摇匀。

⑥制剂、包装与贮存

混悬油注射剂为乳白色悬液，每支 1 mL 内含雌三醇 10 mg，每 10 支一盒。避光室温保存，有效期 3 年。

## 10.4.2 尼尔雌醇片

尼尔雌醇片是一个新的抗辐射损伤药物，见图 10－27。其主要特点是：口服和肌肉注射有效；照前预防和照后早期治疗均有效；照前预防有效时间较长，副作用小。尼尔雌醇片不仅对单纯 γ 射线所致辐射损伤有明显的预防和治疗作用，而且对 γ 射线、中子(1∶1)混合照射有良好的防治作用。

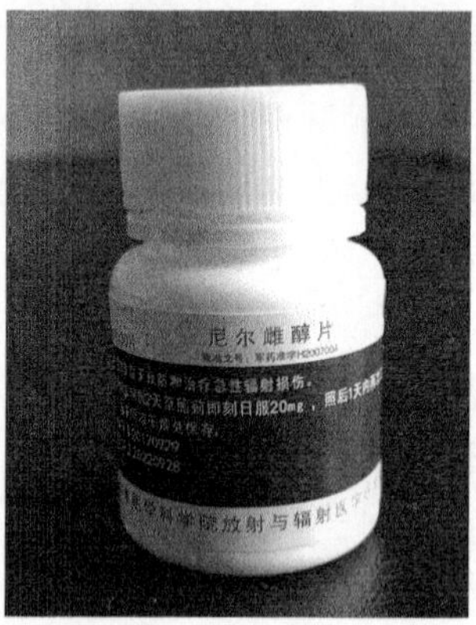


图 10－27　尼尔雌醇片

(1)主要理化性质

本品为白色或类白色结晶性粉末，溶于丙酮，略溶于乙醇，易溶于氯仿而不溶于水。

(2)制剂

每片含尼尔雌醇 10 mg。

(3)药理作用

尼尔雌醇片对辐射所致造血组织损伤有明显的保护作用。

(4)一次或多次给药的毒性、临床试验

临床试验表明，一次给药不同剂量未发现异常变化；多次连续服不同剂量可导致骨髓粒细胞及血小板生成出现受抑制、睾丸重量减轻、生精细胞减少、前列腺萎缩、乳头增大等现象，腺泡增生和骨髓巨核细胞系统有一定程度抑制等可逆性变化。在临床上不宜大剂量多次连续服用。具体如下：

由于平时极少发生急性放射病，因此，尼尔雌醇片的临床验证是以肿瘤患者下半身一次照射 8 Gy 为模型，观察该药对人的抗放效果。肿瘤患者下半身一次照射 8 Gy，从外周血淋巴细胞染色体畸变率的推算，相当于一次全身照射 1.10～1.99 Gy，可引起轻度至中度偏轻急性放射病。结果表明①照前 24 h 口服尼尔雌醇片 20 mg，照后 2 h 再服 10 mg，可明显减轻患者造血功能损伤程度，表现在照后 1～23 d 观察期内的白细胞总数及白细胞最低值均明显高于对照组。升高的白细胞主要为中性粒细胞。这一变化与狗全身均匀照射 2.75 Gy后白细胞的变化是一致的。②口服尼尔雌醇片后外周血淋巴细胞 ACP 活力“O”分型百分数显著增高，而对照组却明显降低，提示尼尔雌醇片有保护淋巴细胞溶酶体膜的作用。③口服尼尔雌醇片后外周血淋巴细胞染色体畸变率显著低于对照组，说明尼尔雌醇片有明显减低淋巴细胞放射损伤的作用。根据公式计算尼尔雌醇片可降低 0.76 Gy 生物效应的防护作用。④尼尔雌醇片患者血浆雌激素的药代动力学变化过程基本一样，其受体结合物质的增加可能与抗辐射作用有关。⑤尼尔雌醇片未降低肿瘤患者下半身照射的止痛效果。副作用为乳房胀痛，不经治疗可自行消失。

(5)使用说明

①作用与用途

尼尔雌醇片是一个口服、长效和副作用较小的辐射损伤防治药物。其作用为升高白细胞、改善照射后造血功能，减低白细胞下降程度。动物实验证明，在受 LD90 致死量 γ 射线照射前 2 d 至照后 1 d 内口服本药，能明显提高动物活存率，减轻放射病的临床症状，改善造血功能。肿瘤病人下半身照射临床验证表明，尼尔雌醇片能改善造血功能，减低照后白细胞下降程度，并有减轻淋巴细胞溶酶体膜作用及染色体损伤的保护作用。其用途为：核事故急性放射预防和早期治疗、用于肿瘤放疗或化疗所致的白细胞减少症。

②用法与用量

预防急性放射病时可于照前 2 d 至照前即刻一次口服尼尔雌醇片 30 mg；治疗急性放射病可于照后 1 d 内尽早口服 30 mg；照前预防和照后结合治疗，可于照前 2 d 至照前即刻口服 20 mg，照后 1 d 内再服 10 mg。

③副作用

用药剂量较大时可能出现暂时性乳房胀痛、硬结和月经失调。

④禁忌症

儿童和再生障碍性贫血病人禁用。女性生殖系统肿瘤、乳腺癌及肝脏疾病患者慎用。

⑤注意事项

口服后消除较缓慢，多次给药时血药浓度可能蓄积增高，副作用增大，因此一次 30 mg，每月不宜超过 2 次。

⑥包装与贮藏

避光、密闭保存，有效期 3 年。

### 10.4.3　茜草片

茜草片为军队特需药品，为急性放射病防治药物见图 10－28。其主要成份为茜草(浸骨粉)，用于治疗白细胞和血小板减少症。

图 10－28　茜草片

(1)主要理化性质

茜草片为棕黄色粉末，味香而略带苦涩。易吸潮，能溶于水，易溶于乙醇，遇碱变质，水溶液呈酸性。

(2)制剂

茜草片为淡黄色糖衣片剂，每片 100 mg。

(3)药理作用

茜草片有转移自由基的作用，因而可减轻自由基对生物大分子的损伤；抑制包括造血细胞在内的生理更新率高的细胞分裂活动，降低细胞代谢，从而降低细胞的辐射敏感性，增强断裂染色体自再接能力，促进部分受损的恢复；使受照射的骨髓加速成熟和释放，反馈性地使增殖池增大，提高外周血细胞的水平，从而有利于受照射机体度过放射病极期；改善微循环，增加血流量，改善造血组织的能量供应和代谢，从而有利于造血组织的恢复再生。

(4)毒副作用与临床试验

①Ⅰ期临床试验

共试用 205 例。结果表明，茜草片对化疗和放疗所致的白细胞减少症、原因不明白细胞减少症、放射性工作者、苯作业者及某些内科疾病所致的白细胞减少症均有一定的作用，而无明显毒副作用。

②Ⅱ期临床试验

共 418 例。进一步肯定了茜草片对肿瘤患者化疗和放疗所致白细胞减少和月经过多症等疾患均有治疗作用。临床试用中曾见到茜草片的一些副作用，发生率约 13%。主要表现为口干轻度胃纳不佳、胃部不适。个别服药患者有轻度恶心。但对肝肾功能和心电图无明显影响。

(5)使用说明

照后早用药，每次口服 300 mg。每隔 2～3 日服用一次，用药次数以 3～5 次为宜。

(6)包装与贮藏

避光、密闭保存，有效期 3 年。

### 10.4.4 碘化钾(KI)片

碘化钾的作用是使碘在甲状腺内达到饱和,减少甲状腺对放射性碘－131 的吸收,从而快速排除体外,进而降低人体甲状腺的受照剂量,见图 10－29。碘化钾只对放射性碘有防护效果,对外照射和其他放射性核素无法起到防御作用。我国确定的稳定碘预防的通用优化干预水平是 100 mGy(指可防止的甲状腺待积吸收剂量)。

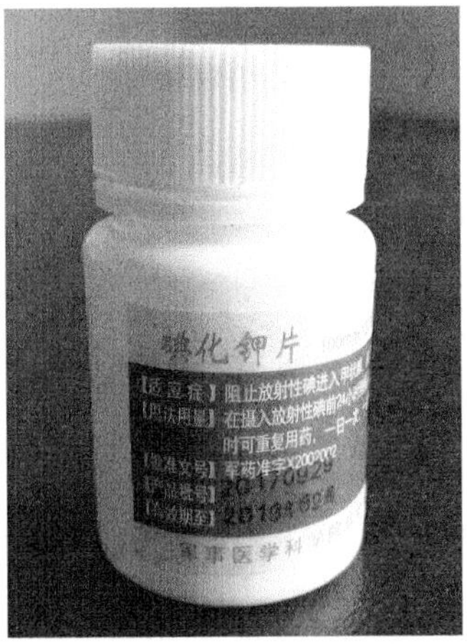


图 10－29　碘化钾片

(1)主要理化性质

碘化钾为无色透明或白色透明的六角形结晶或白色颗粒状末;无臭,带苦、味咸;有引湿性,在潮湿空气中可潮解变色;在水中极易溶解,在乙醇中溶解。熔点为 677 ℃。分子量为 166。

(2)制剂

药物制成片剂,呈白色,每片含碘化钾 100 mg,避光、密封保存。

含碘制剂尚有碘化钠与碘酊等。碘化钠的主要理化性质与碘化钾类似。碘酊中含有碘 2 g/100 mL、碘化钠 1.5 g/100 mL。

(3)药理

碘化钾中稳定性碘可在体内阻止放射性碘进入甲状腺内。它在甲状腺内饱和并封闭了甲状腺,阻断甲状腺体中放射性碘参与代谢环节,抑制甲状腺进一步摄取腺体外的放射性碘,从而减少放射性碘在甲状腺内蓄积量,降低了甲状腺的受照剂量。

碘化钾对于早期放射性落下灰中放射性碘在甲状腺内沉积具有明显的防护效果,一般可减少甲状腺内放射性活度的 85%以上。

碘化钾的防护效率与许多因素有关,其中主要是落下灰的日龄,服用碘化钾的时间和碘化钾用量等。

碘化钾对于物理半衰期不同的放射性碘核素的防护效率不同,半衰期较长者,防护效率较高,反之则低。

由于不同日龄的早期放射性落下灰中放射性碘的组成不同,因此碘化钾对落下灰中混和放射性碘的防护效率也不同。落下灰日龄越大,$^{131}$I 在混合碘中的比值越大,碘化钾的防护效果越高。

服用碘化钾的时间不同，对于放射性碘的防护效率有大的不同。在摄入$^{131}$I前24 h内或同时服用碘化钾(100 mg)，与对照组(不服碘化钾)24 h甲状腺吸碘率相比，甲状腺内活度减少87%～96%。其中以同时或前12 h内服用，防护效果最好。在摄入$^{131}$I后4 h服用碘化钾，防护效率减低至不到50%。

(4)副作用

无明显的副作用，但对碘制剂过敏的人员不宜使用，对孕妇不宜长期地大剂量服用。

(5)使用方法

在可能受到放射性碘内污染前或污染后应及时口服碘化钾100 mg(一片)最佳服用时机为放射性碘进人体内前24 h内或进人体内后2 h以内，最迟不宜超过摄入落下灰后4 h。在无可靠资料估算甲状腺可能受照剂量的情况下，应当尽快作出大概的判断。对于已预防性服药，但可能持续、多次受到放射性碘内污染的情况下(如反复进人污染区执行救援任务及在污染区停留时间长的人员或公众)就有必要多次服用稳定碘，直至吸入或食入放射性碘的显著危险不再存在为止。

在持续摄入早期放射性落下灰的条件下，可以采用以下四个服用碘化钾的方案：100 mg，每天一次；100 mg，每天两次；200 mg，每天一次；200 mg，两天一次。四个方案均有很好的防护效果。必要时可重复用药，但不宜超过10次，或总量不宜大于1 g。

WHO推荐成年人或12岁以上青少年单次100 mg，儿童(3～12岁)单次50 mg，婴儿(1个月～3岁)单次25 mg，新生儿(出生～1个月)单次12.5 mg。

(6)保存

应密封、避光、防潮保存。

(7)注意事项

①碘化钾片外观变色或潮解，不宜服用。

②对有以下情况疾病或接受过下列治疗的人员应权衡利弊，慎用或不用碘片(特别是多次服用)：既往或现患甲状腺疾病，如地方性碘缺乏性甲状腺肿，甲状腺结节，弥漫性毒性甲状腺肿已经治愈，曾接受过放射性碘的治疗，慢性淋巴细胞性甲状腺炎，甲状腺单侧切除，有亚临床型甲状腺功能减退，遗传性四碘甲腺原氨酸($T_4$)、三碘甲腺原氨酸($T_3$)缺乏的高龄者等；已知对碘过敏者；严重的的皮肤病，如痤疮、疤疹、银屑病等；疱疹样皮炎；血清补体缺乏性血管炎；严重的肾脏、心脏及肺结核等疾病；婴儿与孕妇。对于确需服用者，须严密观察，如有不良反应或副作用，应立即停药。可能因服用高剂量稳定碘诱发严重副作用的个人，或已知患有甲状腺疾病的人，在服稳定碘之前应当征求医生的意见。而且，在应急情况下，应当向公众提供辐射危险和服稳定碘副作用的相关信息。

③稳定碘预防意在主要用作防止吸入的一种防护行动，因此这主要是一种短期措施(最多持续几天)；稳定碘预防仅应在不可能提供无污染食品的情况下用来减少甲状腺对已食人的放射性碘的吸收(尤其是对儿童并特别与牛奶有关)，而且即使是在这种情况下，稳定碘预防也只能是供较短时间内使用，因为应该尽快供给清洁食品。

### 10.4.5 海藻多糖颗粒

海藻多糖是从裂叶马尾藻中提取制备的一种多糖醛酸聚合物，主要成分为褐藻酸钠

(87%)。褐藻酸钠是由 D—甘露糖醛酸和 L—古罗糖醛酸，通过 1,4 碳原子键合的多糖。见图 10—30。

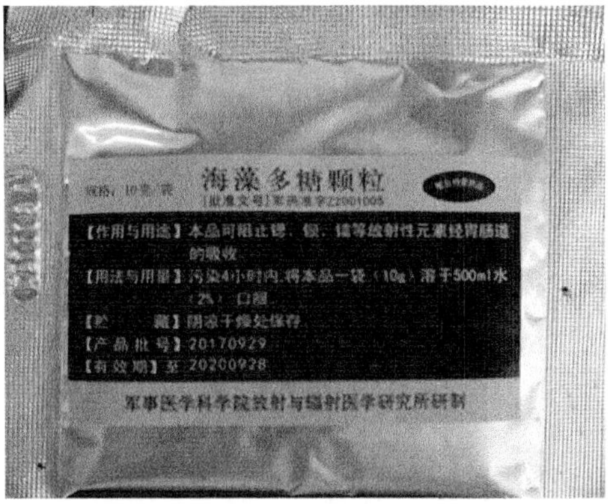


图 10—30　海藻多糖颗粒

(1)主要理化性质：淡棕色结晶性粉末，易溶于水，不溶于乙醇。

(2)制剂

为淡棕色颗粒剂，每袋 10 g，每盒 10 袋。

(3)药理作用

海藻多糖在胃肠道内基本不被吸收，它与摄入的放射性锶作用后，可形成褐藻酸锶盐，随粪便排出。除锶以外，在体实验还证明它与钡、镭形成稳定的化合物，其结合的能力随原子半径增大而增强。

人体试用海藻多糖后，观察它对摄入示踪量锶的阻吸收效果。阻吸收效果分别以服药后 2 h 或 4 h 血清锶浓度和 24 h 尿锶含量比相应对照组减少的%表示。10 例(男 7，女 3)观察口服锶后立即服用 2%海藻多糖糖浆 750 mL(男)、600 mL(女)的治疗效果。临床应用的结果表明，治疗组血清锶浓度减低 78±8.9%，尿锶含量减低 78±11%；预防组血清锶浓度减低近 100%，尿锶含量减低 93±4.6%，均证实了海藻多糖阻止锶吸收的显著效果。

(4)毒性

不被吸收，偶发胃肠轻度不适。

(5)使用说明

①使用时机

意外地摄入大量放射性锶、钡、镭等核素时；在放射性锶等核素严重污染的环境内停留或工作时。

②用药原则与方法

经口摄入放射性锶者，应立即服用 2%海藻多糖溏浆 500 mL，超过 4 h 服用不明显；意外吸入放射性锶等核素后，可采用分次服药的方法，每 2～3 h 1 次，每次 2～3 g，每日总量不超过 12 g，连续用药 3～5 d。

(6)禁忌

有活动性消化道溃疡或出血的病人禁用；有习惯性便秘者慎用。

(7)注意事项

服药期间少食富锶的食物，如茶、核桃，海产品等，并辅以多渣食物。

按上述方法使用无毒副作用。

### 10.4.6 普鲁士兰胶囊

普鲁士兰(Prussian Blue)即亚铁氰化铁,分子式为 $Fe_4[Fe(CN)_6]_3$,见图 10－31。它能有选择的与肠道内的铯结合,阻止胃肠道内放射性铯的吸收。

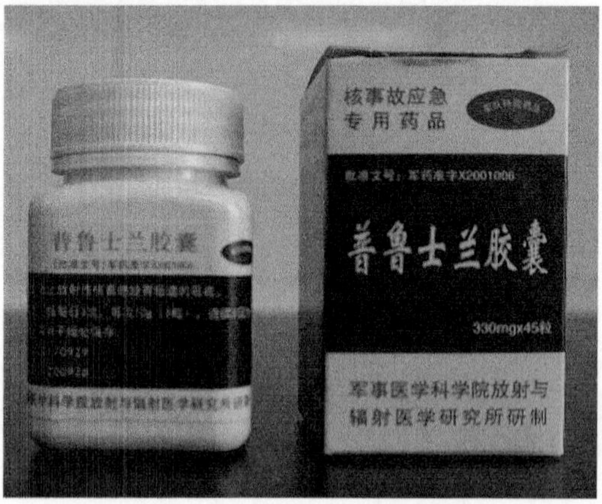


图 10－31 普鲁士兰胶囊

(1)主要理化性质

普鲁士兰为深兰色结晶粉末,无味,不溶于水、乙醇、乙醚。

(2)制剂

深蓝色 0 号胶囊,每粒 0.33 g,每瓶 45 粒。

(3)药理作用

①阻止放射性铯吸收的原理

普鲁士兰口服后不被肠道吸收,在肠内能有选择的与摄入的或由肠腺再分泌的铯结合,开成稳定的亚铁氰化铯盐,由粪排出,因而铯由肠道的吸收减少,铯在体内的代谢速率增快。

②阻止铯吸收的效果

人体服用普鲁士兰促排 $^{137}Cs$ 的效果:普鲁士兰能明显加快铯在体内代谢速率,使生物半减期缩短。自铯内污染后数十天至 300 d 应用普鲁士兰,都观察到铯的生物半减期缩短,似乎普鲁士兰在污染后晚期应用的时间与生物半减期缩短的程度无依赖关系。但一日内用药次数增多,如 1 d 内分 10 次用药,日总剂量 2 g 似乎效果好些。

(4)毒性

人体试用中,6 例健康人(男 3、女 3),5 例口服剂量为每日 3 g,连续 3 d,1 例为每日 4 g,连续进行物理检查和化学检查,均未发现与用药有关的有意义的变化。

(5)使用方法

①用药时机

意外地摄入、吸入大量放射性铯时;较长期居住或工作于放射性铯明显的环境时。

②用药剂量与方法:

每次用量 1 g(三粒),每日 3 次,连续 5 d 为一疗程,休息一周后再用第二疗程;若条件允许，可将上述总剂量分成 9 或 10 次服用。

(6)副作用及注意事项

无明显副作用，有活动性胃溃疡或消化道出血者禁用；患习惯性便泌者慎用。

(7)储存

密闭保存，有效期 3 年。

### 10.4.7　促排灵

促排灵注射液为加速放射性核素排出的药物。促排灵是络合剂——二乙烯三胺五醋酸三钠钙盐（DTPA－$CaNa_3$，依地酸钙）的商品名，它是一种高效、广谱的促排药物，见图 10－32。其锌盐（DTPA－$ZnNa_3$）称新促排灵。

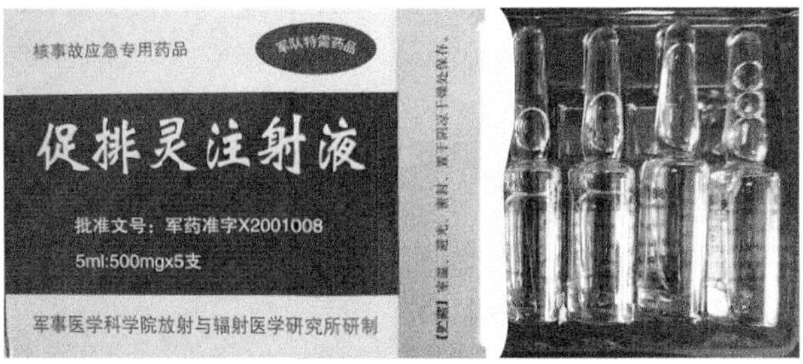


图 10－32　促排灵注射液

(1)主要理化性与制剂

二乙烯三胺五醋酸（DTPA）为白色粉末，在水中溶解极微，在氢氧化钠、稀盐酸和稀硫酸中易溶，熔点为 218～222 ℃。促排灵为 DTPA 的三钠钙盐。制剂为 DTPA－$CaNa_3$水针剂，每安瓿 10 mL，内含促排灵 500 mg。

(2)加速排出作用的原理

促排灵是一种络合剂，在体内能选择性地与体内沉积的放射性核素，如镧（$^{140}$La）、铈（$^{144}$Ce）、镨（$^{143}$Pr）、钕（$^{147}$Nd）、钷（$^{147}$Pm）、锆（$^{95}$Zr）、铌（$^{95}$Nb）和钚（$^{239}$Pu）等的阳离子结合，形成稳定可溶性的络合物，很快经肾脏排出体外，从面减少体内放射性核素沉积量。

(3)促排放射性核素的效果

促排灵对多种放射性核素均有显著的促排效果，其促排因核素种类、用药时间以及用药途径及剂量不同而异。下面列举 DTPA－$CaNa_3$对人体内放射性核素促排效果的部分实例。

①促排核素的种类

$^{46}$Sc：尿排出增加 20～30 倍；$^{65}$Zn：尿排出增加 30 倍；$^{90}$Y：24 h 尿排出 48%；$^{140}$La：尿排出率 60%；$^{143}$Pm：30 min 内用药体内积存量为对照组的 40%；$^{144}$Ce 等稀土核素：立即用药几乎能全部排出；$^{238}$Pu：第 1 h 用药体内积存量减少 90%；$^{241}$Am：排出 50%；$^{242}$Cm 和$^{252}$Cf：减少积存量。

②使用时间的影响

促排灵给予时间对促排效果的影响甚大。人体静脉注射$^{143}$Pm 后 30 min 静脉滴注 1 g 促排灵，$^{143}$Pm 排除率为注入量的 95%，1 天后用药排除率 25%，80 天后用药排除率仅为 5%。

③吸入给药的促排效果

16 例钚内污染者吸入促排灵促排，每天用药量(27±12)mg，观察到尿钚明显，随吸药量增高，尿钚排出效果有所提高。

④对铅、钍的促排效果

27 例钍作业者应用促排灵，每次肌内注射 0.5 g，连续 3 天，观察到尿钍排出增加。

29 例铅作业者应用促排灵，其方案有两个，其一为口服 DTPA－$CaNa_3$肠溶片，每日2～3次，连续 3 天；其二为注射给药，静脉点滴促排灵 1 g，每日 1 次，或每次肌内注射0.5 g，每日 2 次，与等剂量的 EDTA－$CaNa_2$交替使用，总剂量 5～13 g。观察结果表明，口服促排灵尿中排出铅的效果明显高于注入 EDTA－$CaNa_2$。

(4)毒副作用

氨羧络合剂进入人体后，在体液 pH 条件下，不但能络合放射性核素，而且也能与钙及机体必需的微量元素如 Zn、Mn、Co 等络合，因而引起血钙降低及某些微量元素缺失所致一些代谢环节障碍，进而引起一系列毒副作用，如毛囊炎、咽喉炎、口腔炎、扁桃体炎、阴囊炎等。络合剂引起的人体内源性 Zn 减少，导致与 Zn 有关的许多酶活性受到严重影响，是此类络合剂毒副作用的主要原因。应用 DTPA－Ca 时，肾和消化道黏膜细胞中 DNA 合成能力降低；如改用 DTPA－Zn 盐时，上述现象即消失。DTPA 也有胎儿致畸的影响。

根据人体试用的经验，在实际应用中，总剂量控制在 3 g 以下。如需长期用药者，采用用间歇用药或与新促排灵交替使用。

(5)药物代谢

人体试验表明，肌内注射促排灵后，很快经肾脏排出。

(6)使用说明

①应用时机

当空气中前述放射性核素浓度明显增高，有可能使吸入核素超过年摄入量限值时，人员进入这些场所前，预防注射或吸入促排灵。确知或怀疑受到前述放射性核素内污染后需立即使用促排灵。

②用药原则

已知内污染后尽早用药，距内污染时间越近，用药效果越好。预防用药的时间也以距内污染时间越近越好，在可能受到内污染前 4 h 为宜。对吸入途径造成的内污染，最好采用吸入给药。

③用药方法

在内污染早期，肌内注射 0.5 g，每天 1 次，连续 3～5 d，或采用吸入给药，剂量120 mg，每天 1 次，连续 7 d，停药 1 周后还可重复用药疗程。

在内污染晚期，肌内注射 0.1～0.25 g，每天 1 次，连续 7～10 d 或按上述方案用药，必要时，可重复数个疗程。

④禁忌证

孕妇、患严重肾病者禁用促排灵。患急性呼吸道或咽喉部炎症禁忌吸入给药。

### 10.4.8 抗辐射药品伍用原则

防治急性放射病药物合并应用的原则：一是受照后尽早用抗射药物；二是预防用药的

效果优于早期用药的效果；三是预防加治疗用药优于单一用药四是联合伍用优于单一用药效果；五是防治急性放射病药物加对症治疗措施优于其中任何一项防治措施或对症综合治疗措施的效果。使用防治急性放射病药物应根据具体情况、使用目的、时机以及药物供应情况等统一考考虑。可根据下列三种情况加以使用：

(1)情况紧急，需要预防使用，可选尼尔雌醇片、雌三醇注射液等。

(2)需进入严重放射性沾染区执行救护和抢修任务，进入前 1～9 h 可选用尼尔雌醇片和雌三醇注射液，两药均具速效作用。

(3)受到较大剂量照射的人员，都应尽早肌注雌三醇注射液和口服茜草片或口服尼尔雌醇片和茜草片。

## 10.4.9　其他药品

美国食品药品监督管理局(Food and Drug Administration，FDA)推荐的放射性内污染阻吸收促排药物见表 10—9。

**表 10—9　放射性内污染阻吸收促排药物**

| 药物 | 处理核素 | 给药方案 | 周期 |
|---|---|---|---|
| AlOH* | $^{90}Sr$ | 经口：60～100 mL | 1 次 |
| 磷酸铝胶* | $^{90}Sr$ | 经口：100 mL | 1 次 |
| 氯化铵* | $^{90}Sr$、$^{226}Ra$ | 经口：1～2 g | 6 d |
| 钙* | $^{90}Sr$、$^{226}Ra$ | 经口：足量 | — |
| Ca—DTPA**，<br>Zn—DTPA** | $^{239}Pu$、$^{241}Am$、<br>$^{244}Cm$、$^{252}Ca$、<br>$^{232}Th$、$^{90}Y$ | 注射：1 g/250 mL 生理盐水或 5%葡萄糖；<br>喷雾吸入：1g 1:1 水或生理盐水 | 至少 5 d |
| 葡萄糖酸钙* | $^{90}Sr$、$^{226}Ra$ | 注射：5 支(含 500 mg 钙)/500 mL | 6 d |
| 二巯基丙醇* | Hg，Pb，As，<br>Au，$^{210}Po$ | 肌肉注射：<br>300 mg/支，1 次；或 2.5 mg/kg，2 次/d，间隔 1 d 后连续 5～10 d | 10 d |
| KI** | $^{131}I$ | 经口：<br>成人、甲状腺剂量≥ 5 cGy 的孕妇或哺乳妇女：130 mg/d；3～18 岁儿童和青少年：65 mg/d；1～3 岁婴幼儿：32.5 mg/d；不满 1 岁的新生儿：16 mg/d | 多数情况<br>1 次；特殊<br>情况尊医嘱 |
| 丙基硫脲嘧啶* | $^{131}I$ | 经口：50 mg/片，2 片/d，连续 8 d | 8 d |
| 磷酸氢二钾* | $^{32}P$ | 经口：250 mg/片；<br>成人：1～2 片；4 岁以上儿童：1 片 | — |
| 普鲁士兰** | $^{137}Cs$、$^{201}Th$ | 经口：1 g 悬浮于 100～200 mL 水中，10 g/d | ≥3 周 |
| 藻酸钠* | $^{90}Sr$、$^{226}Ra$ | 经口：10 g 粉末溶于 30 mL 水中 | — |
| 碳酸氢钠* | $^{235}U$ | 注射：2 支(44.3 meq/支，7.5%)，1000 mL 生理盐水中，125 mL/h；或 1 支在 500 mL NS 中，500 mL/h；<br>经口，2 片/4 h，直到尿 pH=7～8；或 4 g (8 片)，分 3 次 | 第 1 天 1 次(IV)，<br>此后 2 天 PO；<br>继续使用遵医嘱 |
| 磷酸钠* | $^{32}P$ | 同磷酸钾 | — |
| 水* | $^{3}H$ | 经口：>3～4 L/d | 3 周 |

注：* 未经 FDA 批准；* * 经 FDA 批准。

银耳孢糖胶囊可用于急性放射损伤防治，磷酸铝凝胶、复合大豆蛋白粉（褐藻酸钠型、果胶型）可用作放射性核素的阻吸收，氢氯噻嗪、利尿剂等可用于促排放射性核素，消呕宁、甲氧氯普胺可用于对症治疗。具体使用方法参见药品使用说明书。

## 10.5 防护措施

核事故情况下，为了抢救和保护人员生命和财产安全，控制事故的扩大，应急队员需要进入事故现场展开救援，在保证应急队员身体健康的前提下，应采取相应的防护措施，这些措施包括外照射防护措施和内照射防护措施。

### 10.5.1 外照射防护措施

核事故情况下，对于外照射的防护，应遵守时间防护、距离防护和屏蔽防护的原则，采用综合的防护措施来降低应急队员的受照剂量，但在抢救人员生命时，在满足个人剂量限值的情况下，可简化上述原则，尽快使受照人员脱离核事故或辐射事故现场。

#### 10.5.1.1 时间防护

时间防护是通过缩短人在辐射场中的时间来降低人员受照剂量的一种方法。在完成应急救援任务的前提下，缩短在辐射场的停留时间是降低受照剂量最直接有效的方法。影响应急队员进入辐射场开展救援时间的因素包括前期的工作组织、物资准备、工作熟练程度以及应急响应能力能等。

#### 10.5.1.2 距离防护

距离防护是通过增加人与辐射源之间的距离来降低人员受照剂量的一种方法。对于点源的辐射事故，应急队员应权衡辐射源对健康的影响，并利用剂量率与距离有近似的反平方关系，使用长杆或其他辅助设施，把放射源收回到贮源容器内或安全设施内。如放射源 1 m 远剂量率为 1 mSv/h，2 m 远处的剂量率为 0.25 mSv/h，这也正是采用远距离操作的原因。对于较大和核事故，如有大量放射性核素释放情况下，人员可能处于近似均匀的辐射场中，上述如果距离防护措施可能不适用，在保证自身安全的情况下，抢救受照人员后，应尽快撤离至安全距离。

#### 10.5.1.3 屏蔽防护

设置屏蔽是通过在人与辐射源之间加设屏蔽材料来降低人员受照剂量的一种方法。辐射射线在通过屏蔽材料时，会与屏蔽材料中的原子发生相互作用，从而降低辐射射线的强度。这种方法通常在点源事故中比较常用。对于不同的辐射源通常采用不同的屏蔽材料，通常根据辐射源的类型、能量和活度选择合适的屏蔽材料。对于 γ 射线的屏蔽，多选用选择密度较大物质作为屏蔽材料，如铅板；对于中子射线的屏蔽，多选用含氢较多的材料，如石蜡，必要时可添加适量硼或锂吸收中子。在事故情下，应急队员应多借用现场的屏蔽物来进行防护，如混凝土墙。对于个人防护，一般来说，铅衣是应急队员常用的首选屏蔽 X、γ 射线的个人防护用品。表 10－10 列出了常用 γ 屏蔽材料的半减弱厚度和十倍减弱厚度。

**表 10－10　常用 γ 屏蔽材料的半减弱厚度和十倍减弱厚度**

| 项目 | 铅 | 铁 | 混凝土 | 水 |
|---|---|---|---|---|
| 半减弱厚度/mm | 13 | 18 | 60 | 150 |
| 10 倍减厚度/mm | 50 | 60 | 200 | 500 |

外照射防护措施除了上述提到的缩短照射时间、增加距离和设置屏蔽体外，近些年有些学者提出控制辐射源强度和照射面积作为上述三项外照射防护措施的补充。

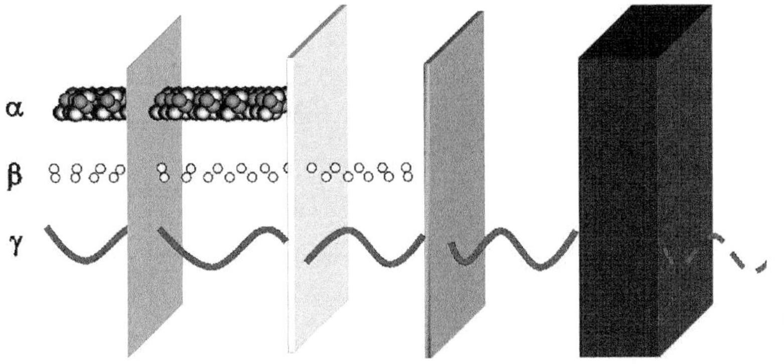


图 10－33　外照射屏蔽防护示意图

### 10.5.1.4　外照射剂量估算

(1)点源的外照射剂量估算

对点状 X、γ 辐射源而言，在辐射场中任意一点处空气比释动能率与放射性活度和距离的关系是：

$$\dot{k}=\frac{A\cdot\Gamma_k}{R^2} \tag{10-2}$$

式中，$\dot{k}$——空气比释动能率，Gy/s；

$A$——源的放射性活度，Bq；

$\Gamma_k$ ——空气比释动能率常数，Gy · m$^2$/Bq · s，常用核素 $\Gamma_k$ 值见表表 10－11；

$R$——放射点源到考察点的距离，m。

**表 10－11　常用放射性核素的空气比释动能率常数 $\Gamma_k$**

| 核素 | $\Gamma_k$ /(mGy · m$^2$/GBq · h) | 核素 | $\Gamma_k$ /(mGy · m$^2$/GBq · h) |
|---|---|---|---|
| $^{22}$Na | 0.34 | $^{131}$I | 0.062 |
| $^{24}$Na | 0.51 | $^{132}$I | 0.36 |
| $^{42}$K | 0.039 | $^{133}$Ba | 0.093 |
| $^{46}$Sc | 0.31 | $^{140}$Ba | 0.043 |

续表

| 核素 | $\Gamma_k$ /(mGy · m²/GBq · h) | 核素 | $\Gamma_k$ /(mGy · m²/GBq · h) |
|---|---|---|---|
| $^{48}V$ | 0.44 | $^{134}Cs$ | 0.25 |
| $^{54}Mn$ | 0.15 | $^{137}Cs$ | 0.095 |
| $^{56}Mn$ | 0.24 | $^{140}La$ | 0.34 |
| $^{59}Fe$ | 0.18 | $^{141}Ce$ | 0.014 |
| $^{58}Co$ | 0.16 | $^{152}EU$ | 0.19 |
| $^{60}Co$ | 0.36 | $^{182}Ta$ | 0.22 |
| $^{75}Se$ | 0.14 | $^{187}W$ | 0.086 |
| $^{95}Nb$ | 0.12 | $^{192}Ir$ | 0.14 |
| $^{106}Ru$ | 0.0071 | $^{198}Au$ | 0.067 |
| $^{110m}Ag$ | 0.42 | $^{227}Ac$ | 0.0020 |
| $^{113}Sn$ | 0.042 | $^{226}Ra$ | 0.0022 |
| $^{124}Sb$ | 0.28 | $^{234}U$ | 0.018 |
| $^{132}Te$ | 0.049 | $^{241}Am$ | 0.03 |
| $^{125}I$ | 0.038 |  | — |

(2)核事故外照射剂量估算

对于较大的核事故,一般把辐射现场当作一个均匀的辐射场,应急队员在辐射场中可近似认为全身接受贯穿辐射的均匀照射。可初略通过现场工作时间乘以剂量率进行估算外照射剂量。

## 10.5.2 内照射防护

核事故情况下,特别是有放射性核素释放的核事故,应急队员进入事故现场时,应采取相应的内照射防护措施,防止方式放射性核素进入体内对人体形成的照射。内照射的防护应遵循控制辐射源、切断进入人体的途径和个体防护原则。

### 10.5.2.1 内照射途径

内照射的主要途径包括吸入、食入、伤口和皮肤黏膜侵入。

(1)吸入:被放射性核素误入的空气经呼吸道吸入体内,主要是放射性气体和气溶胶,如碘、氪等;

(2)食入:被放射性核素污染的食物、饮用水通过消化道食入体内。胃肠道对放射性核素的时主要取决于化学性质,碱族和卤族元素吸收率通常较高。

(3)伤口和皮肤黏膜:当皮肤有伤时,放射性物质就可能通过伤口直接进入人体。一些沉积在身体表面放射性的放射性核素也可以通过皮肤黏膜进入体内。

### 10.5.2.2 防护措施

应急队员进入事故现场时,应针对上述放射性核素进入体内的途径,采取相应的防护措施。

(1)防止吸入

降低工作场所放射性气溶胶的浓度水平。如果现场条件允许,在进入事故现场前,可以通过通风或过滤等措施降低放射性气溶胶的浓度水平。

对于可能存在内照射的核应急场所,应急队员应穿戴个人呼吸保护器具,如专用口罩、防毒面具、气衣、气面罩等。

(2)防止食入

应急队员在核事故现场救援期间应禁止在辐射场区内吃、喝或吸烟等;应急救援时,未进行表面污染处理前,不用手抚摸面部等。

(3)防止皮肤和伤口侵入

应急队员进入核事故现场时,应穿好个人防护用品,尽量减少皮肤暴露,如果皮肤伤口,应对伤口包扎处理后,方可开展从事放射性工作。

#### 10.5.2.3　内照射剂量估算

内照射剂量估算的基本方法是剂量系数方法

$$H_T(\tau)=I_0 h_T(\tau) \tag{10-3}$$

式中,$H_T(\tau)$——待积器官当量剂量,Sv;

$I_0$——放射性核素的摄入量, Bq。

$h_T(\tau)$——待积组织或器官的剂量系数,即每单位摄入量所致的待积组织或器官当量剂量的预定值, Sv/Bq。

$$E(\tau)=I_0 e(\tau) \tag{10-4}$$

式中,$E(\tau)$——待积有效剂量,Sv;

$e(\tau)$——待积组织或器官的剂量系数,即每单位摄入量所致的待积组织或器官当量剂量的预定值, Sv/Bq。

饮用水摄入量估算:

$$I_{j\text{喝水}}=c_{j\text{水}}Q_{\text{水}} \tag{10-5}$$

式中,$c_{j\text{水}}$——放射性核素 j 在水中的含量,Bq/kg;

$Q_{\text{水}}$——饮用水量,kg。饮用水量也随地区、年龄、习惯等因素而已,UNSCEAR 的成人资料为 500kg/a。

食品摄入量估算:

$$I_{j\text{食用}}=\sum_i c_{ji\text{食}}Q_{i\text{食}} \tag{10-6}$$

式中,$c_{ji\text{食}}$——放射性核素 $j$ 在 $i$ 类食品中的含量,Bq/kg;

$Q_{i\text{食}}$——$i$ 类食品的食用量,kg。

#### 10.5.2.4　内照射处理原则

(1)尽快脱离污染现场。

(2)尽快清除初始污染部位的污染;阻止人体放射性核素的吸收;加速排出人体的放射性核素,减少其在组织和器官中的沉积。

(3)放射性核素加速排出治疗的原则应权衡利弊,既要减小放射性核素的吸收和沉积,以降低辐射效应的发生率，又要防止加速排出措施可能给机体带来的毒副作用。特别要注意因内污染核素的加速排出加重肾损害的可能性。

(4)一般而言，估计放射性核素摄入量小于5倍年摄入量限值时，不考虑促排；对放射性核素摄入量可能超过5倍的年摄入量限值以上的人员，要认真估算摄入量，采取阻吸收和促排措施；并对其登记，以便追踪观察；超过20倍年摄入量限值的受害者属于严重内照射，应进行长期、严密的医学观察和积极治疗，注意远期效应。

## 10.5.3 放射性表面污染的防护

在放射性工作中，由于操作规程设置的不合理或者对操作规程执行的不规范等原因，可能会引起人员、设备和工作场所等物质表面的放射性污染。表面污染的程度应维持在国家标准的控制水平之下 。在发生严重的放射性表面染污时，不仅可能导致该场所的工作人员遭受外照射和内照射的危害，还会增大工作场所的环境辐射本底，乃至通过各种传播途径，造成工作场所之外人员或物品、器具的再污染。因此，在放射性表面染污发生后，要及时控制和去除放射性表面污染，将危害后果最小化，降低放射性表面污染的程度和范围至关重要。

### 10.5.3.1 产生的机理

(1)机械吸附

由于设备或者工作场所物质表面粗糙有裂缝、孔隙等易于吸附微小颗粒的结构，放射性物质机械的嵌入或者附着于这些物质表面而引起的放射性表面污染。

(2)物理吸附

一些物质表面带有一定的电荷，因为带电物质异性相吸的现象，带有相反电荷的放射性尘埃将会吸附在这些物质表面而产生放射性表面污染。

(3)化学作用

以不同离子状态存在的放射性物质和设备或者场所物质表面发生化学反应、离子交换等化学作用过程中产生放射性表面污染。

### 10.5.3.2 防护和去除

放射性表面污染有时候无法避免，放射性物质对设备和工作场所物质表面的污染有时候是一个复杂的物理化学过程，在发生放射性表面污染后在去污时的难易程度与放射性物质的物理、化学状态；物体表面的物理、化学状态及接触时间等密切相关，为了能够方便的去除放射性表面污染，需要根据不同的使用条件采取不同的材料和方法。

(1)放射性表面污染的防护

多孔材料(如水泥、木材)以及缝隙、孔洞等表面极易被污染，在可能发生放射性表面污染的场所应避免采用具有以上特性的表面材料，宜采用表面光滑的不锈钢板、有机玻璃、塑料、上釉瓷砖等材料，并且尽量减少缝隙，这种材料的表面即使严重污染，也较容易被去除。

油漆表面在被放射性粉尘、气溶胶等放射性物质污染时，去除污染也较容易，但油漆表面被放射性有机溶液污染时会和油漆发生溶解作用，这种情况下放射性物质将会牢固的渗入油漆表面，因而用一般的冲洗去污法很难去除污染，需要对油漆表面剥离才能去除放射性表面污染。因此,在对可能产生放射性表面污染的场所的表面物质的选取要根据实际情况来进行选择。

(2)放射性表面污染的去除时机

一般来说,放射性表面污染发生后时间越久,去污就越困难,在发生放射性表面污染时应及时处理。

#### 10.5.3.3　去污剂的选择

选择放射性表面污染去污剂时应考虑如下几点特性:去污能力强(作为皮肤去污剂,还要对皮肤无腐蚀和刺激作用,不增加皮肤对放射性物质的渗透性,也不应被皮肤吸收而产生对机体的毒害),来源容易,使用方便。

由于被污染的物质表面性质各不相同,去污的方法和采用的去污剂也就有所差异,常用的去污剂的类型有表面活性剂、络合剂、有机溶剂、氧化剂等。

#### 10.5.3.4　不同污染表面的去污方法

(1)皮肤的去污

裸露的皮肤发生较轻微的放射性表面污染时,可用肥皂、软毛刷、温水反复冲洗,直到降至污染控制水平以下为止,最后用油脂涂润皮肤。

如果皮肤污染严重,应立即就近放射性去污水槽处用肥皂、软毛刷清洗,注意清洗力度切勿磨破皮肤,初步去污后,根据核素的理化性质再选用合适的皮肤去污剂去污。

(2)个人防护用品去污

①乳胶手套

被污染的乳胶手套在脱下之前用肥皂或去污粉清洗直至符合控制水平的要求,严重污染和难于清洗时,作为放射性废物处理,不应继续使用。

②工作服、工作鞋等

大量工作服或工作鞋等的去污应由专人负责,去污的流程主要包括接收、分类、清洗、烘干和污染检查等。

接收被污染的工作服、工作鞋后,首先应根据污染物的种类和污染程度将工作服、工作鞋进行分类,避免交叉污染和污染的扩散。污染较轻微时,可直接用洗衣粉清洗。污染严重的工作服应单独处理。

③工作场所、仪器设备表面去污

表面被干的放射性粉尘污染时,可用吸尘器或湿抹布收集,收集过程中注意不要使污染扩散到清洁部分。

较低水平的液态放射性物质污染先用干吸水纸或棉花球擦拭,再用湿抹布擦拭到控制水平要求以下;若发生大量放射性液体外溢/溅,可先用真空吸引器收集,而后再用干锯末屑/灰吸干,最后用拖布配合去污剂、水擦除到控制水平要求以下。在去污过程中注意不要造成污染的漫延。

(江其生、侯长松、李峰生、陈忠民)

# 思考题

1.个人防护包括哪些措施?

2.常见的外照射防护有哪些手段?

3.常见的内照射防护有哪些手段?

4.哪些药物可做为防护药物使用?

5.KI片的使用场景与使用方法是什么?

# 参考文献

[1]刘长安,耿秋生,陈尔东,等.核应急情况下稳定碘预防策略初探(一)[J].中国急救复苏与灾害医学杂志,2007,2(1):53—57.

[2]刘长安,刘英,苏旭.核与放射突发事件医学救援小分队行动导则[M].北京:北京大学医学出版社,2005.

[3]郭力生.核武器的辐射安全与防护[M].北京:军事医学科学出版社,1999.

[4]杨占山,涂彧.放射医学教程[M].北京:原子能出版社,2008.

[5]高峰.核辐射卫生防护[M]. 北京:人民军医出版社, 2011.

[6]中华人民共和国国家卫生健康委员会.职业性外照射个人监测规范:GBZ 128—2019 [S].北京:中国标准出版社,2016.

[7]潘秋秋,黄丽华,冯丫娟,等.光致光与热释光剂量计部分性能比较[J].中国辐射卫生,2019,6(28):318—320.

[8]唐木涛,孙华斌,王修德,等.核与辐射恐怖医学应急现场辐射监测技术与装备需求[J].医疗卫生装备,2011,1(32):85—87.

[9]吴迪.个人与环境监测用X、γ辐射光释光剂量计特性研究[D].南华大学,2017.

[10]郑玉宏,李桃生,宫存溃,等.热释光中子个人剂量计蒙特卡罗设计[J].核电子学与探测技术,2010,10(30):1367—1397.

[11]胡德成.用核乳胶测量快中子个人剂量[J].原子能科学技术,1965(09):764—769.

[12]张贵英,倪邦发,李丽,等.个人中子剂量气泡探测器研制[J].原子核物理评论,2005,3(22):100—102.

[13]中华人民共和国卫生部.用于中子测井的CR39中子剂量计的个人剂量监测方法:GBZ/T 148—2002 [S].北京:中国标准出版社,2002.

[14]李桃生.中子辐射防护监测仪表的发展状况[J].辐射防护通讯,2003,23(2):15—31.

[15]李俊雯.固体核径迹探测器在中子辐射监测中的应用[J].核电子学与探测技术,2004,24(1):108—110.

# 第 11 章　心理疏导与干预

在人类社会的发展进程中，各种自然的或是人为的灾难总是如影随形，灾难的发生不仅会造成重大的生命健康危害、经济财产损失，而且还给人们带来精神上、心灵上的巨大创伤，这种伤害与经济损失相比，具有更隐蔽的破坏性。近几十年来，国内外地震、海啸、洪水、暴雪、疫情、大火、泥石流、塌方等自然灾害及战争、空难、恐怖袭击等灾害性事件不断发生，如 1979 年的美国三哩岛核事故、1986 年的苏联切尔诺贝利核事故、2001 年的美国纽约 911 事件、2011 年的日本福岛核事故、2003 年的我国非典事件、2008 年的汶川地震、2020 年的新型冠状病毒肺炎疫情等，给公众与救援人员带来的心理问题日益突出，其涉及范围之广、造成影响之大、社会反应之强烈，甚至远远超过事故本身。比如美国三哩岛核电厂的失水事故导致的堆芯部分熔化，安全壳良好的发挥了阻挡放射性物质释放的作用，事故并没有造成太严重的辐射剂量，周围 80 km 的 200 万居民中，平均每人增加的有效剂量还不及带一年夜光表或看一年彩电。但美国国家核管会由于缺乏经验，错误地发出撤离警告，导致 8 万人惊慌撤离的混乱中，有 3 人被挤死。这种由事故而导致的公众心理恐惧和社会恐慌现象已经引起各国政府当局和学术界的普遍关注。一些发达国家和地区开展了大量与灾害事故相关的心理学的研究工作，并运用到事故灾害实际救援中。

核与辐射事故和严重的自然灾害或外伤性事故相比，其所致的心理、社会效应更有其特征性：(1)核泄漏会导致电离辐射辐射和放射性污染，其危险波及面广、持续时间长，而且这种危害看不见、摸不到、闻不着，难以觉察，对相关人员的心理健康会造成持续影响。(2)普通公众不能正确评估核事故可能导致的危害，常常是基于传媒和口头传播的信息进行判断，信息的不完整、事实的歪曲甚至杜撰的假信息，会加重人们的紧张心理，引起心理恐惧，进而造成人群恐慌，甚至引发社会秩序混乱。(3)核与辐射事故救援人员既是救援者，也是辐射的受害者，事故除了造成公众严重的心理问题，同样也会给救援人员带来各种各样的生理和心理反应。因此，事故受灾者及救援人员除了需要接受专业的核与辐射防护训练外，还需要接受心理方面的干预与训练来应对由电离辐射带来的心理危机。

本章以心理学原理为基础，分析与探索核与辐射事故引发的公众与救援人员的心理问题，并进行有效的疏导与干预措施。这也是核事故医学应急人员和辐射防护人员必须面对的重大挑战。

## 11.1　核与辐射事故引起的社会心理反应

谈核色变，是公众对核最大的心理反应。重大的灾害面前，否认与逃避是人们第一心理反应，随之而来的就是恐惧与焦虑。

辐射是看不见、触不着的，人一旦被辐射照射，不仅可引起受照者的近期放射损伤，还可诱发远期效应，如癌症及对后代的遗传效应。切尔诺贝利核事故、福岛核事故之所以在民众中产生强烈反响的“社会心理震动”，一是它确实与公众的生命财产安全密切相关；二是其突发性与其造成伤害的不可预见性使人们从心理上感到危机就在身边，感觉自己或者自己身边的人就是下一个受害者；三是对辐射防护知识匮乏下的茫然。缺乏相关科学知识，盲目跟着感觉走、跟着大家走。公众期盼着从媒体、网络上急切寻找辐射防护相关知识，街坊朋友互相提醒，恐惧通过各种途径在社会上传播，引发公众恐慌。这种恐慌，导致“谈核色变”的过度反应和对生活环境中低强度辐射的过分担忧。民众的心理恐慌不仅会影响个体心身健康，还会对政治、经济、社会生活等造成严重干扰和破坏，其影响远比核辐射所致的危害和造成的损失要大。

### 11.1.1　恐惧与焦虑

核事故发生时，往往有大量放射性物质释放到厂外，周围的居民面临着撤离、重新安置的可能，在事故后期还可能临时性的避迁或永久性的再定居。同时，放射性物质的释放可能会导致附近的居民，特别是一些敏感人群（如孕妇、儿童）因没有任何防护措施而吸入过量的放射性物质，对健康造成影响。在核电厂内，可能会有应急响应人员受到急性过量照射。在事故过程中，核电厂的工作人员及消防、环保、卫生等应急队员参加事故的应急处置，可能会面临核辐射的健康威胁及长期的超负荷工作等。因此，在面对核辐射的健康威胁、离开熟悉的生活环境、财产的损失、长期的工作压力等因核事故导致的改变时，无论是事故中的急性受害者，还是核电厂的周围居民，甚至距离事故现场很远的公众都会出现一系列的心理情绪反应。

恐惧是人们在面临某种危险情境，企图摆脱而又无能为力时所产生的担惊受怕的一种强烈压抑情绪体验。恐惧心理就是平常所说的“害怕”，是只有人与生物才有的一种特有现象。恐惧情绪往往是由刺激直接引起的，较偏重于生理本能反应，它更多地出现在突发事件发生的初期。极度的恐惧在长时间持续后，如果没有得到良好的消散，将会逐渐发展为恐慌。恐慌心理偏重于心理情感，多出现在突发事件所生产的恐怖的后期。恐慌更具社会传播性和传染性，甚至于在核突发事件结束后，恐慌心理还会长久存在。一个人的恐慌往往会引起其他人的不安和慌乱，恐慌心理在人们之间相互感染和强化，就会引起局部、甚至是全体社会的普遍恐慌，进而导致社会的不安与危机。

焦虑是指个人对即将来临的、可能会造成的危险或威胁所产生的紧张、不安、忧虑、烦恼等不愉快的复杂情绪状态。面对核与辐射事故，尤其是核恐怖袭击，常使人们提心吊胆、惶惶不安、忧心忡忡，感到大祸临头。焦虑在平常状况时也会出现，但是在事件发生过程中和发生过后显得更为突出。虽然核与辐射事故已经结束，但是焦虑情绪却有可能长时间存在。表现出烦躁、易怒、注意力不集中、记忆力下降、经常处于惊觉状态等。

恐惧与焦虑及敌视被誉为心理学的重要元素，亦是神经症构成的重要组成部分。恐惧与焦虑都是对危险的情感反映，并都伴随着生理上的感觉，两者虽然接近却有着本质上的区别。这二种心理学的情感反映，在核与辐射事故后的公众成员中都会有发生。

根据世界历史上几次较大核与辐射事故的公众社会心理表象的分析，按照事件发生、发展的时间顺序，核与辐射事故影响的公众心理反应过程，有学者将之分为警报期、冲击期、复原期、调整期和远期效应五个时期。每一时期都有其特定心理反应。警报期，通常表现为二个极端，或是心理恐惧、害怕、听信谣言，或者不听从和不相信等拒绝表现。冲击期也称灾难期，受害者出现茫然、眩晕、焦虑、痛苦和迷惑等灾难综合征，此期灾害的直接破坏作用达最高峰，可经历几分钟以至几小时或更长时间，视灾害性质而定。复原期，灾害的直接破坏作用已消退，灾害的处境已清晰，人们表露出焦虑、害怕、愤怒的种种情绪。调整期，从获得确实的安全时起转入这一期，受害者领悟到所受的各种损失，多见的反应有疲劳、焦虑、噩梦、抑郁和一时性混乱等。远期效应，可能有焦虑、生存内疚感和其他心理生理症状，人们会产生一种条件恐惧反应，会降低控制感情的能力，痛苦记忆会多次再现。冲击期精神和行为失常的人，在长期效应里可能发展为慢性或严重精神异常，甚至患上精神病。

实践证明，核与辐射事故对人群的社会心理影响很大，发展下去可以对政治、经济和社会生活造成较严重的干扰、破坏。国外发生的几次重大核与辐射事故的经验证明，由它引起的公众社会心理影响所造成的健康危害和在政治、经济等方面的损失，远比核辐射所致的危害和损失要大。例如 1979 年美国三哩岛核电厂事故，释性物质对人体健康影响甚微，事故最主要的健康影响是心理应激，事故导致的个人最高有效剂量仅 0.5 mSv，但有半数以上的人感到到害怕，自发逃离者达 14 万人以上，促使 7 万多人的反核势力进军华盛顿进行抗议示威。事故后的骚动牵涉大部分居民，许多计划和工作处于停顿状态，经济损失在 10 亿美元以上。又如 1986 年前苏联切尔诺贝利核电厂事故在受放射性物质污染地区的居民中，未引起 1 例公众急性放射损伤。事故发生后四年，经国际原子能机构(IAEA)组织有关专家和专业人员对周边居民进行的全面医学观察，未发现辐射引起的明显的健康危害。尽管如此，事故对广大公众却造成了比三哩岛核与辐射事故更为严重的社会心理影响，当地居民感到严重威胁，半数人以上产生恐惧心理。由于社会笼罩着恐惧阴影，许多人逐渐出现应激、精神错乱、抑郁、神经衰弱，甚至出现了“射线恐怖”，从而陷入深深的忧虑之中，害怕事故后果危及自身和后代，并且出现不少人无计划地四处投奔亲友，造成交通拥挤和社会混乱。这种恐慌一度波及到邻近国家，导致邻国居民也争先恐后地抢购粮食和食品，盲目使用碘剂和抗辐射药物，要求堕胎的人数明显增加。这次核与辐射事故还引起全世界前所未有的核恐慌心理。据 IAEA 估计，由于害怕放射性物质，西欧约有 10～20 万孕妇做了人工流产，希腊有 23%的孕妇选择人工流产。而实际情况是从核电厂 5 公里范围内的普里皮亚特市和切尔诺贝利市撤出的孕妇生下 1500 名婴儿都正常，分娩后母乳内的放射性核素含量也正常。

恐惧与焦虑是对未来不可预见性所作出的一种本能反应。人因为未知而恐惧，因为无能为力而焦虑。在核与辐射事故面前，恐惧与焦虑被无限放大以后极易引发社会恐慌。对于个人来说，某件事的未知性、这件事对于未来影响的不确定性，首先可使个体感到疑惑，如果个体无法解决就会引起恐惧，当他感到无能，就会求助他人，若被求助着能者可以解决，那么恐惧便终止。但假如他周围的人无法解决这问题，恐惧便会由个人发展到群体，继而逐步放大，直到大多数人意识到它可以被解决，这场类似病毒传播的过程才会终止。群体的恐慌将会导致及其严重的社会问题，甚至于社会的稳定与国家的安全。

### 11.1.2　安全感降低

安全感(Sense of security)是一种让人可以放心、可以舒心、可以依靠、可以相信的表现，它源自于一方的表现所带给另一方的心理感觉。在一种事态面前是否能产生安全感，由主观的和客观的等多种因素决定。安全感主要体现在精神与物质两个层面，精神层面，当一个人在情感方面从得不到足够的安全感时，便会追求物质方面的安全感，来抵制精神/情感方面的安全感缺失；物质层面，当一个人追求物质方面的享受的时候，在他的物质要求得不到充分的满足的时候，安全感相对在下降，他便通过在精神方面追求新的替代者，来满足其在物质方面的安全感缺失。情感与物质的安全感很难让一个人同时得到。

核与辐射事故极大地降低了公众的安全感。核与辐射事故可能会使直接受害者丧失生命、肢体残疾、精神受损、财产损失等等。间接受影响者的安全感也会降低，因为这些事件往往会殃及无辜。虽然自己还未处于事件的现场，但总是害怕以后会发生到自己身上，公众的这种心理危机往往会引起整个社会安全感的降低。

缺乏安全感的人往往会感到被拒绝、不被接受、受冷落、被嫉恨、受到歧视，感到孤独、被遗忘、被遗弃，甚至于主观上感到威胁、危险进而导致恐惧与焦虑而将他人视为基本上是坏的、恶的、自私的、或危险的，对他人抱不信任、嫉妒、傲慢、仇恨、敌视的态度。常常有悲观倾向，不满足感，进而表现出强迫性内省倾向、病态自责、自我过敏、罪恶和羞怯感、自我谴责倾向、甚至自杀倾向。因而会不停息地为更安全而努力，表现出各种神经质倾向、自卫倾向、自卑、自私、自我中心等。由此可以看出：对于一个缺乏安全感的人来说，外界环境中的任何一个影响，每一个作用于有机体的刺激物，都或多或少的更易于以一种不安全的方式，而不是以一种具有安全感的方式来被解释。安全感强的人具备较高的接纳和自我认同，而不安全感强烈的人往往隐藏着强烈的自卑和敌对情绪。

如三哩岛核事故时，有关机构对周围居民进行了连续跟踪研究，研究结果显示在以三哩岛核电厂为圆心的50英里范围内的数百万计的居民中并无人发生急性放射损伤，但人们还是盲目大量使用碘制剂和抗放药物，试图通过各种手段来缓解心中的不安全感，以致造成生产和生活的不安定。对大多数公众来说，最先了解的、印象最深的“核知识”往往是核武器(核试验、核战争，日本长崎、广岛的原子弹等)，当核危机出现时，人们头脑中即刻产生这些危险、可怕的联想，从而引发过度防范。这是人的一种本能的适应性反应，一旦启动，就会引发个体或群体妄想、惊恐，采取过度保护行动。

当然，公众的安全感在很大程度上会受到媒体的影响，有统计显示，《纽约时报》在对三哩岛核事故和福岛核事故的报到时，所采用的词语有显著性的差别。尽管二起核事故等级存在差异，但从新闻价值的邻近性上分析，三哩岛事故发生在美国国内，更受到美国媒体和受众的关心。福岛核事故事发地不在美国，与美国利益相关者存在地理距离。但是，三哩岛事故的框架倾向于“风险控制”。“风险控制”框架重视对现状合理性的积极维护，《纽约时报》定位三哩岛事故为一起国内工程事故，具有可控性，其技术故障或随着核电厂技术的发展而解决。其中，在“技术进步”和“软路径”框架的报道中，提到核电能源的环保与高效和对人类经济社会发展的重要意义。但对于堆芯融毁的具体原理和相关数据，并没有较为详细的解释，这主要是由于官方对相关信息的公布并不充足，但直到多年后，才出现一些评论认为当时方提供的解释和数据不令人信服。而《纽约时报》对福岛核事故的呈现，以“风险失控”框架为主，关注风险事故的负面后果，特别是对未来不利形势的预估，其中特别关注以东京电力公司为代表的人为失职，风险难以控制。而根据相关研究，负面的框架往往对受众有更高的情感感召力，更能影响其后续行为。2012年，日本NHK的民意调查显示，只有22%的民众支持核电厂继续运转，而36%的民众反对重新运转核电厂，日本的核能产业陷入低迷。除了事故本身的严重性之外，媒体的报道对公众理解核电的影响也是重要原因。此外，造成两起事故的报道框架差异的原因还包括：三哩岛核事故发生时，公众缺乏对核电厂爆炸、泄漏等重大事故的理解，尚未有反核思潮；而福岛核事故发生时，公众对核电厂和核事故已有基本历史知识储备，因此倾向于受到失控框架引导。最后，美国政府和企业是三哩岛事故的“责任人”，他们应当在事故发生后通过大众媒体缓和公众恐慌，施展公关运作，而在福岛核事故中，美国成为了日本的“受害者”，与问责的“需求”几乎不存在对政府和企业质疑。

从三哩岛到福岛，《纽约时报》的报道框架反映了公众理解工程作为一个报道领域逐步成熟。作为一份公信力高，读者素质也较高的严肃媒体，《纽约时报》的记者编辑团队表现出了专业的新闻主义。他们对两起事故的报道都迅速及时，重要信息有权威可追溯的信源，官方信息发布不及时或不透明时，采访了大量工程师、科学家等专家的观点分析来弥补，这极大地帮助了在科技人员和公众之间建立沟通渠道，有助于化解公众的疑惑，阻止公众安全感的下降，同时也发挥了新闻媒体监督权力的角色。特别是在福岛核事故的报道时，《纽约时报》沿袭其创刊以来就擅长的国际新闻报道，视野遍及全球，且结合社会发展的实际，塑造出新的报道框架。

### 11.1.3　公众的从众心理

从众心理(herd mentality)即指个人受到外界人群行为的影响，而在自己的知觉、判断、认识上表现出符合于公众舆论或多数人的行为方式，相关实验表明只有很少的人保持了独立性没有被从众，所以从众心理是部分个体普遍所有的一种心理现象，通俗地说就是“随大流”。在人们的日常生活中，通常情况下，多数人的意见往往是对的，少数服从多数，一般是不错的。但从众心理模式下，常常使人不作独立思考、对事缺乏分析，因此不顾是非曲直的一概服从多数，随大流走，则是不可取的，是消极的“盲目从众心理”。

2011 年 3 月 11 日日本大地震和福岛核泄漏后，各国媒体相继跟踪报道日本核泄漏事件，公众也热议核事故。由于有关核辐射物质正飘向太平洋的报道层出不穷，3 月 12 日起，美国西海岸的居民们抢购碘化钾药片、碘化钾液体、盖格计数器(一种用于测量放射性物质的测量仪)及防毒面具等辐射防护物质，仿佛在为一场核战争做准备。一些人还通过转卖这些商品大发横财，有几位卖家在亚马逊网上兜售一种原价 9.99 美元的碘化钾药片，要价竟达到了 250 到 459 美元。这种现象立刻在欧洲传开，芬兰民众也不假思索地抢购碘片。韩国市场出现了海藻类食品的抢购潮，大型超市里干紫菜、干海菜等海藻食品架子空空荡荡，因为传言海藻类食品可有效消除核辐射危害。从 3 月 16 日一早开始，我国的杭州、绍兴、台州、宁波等地的居民纷纷涌人当地各大小超市购买食用加碘盐，到傍晚，货架上已经被抢购一空，买不到盐的一些市民开始抢购酱油。抢购碘盐不仅发生在浙江，广东、湖南、江西、安徽多地也发生了抢盐现象，后来甚至扩散到东南亚，一些市民甚至开车成箱成箱地购买碘盐。一时间“盐过其实”、“盐慌”、“盐如玉”纷纷成为“社会热点”。

2009 年 6 月 7 日，河南杞县利民辐照厂发生钴 60“卡源”故障，6 月 14 日，在长时间 $\gamma$ 射线照射下的辣椒粉因热量累积而引发火灾，在消防部门采取灌注水等措施后，引燃物于当晚 24 时得到控制。7 月 10 日以后，国内外一些网站开始传播虚假报道和不实消息，引起当地部分不明真相公众的恐慌。7 月 15 日以后，针对当地部分群众出现恐慌问题，环保部门与当地政府启动了突发公共事件处理程序。环境保护部于 7 月 15 日在多家媒体发布“答记者问”,引导舆论和公众,澄清事实。7 月 17 日,环保部专家和领导携带处置机器人进入现场两台机器人均出险故障,网络谣传钴- 60将于 15:00 爆炸,辐射源发生泄漏,是核事故,机器人被辐照融化等谣言,还说爆炸威力相对于一颗原子弹那么厉害,于是乎杞县发生“核事故”的消息已经在社会上传开了。当地一些群众因缺乏辐射安全知识、对放射源并不了解,听闻“核事故”几个字,本能地就联想到了核辐射,切尔诺贝利核事故,甚至原子弹爆炸等人们对“核事故”所有感性的认识。和所有流言传播的方式一样,在本次事故口口相传的过程中,有的人为了吸引眼球或吹牛,或是其他目的,开始按自己的理解“科普”辐射的恐怖,有的人将该事故与原子弹核爆炸联系在一起,有的人甚至传言辐射一次,断子绝孙等危言耸听的信息。在这种消息的传播过程中,原本普通的放射源卡源事件,被渐渐放大为一起可能造成核泄露的重大事故,最后甚至变成了可能危及全城的灾难性核爆炸事件。于是,杞县民众利用各种交通工具,在 2009 年 7 月 17 日上演了一场现代版的“杞人忧天”大幕,十几万居民惊恐大逃亡。“逃亡”当日,在杞县周边大小街道出现汽车、三轮车、拖拉机等各种车辆,其壮观程度不亚于淮海战役支援前线的老百姓,大车小辆、拖家带口,俨然一副世界末日来临景象。

从以上二起“盲从”案例可以看出,从众心理很容易导致盲从,而盲从往往会陷人骗局或遭到失败。从众行为是从众心理的外露,其特点是:一,引起从众的群体压力可以是真实存在的,也可以是想象的,个体想象中的群体的优势倾向,也会对个体造成压力,使其选择与想象的多数人的倾向相一致的行为。二,群体压力可以在个体意识到的情况下发生作用,使个体通过理性抉择,选择从众,也可以没有意识到的情况下发生影响,使人不自觉地跟随多数人行动。三,从众行为有时虽然不符合个体的本意,但却是个体的自愿行为,自愿性是从众的重要特点。在表现形式上从众行为一般有这样几种:一是表面服从,内心也接受,所谓口服心服。二是口服心不服,出于无奈只得表面服从,违心从众。三是完全随大流,谈不上服与不服。就从众心理的客观影响来看,既有积极意义,也有消极意义,主要看从众行为的具体内容。由于公众对电离辐射及其防护的知识、经验都不足,长期的由广岛、长崎原爆及切尔诺贝利核事故等引发的“谈核色变”意识,代代相传,因此在多数情况下,核事故发生后从众行为不同程度地带有盲目性。从众心理往往认为自己所追随的意见或建议正合本人心意,或者自己原无固定意向,或者是“跟多数人在一起不会错”的随大流思想。还有一种是所谓的“假从众”,这更多的往往是碍于情面或者免受群体的指责和讥笑。这种违心的从众现象,在公众当中还是比较多的。

值得注意的是,以上介绍到的在突发事件之后出现的“恐惧与焦虑”、“安全感降低”和“从众心理”,都会表现在所有人身上,这是人类的一种正常的心理反应。不过,如果有一些人出现的这类心理反应的行为表现过于激烈、时间过于长久而不能自拔、就此沉沦,拟或出现一种病态反应,这就是心理一精神问题了,因此需要及时地进行心理疏导。

## 11.2 心理危机的疏导与干预

当人们遭遇到各种危机事件的时候,适度的恐慌是一种本能的反应。为防止人们过度的甚至是非理性的恐慌反应，需要从心理和认知的角度去分析个体对恐慌的感知和影响，进而在心理方面进行疏导与干预，积极探索和消除危机对个体心理造成的各种不良效应。

核与辐射事故发生后，为减少相关人员受照射剂量、避免和减轻由此带来的心理危机引起的社会恐慌，应采取适当的防护措施和心理疏导进行干预。根据国际放射防护委员会(ICRP)的建议，干预应遵循以下基本原则。第一，正当性原则，即拟采取的干预措施所带来的利于必须利大于干预所引起的危害和代价，即由于减低剂量带来的好处要比干预本身带来的危害和代价大(包括社会代价、社会心理影响等)。第二，干预所涉及的人员及干预的形式、规模和持续时间必须合理选择，即符合最优化原则，以使降低受照人员有效剂量带来的净利益能合理地做到尽可能大，风险与代价尽可能小。根据这一原则，在核与辐射事故中，只有正确处理辐射危害与防护措施代价之间的关系，才能有效避免引起的社会混乱，减轻核与辐射事故引起的公众社会心理效应。在采取干预行动时，做好防护实践正当性的判断和干预措施最优化的选择。事实上，许多情况下核事故发生后的周围人群在实施检测后并不存在体表放射性核素污染，也没有确凿的证据说明其受到额外的辐射照射，仅仅是心理因素在起作用，存在因核恐惧心理、对核事故认识有限、对社会信息了解不及时及受社会和市场秩序影响等而造成不同程度的心理恐慌。为使公众对核和辐射事故的特点、潜在危害以及应该采取的有效防护措施有科学的了解和认识，降低公众对核和辐射事故的恐惧，应当及时开展核与辐射事故情况下对公众的心理疏导，甚至心理干预。

### 11.2.1　心理危机

心理危机(psychological crisis)是指由于突然遭受严重灾难、重大生活事件或精神压力，生活状况发生明显的变化，尤其是出现了用现有的生活条件和经验难以克服的困难，以致当事人陷于痛苦、不安状态，常伴有绝望、麻木、焦虑，以及植物神经症状和行为障碍的一种状态。核与辐射事故本身、由事件所产生的亲人(如父母、配偶、子女或亲友)或朋友突然受伤或死亡、重大财产或住房损失、对核辐射的恐惧均可成为产生心理危机的原因。心理危机通常为自限性，多于1～4 周内消失。在危机期间个人会发出需要帮助的信号，并更愿意接受外部的帮助或干预，预后取决于个人的素质、适应能力和主动作用，以及他人的帮助或干预。每个人对严重事件都会有所反应，但不同的人对同一性质事件的反应强度及持续时间不同。危机过程持续不会太久，如亲人或朋友突然死亡的居丧反应一般在 6 个月内减弱并逐渐消失，否则应视为病态。

心理危机是一种正常的生活经历，并非精神疾病或病理过程。每个人在人生的不同阶段都会经历危机。由于处理心理危机的方法不同，心理危机后果也不同。一般有如下 4 种结局。一是顺利度过危机，并学会了处理危机的方法策略，提高了心理健康水平。二是渡过了危机但留下心理创伤，影响今后的社会适应。三是经不住强烈的刺激而自伤自毁。四是未能渡过危机而出现严重心理一精神障碍。对于大部分的人来说，危机反应无论在程度上或者是时间方面，都不会带来生活上永久或者是极端的影响。他们需要的只是有时间去恢复对现状和生活的信心，加上亲友的帮助和社会支持，能逐步恢复。但是，如果心理危机过强、持续时间过长，则会降低人体的免疫力，出现非常时期的非理性行为。对个人轻则危害个人健康，增加患病的可能，重则出现攻击性和精神损伤，对社会可引发更大范围的社会秩序混乱，冲击和妨碍正常的社会生活，如听信传言、出现超市抢购、哄抬物价、犯罪增加等。其结果不仅增加了有效防御和控制突发事件后果的困难,还在无形之中给自己和别人制造新的恐慌源。

### 11.2.2 心理疏导

心理疏导(psychological instruction)即通过言语的沟通技巧进行“梳理、泄压、引导”,改变个体的自我认知,从而提高其行为能力和改善自我发展的心理疏泄和引导方法。在核与辐射事故发生后,往往会引发群体性的社会恐慌,一部分人甚至于由此引起认知缺失和认知错误,这部分人自然成为心理疏导关注的重点人群,他们可能是事故中的伤员、死难者的家属、事故现场目击者、救援人员(消防、武警官兵、医疗救护人员、其他救护人员等)、有精神疾病史的人群、孕妇、和家人失散的儿童、无人照顾的老人、病患和受到重大经济损失生活艰难的受灾者。对受事故影响的人群,尤其是撤离或重新安置的人群,还要特别关注这类人群因迁移而对生活产生的重大影响,应当提供必要的社会援助和心理支持,使他们恢复对生活的自信心和改变自己未来的信心。与其他突发事件不同的是,当重大核与辐射事故发生时,波及的人群,不仅仅是核设施周围几十公里范围内的人群。由于公众对核与辐射的不了解及恐核心理,恐惧心理将波及数百公里乃至国内外的公众。因此,心理疏导与援助不仅仅针对事故波及的核设施周围地区,广泛的风险沟通需要在全国范围内进行。

对公众如何进行心理疏导需要决策者在制定整体援助措施时就考虑在内,在决定和执行应急计划时,应避免导致家庭分离的防护行动。在辐射监测和撤离中心,应当设立公众咨询和心理疏导援助中心,由专业人员提供准确的事故信息和防护知识,以消除和减轻公众的焦虑、恐惧。要特别关注孕妇、有明显心理应激、无人照顾的老幼病残等重点人群。同时,要做好风险沟通工作,在信息传播中注意避免谣言的传播和信息讹误。在应急期结束后,恢复阶段,应当在相关的社区持续开展心理援助,组织相关的公益活动,鼓励有持续应激反应的人员参与,并讨论他们关心的问题。要引导求助者接受和适应突发事件后出现的生活、环境等变化,疏导家庭成员尽快适应新的环境,发挥家庭“安全岛和避风港”的作用。

在福岛核事故后,针对部分存在持续心理恐惧的回国人员,陈晓文、徐孝华等人的做法是一种好的尝试:通过电话咨询进行心理疏导和科普宣传,开通 24h 咨询电话,对咨询人员进行心理疏导,适时普及核辐射的知识,减少心理恐慌。针对接受健康检查的人员进行科普宣传,由健康检查机构发放有关的科普资料,开展相应的心理疏导;进行实验室或现场检测,以客观检测结果对心理恐慌人员进行心理疏导。核辐射事故发生后,有关检测机构应立即讨论编写科学、可行、有效的技术方案,有条件的单位可设立放射病专家门诊,增加放射性健康检查项目,设置放射性核素污染检测洗消场所及生物样品检测场所,并编写相应的技术操作流程,针对不同程度的心理恐慌人员,进行不同的医学处置,从放射病专家主观的心理疏导到实验室或现场的客观检测数据,对恐慌人员进行综合性评估,以排除其恐慌心理。重视舆论导向,做好信息服务的发布与传播,舆论是影响公众心理反应最重要的因素,有关职能部门要积极主动地掌握舆论,使官方正规渠道的信息能够得以快速有效地发布和传播,同时也要控制不良传言的恶性散布,避免由于不良传言的散布对社会舆论产生错误的导向。信息的发布与传播应本着及时性、真实性、透明性的原则,尽可能正向引导舆论,以强化政府和第三方权威机构的公信力,确保传播渠道畅通,掌握舆论主导权。不应把有分歧或未确定的见解公开地、“自由”地传播到群众中去,增加群众的心理焦虑和怀疑。

### 11.2.3　心理干预

心理干预(psychological intervention)是指在心理学理论指导下有计划、按步骤地对一定对象(核事故难民和潜在受影响者)的心理活动、个性特征或心理问题施加影响，使之发生朝向预期目标变化的过程。施加影响的手段包括心理治疗、心理咨询、心理康复、心理危机干预等。

在大灾大难面前，树立公众对政府应对灾难、战胜灾难的信心，是做好心理干预的前提条件，要做到这一点，首先，应当充分展示政府处置应急事故的能力，树立良好信誉与形象。2020 年初的新冠状病毒肺炎，我国各级政府迅速行动，短短不足十天时间，调集数千名医务人员紧急驰援武汉乃至湖北一线救治患者，更有数以百万计的人员进行防疫、维持交通等应对工作，使得疫情得到及时控制，这充分展示了国家的实力，树立了政府的良好信誉与形象，民众感到了作为中国人的自信和自豪。日本福岛核事故发生后，我国给予了有力支援，从中也吸取了经验和教训。近年来，政府相关部门先后组织了核应急救助演习，这是一种很有效的举措，不仅可提高相关部门、机构处置核应急的能力，也可帮助民众了解核应急处置的知识，有利于心理干预机制的构建。其次，要重视舆论导向，把握好宣传度。在信息技术和大众传媒飞速发展的今天，信息对公众具有很强的导向作用，公共信息可以影响公众的思想和行动，也为公众保护自身利益提供了依据。电视、广播、报纸、互联网是公民获取信息的主要渠道，重视舆论导向，尤其要发挥主要媒体和权威媒体的主阵地作用，做好信息服务。信息的发布和传播应及时、统一、明确，防止大规模的社会心理恐慌，增强社会的安定。近年来，我国逐步建立和完善了新闻发言人制度，对涉及政府的重大事项、重要活动、社会关注的热点问题、海内外关注的问题、重大突发事件、公共政策、公共服务、政府决策等所有与公众利益直接相关的问题，政府新闻发言人基本能够迅速及时地作出反应，为媒体提供权威性的信息，保持与公众的信息通畅，满足公众的知情权，引导社会舆论，促进社会稳定。新闻发言人制度有利于发挥引导社会舆论、改善政府形象的特殊功效，对改善政府的管理和公众知情权的实现也有着不可替代的重要作用。针对核事故这类专业很强的应急事件，还要充分发挥核专家的作用，选配业务精、威信高的专家作公众宣传教育工作，负责舆情发布和指导咨询，及时解惑，稳定民心，减轻核应急产生的社会心理效应，引导民众正确应对。第三，应当加强社会主义核心价值观的思想引导，提升人民群众爱国、敬业、诚信、友善的基本道德修养，加强人民群众“自由、平等、公正、法治”的价值理念，调动人民群众为建设“富强、民主、文明、和谐”的社会主义现代化强国而努力。积极弘扬社会主义核心价值观，可以促使政府工作人员坚守自己的道德底线，以人为本、公正公平办事，践行社会主义核心价值观；可以引导各类媒体树立高度的社会责任感，坚持爱国、诚信、友善、平等、公正的价值理念，为维护社会和谐稳定，国家繁荣富强，人民的安康幸福而开展宣传舆论；可以通过典型示范、榜样示范和领导垂范，广泛宣传他们的先进事迹和突出贡献，用能够体现正能量价值观的人物和对公民精神面貌有正向引导作用的事迹来感染群众，强化全社会的众志成城、团结协作的精神，带动社会风气的净化，使人民群众坚定价值信念，把社会主义核心价值观认同与具体的践行结合起来，形成价值观践行自觉，增强社会主义核心价值观的实践转化，积聚应对突发事件的强大社会资源。

发生核与辐射事故时，应采取适当的心理干预措施，区分正常的心理反应，关注异常的心理情绪变化，减轻核与辐射事故引起的群众心理效应，避免引起社会混乱。组织心理专业人员对公众采取心理干预措施。其基本方式有：心理辅导、集体晤谈、治疗性干预。

(1)心理辅导：对具有恐惧和焦虑的人员，可采取单独心理辅导的方法，进行解压及缓解应激的辅导，如讲解射线与放射性物质的性质和损伤特点，让公众知道事故引发心理反应的普遍性与必然性。使之主动接纳和缓解紧张情绪，并引导其采取积极、恰当的态度应对，保持正常的进食、睡眠和工作习惯，增加营养，提高免疫力，放松训练等，同时保持正性、平衡的健康心态，多看有利因素，避免消极的应对方式等。

(2) 集体晤谈：晤谈是一种系统的、通过交谈来减轻心理压力的一种方法，可以按不同的人群分组进行集体晤谈。集体晤谈定位为一种心理服务的方式，通过交流、倾诉、解释、辅导、自我解脱、相互解脱的方法，解除群体共同的心理压力。对那些怀疑自身受到辐射、感觉异常的人员，以及确诊为放射病而住院的伤员，进行集体晤谈的效果较好。

(3)治疗性干预：对那些心理应激严重的人员，可以采取各种取向的个别心理治疗，如支持性心理治疗、认知治疗、认知行为治疗等，以及集体治疗、婚姻及家庭治疗、放松训练等。心理治疗的同时，可以配合施用精神药物。

要做好由核与辐射事故引发的公众异常情绪变化的心理干预，首先应充实核应急心理干预队伍。切尔诺贝利核事故、福岛核事故，是典型的大灾难后事故现场应急处理问题和后续的社会心理应对问题集中案例，它们给了全球一个警示，即事故一经发生，即将引起一系列的公众心理恐惧与焦虑，并极有可能引发社会的恐慌，进而诱发社会动荡(切尔诺贝利核事故的发生，在某种情况下加快了前苏联的解体)。由于核事故对公众的社会心理影响和后果复杂且严重，因此需要核应急心理干预专业队伍从事应急干预工作，帮助公众学会应对危机、提高自身认识危机与处理危机的能力，有效地克服或减少危机给人们带来的精神损害与心理影响。为防止、减缓或解决核事故对公众造成的不良社会心理影响及后果，特别需要加强核应急心理干预专业队伍建设。既要有数量保障，更要有质量保证。要加强有关人员的专业知识培训，使其对辐射的性质、危害、防护措施等有科学、正确的认识。储备必要的医疗救治机构和专业人员，物资保障。

其次在建立系统性、程序化、最优化的核与辐射事故应急预案时，事先做好核事故应急心理干预的准备，提高管理人员、操作人员和事故应急队员的安全素质。坚持以人为本的原则，使公众通过必要的心理干预而恢复心理平衡，提升对灾难的有效心理抵抗力，从而最终向着有利于事件解决的方向发展。坚持最优化的原则，拟采用的措施必须是正当有效的，干预的形式、规模或范围及持续时间等应符合最优化的原则。要遵循系统性原则，将人们心理的问题放在全局范围内考虑，包括心理问题对经济、社会秩序等方面可能造成的影响。一旦出现核与辐射事故，及时开展医疗救助和心理援助，及时有效地解决受害者的身体痛苦和心理困惑，使受害人群尽快恢复到正常状态，维护社会稳定。

2008 年我国汶川地震后，在政府指导下的前面抗震救灾的过程中，对广大灾民的心理救援和心理危机干预，也在同步开展。当时卫生部组织心理学精神病学专家编撰的“紧急心理危机干预指导原则”(见本书附件)发挥了很好的作用。其原则、指导思想和组织形式也是适合核与辐射事故受影响公众的。

# 11.3　核辐射突发事件现场心理救助

在核辐射突发事件时，个人、家庭或者整个社区都可能受到影响，有的人可能会被迫离开家园，自己或亲人朋友面临受辐射损伤的风险，有的人可能会亲眼目睹事故的破坏、人员的伤亡。尽管每个人都可能受到事件的影响，但是人们对于危机事件的反应和感受却是多种多样的。大多数人会不知所措，对发生的事情感到困惑或不了解到底发生了什么，他们感到焦虑、恐惧，或者麻木，整个人处于游离状态。有的人反应轻微，而有的人则产生更为严重的反应。反应的轻重取决于多种因素：他们个人所经历事件的性质及严重程度、以前曾经历的悲痛事件、生活中从其他人可得到的支持、自身的健康状况、个人及家庭的心理健康问题史、文化和传统背景、年龄等。在核辐射突发事件中，有些受影响的人会显得特别脆弱，他们需要额外的帮助。这些人包括却不仅限于孕妇、老人和孩子、育龄期的女性、有精神或身体残疾的人、住院却需要转移的病人、自己或家人处于危险中的人群等。

参考灾难、疫情等重大突发事件相关资料，核辐射突发事件中人们的情感反应亦可分为六个时期：灾前期、冲击期、英雄主义期、蜜月期、幻灭期和重建期。在灾前期，受影响地区民众的主要表现为害怕和不确定，没有预警的核辐射突发事件会造成受影响人群的脆弱和缺乏安全感，对未来不可预测的恐惧、以及失去控制感或丧失保护自己和家人能力的感觉。另外，有预警的核辐射突发事件可能会因人们未能注意到警告而引起内疚或自责。灾前期可能会短至数小时甚至几分钟。冲击期，是核辐射突发事件发生时，受影响地区的民众会表现出一系列强烈的情绪反应。具体的反应程度也取决于正在发生核辐射突发事件的类型和严重程度。这些反应可以从震惊、困惑到明显的恐慌、害怕、担忧，通常会伴随着对自我保护和家庭保护的关注。英雄主义期，受影响区域的民众、各地的各类救援人员抵达现场开展相关的防护行动和救援行动，许多人会表现出肾上腺素诱导的行为。英雄主义期通常很快进入蜜月期，其特点是情感上的戏剧性转变。在蜜月期，对灾区的援助随时可获得，社区内部建立起链接。乐观主义者认为一切都会很快恢复正常。各类机构组织有很多与受影响民众建立融洽关系的机会，以及与利益相关者建立联系的机会。蜜月期通常只持续几个星期。第五阶段是幻灭期，与蜜月期形成鲜明对比。在幻灭期，社区和个人认识到援助的局限性，乐观转变为沮丧，压力继续增加时，人们开始出现如身体疲惫、药物滥用等负面反应。需求和援助之间差距的增加导致人们有被遗弃的感觉。幻灭阶段可能持续数月甚至数年，一些事件还通常会导致这个时期延长。第六阶段是重建期，其特点是整体感觉恢复。个人和社区开始承担起重建生活的责任，人们在继续为损失悲痛的同时，也适应了新的“正常”。重建期可能会持续数年。在不同的时期可根据民众的心理特点适时开展有针对性的心理救助工作。

心理救助(psychological first aid)，亦可称为心理急救，它是指对遭受创伤而需要支援的人提供人道性质的支持，以减轻灾难事件带来的初始悲恸，培养短期和长期的适应性功能及应对技能。心理救助既可以用于身处灾难事件中的儿童、青少年及其父母或临时监护人、成年人、老人及其家庭，也适用于突发事件的责任人和救援人员。

开展心理救助的目标包括：①在不侵扰的前提下，与受助者建立起人性的联系；②安抚和引导情绪激动或心绪紊乱的人，让他们感到平静；③评估受助者的需求和关注的重点，为受助者提供实际的帮助和信息，协助他们获得基本的生存需求(例如食物、水和信息)；④帮助受助者获得信息、服务和社会支持，使其与包括家庭成员、朋友、邻居及社区援助资源等社会支持系统取得联系；⑤聆听受助者的倾诉，但不强迫受助者与自己交谈；⑥加强受助者即时和持续的安全感，使其在身体上和情绪上处于舒适的状态，保护受助者免受进一步的伤害；⑦提供适应性应对策略，讲授应对策略的作用，鼓励儿童、成人和家庭积极的参与到恢复过程中；⑧提供心理效应应对相关的信息，帮助受助者有效克服突发事件所致的心理损伤。

需要注意的是，心理救助不是专业的心理咨询，也不是只有专业的人员才能提供，心理救助的实施者可以是心理卫生工作者，也可以是事故响应工作人员、志愿者、社区工作者。这些人员可以加入不同的事故响应机构如现场急救医疗队伍、社区应急响应队伍、民间团体、宗教团体等开展心理救助，既可以是面对面，也可以通过电话、网络视频来进行。

### 11.3.1 实施心理救助的对象、时间和地点

心理救助的服务对象是那些因核辐射突发事件而遭受重大创伤的人们，包括孕妇、儿童和成年人。但是，并不是每个遭遇重大事故的人都需要和愿意接受心理急救，所以，心理救助者不要强行帮助那些不愿意接受帮助的人，而应当做好随时可以为需要帮助的人提供服务的准备。有时候，受助者需要比心理急救更专门的帮助，如受到严重危机生命的伤害、需要紧急救治的人，因过分的心烦意乱而不能照顾自己或孩子的人，有可能或伤害自己或他人的人，在这种情况下，救助者应认识到自身能力的局限并寻求他人的帮助，比如医务人员、地方当局人员、村镇或社区工作人员等，请他们帮助开展相关的救助工作。

由于重大核事故的影响是长期的，因此有些受影响的人员需要持续的帮助和支持，但是心理救助旨在事故发生刚刚发生、或之后几天或几周内帮助那些受事故影响的人们。救助者开展救助工作需要在安全、无受照风险的地方进行，如撤离居民安置点、学校等。如果条件允许，尽量选择可以和受助者进行私密交谈的地方，以尊重受助者的尊严并保护其个人隐私。

### 11.3.2 对心理救助者的要求

开展心理救助的机构或者个人，当担负起对核辐射突发事件受害者心理救助的责任时，首先需要遵守以下的原则：

(1)安全：尽最大的能力，确保受助者特别是儿童、孕妇的安全，保护他们免受生理或心理的伤害，要避免由于救助者的行为而导致受助者受到进一步伤害的风险。

(2)尊严：要尊重受助者并且依照他们的文化、习惯和社会规范行事。

(3)权利：务必保证受助者能够与其他人一样公平的得到帮助，要协助其行使自己的权利和取得相关的支持。救助者应采取让任何遇到的受助者得到最佳利益的行动。

为了避免受助者遭受进一步伤害，提供最好的关怀和采取让受助者最佳的行动，心理救助者还应当遵循以下到的行为准则：诚实守信；尊重别人可以自己做决定的权利；意识到并且放下自己的偏见；让受助者清楚知道即使现在不愿意接受帮助，他们以后仍可以寻求协助；尊重受助者的隐私，适当的对受助者的叙述加以保密；依据受助者的文化背景、年龄

和性别做出恰当的帮助行为。同时,救助者应当避免以下的行为:不得利用与受助者之间的关系为自己谋取任何利益,索取任何钱财或恩惠;杜绝虚假的承诺或给予虚假的信息;不得夸大自己的技能;不强行帮助别人,不侵扰受助者;不得通过施加压力的方式让受助者叙述经历;不得将受助者的经历与他人分享;不得对受助者的行为或感受做出评价。

作为一名施助者,在核辐射突发事件中的经历会影响到自己或自己的家人。所以,救助者在参加援助任务之前,要先评估自己的身心状况,判断自己是否具有帮助他人的能力。在团队中,也随时关注同事的健康状况。在救助的过程中,注意自己的休息和复原。

除了以上心理救助专业知识之外,核辐射突发事件与其他的自然灾害不同,公众对核辐射相关知识所知甚少、误解甚多。如前所述,发生事故后,谈核色变是公众对核与辐射事故最大的心理反应。因此,当对核辐射突发事件受影响者开展心理救助时,救助者需要具备核辐射相关的科学知识,以便需要时澄清受助者的误解或向受助者传递正确的信息。这些知识包括但不限于:核与辐射基础知识、核电厂基础知识、辐射健康效应、辐射防护、核事故的防护行动、辐射损伤的诊断与救治等。

### 11.3.3 实施心理救助

(1)实施心理救助的准备工作

在实施心理救助前,制定计划和做好准备工作非常重要。心理救助者要提前了解核辐射突发事件的性质、严重程度、影响范围、对公众和环境的影响、政府及相关机构采取的应急措施、公众在事件不同阶段需要采取的防护行动、公众在哪里可以得到诸如紧急医疗、食品、饮用水、避难所、追踪家庭成员等需求,清楚公众在哪里可以获得何种帮助以及有哪些机构和团体在提供服务,并即时跟踪事件的进展情况。心理救助者需要详细了解所赴地区的环境、文化、民族、信仰、风俗习惯和语言等背景情况。心理救助者对所要提供救助和支持服务的种类和可行性深入了解分析,并制定工作计划和做好知识、信息、物资资料、联络等各方面的准备工作。

(2)良好的沟通

良好的沟通,是心理救助者提供心理救助的第一步。遭遇核辐射突发事件的人们通常会感到焦虑、心烦意乱,有的人还会为危机事件中自己的种种行为自责,有的人则可能会抱怨核电公司、政府或社会。保持冷静并表示理解、给予尊重和恰当的关怀,可以帮助困境中的人们感受到更多的安全和保障。经历核辐射突发事件的人可能想要倾诉他们经历的事情,倾听他们的讲述会是很大的支持,但是一定不要勉强任何人告诉你他们经历过什么。有的人可能不愿意讨论发生了什么或是他们的处境,你安静的陪着他们就很好,让他们知道只要他们想说话你就在身边,或者给予他们一些实际的帮助比如拿些食物或是一杯水。不要说太多的话,保持适当的沉默给人们一些空间,鼓励他们在愿意交谈的时候与你分享。

良好的沟通,需要注意与对方沟通时的言词和肢体语言,比如面部表情、眼神、手势、坐姿和站姿。言行的方式需要考虑对方不同文化、宗教信仰、年龄和性别。恰当的言行包括:尽量找安静的地方交流,把外界的干扰降到最低;尊重他人的隐私;根据年龄、性别和文化背景,靠近对方并保持合适的距离;让对方知道你在倾听,比如点头或说“嗯”;保持耐心和平静;提供真实的信息,知道的和不知道的都要诚实的告知对方,对不知道的信息,可以回答“我不知道但我会尽力帮你找到答案”;用简单的方法让对方了解信息;理解体会他们的感受，对任何的损失或他告诉你的重要事情都要有所反应，比如被迫失去家园离开家乡或有家人受伤死亡，说“我真抱歉、我可以想到你很难过”；对他们的力量和自助行为表示肯定；允许沉默。而有些行为则是不妥当，应当避免的：不迫使他们讲述自己的遭遇；不打断或催促对方讲述遭遇（如不要看手表或语速过快）；不确定是否合适的时候不要接触对方；不要对他们已做的事情或未做的事情以及感受做出判断，不要说“你不该这样想”或“你能活下来应该感到幸运”；不要编造你不知道的事情；不要使用过于专业化的语言；不要告诉别人他人的经历；不要给予虚假的保证；不要试图或表现出你可以解决所有问题；不要减损他们的长处和他们能够自我照顾的感觉；交谈中不要用贬义的词句（比如，不要说他们“疯了”或“疯狂”）。

（3）心理救助的原则

心理救助的三项基本行动原则是：观察、倾听和联系。这些行动原则能指导救助者进入核辐射突发事件受影响区域，接近受影响者，了解他们的需求，帮助他们联系到实用的信息和帮助。

在开展心理救助之前，首先要观察确认所赴地区的环境安全，不在污染区，所处的场所安全，不会有其他的危险，如果不能确认环境安全就不要去现场。然后观察找到出现严重心理困扰反应的人。在严重的危机中，出现困扰反应的典型表现有：生理症状如颤抖、头痛、非常疲倦、没有食欲、疼痛、哭泣、失眠、做噩梦；易怒、焦虑、抑郁、内疚、担忧、紧张不安；混乱，对感觉麻木、感觉不真实、发呆；表现退缩或僵硬；不应答他人，一言不发；失去方向感；不能照顾好自己或孩子（如不吃不喝、不能做简单的决定）。

在观察到遭受心理困扰、需要心理救助的对象后，心理救助者需要接近需要帮助的人，询问他们的需求和担忧，聆听他们的倾诉，帮助他们平复情绪。在接近需要援助的人们时，要尊重他们并考虑到他们的文化背景，然后介绍自己的姓名、所属机构、询问可否提供帮助，对方如果回答可以，则找安全和安静的地方交谈，在这个过程中，要尽可能让受助者感到舒适。在与受助者交谈的时候，不要强迫他们去谈话，假如他们愿意谈论发生了什么，则认真倾听。在倾听的时候，要表现出一心一意、全神贯注，同时用心关怀。当他们感到非常困扰时，要帮助他们平复心情、恢复冷静。在帮助受助者身心平复冷静可以用这些方法：保持语调平静温柔；交谈时与受助者保持眼神交流；提醒受助者你在帮助他们；如果有人感到不真实或有从环境抽离的感觉，则帮助他们建立起自己和周围环境的联系，让对方双脚平放地面，并感受到着地的感觉，用手指或双手轻敲膝盖，觉察环境中那些不会引起困扰的事物，比如他们能看到、听到、感受到的、让他们把所看所闻告诉你，也可以鼓励他集中注意力在呼吸上并且缓慢的呼吸。

除了倾听和帮助受核辐射突发事件严重困扰的人身心恢复平静外，协助他们联系实用的帮助也非常重要。经历了严重核辐射突发事件，一些人会感到脆弱、孤立无依或无能为力，他们的日常生活被打乱，生活紧张充满压力。协助他们联系获得实用的帮助也是心理救助的主要部分。心理救助是一次性的干预，只能帮助人们很短的一段时间。而受影响的人群需要依靠自己的应对能力在比较长的时间慢慢恢复。因此要帮助他们自助、让他们有信心重新掌握当前境遇下自己的生活。

（4）心理救助的主要内容

核辐射突发事件心理救助的主要内容包括帮助受助者满足基本需求、帮助他们应对当前的问题并以积极的方式生活、提供相关的信息、联系亲人和社会支持。

1)满足受助者的基本需求和获得服务

帮助联系满足受助者基本生活需求时,主要考虑的问题包括:设法帮助受助者联系避难所,获得干净的食物和水等生活基本物资;了解受助者的特殊需求如对一些特殊的人群如受伤、生病的患者,帮助联系获得医疗服务,对婴幼儿帮助联系获得干净的喂养物品如奶瓶、水杯等。当情况允许时,可以跟进受助者的情况。

2)帮助受助者应对当前的生活

除了帮助联系满足受助者基本需要和一些特殊服务外,还应帮助他们应付当前面临的一些问题。受助者内心的担忧害怕、紧张不安,会使他们暂时无法有效的处理自己的问题。救助者要帮助他们考虑最迫切的需求和怎样安排回应需求的优先顺序,教他们先处理什么,哪些可以暂缓处理。受助者通过能够处理几个问题,可以增强对生活的控制感和处理问题的能力。

救助者还要鼓励受助者应用积极的应对方式去面对生活,避免使用消极的应对方式。这将帮助受助者感觉更有力量并重拾对当前生活的控制感。积极的应对措施包括充分的休息、尽量有规律的饮食和饮水、与家人和朋友交谈、和信赖的人讨论问题、锻炼身体、多进行有助于放松的运动(散步、唱歌、祈祷和小朋友玩耍)等。要避免滥用药物、吸烟、饮酒、连续工作不休息、远离亲人和朋友、忽视个人基本卫生、暴力行为、整天睡觉、无所事事等消极的应对方式。

3)提供信息

受核辐射突发事件影响的人们,想要准确的了解这些信息:事件本身、对自己和家人的健康影响、自己和家人所处环境是否安全及需要采取哪些防护行动、如何获得需要的服务和物品、如何维护自身的权利等。

但是,在突发核辐射事件刚刚发生后,获得准确的信息是很困难的,如果是重大的核事故,其本身将怎样进一步发展也是不确定的,情况可能会发生改变,而谣言也容易在此时滋生。救助者也无法在任何特定的时刻都拥有所有的消息,但是救助者在接近受助者并提供帮助之前,要尽已所能搜集相关信息,并且知道在什么地方可以获得准确的信息,以及何时能够得到更新的信息。

当救助者给受助者提供信息时,要说明信息的来源及可信度,只说自己知道的确切信息,不要编造信息或给予错误的保证,要确保信息准确易懂,必要的时候,要重复消息以确认受助者听见并理解信息的内容。在给受影响的群体提供信息是一种很有效的方式,这样可以让每个人听到同样的消息。如果救助者会持续跟进受助者或受影响的群体,要让他们知道你会对他们更新最新的进展。

在救助者提供消息的时候,受助者或者受助的群体可能会认为你和其他人没能满足他们的期望而感到愤怒,并把救助者当做宣泄的目标、在这种情况下,救助者要尽量保持冷静,多些理解和体谅。

4)联系亲人和社会的支持

在经历危机事件时,感到受到良好社会支持的受助者,相对于没有感到这种支持的人来说,在危机事件后能够更好的应对困境。因此,在核辐射忽发事件中,帮助受助者联系他们的亲人与社会支持系统是心理救助的一个重要部分。帮助受助者与家人、亲戚、朋友取得联系以便得到支援，让孩子们和父母及亲人在一起。将受影响的人员召集到一起，让他们互相帮助，如让人们帮助照顾老人，或者将没有家庭的人和其他社区成员连接到一起。

对有宗教信仰的受助者，帮助受助者与所信仰的团体、人员取得联系。在经历危机事件的情形下，人们的精神或宗教信仰对于帮助他们度过痛苦和折磨、找寻生命的意义、给予希望有非常重要的作用。但是，危机事件的经历、面对可怕的损失，也会让人们对信仰产生质疑。作为救助者，要了解并尊重受助者的宗教信仰，用不评判和尊重的态度去聆听受助者的精神信仰和问题，不要将自己对核辐射突发事件的信念、精神或宗教的诠释强加给受助者。

5)结束帮助

何时结束心理救助工作，取决于核辐射突发事件的实际情况、救助者本身承担的角色和处境以及受助者的需要。针对当前处境下，救助者要对受助者的需要和你自身的需求做出最佳的判断。在一个恰当的时机，告诉受助者你准备离开，如果有人接替你的工作，尝试将他们介绍给受助者认识。如果你联系了其他服务机构来帮助受助者，应该将信息告知受助者并确认受助者有与该机构的联系方式。无论与受助者相处的怎样，都应该以一种积极的态度与他们告别并祝愿他们。

(5)关注特殊人群

在核辐射突发事件中，有一些需要特别帮助的人群：婴幼儿、儿童和青少年、孕妇、哺乳期妇女、育龄妇女、身心健康状况不佳或有身心残障的群体。

1)婴幼儿、儿童和青少年

婴幼儿、儿童和青少年，由于是对辐射比较敏感的人群，如果防护措施不当，吸入放射性碘等物质，对他们的健康危害比较大，并且我国公众还有一种误解担心辐射对孩子的致癌效应和生殖影响。除此之外，在重大核事故情况下，这类人群比较脆弱，危机事件破坏了他们熟悉的环境和日常生活，他们可能被迫在混乱中离开自己的家园，基本的需求得不到保障，而他们又不会保护自己，他们的照顾者也同样处于慌乱的状态。这时候，特别需要有冷静、情绪稳定的成人陪伴他们以便更好的应对核辐射突发事件。

家庭和其他照顾者是保护孩子并给孩子精神支持的重要来源。在核辐射突发事件中，和家人、照顾者分开的孩子需要特别的关注，帮助他们和家人或照顾者团聚。在帮助联系的时候，不要自己一个人来做这些事情，要联系值得信任的儿童保护机构，按照其程序来办理，确保孩子得到良好的照顾。

在核辐射突发事件中，要设法帮助照顾者照顾好他们的孩子，指导照顾者照顾好不同年龄的孩子。对婴幼儿，要让保持温暖和安全，保证他们远离喧嚣和混乱，多拥抱他们，用平静而温柔的语言和他们说话，要尽可能安排规律饮食和睡眠；对年幼的儿童，要给他们额外的关注，抽时间陪伴他们，经常提醒孩子们要注意哪些行为，保持规律的日常生活，尽可能制造放松玩耍的机会。对年纪大点的儿童和青少年，除了给予关注、陪伴并帮助他们保持规律的日常生活之外，要告诉他们发生了什么、目前正在做什么，允许他们的悲伤和失落，不评判的倾听他们的想法和恐惧，鼓励并允许他们有机会帮助他人。

当照顾者受伤、紧张不安，无法照顾好他们的孩子时，救助者要安排帮助照顾者并照顾他们的孩子。根据当地的情况，联系社区、儿童保护机构等组织，请求他们的帮助。要保证孩子与他们的照顾者在一起，不要让他们分开。

2)孕妇、哺乳期妇女、育龄女性

由于胎儿、婴幼儿对辐射敏感,而生殖系统也是辐射的敏感器官。因此在核辐射突发事件中,孕妇、哺乳期妇女、育龄女性更容易担心辐射对自身及胎儿或母乳喂养婴儿的影响而产生焦虑、紧张不安等各种情绪,这将影响他们自身健康甚至胎儿的健康。在切尔诺贝利事故后初期,许多孕妇担心生下怪胎,纷纷要求堕胎。据国际原子能机构估算,由于一些医生错误的认为事故释放出的放射性物质对孕妇胎儿有健康危害,在西欧有 10 万～20 万孕妇实施人工流产。但是在切尔诺贝利所在地区切尔诺贝利市和邻近普利皮亚特市撤出的孕妇生下的 1500 名婴儿都正常,分娩后母乳的放射性核素含量也正常。

在对这类人群实施心理救助时,救助者要首先从专业人士处了解本次核辐射突发事件是否对这类人群有健康危害,并将这些信息传递给这类人员。同时,要尽量帮助孕妇、哺乳期妇女获得比较安全、温暖的环境,协助哺乳期妇女获得奶瓶、奶粉、尿布等所需要的生活物资。

3)身新健康状况不佳或有身心残障的群体

长期慢性病患者、身心残障的人群(包括严重精神疾病)或是老年人,在核辐射突发事件的遭遇可能会让他们的健康状况变的更糟糕。这类人群需要特别的帮助以到达安全地点或避难所,获得干净的食物、水等基本生物物资。对不能自行移动或视听障碍的人群,要帮助他们找到家人或联系相关的机构以获得帮助。同时,告诉他们怎样联络以获得需要的帮助。

## 11.4　核辐射突发事件应急救援人员的心理救助

历史上的每一次重大核辐射突发事件,都会产生巨大的社会心理效应,这种社会心理影响,不仅仅是针对普通受害者、公众,而且对参与核辐射突发事件的应急救援人员,也会产生如急性应激障碍、创伤后应激障碍、焦虑、抑郁、酒精和物质滥用等心理影响。重大核辐射突发事件的救援人员包括指挥救援的人员、开展辐射监测与防护行动的人员、核电厂工作人员、军队和武警战士、消防人员、医护人员、参与一线工作的新闻媒体记者等。他们在参与应急救援的过程中,也会承担着巨大的压力,需要给予心理支持。

Loganovsk 等人研究发现,乌克兰 295 名在 1986 年到 1990 年间参与清理污染的清洁工人在 18 年后,其抑郁、自杀倾向、创伤后应激障碍、头疼等发病率显著高于对照组。Rahu 和 Kasl 等人发现埃塞俄比亚参与切尔诺贝利清理的清洁工人自杀率升高。Veil 等人研究发现在拉脱维亚的 1412 名清洁工人中,有 615 人出现了身心心理障碍。而在切尔诺贝利区域停留的时间、在切尔诺贝利十公里范围内工作的时间、在损坏反应堆屋顶工作的次数等都是身心心理障碍的危险因素。福岛事故后,Hidaka 等人发现被调查去污工人中一半以上有明显的焦虑感;Maeda 等在对福岛县两个沿海城镇 168 名参与灾后救援的公职人员研究发现,公职人员的抑郁症患病率高达 17.9%,经常暴露于强烈的抱怨或居民的愤怒和角色冲突被认为是抑郁症高发的原因。Shigemur 等在 2011 年 5 月－7 月的调查中发现,TECPCO 核电厂工作人员创伤后应激障碍的发生率高达 25.3%,而受到歧视和诽谤的经历与创伤后应急障碍高发有关。

Samantha 等人开展了对灾难救援人员社会职业因素与心理困扰和心理障碍之间关系的系统性评价研究，发现在灾难发生前、灾难过程中和灾难后都有一些影响救援人员心理健康的职业和社会因素。分析表明专业救援人员创伤后应激障碍的发生率明显低于志愿者。而在灾难发生前，提供充分的专业培训和信息可以帮助救援人员更好的从情感和认知上为可能面临的状况做好准备。由于准备工作充分，对自己的专业技术、个人和团队的能力有信心可以减少压力，而认为培训及准备不够充分，则会为救援人员带来更大的痛苦。而救援人员在灾前的个人创伤经历、精神疾病史则是灾后精神问题的危险因素。在灾难发生时，创伤性灾难暴露、灾难现场的工作时间长、没有休息日、过度情感参与可导致救援人员一系列的心理不适和疾病，包括焦虑、抑郁、一般困扰和创伤后应激障碍等。此外，角色相关的压力源、对安全、威胁和风险的认知、伤害自己或亲近的人员和社会的支持都会影响救援人员的精神和心理状况。而在灾难后，专业的心理支持、灾难对救援者个人生活的影响、每天看媒体关于灾难报道的时间、个人面对困难的应对态度会影响救援人员在灾后的心理和精神状况。

切尔诺贝利核事故和福岛核事故表明，参与核事故会对应急救援人员产生很大的精神和心理影响，而根据灾难发生前、发生中、发生后对救援人员心理产生影响的相关因素，提示我们在各个阶段开展核辐射突发事件应急救援人员的心理健康的评估、培训，并在事故中和事故后持续的对重点人员进行心理救助。

## 11.4.1　核辐射突发事件应急救援人员的心理健康培训

在突发灾难中，一线救援人员的心理压力远远大于普通人群，救援人员心理压力产生的原因主要是两个方面，一是救援人员的社会大环境、工作环境和家庭环等外在客观压力源；二是救援人员自身的生理特点和心理素养等内在的压力源。救援人员的心理健康状况直接关系到救援工作的开展与实施 ，也关系到救援人员日后的正常生活和工作。

2014 年，国家核应急协调委员会设立了 25 支国家级核应急救援分队。在各个专业分队队员遴选的时候，除了考虑专业技能，还应当将队员的心理健康状况纳入遴选标准。心理健康的标准可以概括为：智力正常、情绪稳定、心境良好、意志健全、人际关系和谐、适应能力强、人格完整、自我评价正确、心理行为符合年龄特征。

人的心理健康水平有高低之分，要提高救援人员的心理健康水平，需要采用专业训练手段，有计划的培养救援人员积极健康的心态，提高其心理健康水平和面对紧急情况的适应能力。因此，专业的应急救援人员，除了开展专业技术培训外，还应将心理健康训练纳入培训课程。

心理健康训练可以包括但不局限于：理性认知训练、情绪管理训练、压力应对训练、压弹力训练、社会支持系统训练、职业倦怠训练、自我效能感训练、积极人格训练、心理行为训练和自我心理健康训练等。通过这些训练，可以使救援人员发展健康的心态，保持乐观积极的人生态度，塑造救援人员积极而稳定的情绪、顽强的意志、能够承受各种压力。同时，使救援人员获得心理知识，当自身心理不平衡或不健康状态时，能够及时觉察并运用基本的心理学方法进行调整，使之恢复到正常健康状态。

在培训的同时，应及时对救援人员运用心理学问卷、量表，对受训救援人员进行心理评估。根据评估结果，及时指导处于心理不健康状态的受训队员进行调适、矫正、干预。

除了在救援人员遴选和培训的心理评估之外，在发生突发事件、需要派遣队员的时候，需要将派遣队员当时的心理健康状况考虑在内。同时，在队伍出发之前，应当培训救援人员在本次救援中可能承当的压力和风险、告知他们即将在救援中产生的心理压力的形成原因和表现形式，让他们对此有明确的认知和心理准备。

## 11.4.2　重大核辐射突发事件中救援人员的心理救助与自我调适

在重大核辐射突发事件发生后，大量救援人员争分夺秒的进入事故区域开展各项救援工作，他们要面对可能的辐射暴露风险、大量舍弃家园、财物需要紧急撤离的居民，惨烈伤亡的场景比较少。一些在核电厂内的救援人员，还面临冒着生命危险来阻止事故进一步发展。当核事故伴随其他自然灾难时，就会经常面对惨烈的破坏性状况、人员伤亡，这会对救援人员的身心都造成巨大的冲击。而高强度、超负荷救援工作让他们没有机会释放痛苦，在巨大的心理、生理压力下连续奋战，会让很多救援人员遭遇严重的心理问题，如急性应激反应、耗竭综合征，甚至发展成可能伴随一生的创伤后应激障碍。即使是接受过基本心理培训的救援人员，仍有在灾难现场救援时产生心理疾患的风险。因此，对救援人员的现场心理调适与救助至关重要。

重大核辐射突发事件可能单独发生，也可能伴随其他自然灾难。救援人员在核事故救援中所面对的工作环境、压力，与其他灾难基本类似，救援人员的心理反应也基本类似。因核事故发生较少，而核事故中救援人员心理反应没有系统的研究，我们借鉴地震等其他自然灾害救援人员的心理反应、心理调适和危机干预来指导核事故应急中救援人员的心理调适与干预。

### 11.4.2.1　救援人员在事故救援中可能出现的心理反应

(1)情绪反应：恐惧——担心自己所处的环境有辐射暴露的风险，害怕自己会受到伤害；悲伤——为流离失所、死伤人员赶到难过、悲痛；愤怒——对核电厂发生事故影响公众、环境感到愤怒；无助——对自己无法帮助更多的人感到无力，对人类在灾难面前的脆弱感到无助。

(2)生理方面：救援人员因为高压下长期连续工作、身心过度消耗可能出现躯体不适，比如疲倦、失眠、做噩梦、胸部疼痛不适、心跳突然加快、恶心、食欲降低、腹泻、肩颈后背等肌肉疼痛、注意力不集中、头晕、头痛、记忆力减退等症状。

(3)心理反应：创伤反应和人际冲突；与他人交流不畅；情感迟钝；对自己经历的一切感到麻木与困惑；因心力交瘁、精疲力尽而觉得生气；感到不够安全；睡眠出现问题，噩梦；记忆力和注意力下降；缺乏自制力等。

(4)职业困扰：在核事故时，核电厂的工作人员会面临更多的职业困扰，如耗竭感；怀疑自己的职业选择；感到内疚和羞耻；觉得自己本可以做的更好、做的更多而产生罪恶感，怀疑自己是否已经尽力；过分的为受害者悲伤、忧郁。

面临重大的事故，压力使人们产生一些短期的症状。但有时因为创伤过于强烈，如一个人经历或目击到死亡，或收到死亡的威胁及严重的伤害，这些可能会使人们产生更为强烈的反应，如极度的害怕、无助或恐惧感。这种持续的状态(尤其超过灾难事件发生后一个月)，被称为创伤后应激障碍。

#### 11.4.2.2 救援人员的心理救助与自我救助

为了有效的缓解救援人员在躯体、情感和精神方面的负面效应，救援队伍所在的机构应做好以下的组织支持工作。

首先，应当尽可能的完善救援人员的休息制度，保证救援人员有充足的睡眠和休息，避免高强度、高负荷的救援工作。在事件现场工作 6～8 h 后有较长的休息时间，在处理应激性灾难工作时每小时休息一次，分两组轮流休息，对不愿休息者采取强制措施。同时，如果工作内容允许，让救援人员轮流从事不同强度水平的工作，限制救援人员从事高应激水平工作的时间(如处理尸体、污染区工作)。此外，还应当尽可能提供舒适的休息场所。休息场所应远离灾难现场，备有洗手间，提供视频、饮料和电话等。救援人员所在的单位要与其家人、朋友一起构建救援人员强大的社会支持系统，确保救援人员没有后顾之忧，并安排专人做好后勤服务工作，持续的关怀救援人员的工作、生活和精神状况。

其次，要纠正救援人员对心理危机干预的错误认知，重视自己的心理健康，当发现自己心理压力过大、出现各种心理问题时，要积极的寻求帮助，避免造成过久的影响。而不是消极地把心理问题当成精神病或一种羞于向人透露的疾病，拒绝治疗或帮助。

第三，特别重要的是救援机构要与专业的心理机构或医生合作，当观察到救援人员有心理问题时，要及时对其进行心理评估和心理救助；同时，适时的对救援人员全员开展自我心理调适的培训活动。

救援人员的自我调适包括：

(1)救援者提前做好心理准备。在每次行动前，应适当预想可能会出现的情景和遇到的困难，做好心理准备；在执行救援任务时，要积极适应工作环境，尽快熟悉任务分工，主动了解救援当地的民族特点、气候条件、饮食习惯等，缓解和消除不适应环境所带来的不适感。

(2)救援人员要学会释放自己的不良情绪。在感到心情郁闷的时候不要过分压抑自己的真实情感，多与身边信赖的同事、亲人、朋友分享自己在救援过程中的感受，无论是积极的，还是负面的都要及时交流和沟通，争取理解和关爱。不要因为不好意思或忌讳而逃避和别人讨论。要鼓励救援人员互相支持，积极的分享和讨论各自的感觉、经验，杜绝互相指责。

(3)救援人员要学会接纳自己在救援过程中出现的情绪和行为反应，不要勉强自己去遗忘或控制，伤痛会停留一段时间，是正常现象。救援人员要降低对自我的要求，允许自己示弱，允许自己在灾难面前表现出无助和无力感。

(4)救援人员要思考曾经有效帮助过自己应对压力、保持坚强的方法，掌握一些放松技巧，如运动、音乐、绘画等，并尽量花时间去运用这些方法让自己休息和放松，释放内心的压力，保持积极的状态。救援人员自己要认识到休息和复原非常重要，自己的身心产生的应激反应和职业耗竭在提醒他们需要休息，这不是临阵逃脱，而是保全实力，为了更好的投入救援工作。

(5)救援人员要学会关注积极的、正能量、官方的权威信息，而避免过多的关注悲伤的、负面的各种渠道的消息；减少刷手机微信“朋友圈”的时间，尤其避免睡前刷一些负能量的信息。

(6)救援人员要学会认可自己成功的地方,接受做的不足的方面,并承认自己能力有限。在核辐射突发事件后,人们可能面临很多问题,当救援人员不能帮助人们解决他们的所有问题时,可能感到做得不够和有挫败感。救援人员要明白自己没有责任和能力解决所有人的所有问题,但是自己在做力所能及事情。

(7)救援人员自身要减少酒精、咖啡因或尼古丁的摄入量,避免使用非处方药品。

(8)当救援人员发现自我调适无法解决问题时,要及时的向专业的精神科或心理科医生求助,通过科学的心理疗法帮助自己恢复。

### 11.4.3　重大核辐射突发事件中救援人员的心理危机干预

当救援人员的急性应激障碍或创伤后应激障碍持续,无法缓解时,应当由精神科或心理科的专业人员开展心理危机干预治疗。常用的心理危机干预治疗技术包括:

(1)支持性的心理干预技术:这项技术包括认真的聆听、细心的陪伴、适当的疏导、无条件的接纳、由衷的尊重、深切的理解、充满爱意的同理心等。这些对救援人员的心理康复至关重要。

(2)稳定化技术:在建立稳定关系的基础上,实施稳定化技术,帮助重建内心的安全感。稳定化不仅仅是治疗开始的起步,而且贯穿创伤治疗的始终。对于心理创伤严重者,稳定化要成为每天生活的一部分,甚至终生。稳定化内容包括了躯体的稳定化、社会方面的稳定化、心理的稳定化。

躯体的稳定化:让身体恢复到“双脚着地”的感觉,主要包括识别和处理躯体症状、药物治疗、照顾自己的身体。常用的技术包括:蝴蝶抱技术、自我安抚技术、现实感练习等。

社会方面的稳定化主要包括:安全保障,严防患者自杀自伤、伤人杀人,且远离伤人者;尽量保证日常生活正常运转;增加社会联系,如与家人、朋友、同事之间的联系;与干预者保持治疗关系。常用的技术包括:日常生活测试、不自杀自伤协议、具体生活计划、细节设计、写日记等。

心理的稳定化主要包括自我照顾、自我安抚、提高情绪耐受性、增进情绪调控能力、暂时与创伤刺激隔离、建立助人关系等。常用的技术包括自我安抚技术,如安全屋、内心花园等。

(3)负性情绪处理技术

鼓励经历事故的救援人员对他们经历救援之后的情绪变化,或者具体的创伤情景进行表达和宣泄。引导他们重点描述那些让他们有痛苦体验的经历,让他们结合自己的创伤经历,有重点的描述哪些强刺激性画面,表达创伤经历及刺激画面所诱发的痛苦情绪,使其负性情绪得以外化。这个“语言加泪水”的过程可以有效地使被干预者的负性情绪得到宣泄,减轻被干预者的心理应激反应,使其及早面对现实,进行心理创伤的修复。注意这种创伤暴露一定要在被干预者感到温暖和安全的环境中进行,否则相当于二次创伤。

(4)正性资源替代技术

用救援人员自己经历的救援工作作为引导,让其找到能让他们感动的、感受到人性光辉且带给其温暖的有力量的画面或事件,同时体验与这些温暖画面或事件相联系的正性情感,使其对创伤记忆的认知和体验更加积极,以完成正性资源对负性情感的部分替代,达到负性情感和正性情感之间的平衡。

(5)放松训练

放松训练是使机体从紧张状态中松弛下来,使整个机体活动水平降低,达到心理上的松弛,从而使机体保持内环境的平衡与稳定。放松可以产生与紧张不安、恐惧恐慌相反的生理效应,有助于调整机体功能、提高心理能力。放松的方法有呼吸放松、想象放松、静坐放松、自律放松等。通过放松训练可以平复在暴露创伤时造成的紧张情绪,让被干预者学习对抗焦虑、紧张等情绪反应的技能,鼓励他们依靠自身力量缓解一般性的心理反应。

(6)危机事件压力晤谈

危机事件压力晤谈(critical incident stress debriefing, CISD),又称集体晤谈,是一种系统的晤谈来减轻压力的心理干预方法,通常是集体进行,每个参与者必须是自愿参加,可以按不同的人群进行分组,小组内成员尽量保持同质性。正规的晤谈由合格的、对团体治疗和心理治疗的一般概念有广泛了解的精神卫生专业人员指导完成。CISD 通过公开讨论内心感受,获得支持和安慰,帮助当事人在心理上(认知上和情感上)消化创伤体验。集体晤谈在事件发生后 24～48 h 是最佳有效有时间,事件刚发生 24 h 内则不进行集体晤谈。

CISD 分为 6 期:

第 1 期(介绍期):指导者先坦诚、开放的做自我介绍,让被干预者了解和信任,减少 CISD 过程中的阻抗而取得合作。然后告知被干预者集体晤谈的目标和规则,仔细解释保密问题。

第 2 期(事实期):请救援者轮流描述出自己在核辐射突发事件救援过程中的所见、所闻、所嗅、所为,参与行动的过程等。所有参加者都必须发言。

第 3 期(感受期):引导被干预者讲述在救援过程中的感受。例如,事件发生的第一时间,您有何感受?随后的过程中有哪些感受?您目前又有何感受?以前您有过类似的感受吗?

第 4 期(症状期):请每一位救援者描述自己的应激反应症状表现,如失眠、食欲不振、情绪不稳、闪回、噩梦、注意力不集中、记忆力下降、决策和解决问题的能力减退、易发脾气、易受惊吓等;询问事件过程中救援者有何不同寻常的体验,目前有何特殊体验,事件发生后生活有何改变等。请被干预者讨论这些体验对他们的家庭、工作和生活造成了什么影响。

第 5 期(辅导期):告知他们应激反应有哪些表现,讲解事件、应激反应模式,强调所有这些感受和症状都是对灾难事件的正常反应,指导他们学会自我识别症状;指导被干预者学会以积极的方式去适应和应对,给出减轻应激反应的策略,如使用深呼吸做放松训练、使用"安全岛"、"保险箱"、"遥控器"等心理学技术将内心深处的负性情感宣泄出来;提供有关进一步服务的信息,同时提醒可能的并存问题(如饮酒)。在解释恶梦时,使战士们了解到每当人们遇到创伤事件时,常会在梦中重新经历与灾难和死亡相关的情境,这本身就是一种发泄,发泄是对死亡威胁的一种正常反应。

第 6 期(恢复期):指导者澄清、回答、解释一些可能被忽略或不太清楚的问题,应与被干预者讨论以后的行动计划、重申共同反应、强调小组成员的互相支持、总结可利用的资源,对整个晤谈过程做总结。

(7)药物干预

应急救援人员属于正常人群,在大多数情况下不需要药物治疗,对焦虑、心烦不安表现特别严重的人,可以考虑在短时间内选用镇静催眠和抗焦虑药物。

### 11.4.4　建立长期的心理预警和心理危机干预机制

对切尔诺贝利核事故和福岛核事故的研究表明救援人员不仅在救援过程中或救援后短期内发生急性应激障碍或创伤后应激障碍等症状，这些精神问题和心理障碍可能会持续存在，发展为延迟性创伤后应激障碍，在之后的 8～12 年乃至几十年内，处于慢性心理创伤状态，并发生人格的改变、扭曲，出现酗酒、吸毒、抑郁和自杀倾向，对救援人员的身心健康、家庭、工作、生活产生巨大的负面影响。因此各救援机构要重视对救援人员建立长期的心理评估与危机干预。

除了前述开展的心理培训外，救援机构要请精神科或心理科的专业人员对参与核辐射突发事件应急救援的人员定期进行心理状况评估，并对有需要的救援人员进行心理疏导和心理干预。

（雷翠萍、涂彧、王进）

## 思考题

1.公众谈核色变的心理基础是什么？
2.心理疏导应遵循哪几项原则？如何进行心理疏导的正当性判断？
3.媒体与舆论在应对公众恐慌时有哪些作用？
4.对公众采取心理干预措施的基本方式有哪些？
5.为什么对事故应急救援人员也要进行心理救助？如何进行？

## 参考文献

[1] 世界卫生组织，战争创伤基金会和世界宣明会.现场工作者心理急救指南[R].日内瓦：世界卫生组织，2011.

[2]Loganovsky K，Havenaar J M，Tintle N L，et al. The mental health of clean－up workers 18 years after the Chernobyl accident[J]. Psychological Medicine，2008，38(4)：481－488.

[3]Rahu M，Tekkel M，Veidebaum T，et al. The Estonian study of Chernobyl cleanup workers：II. Incidence of cancer and mortality.[J]. Radiation Research，1997，147(5)：653－657.

[4]Kasl S V，Chisholm R F，Eskenazi B. The impact of the accident at the Three Mile Island on the behavior and well－being of nuclear workers; Part I：perceptions and evaluations，behavioral responses，and work－related attitudes and feelings.[J]. American Journal of Public Health，1981，71(5)：472－483.

[5]Kasl S V，Chisholm R F，Eskenazi B. The impact of the accident at the Three Mile Island on the behavior and well－being of nuclear workers：Part II：job tension，psy-

chophysiological symptoms, and indices of distress. [J]. American Journal of Public Health, 1981, 71(5):472—483.

[6]Fujitani K, Carroll M, Yanagisawa R, et al. Burnout and psychiatric distress in local caregivers two years after the 2011 Great East Japan Earthquake and Fukushima nuclear radiation disaster[J]. Community Ment Health Journal. 2016, 52(1):39—45.

[7]Jun S , Takeshi T , Daisuke N , et al. Associations between Disaster Exposures, Peritraumatic Distress, and Posttraumatic Stress Responses in Fukushima Nuclear Plant Workers following the 2011 Nuclear Accident: The Fukushima NEWS Project Study[J]. Plos One, 2014, 9(2):e87516.

[8]Shigemura J , Tanigawa T , Saito I , et al. Psychological Distress in Workers at the Fukushima Nuclear Power Plants[J]. Jama, 2012, 308(7):667.

[9]Tanisho Y , Shigemura J , Kubota K , et al. The longitudinal mental health impact of Fukushima nuclear disaster exposures and public criticism among power plant workers: the Fukushima NEWS Project study[J]. Psychological Medicine, 2016, —1(15):1—9.

[10]Hidaka T , Kakamu T , Hayakawa T , et al. Effect of age and social connection on perceived anxiety over radiation exposure among decontamination workers in Fukushima Prefecture, Japan[J]. Journal of Occupational Health, 2016, 58(2):186—195.

[11] 叶常青. 核生化突发事件心理效应及其应对[M]. 北京:科学出版社, 2012.

[12] 郑毅等.灾难心理救助实用手册[M].北京:高等教育出版社,2008:96—107.

[13] 孙宏伟,等.北京:人民卫生出版社,2018:172—173.

[14] 宋晓明. 公安民警心理健康训练与心理危机干预[M]. 北京:北京师范大学出版社, 2011.

[15] 李曼宁, 蒋本亮, 侯捷,等. 基于多元人机交互模式的职业人群心理援助与自助[M]. 北京:清华大学出版社, 2015.

[16] 张桂清,等.2020.新型冠状病毒肺炎疫情下的心理危机干预[M].北京:中国劳务社会保障出版社.41—46,58—60.

[17] 王丽莉. 突发事件心理援助体系的建设[M]. 北京:中国社会出版社, 2009.

# 紧急心理危机干预指导原则

（卫生部 2008 年 5 月 15 日发布）

本指导原则应在经过培训的精神卫生专业人员指导下实施。

## 一、组织领导

（一）心理救援医疗队（包括防疫队，下同）在到达指定救灾地点后，应及时与救灾地的救灾指挥部取得联系，成立心理救援协调组，统一安排救灾地的紧急心理危机干预工作。

（二）后期到达同一地点的心理救援医疗队或人员，应该在上述心理救援协调组的统一指挥、组织下开展工作。

（三）各心理救援协调组的工作，应及时与所在地精神卫生专业机构沟通和协调，并接受当地卫生行政部门领导。

## 二、干预基本原则

（一）心理危机干预是医疗救援工作的一个组成部分，应该与整体救灾工作结合起来，以促进社会稳定为前提，要根据整体救灾工作的部署，及时调整心理危机干预工作重点。

（二）心理危机干预活动一旦进行，应该采取措施确保干预活动得到完整地开展，避免再次创伤。

（三）对有不同需要的受灾人群应综合应用干预技术，实施分类干预，针对受助者当前的问题提供个体化帮助。严格保护受助者的个人隐私，不随便向第三者透露受助者个人信息。

（四）以科学的态度对待心理危机干预，明确心理危机干预是医疗救援工作中的一部分，不是“万能钥匙”。

## 三、制定干预方案

（一）目的

1.积极预防、及时控制和减缓灾难的心理社会影响；

2.促进灾后心理健康重建；

3.维护社会稳定，促进公众心理健康。

（二）工作内容

1.综合应用基本干预技术，并与宣传教育相结合，提供心理救援服务。

2.了解受灾人群的社会心理状况，根据所掌握的信息，发现可能出现的紧急群体心理事件苗头，及时向救灾指挥部报告并提供解决方法。

3.通过实施干预，促进形成灾后社区心理社会互助网络。

（三）确定目标人群和数量

本次心理危机干预人群分为四级。干预重点应从第一级人群开始，逐步扩展。一般性宣传教育要覆盖到四级人群。

第一级人群：亲历灾难的幸存者，如死难者家属、伤员、幸存者。

第二级人群：灾难现场的目击者（包括救援者），如目击灾难发生的灾民、现场指挥、救护人员（消防、武警官兵，医疗救护人员，其他救护人员）。

第三级人群：与第一级、第二级人群有关的人，如幸存者和目击者的亲人等。

第四级人群：后方救援人员、灾难发生后在灾区开展服务的人员或志愿者。

（四）目标人群评估、制订分类干预计划。

评估目标人群的心理健康状况，将目标人群分为普通人群、重点人群。对普通人群开展心理危机管理；对重点人群开展心理危机援助。

（五）干预时限

紧急心理危机干预的时限为灾难发生后的4周以内，主要开展心理危机管理和心理危机援助。

（六）制定工作时间表

根据目标人群范围、数量以及心理危机干预人员数，安排工作，制订工作时间表。

**四、组建队伍**

（一）心理救援医疗队

人员以精神科医生为主，可有临床心理治疗师、精神科护士加入。至少由2人组成，尽量避免单人行动。有灾难心理危机干预经验的人员优先入选。配队长1名，指派1名联络员，负责团队后勤保障和与各方面联系。

心理危机干预人员也可以作为其他医疗队的组成人员。

（二）救灾地点心理危机干预队伍

以精神科医生为主，心理治疗师、心理咨询师、精神科护士和社会工作者为辅。适当纳入有相应背景的志愿者。在开始工作以前对所有人员进行短期紧急培训。

**五、出发前准备**

（一）了解灾区基本情况，包括灾难类型、伤亡人数、道路、天气、通讯和物资供应等；了解目前政府救援计划和实施情况等。

（二）复习本次灾难引起的主要躯体损伤的基本医疗救护知识和技术，例如骨折伤员的搬运、创伤止血等。

（三）明确即将开展干预的地点，准备好交通地图。

（四）初步估计干预对象及其分布和数量。

（五）制定初步的干预方案/实施计划。

（六）对没有灾难心理危机干预经验的队员，进行紧急心理危机干预培训。

（七）准备宣传手册及简易评估工具，熟悉主要干预技术。

（八）做好团队食宿的计划和准备，包括队员自用物品、常用药品的配备等。

（九）尽量保留全部发生的财务票据。

外援心理援助医疗队在到达灾区之前，尽量与当地联络人进行沟通，了解灾区情况，做到心中有数。

**六、现场工作流程**

（一）接到任务后按时间到达指定地点，接受当地救灾指挥部指挥，熟悉灾情，确定工作目标人群和场所。

（二）在已有心理危机干预方案的地方，继续按照方案开展干预；还没有制订心理危机干预方案的地方，抓紧制订干预方案。

（三）分小组到需要干预的场所开展干预活动。在医院，建议采用线索调查和跟随各科医生查房的方法发现心理创伤较重者；在灾民转移集中安置点，建议采用线索调查和现场巡查的方式发现需要干预的对象，同时发放心理救援宣传资料；在灾难发生的现场，在抢救生命的过程中发现心理创伤较重者并随时干预。

（四）使用简易评估工具，对需要干预的对象进行筛查，确定重点人群。

（五）根据评估结果，对心理应激反应较重的人员及时进行初步心理干预。

（六）对筛选出有急性心理应激反应的人员进行治疗及随访。

（七）有条件的地方，要对救灾工作的组织者、社区干部、救援人员采取集体讲座、个体辅导、集体心理干预等措施，教会他们简单的沟通技巧、自身心理保健方法等。

（八）及时总结当天工作。每天晚上召开碰头会，对工作方案进行调整，计划次日的工作，同时进行团队内的相互支持，最好有督导。

（九）将干预结果及时向当地救灾指挥部负责人进行汇报，提出对重点人群的干预指导性意见，特别是对重点人群开展救灾工作时的注意事项。

（十）心理救援医疗队在工作结束后，要及时总结并汇报给有关部门，全队接受一次督导。

**七、常用干预技术**

（一）普通人群

普通人群是指目标人群中经过评估没有严重应激症状的人群。

对普通人群采用心理危机管理技术开展心理危机管理。从灾难当时的救援，到整个事件的善后安置处理，都需要有心理危机管理的意识与措施，以便为整个灾难救援工作提供心理保障。包括以下几方面：

1.对灾难中的普通人群进行妥善安置，避免过于集中

在集中安置的情况下实施分组管理，最好由相互熟悉的灾民组成小组，并在每个小组中选派小组长，作为与心理救援协调组的联络人。对各小组长进行必要的危机管理培训，负责本小组的心理危机管理，以建立起新的社区心理社会互助网络，及时发现可能出现严重应激症状的人员。

2.依靠各方力量参与

建立与当地民政部门、学校、社区工作者或志愿者组织等负责灾民安置与服务的部门/组织的联系，并对他们开展必要的培训，让他们协助参与、支持心理危机管理工作。

3.利用大众媒体向灾民宣传心理应激和心理健康知识，宣传应对灾难的有效方法。

4.心理救援协调组应该积极与救灾指挥部保持密切联系与沟通，协调好与各个救灾部门的关系，保证心理危机管理工作顺利进行。对在心理危机管理中发现的问题，应及时向救灾指挥部汇报并提出对策，以使问题得到及时化解。

（二）重点人群。

重点人群是指目标人群中经过评估有严重应激症状的人群。

对重点人群采用“稳定情绪”、“放松训练”、“心理辅导”技术开展心理危机救助。

1.稳定情绪技术要点

(1)倾听与理解。目标：以理解的心态接触重点人群，给予倾听和理解，并做适度回应，不要将自身的想法强加给对方。

(2)增强安全感。目标：减少重点人群对当前和今后的不确定感，使其情绪稳定。

(3)适度的情绪释放。目标:运用语言及行为上的支持,帮助重点人群适当释放情绪,恢复心理平静。

(4)释疑解惑。目标:对于重点人群提出的问题给予关注、解释及确认,减轻疑惑。

(5)实际协助。目标:给重点人群提供实际的帮助,协助重点人群调整和接受因灾难改变了的生活环境及状态,尽可能地协助重点人群解决面临的困难。

(6)重建支持系统。目标:帮助重点人群与主要的支持者或其他的支持来源(包括家庭成员、朋友、社区的帮助资源等)建立联系,获得帮助。

(7)提供心理健康教育。目标:提供灾难后常见心理问题的识别与应对知识,帮助重点人群积极应对,恢复正常生活。

(8)联系其他服务部门。目标:帮助重点人群联系可能得到的其他部门的服务。

2.放松训练要点

包括:呼吸放松、肌肉放松、想象放松。分离反应明显者不适合学习放松技术。(分离反应表现为:对过去的记忆、对身份的觉察、即刻的感觉乃至身体运动控制之间的正常的整合出现部分或完全丧失)。

3.心理辅导要点

通过交谈来减轻灾难对重点人群造成精神伤害的方法,个别或者集体进行,自愿参加。开展集体心理辅导时,应按不同的人群分组进行,如:住院轻伤员、医护人员、救援人员等。

(1)目标

在灾难及紧急事件发生后,为重点人群提供心理社会支持。同时,鉴别重点人群中因灾难受到严重心理创伤的人员,并提供到精神卫生专业机构进行治疗的建议和信息。

(2)过程

第一,了解灾难后的心理反应。了解灾难给人带来的应激反应表现和灾难事件对自己的影响程度,也可以通过问卷的形式进行评估。引导重点人群说出在灾难中的感受、恐惧或经验,帮助重点人群明白这些感受都是正常的。

第二,寻求社会支持网络。让重点人群确认自己的社会支持网络,明确自己能够从哪里得到相应的帮助,包括家人、朋友及社区内的相关资源等。画出能为自己提供支持和帮助的网络图,尽量具体化,可以写出他们的名字,并注明每个人能给自己提供哪些具体的帮助,如情感支、建议或信息、物质方面等等。强调让重点人群确认自己可以从外界得到帮助,有人关心他/她,可以提高重点人群的安全感。给儿童做心理辅导时,目的和活动内容相同,但形式可以更灵活,让儿童多画画、捏橡皮泥、讲故事或写字。要注意儿童的年龄特点,小学三年级以下的儿童可以只画出自己的网络,不用具体化在哪里得到相应的帮助。

第三,应对方式。帮助重点人群思考选择积极的应对方式;强化个人的应对能力;思考采用消极的应对方式会带来的不良后果;鼓励重点人群有目的地选择有效的应对策略;提高个人的制感和适应能力。

讨论在灾难发生后,你都采取了哪些方法来应对灾难带给自己的反应的?如多跟亲友或熟悉的人呆在一起、积极参加各种活动、尽量保持以往的作习时间、做一些可行且对改善现状有帮助的事等,避免不好的应对(如冲动、酗酒、自伤、自杀)。注意儿童的年龄差异,形式可以更灵活,让儿童以说、画、捏橡皮泥等多种方式展示自己的应对方式。鼓励儿童生活规律,多跟同伴、家人等在一起。要善于用儿童使用的语言来传递有效的信息。

# 第 12 章 典型案例医学处置

核辐射事故可造成急性放射病、急性皮肤损伤、内照射损伤甚至光辐射、冲击波损伤等不同伤情，受照人群早期若能得到及时和正确的医疗诊断、救治和处理，可大大减轻伤害，降低伤亡率。本章选取的案例涵盖了不同规模、不同方式的核辐射事故；既有涉及大人群受照的三哩岛核事故、切尔诺贝利核事故、福岛核事故、巴西戈亚尼亚铯－137 事件；又有急性外照射损伤的忻州钴-60事件、宋学文事件及南京铱-192源丢失事故；以及急性内照射的利特维年科钋－210 中毒事件，从不同角度对每个案列的医学应急处理和人员救治及经验教训等进行了探讨。

## 12.1 三哩岛核事故

(1)事故经过

1979 年 3 月 28 日凌晨 4 时(美国时间)，位于美国宾夕法尼亚州哈里斯堡市道芬萨斯奎哈纳河三哩岛的三哩岛核电厂 2 号机组发生反应堆堆芯熔化事故，堆内装填的铀棒 47％受到损坏，反应堆陷于瘫痪。起因是核电厂工作人员检修 2 号机组蒸汽发生器供水阀门时，未按要求将供水阀门复原打开，导致蒸汽发生器自动供水失败，事故前工作人员并没有察觉这一失误操作。3 月 28 日凌晨 4 时，2 号机组反应堆汽笛报警，涡轮机停转，堆芯压力和温度骤然升高。此时，系统自动添加高压注入冷却水，却被反应堆操纵人员错误地关闭阀门终止了冷却水注入。这一系列失误造成反应堆堆芯冷却水逐渐丧失，部分燃料棒锆包壳和铀燃料熔化，大量放射性物质特别是氙、氪等气体与碘等从反应堆释放出来，多数放射性物质包容在安全壳内，但有少数放射性物质随冷却水的泄露释放到环境中。

(2)应急处理和人员救治

此次事故在美国引起强烈反响。美国总统卡特亲自到现场视察指导救灾工作。宾夕法尼亚州和美国核管会(NRC)启动了响应措施。

①宣布进入应急状态

当日上午 7 时宣布实施场区应急，7 时 34 分宣布实施总体应急。7 时 30 分至 8 时之间，宾西法尼亚州政府发出撤离厂址西部下风向居民的警报。

②着力控制堆芯温度

事故发生后，工作人员立即采取措施试图控制堆芯温度，但操作屡次失误，反而造成堆芯失水，堆芯冷却条件更趋恶化。经专业人员抢救，紧急修复了一台主冷却剂泵，但注水效果不大，没有控制堆芯熔化。

③防控氢气发生爆照

事故发生后的 10 h，发现堆内氢气浓度过高。为防止发生氢气爆炸，首先采用催化复合器以降低安全壳内氢气浓度，其次尽力降低一回路水中的氢含量，以迫使更多的氢气从堆内空腔气泡中转入冷却剂。经过一周的努力，压力容器的氢气最终消失。

④撤离疏散场外公众

考虑到存在氢气爆炸的可能性，危机慌乱时刻，美国核管会在征求专家意见后，决定对公众采取预防性安全撤离措施。3 月 20 日宾夕法尼亚州在美国核管会建议下发出公告，要求 8 公里内的学龄前儿童和孕妇撤离，并劝告 16 公里内的居民居家，紧闭门窗。

(3)事故后果

三哩岛核电厂 2 号反应堆安全壳有效地包容了放射性物质向环境释放，电站工作人员、附近居民以及环境所受影响很小，核电厂内 118 名职工无一伤亡，但经济损失较大。主要表现在：

①事故对人员照射水平低

有 3 名场内工作人员在辅助厂房内进行排水作业时，受到了略高于剂量管理限值的照射(30 mSv)，分别为 31 mSv、34 mSv、38 mSv。另有 12 名工作人员受到了剂量均未超过 30 mSv 的照射。场外居民基本未受到放射性影响，其中最大个人受照剂量不足 1 mSv。

②事故对环境影响不大

事故泄露到场外的放射性物质，主要途径是安全壳地坑水泵在把由卸压阀排出的含有放射性的水在向辅助厂房储水箱输送时，储水箱满溢，水流到地板上，挥发性放射性物质散发到辅助厂房内，经通风系统排入大气中。

③事故导致公众恐慌

由于对事故人事不足，对反应堆内锆一水反应产生的氢气数量和氢气爆炸的可能性估计过高、信息混乱、政府指挥不力、社会组织失缺、公众沟通不及时，导致约 14 万居民认为情势危急、局势不稳进行自发撤离。

## 12.2 切尔诺贝利核事故

(1)事故经过

1986 年 4 月 25 日，切尔诺贝利核电厂 4 号反应堆计划关闭以做定期的维修和测试，并测试反应堆的涡轮发电机能力，检查在电力损失的情况下是否仍有充足的电力供应给反应堆的安全系统。由于操作人员在测试过程中的违规操作，导致 4 号反应堆功率在 4 s 内就大约增大到满功率的 100 倍。功率的突然暴涨，使得燃料碎裂成热的颗粒，这些热的颗粒使得冷却剂急剧地蒸发，从而引起了蒸汽爆炸。大约在凌晨 1 时 24 分，接连听到两次爆炸声，燃烧的石星块和燃料向反应堆厂房的上空直喷，一部分落到汽轮机大厅的房顶上，并引发了火灾。大约有 25%的石墨块和燃料管道中的材料被抛出堆外，其中大约 3%～4%的燃料以碎片或以 1～10$\mu$m 直径的颗粒形式被抛出。两次爆炸发生后，浓烟烈火直冲天空，高达 1000 多米。火花溅落在反应港厂房、发电机厂房等建筑物屋顶，引起屋顶起火。同时由于油管损坏、电线短路以及来自反应堆的强烈热辐射，引起反应推厂房内、7 号汽轮机房内及其临近区域多处起火，共有 30 余处大火。1 时 30 分，值勤消防人员从附近城镇出发赶往事故现场，经过消防人员、现场值班运行和检修人员以及附近 5 号、6 号机组施工人员共同努力，于5时左右，大火全部被扑灭。

(2)应急处理和人员救治

切尔诺贝利事故发生后15 min，核电厂的医院即获得通知；事故后30～40 min，抢救出29名受照者送往医院；事故后4 h内，抢救队伍将受照者移出事故地点，当天凌晨6时，108名受照者已住入医院，其中2名死亡；事故后12 h，专家组到达现场(包括物理学家、放射治疗学家、血液学家及技术人员)；事故后24 h，确定了哪些患者应急诊住院；事故后36 h内，在医疗保健中心对350名受照者进行了1000份血样分析；事故后48 h内，129名受照者被送往莫斯科中心医院，被确诊为2～3度急性放射病；事故后72 h内共确诊203名急性放射病患者。

对受照者进行分类诊断主要是根据：①最初反应——主要指呕吐出现的时间与严重程度。②皮肤出现充血、水肿、黏液水肿出现的时间及严重程度。③外周血淋巴细胞下降的时间与程度。④骨髓细胞的染色体畸变(以双着丝粒体为主)，据此估算出全身均匀照射的平均等效剂量。

重度以上的急性放射病患者除受到大剂量外照射外，多数伴有复合烧伤及皮肤β放射性烧伤，使病程复杂，是造成高死亡率的主要原因之一。如极重度患者死亡的19人中，14人烧伤面积达40%～90%，于照后10～30 d内死亡。重度患者死亡的7人中有6人伴有严重放射性皮肤烧伤(照后2～7周内死亡)。皮肤β放射性烧伤发生48例，其中8例体表β烧伤面积为60%～100%，全部在15～24 d内死亡。12例有30%～60%β烧伤患者中9例死亡。另21名虽有β烧伤，但受照剂量较小，无死亡发生。

治疗主要是防止由于造血功能严重障碍引起的并发症、解毒措施及皮肤损伤的局部处理。采用的治疗措施包括采用广谱抗生素，抗霉菌素、抗病毒药复合应用控制感染；输注新鲜血小板控制出血；骨髓移植、胎肝输注等。13名急性放射病患者接受骨髓移植治疗后，最终仅有2人存活下来，12人死亡。

(3)事故后果

该事故是有史以来最严重的核事故。反应堆堆芯、反应堆厂房和汽轮机厂房被摧毁，大量放射性物质释放到大气。外泄的辐射尘随着大气飘散到苏联的西部地区、东欧地区、北欧的斯堪的纳维亚半岛。乌克兰、白俄罗斯、俄罗斯受污染最为严重，由于风向的关系，据估计约有60%的放射性物质落在白俄罗斯的土地。事故导致31人当场死亡，死亡的人大部分是消防队员和救护员。

为了评估切尔诺贝利事故辐射剂量下的长期健康影响，1986年事故发生之后，苏联政府在乌克兰首都基辅专门成立了医学科学院放射医学研究中心。1991年，世界卫生组织(WHO)，启动了多国科学家协作的切尔诺贝利健康效应研究计划。而自1998年开始，美国国立癌症研究所(NCI)在俄罗斯、乌克兰和白俄罗斯开展了一系列人群追踪随访研究。

研究表明，切尔诺贝利事故造成了甲状腺癌发病率的上升，但受影响的主要是在事故期间尚为儿童的人群，成年人中的效应并不明显。联合国原子辐射影响科学委员会的报告指出，1991年至2015年期间，在白俄罗斯、乌克兰全境以及俄罗斯受污染最严重的四个州，约有2万例甲状腺癌病例，这些人在事件发生时均为儿童(≤18岁)，其中四分之一的病例可能由于辐射照射导致。

世界卫生组织另一项研究表明，在1986—1990年参与核电厂周边清理的53万工作人员中，白血病的发病率相比自然发病率的两倍，但并未发现除此之外的其他癌症发病率上升。

对于切尔诺贝利事故可能导致的辐射的遗传效应研究表明，没有强有力的证据表明切尔诺贝利事故造成了当地居民出生缺陷的增加。这次事故中的辐射剂量对生育率、死产数量、不良妊娠结局或分娩并发症的影响也均未得到证实。

## 12.3 福岛核事故

(1)事故经过

2012 年 3 月 12 日日本东北太平洋地区发生里氏 9.0 级地震，继发生海啸，该地震导致福岛第一核电厂、福岛第二核电厂受到严重的影响。3 月 12 日清晨，发电厂几个单元中一系列持续的设备故障导致放射性物质释放到大气和海水中，大量的放射性碘和铯进入到了环境中。根据这些排放量，该事故被视为国际核和放射事件量表(INES)的第 7 级(重大事故)。2012 年 3 月 15 日在表层土壤和植物中检测到高水平的放射性碘和放射性铯。从 3 月下旬开始，由于受损的反应堆趋于稳定，并且由于 $^{131}I$ 的衰变，放射性碘在大气中的释放量有所下降。

(2)应急处理和人员救治

对于抢险救灾人员的剂量预估：根据官方数据，福岛核电厂的 99 名工人暴露于内外辐射所致的辐射剂量超过 100 mSv，其中 6 人超过了 250 mSv 的辐射暴露。与切尔诺贝利事故中 134 人受到高剂量照射而导致急性放射病的结果相比，福岛核电厂受照人员的剂量均较低，不会导致急性放射病，但可能会提高未来的长期健康风险。

对于公众的应急处理：在事故发生当日，日本官方要求核电厂周围半径 3km 范围内的居民进行撤离。3 月 15 日，日本政府要求核电厂 20～30 km 范围内的居民实行隐蔽。3 月 21 日，日本政府对福岛第一核电厂半径 20 km 范围内 12 个市町村的居民发放碘片。4 月 11 日，日本政府决定年辐射量在 20 mSv 以上的地区居民应在 1 个月内撤离。4 月 22 日，日本政府将半径 20 km 内的区域列为控制区。

福岛县地方医院会津综合医院设立了针对核事故受照人员救治的对策中心，为因海啸和福岛核事故而受伤的人们提供医疗服务。应急团队首先使用剂量计对人群进行放射性剂量筛查，并对剂量计指示高辐射水平的个体进行表面去污及进一步医学处理。从人群的检测结果来看，日本政府采取的应急行动是及时和有效的，迄今为止福岛核事故没有对工作人员和周围居民造成不可接受的放射性照射，亦没有一例因为核事故导致的放射性照射死亡案例。

(3)事故后果

福岛核事故的持续性后果是大量放射性物质的释放，特别是挥发性元素，例如碘($^{131}I$、$^{132}I$、$^{133}I$、$^{133}Xe$)、铯($^{134}Cs$、$^{136}Cs$、$^{137}Cs$)和碲($^{132}Te$)的放射性同位素，以及惰性气体，例如氙($^{133}Xe$)，导致形成较高水平的环境辐射，但大多数人仍受到了辐射防护，并且没有人受到致命剂量的辐射或任何导致任何类型急性放射病的剂量。世界卫生组织(WHO)评估，福岛核电厂附近的人们受到的辐射剂量非常低，福岛核事故造成的周边人口总癌症发病率预期不会出现显而易见的增加，但是某些特定族群可能会出现较高癌症发病率。对于污染最严重地区的居民，预计他们患某些癌症的风险会出现上升，其中，女婴患乳腺癌、甲状腺癌(thyroid cancer)等的相对概率分别会增加 6%和 70%，男婴得白血病的相对概率会增加 7%。但由于这些疾病在当地绝对发病率很低，因此虽然相对发病率增加较大，但绝对发病率增加并不显著。福岛县在核事故后以县内所有儿童约 38 万人为对象实施了甲状腺检查。截至 2018 年 2 月，已诊断 159 人患癌，34 人疑似患癌。其中被诊断为甲状腺癌并接受手术的 84 名福岛县内患者中，8 人癌症复发，再次接受了手术。2018 年 9 月 6 日，日本政府宣布一名曾在福岛核电厂紧急救援核灾的工作人员罹癌死亡，这是日本政府第一次认定与曝露辐射直接相关的死亡病例。

## 12.4　巴西铯－137 事件

(1)事故经过

1987 年 9 月在巴西中部 Gias 州的首府戈亚尼亚(Goiania，以下简称戈市)发生了一起震惊世界的辐射事故。该市一家废弃的放射治疗民营医疗机构将铯-137 远距离治疗装置留在原地，未通知主管部门。该铯-137 远距离治疗装置机头内装有活度为 50.8 TBq 的 $^{137}Cs$ 放射源，以 CsCl 压缩粉末形式装在金属套内。9 月 13 日两名年轻人进入该建筑将源组件从机头上拆下来带回家拆卸，后来又将该源组件卖给了一名废品商，废品商人将其当作废铁处理，造成源盒破裂，CsCl 粉末泄露，产生放射性污染。由于人们对 CsCl 粉末产生的绿色荧光现象很好奇，废品商的家人及亲属将这种放射性的粉末涂抹在手臂上。随后陆续有人开始出现恶心、呕吐、腹泻和皮肤烧伤症状，当事人意识到其根源可能是绿色粉末，28 日将其送至保健主管部门，仪器检测出尚有 4.5 TBq 的强放射性物质。

(2)应急处理和人员救治

9 月 29 日巴西核能委员会(CNEN)和戈市接到报告后，紧急组成一个应急机构，采取了覆盖、屏蔽辐射源和控制放射性物质传播等措施，并以附近的奥林匹克体育馆为集结点和监测中心，分类诊断疑受照人员，对受污染人员采取隔离和去污措施，同时检测环境，封锁污染地区，疏散居民。10 月 1 日中午，首批病员到达里约热内卢民用机场，送往医院。同日，通过外交渠道正式将该事故通知国际原子能机构(IAEA)。10 月 3 日基本完成对放射性污染的控制工作。截至 1987 年年底，共完成监测 122800 人，其中 129 人受到放射性内污染或外照射，其中 20 人被送到戈市总医院进行医学救治，17 人出现严重骨髓抑制，其中最严重的 10 名病人被送到里约热内卢的海军医院进行治疗。对于 8 名急性放射综合征的病人采取的医疗措施有：①隔离治疗，避免生食；②使用抗生素预防和控制感染；③对于出血和血小板低于 $60\times10^{9}/L$ 的病人输入受照射(25 Gy)的红细胞和血小板；④部分病人给予重组人体粒细胞－巨噬细胞促骨髓干细胞分化因子(GM－CSF)。对 28 名不同程度皮肤放射性烧伤的病人给予对症治疗：①脱屑性皮炎、浅表性溃疡和局部炎症反应的病人采取保守治疗；②对深部溃疡和皮肤发生坏死的病人施以外科治疗；③同时对症进行止痛、抗感染、引流等处理。对于体内污染的病人采用铁氰化钾(又称普鲁士兰)去除体内意外摄入的 $^{137}Cs$，其效果依据粪/尿活度比来估算。

(3)事故后果

对事故原因、经过、人员受照及环境污染等情况进行了全面的调查。调查发现:由于破坏了治疗用放射源的屏蔽和包壳，造成包容在源中$^{137}Cs$事故性扩散。19克以氯化铯形态存在的放射性物质通过:涉及的人的个人接触与移动;售卖这些收集在废品场中的放射性材料;风与雨水的输运而扩散。扩散发生在9月17日破坏包壳到9月29日CNEN接到事故报告这段时间内,最终导致戈市多个州发生放射性污染,244人受到放射性污染,其中129人接受医学诊治,17人出现严重骨髓抑制,4人于照射后4周内死亡。

## 12.5 利特维年科钋－210中毒事件

(1)事件经过

2006年12月1日,俄罗斯前特工亚历山大·利特维年科因身体不适住入伦敦北部的Barnet医院。6 d之内,患者出现了血小板减少和中性粒细胞减少。12月13日,由于其病情恶化,转入伦敦大学附属医院。2周时,除了骨髓衰竭,还有脱发和黏膜炎。12月20日,利特维年科被转到重症监护病房。随后,患者持续恶化,3周时出现多器官功能衰竭,需要通气,血液滤过和心脏支持,并伴有意识下降。12月23日晚上9时21分,利特维年科因多器官衰竭去世。在其死亡前3 h,工作人员在其尿液中发现有大量的钋-210。随后,调查人员发现利特维年科的住所、曾经出入的场所、搭乘的飞机等许多地方都有钋-210的痕迹。由于利特维年科的特殊身份,涉及多个国家以及政治因素,对其死因争论不休。经过长达10年的调查,2016年《柳叶刀》杂志公开发文,详细报道了利特维年科的案例,对其钋中毒从学术上给一定论。

(2)应急处理和人员救治

利特维年科入院后采取了一系列对症处理的临床治疗措施,比如12天,应用静脉注射piperacillin - tazobactam (4×5 g /6 h),以避免发展为败血症。还给予了聚乙二醇化的G－CSF 6 mg [Amgen, CA, USA]) 刺激恢复中性粒细胞。在没有明确病因的时候,仍然给予口服普鲁士蓝(铁亚铁氰化物每8 h 4 g)尝试治疗。后期,还采用Ambisone (Gilead, CA, USA) 进行抗真菌治疗。

事件发生后英国卫生机构采取了一系列医学响应措施,包括:阻止污染扩散、可疑人员的危险性评估、心理干预、国际响应等。

①阻止公众受到进一步的污染

12月24日,英国健康保护局、国民保健热线等医疗卫生机构开始了利特维年科中毒事件的响应。健康保护局成立专门的媒体组和信息组,接受媒体采访、发布事件进展情况,召开新闻发布会,并在其网站发布有关该事件的信息。12月25日,该局公布:在伦敦皮卡迪里167号的Itsu寿司饭店、千禧酒店的松树酒吧和饭店、格罗夫纳广场、位于Muswell山的利特维年科家里都发现了钋-210污染。该局呼吁那些在利特维年科中毒后,可能曾和他到过同一场所的人拨打国民保健热线咨询服务电话。从12月19日到12月24日,健康保护局每天在其网站公布此事件的进展;12月19日后,几乎每周公布事件的情况。此外,健康保护局得知钋-210污染的信息后,立刻派专门的辐射监测小组赶赴医院,在数小时内就完成了对医院的监测。随后，与安全部门合作，对可疑的场所进行了地毯式的放射监测，最终发现了 12 个污染场所和 4 架受污染的英航航班。

②评估可能受到照射的人的危险性，进行尿液分析检测，确认和通知需要医学随访的人

截至 2007 年 3 月 23 日，该局对 990 人进行了危险评估，对其中的 779 人进行了尿样分析。在有效的 738 个结果中，有 17 人受到明显污染，有效剂量超过 6 mSv，短期内不会发生明显的放射性疾病，长期患病风险存在；35 人受到轻微污染，有效剂量在 1～6 mSv，可能接触过钋－210，但不会有公共卫生风险，不会引发个体健康问题；有 85 人尿样中钋－210 含量大于 30 mBq/24 h 尿，但受照剂量估算小于 1 mSv，因此，不会有公共卫生风险，也不会引发个体健康问题，只是可能接触过钋-210；另有 601 人的钋-210 含量在正常本底范围，可以排除污染。

③向公众和受照的人提供心理咨询

信息报告的主要内容包括钋-210 的相关知识、污染地点、对可能受影响的人群的建议、尿液检测、随访、24 h 电话热线的相关信息。同时，该局的媒体组随时向媒体公布事件的最新进展和钋-210 的相关知识，公开、透明的进行信息通报，以减轻公众的恐慌和忧虑。

(3)事故后果

由于钋-210 污染的场所多是酒店、饭店，出入的人来自世界各地。而被污染的 4 架英航飞机在停运之前已经飞了 221 个航次，运载乘客有 33 000 人，到达巴塞罗那、法兰克福机场和雅典、俄罗斯等国家。钋-210 污染由英国扩展到了全世界。英国健康保护局专门成立了外事组，专门负责追寻可能受影响的外国居民。他们通过各种渠道查询到可能到达污染场所的人，将名单报告给外交和联邦事务部，由他们将涉及人员及其信息提供给驻伦敦的各国领事馆，领事馆又与该国卫生部联系，进行查询和随访。健康保护局还通过世界卫生组织辐射应急医学响应网络，将信息发给其联络点，请求他们对该国涉及人员进行追寻和随访。英国健康保护局提供了随访问卷及尿样检测方案。同时，健康保护局通过电子邮箱向无法进行电话咨询的外国人提供咨询。截至 2007 年 3 月 19 日，共对北美、南美、亚洲、非洲、澳洲等，共 673 人进行了随访。

## 12.6　吉林 γ 探伤源丢失致人受照事故

(1)事故经过

吉林某公司检验所 γ 探伤人员于 1996 年 1 月 5 日 0 点左右，在公司 30 万 t 乙烯施工现场进行探伤作业收工时，按常规将放射性活度约 2.7 TBq(73 Ci)的 $^{192}$Ir 放射源收回到 γ 探伤机中，后关掉仪表，旋转并锁定快门环时，发现钥匙已经折断无法锁定。探伤人员违反操作程序，在 γ 探伤机未放入贮存库前关闭了剂量报警仪，之后探伤人员在黑夜中把探伤机从 18.5 m 高空沿爬梯搬到地面，并立即送回距工作地点大约 150 m 处的铅防护房中，锁好门回到休息室。1 月 5 日上午 10:45，γ 探伤人员再次来工地工作时，从铅房中取出 γ 探伤机时发现放射源已经丢失，立即通知领导，领导马上安排十多人，携带射线报警仪在施工现场和送源的路上等场所进行全面查找，但是没有找到。13 时左右在继续寻找放射源的同

时，向公司总经理及公司安全处、公安处做汇报。公司总经理马上召集施工现场各部门负责人会议，安排了找源的三项工作，经过多方努力，17:15 距丢源现场 10 km 外的民工住处找到了源。此源由该公司员工宋学文在早上 8 时左右上班后，于该探伤现场正下方工地上拾到。

(2)应急处理和人员救治

1 月 5 日 16 时，吉林省卫生防疫站接到电话通知后，当日深夜约 24 时赶到现场，对受到近 10 h 局部大剂量照射的宋学文做了剂量估算，并根据估算结果立即向公司领导建议，护送宋学文到北京 307 医院救治。刚入院时，宋学文的右腿已经肿得比正常情况粗两三倍，弯曲不能伸直，而且上面布满水泡。宋学文的全身受照剂量为 2.9 Gy，右腿最大吸收量甚至达到了 3738 Gy，是此次事故受辐射损伤最严重的人。此后，宋学文在北京接受了持续 3 年的治疗。期间，宋学文经历了 7 次大手术，小手术若干次，依次被截去了双腿、左手前臂，右手除了中指外其他指关节也被截去。

1 月 6～8 日，吉林省卫生防疫站进行深入的调查取证。在整个施工中，与宋学文较近接触过的受照人员一共 12 名。吉林省卫生防疫站从安全角度对他们分别做了剂量估算，并建议吉化公司职防所对他们进行体检。1996 年 1 月 9 日，受卫生部委托，卫生部工业卫生实验所 3 名专家到吉林市后，对上述人员采取物理或生物方法又做了进一步的剂量测算。

(3)事故后果

①人员受照情况

10 人受照剂量大于 50 mSv(放射工作人员单一年度受照剂量限值)。其中，宋学文受照时间约 10 h，受照剂量约 3 Gy，临床诊断为中度骨髓型急性放射病，并伴有上肢和下肢局部放射损伤。经后续救治，宋学文截去一上肢和两下肢，受照后存活 23 年。其他 9 人受照时间在 2 s～2 h，受剂量在 0.08～0.25 Gy，未出现急性放射病。

②经济损失

到 1998 年底，受照患者医疗费约为人民币 50 万元；吉林省卫生厅对吉化建设公司给予罚款 1 万元。

## 12.7 忻州辐射事故

(1)事故经过

1992 年 10 月 27 日，某单位雇用忻州市附近的民工进行挖掘地基拆除钻井工程。据民工张某证实，12 月 9 日上午 9 时许，民工张某在钴-60放射源井外东北侧拾到一圆柱形钢体装入身穿的皮夹克口袋内。大约 12 时即感到头晕、恶心、呕吐，不能继续劳动，由同事董某将其送回家中。下午张某的哥哥等人陪同张某到地区医院就诊。张某的哥哥在陪侍张某的第四天也发病住院。两兄弟的症状体征基本相同。12 月 26 日，两兄弟病情进一步恶化，下午转入山西医学院第一附属医院(以下简称山医一院)继续治疗，医治无效，张某于 12 月 2 日出院回到家中死亡，陪侍的张某的哥哥于 12 月 7 日也在家中死亡。张某的父亲一直陪侍两个儿子看病，也相续发病，于 12 月 10 日死亡。张某之妻于 12 月 17 日到北京医科大学第二人民医院(以下简北医人民医院)就诊，诊断为放射病。经中辐院根据受照条件，对张氏父子三人估算了受照剂量，张某为 44 Gy，张某的哥哥为 8.9 Gy，张某的父亲 8.1 Gy。

1992 年 12 月 31 日，省卫生厅接到卫生部通知，张某的妻子住北医人民医院，诊断倾向急性放射病。省卫生厅成立了放射事故调查领导组，并于 12 月 31 日下午抽调 5 名专业技术人员赴忻州追寻放射源。1992 年 12 月 31 日至 1993 年 2 月 3 日，省卫生厅、防疫站和忻州地区卫生局、防疫站及卫生部工业卫生实验所的专业技术人员曾先后 8 次对死者住地、火葬场、坟地、周围环境及钴源辐照室源井旧址等一切可疑的地方进行了全面细致的监测，均未找到放射源。从张某的岳父处了解到，其在山医一院陪侍张某时，曾看见从张某的皮夹克衣袋中掉出一个“铁疙瘩”。另据山西医学院一位学生提供，1992 年 12 月 26 日晚 7 时许，在山医一院急诊室给张某检查诊断过程中，发现从张某皮夹克右侧兜里掉出一个褐色圆柱金属体，患者家属拾起，张某表示无用，家属便将该金属体扔到废纸篓里。为此，省卫生厅组织省防疫站有关技术人员，对山医一院所有垃圾堆、急诊室、传染科、厕所和山医一院垃圾站到市垃圾场沿途等可疑地点进行了监测，均为本底水平。从 1993 年 1 月 6 日到 2 月 1 日，省卫生厅组织省防疫站、太原市职防所有关技术人员，曾 6 次对民工倒垃圾现场和东山 50m 深的大沟内垃圾进行监测。经反复多次做倒垃圾工人的工作，最后倒垃圾工人承认，从 1992 年 12 月 26 日以后，他将山医一院的垃圾倒在晋祠公路旁的田地里。2 月 1 日下午，省卫生厅人员带领省卫生防疫站的技术人员携带仪器在晋祠公路南屯村以南发现了钴-60放射源。由卫生厅与省公安厅联系，对现场进行了警戒。同时与中辐院联系，请该院制订收源方案。2 月 2 日 14 时，省卫生厅主管领导赴现场指挥，公安部门中断了晋祠公路一段交通，晚 19 时 30 分，西山矿务局挖掘机到达指定位置，在技术人员指导下，挖掘机一次就将放射源挖出倒在指定位置，工作人员经过 40 min 紧张工作，将放射源回收装入铅罐，运到中辐院废物库暂存，并经中辐院和省防疫站在收源的地方进行了监测，未再发现辐射水平升高现象。

(2)事故原因

造成这起事故的主要原因是：山西省放射环境管理站、忻州地区环境监测站严重违反了国务院 44 号令《放射性同位素与射线装置放射防护条例》《辐射防护规定》《放射环境管理办法》等法规、规章，在手续不全、资料不足、未制定工作计划的情况下，草率进行放射源收贮工作。

在收贮源的过程中，仅凭地区科委钴-60放射源专职管理人员口头介绍有 4 个放射源情况下，便组织了倒装、收贮放射源的工作。中国辐射研究院的技术人员私自接受倒装、收贮源工作，也未制订倒装、收贮放射源工作计划，在倒装过程中，发现从不锈钢筒中倒出的钴-60放射源个数与提供的放射源数(4 个)不一致，多了 2 个。其中有一个颜色发暗的，在未进行监测的情况下，便误认为是一个“假源”丢弃，而将 5 个颜色发亮的装入铅罐，在场人员均未提出异议。

(3)事故后果

忻州事故致张某、张某的父亲、张某的哥哥，先后发病、死亡。张某的怀孕妻子和胎儿、同治疗室的患者受到照射而接受治疗。

这次事故发生后，省卫生防疫站、卫生部工卫所、中辐院等单位对放射事故开展了生物剂量估算及血象分析。受到不同有效剂量(Gy)的人数为：＞1 Gy 5 人，0.5～1 Gy 3 人，0.25～0.5 Gy 7 人，0.1～0.25 Gy 25 人，0.05～0.1 Gy 28 人，0.01～0.05 Gy 58 人，0.005～0.01 Gy 16 人。共 142 人。

## 12.8 一例氚内污染人员的医学处理

氚是产生轻核聚变反应的重要核素之一，也是造成放射性工作人员内污染的主要核素之一。操作氚的场所常有良好的防护准备及严密的管理，但是在生产氚和检修设备过程中，因事故导致的意外照射或应急照射仍有可能发生，此时对受照人员采取及时有效的医学处理是十分重要的。苏州大学附属第二医院曾收治一名意外涉氚人员，经医学促排后好转出院。

(1)事故经过

患者“J”，男，42 岁，为某核电厂检修部电焊工人，之前的工作无放射性物质接触史，事故发生两年前进入该部门，工作内容主要为各种管道电焊操作，需要不定期接触放射性核素。工作期间穿塑料衣，佩戴通风头罩、橡胶手套。某年 2 月 25 日上午 10 时“J”接到核电厂氚水管道焊接工作通知，由于戴通风头罩难以实施焊接，“J”仅佩戴了冰盒。工作过程中发生意外，造成少量氚水溅至体表，“J”当时未察觉，13 时电焊结束，行常规淋洗并留取尿样后离开。2 月 26 日上午约 10:30 保健物理实验室人员接到通知要求对 25 日提交的尿样进行测量，测量结果其中一名焊工(“J”)的尿样比活度为 $6.61\times10^4$ Bq/mL。下午 13:30 左右“J”再次提供尿样，直接测量的氚活度为 $5.58\times10^4$ Bq/ml。公司立即决定将患者送往苏州大学附属第二医院进行医学促排处理，在送往医院的途中开始大量喝水，当晚 19 时 30 分到达医院开始进行医学促排并持续进行尿氚监测，至 3 月 5 日停止利尿及补液，3 月 7 日出院。出院后继续适量多饮水，并恢复正常工作，但尿样监测持续至 3 月 28 日。

(2)应急处理和人员救治

住院期间给予饮大量浓茶水，每 24 h 约 5～10 L，同时每日静脉给予呋塞米注射液 40 mg。患者每次解小便时，除留取 30 mL 作为尿氚监测样本外，其余尿液均留至指定塑料桶内，塑料桶上有容量标志，方便记录每 24 h 尿量情况。入院后除出现轻度乏力症状外，没有其他不适主诉，胃纳良好，夜间睡眠欠佳。治疗上给予补充电解质、维生素以及活血化瘀等辅助措施，并给予艾司唑仑改善睡眠状况。

从“J”2 月 26 日收住入院，当晚解第一次小便起开始采集尿样，每次解小便均留取中段尿约 30ml 于指定采样杯中，并予编号及记录时间。住院期间(2 月 26 日至 3 月 7 日)收集每份尿样用于制样并检测，出院后一周内(3 月 8 日至 3 月 14 日)每日留取一份尿样，一周后至监测结束(3 月 15 日至 3 月 28 日)每三日留取一份尿样。全程共采集尿样 151 个。

尿氚的测量主要分为三部分，分别为实际生理半排期的尿氚测量(即医学干预前)、干预期间的尿氚测量、干预结束后的尿氚测量。整个事件氚剂量的计算采用个人剂量数据库中规定的算法进行计算，同时也参考了《放射性核素摄入量及内照射剂量估算规范》和《氚内照射剂量估算与评价方法》，并将三个标准对于氚剂量的算法也进行了比较。

(3)事故后果

根据每日测得的尿氚浓度数据，估算出截止至每日所产生的有效剂量，至末次监测日 3 月 28 日共产生的有效剂量为 14.536 mSv，通过末次尿氚浓度估算出末次待积剂量为 0.123 mSv。本次促排干预过程中我们对“J”的肾功能和电解质等指标都进行了严密的监测，结果表明本次促排未对“J”的健康造成影响，只是在促排结束后感觉比较疲劳，主要由导致排尿频繁而影响其睡眠。促排结束后，“J”逐渐回归正常工作岗位，但由于各种原因，未能继续制订规范的长期随访计划，仅有公司内部的每年职工常规体检，缺少部分放射损伤领域关注的专科检查结果，无法对其远后效应进行更为客观、详实的评价，较为遗憾。

## 12.9　一例多种放射性核素体表体内污染人员的医学处置和远期随访

(1)事故经过

1979 年国营某厂车间的一根呼排管因安装设备时，工人将设备端口误插入了排风孔，导致本应留在设备室内的液体被抽到系统的排风管道内，污染了排风管道。经过该厂生产技术会议讨论后该车间被列入检修计划，并研究制定了检修方案，拟对呼排管进行熔漏，使其离开设备室墙面的排风孔。呼排管所处位置距地面 1.5 m 以上，距上顶 0.3 m 左右，现场剂量水平要求每人工作时间不得超过 3 min。计划方案是维修人员从管架上爬到相应位置，然后维修人员倒挂在管子下方再进行操作。2 月 22 日下午 14 时左右，电焊工的张某更换工作服后穿上塑料气衣，通过连接气衣管道将气衣内充满氧气。他带上电焊面罩和电焊枪、电焊条，从人孔处进入设备室，站在设备顶部的平台上。平台一侧有梯子可以直达地面，他从平台沿着设备顶部的管架爬过去，找到那根唯一插入排风孔内的管子，然后他的两只脚和一只手钩住管架，倒挂在管子下面，并开始工作，1 min 左右管子下部熔漏了一个小孔，但同时电焊飞溅的火星落在了塑料气衣上，有火光和“呼”的声音，气衣着火了，并落在了他的脸上。他从管架掉了下去，落在了设备室的地面上，设备室地面有深约 15 cm 的放射性废水，他双脚踩在废水中。他当时第一反应是灭火，即使手套上有放射性核素，他只能用手拍打脸部灭火。外面的同事立即反应，先用脚来钩他，但他担心把同事也拉下来就松了手。同事见状赶紧用脚钩断氧气管，让他可以爬出去，但这时张某失去了氧气且吸入了放射性气溶胶，另一个同事从平台的梯子直接下来，踩着放射性废水过来，把他抱上梯子，并推着送到平台，然后上面的同事一起把他们拉出来，整个过程持续了约 2 min。他被救出时已昏迷，接着同事们拿来干净的塑料布，铺在地上，把他搬到塑料布上，用剪刀剪去其身上的衣裤，并将干净的工作服盖上后送往医院。他身上佩戴的 7 支剂量笔，有 2 支丢失了。其余剂量笔读数约为 0.044 Sv。设备间空气和废水中含有可溶性$^{238}$U、$^{239}$PU 和混合裂变产物$^{90}$Sr—$^{90}$Y、$^{137}$CS、$^{144}$Ce—$^{144}$Pr、$^{95}$Zr—$^{95}$Nb、$^{106}$Ru—$^{106}$Rh 等。

(2)应急处理和人员救治

①事故后的早期处理

事故发生后早期使用了 2%新溴苯丙胺清洗伤口，用 4%EDTA 去污液清洗伤口，对暴露部位进行去污。四肢的伤口用无菌敷料包扎。患者送至医院后肌肉注射 4 mL 10% CaNa3－DTPA 和 50 mg 杜冷丁。患者的头发被烧焦并卷曲，同时左头部、面部和颈部的手掌大小的皮肤变成棕色。除鼻部皮肤直径 1.5 cm 范围内的皮肤外，面部、眼睑、嘴唇、耳朵和下颌的皮肤均呈棕色。上颈部和上前胸有一些水泡，手掌大小。左手腕背部皮肤变褐色，大小为 3 cm×4.5 cm。左侧小腿 1/3 区域散在硬块状焦痂，周围皮肤受损。烧伤面积约占体表总面积的15%，被诊断为一至二级烧伤。患者当时在中国辐射防护研究院附属医院住院。对患者的皮肤和伤口实施了放射性核素阻吸收和促排等措施，并实施了抗感染、保护重要器官等综合治疗措施。

②事故后剂量估算

采用表面污染检测仪对患者体表进行污染检测。收集放射性核素污染创面及毛发，进行放射化学分析和物理测量。当时检测结果提示放射性核素进入人体的主要途径是伤口，伤口处有$^{144}Ce-^{144}Pr$、$^{106}Ru-^{106}Rh$、$^{137}Cs$、$^{95}Zr-^{95}Nb$、$^{90}Sr-^{90}Y$、$^{239}Pu$和$^{238}U$。经大面积去污后，用全身计数器进行检测，并采用尿液和粪便放化分析进行剂量估算，7种放射性核素的总有效剂量估算为0.7 Sv。骨表面的有效等效剂量为14 Sv，肝脏的有效等效剂量为3 Sv。伤痂的放射化学分析结果为β射线皮肤吸收剂量，估计为10.44 Gy。表面污染测量仪估计皮肤吸收剂量为9.36 Gy。两种方法的估算结果几乎相同。

③定期医学随访

系统观察了患者临床表现，进行外周血细胞分析、淋巴细胞染色体畸变分析，开展肝肾功能、血糖、血脂及甲状腺功能、肿瘤标志物、增强CT、胃肠内镜检查。

(3)事故后果

事故后患者主要表现为胸闷、气促、创面疼痛、乏力、咽干，住院期间患者有发热、咳嗽、创面水肿渗液。住院三周后体温恢复正常，但表现为腹胀、恶心、心悸、大便次数增多。白细胞数在20天内波动10.8～24.1×$10^9$/L，20 d后恢复正常，血红蛋白在一个月内有波动，120～125 g/L。事故后一个月发现肝功能异常，一年后恢复至正常。事故后2 d发生肾功能异常，尿素氮波动在63～96.6 mmol/L，1个月后恢复正常。

诊断为多种放射性核素体表体内污染、热烧伤和放射性(β射线)皮肤损伤(总烧伤面积达15%～20%，为I度—深II度烧伤，右膝下深II度烧伤)，急性肾损伤。经过综合治疗后患者恢复良好。唇、头、颈、胸、左前臂、右下肢皮肤多处瘢痕、色素沉着、色素脱失。事故后脱离了放射性工作岗位。

在随后的三十余年的医学随访过程中，患者一直睡眠好，食欲好，有时自觉口干、眼干，略感乏力、易疲劳。2002年12月随访彩超发现，患者甲状腺右叶内异常回声约5 cm×4 cm×4 cm，内部未见动脉血流。2004年1月四川大学华西医院甲状腺CT检查显示双侧甲状腺散在多发结节。后甲状腺结节由少变多，多达17个结节，经会诊，患者于华西医院行甲状腺全切除。2015年发现癌胚抗原(CEA)水平为5.50 ng/mL，2016年为6.80 ng/mL，2017年为8.57 ng/mL，均高于正常值。2017年行CT扫描显示右肺上叶有结节，局部胸膜被拉扯，考虑为肺癌，左肺上叶有不规则的磨玻璃结节(GGN)，大小为20 mm×24 mm。2017年8月胃镜检查并进行了活检，病理提示浅表黏膜慢性炎症伴有局部腺体的肠化生。结肠镜检查发现结直肠内发现13个不同大小的息肉，病理检查确认为结肠直肠黏膜息肉。2017年8月19日，采用电视辅助胸腔镜手术(video—assisted thoracic surgery，VATS)对右上肺癌进行根治性切除。组织病理学分析显示右上肺浸润性腺癌分化中等，侵犯胸膜，无神经和血管侵犯。术后患者恢复良好。

# 12.10　南京铱－192 源丢失事故受照人员的医学处置

(1) 事故经过

2014 年 5 月 7 日凌晨 3:00 左右，天津某探伤公司 2 名工作人员完成在某车间内的 γ 射线探伤作业，回收放射源、拆卸导源管和操控电缆时，发现操控电缆无法从探伤机上拆卸下来，怀疑安装有放射源的源辫子未回收到位或从操控电缆上脱落，操作人员使用辐射监测仪对探伤机表面进行测量，以便核实放射源是否已回收到探伤机内。当操作人员发现辐射监测仪读数升高时，便认为放射源已被回收到位。实际上放射源是脱落状态，遗留在导源管内。由于裸露的放射源距离探伤机较近，监测仪的读数是由于裸露放射源所致。为了进一步检查放射源是否脱落，一名操作员手持导源管的中部，将导源管拖到车间门口处，抖动导源管，结果未发现源辫子；其实，脱落的源辫子在其拖动导源管的途中已从导源管中滑落。经过上述辐射监测和导源管检查后，2 名操作人员没有再做进一步的放射源查找，直接将探伤机（连同未拆卸下来的操控电缆一起）装车，回到距该车间 1 km 的宿舍休息。当时放射源活度为 $9.6\times10^{12}$ Bq（约 26 Ci）。

5 月 7 日 7:00，工人上班，有 20 人在探伤作业区周围工作，其中有一人发现源辫子，捡起看了看便将其丢弃。7:50，该公司一名临时工王某（男性，58 岁）打扫卫生时发现一铁链状金属物品（装有铱- 192源），随即用右手将其捡起并置于拎在左手中的垃圾桶内，步行约 10 m 后，右手再次拿起金属物品并装入工作服上衣右侧口袋（位置较低，站立时源恰好处于右侧大腿外侧），然后将桶内垃圾倒出。此后继续在厂区内活动。当日中午 12 时 05 分王某骑自行车下班回家后将装有放射源的金属链条丢弃在自家后院的蛇皮口袋里。至此，辐射源在其口袋内装了约 3 h 15 min。

5 月 9 日上午，公安人员通过监控录像，将进入厂区的所有人员集中，并询问是否有人发现和捡到源辫子。在场的王某没有交待自己捡源的事实。11:00，王某担心公安人员会到自己家中搜查，打电话让其妻子将装有源辫子的编织袋转移到距王某家 200 m 的父母家中。之后，王某了解到他所捡到的金属物是有害的，不敢再留在家中。5 月 10 日凌晨 6:00，他从其父家中取出源辫子，并将其装在蓝色塑料袋中丢弃至距其父母房子后面 100m 的路边草丛中。9:00，环保部门搜寻人员通过巡测，发现放射源的位置，并由公安部门对该区域进行控制，防止人员接近放射源。至此，失控放射源得到控制。

(2) 应急处理和人员救治

①应急处理

放射损伤医学应急救治中，迅速对受照人员作出早期分类诊断是明确人员是否受到大剂量照射、辐射损伤程度和采取早期分类治疗措施的重要依据。该患者受照后第五天送至苏州大学附属第二医院接受诊治。患者入院后立即采取外周血行淋巴细胞染色体畸变分析，并请苏大放医系及数学系联合建立剂量估算模型，以更准确估算局部受照剂量及全身剂量，并完成等剂量曲线。最终，患者全身受照剂量估算结果为 1.51 Gy，结合其临床症状、体征，诊断为：轻度骨髓型外照射急性放射病；局部右下肢皮肤损伤诊断为：Ⅳ度急性放射性皮肤损伤。

②全身救治

全身治疗方案以补充维生素、改善微循环、增强免疫功能为主。在受照后第34天白细胞计数下降至最低值 $2.7\times10^9/L$，骨髓象检查提示受照侧骨髓增生低下，予以G-CSF 150μg皮下注射刺激造血，连续三天，白细胞计数出现一过性升高以后逐渐下降至正常范围，此后未再低于正常值；同时考虑其白细胞计数偏低，机体免疫力低下，时有低热，且右下肢皮肤伤口逐步进展，间歇予以广谱抗生素预防性抗感染及丙种球蛋白增强免疫力治疗，使全身与局部的治疗达到辩证统一。在全身治疗过程中，患者平稳度过极期，进入恢复期，未出现明显全身感染征象。

鉴于放射损伤不可预期的远后效应，势必给受照人员造成一定的心理恐慌。患者入院初始，医护人员即采用卡特尔16种个性因素测验(16PF)、抑郁自评量表(SDS)、焦虑自评量表(SAS)对其进行心理测评，结果提示有轻度抑郁、焦虑，16PF测验结果其紧张性因子、焦虑性因子分值较高，忧虑抑郁、烦恼多端，被紧张困绕，缺乏耐心，易于激动、焦虑，对自己的环境感到不满意。治疗过程中，医护团队给予一定的心理疏导，改善其心理状况。患者入住医院一年多时间里，由于不能与家人团聚，且饱受放射损伤带来的皮肉之苦，情绪一度低落、烦躁，甚至有过放弃治疗的歪念，这些都非常不利于病情的恢复；复查16PF测验稳定性因子分值较低，情绪容易激动，易生烦恼。医护人员为了能够提高患者情绪以积极配合治疗，一直给予其亲人般的关怀，根据心理测评结果给予适当的心理疏导，改善患者心情，促进病情恢复。

③局部治疗

患者入院后右下肢股外侧皮肤破溃范围持续扩大，MRI提示右大腿外侧部及右髋外侧部皮下软组织、右侧股外侧肌及右侧阔筋膜张肌信号异常伴局部肿胀。医疗团队针对右下肢局部皮肤损伤，制定原创分区换药方案：破溃区需保持良好的皮肤生长环境、提供生长所需原料、防止感染，故予以凡士林纱布外敷保湿、银离子纤维材料外敷吸收渗液及抗感染处理，而坏死区则干燥外露，避免坏死物质液化释放毒素吸收入血损伤重要脏器。

患者于受照后第62天行"右下肢清创术"，术中对患者右下肢伤口清创，切除坏死组织，并安装VSD装置连接负压吸引坏死物质。由于放射性皮肤损伤具有潜在性、持久性、进行性作用的特征，第一次清创术后患者右下肢放射损伤仍持续进展，伤口进一步扩大。为避免多次反复手术，经专家会诊商讨决定待其放射损伤境界完全清楚，于受照后第169天为患者行"右大腿外侧放射性损伤扩创术+股动脉探查+背阔肌肌皮瓣、肩胛肌皮瓣组合移植+背部取皮植皮术"，手术经历12 h后顺利完成。术后由于血供不良、感染等原因，移植皮瓣20%面积未成活。伤口分泌物培养多次见泛耐药鲍曼不动杆菌杆菌生长，予以VSD持续负压吸引。于皮瓣移植术后3月，患者伤口感染情况较前有所好转，再次行"右下肢伤口清创术+臀下动脉探查+轴形皮瓣移植术+皮片取皮植皮术"。患者第二次皮瓣移植术后第8天和第15天，分别应用脐带间充质干细胞输注，共两次，每次剂量40000 u，溶于0.9%生理盐水100 mL，静脉滴注，持续时间约15 min。留取患者输注MSCs前后血液样本、伤口组织样本，完成间充质干细胞嵌合度STR检测及VEGF定量检测。经MSCs输注，患者右下肢伤口移植皮瓣生长良好。

(3) 事故后果

患者经过378天精心救治，右下肢伤口痊愈出院。患者出院后至当地医院继续康复治疗，促进右下肢功能恢复。同时按照 GBZ/T163－2017《职业性外照射急性放射病的远期效应医学随访规范》的要求为其为其制定系统、周密的随访计划，随访内容主要包括造血系统、免疫系统、右下肢局部损伤移植皮瓣以及性腺、眼晶状体等辐射敏感器官的变化。“双碳”背景下，为扩大科普宣传途径，降低纸质图书碳排放量，出版社对优秀科普图书《辐射与防护》进行数字转化，并在微信读书、QQ 阅读等网络阅读平台上架，供公众读者免费阅读，读者可利用手机、电脑、pad 等设备在日常的碎片化时间中获得核科普知识。

（刘玉龙、朱巍、袁龙、崔凤梅、雷翠萍、陈娜、王优优、卞华慧、陈炜博）

# 思考题

1.从切尔诺贝利核事故中可总结哪些经验教训？

2.如何避免吉化建设公司 γ 探伤源丢失？

3.人体氚内污染医学处理的基本原则及注意事项是什么？

4.放射性核素体表体内污染后如何处置？

5.局部放射损伤的救治策略是什么？

# 参考文献


[1]雷翠萍，秦斌，陈惠芳，等. 辐射防护，2009，29(4)：275－278.

[2]AC Nathwani , JF Down, J Goldstone, et al. Polonium - 210 poisoning: a first - hand account[J]. The lancet, 2016，388(10049)：1075－1080.

[3]Owen Dyer. More cases of polonium－210 contamination are uncovered in London [J]. BMJ. 2007，334(7584)：65.

[4]周启甫，陈栋梁，周晓剑，等. 南京$^{192}$Ir 放射源辐射事故应急调查及分析[J]. 中华放射医学与防护杂志，2014，34(8)：561－562.

[5]刘玉龙，王优优，余道江，等. 南京“5.7”$^{192}$Ir 源放射事故患者的临床救治[J]. 中华放射医学与防护杂志，2016，36(5)：324－333.

[6]Wang Y Y, Yu D J, Zhao T L, et al. Successful Rescue of the Victim Exposed to a Super High Dose of Iridium - 192 during the Nanjing Radiological Accident in 2014[J]. Radiat Res, 2019, 191(6), 527－531.

[7]Andrew Turner, Geoffrey E.Millward, Martin Stemp. Distribution of tritium in estuarine waters: the role of organic matter[J].Journal of Environmental Radioactivity. 2009(100)：890－895.

[8]Zuo X, Chen Q, Li H, et al. Effects of Chahuangjing on Decorporation and Radiation Protection Against Tritiated Water[J]. Dose Response, 2018：16(4).

[9]Bian HH, Wang YY, Chen Wb, et al. Multiple Organ Lesions in a Case of Contamination With Multiple Radionuclides After 38 Years，Dose Reponse，2018，16(4).

[10]IAEA. Medical Management of Persons Internally Contaminated with Radionuclides in a Nuclear or Radiological Emergency[R].2018.

[11]Gillies M, Kuznetsova I, Sokolnikov M, et al. Lung Cancer Risk from Plutonium:A Pooled Analysis of the Mayak and Sellafield Worker Cohorts[J]. Radiat Res. 2017; 188(6):645—660.

[12]Cardis E , Hatch M . The Chernobyl Accident— An Epidemiological Perspective [J]. Clinical Oncology, 2012, 23(4):251—260.

[13]Pacini F , Vorontsova T , Demidchik E P , et al. Post—Chernobyl Thyroid Carcinoma in Belarus Children and Adolescents: Comparison with Naturally Occurring Thyroid Carcinoma in Italy and France[J]. The Journal of Clinical Endocrinology & Metabolism, 1997, 82(12):3563—3569.

[14]Imaizumi M, Ohishi W, Nakashima E, et al. Association of Radiation Dose With Prevalence of Thyroid Nodules Among Atomic Bomb Survivors Exposed in Childhood (2007—2012) [J]. JAMA Intern Med,2015;175(2):228—236.